"十二五"职业教育国家规划教材（经全国职业教育教材审定委员会审定）

普通高等教育"十一五"国家级规划教材

水工建筑物

（第三版）

主　编　焦爱萍　陈　诚
副主编　潘孝兵　冷爱国　王启亮

中国水利水电出版社
www.waterpub.com.cn

内 容 提 要

本书为"十二五"职业教育国家规划教材，是高职高专和成人高校水利水电建筑工程、水利水电工程、工程建设监理、农业水利技术和水利工程专业的通用教材。全书共分十章，包括绪论、重力坝、拱坝、土石坝、水闸、河岸溢洪道、水工隧洞与坝下涵管、渠系建筑物、水利枢纽布置、生态水利工程等。

本书还可作为水利类其他相近专业的教材或教学参考书，也可供有关水利工程技术和工程管理人员学习和参考。

图书在版编目（CIP）数据

水工建筑物 / 焦爱萍，陈诚主编. -- 3版. -- 北京：中国水利水电出版社，2015.7 (2021.8重印)
"十二五"职业教育国家规划教材
ISBN 978-7-5170-3304-2

Ⅰ. ①水… Ⅱ. ①焦… ②陈… Ⅲ. ①水工建筑物－高等职业教育－教材 Ⅳ. ①TV6

中国版本图书馆CIP数据核字(2015)第140788号

书　　名	"十二五"职业教育国家规划教材 **水工建筑物**（第三版）
作　　者	主编　焦爱萍　陈诚　　副主编　潘孝兵　冷爱国　王启亮
出版发行	中国水利水电出版社 （北京市海淀区玉渊潭南路1号D座　100038） 网址：www.waterpub.com.cn E-mail：sales@waterpub.com.cn 电话：（010）68367658（营销中心）
经　　售	北京科水图书销售中心（零售） 电话：（010）88383994、63202643、68545874 全国各地新华书店和相关出版物销售网点
排　　版	中国水利水电出版社微机排版中心
印　　刷	天津嘉恒印务有限公司
规　　格	184mm×260mm　16开本　27.5印张　652千字
版　　次	2005年2月第1版　2009年5月第2版 2015年7月第3版　2021年8月第6次印刷
印　　数	12001—17000册
定　　价	**78.00元**

凡购买我社图书，如有缺页、倒页、脱页的，本社营销中心负责调换

版权所有·侵权必究

第三版前言

本书根据《教育部关于加强高职高专教育人才培养工作的意见》和《关于全面提高高等职业教育教学质量的若干意见》（教高〔2006〕16号文）等文件精神，按照教育部《关于开展"十二五"普通高等教育本科国家级规划教材第一次推荐遴选工作的通知》（教高司函〔2011〕204号）文件要求，结合示范性高等职业院校教学改革的实践经验编写。

本书在第一版和第二版的基础上，针对高等职业技术教育的特点，在编写过程中，按照突出实用性，突出理论知识的应用和有利于职业技能培养的原则，对水工建筑物和水利工程管理进行重组和调整，并全部采用新标准、新规范，同时增加部分案例。为使本书有较强的实用性，编写时力求做到：基本概念准确；设计方法步骤清楚；各部分内容紧扣培养目标，相互协调，减少不必要的重复；文字简练，通俗易懂，以利于读者学习、实践和解决工程问题。为了开拓读者的思路，培养读者的创新能力，在阐述比较成熟的科学技术的同时，适当介绍水工结构和管理技术发展的最新成果、存在问题和今后发展的方向。该书在每章后都附有本章小结和复习思考题，有利于读者理解、掌握和巩固专业知识。

本书的第一章、第四章由黄河水利职业技术学院焦爱萍、开封水利勘测设计院姚伟华编写；第二章、第十章由黄河水利职业技术学院陈诚编写；第三章由黄河水利职业技术学院方琳编写；第五章由山东水利职业技术学院冷爱国、黄河水利职业技术学院耿会涛编写；第六章、第七章由山西水利职业技术学院王启亮编写；第八章、第九章由黄河水利职业技术学院赵海滨、代凌辉编写。全书由焦爱萍、陈诚任主编，冷爱国、王启亮任副主编，刘宪亮任主审。

对书中存在的缺点和疏漏，恳请广大读者批评指正。

编 者

2014年2月

第二版前言

本书是根据《教育部关于加强高职高专教育人才培养工作的意见》和《关于全面提高高等职业教育教学质量的若干意见》（教高〔2006〕16号文）等文件精神，结合示范性高等职业院校教学改革的实践经验编写的。

针对高等职业技术教育的特点，本书在编写过程中按照突出实用性、突出理论知识的应用和有利于实践能力培养的原则，对水工建筑物、水利工程管理进行重组和调整，并全部采用新标准、新规范。为使本书有较强的实用性，编写时力求做到：基本概念准确；设计方法步骤清楚；各部分内容紧扣培养目标，相互协调，减少不必要的重复；文字简练，通俗易懂，以利于读者学习、实践和解决工程问题。为了开拓读者的思路，培养读者的创新能力，在阐述比较成熟的科学技术的同时，适当介绍水工建筑物和管理技术发展的最新成果、存在问题和今后发展的方向。该书每章后附有本章小结和复习思考题，有利于读者理解、掌握和巩固专业知识。

本书的第一章、第四章由黄河水利职业技术学院杨邦柱、安徽水利水电职业技术学院潘孝兵编写；第二章由黄河水利职业技术学院郑万勇、山东水利职业学院冷爱国编写；第三章、第五章由黄河水利职业技术学院焦爱萍、王智阳编写；第六章、第七章由山西水利职业技术学院王启亮、黄河水利职业技术学院李梅华编写；第八章、第九章由黄河水利职业技术学院郭振宇、陈诚编写。本书由杨邦柱、焦爱萍任主编，郑万勇、潘孝兵、冷爱国、王启亮任副主编。全书由刘宪亮主审。

对书中存在的缺点和疏漏，恳请广大读者批评指正。

编 者
2009年5月

第一版前言

本书是根据《教育部关于加强高职高专教育人才培养工作的意见》等文件精神，结合高职高专教学改革的实践经验编写的。

针对高等职业技术教育的特点，本书在编写过程中，按照突出实用性、突出理论知识的应用和有利于实践能力培养的原则，对水工建筑物、水利工程管理进行重组和调整，并全部采用新标准、新规范。为使本书有较强的实用性，编写时力求做到：基本概念准确；设计方法步骤清楚；各部分内容紧扣培养目标，相互协调，减少不必要的重复；文字简练，通俗易懂，不强调理论的系统性，努力避免贪多求全和高度浓缩的现象，以利于读者学习、实践和解决工程问题。为了开拓读者的思路，培养读者的创新能力，在阐述比较成熟的科学技术的同时，适当介绍水工建筑物和管理技术发展的最新成果、存在问题和今后发展的方向。该书每章后都附有本章小结和复习思考题，有利于读者理解、掌握和巩固专业知识。

本书的第一章、第四章由杨邦柱、张俊霞（黄河水利科学研究院）编写；第二章由郑万勇、温国利编写；第三章由焦爱萍编写；第五章由焦爱萍、王智阳编写；第六章、第七章由王卫、李梅华编写；第八章、第九章由郭振宇、陈诚编写。本书由杨邦柱、焦爱萍任主编，郑万勇、王卫任副主编。全书由刘宪亮主审。

对书中存在的缺点和疏漏，恳请广大读者批评指正。

编　者

2005 年 1 月

目 录

第三版前言
第二版前言
第一版前言

第一章　绪论 ………………………………………………………………… 1
　第一节　我国的水资源与水利工程建设 ……………………………………… 1
　第二节　水利枢纽和水工建筑物 ……………………………………………… 5
　第三节　水利工程管理 ……………………………………………………… 10
　第四节　本课程的内容和学习方法 ………………………………………… 12
　复习思考题 …………………………………………………………………… 13

第二章　重力坝 ……………………………………………………………… 14
　第一节　概述 ………………………………………………………………… 14
　第二节　非溢流重力坝的剖面设计 ………………………………………… 16
　第三节　重力坝的荷载及组合 ……………………………………………… 19
　第四节　重力坝的抗滑稳定分析 …………………………………………… 31
　第五节　重力坝的应力分析 ………………………………………………… 35
　第六节　溢流重力坝 ………………………………………………………… 47
　第七节　重力坝的深式泄水孔 ……………………………………………… 59
　第八节　重力坝的材料与构造 ……………………………………………… 65
　第九节　重力坝的地基处理 ………………………………………………… 73
　第十节　其他类型的重力坝 ………………………………………………… 85
　第十一节　混凝土重力坝的运用管理 ……………………………………… 89
　本章小结 ……………………………………………………………………… 93
　复习思考题 …………………………………………………………………… 94

第三章　拱坝 ………………………………………………………………… 95
　第一节　概述 ………………………………………………………………… 95
　第二节　拱坝的荷载及组合 ………………………………………………… 100
　第三节　拱坝的布置 ………………………………………………………… 104
　第四节　拱坝的应力分析 …………………………………………………… 112
　第五节　拱坝坝肩的稳定分析 ……………………………………………… 116
　第六节　拱坝的泄水和消能 ………………………………………………… 120
　第七节　拱坝的构造与地基处理 …………………………………………… 124

本章小结 ·· 126
　　复习思考题 ··· 127

第四章　土石坝

　　第一节　概述 ··· 128
　　第二节　土石坝的基本剖面 ··· 132
　　第三节　土石坝的渗流分析 ··· 135
　　第四节　土石坝的稳定分析 ··· 145
　　第五节　筑坝材料选择与填筑标准 ··· 157
　　第六节　土石坝的构造 ·· 161
　　第七节　土石坝的地基处理 ··· 168
　　第八节　土石坝坝体与坝基、岸坡及其他建筑物的连接 ··········· 176
　　第九节　面板堆石坝 ··· 179
　　第十节　土石坝的运用管理 ··· 183
　　本章小结 ·· 189
　　复习思考题 ··· 190

第五章　水闸

　　第一节　概述 ··· 192
　　第二节　闸址选择和闸孔设计 ·· 195
　　第三节　水闸的消能防冲设计 ·· 201
　　第四节　水闸的防渗排水设计 ·· 208
　　第五节　闸室的布置和构造 ··· 222
　　第六节　闸门与启闭机 ·· 228
　　第七节　水闸的稳定分析及地基处理 ······································ 230
　　第八节　闸室的结构设计 ·· 241
　　第九节　水闸的两岸连接建筑物 ··· 249
　　第十节　水闸的运用管理 ·· 254
　　本章小结 ·· 258
　　复习思考题 ··· 258

第六章　河岸溢洪道

　　第一节　概述 ··· 260
　　第二节　正槽溢洪道 ··· 262
　　第三节　侧槽溢洪道 ··· 280
　　第四节　非常溢洪道 ··· 283
　　第五节　溢洪道的运用管理 ··· 284
　　本章小结 ·· 287
　　复习思考题 ··· 288

第七章　水工隧洞与坝下涵管 ··· 289

  第一节 水工隧洞概述 …………………………………………………… 289
  第二节 水工隧洞的布置和构造 …………………………………………… 290
  第三节 作用在水工隧洞衬砌上的荷载 …………………………………… 311
  第四节 圆形有压隧洞的结构计算 ………………………………………… 316
  第五节 坝下涵管 …………………………………………………………… 324
  第六节 隧洞的运用管理 …………………………………………………… 327
  本章小结 ………………………………………………………………………… 330
  复习思考题 ……………………………………………………………………… 331

第八章 渠系建筑物 ……………………………………………………………… 332
  第一节 渠道与渠首工程 …………………………………………………… 332
  第二节 渡槽 ………………………………………………………………… 339
  第三节 桥梁 ………………………………………………………………… 363
  第四节 倒虹吸管 …………………………………………………………… 377
  第五节 跌水与陡坡 ………………………………………………………… 387
  第六节 渠系建筑物的运用管理 …………………………………………… 394
  本章小结 ………………………………………………………………………… 397
  复习思考题 ……………………………………………………………………… 397

第九章 水利枢纽布置 …………………………………………………………… 399
  第一节 水利枢纽的布置 …………………………………………………… 399
  第二节 水利枢纽布置的实例 ……………………………………………… 402
  本章小结 ………………………………………………………………………… 408
  复习思考题 ……………………………………………………………………… 408

第十章 生态水利工程 …………………………………………………………… 409
  第一节 生态水利工程概述 ………………………………………………… 409
  第二节 生态护坡技术 ……………………………………………………… 413
  第三节 过鱼建筑物 ………………………………………………………… 418
  第四节 生物—生态修复技术 ……………………………………………… 422

参考文献 ………………………………………………………………………………… 429

第一章 绪 论

第一节 我国的水资源与水利工程建设

一、我国的水资源

水是自然界一切生命赖以生存不可替代的物质，又是社会发展不可缺少的重要资源。据统计，地球上水的总量为 13.86 亿 km^3，但大部分是不能直接用于生活、工业及农田灌溉的海水，占总量的 96.54%。和人类生活息息相关的淡水量仅为 0.047 亿 km^3，占总水量的 0.34%，它包括地表水和浅层地下水，我们称这部分淡水为水资源。然而随着社会的发展，水资源不同程度地受到污染，造成水质恶化；同时由于社会生产力的局限及地理因素使某些水资源在目前条件下还得不到充分开发和利用。由此可见，水资源是极其珍贵的。

（一）我国水资源的分布

我国多年平均水资源总量为 28124.4 亿 m^3，其中河川多年平均年径流量为 27115.3 亿 m^3，居世界第 6 位。由于我国人口多，人均水资源量仅为世界人均水资源占有量的 1/4，是世界上水资源贫乏的国家。

我国幅员辽阔，自然条件相差悬殊，使水资源在时间、空间上分布不合理。东南沿海 7 省级行政区（上海、江苏、福建、广东、广西、海南、台湾）年均水资源量占全国水资源量的 25.2%，雨水充沛。而西北 5 省区年均水资源仅为全国年均水资源量的 7.9%，地区内干旱少雨。同时，不同地区和同一地区年际及年内汛期和枯水期的水量相差很大。在汛期（北方为 6~9 月，南方为 5~8 月）内可集中全年雨量的 60%~80%，而枯水季节或枯水年雨量又很小，雨量的偏多或偏少往往造成洪涝或干旱等自然灾害。如黄河流域 1877~1879 年连续 3 年大旱，使山西、河北、山东、河南 4 省因饥饿而死者达 1300 万人。1931 年夏，湖北沙市出现 63600m^3/s 的洪峰，水灾遍及湖南、湖北、浙江、江西、河南、安徽、江苏 7 省 206 个县，淹没农田 5000 余万亩，800 多万人受灾，被洪水夺去性命者达 14.5 万人，死于饥饿、瘟疫者不计其数。1998 年长江、松花江流域特大洪水使国家遭受 2000 多亿元的经济损失。

我国的水资源空间分布极不平衡，各地水资源的数量相差十分悬殊。若按年降水量 400mm 雨量线划分，我国约有 45% 的国土处于干旱、半干旱、少水和缺水的地区。淡水分布与人口和耕地的分布不相适应，长江流域以南的水资源占全国的 81%，国土面积占 36.5%，人口占 54%；长江以北水资源占全国的 19%，国土面积占 63.5%，人口占 46%，而北方黄河、淮河、海河、辽河以 9% 的淡水资源供给 42% 的耕地。由于水土资源和人口组合极不合理造成北方用水过分紧张。

（二）我国水资源的开发利用

水资源的开发应首先考虑水资源的现状和开发的可能性，做到统筹兼顾、综合治理、综合经营，为整个国民经济的发展服务。发电、灌溉、航运、供水、工业生产等用水部门，要制订合理方案，尽量统一各方矛盾，使水资源得到最有效利用。

1949年中华人民共和国成立后，我国水资源的开发利用以七大水系开发为中心取得了举世瞩目的成绩。其中黄、淮、海、辽四流域水资源利用率达到40%，2000年全国可供水量为6678亿m^3，与1980年相比，净增供水量1943亿m^3。作为农业的基础保证，实现了粮食的自给自足；为我国工业的发展、城镇人民生活水平的提高提供了水源；干旱地区植树种草、蔬菜果树及畜牧业等基本用水逐渐得到保障。但是我国人均水资源量及现有的农业、工业用水的利用率还远低于世界发达国家相应水平。随着国民经济的高速发展和水体污染程度的日趋严重，现有的水资源开发利用状况已不适应我国生产力的发展，虽然黄、淮、海、辽四流域水资源利用率较高，但年仍缺水267亿m^3，占缺水总数的64%，而一些出境河流及黄河上游、长江上游、长江中下游两岸、珠江三角洲等地区则属于余水地区。因此，为达到水资源的合理配置和有效利用，必须充分发挥现有工程的作用，提高工程效益；节约用水、合理用水；严格执行国家环保法规，控制污水排放量和排污标准；修建蓄水工程，增加供水能力；对自然缺水区，按国家总体经济布局的要求，修建跨流域调水工程，在较大范围内解决水资源不平衡问题。

二、水利工程

水利工程是指对自然界的地表水和地下水进行控制和调配，以达到除害兴利的目的而修建的工程。在时间上重新分配水资源，做到防洪补枯，以防止洪涝灾害和发展灌溉、发电、供水、航运等事业。

水利工程按其所承担的任务可分为以下几种类型。

（一）河道整治与防洪工程

河道整治主要是通过整治建筑物和其他措施，防止河道冲蚀、改道和淤积，使河流的外形和演变过程都能满足防洪与兴利等各方面的要求。一般防治洪水的措施是建立"上拦下排，两岸分滞"的工程体系。

"上拦"是防洪的根本措施，不仅可以有效防治洪水，而且可以综合地开发利用水土资源。"上拦"就是在山地丘陵地区进行水土保持，拦截水土，有效地减少地面径流；在干、支流的中上游兴建水库拦蓄洪水，调节下泄流量不超过下游河道的过流能力。

水库作为一种蓄水工程，在汛期可以拦蓄洪水，削减洪峰，保护下游地区安全，拦蓄的水流由于下游水位抬高可以用来满足灌溉、发电、航运、供水和淡水养殖的需要。

水库的形成造成库区淹没，村镇、居民、工厂及交通等设施需要迁移重建；水库水位的升降可能引起岸坡大范围滑坡，影响拦河坝的安全；在地震多发区，修建水库还有可能诱发地震；水库水质、水温的变化使库区附近的生态平衡发生变化。

水库改变了河道的径流状态，使下游河道流量发生了变化。在枯水期，下泄的流量可用于电站运行和灌溉用水，对航运、河道水质改善、维持生态平衡等方面均有利。如不放水，将使下游河道干涸，过流能力下降，两岸地下水位降低，影响生态。另外，下泄的清水易冲刷河床，将影响下游桥梁、护岸等工程的安全。

某些水库上游河道的入库处，由于流速降低，容易发生淤积，使下游河水下泄不畅，库上游河道容易发生泛滥。

因此，应认真研究和正确解决这些问题，充分利用有利条件，使水库发挥最大效益。

"下排"就是疏浚河道，修筑堤防，提高河道泄洪能力，减轻洪水威胁。这是治标的办法，不是从根本上防治洪水。但是，在"上拦"工程没有完全控制洪水之前，筑堤防洪仍是一种重要的有效措施，而且要加强汛期的防护、管理、监察等工作，确保安全。

"两岸分滞"是在河道两岸适当位置，修建分洪闸、引洪道、滞洪区等，将超过河道安全泄量的洪峰流量通过泄洪建筑物分流到该河道下游或其他水系，或者蓄于低洼地区（滞洪区），以保证河道两岸保护区的安全。滞洪区的规划与兴建应根据实际经济发展情况、人口因素、地理情况和国家的需要统筹安排。为了减少滞洪区的损失，必须做好通信、交通和安全措施等工作，并做好水文预报，只有万不得已时才运用分洪措施。

（二）农田水利工程

农业是国民经济的基础，通过建闸修渠等工程措施，形成良好的灌、排系统，调节和改变农田水分状态和地区水利条件，使之符合农业生产发展的需要。农田水利工程一般包括取水工程、输水配水工程和排水工程。

(1) 取水工程。从河流、湖泊、水库、地下水等水源适时适量地引取水量，用于农田灌溉的工程称为取水工程。在河流中引水灌溉时，取水工程一般包括抬高水位的拦河坝（闸）、控制引水的进水闸、用于排沙的冲沙闸、沉沙池等。当河流流量较大、水位较高能满足引水灌溉要求时，可以不修建拦河坝（闸）；当河流水位较低又不宜修建坝（闸）时，可建提灌站，提水灌溉。

(2) 输水配水工程。将一定流量的水流输送并配置到田间的建筑物的综合体称为输水配水工程，如各级固定渠道系统及渠道上的涵洞、渡槽、交通桥、分水闸等。

(3) 排水工程。指各级排水沟及沟道上的建筑物，其作用是将农田内多余水分排泄到一定范围以外，使农田水分保持适宜状态，满足通气、养料和热状况的要求，以适应农作物的正常生长，如排水沟、排水闸等。

（三）水力发电工程

将具有巨大能量的水流通过水轮机转换为机械能，再通过发电机将机械能转换为电能的工程称为水力发电工程。

落差和流量是水力发电的两个基本要素。为了有效地利用天然河道的水能，常采用工程措施，修建能集中落差和流量的水工建筑物，使水流符合水力发电工程的要求。在山区常用的水能开发方式是拦河筑坝，形成水库，它既可以调节径流又可以集中落差。在坡度很陡或有瀑布、急滩、弯道的河段，而上游又不许淹没时，可以沿河岸修建引水建筑物（渠道、隧洞）来集中落差和流量，开发水能。

（四）供水和排水工程

供水是将水从天然水源中取出，经过净化、加压，用管网供给城市、工矿企业等用水部门；排水是排除工矿企业及城市废水、污水和地面雨水。城市供水对水质、水量及供水可靠性上要求很高；排水必须符合国家规定的污水排放标准。

我国现有供、排水能力与社会发展水平以及人民物质生活水平的提高程度不相适应，特别是城市供水与排水的要求越来越高；水质污染问题也加剧了水资源的供需矛盾，污染环境，破坏生态。

（五）航运工程

航运包括船运与筏运（木、竹浮运）。发展航运对物资交流、繁荣市场、促进经济和文化发展是很重要的。它运费低廉，运输量大。内河航道有天然水道（河流、湖泊等）和人工水道（运河、河网、水库、闸化河流等）两种。

利用天然河道通航，必须进行疏浚、河床整治、改善河流的弯曲情况，设立航道标志，以建立稳定的航道。当河道通航深度不足时，可以通过拦河建闸、坝的措施抬高河道水位；或利用水库进行径流调节，改善水库下游的通航条件。人工水道是人们为了改善航运条件，开挖人工运河、河网及渠化河流，以节省航程，节约人力、物力、财力。人工水道除可以通航外，还有综合利用的效益。例如，运河可以作为水电站的引水道、灌溉干渠、供水的输水道等。

在航道上如建有闸、坝等拦水建筑物时，应同时修建通航建筑物。如果船舶不多、货运量不大时，可以设中转码头；如果航线较为重要，运输任务较大时，则宜采用升船机、船闸、过木道等建筑物，使船只、木排直接通过。例如，在葛洲坝水利枢纽中布置了三个船闸来满足长江的通航需要。

三、我国水利工程建设的发展

几千年来，勤劳勇敢的中国人民为兴水利、除水害进行着坚持不懈的努力，作出了突出的成绩，并积累了宝贵的经验。例如：①从春秋时期开始，在黄河下游沿岸修建的堤防，经历代整修加固，已形成1800多千米的黄河大堤，为治河防洪、堤防工程的建设与管理提供了丰富的经验；②公元前485年开始兴建到1293年全线通航的京杭大运河，全长1794km，是世界上最长的运河，为当时及今后的南北交通、发展航运等发挥了重要作用；③目前灌溉面积达1000多万亩的四川都江堰工程已有2250多年的历史，仍为我国的农业发展发挥着巨大的效益。水利工程建设的成就是我国劳动人民智慧的结晶，在繁荣我国经济和发展祖国文化等方面都起到了很好的作用。

1949年新中国成立以来，我国的水利事业建设得到了飞速的发展。20世纪50年代初，开始对黄河和淮河进行全流域的规划和治理，根据"统一规划，蓄泄兼顾"的原则，修建了许多山区水库和洼地蓄洪工程，改变了淮河"大雨大灾，小雨小灾，无雨旱灾"的悲惨景象；人民治黄功绩卓著，保证了黄河"伏秋大汛不决口，大河上下保安澜"；1963年开始治理海河，现在全流域已初步形成了防洪除涝体系。

据统计，目前中国已建水库的总库容已相当于全国河流平均年径流量的1/6，具有防洪、灌溉和供水作用。全国水库防洪保护范围覆盖 3.5 亿人口、5.0 亿亩耕地和北京、天津、广州、上海、武汉等数百个大中城市；水库的灌溉面积达到 2.8 亿亩，约占全国灌溉面积的 1/3。

在水能利用方面，到 2000 年底，中国水电装机容量为 79350MW 和发电量为 2310 亿 kW·h。全国已建、在建大中型水电站约 230 座，其中，装机容量在 1000MW 以上的有 25 座，500MW 以上的有 43 座，另外，还有数万座小水电站遍布全国各地。中国已经成为世界上水电发展最快的国家。2003 年投产运行的长江三峡水利枢纽是当今世界装机容量最大的水电站（18200MW）。中国水能资源开发利用率按容量计已达到 19.3%，水电装机容量和发电量均居世界第 2 位。

水利水电工程建设推动了水利水电相关专业——规划、勘测、设计、施工、制造、设备安装以及科研技术的发展。

在吸取国内外先进技术、总结实践经验的基础上，形成了有中国特色的一整套技术体系。三峡、二滩、小浪底、天生桥一级等大型水电工程和高坝的成功建设，标志着中国水利水电建设技术已经达到世界先进水平。龙滩、小湾、水布垭等水电站的建设则将使中国水利水电工程技术迈上更高的台阶。

四、21 世纪水利水电工程建设展望

根据国家可持续发展战略规划，从 21 世纪初开始，中国水利水电建设的重点是在巩固提高中东部地区防洪和供水能力的同时，重点加强西部水利水电建设，兴建环境保护和控制性水利枢纽工程，改善西部生活、生产条件和生态环境。

中国能源建设的指导思想和原则是以资源优化配置为基础，以市场需求为导向，以经济效益为中心，以优化电力结构为重点，积极开发西部水电，实施"西电东送"和"全国联网"，以满足东部地区不断增长的电力需求。21 世纪初期，水电建设主要开发调节性能好、水能指标优越的大型水电站，因地制宜开发中小型水电站，将大型水电站建设与流域梯级开发相结合。

重点开发的河段是黄河上游、长江中上游及其干支流、红水河、澜沧江中下游和乌江等。在煤炭短缺、水力资源丰富的华中、福建、浙江、四川等地区，选择一批调节性能好、电能质量高的中小河流，进行梯级连续开发。对于调峰能力弱、系统峰谷差大的电网，在加强电网调峰规划的基础上，择优选址，适当建设抽水蓄能电站。

截至 2011 年底，全国水电装机容量为 23 万 MW，根据可再生能源"十二五"规划，至 2015 年我国水电装机容量达到 29 万 MW。

第二节　水利枢纽和水工建筑物

一、水利枢纽

为了综合利用水资源，达到防洪、灌溉、发电、供水、航运等目的，需要修建几种不同类型的建筑物，以控制和支配水流，满足国民经济发展的需要，这些建筑物称为水工建

筑物；由不同水工建筑物组成的综合体称为水利枢纽。

图 1-1 为丹江口水利枢纽布置图。丹江口水利枢纽是南水北调中线渠首蓄水工程，是具有防洪、灌溉、发电、航运、渔业等综合效益的水利枢纽。

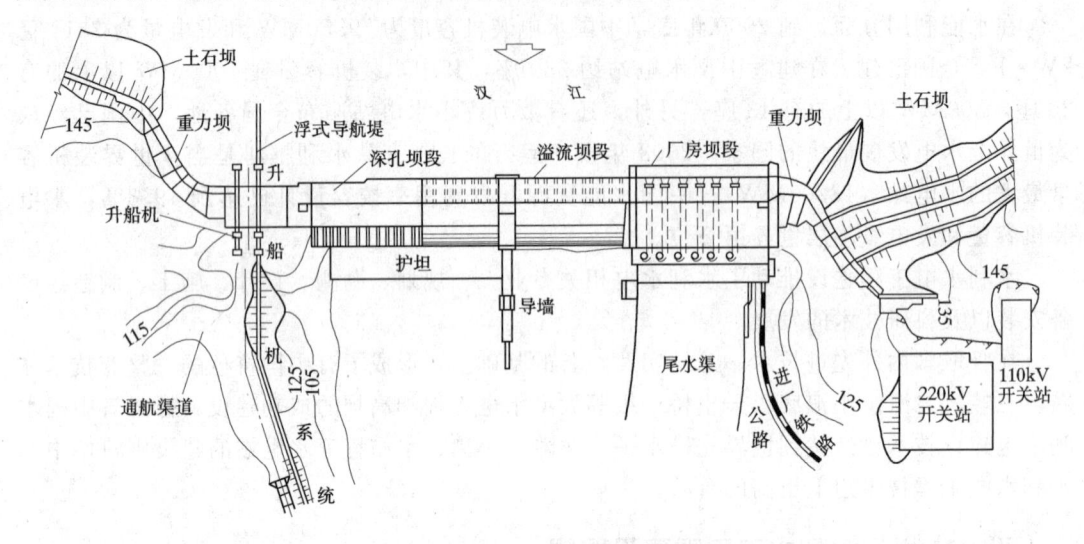

图 1-1 丹江口水利枢纽布置图

丹江口水利枢纽主要由以下几部分组成。

(1) 拦河坝。拦河坝为宽缝重力坝（副坝为黏土斜墙堆石坝），用以截断水流、挡水蓄水、形成水库。总库容 209 亿 m^3，水电站装机容量 90 万 kW。

(2) 深孔坝段、溢流坝段。用以宣泄洪水期河道入库洪量超过水库调蓄能力的多余洪水，以保证大坝及有关建筑物安全。

(3) 水电站建筑物。用以将水能转变为电能。

(4) 升船机。其作用是向上、下游运送过坝船只。

水利枢纽的作用可以是单一的，但多数是综合利用的。枢纽正常运行中各部门之间对水的要求有所不同。如防洪部门希望汛前降低水位加大防洪库容，而兴利部门则希望扩大兴利库容而不愿汛前过多降低水位；水力发电只是利用水的能量而不消耗水量，发电后的水仍可用于农业灌溉或工业供水，但发电、灌溉和供水的用水时间不一定一致。因此，在进行水利枢纽设计时，应使上述矛盾能得到合理解决，以做到降低工程造价，满足国民经济各部门的需要。

二、水工建筑物的分类

(一) 按建筑物的用途分类

(1) 挡水建筑物。用以拦截江河，形成水库或壅高水位，如各种坝和闸，以及为抗御洪水或挡潮沿江河海岸修建的堤防、海塘等。

(2) 泄水建筑物。用以宣泄在各种情况下，特别是洪水期的多余入库水量，以确保大坝和其他建筑物的安全，如溢流坝、溢洪道、泄洪洞等。

(3) 输水建筑物。输水建筑物是为灌溉、发电和供水的需要从上游向下游输水用的建筑物，如输水洞、引水管、渠道、渡槽等。

(4) 取水建筑物。取水建筑物是输水建筑物的首部建筑，如进水闸、扬水站等。

(5) 整治建筑物。用以整治河道，改善河道的水流条件，如丁坝、顺坝、导流堤、护岸等。

(6) 专门建筑物。专门为灌溉、发电、供水、过坝需要而修建的建筑物，如电站厂房、沉沙池、船闸、升船机、鱼道、筏道等。

有些水工建筑物在枢纽中的用途并不是单一的，如溢流坝既能挡水，又能泄水；水闸既可挡水，又能泄水，还可作取水之用。

（二）按建筑物使用时间分类

水工建筑物按使用的时间长短分为永久性建筑物和临时性建筑物两类。

(1) 永久性建筑物。这种建筑物在运用中长期使用，根据其在整体工程中的重要性又分为主要建筑物和次要建筑物。主要建筑物是指该建筑物失事后将造成下游灾害或严重影响工程效益，如闸、坝、泄水建筑物、输水建筑物及水电站厂房等；次要建筑物是指失事后不致造成下游灾害和对工程效益影响不大且易于检修的建筑物，如挡土墙、导流墙、工作桥及护岸等。

(2) 临时性建筑物。这种建筑物仅在工程施工期间使用，如围堰、导流建筑物等。

三、水工建筑物的特点

水工建筑物与其他土木工程建筑物相比，除了工程量大、投资多、工期较长之外，还具有以下几方面的特点。

（一）工作条件复杂

由于水的作用形成了水工建筑物特殊的工作条件：挡水建筑物蓄水以后，除承受一般的地震力和风压力等水平推力外，还承受很大的水压力、浪压力、冰压力、地震动水压力等水平推力，对建筑物的稳定性影响极大；通过水工建筑物和地基的渗流，对建筑物和地基产生渗透压力，还可能产生侵蚀和渗透破坏；当水流通过水工建筑物下泄时，高速水流可能引起建筑物的空蚀、振动以及对下游河床和两岸的冲刷；对于特定的地质条件，水库蓄水后可能诱发地震，进一步恶化建筑物的工作条件。

水工建筑物的地基是多种多样的。在岩基中经常遇到节理、裂隙、断层、破碎带及软弱夹层等地质构造；在土基中可能遇到由粉细沙、淤泥等构成的复杂土基。为此，在设计以前必须进行周密的勘测，作出正确的判断，为建筑物的选型和地基处理提供可靠的依据。

（二）施工条件复杂

水工建筑物的兴建，首先需要解决好施工导流问题，要求在施工期间，在保证建筑物安全的前提下，河水应能顺利下泄，必要的通航、过木要求应能满足，这是水利工程设计和施工中的一个重要课题；其次，工程进度紧迫，工期也比较长，截流、度汛需要抢时间、争进度，否则将导致拖延工期；第三，施工技术复杂，水工建筑物的施工受气候影响较大,如大体积混凝土的温度控制和复杂的地基较难以处理,填土工程要求一定的含水量和一定的压实度,雨季施工有很大的困难;第四,地下、水下工程多,排水施工难度比较大;第五,交通运输比较困难,高山峡谷地区更为突出等。

(三) 对国民经济的影响巨大

水利枢纽工程和单项水工建筑物可以承担防洪、灌溉、发电、航运等任务,同时又可以绿化环境,改良土壤植被,发展旅游,甚至建成优美的城市等,但是,如果处理不当也可能产生消极的影响。如水库蓄水越多,效益越高,但淹没损失也越大,不仅导致大量移民和迁建,还可能引起库区周围地下水位的变化,直接影响到工农业生产,甚至影响生态环境;库尾的泥沙淤积可能会使航道恶化。堤坝等挡水建筑物万一失事或决口,将会给下游人民的生命财产和国家建设带来灾难性的损失。"75·8"大水的灾难中,河南省有29个县市、1700万亩农田被淹,其中1100万亩农田受到毁灭性的灾害,1100万人受灾,超过2.6万人死难,京广线被冲毁中断。

四、水利水电工程的分等和水工建筑物的分级

为了贯彻执行国家的经济和技术政策,达到既安全又经济的目的,应把水利水电枢纽工程按其规模、效益及其在国民经济中的重要性分等,再将枢纽中的不同建筑物按其所属工程的等别和重要性分级。级别高的建筑物,设计及施工的要求也高,级别低的建筑物则可以适当降低。

根据 SL 252—2000《水利水电工程等级划分及洪水标准》规定,水利水电工程的等别按表 1-1 确定。综合利用的水利水电工程,当按其各项用途确定的等别不同时,应按其中的最高等别确定整个工程的等别。

表 1-1　　　　　　　　　　水 利 水 电 工 程 等 别

工程等别	工程规模	水库总库容 /($10^8 m^3$)	防洪		治涝	灌溉	供水	发电
			保护城镇及工矿企业的重要性	保护农田 /(10^4 亩)	治涝面积 /(10^4 亩)	灌溉面积 /(10^4 亩)	供水对象重要性	装机容量 /(10^4 kW)
Ⅰ	大 (1) 型	≥10	特别重要	≥500	≥200	≥150	特别重要	≥120
Ⅱ	大 (2) 型	10~1.0	重要	500~100	200~60	150~50	重要	120~30
Ⅲ	中型	1.0~0.10	中等	100~30	60~15	50~5	中等	30~5
Ⅳ	小 (1) 型	0.10~0.01	一般	30~5	15~3	5~0.5	一般	5~1
Ⅴ	小 (2) 型	0.01~0.001		<5	<3	<0.5		<1

注　1. 总库容指水库最高水位以下的静库容。
　　2. 治涝面积和灌溉面积均指设计面积。

单项用途的永久性水工建筑物,应根据其用途相应的等别和其本身的重要性按表 1-2 确定级别。多用途的永久性水工建筑物,应根据其各用途相应的等别中最高者和其本身的重要性按表 1-2 确定级别。

表 1-2　　　　　　　　　　水利水电工程永久性建筑物级别

工程等别	主要建筑物级别	次要建筑物级别	工程等别	主要建筑物级别	次要建筑物级别
Ⅰ	1	3	Ⅳ	4	5
Ⅱ	2	3	Ⅴ	5	5
Ⅲ	3	4			

失事后损失巨大或影响十分严重的水利水电工程，经论证并报主管部门批准，其2～5级主要永久性建筑物可提高一级设计；失事后造成损失不大的水利水电工程，经论证并报主管部门批准，其1～4级主要永久性水工建筑物可降低一级设计。水利水电工程挡水建筑物高度超过表1-3所列数值者，2级、3级建筑物可提高一级设计，但洪水标准不予提高。

表 1-3　水利水电工程挡水建筑物提级指标

挡水建筑物级别	坝型	坝高/m
2	土石坝	90
	混凝土坝、浆砌石坝	130
3	土石坝	70
	混凝土坝、浆砌石坝	100

当水工建筑物基础的工程地质条件复杂或实践经验较少的新型结构时，2～5级建筑物可提高一级设计，但洪水标准不予提高。

五、水利水电工程永久性水工建筑物洪水标准

设计永久性建筑物所采用的洪水标准分为正常运用（设计情况）和非常运用（校核情况）两种情况。应根据工程规模、重要性和基本资料等情况，按山区、丘陵区，平原、滨海区分别确定，详见表1-4、表1-5。

表 1-4　　　山区、丘陵区水利水电工程永久性建筑物洪水标准　　　单位：重现期（年）

项　目		水 工 建 筑 物 级 别				
		1	2	3	4	5
设计		1000～500	500～100	100～50	50～30	30～20
校核	土石坝	可能最大洪水（PME）或10000～5000	5000～2000	2000～1000	1000～300	300～200
	混凝土坝、浆砌石坝	5000～2000	2000～1000	1000～500	500～200	200～100

表 1-5　　　平原地区水利水电工程永久性建筑物洪水标准　　　单位：重现期（年）

项　目		水 工 建 筑 物 级 别				
		1	2	3	4	5
水库工程	设计	300～100	100～50	50～20	20～10	10
	校核	2000～1000	1000～300	300～100	100～50	50～20
拦河水闸	设计	100～50	50～30	30～20	20～10	10
	校核	300～200	200～100	100～50	50～20	20

在山区、丘陵区，土石坝一旦失事将对下游造成特别重大灾害时，1级建筑物的校核洪水标准应取可能最大洪水（PME）或万年一遇洪水。2～4级建筑物可提高一级设计，并按提高后的级别确定校核洪水标准。对于混凝土坝、浆砌石坝，如果洪水漫顶将造成极

严重的损失时，1级建筑物的校核洪水标准经过专门论证并报主管部门批准，可取可能最大洪水（PME）或万年一遇洪水。

第三节 水利工程管理

一、水利工程管理的内容

水利工程的建设，为工农业发展创造了有利条件，除水害、兴水利是一件治国安民的大事。为了确保工程的安全和完整，充分发挥水利工程的经济效益，必须加强管理工作。对于水利工程，建设是基础，管理是关键，使用是目的。

近年来，随着水利工作改革的不断深化，水利管理体制不断完善，对水利工程管理的认识不断提高。但是，由于过去重建设轻管理，致使管理工作存在诸多问题，如工程老化、失修；人为破坏和动物破坏；工程配套不足，设备利用率低；管理技术落后，水平不高；有些工程兴利标准偏低；跑、冒、滴、漏等浪费严重、能源消耗较大；用水管理制度不严格等。特别是水利工程受外界影响因素多、受力复杂，人们对自然规律认识水平有限，水利工程失事危害随社会发展不断加大。因此，工程管理的好坏，不仅直接影响经济效益的高低，而且关系到工农业生产和人民生命财产安全。所以，加强水利工程管理是极为重要的。

水利工程管理工作的基本任务是：①在保证工程安全和完整的前提下，充分发挥工程效益；②验证工程规划、设计的正确性，通过分析、研究，提高水利工程的科技含量；③充分开发、合理利用水资源，实行科学用水；④不断总结经验，提高管理水平，为工程扩建、改建提供资料和数据。

水利工程管理工作的内容包括四个方面，即组织管理、用水管理、经营管理和工程管理。本书各章节有关管理内容主要为工程管理。

工程管理一般包括以下五个方面的内容。

（1）控制运用。根据水文气象资料、用水要求及国家的方针政策，制定合理的控制运用计划，通过合理的调度，最大限度发挥工程作用，确保工程及防护区的安全。

（2）检查和观测。为了及时掌握水工建筑物的变化规律和性质，预见可能的变化，改善和提高工程的运用条件、验证设计情况，积累资料、不断提高科学技术管理水平，应对建筑物进行经常的、系统的、全面的检查和观测工作。

（3）养护和维修。水工建筑物在勘测、规划、设计和施工过程中，因各种原因和客观条件限制，往往存在不同程度缺陷。在长期使用过程中，由于自然条件变化和管理运用不当，将会使工程发生不利的变化、破坏，甚至造成工程事故。因此，要对工程进行长期监护，发现问题及时维修，消除隐患，确保工程完好、安全运行。

（4）改建和扩建。当原有工程不能满足新技术、新设备和现代化管理水平要求，建筑物在运用中存在严重缺陷而一般修理成效不大，或需要扩大服务对象和受益范围时，应对建筑物进行改建和扩建。

（5）防汛抢险。防汛抢险工作中，应立足于大洪水，建立防汛机构，组织好队伍，做好预报，做好防汛抢险的各项准备。以防为主，有备无患，确保安全。

二、水工建筑物的安全监测

（一）水工建筑物安全监测的主要作用

水工建筑物安全监测的主要作用反映在以下几方面。

（1）施工管理。主要是：①为大体积混凝土建筑物的温控和接缝灌浆提供依据，如施工缝灌浆时间的选择需要了解坝块温度和施工中缝的封闭状况；②掌握土石坝坝体固结和孔隙水压力的消散情况，以便合理安排施工进度等。

（2）大坝运行。大坝一般是建成后蓄水，但也有的是边建边蓄水。蓄水过程对工程是最不利的时期。这期间必须对大坝的微观、宏观的各种性态进行监测，特别是变位和渗流量的测定更为重要。对于扬压力、应力、应变以及山岩变位、两岸渗流等的监测都是重要的。

（3）科学研究。以分析研究为目标的监测。利用原型试验实测的结果可对原先所做的计算工作或小尺度的模型试验进行有说服力的验证。

（二）水工建筑物安全监测的内容

水工建筑物安全监测包括现场检查和仪器监测两个部分。

1. 现场检查

现场检查或观察就是用直觉方法或简单的工具，从建筑物外观显示出来的不正常现象中分析判断建筑物内部可能发生问题的方法，是一种直接维护建筑物安全运行的措施。即使有较完善监测仪器设施的工程，现场检查也是保证建筑物安全运行不可替代的手段。

2. 仪器监测

仪器监测内容有变形监测、应力及温度监测、渗流监测。

（1）变形监测是分析评价水工建筑物运行和安全状态的重要手段之一。水工建筑物异常变形往往是其发生严重破坏或崩溃的前兆。系统地进行变形监测，及时掌握异常变化情况并进行分析，以便采取相应措施，确保工程安全。水工建筑物变形监测分为外部变形监测和内部变形监测。

外部变形监测是将监测仪器和设备设置于水工建筑物的表面或廊道、孔口表面，用以量测结构表面测点的宏观变形量。其监测项目有五种：水平位移监测、垂直位移监测、倾斜监测、裂缝与结构缝监测和表面应变监测。外部变形监测通常使用光学测量仪器，部分监测项目使用电子遥测仪器。

内部变形监测是将监测仪器和设备埋设在水工建筑物或地基内部，用以量测内部测点的宏观变形或微观变形，其监测项目有五种：内部水平位移监测、内部垂直位移（内部沉降）监测、内部倾斜监测、内部裂缝监测和内部应变监测。内部变形监测仪器主要是利用各种类型的传感器制成的电子遥测仪器，也有用水、气传动以及机械结构制成的人工监测仪器。

（2）应力及温度监测是指在混凝土建筑物内设置应力和温度观测点，及时了解局部范围内的应力、温度及其变化情况。

（3）渗流监测的目的是以水在建筑物中的渗流规律来判断建筑物的性态及其安全情况。

第四节　本课程的内容和学习方法

一、本课程的内容

本课程是水利水电类专业的一门主要专业课。其内容主要讲述挡水建筑物、泄水建筑物、输水建筑物等的基本的、通用的规律，以及各种水工建筑物的作用特点、工作条件、型式、构造、材料、地基处理和设计计算的理论和方法，培养学生从水文、地质、地形、建材以及社会发展状况等实际情况出发，分析和解决水工建筑物的总体布置、设计计算和工程管理的能力。

二、本课程的学习方法

（1）学习的过程应该是不断复习巩固并适当开拓已学过的基本理论、基础知识和基本技能，以提高分析和解决实际问题能力的过程。水工建筑物是多种多样的，本课程通过介绍一些典型的水工建筑物，使学生掌握水工建筑物的基本工作原理，以及不同水工建筑物的运行管理特点。如水工建筑物的荷载问题、渗流问题、消能防冲问题、不同地基上水工建筑物的稳定及地基处理问题等，虽然都是结合某一种具体建筑物进行讲授的，但其基本规律对另一些水工建筑物也是适用的。因此，应该通过解剖经典问题，灵活运用理论知识来解决实际问题，绝不能不求甚解，照搬照套某些方法、步骤和公式，做到举一反三，具体问题具体分析。

（2）理论与实际相结合，"计算"不等于"设计"。水工建筑物这门课是以枢纽总体布置、建筑物运行管理、安全和经济等最优化为原则，讲述建筑物的设计计算与管理，并配合其他专业课，使学生更好地掌握勘测、规划和施工方面的知识。水工建筑物的设计及本课程的理论教学内容中，理论计算占有很大比重，由于客观条件是千变万化的，理论计算的结果往往不能直接作为设计成果。设计时，除理论计算外，还必须重视现场试验、类比等工程方法的运用，土、石、混凝土等建筑材料的性能参数的选定，工作条件的分析，型式构造的选择以及施工和运行管理的便利等。理论学习过程中必须考虑实际情况，树立"工程"的概念，积极参加现场实训，总结设计、施工及工程管理经验，做到理论与实际相结合。

（3）做好课程设计及习题作业。课程设计是提高理论知识理解能力和设计能力的有效方法。不同建筑物的设计理论、步骤，计算参数的选择，制图及编制设计文件的能力可以通过课程设计来进一步加强和巩固。学习过程中的关键问题，如重力坝的扬压力图形分布、土石坝坝顶超高值的计算等，都可以通过习题作业的方式来学习和理解。因此，要独立、认真地做好课程设计和习题作业，通过这一学习方式更深刻地懂得水工建筑物的工作原理及设计方法，循序渐进地学好这门课。

（4）积极阅读参考书籍、文献和资料，开拓知识面。水利科技水平在不停地发展，本书只能比较精炼地介绍一些最基本的知识，其理论性和系统性不如基础课程那么强，其内容也不可能完全满足设计的需要，如有些计算公式及计算参数是从实验中总结出来的，而且可能变化和更新。为了更好地消化和理解教材内容，要求认真听课的同时，课下还要积极阅读参考书籍、文献和资料，了解水利科技的最新进展，扩大视野，开阔思路。设计时必须参考一些规范、规程、手册和专著，才能做出正确设计。

复习思考题

1. 我国水资源的特点是什么？
2. 什么是水利工程？水利工程按其所承担的任务如何分类？
3. 什么叫水利枢纽？什么叫水工建筑物？简述水工建筑物的分类及特点。
4. 水利水电工程如何分等？水工建筑物如何分级？分等、分级的意义是什么？
5. 设计永久性建筑物采用的洪水标准是如何划分的？
6. 水利工程管理的意义是什么？
7. 目前工程管理工作中存在的问题有哪些？
8. 工程管理的主要内容是什么？
9. 本课的内容是什么？学好本课程应该注意哪些问题？

第二章 重 力 坝

第一节 概 述

重力坝是主要依靠坝体自重所产生的抗滑力来满足稳定要求的挡水建筑物，是世界坝工史上最古老、也是采用最多的坝型之一。

世界上最高的重力坝是瑞士的大狄克逊（Grand Dixence）整体式重力坝（1962年建成），坝高285m。我国已建的重力坝有刘家峡（148m）、新安江（105m）、三门峡（106m）、丹江口（110m）、丰满、潘家口等，其中，高坝有20余座。三峡混凝土重力坝和龙滩碾压混凝土重力坝分别高达175m和216.5m。

早在公元前2900年，埃及人就已经开始在尼罗河上修建浆砌石重力坝。到19世纪，水泥问世后才出现了混凝土重力坝（图2-1）。20世纪60年代后，由于施工技术的发展和机械化水平的提高，重力坝的坝高、坝型、结构、施工方法等均产生了很大的变化。

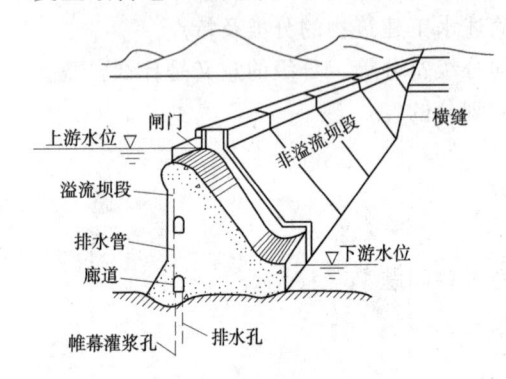

图2-1 混凝土重力坝示意图

重力坝坝轴线一般为直线，垂直坝轴线方向设横缝，将坝体分成若干个独立工作的坝段，以免因坝基发生不均匀沉陷和因温度变化而引起坝体开裂。为了防止漏水，在缝内设多道止水。垂直坝轴线的横剖面基本上是呈三角形，结构受力形式为固接于坝基上的悬臂梁。坝基要求布置防渗排水设施。

一、重力坝的特点

1. 重力坝的优点

（1）工作安全，运行可靠。重力坝剖面尺寸大，坝内应力较小，筑坝材料强度较高，耐久性好。因此，抵抗洪水漫顶、渗漏、侵蚀、地震和战争等破坏的能力都比较强。据统计，在各种坝型中，重力坝失事率相对较低。

（2）对地形、地质条件适应性强。任何形状的河谷都可以修建重力坝。对地质条件要求相对较低，一般修建在岩基上；当坝高不大时，也可修建在土基上。

（3）泄洪方便，导流容易。可采用坝顶溢流，也可在坝内设泄水孔，不需设置溢洪道和泄水隧洞，枢纽布置紧凑。在施工期可以利用坝体导流，不需另设导流隧洞。

（4）施工方便，维护简单。大体积混凝土，可以采用机械化施工，在放样、立模和混凝土浇筑等环节都比较方便。在后期维护、扩建、补强、修复等方面也比较简单。

(5) 受力明确，结构简单。重力坝沿坝轴线用横缝分成若干坝段，各坝段独立工作，结构简单，受力明确，稳定和应力计算都比较简单。

2. 重力坝的缺点

(1) 坝体剖面尺寸大，材料用量多，材料的强度不能得到充分发挥。

(2) 坝体与坝基接触面积大，坝底扬压力大，对坝体稳定不利。

(3) 坝体体积大，混凝土在凝结过程中产生大量水化热和硬化收缩，将引起不利的温度应力和收缩应力。因此，在浇筑混凝土时，需要有较严格的温度控制措施。

二、重力坝的分类

(1) 按坝的高度分类。坝高低于30m的为低坝，高于70m的为高坝，坝高为30～70m的为中坝。坝高是指坝基最低面（不含局部有深槽或井、洞部位）至坝顶路面的高度。

(2) 按泄水条件分类。按泄水条件分为溢流重力坝和非溢流重力坝。溢流坝段和坝内设有泄水孔的坝段统称为泄水坝段，非溢流坝段也叫挡水坝段。

(3) 按筑坝材料分类。按筑坝材料分为混凝土重力坝和浆砌石重力坝。

(4) 按坝体结构型式分类。①实体重力坝；②宽缝重力坝；③空腹（腹孔）重力坝；④预应力锚固重力坝；⑤支墩坝（平板坝、连拱坝、大头坝）。重力坝和支墩坝的型式见图2-2、图2-3。

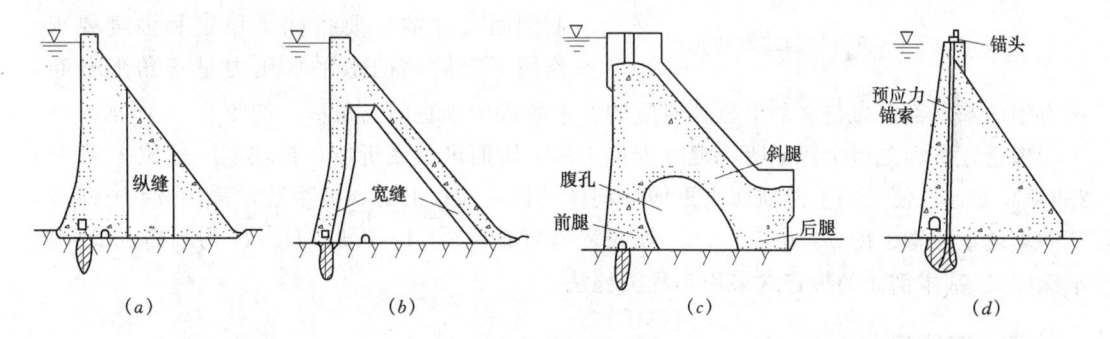

图2-2 重力坝的型式
(a) 实体重力坝；(b) 宽缝重力坝；(c) 空腹重力坝；(d) 预应力锚固重力坝

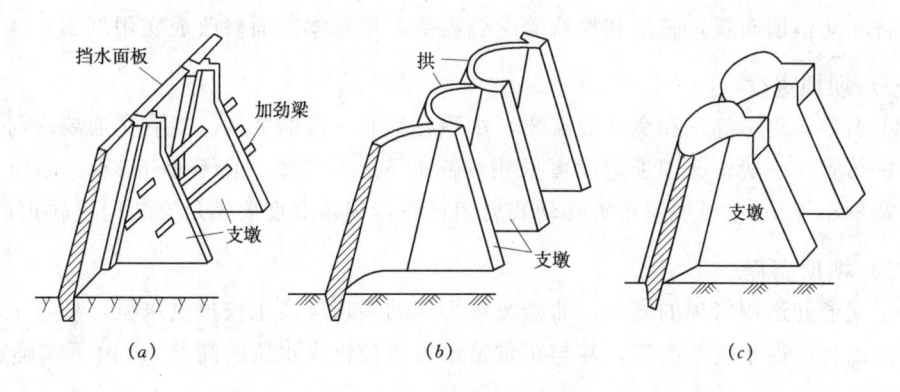

图2-3 支墩坝的型式
(a) 平板坝；(b) 连拱坝；(c) 大头坝

第二节　非溢流重力坝的剖面设计

非溢流重力坝剖面型式、尺寸的确定，将影响到荷载的计算、稳定和应力分析，因此，剖面设计以及其他相关结构的布置，是重力坝设计的关键步骤。

一、剖面设计的基本原则与步骤

非溢流坝剖面设计的基本原则：①满足稳定和强度要求，保证大坝安全；②工程量小，造价低；③结构合理，运用方便；④利于施工，方便维修。

剖面拟定的步骤：首先拟定基本剖面；其次根据运用以及其他要求，将基本剖面修改成实用剖面；最后按规范要求对实用剖面进行应力分析和稳定验算，经过几次反复修正和计算后，得到合理的设计剖面。

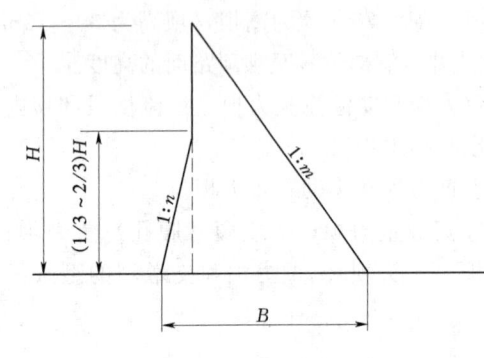

图 2-4　重力坝的基本剖面

二、基本剖面

重力坝承受的主要荷载是静水压力，控制剖面尺寸的主要指标是稳定和强度要求。作用于上游面的水平水压力呈三角形分布，重力坝的基本剖面为与水平水压力对应的、上游近于垂直的三角形，如图 2-4 所示。

理论分析和工程实践证明，混凝土重力坝上游面可做成折坡，折坡点一般位于 $1/3 \sim 2/3$ 坝高处，以便利用上游坝面水重增加坝体的稳定性；上游坝坡系数常采用 $n=0 \sim 0.2$，下游坝坡系数常采用 $m=0.6 \sim 0.8$，坝底宽约为 $B=(0.7 \sim 0.9)H$（H 为坝高或最大挡水深度）。基本剖面的拟定常采用工程类比法。

三、实用剖面

基本剖面拟定后，要进一步根据作用在坝体上的荷载以及运用条件，并考虑坝顶交通、设备和防浪墙布置，施工和检修等综合需要，把基本剖面修改成实用剖面。

（一）坝顶宽度

为了满足运用、施工和交通的需要，坝顶必须有一定的宽度。当有交通要求时，应按交通要求布置。一般情况坝顶宽度可采用坝高的 $8\% \sim 10\%$，且不小于 3m。碾压混凝土坝坝顶宽不小于 5m；当坝顶布置移动式启闭机时，坝顶宽度要满足安装门机轨道的要求。

（二）坝顶高程

为了交通和运用管理的安全，非溢流重力坝的坝顶应高于校核洪水位，坝顶上游的防浪墙顶的高程应高于波浪高程，其与正常蓄水位或校核洪水位的高差 Δh 由下式确定：

$$\Delta h = h_{1\%} + h_z + h_c \tag{2-1}$$

式中　Δh——防浪墙顶至正常蓄水位或校核洪水位的高差，m；

$h_{1\%}$——超值累积频率为1%时波浪高度，m；

h_z——波浪中心线高出正常蓄水位或校核洪水位的高度，m；

h_c——安全超高，m，查表2-1。

表 2-1　　　　　　　　　安全超高 h_c 值表　　　　　　　　　单位：m

水工建筑物安全级别	Ⅰ	Ⅱ	Ⅲ
正常蓄水位（设计洪水位）	0.7	0.5	0.4
校核洪水位	0.5	0.4	0.3

波浪的几何要素如图2-5所示，波高 h_1 为波峰到波谷的高度，波长 L 为波峰到波峰的距离，因空气阻力比水的阻力小，所以波浪中心线高出静水面一定高度 h_z。

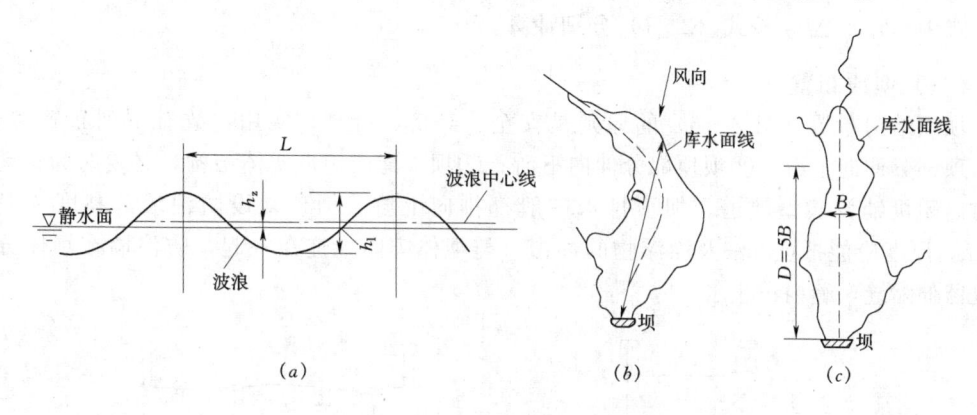

图 2-5　波浪几何要素及风区长度
(a) 波浪要素；(b)、(c) 风区长度

由于影响波浪的因素很多，目前主要用半经验公式确定波浪要素。下列官厅水库公式适用于峡谷水库。

$$\frac{gh_1}{v_0^2} = 0.0076 v_0^{-\frac{1}{12}} \left(\frac{gD}{v_0^2}\right)^{\frac{1}{3}} \quad (\text{m}) \tag{2-2}$$

$$\frac{gL}{v_0^2} = 0.331 v_0^{-\frac{1}{2.15}} \left(\frac{gD}{v_0^2}\right)^{\frac{1}{3.75}} \quad (\text{m}) \tag{2-3}$$

式中　v_0——计算风速，m，是指水面以上10m处10min的多年最大风速平均值，水库为正常蓄水位和设计洪水位时，宜采用相应洪水期多年平均最大风速的1.5～2.0倍，校核洪水位时，宜采用相应洪水期最大风速的多年平均值；

D——风区长度（有效吹程），m，是指风作用于水域的长度，为自坝前沿风向到对岸的距离；当风区长度内水面由局部缩窄，且缩窄处的宽度 B 小于12倍计算波长时，用风区长度 $D=5B$（也不小于坝前到缩窄处的距离）；水域不规则时，按规范要求计算。

$$h_z = \frac{\pi h_1^2}{L} \text{cth} \frac{2\pi H}{L} \tag{2-4}$$

式中　H——坝前水深，m。

事实上波浪系列是随机的,即相继到来的波高有随机变动,是个随机过程。天然的随机波列用统计特征值表示,如超值累计频率(又称保证率)为 P,波高值以 h_P 表示,即超高值累计频率为1%、5%的波高记为 $h_{1\%}$、$h_{5\%}$。

官厅水库公式所得波高 h_1 累计频率为5%,适用于 $v_0<20\text{m/s}$,$D<20\text{km}$,且 $gD/v_0^2=20\sim250$ 的情况。推算1%波高需乘以1.43。波浪几何要素的计算详见 DL 5077—1997《水工建筑物荷载设计规范》。

因设计与校核情况计算 h_1 和 h_z 用的计算风速不同,查出的安全超高值 h_c 不同,故 Δh 的计算结果不同,因此坝顶上游防浪墙墙顶高程按下式计算,并选用较大值作为选定高程:

$$\text{坝顶或防浪墙顶高程}=\text{设计洪水位}+\Delta h_{\text{设}}$$

$$\text{坝顶或防浪墙顶高程}=\text{校核洪水位}+\Delta h_{\text{校}}$$

式中 $\Delta h_{\text{设}}$、$\Delta h_{\text{校}}$ 按式(2-1)分别计算。

(三) 坝顶布置

坝顶结构布置(图2-6)的原则是安全、经济、合理、实用,故有下列布置型式:①坝顶部分伸向上游;②坝顶部分伸向下游;③坝顶建成矩形实体结构,必要时为移动式闸门启闭机铺设隐型轨道。坝顶排水一般都排向上游。坝顶常设防浪墙,高度一般为1.2m,厚度应能抵抗波浪及漂浮物的冲击,与坝体牢固地连在一起,防浪墙在坝体分缝处也留伸缩缝,缝内设止水。

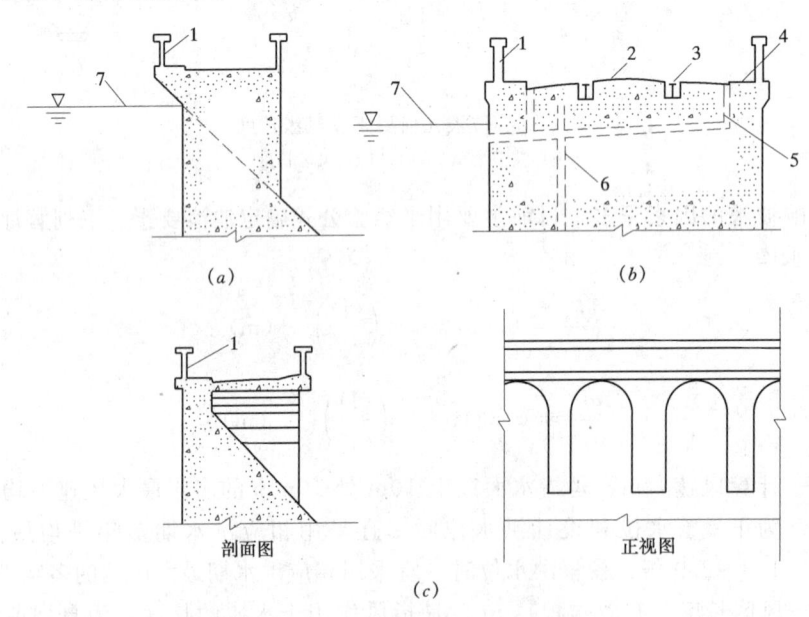

图2-6 坝顶结构布置
1—防浪墙;2—公路;3—起重机轨道;4—人行道;5—坝顶排水管;6—坝体排水管;7—最高水位

(四) 实用剖面型式

根据坝顶布置的需要,坝体实用剖面的上游坝面,常采用以下三种型式。

(1) 铅直坝面。上游坝面为铅直面,便于施工,利于布置进水口、闸门和拦污设备,但是可能会使下游坝面产生拉应力，此时可修改下游坝坡系数 m 值。

（2）斜坡坝面。当坝基条件较差时，可利用斜面上的水重，提高坝体的稳定性。

（3）折坡坝面。是最常用的实用剖面。既可利用上游坝面的水重增加稳定，又可利用折坡点以上的铅直面布置进水口，还可以避免空库时下游坝面产生拉应力，折坡点（1/3～2/3 坝前水深）处应进行强度和稳定验算，如图 2-7 所示。

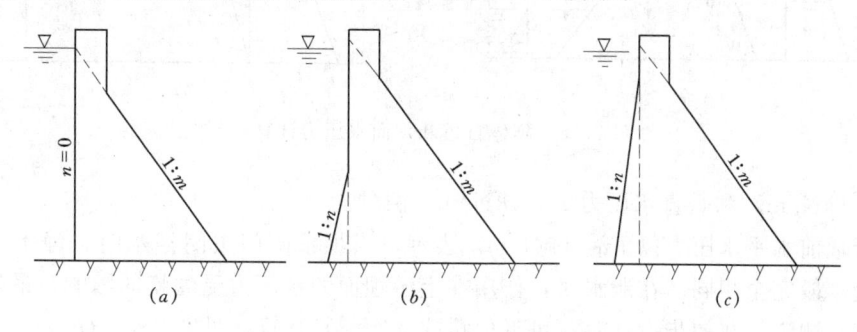

图 2-7　非溢流重力坝实用剖面型式
(a) 上游铅直坝面；(b) 上游斜坡坝面；(c) 上游折坡坝面

实用剖面应该以剖面的基本参数为依据，以强度和稳定为约束条件，建立坝体工程量最小的目标函数，进行优化设计，确定最终的设计方案和相关尺寸。

第三节　重力坝的荷载及组合

荷载是重力坝设计的主要依据之一，荷载可按作用随时间的变异分为三类：①永久作用；②可变作用；③偶然作用。设计时应正确选用其标准值、分项系数、有关参数和计算方法。

一、重力坝的荷载

重力坝的荷载主要有：①自重；②静水压力；③动水压力；④淤沙压力；⑤浪压力；⑥扬压力；⑦冰压力；⑧地震荷载；⑨土压力；⑩其他荷载。取单位坝长（1m）计算如下。

（一）自重（包括永久设备自重）

单位宽度上坝体自重 W（kN/m）标准值计算公式如下：

$$W = A\gamma_c \tag{2-5}$$

式中　A——坝体横剖面的面积，常将坝体断面分解成简单的矩形、三角形计算，见图 2-8 (a)；

γ_c——坝体混凝土的重度，kN/m³，根据选定的配合比通过实验确定，一般采用 23.5～24.0kN/m³。

计算自重时，坝上永久性的固定设备，如闸门、固定式启闭机的重量也应计算在内，坝内较大的孔洞应该扣除。坝体自重的作用分项系数为 1.0。永久设备自重的作用分项系数，当其作用效应对结构不利时采用 1.05，有利时采用 0.95。

（二）静水压力

静水压力是作用在上下游坝面的主要荷载，如图 2-8 所示。计算时常分解为水平水

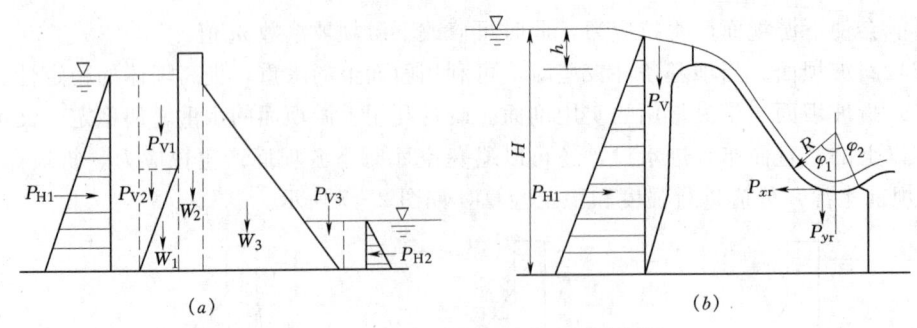

图 2-8 坝体自重和坝面水压力计算图

压力 P_H （kN/m）和垂直水压力 P_V （kN/m）两种。

溢流堰前水平水压力以 P_{H1} （kN/m）表示，当坝顶闸门关闭挡水时，静水压力计算与非溢流坝段完全相同。在泄水时，作用在上游坝面的水压力受溢流的影响，最好通过水工模型试验测定。在初步设计时，可近似按式（2-8）计算，见图 2-8（b）。

$$P_V = A_w \gamma_w \tag{2-6}$$

$$P_H = \frac{1}{2} \gamma_w H^2 \tag{2-7}$$

$$P_{H1} = \frac{1}{2} \gamma_w (H^2 - h^2) \tag{2-8}$$

式中 A_w——坝踵处所作的垂线与上游水面和上游坝面所围成图形的面积，m²；

H——计算点处的作用水头，m；

h——堰顶溢流水深，m；

γ_w——水的重度，kN/m³，常用 9.81kN/m³。

静水压力分项系数采用 1.0。合力作用点在压力图剖面形心处。

（三）动水压力

溢流坝下游反弧段，在高速水流作用下的时均压力和脉动压力叫动水压力。动水压力的水平分力代表值 P_{xr}（N/m）和垂直分力代表值 P_{yr}（N/m）为

$$P_{xr} = \frac{\gamma_w}{g} qv (\cos\varphi_2 - \cos\varphi_1) \tag{2-9}$$

$$P_{yr} = \frac{\gamma_w}{g} qv (\sin\varphi_2 + \sin\varphi_1) \tag{2-10}$$

式中 q——相应设计状况下反弧段上的单宽流量，m³/（s·m）；

g——重力加速度，m/s²；

v——反弧段最低点处的断面平均流速，m/s；

φ_1、φ_2——反弧段圆心竖线左、右的中心角，取其绝对值。

P_{xr} 和 P_{yr} 的作用点可近似地认为在反弧段长度的中点，图 2-8（b）中方向为正。反弧段上动水压力（离心力）的作用分项系数采用 1.1。

因溢流坝顶和坝面上的脉动压力对坝体稳定和坝内应力影响很小，可以不计；当引起结构振动和影响结构安全时应计入。

(四) 淤沙压力

入库水流挟带的泥沙在水库中淤积,淤积在坝前的泥沙对坝面产生的压力叫淤沙压力,如图2-9所示。淤积的规律是从库首至坝前,随水深的增加而流速减小,沉积的粒径由粗到细,坝前淤积的是极细的泥沙,淤积泥沙的深度和内摩擦角随时间变化,一般计算年限取50~100年,单位坝长上的水平淤沙压力标准值 P_{sk} (kN/m) 为

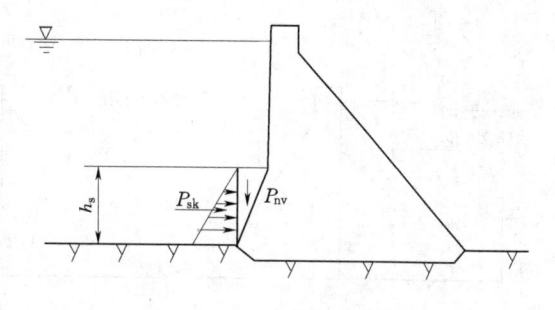

图2-9 淤沙压力计算图
P_{nv}—竖向淤泥压力

$$P_{sk} = \frac{1}{2}\gamma_{sb}h_s^2\tan^2\left(45° - \frac{\varphi_s}{2}\right) \tag{2-11}$$

其中
$$\gamma_{sb} = \gamma_{sd} - (1-n)\gamma_w$$

式中 γ_{sb}——淤沙的浮重度,kN/m³;

γ_{sd}——淤沙的干重度,kN/m³;

γ_w——水的重度,kN/m³;

n——淤沙的孔隙率;

h_s——坝前估算的泥沙淤积厚度,m;

φ_s——淤沙的内摩擦角,(°)。

当上游坝面倾斜时,应计入竖向淤沙压力,按淤沙的浮重度计算。淤沙压力的作用分项系数采用1.2。

(五) 浪压力

水库表面波浪对建筑物产生的拍击力叫浪压力。浪压力的影响因素较多,是动态变化的,可取不利情况计算。浪压力的作用分项系数应采用1.2。

当坝前水深大于半波长,即 $H > L/2$ 时,波浪运动不受库底的约束,这样条件下的波浪称为深水波。水深小于半波长而大于临界水深 H_{cr},即 $L/2 > H > H_{cr}$ 时,波浪运动受到库底的影响,称为浅水波。水深小于临界水深,即 $H < H_{cr}$ 时,波浪发生破碎,称为破碎波。临界水深 H_{cr} 的计算公式为

$$H_{cr} = \frac{L}{4\pi}\ln\left(\frac{L + 2\pi h_{1\%}}{L - 2\pi h_{1\%}}\right) \tag{2-12}$$

三种波态情况的浪压力 P_L (kN/m) 分布不同,浪压力计算公式如下:

(1) 深水波,见图2-10 (a)。

$$P_L = \frac{\gamma L}{4}(h_{1\%} + h_z) \tag{2-13}$$

式中 $h_{1\%}$、L、h_z——按式 (2-2)~式 (2-4) 计算。注意算出 h_1 应换算成 $h_{1\%}$。对于其他建筑物如水闸,应根据其级别换算成相应的超值累积频率下的波高值。

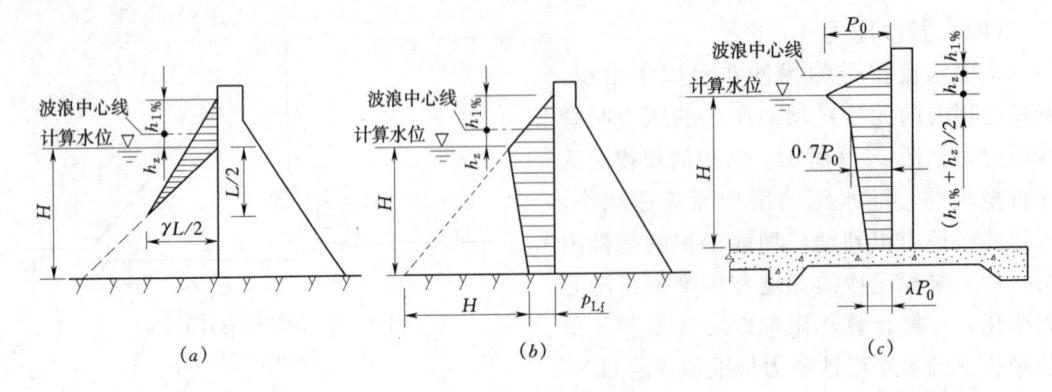

图 2-10 波浪压力分布
(a) 深水波；(b) 浅水波；(c) 破碎波

(2) 浅水波，见图 2-10 (b)。

$$P_\mathrm{L} = \frac{1}{2}[(h_{1\%}+h_\mathrm{z})(\gamma H+P_\mathrm{Lf})+HP_\mathrm{Lf}] \quad (2-14)$$

其中
$$P_\mathrm{Lf} = \gamma h_{1\%}\operatorname{sech}\frac{2\pi H}{L}$$

式中　P_Lf——水下底面处浪压力的剩余强度，kN/m^2。

(3) 破碎波，见图 2-10 (c)。

$$P_\mathrm{L} = \frac{P_0}{2}[(1.5-0.5\lambda)h_{1\%}+(0.7+\lambda)H] \quad (2-15)$$

其中
$$P_0 = K_0\gamma h_{1\%}$$

式中　λ——水下底面处浪压力强度的折减系数，当 $H\leqslant 1.7h_{1\%}$ 时，采用 0.6，当 $H>1.7h_{1\%}$ 时，采用 0.5；

　　　P_0——计算水位处的浪压力强度，kN/m^2；

　　　K_0——系数，为建筑物前底坡影响系数，与 i 有关，见表 2-2。

表 2-2　　　　　　　　河底坡 i 对应的 K_0 值

底坡 i	1/10	1/20	1/30	1/40	1/50	1/60	1/80	<1/100
K_0 值	1.89	1.61	1.48	1.41	1.36	1.33	1.29	1.25

(六) 扬压力

扬压力包括渗透压力和浮托力两部分。渗透压力是由上下游水位差产生的渗流而在坝内或坝基面上形成的向上的压力。浮托力是由下游水深淹没坝体计算截面而产生向上的压力。应特别指出：浮托力与浮力的概念不同，浮力等于物体排开液体体积的重量；而浮托力等于计算截面面积与计算点处下游水深之积再乘以水重度。

扬压力的分布与坝体结构、上下游水位、防渗排水设施等因素有关。不同计算情况有不同的扬压力，扬压力代表值是根据扬压力分布图形计算的，如图 2-11 所示。

1. 坝底面上的扬压力

岩基上坝底扬压力按下列三种情况确定。

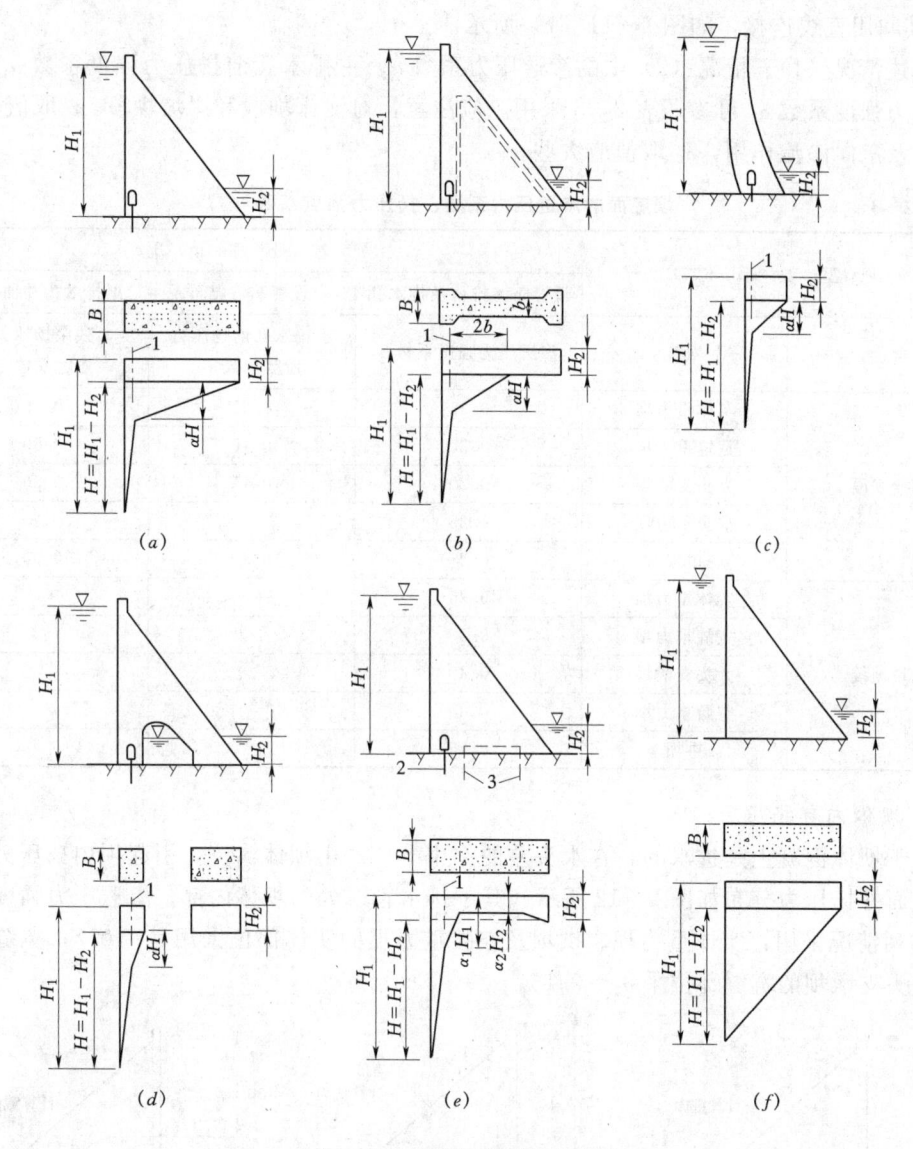

图 2-11 坝底面扬压力分布图

(a) 实体重力坝；(b) 宽缝重力坝及大头支墩坝；(c) 拱坝；(d) 空腹重力坝；
(e) 坝基设有抽排系统；(f) 未设帷幕及排水孔
1—排水孔中心线；2—主排水孔；3—副排水孔

(1) 当坝基设有防渗和排水幕时，坝底面上游（坝踵）处的扬压力作用水头为 H_1；排水孔中心线处的扬压力作用水头为 $H_2+\alpha H$（$H=H_1-H_2$）；下游（坝趾）处为 H_2；三者之间用直线连接，如图 2-11 (a) ~ (d) 所示。

(2) 当坝基设有防渗帷幕、上游主排水孔幕、下游副排水孔及抽排系统时，坝底面上游处的扬压力作用水头为 H_1，下游坝趾处为 H_2，主、副排水孔中心线处分别为 $\alpha_1 H_1$、$\alpha_2 H_2$，其间各段用直线连接，如图 2-11 (e) 所示。

(3) 当坝基无防渗、排水幕时，坝底面上游处的扬压力作用水头为 H_1，下游处为

H_2，其间用直线连接，如图 2-11（f）所示。

上述情况（1）、情况（2）中的渗透压力系数 α、主排水孔前扬压力强度系数 α_1 及残余扬压力强度系数 α_2 可参照表 2-3 采用。应注意，对河床坝段和岸坡坝段，α 取值不同，后者计及三向渗流作用，α_2 取值应大些。

表 2-3　　　　　　　　　坝底面的渗透压力系数、扬压力强度系数

坝型及部位		坝基处理情况		
		设置防渗帷幕及排水孔	设置防渗帷幕及主、副排水孔并抽排	
部位	坝型	渗透压力强度系数 α	主排水孔前扬压力强度系数 α_1	残余扬压力强度系数 α_2
河床坝段	实体重力坝	0.25	0.20	0.50
	宽缝重力坝	0.20	0.15	0.50
	大头支墩坝	0.20	0.15	0.50
	空腹重力坝	0.25		
	拱坝	0.25	0.20	0.50
岸坡坝段	实体重力坝	0.35		
	宽缝重力坝	0.30		
	大头支墩坝	0.30		
	空腹重力坝	0.35		
	拱坝	0.35		

2. 坝体内部扬压力

由于坝体混凝土是透水的，在水头差的作用下，产生坝体渗流，引起坝内扬压力，其计算截面处扬压力分布如图 2-12 所示。其中排水管线处的坝体内部，渗透压力强度系数 α_3 按下列情况采用：实体重力坝、拱坝及空腹重力坝的实体部位采用 $\alpha_3=0.2$；宽缝重力坝、大头支墩坝的宽缝部位采 $\alpha_3=0.15$。

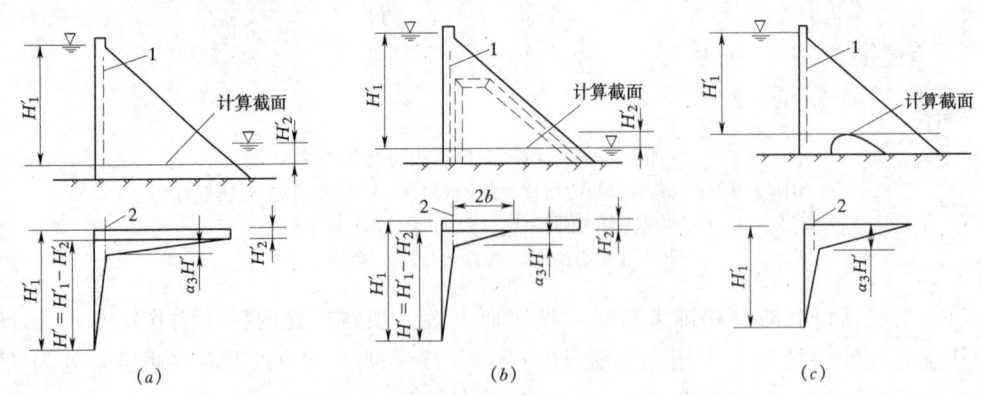

图 2-12　坝体计算截面上的扬压力分布
(a) 实体重力坝；(b) 宽缝重力坝；(c) 空腹重力坝
1—坝内排水管；2—排水管中心线

3. 扬压力作用分项系数

坝底面和坝体内部扬压力的作用分项系数按下列原则采用。

(1) 浮托力的作用分项系数均采用1.0。

(2) 渗透压力的作用分项系数，对于实体重力坝取1.2；对于宽缝重力坝，大头支墩坝、空腹重力坝取1.1。

(3) 若坝基下游设置抽排系统，主排水孔之前扬压力的作用分项系数采用1.1，主排水孔之后的残余扬压力的作用分项系数采用1.2。

当坝基面前有黏土铺盖，多泥沙河流坝前河床能形成淤沙铺盖时，可根据工程经验对坝踵及排水孔处的扬压力水头做适当折减。

(七) 冰压力

冰对建筑物的作用力称冰压力。冰压力分静冰压力和动冰压力两种。水库表面结冰后，体积增加约9%，在气温回升时，冰盖加速膨胀，受到坝面和库岸的约束，在坝面上产生的压力称静冰压力。冰盖解冻，冰块顺风顺水漂流撞击在坝面、闸门或闸墩上的撞击力称为动冰压力。静冰压力的作用分项系数采用1.1，动冰压力的分项系数也可采用1.1。冰压力的计算详见 DL 5077—1997《水工建筑物荷载设计规范》。

(八) 地震荷载

在地震区建坝，必须考虑地震的影响。地震时，地震力施加于结构上的动态作用称地震作用。重力坝抗震计算应考虑的地震作用为地震惯性力、地震动水压力和地震动土压力。一般情况下，进行抗震计算时的上游水位可采用正常蓄水位。地震对建筑物的影响程度，常用地震烈度表示。地震烈度分为12度。烈度越大，对建筑物的破坏越大，抗震设计要求越高。

抗震设计中常用到基本烈度和设计烈度两个基本概念。基本烈度是水工建筑物所在地区一定时期内（约100年）可能遇到的地震最大烈度；设计烈度是抗震设计时实际采用的地震烈度。一般情况采用基本烈度作为设计烈度。对于1级挡水建筑物，应根据其重要性和遭受震害后的危险性，可在基本烈度的基础上提高一度。对于设计烈度为6度及其以下的地区不考虑地震荷载；设计烈度在7～9度（含7度和9度）时，应考虑地震荷载；设计烈度在9度以上时，应进行专门研究。对于设计烈度为6度以上，超过200m的高坝和设计烈度7度以上，超过150m的大（1）型工程，其抗震设防依据应根据专门的地震危险性分析成果评定。校核烈度应比设计烈度高1/2度或1度，也可以用该地区最大可能烈度进行校核，此时允许局部破坏但不危及整体安全。

SL 203—97《水工建筑物抗震设计规范》规定，水工建筑物的工程抗震设防类别根据其重要性和工程场地基本烈度按表2-4确定。

表 2-4　　　　　　　　　　工程抗震设防类别

工程抗震设防类别	建筑物级别	场地基本烈度
甲	1（壅水）	≥6
乙	1（非壅水）、2（壅水）	
丙	2（非壅水）、3	≥7
丁	4、5	

各类工程抗震设防类别的水工建筑物,除土石坝、水闸外,地震作用效应计算方法应按表 2-5 的规定采用。

对于工程抗震设防类别为乙、丙类,设计烈度低于 8 度,且坝高不大于 70m 的重力坝可采用拟静力法。

表 2-5　　　　　　　　地震作用效应的计算方法

工程抗震设防类别	地震作用效应的计算方法	工程抗震设防类别	地震作用效应的计算方法
甲	动力法	丁	拟静力法或着重采取抗震措施
乙、丙	动力法或拟静力法		

1. 地震惯性力

地震时,重力坝随地壳做加速运动时,产生了地震惯性力。地震惯性力的方向是任意的,一般情况下只考虑水平向地震作用,对于设计烈度为 8 度、9 度的 1 级、2 级重力坝,应同时计入水平和竖向地震作用。

当采用拟静力法计算地震作用效应时,沿建筑物高度作用于质点 i 的水平向地震惯性力代表值应按下式计算:

$$F_i = \frac{\alpha_h \xi G_{Ei} \alpha_i}{g} \tag{2-16}$$

式中　F_i——作用在质点 i 的水平向地震惯性力代表值,kN/m;
　　　ξ——地震作用的效应折减系数,除另有规定外,取 0.25;
　　　G_{Ei}——集中在质点 i 的重力作用标准值,kN;
　　　α_i——质点 i 的动态分布系数,计算重力坝地震作用效应时,由式(2-17)确定;
　　　g——重力加速度,m/s²;
　　　α_h——水平向设计地震加速度代表值,由表 2-6 确定。

表 2-6　　　　　　　　水平向设计地震加速度代表值 α_h

设计烈度	7	8	9
α_h	0.1g	0.2g	0.4g

注　$g=9.81\text{m/s}^2$。

$$\alpha_i = 1.4 \frac{1 + 4(h_i/H)^4}{1 + 4\sum_{i=1}^{n} \frac{G_{Ej}}{G_E}(h_j/H)^4} \tag{2-17}$$

式中　n——坝体计算质点总数;
　　　H——坝高,m,溢流坝的 H 应算至闸墩顶;
　　　h_i、h_j——质点 i、j 的高度,m;
　　　G_E——产生地震惯性力的建筑物总重力作用的标准值,kN;
　　　G_{Ej}——集中在质点 j 的重力作用标准值,kN。

竖向设计加速度的代表值 α_v 应取水平设计地震加速度代表值的 2/3。

当同时计算水平和竖向地震作用效应时,总的地震作用效应可将竖向地震作用效应乘以 0.5 的遇合系数后与水平向地震作用效应直接相加。

2. 地震动水压力

地震时，坝前、坝后的水体随着振动，形成作用在坝面上的激荡力。

采用拟静力法计算重力坝地震作用效应时，直立坝面水深 y 处的地震动水压力代表值按式（2-18）计算：

$$P_w(h) = \alpha_h \xi \psi(h) \rho_w H \tag{2-18}$$

式中 $P_w(h)$——作用在直立迎水坝面水深 h 处的地震动水压力代表值，kN/m；

$\psi(h)$——水深 h 处的地震动水压力分布系数，应按表 2-7 的规定取值；

ρ_w——水体质量密度标准值，kg/m³；

H——水深，m。

表 2-7　　　　　　　　重力坝地震动水压力分布系数 $\psi(h)$

h/H_0	$\psi(h)$	h/H_0	$\psi(h)$
0.0	0.00	0.6	0.76
0.1	0.43	0.7	0.75
0.2	0.58	0.8	0.71
0.3	0.68	0.9	0.68
0.4	0.74	1.0	0.67
0.5	0.76		

单位宽度坝面的总地震动水压力作用在水面以下 $0.54H$ 处，其代表值 F_0（kN/m）应按下式计算：

$$F_0 = 0.65 \alpha_h \xi \rho_w H^2 \tag{2-19}$$

与水平面夹角为 θ 的倾斜迎水坝面，按式（2-19）的规定计算的动水压力代表值应乘以折减系数。折减系数计算公式为

$$\eta_c = \frac{\theta}{90} \tag{2-20}$$

迎水坝面有折坡时，若水面以下直立部分的高度不小于水深 H 的一半，可近似取作直立坝面，否则应取水面点与坡脚点连线代替坡度。

作用在坝体上、下游的地震动水压力均与坝面垂直，且两者的作用方向一致。例如，当地震加速度的方向指向上游时，作用在上、下游坝面的地震动水压力方向均指向下游。

3. 地震动土压力

当重力坝坝体插入土体或坝体一侧有填土时，应计算地震动土压力作用。地震主动土压力代表值可按式（2-21）计算。其中 C_e 应取式（2-22）中按"+"、"-"号计算结果中的大值。

$$F_E = \left[q_0 \frac{\cos\psi_1}{\cos(\psi_1 - \psi_2)} H + \frac{1}{2}\gamma H^2 \right]\left(1 - \frac{\zeta a_v}{g}\right) C_e \qquad (2-21)$$

$$C_e = \frac{\cos^2(\phi - \theta_e - \psi_1)}{\cos\theta_e \cos^2\psi_1 \cos(\delta + \psi_1 + \theta_e)(1 \pm \sqrt{Z})^2} \qquad (2-22)$$

$$Z = \frac{\sin(\delta + \phi)\sin(\phi - \theta_e - \psi_2)}{\cos(\delta + \psi_1 + \theta_e)\cos(\psi_2 - \psi_1)} \qquad (2-23)$$

$$\theta_e = \tan^{-1} \frac{\zeta a_h}{g - \zeta a_v} \qquad (2-24)$$

式中 F_E——地震主动动土压力代表值，kN/m；

q_0——土表面单位长度的荷重，kN/m；

ψ_1——重力坝表面（挡土墙面）与垂直面夹角，(°)；

ψ_2——土表面和水平面的夹角，(°)；

H——土的高度，m；

γ——土的重度的标准值，kN/m³；

ϕ——土的内摩擦角，(°)；

θ_e——地震系数角，(°)；

δ——坝面（挡土墙面）与土之间的摩擦角，(°)；

ζ——计算系数，动力法计算地震作用效应时应取 1.0，拟静力法计算地震作用效应时一般取 0.25，对钢筋混凝土结构取 0.35。

地震被动动土压力应经专门研究确定。

（九）其他荷载

常见的其他荷载有土压力、温度荷载、灌浆压力、风荷载、雪荷载、坝顶车辆荷载、永久设备荷载等。

土压力分主动土压力和被动土压力，根据具体情况确定。

温度荷载是指建筑物受环境温度变化，在水泥水化热的产生或散失时受坝基和其他结构约束而产生的温度应力。正常运用期靠合理设置温度缝来消除温度应力；施工期靠采用低热水泥、采取温控措施等来消除温度应力。虽然在稳定和应力分析时不计入，但在结构设计时应引起重视。

施工时要严格控制灌浆压力，防止因压力太大破坏建筑物。

风荷载、雪荷载、车辆荷载、人群荷载、永久设备荷载等在重力坝全部荷载中占比重很小，一般忽略不计。但这些荷载对某些局部结构是非常重要的。例如，在对溢流坝坝顶桥梁、启闭机房、启闭机架等进行结构分析计算时，必须计入这些荷载。

二、重力坝的荷载的类型及其组合

（一）荷载的类型

重力坝的荷载，除坝体自重外，其他荷载的大小和出现的几率都有一定的变化。因此，在进行荷载组合时，应分析其出现的几率、结构的重要性、作用的可能性而采用不同的分项系数和结构系数。重力坝主要荷载按随时间变异分三类。

(1) 永久荷载包括：①坝体自重和永久性设备自重；②淤沙压力（有排沙设施时可列为可变作用）；③土压力。

(2) 可变荷载包括：①静水压力；②扬压力（包括渗透压力和浮托力）；③动水压力（包括水流离心力、水流冲击力、脉动压力等）；④浪压力；⑤冰压力（包括静冰压力和动冰压力）；⑥风雪荷载；⑦机动荷载。

(3) 偶然荷载包括：①地震作用；②校核洪水位时的静水压力。

(二) 荷载的组合

混凝土重力坝应分别按承载能力极限状态和正常使用极限状态进行计算和验算。按承载能力极限状态设计时，应考虑基本组合和偶然组合两种作用效应组合。按正常使用极限状态设计时，应考虑短期组合和长期组合两种作用效应组合。

在设计混凝土重力坝坝体剖面时，应按照承载能力极限状态计算基本组合和偶然组合。

1. 荷载作用的基本组合

荷载作用的基本组合包括下列作用。

(1) 坝体（建筑物）的自重（应包括永久性机械设备、闸门、起重设备及其他结构自重）。

(2) 以发电为主的水库，上游用正常蓄水位，下游按照运用要求泄放最小流量时的水位，且防渗及排水设施正常工作时的水作用：①大坝上、下游面的静水压力；②扬压力。

(3) 大坝上游淤沙压力。

(4) 大坝上、下游侧向土压力。

(5) 以防洪为主的水库［取代(2)］，上游用防洪高水位，下游用其相应的水位，且防渗及排水设施正常工作时的水作用：①大坝上下游面的静水压力；②扬压力；③相应泄洪时的动水压力。

(6) 浪压力：①取 50 年一遇风速引起的浪压力（约相当于多年平均最大风速的 1.5～2.0 倍引起的浪压力）；②多年平均最大风速引起的浪压力。

(7) 冰压力取正常蓄水位时的冰作用。

(8) 其他出现机会较多的作用。

2. 荷载作用的偶然组合

除计入一些永久作用和可变作用外，还应计入一个偶然作用。

(9) 当水库泄放校核洪水（偶然状况）流量时，上、下游水位的作用［取代(5)］，且防渗排水正常工作时的水作用：①坝上下游面的静水压力；②扬压力；③相应泄洪时的动水压力。

(10) 地震力。一般取正常蓄水情况时相应的上、下游水深。

(11) 其他出现机会很少的作用。

将上述各种荷载的作用组合列入表 2-8，基本组合为三种情况，偶然组合为两种情况。表中的基本组合是在持久状况或短暂状况下，永久作用与可变作用的效应组合；偶然组合是在偶然状况下，永久作用、可变作用与一种偶然作用的效应组合。

表 2-8　　　　　　　　　　　　（荷载）作用组合

设计状况	作用组合	主要考虑情况	自重	静水压力	扬压力	淤沙压力	浪压力	冰压力	动水压力	土压力	地震作用	备注
持久状况	基本组合	1. 正常蓄水位情况	(1)	(2)	(2)	(3)	(6)①	—	—	(4)	—	以发电为主的水库；土压力根据坝体外是否有填土而定（下同）
		2. 防洪高水位情况	(1)	(5)	(5)	(3)	(6)①	—	(5)	(4)	—	以防洪为主的水库，正常蓄水位较低
		3. 冰冻情况	(1)	(2)	(2)	(3)	—	(7)	—	(4)	—	静水压力及扬压力按相应冬季库水位计算
短暂状况	基本组合	施工期临时挡水	(1)	(2)	(2)					(4)		
偶然状况	偶然组合	1. 校核洪水情况	(1)	(9)	(9)	(3)	(6)②	—	(9)	(4)	—	
		2. 地震情况	(1)	(2)	(2)	(3)	(6)②	—	—	(4)	(10)	静水压力、扬压力和浪压力按正常蓄水位计算，有论证时可另作规定

注　1. 应根据各种作用同时发生的概率，选择计算中最不利的组合。
　　2. 根据地质和其他条件，应考虑运用时排水设备易于堵塞，经常维修时排水失效的情况等，作为偶然组合。

（三）荷载作用分项系数

根据荷载作用的特点，有不同的分项系数，常用荷载作用的分项系数见表 2-9。

表 2-9　　　　　　　　　　　　（荷载）作用分项系数

序号	作用类别	分项系数
1	自重（永久作用）	1.00
2	水压力（可变作用） (1) 静水压力 (2) 动水压力：时均压力、离心力、冲击力、脉动压力	 1.00 1.05、1.10、1.10、1.30
3	扬压力（可变作用） (1) 渗透压力 (2) 浮托力 (3) 扬压力（有抽排） (4) 残余扬压力（有抽排）	 1.20（实体重力坝） 1.00 1.10 1.20

续表

序号	作用类别	分项系数
4	淤沙压力（永久作用）	1.20
5	浪压力（可变作用）	1.20
6	静（动）冰压力（可变作用）	1.10
7	静止（主动）土压力（永久作用）	1.20
8	未规定的永久作用对结构不利（永久作用对结构有利）	1.05（0.95）
9	未规定的不可控制可变作用（可控可变作用）	1.20（1.10）
10	风（雪）荷载，灌浆压力（可变作用）	1.30

注　地震作用和校核洪水时的静水压力为偶然作用。

第四节　重力坝的抗滑稳定分析

一、抗滑稳定计算截面的选取

重力坝的稳定应根据坝基的地质条件和坝体剖面形式，选择受力大、抗剪强度较低，最容易产生滑动的截面作为计算截面。重力坝抗滑稳定计算主要是核算沿坝基面及混凝土层面（包括常态混凝土水平施工缝或碾压混凝土层面）的抗滑稳定性。另外当坝基内有软弱夹层、缓倾角结构面时，也应核算其深层抗滑稳定性。

二、重力坝抗滑稳定计算

DL 5108—1999《混凝土重力坝设计规范》规定，重力坝的抗滑稳定按承载能力极限状态计算，认为滑动面为胶结面，滑动体为刚体。此时滑动面上的滑动力为效应函数，阻滑力为抗力函数，并认为承载能力达到极限状态时刚体处于极限平衡状态。

1. 抗滑稳定极限状态设计表达式

承载能力极限状态设计式见式（2-25）～式（2-28）。

（1）对基本组合，应采用下列极限状态设计表达式。

$$\gamma_0 \psi S(\gamma_G G_k, \gamma_Q Q_k, a_k) \leqslant \frac{1}{\gamma_{d1}} R\left(\frac{f_k}{\gamma_m}, a_k\right) \tag{2-25}$$

（2）对偶然组合，应采用下列极限状态设计表达式。

$$\gamma_0 \psi S(\gamma_G G_k, \gamma_Q Q_k, A_k, a_k) \leqslant \frac{1}{\gamma_{d2}} R\left(\frac{f_k}{\gamma_m}, a_k\right) \tag{2-26}$$

（3）抗滑稳定极限状态作用效应函数。

$$S(\cdot) = \sum P_R \quad \text{或} \quad S(\cdot) = \sum P_C \tag{2-27}$$

(4) 抗滑稳定极限状态抗力函数。

$$R(\cdot) = f'_R \sum W_R + c'_R A_R \quad \text{或} \quad R(\cdot) = f'_C \sum W_C + c'_C A_C \quad (2-28)$$

式中　　γ_0——结构重要性系数，对应于结构安全级别为Ⅰ、Ⅱ、Ⅲ级的结构及构件，可分别取用 1.1、1.0、0.9；

ψ——设计状况系数，对应于持久状况、短暂状况、偶然状况，可分别取用 1.0、0.95、0.85；

$S(\cdot)$——作用效应函数；

$R(\cdot)$——结构及构件抗力函数；

γ_G——永久作用分项系数，见表 2-9；

γ_Q——可变作用分项系数，见表 2-9；

G_k——永久作用标准值，按 DL 5077—1997《水工建筑物荷载设计规范》确定；

Q_k——可变作用标准值，按 DL 5077—1997《水工建筑物荷载设计规范》确定；

a_k——几何参数的标准值，可作为定值处理；

f_k——材料性能的标准值，实验确定或查表；

γ_m——材料性能分项系数，查表 2-10，也可实验确定；

γ_{d1}——基本组合结构系数，查表 2-11；

A_k——偶然作用代表值；

γ_{d2}——偶然组合结构系数，见表 2-11；

$\sum P_R$、$\sum P_C$——计算层面（坝基面或坝体混凝土层面）上全部切向作用之和，kN；

$\sum W_R$、$\sum W_C$——计算层面上全部法向作用之和，kN；

f'_R、f'_C——计算层面上抗剪断摩擦系数；

c'_R、c'_C——计算层面上抗剪断黏聚力；

A_R、A_C——计算层面截面积，m^2。

表 2-10　　　　　　　　材料性能分项系数

序号	材料性能			分项系数	备注
1	抗剪断强度	1) 混凝土/基岩	摩擦系数 f'_R	1.3	
			黏聚力 c'_R	3.0	
		2) 混凝土/混凝土	摩擦系数 f'_C	1.3	包括常态混凝土和碾压混凝土层面
			黏聚力 c'_C	3.0	
		3) 基岩/基岩	摩擦系数 f'_d	1.4	
			黏聚力 c'_d	3.2	
		4) 软弱结构面	摩擦系数 f'_d	1.5	
			黏聚力 c'_d	3.4	
2	混凝土强度		抗压强度 f_C	1.5	

表 2-11　　　　　　　　　　　　结 构 系 数

序号	项目	组合类型	结构系数	备注
1	抗滑稳定极限状态设计式	基本组合	1.2	包括建基面、层面、深层滑动面
		偶然组合	1.2	
2	混凝土抗压极限状态设计式	基本组合	1.8	
		偶然组合	1.8	

核算时，应按照材料的标准值和作用的标准值或代表值分别计算基本组合和偶然组合。

2. 深层抗滑稳定分析

当坝基岩体内存在着不利的软弱夹层或缓倾角断层时，坝体有可能沿着坝基软弱面产生深层滑动，其计算原理与坝基面抗滑稳定计算相同。计算公式见 DL 5108—1999《混凝土重力坝设计规范》附录 F。若实际工程地基内存在相互切割的多条软弱夹层，构成多斜面深层滑动，计算时选择几个比较危险的滑动面进行试算，然后做出比较分析判断。

3. 抗剪断参数的选取

式（2-28）中 f'_R、f'_C、c'_R、c'_C 的值，直接关系到工程的安全性和经济性，必须合理地选用。一般情况下，应经试验测定，且每一主要工程地质单元的野外试验不得少于 4 组；选取这些参数值时，应结合现场的实际情况，参照工程地质条件类似的工程经验，并考虑坝基岩体经工程处理后可能达到的效果，经地质、试验和设计人员共同分析研究进行适当调整后确定。中型工程的中、低坝，若无条件进行野外试验，应进行室内试验，并参照地质条件类似工程的经验数据选用，小型工程的低坝无试验资料时，可参照地质条件类似工程的试验成果和经验数据选用，坝体混凝土与基岩接触面抗剪断参数的计算参考值见 DL 5108—1999《混凝土重力坝设计规范》。

三、提高坝体抗滑稳定的工程措施

除了增加坝体自重外，提高坝体抗滑稳定的工程措施，主要围绕着增加阻滑力、减少滑动力的原则，通过多方案技术经济比较，确定最佳方案组合。常采用以下工程措施。

（1）利用水重。当坝底面与基岩间的抗剪强度参数较小时，常将上游坝面做成倾向上游的斜面，利用坝面上的水重来提高坝体的抗滑稳定性。但应注意，上游坝面的坡度不宜过缓，否则，在上游坝面容易产生拉应力，对坝体强度不利。

（2）采用有利的开挖轮廓线。开挖坝基时，最好利用岩面的自然坡度，使坝基面倾向上游，见图 2-13（a）。有时，有意将坝踵高程降低，使坝基面倾向上游，见图 2-13（b），但这种做法将加大上游水压力，增加开挖量和混凝土浇筑量，故很少采用。当坝基比较坚固时，可以开挖成锯齿状，形成局部的倾向上游的斜面，见图 2-13（c），这种方法已广泛采用。

（3）设置齿墙。如图 2-14（a）所示，当基岩内有倾向下游的软弱面时，可在坝踵部位设齿墙，切断较浅的软弱面，迫使可能的滑动面由 abc 成为 $a'b'c'$，这样既加大了滑

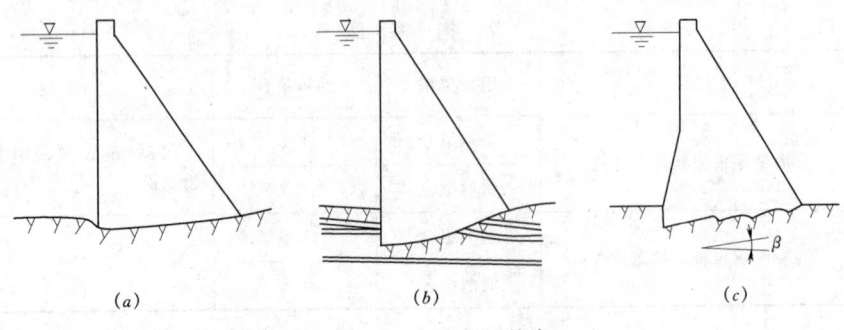

图 2-13 坝基开挖轮廓

动体的重量，又增加了滑动面的面积，同时也增大了抗滑体的抗力。如在坝趾部位设置齿墙，将坝趾放在较好的岩层上 [图 2-14（b）]，则可更多地发挥抗力体的作用，在一定程度上改善了坝踵应力，同时由于坝趾的压应力较大，设在坝趾下齿墙的抗剪能力也会相应增加，对坝体稳定十分有利。

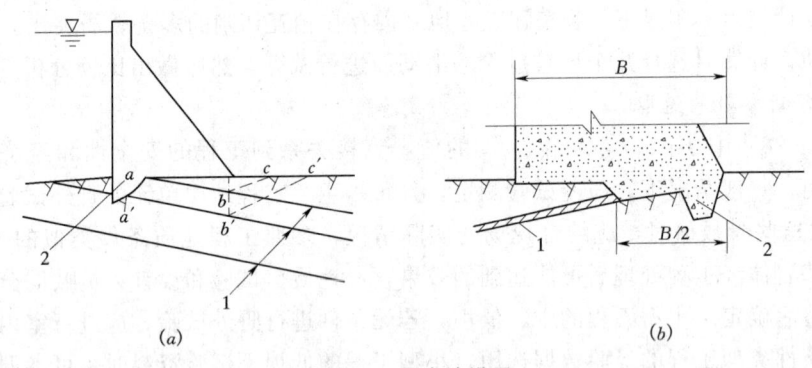

图 2-14 齿墙设置
1—泥化夹层；2—齿墙

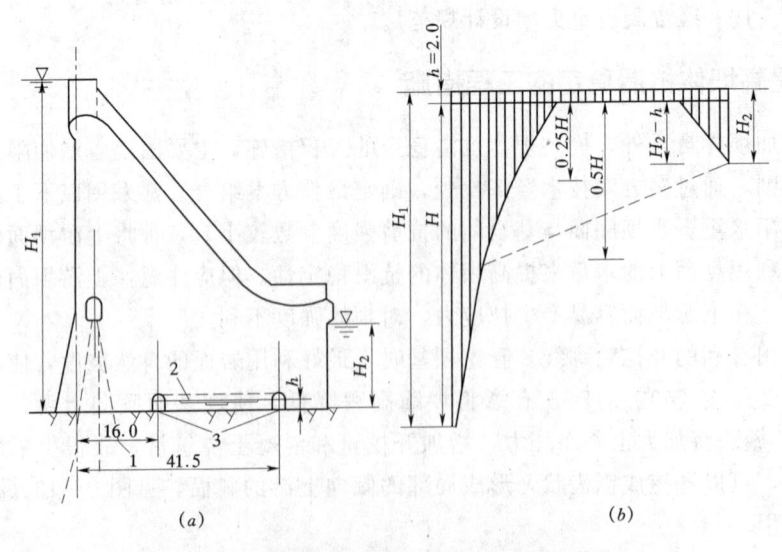

图 2-15 有抽水设施的坝底扬压力分布图（单位：m）
(a) 溢流坝剖面；(b) 设计扬压力图形
1—主排水孔；2—横向排水廊道；3—纵向排水廊道

(4) 抽水措施。当下游水位较高,坝体承受的浮托力较大时,可考虑在坝基面上设置排水系统,定时抽水以减少坝底浮托力,见图 2-15。如我国的龚嘴水电站工程,下游水深达 30m,采取抽水措施后,浮托力只按 10m 水深计算,节省了坝体混凝土浇筑量。

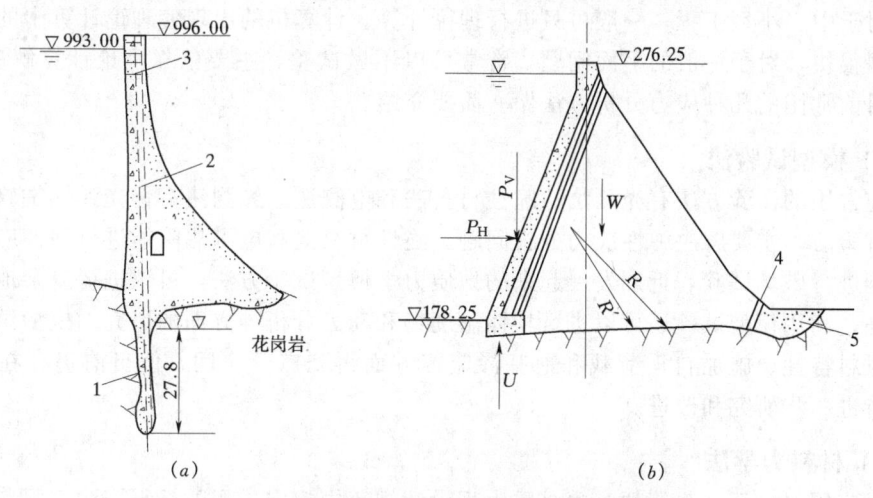

图 2-16 用预加应力增加坝的抗滑稳定性(单位:m)
(a)在靠近上游坝面预加应力;(b)在坝趾处预加应力
1—锚缆竖井;2—预应力锚缆;3—顶部锚定钢筋;
4—装有千斤顶的活动接缝;5—抗力墩
R—合力;R'—预加应力后的合力

(5) 加固地基。包括帷幕灌浆、固结灌浆以及断层、软弱夹层的处理等,见本章第九节。

(6) 横缝灌浆。将部分坝段或整个坝体的横缝进行局部或全部灌浆,以增强坝的整体性和稳定性。

(7) 预加应力措施。在靠近上游面,采用深孔锚固高强度钢索,并施加预应力,既可增加坝体的抗滑稳定,又可消除坝踵处的拉应力,见图 2-16 (a)。国外有些支墩坝,在坝趾处采用施加预应力的措施,改变合力 R 的方向,使 $\sum P_V / \sum P_H$ 增大,从而提高了坝体的抗滑稳定性,见图 2-16 (b)。

(8) 防渗排水。在坝基内布置防渗排水幕,保证排水畅通,降低扬压力,有利于稳定。

(9) 空腹抛石。如果是空腹重力坝或宽缝重力坝,可在空腔内填块石,提高坝体稳定性。

第五节 重力坝的应力分析

应力分析的目的是为了检验大坝在施工期和运用期是否满足强度要求,同时也是为研究解决设计和施工中的某些问题,如为混凝土强度等级分区和某些部位的配筋提供依据;验算坝体断面是否合理;为设计坝内廊道、管道、孔口、坝体分缝等提供周边应力数据。

一、应力分析方法

重力坝的应力分析方法可以归结为理论计算和模型试验两大类,模型试验费用大、历时长,对于中、小型工程,一般只进行理论计算。计算机的出现使理论计算中的数值解析法发展很快,对于一般的平面问题,常常可以不做试验,主要依靠理论计算解决问题。下面对目前常用的几种应力分析方法做一简要介绍。

(一) 模型试验法

目前常用的试验方法有光测法、脆性材料法和电测法。光测法有偏光弹性试验法和激光全息试验法,主要解决弹性应力分析问题。脆性材料法和电测法除能进行弹性应力分析外,还能进行破坏试验,近期发展起来的地质力学模型试验方法,可以进行复杂地基的试验。此外,利用模型试验还可以进行坝体温度场和动力分析等方面的研究。模型试验方法在模拟材料特性、施加自重荷载和地基渗流等方面得到广泛应用,但目前仍存在一些问题,有待进一步研究和改进。

(二) 材料力学法

这是应用最广泛、最简便,也是重力坝设计规范中规定采用的计算方法。材料力学法不考虑地基的影响,假定水平截面上的正应力 σ_y 按直线分布,使计算结果在地基附近约 1/3 坝高范围内,与实际情况不符。但这个方法有长期的实践经验。多年的工程实践证明,对于中等高度的坝,应用这一方法,并按规定的指标进行设计,是可以保证工程安全的。对于较高的坝,特别是在地基条件比较复杂的情况下,还应该同时采用其他方法进行应力分析验证。

(三) 弹性理论的解析法

这种方法在力学模型和数学解法上都是严格的,但目前只有少数边界条件简单的典型结构才有解答,所以,在工程设计中较少采用。通过对典型构件的计算,可以检验其他方法的精确性。因此,弹性理论的解析方法随着计算机科学的发展,在大型工程设计中是一种很有价值的分析方法。

(四) 弹性理论的差分法

差分法在力学模型上是严格的,在数学解法上采用差分格式,是近似的。由于差分法要求方形网格,对复杂边界的适应性差,所以在应用上远不如有限元法普遍。

(五) 弹性理论的有限元法

有限元法在力学模型上是近似的,在数学解法上是严格的,可以处理复杂的边界,包括几何形状、材料特性和静力条件。随着计算机附属设备和软件工程的发展,一些国内外通用计算软件也渐趋成熟,从而可使设计人员从过去繁琐的计算中解脱出来,实现设计工作的自动化。

下面介绍广泛采用的材料力学方法,其他方法可以参考有关专著。

二、材料力学法计算坝体应力

材料力学法计算坝体应力,首先在坝的横剖面上截取若干个控制性水平截面进行应力计算。一般情况应在坝基面、折坡处、坝体削弱部位（如廊道、泄水管道、坝内有孔洞的部位）以及认为需要计算坝体应力的部位截取计算截面。

对于实体重力坝，常在坝体最高处沿坝轴线取单位坝长（1m）作为计算对象，选定荷载组合，确定计算截面，进行应力计算。

（一）基本假定

(1) 假定坝体混凝土为均质、连续、各向同性的弹性材料。

(2) 视坝段为固接于坝基上的悬臂梁，不考虑地基变形对坝体应力的影响，并认为各坝段独立工作，横缝不传力。

(3) 假定坝体水平截面上的正应力 σ_y 按直线分布，不考虑廊道等对坝体应力的影响。

（二）边缘应力的计算

一般情况下，坝体的最大应力和最小应力都出现在坝面，所以，在 DL 5108—1999《混凝土重力坝设计规范》中规定，首先应校核坝体边缘应力是否满足强度要求。

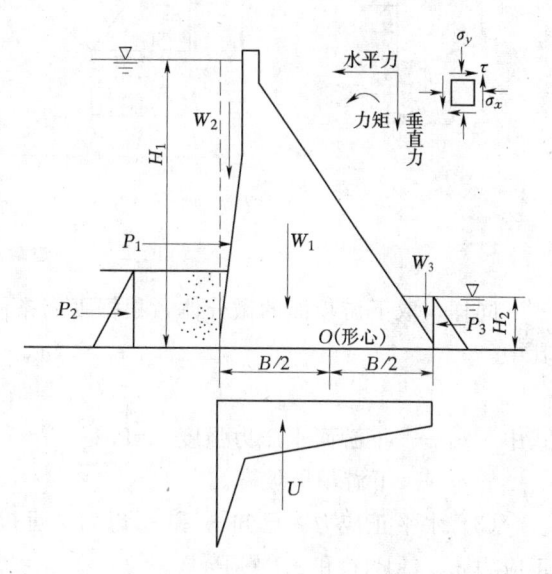

图 2-17 坝体应力计算图

计算图形及应力与荷载的方向见图 2-17，右上角应力和力的箭头方向为正。

(1) 水平截面上的正应力。因为假定 σ_y 按直线分布，所以可按偏心受压公式式（2-29）、式（2-30）计算上、下游边缘应力 σ_{yu}（kPa）和 σ_{yd}（kPa）。

$$\sigma_{yu} = \frac{\sum W}{B} + \frac{6\sum M}{B^2} \tag{2-29}$$

$$\sigma_{yd} = \frac{\sum W}{B} - \frac{6\sum M}{B^2} \tag{2-30}$$

式中 $\sum W$——作用于计算截面以上全部荷载的铅直分力的总和，kN；

$\sum M$——作用于计算截面以上全部荷载对截面垂直水流流向形心轴 O 的力矩总和，kN·m；

B——计算截面的长度，m。

(2) 剪应力。已知 σ_{yu} 和 σ_{yd} 以后，可以根据边缘微分体的平衡条件，解出上下游边缘剪应力 τ_u(kPa) 和 τ_d(kPa)，见图 2-18（a）。

取上游坝面的微分体，根据平衡条件 $\sum F_y = 0$，则 $p_u dx - \sigma_{yu} dx - \tau_u dy = 0$，$dx/dy = n$。

其中
$$\tau_u = (p_u - \sigma_{yu})n \tag{2-31}$$
$$n = \tan\phi_u$$

式中 p_u——上游面水压力强度，kPa；

n——上游坝坡坡率。

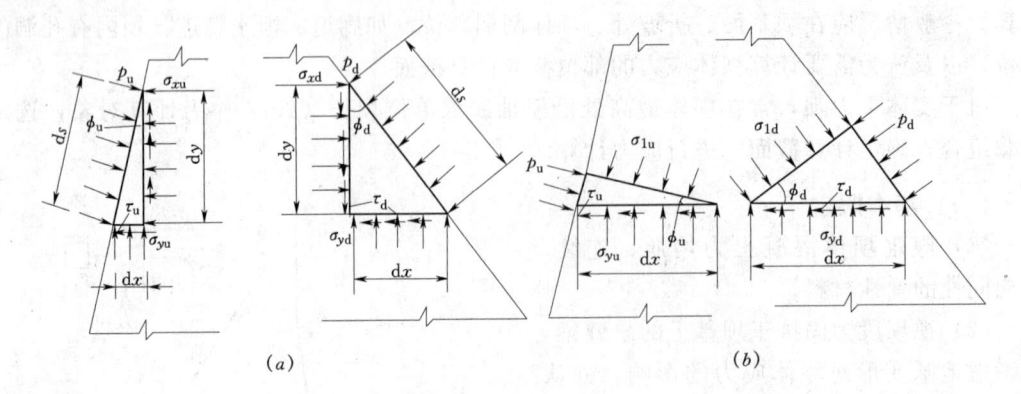

图 2-18 边缘应力计算图

同样，取下游坝面的微分体，根据平衡条件 $\sum F_y=0$，可以解出

$$\tau_d = (\sigma_{yu} - p_d)m \tag{2-32}$$

其中

$$m = \tan\phi_d$$

式中 p_d——下游面水压力强度，kPa；

m——下游坝坡坡率。

(3) 水平正应力。已知 τ_u 和 τ_d 以后，可以根据平衡条件，求得上、下游边缘的水平正应力 σ_{xu} (kPa) 和 σ_{xd} (kPa)。

由上游坝面微分体，根据 $\sum F_x=0$，则 $p_u dy - \sigma_{xu} dy - \tau_u dx = 0$，得

$$\sigma_{xu} = p_u - \tau_u n \tag{2-33}$$

同样，由下游坝面微分体可以解出

$$\sigma_{xd} = p_d + \tau_d m \tag{2-34}$$

(4) 主应力。取微分体，如图 2-18 (b) 所示，根据平衡条件，可求出上、下游坝面主应力 σ_{1u} (kPa) 和 σ_{1p} (kPa)。

由上游坝面微分体，根据平衡条件 $\sum F_y=0$，则 $P_u \sin^2\phi_u dx + \sigma_{1u}\cos^2\phi_u dx - \sigma_{yu} dx = 0$。

$$\sigma_{1u} = \sigma_{yu}\frac{dx}{\cos^2\phi_u dx} - p_u\frac{\sin^2\phi_u dx}{\cos^2\phi_u dx}$$

$$= \sigma_{yu}\sec^2\phi_u - p_u\tan^2\phi_u$$

$$= (1+\tan^2\phi_u)\sigma_{yu} - p_u\tan^2\phi_u$$

$$\sigma_{1u} = (1+n^2)\sigma_{yu} - p_u n^2 \tag{2-35}$$

同样，由下游坝面微分体可以解出

$$\sigma_{1d} = (1+m^2)\sigma_{yd} - p_d m^2 \tag{2-36}$$

坝面水压力强度是主应力 σ_{2u}(kPa) 和 σ_{2p}(kPa)

$$\sigma_{2u} = p_u$$

$$\sigma_{2d} = p_d$$

由式 (2-35) 可以看出，当上游坝面倾向上游（坡率 $n>0$）时，即使 $\sigma_{yu} \geq 0$，只要 $\sigma_{yu} < p_u \sin^2\phi_u$，则 $\sigma_{1u} < 0$，即 σ_{1u} 为拉应力。ϕ_u 越大，主拉应力也越大。因此，重力坝上游坡角 ϕ_u 不宜太大，岩基上的重力坝常把上游面做成铅直的（$n=0$），或小坡率（$n<0.2$

的折坡坝面。

(三) 考虑扬压力时的应力计算

式（2-29）～式（2-35）均未计入扬压力。当需要考虑扬压力时，可将计算截面上的扬压力作为外荷载对待。

(1) 求边缘应力。先求出包括扬压力在内的全部荷载铅直分力的总和ΣW及全部荷载对计算截面垂直水流流向形心轴产生的力矩总和ΣM，再利用式（2-29）和式（2-30）计算σ_y，而τ、σ_x和σ_1、σ_2可根据边缘微分体的平衡条件求得。以上游边缘为例，见图2-19。p_{uu}为上游边缘的扬压力强度，p_{ud}为下游边缘的扬压力强度，由平衡条件可以推出上、下游边缘主应力为

$$\left.\begin{array}{l}\sigma_{1u} = (1+n^2)\sigma_{yu} - (p_u - p_{uu})n^2 \\ \sigma_{2u} = p_u - p_{uu} \\ \sigma_{1d} = (1+m^2)\sigma_{yd} - (p_d - p_{ud})m^2 \\ \sigma_{2d} = p_d - p_{ud}\end{array}\right\} \quad (2-37)$$

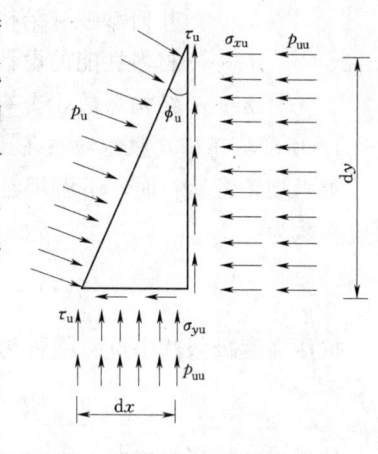

图2-19 考虑扬压力时的边缘应力计算图

因扬压力属孔隙水压力，计算截面上的微分单元体上一点的扬压力压强与静水压强相等，$p_u = p_{uu}$，$p_d = p_{ud}$，则式（2-37）可进一步简化为

$$\left.\begin{array}{l}\sigma_{1u} = (1+n^2)\sigma_{yu} \\ \sigma_{2u} = 0 \\ \sigma_{1d} = (1+m^2)\sigma_{yd} \\ \sigma_{2d} = 0\end{array}\right\} \quad (2-37')$$

可见，考虑与不考虑扬压力时，τ、σ_x和σ_1、σ_2的计算公式是不相同的。

(2) 求坝内应力。可先不计扬压力，首先计算出各点的σ_y、σ_x和τ，然后再叠加由扬压力引起的应力。后者可参阅DL 5108—1999《混凝土重力坝设计规范》。

三、坝体和坝基的应力控制

当采用材料力学法计算坝体应力时，其应力值应满足DL 5108—1999《混凝土重力坝设计规范》规定的强度指标。混凝土重力坝应按承载能力极限状态验算坝趾和坝体选定截面下游端点的抗压强度，按正常使用极限状态验算满库时的坝体上游面拉应力和空库时的下游面拉应力。对于高坝，宜采用有限元法进行计算，并用模型试验成果予以验证。

(一) 承载能力极限状态设计

承载能力极限状态通用表达式为

$$\gamma_0 \psi S(F_d, a_k) \leqslant \frac{1}{\gamma_d} R(f_d, a_k) \quad (2-38)$$

式中　$S(\cdot)$——作用效应函数；

$R(\cdot)$——抗力函数;

γ_0——结构重要性系数,重要结构取 1.1,一般结构取 1.0,次要结构取 0.9;

ψ——设计状况系数,持久状况取 1.0,短暂状况取 0.95,偶然状况取 0.85;

F_d——作用的设计值(作用标准值乘分项系数);

a_k——几何参数(结构构件几何参数的标准值);

f_d——材料性能的设计值;

γ_d——结构系数,查有关规范或教材表 2-11。

1. 坝趾抗压强度极限状态

重力坝正常运行时,下游坝趾发生最大主压应力,故抗压强度承载能力极限状态作用效应函数为

$$S(\cdot) = \left(\frac{\sum W_R}{A_R} - \frac{\sum M_R T_R}{J_R}\right)(1+m_2^2) \quad (2-39)$$

抗压强度极限状态抗力函数为

$$R(\cdot) = f_c \quad 或 \quad R(\cdot) = f_R \quad (2-40)$$

核算坝趾抗压强度时,应按材料的标准值和作用的标准值或代表值分别计算基本组合和偶然组合。

2. 坝体选定截面下游的抗压强度承载能力极限状态

作用效应函数为

$$S(\cdot) = \left(\frac{\sum W_C}{A_C} - \frac{\sum M_C T_C}{J_C}\right)(1+m_2^2) \quad (2-41)$$

抗压强度极限状态抗力函数为

$$R(\cdot) = f_c \quad (2-42)$$

式中 $\sum W_R$、$\sum W_C$——坝基面、计算截面上全部法向作用之和,kN,向下为正;

$\sum M_R$、$\sum M_C$——全部作用分别对坝基面、计算截面形心的力矩之和,kN·m,逆时针方向为正;

A_R、A_C——坝基面面积、计算截面面积,m²;

T_R、T_C——坝基面、计算截面形心轴到下游面的距离;

J_R、J_C——坝基面、计算截面分别对形心轴的惯性矩;

m_2——坝体下游坡度;

f_c——坝基面混凝土抗压强度,kPa;

f_R——基岩抗压强度,kPa。

核算坝体选定计算截面下游端点抗压强度时,应按材料的标准值和作用的标准值或代表值分别计算基本组合和偶然组合。

(二)正常使用极限状态计算

(1) 坝踵不出现拉应力,计入扬压力后,计算式为

$$\gamma_0 S(\cdot) = \frac{\sum W_R}{A_R} + \frac{\sum M_R T'_R}{J_R} \geqslant 0 \quad (2-43)$$

核算坝踵应力时,应按作用的标准值分别考虑短期组合和长期组合。

(2) 坝体上游面的垂直应力不出现拉应力,计入扬压力后,计算公式为

$$\gamma_0 S(\cdot) = \frac{\sum W_C}{A_C} + \frac{\sum M_C T'_C}{J_C} \geqslant 0 \tag{2-44}$$

式中 $\sum W_R$、$\sum W_C$——坝基面、坝体截面以上法向作用之和,方向以向下为正;

$\sum M_R$、$\sum M_C$——坝基面、坝体截面上全部作用对截面形心力矩之和,以逆时针为正;

A_R、A_C、J_R、J_C、T'_R、T'_C——坝基面、坝体截面的面积、惯性矩、截面形心轴至上游边缘之矩。

核算坝体上游面的垂直应力应按作用的标准值采用长期组合进行计算。

对于上游有倒坡的重力坝,在施工期下游面垂直拉应力应小于 0.1MPa。

四、重力坝设计实例

(一) 基本资料

某高山峡谷地区规划的水利枢纽,拟定坝型为混凝土重力坝,其任务以防洪为主,兼顾灌溉、发电,为 3 级建筑物,试根据提供的资料设计非溢流坝剖面。

(1) 水电规划成果。上游设计洪水位为 355.00m,相应的下游水位为 331.00m;上游校核洪水位 356.30m,相应的下游水位为 332.00m;正常高水位 354.00m;死水位 339.50m。

(2) 地质资料。河床高程 328.00m,约有 1~2m 覆盖层,清基后新鲜岩石表面最低高程为 326.00m。岩基为石灰岩,节理、裂隙少,地质构造良好。抗剪断强度取其分布的 0.2 分位值为标准值,则摩擦系数 $f'_{Ck} = 0.82$,黏聚力 $c'_{Ck} = 0.6MPa$。

(3) 其他有关资料。河流泥沙计算年限采用 50 年,据此求得坝前淤沙高程 337.10m。泥沙浮重度为 $6.5kN/m^3$,内摩擦角 $\phi_s = 18°$。

枢纽所在地区洪水期的多年平均最大风速为 15m/s,水库最大风区长度由库区地形图上量得 $D = 0.9$km。

坝体混凝土重度 $\gamma_c = 24kN/m^3$,地震设计烈度为 6 度。拟采用混凝土强度等级 C10,90d 龄期,80% 保证率,轴心抗压强度 f_{ckd} 为 10MPa,坝基岩石允许压应力设计值为 4000kPa。

(二) 设计要求

(1) 拟定坝体剖面尺寸。确定坝顶高程和坝顶宽度,拟定折坡点的高程、上下游坡度、坝底防渗排水幕位置等相关尺寸。

(2) 荷载计算及作用组合。该例题只计算一种作用组合,选设计洪水位情况计算,取常用的五种荷载:自重、静水压力、扬压力、淤沙压力、浪压力。列表计算其作用标准值和设计值。

(3) 抗滑稳定验算。可用极限状态设计法进行可靠度计算。

(4) 坝基面上、下游处垂直正应力的计算,以便验算地基的承载能力和混凝土的极限

抗压强度。

(三) 非溢流坝剖面的设计

1. 资料分析

该水利枢纽位于高山峡谷地区，波浪要素的计算可选用官厅公式。因地震设计烈度为6度，故不计地震影响。大坝以防洪为主，3级建筑物，对应可靠度设计中的结构安全级别为Ⅱ级，相应结构重要性系数 $\gamma_0=1.0$。坝体上的荷载分两种组合，基本组合（设计洪水位）取持久状况对应的设计状况系数 $\psi=1.0$，结构系数 $\gamma_d=1.2$；偶然组合（校核洪水位）取偶然状况对应的设计状况系数 $\psi=0.85$，结构系数 $\gamma_d=1.2$。坝趾抗压强度极限状态的设计状况系数同前，结构系数 $\gamma_d=1.8$。

可靠度设计要求均采用（荷载）作用设计值和材料强度设计值。（荷载）作用标准值乘以（荷载）作用分项系数后的值为（荷载）作用设计值；材料强度标准值除以材料性能分项系数后的值为材料强度设计值。本设计有关（荷载）作用的分项系数查表2-9得：自重为1.00；静水压力为1.00；渗透压力为1.20；浮托力为1.00；淤沙压力为1.20；浪压力为1.20。混凝土的材料强度分项系数为1.35；因大坝混凝土用90d龄期，大坝混凝土抗压强度材料分项系数取2.0；热扎Ⅰ级钢筋强度分项系数为1.15；Ⅱ级、Ⅲ级、Ⅳ级为1.10。材料性能分项系数中，对于混凝土与岩基间抗剪强度摩擦系数 f_{Rk}' 为1.3，凝聚力 c_{Rk}' 为3.0。上游坝踵不出现拉应力极限状态的结构功能极限值为0。下游坝基不能被压坏而允许的抗压强度功能极限值为4000kPa。实体重力坝渗透压力强度系数 α 为0.25。

2. 非溢流坝剖面尺寸拟定

(1) 坝顶高程的确定。坝顶在水库静水位以上的超高按式（2-1）计算。对于安全级别为Ⅱ级的坝，查得安全超高设计洪水位时为0.5m，校核洪水位时为0.4m。分设计洪水位和校核洪水位两种情况计算。

1) 设计洪水位情况。风区长度 D（有效吹程）为0.9km，计算风速 v_0 在设计洪水情况下取多年平均年最大风速的2倍为30m/s。

波高：
$$h_1 = 0.0076 v_0^{-\frac{1}{12}} \left(\frac{gD}{v_0^2}\right)^{\frac{1}{3}} \frac{v_0^2}{g}$$
$$= 0.0076 \times 30^{-\frac{1}{12}} \times \left(\frac{9.81 \times 900}{30^2}\right)^{\frac{1}{3}} \times \frac{30^2}{9.81}$$
$$= 0.0076 \times 0.7532 \times 2.1407 \times 91.7431 = 1.124 \text{ (m)}$$

波长：
$$L = 0.331 v_0^{-\frac{1}{2.15}} \left(\frac{gD}{v_0^2}\right)^{\frac{1}{3.75}} \frac{v_0^2}{g}$$
$$= 0.331 \times 30^{-\frac{1}{2.15}} \times \left(\frac{9.81 \times 900}{30^2}\right)^{\frac{1}{3.75}} \times \frac{30^2}{9.81}$$
$$= 0.331 \times 0.2056 \times 1.8384 \times 91.7431 = 11.478 \text{ (m)}$$

波浪中心线至计算水位的高度：

$$h_z = \frac{\pi h_1^2}{L} \text{cth} \frac{2\pi H}{L}$$

因 $H > L$, $\text{cth} \frac{2\pi H}{L} \approx 1$

$$h_z = \frac{\pi h_1^2}{L} = \frac{3.14 \times 1.124^2}{11.478} = 0.346 \text{ (m)}$$

$$\Delta h = 1.124 + 0.346 + 0.5 = 1.97 \text{ (m)}$$

坝顶高程 $= 355 + 1.97 = 356.97 \text{(m)}$

2)校核洪水位情况。风区长度 D 为 0.9km,计算风速 v_0 在校核洪水位情况取多年平均年最大风速的 1 倍为 15m/s。

波高:

$$h_1 = 0.0076 v_0^{-\frac{1}{12}} \left(\frac{gD}{v_0^2}\right)^{\frac{1}{3}} \frac{v_0^2}{g}$$

$$= 0.0076 \times 15^{-\frac{1}{12}} \times \left(\frac{9.81 \times 900}{15^2}\right)^{\frac{1}{3}} \times \frac{15^2}{9.81}$$

$$= 0.0076 \times 0.7980 \times 3.3970 \times 22.9358 \approx 0.473 \text{ (m)}$$

波长:

$$L = 0.331 v_0^{-\frac{1}{2.15}} \left(\frac{gD}{v_0^2}\right)^{\frac{1}{3.75}} \frac{v_0^2}{g}$$

$$= 0.331 \times 15^{-\frac{1}{2.15}} \times \left(\frac{9.81 \times 900}{15^2}\right)^{\frac{1}{3.75}} \times \frac{15^2}{9.81}$$

$$= 0.331 \times 0.2838 \times 2.6607 \times 22.9358 = 5.733 \text{ (m)}$$

波浪中心线至计算静水位的高度:

$$h_z = \frac{\pi h_1^2}{L} = \frac{3.14 \times 0.473^2}{5.733} = 0.123 \text{ (m)}$$

$$\Delta h = 0.473 + 0.123 + 0.4 = 0.996 \text{ (m)}$$

坝顶高程 $= 356.3 + 0.996 = 357.296 \text{ (m)}$

取上述两种情况坝顶高程中的大值,并取防浪墙高度 1.2m,防浪墙基座高 0.1m 并外伸 0.3m,则坝顶高程为 $357.296 - 1.2 - 0.1 \approx 356.00 \text{m}$;最大坝高为 $356.00 - 326.00 = 30 \text{m}$。

(2)坝顶宽度。因该水利枢纽位于山区峡谷,无交通要求,按构造要求取坝顶宽度 5m,同时满足维修时的单车道要求。

(3)坝坡的确定。根据工程经验,考虑利用部分水重增加坝体稳定,上游坝面采用折坡,起坡点按要求为 1/3~2/3 坝高,该工程拟折坡点高程为 346.00m,上部铅直,下部为 1∶0.2 的斜坡,下游坝坡取 1∶0.75,基本三角形顶点位于坝顶,349.30m 以上为铅直坝面。

(4)坝体防渗排水。根据上述尺寸算得坝体最大宽度为 26.5m。分析地基条件,要求设防渗灌浆帷幕和排水幕,灌浆帷幕中心线距上游坝踵 5.3m,排水孔中心线距防渗帷幕中心线 1.5m。拟设廊道系统，实体重力坝剖面设计时暂不计入廊道的影响。

拟定的非溢流重力坝剖面如图 2-20 所示。确定剖面尺寸的过程归纳为：初拟尺寸──→稳定和应力校核──→修改尺寸──→稳定和应力校核，经过几次反复，得到满意的结果为止。该例题只要求计算一个过程。

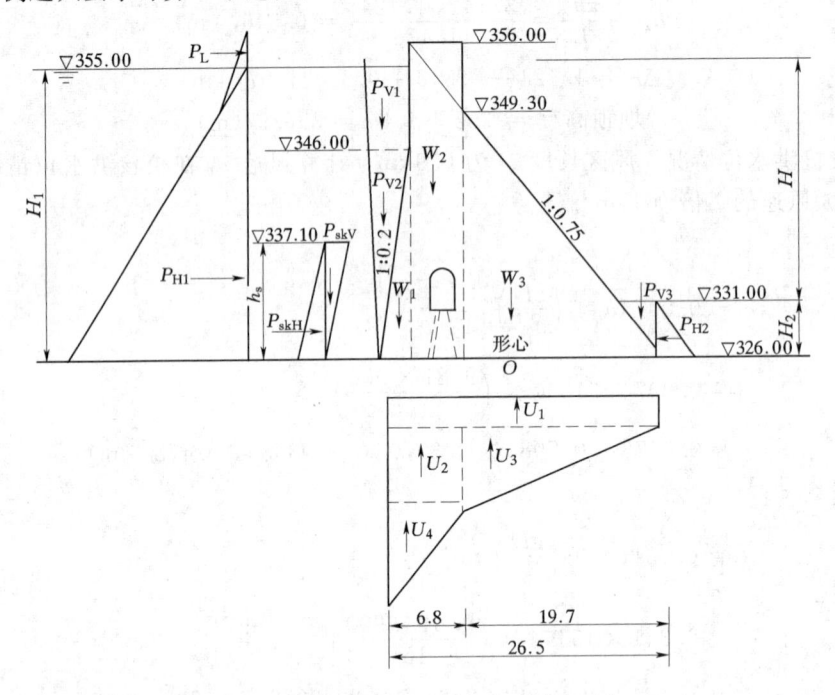

图 2-20 非溢流重力坝剖面设计图（单位：m）

3. 荷载计算及组合

以设计洪水位情况为例进行稳定和应力的极限状态验算（其他情况略）。根据作用（荷载）组合表 2-8，设计洪水情况的荷载组合包含自重＋静水压力＋淤沙压力＋扬压力＋浪压力。沿坝轴线取单位长度 1m 计算。

(1) 自重。将坝体剖面分成两个三角形和一个长方形计算其标准值，廊道的影响暂时不计入。

(2) 静水压力。按设计洪水时的上、下游水平水压力和斜面上的垂直水压力分别计算其标准值。

(3) 扬压力。扬压力强度在坝踵处为 γH_1，排水孔中心线上为 $\gamma(H_2+\alpha H)$，坝趾处为 γH_2。α 为 0.25，按图中 4 块分别计算其扬压力标准值。

(4) 淤沙压力。分水平方向和垂直方向计算。泥沙浮重度为 6.5kN/m³，内摩擦角 ϕ_s =18°。水平淤沙压力标准值为 $P_{skH}=\dfrac{1}{2}\gamma_{sb}h_s^2\tan^2\left(45°-\dfrac{\phi_s}{2}\right)$。

(5) 浪压力。坝前水深大于 1/2 波长（$H>L/2$）采取下式计算浪压力标准值：

$$P_{Lk}=\dfrac{1}{4}\gamma_w L(h_1+h_z)$$

荷载作用标准值和设计值成果见表 2-12。

第五节 重力坝的应力分析

表 2-12　（荷载）作用标准值荷设计值

(荷载)作用 (分项系数)		计算公式	作用标准值			作用设计值			对截面形心的力臂 L/m	力矩标准值 M/ (kN·m)		力矩设计值 M/ (kN·m)	
			垂直力		水平力	垂直力		水平力		$\downarrow+$	$-\uparrow$	$\downarrow+$	$-\uparrow$
			↑	↓	→	↑	↓	→					
自重 (1.00)	W_1	$(1/2)\times4\times20\times24\times1$		960			960		$13.25-(2/3)\times4=10.58$	10156.80		10156.80	
	W_2	$5\times30\times24\times1$		3600			3600		$13.25-(4+2.5)=6.75$	24300.00		24300.00	
	W_3	$(1/2)\times17.5\times23.3\times24\times1$		4893			4893		$13.25-(2/3)\times17.5=1.58$		7730.94		7730.94
水平压力 (1.00)	P_{H1}	$(1/2)\times9.81\times29^2\times1$			4125.11			4125.11	$(1/3)\times29=9.67$	39889.81		39889.81	
	P_{H2}	$(1/2)\times9.81\times5^2\times1$			122.63			122.63	$(1/3)\times5=1.67$	204.79		207.79	
垂直压力 (1.00)	P_{V1}	$9.81\times4\times9\times1$	353.16			353.16			$13.25-2=11.25$	3973.05		3973.05	
	P_{V2}	$(1/2)\times9.81\times4\times20\times1$	392.40			392.40			$13.25-(1/3)\times4=11.92$	4677.41		4677.41	
	P_{V3}	$(1/2)\times9.81\times3.75\times5\times1$	91.97			91.97			$13.25-(1/3)\times3.75=12$	1103.64		1103.64	
淤沙压力 (1.20)	P_{skH}	$(1/2)\times6.5\times11.12$ $\times\tan^2(45°-18°/2)$			211.37			253.64	$(1/3)\times11.1=3.7$	782.08		938.48	
	P_{skV}	$(1/2)\times6.5\times11.1$ $\times(11.1\times0.2)\times1$	80.09			96.11			$13.25-(1/3)\times11.1$ $\times0.2=12.51$	1001.93		1202.34	
浪压力 (1.20)	P_{Lk}	$(1/4)\times9.81\times11.478$ $\times(1.124+0.346)$			41.38			49.66					
	M_{Lk}	$(Y_1/2)\times9.81\times7.209\times5.739$ $-(Y_2/2)\times9.81\times7392$ $=5208.04-4066.9=1141.14$							$Y_1=29-5.739+(1/3)$ $\times7.209=25.66$ $Y_2=29-(2/3)$ $\times5.739=25.174$	1141.14		1369.37	
小 计			↑10370.62 ↓10386.64		4377.86 →4255.23	↓10386.64		4428.41 →4305.78		44313.98	↓6333.63	44514.39	↓6517.85
浮托力 (1.00)	U_1	$9.81\times26.5\times5\times1$		1299.83			1299.83		0	0		0	
渗透压力 (1.20)	U_2	$9.81\times0.25\times24\times6.8\times1$		400.25			480.30		$13.25-3.4=9.85$	3942.46		4730.95	
	U_3	$(1/2)\times9.81\times0.25\times24$ $\times19.7\times1$		579.77			695.72		$13.25-(6.8+6.57)=-0.12$	69.57		83.48	
	U_4	$(1/2)\times9.81\times(24-24\times0.25)$ $\times6.8\times1$		600.37			720.44		$13.25-(1/3)\times6.8=10.98$	6594.06		7912.87	
扬压力		小 计		↓2880.22			3196.29			69.57 10536.52		83.48 12643.82	
				2880.22			3196.29				↓10466.95		↓12560.34
总 计			↓7490.40		4377.86 →4255.23	↓7190.35		4428.41 →4305.78		44383.55	61184.13	44597.87	63676.06
											↓16800.58		↓19078.19

第二章 重力坝

4. 抗滑稳定极限状态计算

坝体抗滑稳定极限状态，属承载能力极限状态，核算时，其作用和材料性能均应以设计值代入。基本组合时 $\gamma_0=1.0$；$\psi=1.0$；$\gamma_d=1.2$；$f'_d=0.82/1.3=0.6308$；$c'_d=600/3=200\text{kPa}$。

$$\gamma_0\psi S(\cdot) = \gamma_0\psi\left(\frac{1}{2}\gamma H_1^2 - \frac{1}{2}\gamma H_2^2 + P_{Lk} + P_{skH}\right)$$

$$= 1\times 1\times(4125.11-122.63+49.66+253.64)$$

$$= 4305.78 \text{ (kN)}$$

$$\frac{1}{\gamma_d}R(\cdot) = \frac{1}{\gamma_d}(f'_d\sum W + c'_d A)$$

$$= \frac{1}{1.2}\times(0.6308\times 7190.35 + 200.00\times 26.5\times 1)$$

$$= \frac{1}{1.2}\times(4535.67+5300.00) = 8196.39 \text{ (kN)}$$

由于 4305.78kN＜8196.39kN，故基本组合时抗滑稳定极限状态满足要求。

偶然组合与基本组合计算方法类同，该例题省略。深层抗滑稳定分析省略。

5. 坝趾抗压强度极限状态计算

坝趾抗压强度极限状态，属承载能力极限状态，核算时，其作用和材料性能均以设计值代入。基本组合时，$\gamma_0=1$，$\psi=1.0$，$\gamma_d=1.3$。

$$\gamma_0\psi S(\cdot) = \gamma_0\psi\left(\frac{\sum W}{B} - \frac{6\sum M}{B^2}\right)(1+m^2)$$

$$= 1.0\times 1.0\times\left(\frac{7190.35}{26.5} + \frac{6\times 19078.19}{26.5^2}\right)\times(1+0.75^2)$$

$$= (271.33+163.00)\times 1.5625 = 678.64 \text{ (kPa)}$$

对于坝趾岩基：

$$\frac{1}{\gamma_d}R(\cdot) = \frac{1}{\gamma_d}\times 4000 = \frac{1}{1.8}\times 4000 = 2222.22 \text{ (kPa)}$$

由于 678.64kPa＜2222.22kPa，故基本组合时坝址基岩抗压强度极限状态满足要求。

对于坝趾混凝土 C10：

$$\frac{1}{\gamma_d}R(\cdot) = \frac{1}{\gamma_d}\cdot\frac{f_{ckd}}{\gamma_m} = \frac{1}{1.3}\times\frac{10000}{2.0} = 3846.15 \text{ (kPa)}$$

由于 678.64kPa＜3846.15kPa，故基本组合时坝趾混凝土 C10 抗压强度极限状态满足要求。

偶然组合与基本组合计算方法类同，计算省略。

6. 坝体上、下游面拉应力正常使用极限状态计算

因上、下游坝面不出现拉应力属于正常使用极限状态（要求计入扬压力），故采用作用的标准值。规范规定上游坝踵不出现拉应力结构功能的极限值为 0；当坝上游有倒坡、施工期和完建无水期时下游坝趾允许出现小于 0.1MPa 的拉应力，结构功能的极限值为 0.1MPa。下面只对坝踵进行验算。

$$\gamma_0 S(\cdot) = \gamma_0\left(\frac{\sum W}{B} + \frac{6\sum M}{B^2}\right)$$

$$= 1.0 \times \left(\frac{7490.40}{26.5} - \frac{6 \times 16800.58}{26.5^2}\right)$$

$$= 282.66 - 143.54 = 139.12 (\text{kPa}) > 0$$

故上游坝踵不出现拉应力，满足要求。

根据现有计算成果，所拟剖面在基本组合情况下满足设计要求，抗滑稳定验算差值较大，抗压强度极限值计算比较后，坝基岩石允许抗压设计值较实际垂直压应力大 4.5 倍，混凝土抗压强度设计极限值较实际垂直压应力大 5.7 倍，坝坡可调整得再陡一些。

第六节 溢 流 重 力 坝

溢流重力坝简称溢流坝，既是挡水建筑物，又是泄水建筑物。因此，坝体剖面设计除要满足稳定和强度要求外，还要满足泄水的要求，同时要考虑下游的消能问题。当溢流坝段在河床上的位置确定后，先选择合适的泄水方式，并根据洪水标准和运用要求确定孔口尺寸及溢流堰顶高程。

一、溢流坝的设计要求

溢流坝是枢纽中最重要的泄水建筑物之一，将规划库容所不能容纳的大部分洪水经坝顶泄向下游，以便保证大坝安全。溢流坝应满足以下泄洪的设计要求。

（1）有足够的孔口尺寸、良好的孔口体形和泄水时具有较大的流量系数。

（2）使水流平顺地通过坝体，不允许产生不利的负压和振动，避免发生空蚀现象。

（3）保证下游河床不产生危及坝体安全的冲坑和冲刷。

（4）溢流坝段在枢纽中的位置，应使下游流态平顺，不产生折冲水流，不影响枢纽中其他建筑物的正常运行。

（5）有灵活控制水流下泄的设备，如闸门、启闭机等。

溢流坝的设计，既有结构问题，也有水力学问题，如冲刷、空蚀、脉动、掺气、消能等。对这些问题的研究，近年来虽然在试验和计算方面都取得了很大的进展，但在很多方面仍有待深入研究。

二、溢流坝的泄水方式

溢流坝的泄水方式有堰顶溢流式和孔口溢流式两种，下面分别介绍。

1. 堰顶溢流式

根据运用要求 [图 2-21 (a)]，堰顶可以设闸门，也可以不设闸门。

不设闸门时，堰顶高程等于水库的正常蓄水位，泄水时，靠壅高库内水位增加下泄量，这种情况增加了库内的淹没损失和非溢流坝的坝顶高程和坝体工程量。坝顶溢流不仅可以用于排泄洪水，还可以用于排泄其他漂浮物。它结构简单，可自动泄洪，管理方便。适用于洪水流量较小，淹没损失不大的中、小型水库。

当堰顶设有闸门时，堰顶高程较低，可利用闸门不同开启度调节库内水位和下泄流量，减少上游淹没损失和非溢流坝的高度及坝体的工程量。与深孔闸门比较，堰顶闸门承

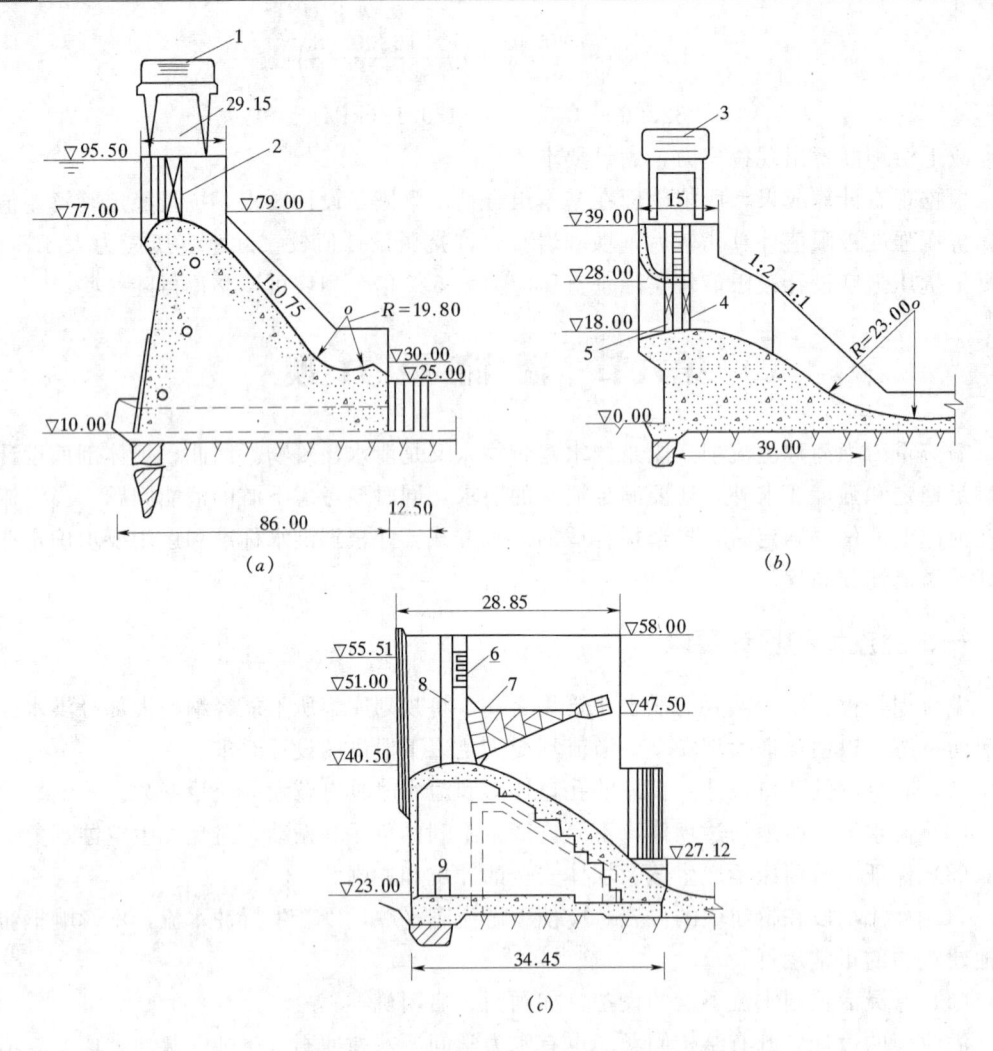

图 2-21 溢流坝泄水方式（单位：m）

(a) 坝顶溢流式；(b) 大孔口溢流式；(c) 具有活动胸墙的大孔口

1—350T 门机；2—工作闸门；3—175/40T 门机；4—12m×10m 定轮闸门；5—检修门；
6—活动胸墙；7—弧形闸门；8—检修门槽；9—预制混凝土块安装区

受的水头较小，其孔口尺寸较大，由于闸门安装在堰顶，操作、检修均比深孔闸门方便。当闸门全开时，下泄流量与堰上水头 H_0 的 3/2 次方成正比。随着库水位的升高，下泄流量增加较快，具有较大的超泄能力。在大、中型水库工程中得到广泛的应用。

2. 孔口溢流式

在闸墩上部设置胸墙 [图 2-21 (b)]，既可利用胸墙挡水，又可减少闸门的高度和降低堰顶高程。它可以根据洪水预报提前放水，腾出较大的防洪库容，提高水库的调洪能力。当库水位低于胸墙下缘时，下泄水流流态与堰顶开敞溢流式相同；当库水位高于孔口一定高度时，呈大孔口出流。胸墙多为钢筋混凝土结构，常固接在闸墩上，也有做成活动式的 [图 2-21 (c)]。遇特大洪水时可将胸墙吊起，以加大泄洪能力，利于排放漂浮物。

三、溢流坝的剖面设计

溢流坝的基本剖面也呈三角形。上游坝面可以做成铅直面，也可以做成折坡面。溢流面由顶部曲线段、中间直线段和底部反弧段三部分组成，如图 2-22 所示。设计要求：①有较高的流量系数，泄流能力大；②水流平顺，不产生不利的负压和空蚀破坏；③形体简单、造价低、便于施工等。

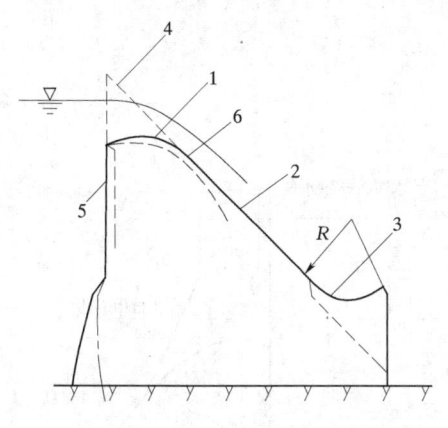

图 2-22 溢流坝剖面
1—顶部曲线段；2—直线段；3—反弧段；
4—基本剖面；5—薄壁堰；
6—薄壁堰溢流水舌

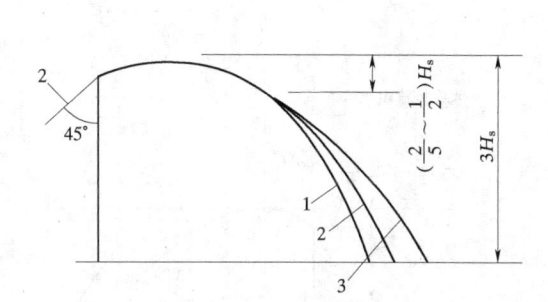

图 2-23 克—奥曲线与幂曲线比较
1—幂曲线；2—克—奥Ⅱ型曲线；
3—克—奥Ⅰ型曲线

（一）溢流坝的堰面曲线

1. 顶部曲线段

溢流堰面曲线常采用非真空剖面曲线。采用较广泛的非真空剖面曲线有克—奥曲线和幂曲线（或称 WES 曲线）两种。克—奥曲线与幂曲线在堰顶以下 $(2/5\sim1/2)H_s$（H_s 为定型设计水头）范围内基本重合，在此范围以外，克—奥曲线定出的剖面较肥大，常超出稳定和强度的需要，如图 2-23 所示。克—奥曲线不给出曲线方程，只给定曲线坐标值，插值计算和施工放样均不方便。而幂曲线给定曲线方程，如式（2-45），便于计算和放样。克—奥曲线流量系数约为 0.48～0.49，小于幂曲线流量系数（最大可达 0.502），故近年来堰面曲线多采用幂曲线。

（1）开敞式溢流堰面曲线。如图 2-23 所示，采用幂曲线时按下式和表 2-13 计算：

$$x^n = KH_s^{n-1}y \tag{2-45}$$

式中 H_s——定型设计水头，按堰顶最大作用水头 H_{zmax} 的 75%～95% 计算，m；

n、K——与上游坝面坡度有关的指数和系数，见表 2-13；

x、y——溢流面曲线的坐标，其原点设在堰面曲线的最高点。

表 2-13　　　　　　　　　　　K、n 值表

上游坝面形式	坡度	K	n
铅直面	3∶0	2.000	1.850
倾斜面	3∶1	1.936	1.836

原点上游宜用椭圆曲线，其方程式为

$$\frac{x^2}{(aH_s)^2} + \frac{(bH_s - y)^2}{(bH_s)^2} = 1 \tag{2-46}$$

式中　aH_s、bH_s——椭圆曲线的长轴和短轴，若上游面铅直，a、b 可按下式选取：

$$a \approx 0.28 \sim 0.30$$

$$\frac{a}{b} = 0.87 + 3a$$

当采用倒悬堰顶时（图 2-24）应满足

$$d > \frac{H_{zmax}}{2} \tag{2-47}$$

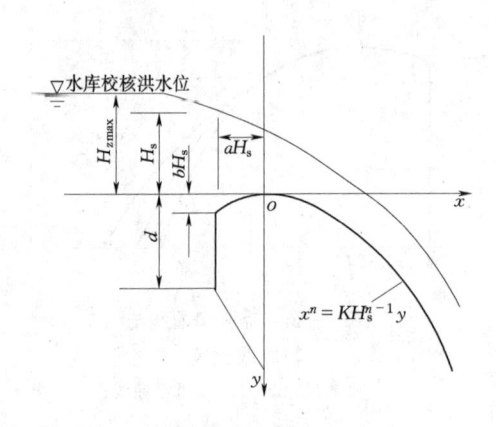

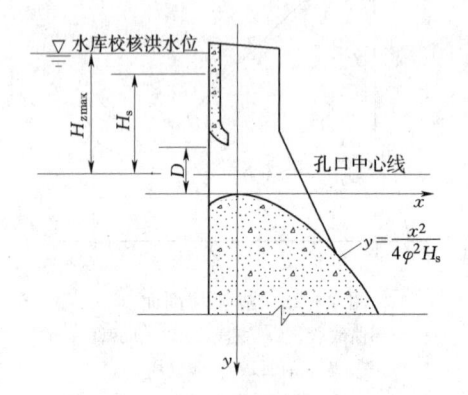

图 2-24　开敞式溢流堰面曲线

图 2-25　带胸墙大孔口的堰面曲线

仍可采用式（2-46）计算。

选择不同定型设计水头时，堰顶可能出现最大负压值见表 2-14。

表 2-14　　　　　　　不同定型设计水头对应的堰顶最大负压表

H_s/H_{zmax}	0.75	0.775	0.80	0.825	0.85	0.875	0.90	0.95	1.00
最大负压值/m	$0.5H_s$	$0.45H_s$	$0.4H_s$	$0.35H_s$	$0.3H_s$	$0.25H_s$	$0.20H_s$	$0.10H_s$	$0.0H_s$

其他作用水头 H_z 下的流量系数 m_s 和定型设计水头 H_s 情况下的流量系数 m 的比值见表 2-15。

表 2-15　　　　　　　作用水头、设计水头与流量系数之间的关系

H_z/H_s	0.2	0.4	0.6	0.8	1.0	1.2	1.4
m_s/m	0.85	0.90	0.95	0.975	1.0	1.025	1.07

（2）设有胸墙的堰面曲线。如图 2-25 所示，当堰顶最大作用水头 H_{zmax}（孔口中心线以上）与孔口高度（D）的比值 $H_{zmax}/D > 1.5$ 时，或闸门全开仍属孔口泄流时，可按下式设计堰面曲线：

$$y = \frac{x^2}{4\varphi^2 H_s} \tag{2-48}$$

式中　H_s——定型设计水头，一般取孔口中心线至水库校核洪水位的水头的 75%～95%；

φ——孔口收缩断面上的流速系数,一般取 $\varphi=0.96$,若孔前设有检修闸门取 $\varphi=0.95$;

$x、y$——曲线坐标,其原点设在堰顶最高点,如图 2-25 所示;

其余符号意义同前。

坐标原点的上游段可采用单圆曲线、复合圆曲线或椭圆曲线与上游坝面连接,胸墙底缘也可采用圆弧或椭圆曲线外形,原点上游曲线与胸墙底缘曲线应通盘考虑,若 $1.2<H_{zmax}/D<1.5$ 时,堰面曲线应通过试验确定。

按定型设计水头确定的溢流面顶部曲线,当通过校核洪水时将出现负压,一般要求负压值不超过 3~6m 水柱高。

2. 中间直线段

中间直线段的上端与堰顶曲线相切,下端与反弧段相切,坡度与非溢流坝段的下游坡相同。

3. 底部反弧段

溢流坝面反弧段是使沿溢流面下泄水流平顺转向的工程设施,通常采用圆弧曲线,$R=(4\sim10)h$,h 为校核洪水闸门全开时反弧最低点的水深。反弧最低点的流速越大,要求反弧半径越大。当流速小于 16m/s 时,取下限;流速大时,宜采用较大值。当采用底流消能,反弧段与护坦相连时,宜采用上限值。

(二) 溢流坝剖面设计

溢流坝的实用剖面,是在三角形基本剖面基础上结合堰面曲线修改而成的,在剖面设计时往往会出现以下两种情况。

1. 溢流坝堰面曲线超出基本三角形剖面

如图 2-26 (a) 所示,在坚固完好的岩基上,会出现这种情况,设计时需对基本剖面进行修正。

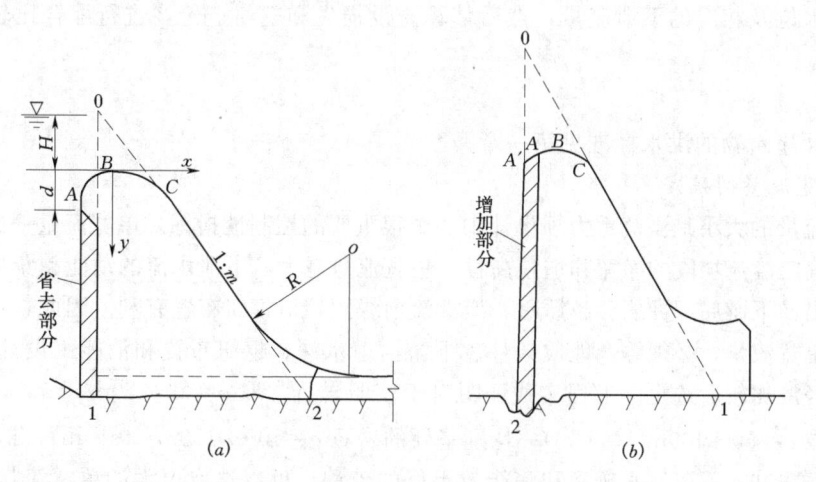

图 2-26 溢流坝基本剖面修正
(a) 反弧与护坦连接;(b) 反弧与挑流鼻坎连接

根据溢流坝的定型设计水头 H_s 和选定的堰面曲线型式,点绘出堰面曲线 ABC,将基本三角形的下游边与溢流坝面的切线重合,坝上游阴影部分可以省去。为了不影响堰顶泄流,保留高度 d 的悬臂实体,且要求 $d \geqslant 0.5 H_{z\max}$ ($H_{z\max}$ 为堰顶最大作用水头)。

2. 溢流堰面曲线落在三角形基本剖面以内

如图 2-26 (b) 所示,当溢流重力坝剖面小于基本三角形剖面时,可适当调整堰顶曲线。通常是在溢流坝顶加一斜直线 AA',使之与溢流曲线相切于 A 点,增加上游阴影部分坝体体积,同时也满足坝体稳定和强度要求。

3. 具有挑流鼻坎的溢流坝

鼻坎超出基本三角形剖面以外时,(图 2-27),若 $l/h>0.5$ 时,须核算 $B-B'$ 截面处的应力;若拉应力较大,可考虑在 $B-B'$ 截面处设置结构缝,把鼻坎与坝体分开;若拉应力不大,也可采用局部加强措施,不设结构缝。

溢流坝和非溢流坝的上游坝面要求应尽量一致,并且对齐,以免产生坝段之间的侧向水压力,否则将使坝段的稳定、强度计算复杂化。溢流坝的下游坝面,则不强求与非溢流坝面完全一致对齐,只要两者各自保持一致对齐即可。

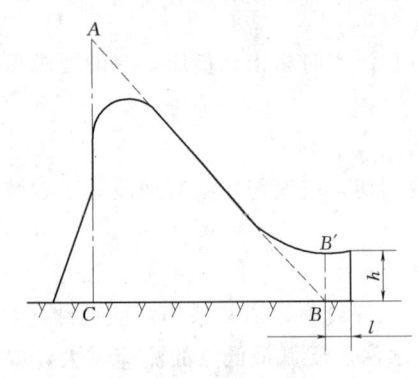

图 2-27 挑流鼻坎的结构缝

四、溢流坝的孔口布置

溢流坝的孔口设计涉及很多因素,如洪水设计标准、下游防洪要求、库水位壅高的限制、泄水方式、堰面曲线以及枢纽所在地段的地形、地质条件等。设计时,先选定泄水方式,拟定若干个泄水布置方案(除堰面溢流外,还可配合坝身泄水孔或泄洪隧洞泄流),初步确定孔口尺寸,按规定的洪水设计标准进行调洪演算,求出各方案的防洪库容、设计和校核洪水位及相应的下泄流量,然后估算淹没损失和枢纽造价,进行综合比较,选出最优方案。

1. 洪水标准

永久性建筑物的洪水标准见第一章。

2. 单宽流量的确定

单宽流量的大小是溢流重力坝设计中一个很重要的控制性指标。单宽流量一经选定,就可以初步确定溢流坝段的净宽和堰顶高程。单宽流量越大,下泄水流的动能越集中,消能问题就越突出,下游局部冲刷会越严重,但溢流前缘短,对枢纽布置有利。因此,一个经济而又安全的单宽流量,必须综合地质条件、下游河道水深、枢纽布置和消能工设计多种因素,通过技术经济比较后选定。工程实践证明对于软弱岩石常取 $q=20\sim 50\text{m}^3/(\text{s}\cdot\text{m})$;中等坚硬的岩石取 $q=50\sim 100\text{m}^3/(\text{s}\cdot\text{m})$;特别坚硬的岩石 $q=100\sim 150\text{m}^3/(\text{s}\cdot\text{m})$;地质条件好、堰面铺铸石防冲、下游尾水较深和消能效果好的工程,可以选取更大的单宽流量。近年来,随着消能技术的进步,选用的单宽流量也不断增大。在我国已建成的大坝中,龚嘴水电站的单宽流量达 $254.2\text{m}^3/(\text{s}\cdot\text{m})$,目前正在建设中的安康水电站的单宽流量达 $282.7\text{m}^3/(\text{s}\cdot\text{m})$。而委内瑞拉的古里坝,其单宽流量已突破了 $300\text{m}^3/(\text{s}\cdot\text{m})$ 的界限。

3. 孔口尺寸的确定

溢流孔口尺寸主要取决于通过溢流孔口的下泄洪水流量 $Q_溢$，根据设计和校核情况下的洪水来量，经调洪演算确定下泄洪水流量 $Q_总$，再减去泄水孔和其他建筑物下泄流量之和 Q_0，即得 $Q_溢$（m^3/s）。

$$Q_溢 = Q_总 - \alpha Q_0 \tag{2-49}$$

式中　Q_0——经由电站、船闸及其他泄水孔下泄的流量；

α——系数，考虑电站部分运行，或由于闸门障碍等因素对下泄流量的影响，正常运用时取 $0.75 \sim 0.90$；校核情况下取 1.0。

单宽流量 q 确定以后，溢流孔净宽 B（m，不包括闸墩厚度）为

$$B = \frac{Q_溢}{q} \tag{2-50}$$

装有闸门的溢流坝，用闸墩将溢流段分隔为若干个等宽的孔。设孔口总数为 n，孔口宽度 $b = B/n$，d 为闸墩厚度，则溢流前缘总宽度 B_1（m）为

$$B_1 = nb + (n-1)d \tag{2-51}$$

经调洪演算求得设计洪水位及相应的下泄流量后，可利用下式计算堰顶水头 H_z（m），此时堰顶水头包括流速水头在内。当采用开敞式溢流坝泄流时，得

$$Q_溢 = m_z \varepsilon \sigma_m B \sqrt{2g} H_z^{3/2} \tag{2-52}$$

式中　B——溢流孔净宽，m；

m_z——流量系数，可从有关水力计算手册中查得；

ε——侧收缩系数，根据闸墩厚度及闸墩头部形状而定，初设时可取 $0.90 \sim 0.95$；

σ_m——淹没系数，视淹没程度而定；

g——重力加速度，取 9.81，m/s^2。

用设计洪水位减去堰顶水头 H_z（此时堰顶水头应扣除流速水头）即得堰顶高程。

当采用孔口泄流时，得

$$Q_溢 = \mu A_k \sqrt{2gH_z} \tag{2-53}$$

式中　A_k——出口处的面积，m^2；

H_z——自由出流时为孔口中心处的作用水头，m，淹没出流时为上下游水位差；

μ——孔口或管道的流量系数，初设时对有胸墙的堰顶孔口，当 $H_z/D = 2.0 \sim 2.4$ 时（D 为孔口高，m），取 $\mu = 0.74 \sim 0.82$，对深孔取 $\mu = 0.83 \sim 0.93$；当为有压流时，μ 值必须通过计算沿程及局部水头损失来确定。

确定孔口尺寸时应考虑以下因素：

（1）泄洪要求。对于大型工程，应通过水工模型试验检验泄流能力。

（2）闸门和启闭机械。孔口宽度越大，启门力也越大，工作桥的跨度也相应加长。此外，闸门应有合理的宽高比，常采用的 $b/H \approx 1.5 \sim 2.0$。为了便于闸门的设计和制造，应尽量采用规范推荐的孔口尺寸标准。

（3）枢纽布置。孔口高度越大，单宽流量越大，溢流坝段越短；孔口宽度越小，孔数越多，闸墩数也越多，溢流坝段总长度也相应加大。

（4）下游水流条件。单宽流量越大，下游消能问题就越突出。为了对称均衡开启闸

门,以控制下游河床水流流态,孔口数目最好采用奇数。

当校核洪水与设计洪水相差较大时,应考虑非常泄洪措施,如适当加长溢流前缘长度;当地形、地质条件适宜时,还可以像土坝一样设置岸边非常溢洪道。

溢流坝段的横缝有以下两种布置方式(图2-28):①缝设在闸墩中间,当各坝段间产生不均匀沉降时,不致影响闸门启闭,工作可靠,缺点是闸墩厚度较大;②缝设在溢流孔跨中,闸墩厚度较薄,但易受地基不均匀沉降的影响,且高速水流在横缝上通过,易造成局部冲刷、气蚀和水流不畅。

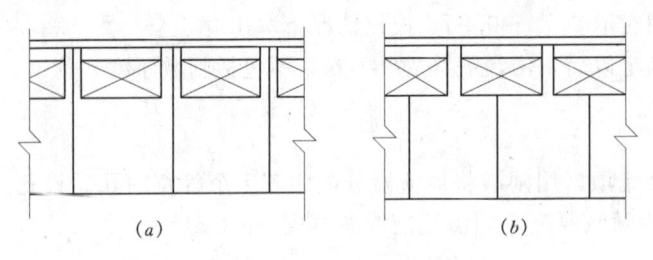

图2-28 溢流坝段横缝的布置

五、溢流坝的消能防冲

因为溢流坝下泄的水流具有很大的动能,常高达几百万甚至几千万千瓦,潘家口和丹江口坝的最大泄洪功率均接近3000万kW,如此巨大的能量,若不妥善进行处理,势必导致下游河床被严重冲刷,甚至造成岸坡坍塌和大坝失事。所以,消能措施的合理选择和设计,对枢纽布置、大坝安全及工程造价都有重要意义。

通过溢流坝下泄的水流具有巨大的能量,它主要消耗在三个方面:一是水流内部的互相撞击和摩擦;二是下泄水体与空气之间的掺气摩阻;三是下泄水流与固体边界(如坝面、护坦、岸坡、河床)之间的摩擦和撞击。

消能工消能是通过局部水力现象,把一部分水流的动能转换成热能,随水流散逸。实现这种能量转换的途径有水流内部的紊动、掺混、剪切及旋滚,水股的扩散及水股之间的碰撞,水流与固体边界的剧烈摩擦和撞击,水流与周围空气的摩擦和掺混等。消能形式的选择,要根据枢纽布置、地形、地质、水文、施工和运用等条件确定。消能工的设计原则:①尽量使下泄水流的大部分动能消耗在水流内部的紊动中,以及水流与空气的摩擦上;②不产生危及坝体安全的河床或岸坡的局部冲刷;③下泄水流平稳,不影响枢纽中其他建筑物的正常运行;④结构简单,工作可靠;⑤工程量小,造价低。

常用的消能方式有底流消能、挑流消能、面流消能和消力戽消能等。消能方式的选择主要取决于水利枢纽的具体条件,根据水头及单宽流量的大小,下游水深及其变幅,坝基地质、地形条件以及枢纽布置情况等,经技术经济比较后选定。

1. 底流消能

底流消能(图2-29)是在坝下设置消力池、消力坎或综合式消力池和其他辅助消能设施,促使下泄水流在限定的范围内产生水跃。主要通过水流内部的漩滚、摩擦、掺气和撞击达到消能的目的,以减轻对下游河床的冲刷。底流消能工作可靠,但工程量较大,多用于低水头、大流量的溢流重力坝。有关底流式水跃消能防冲设计，可参考本书第五章有关部分。

2. 挑流消能

挑流消能是利用溢流坝下游反弧段的鼻坎，将下泄的高速水流挑射抛向空中，抛射水流在掺入大量空气时消耗部分能量，而后落到距坝较远的下游河床水垫中产生强烈的漩滚，并冲刷河床形成冲坑，随着冲坑的逐渐加深，大量能量消耗在水流漩滚的摩擦之中，冲坑也逐渐趋于稳定。鼻坎挑流消能一般适用于基岩比较坚固的中、高溢流重力坝。

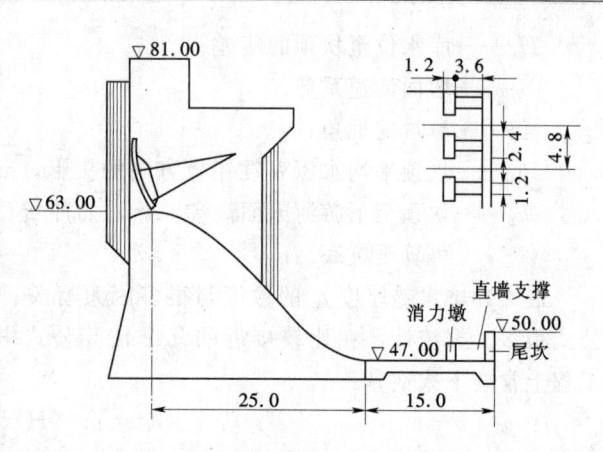

图 2-29 底流水跃消能图（单位：m）

鼻坎挑流消能设计主要包括：选择合适的鼻坎型式、鼻坎高程、挑射角度、反弧半径、鼻坎构造和尺寸；计算挑射距离和最大冲坑深度。挑流形成的冲坑应保证不影响坝体及其他建筑物的安全。

常用的挑流鼻坎型式有连续式和差动式两种。

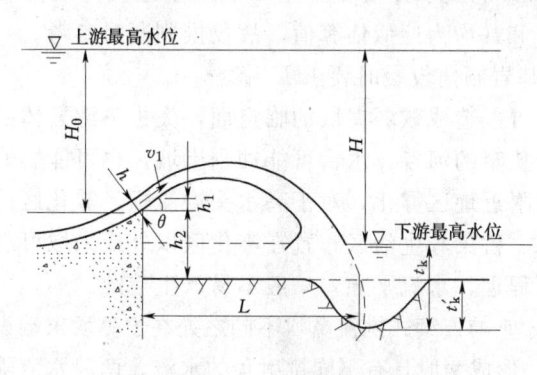

图 2-30 抛流消能

（1）连续式挑流鼻坎，如图 2-30 所示。连续式挑流鼻坎构造简单、射程较远，鼻坎上水流平顺、不易产生空蚀。

鼻坎挑射角度，一般情况下取 $\theta=20°\sim25°$。对于深水河槽以选用 $\theta=15°\sim20°$ 为宜。加大挑射角，虽然可以增加挑射距离，但由于水舌入水角（水舌与下游水面的交角）加大，使冲坑加深。

鼻坎反弧半径 R 一般采用 $(8\sim10)h$，h 为反弧最低点处的水深。R 太小时鼻坎水流转向不顺畅；R 过大时将迫使鼻坎向下延伸太长，增加了鼻坎工程量。鼻坎反弧也可采用抛物线，曲率半径由大到小，这样，既可以获得较大的挑射角 θ，又不致于增加鼻坎工程量，但鼻坎施工复杂，在实际运用中受到限制。

鼻坎高程应高于鼻坎附近下游最高水位 1～2m。

由于冲坑最深点大致落在水舌外缘的延长线上，故挑射距离按以下公式估算：

$$L=\frac{1}{g}[v_1^2\sin\theta\cos\theta+v_1\cos\theta\sqrt{v_1^2\sin^2\theta+2g(h_1+h_2)}] \quad (2-54)$$

其中
$$v_1=1.1\,v=1.1\varphi\sqrt{2gH_0}$$
$$h_1=h\cos\theta$$

式中 L——水舌挑射距离，m，挑流鼻坎下垂直面至冲坑最深点的水平距离；

v_1——坎顶水面流速，m/s，按鼻坎处平均流速 v 的 1.1 倍计；

H_0——库水位至坝顶的落差;

φ——堰面流速系数;

θ——鼻坎的挑角;

h_1——坎顶平均水深 h 在铅直方向的投影,m;

h_2——坎顶至下游河床面高差,m,如冲坑已经形成,在计算冲坑进一步发展时,可算至坑底。

最大冲坑水垫厚度 t_k 的数值与很多因素有关,特别是河床的地质条件,目前估算的公式很多。据统计,在比较接近的几个估算公式中,计算结果相差也高达30%~50%,工程上常按下式估算:

$$t_k = \alpha q^{0.5} H^{0.25} \qquad (2-55)$$

式中 t_k——水垫厚度,自水面算至坑底,m;

q——单宽流量,m³/(s·m);

H——上下游水位差,m;

α——冲坑系数,坚硬完整的基岩取 $\alpha=0.9\sim1.2$,坚硬但完整性较差的基岩取 $\alpha=1.2\sim1.5$,软弱破碎、裂隙发育的基岩取 $\alpha=1.5\sim2.0$。

最大冲坑水垫厚度 t_k 求出后,根据河床水深即可求得最大冲坑深度 t_k'。

射流形成的冲坑是否会延伸到鼻坎处以致危及坝体安全,主要取决于最大冲坑深度 t_k' 与挑射距离 L 的比值,即 L/t_k' 值。由于 L 和 t_k' 均为近似估算值,故仅供判断时参考。一般认为,基岩倾角较陡时要求 $L/t_k'>2.5$,基岩倾角较缓时要求 $L/t_k'>5.0$。

当坝基内有缓倾角软弱夹层时,冲刷坑可能造成软弱夹层的临空面,失去下游岩体的支撑,对坝体抗滑稳定产生不利影响。对于狭窄的河谷,水舌可能冲刷岸坡,也可能影响岸坡的稳定。挑流消能水舌在空中扩散,使附近地区雾化,对于高水头溢流坝,雾化区可延伸数百米或更远,设计时应注意将变电站、桥梁和生活区布置在雾化区以外或采取可靠的防护措施。连续式挑流鼻坎构造简单、射程远、水流平顺,一般不易产生空蚀。

(2) 差动式挑流鼻坎,如图2-31所示,它与连续式挑流鼻坎不同之处在于鼻坎末端设有齿坎,挑流时射流分别经齿台和凹槽挑出,形成两股具有不同挑射角的水流,两股水流除在垂直面上有较大扩散外,在侧向也有一定的扩散,加上高低水流在空中相互撞击,使掺气

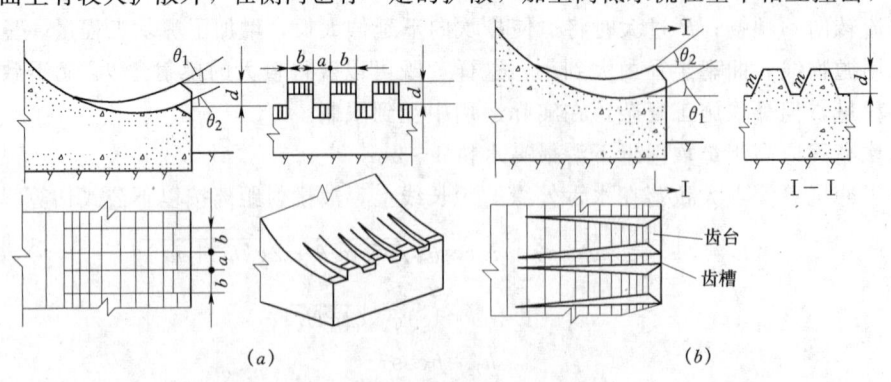

图2-31 差动式挑流鼻坎

(a) 矩形差动式鼻坎;(b) 梯形差动式鼻坎

现象加剧，增加了空中的消能效果；同时也增加了水舌的入水范围，减小了河床的冲刷深度。据试验和原型观测，设计良好的差动式挑流鼻坎下游的冲刷深度比在连续式挑流情况下要减小35%～50%。常用的差动式挑流鼻坎有矩形差动式鼻坎和梯形差动式鼻坎两种。

3. 面流消能

面流消能（图2-32）利用鼻坎将高速水流挑至尾水表面，在主流表面与河床之间形成反向漩滚，使高速水流与河床隔开，避免了对临近坝趾处河床的冲刷。由于表面主流沿水面逐渐扩散以及反向漩滚的作用，故产生消能效果。

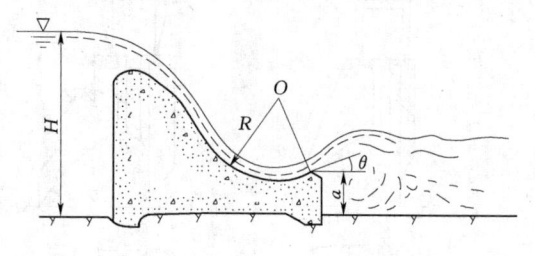

图2-32 面流消能

面流消能适用于下游尾水较深（大于跃后水深），水位变幅不大，下泄流量变化范围不大，以及河床和两岸有较高的抗冲能力的情况。它的缺点是对下游水位和下泄流量变幅有严格的限制，下游水流波动较大，在较长距离内不够平稳，影响发电和航运。

4. 消力戽消能

消力戽的构造类似于挑流消能设施，但其鼻坎潜没在水下，下泄水流在被鼻坎挑到水面（形成涌浪）的同时，还在消力戽内、消力戽下游的水流底部以及消力戽下游的水流表面形成三个漩滚，即所谓"一浪三滚"。消力戽的作用主要在于使戽内的漩滚消耗大量能量，并将高速水流挑至水面，以减轻对河床的冲刷。消力戽下游的两个漩滚也有一定的消能作用。由于高速主流在水流表面，故不需做护坦。

消力戽消能也像面流消能那样，要求下游尾水较深（大于跃后水深），而且下游水位和下泄流量的变幅较小，其缺点也和面流消能大体相同。

消力戽设计既要避免因下游水位过低出现自由挑流，造成严重冲刷，也需避免因下游水位过高，淹没太大，急流潜入河底淘刷坝脚。设计时可参考有关文献，针对不同流量进行水力计算，以确定反弧半径、鼻坎高度和挑射角度，如图2-33所示。

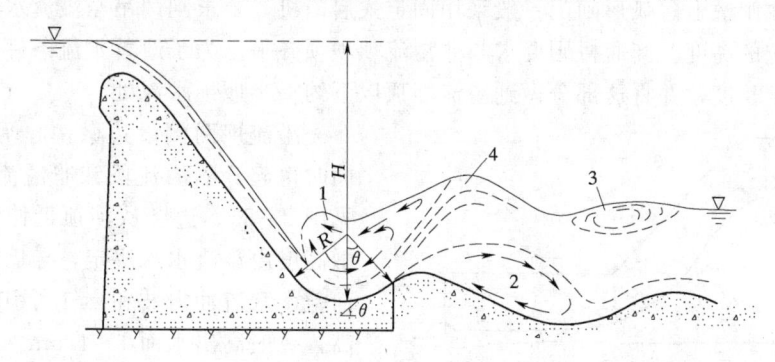

图2-33 消力戽
1—戽内漩滚；2—戽后底部漩滚；3—下游表面漩滚；4—戽后涌浪

六、溢流坝的上部结构

溢流坝的上部结构主要包含闸墩、工作桥、检修桥、交通桥、启闭机等。

闸墩用来分孔，承受闸门传来的水压力，支撑工作桥和交通桥，如图2-34所示。

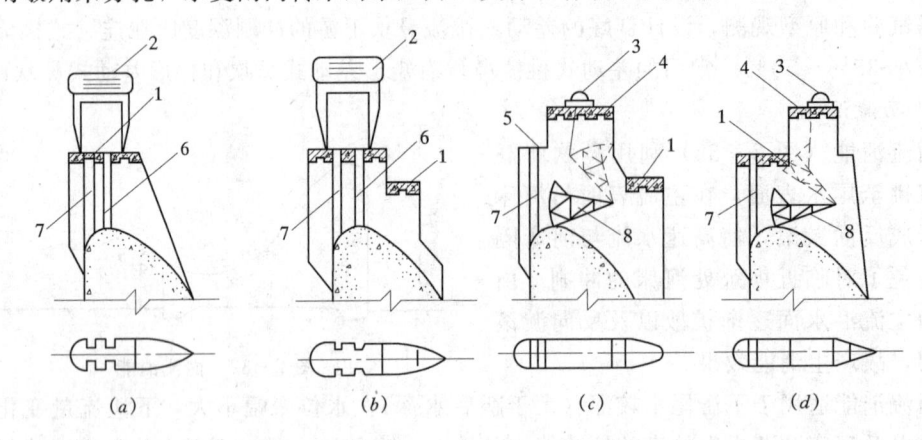

图2-34 溢流坝上部结构
1—公路桥；2—门机；3—启闭机；4—工作桥；5—便桥；6—工作闸门槽；7—检修闸门槽；8—弧形闸门

闸墩的断面形状应使水流平顺，减小孔口的侧收缩，其上游墩头断面常采用半圆形、椭圆形或流线形，下游断面则多采用逐渐收缩的流线形，有时也采用宽尾墩。

闸墩上游墩头可与坝体上游面齐平，也可外悬于坝顶，以满足上部结构布置的要求。

闸墩厚度与闸门型式有关。采用平面闸门时需设闸门槽，工作闸门槽深0.5~2.0m，宽1~4m，门槽处的闸墩厚度不得小于1~1.5m，以保证有足够的强度。弧形闸门闸墩的最小厚度为1.5~2.0m。如果是缝墩，墩厚要增加0.5~1.0m。由于闸墩较薄，需要配置受力钢筋和温度钢筋。

闸墩的长度和高度，应满足布置闸门、工作桥、交通桥和启闭机械的要求。平面闸门多用活动式启闭机，轨距一般在10m左右。当交通要求不高时，工作桥可兼做交通桥使用，否则需另设交通桥。门机高度应能将闸门吊出门槽。在正常运用中，闸门提起后可用锁定装置挂在闸墩上。弧形闸门一般采用固定式启门机，要求闸门吊至溢流水面以上，工作桥应有相应的高度。交通桥则要求与非溢流坝坝顶齐平。为了改善水流条件，闸墩需向上游伸出一定长度，并将这部分做到溢流坝顶以下约一半堰顶水深处。

溢流坝两侧设边墩，起闸墩的作用，同时也起分隔溢流段和非溢流段的作用，见图2-35。边墩从坝顶延伸到坝址，边墩高度由溢流水深决定，导墙应考虑溢流面上由水流冲击波和掺气所引起的水深增高，一般高出水面1~1.5m。当采用底流式消能时，导墙需延长到消力池末端。当溢流坝与水电站并列时，导墙长度要延伸到厂房后一定的范围，以减少尾水对电站运行的影响。为防止温度裂缝，在导墙上每隔15m左右做一道伸缩缝。导墙顶厚为0.5~2.0m，下部厚度由结构计算确定。

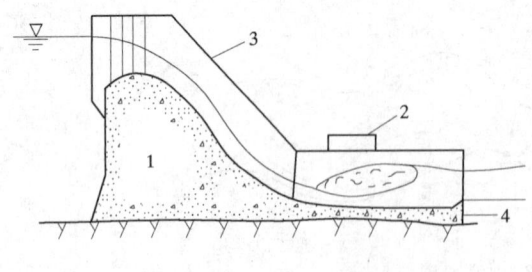

图2-35 边墩和导墙
1—溢流坝；2—水电站；3—边墩；4—护坦

第七节 重力坝的深式泄水孔

位于重力坝中部或底部的泄水孔称为重力坝的深式泄水孔,又称深孔,底部的又叫底孔。由于深水压力的影响,对孔口尺寸、边界条件、结构受力、操作运行等要求十分严格,以便保证泄流顺畅,运用安全。

一、深式泄水孔的分类和作用

深式泄水孔按其作用分为泄洪孔、冲沙孔、发电孔、放水孔、灌溉孔、导流孔等。泄洪孔用于泄洪和根据洪水预报资料预泄洪水,可加大水库的调洪库容;冲沙孔用于排放库内泥沙、减少水库淤积;发电孔用于发电、供水;放水孔用于放空水库,以便检修大坝;灌溉孔要满足农业灌溉要求的水量和水温,取水库表层或取深水长距离输送以达到灌溉所需的水温;导流孔主要用于施工期导流的需要。在不影响正常运用的条件下,应考虑一孔多用,如发电与灌溉结合,放空水库与排沙结合,导流孔的后期改造成泄洪、排沙、放空水库等。城市供水可以单独设孔,以便满足供水水质、高程等要求,也可利用发电、灌溉孔的尾水供水。

深式泄水孔按其流态可分为有压泄水孔和无压泄水孔。发电孔必须是有压流;而泄洪、冲沙、放水、灌溉、导流等可以是有压流也可以是无压流(图 2-36 和图 2-37)。

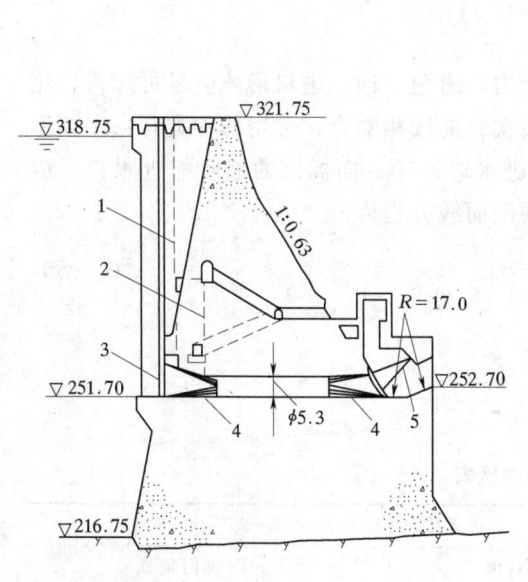

图 2-36 有压泄水孔(单位:m)
1—通气孔;2—平压管;3—检修门槽;
4—渐变段;5—工作闸门

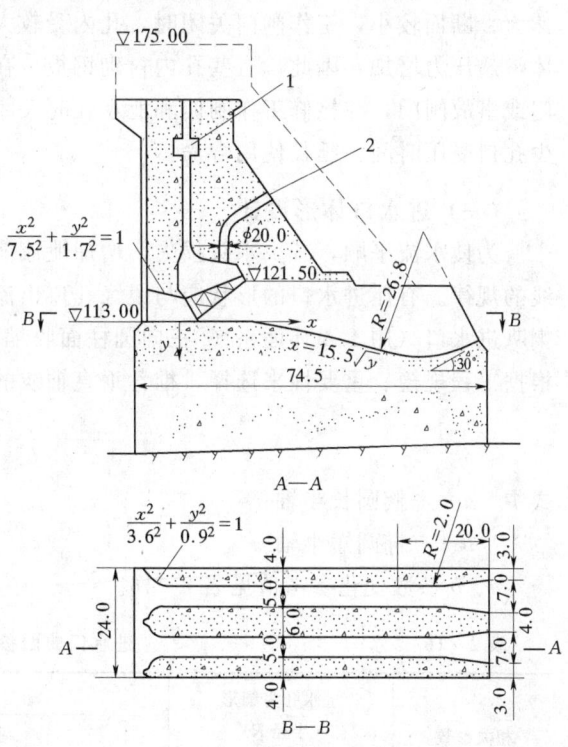

图 2-37 无压泄水孔(单位:m)
1—启闭机廊道;2—通气孔

深式泄水孔按所处的高程不同可分为中孔和底孔；按布置的层数可分为单层泄水孔和多层泄水孔（图2-38）。

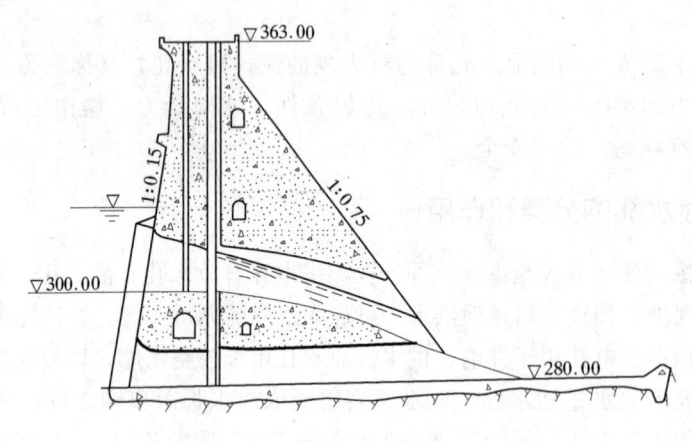

图2-38 双层泄水孔（高程：m）

二、有压泄水孔设计

有压泄水孔的工作闸门布置在出口处，孔内始终保持满水有压状态。有压深孔内流速大、断面较小，工作闸门关闭时，孔内受较大的内水压力，易引起泄水孔周边应力和坝体渗透压力增加，因此，有些孔内衬砌钢板。在有压泄水孔进水口处设置拦污栅和检修闸门或事故闸门，在检修工作闸门和泄水孔时关闭事故闸门，在非泄水期关闭事故闸门，减少孔口受压时间，延长使用寿命。

（一）进水口体形设计

为使水流平顺，减少水头损失，增加泄流能力，避免空蚀，进口形体应尽可能符合流线的规律。有压进水口的形状应与锐缘孔口出流实验曲线相吻合，常用的种类有：①圆形喇叭进水口（用1/4环面）；②三向圆柱面收缩进水口；③三向椭圆曲面收缩进水口。应根据工程规模、重要性来选择。推荐垂直轴线的剖面线方程为

$$\frac{x^2}{a^2}+\frac{y^2}{b^2}=1 \tag{2-56}$$

式中 a——椭圆长半轴；

b——椭圆短半轴。

a、b参数变化参考值见表2-16。

表2-16 进水口曲面参考值表

相关参数	进水孔为圆形（半径R）	进水孔为矩形 $h/B=1.5\sim2$			
		1/4圆柱面		1/4椭圆曲面	
	1/4环面	顶部	侧墙	顶部	侧墙
a	$(1\sim3)R$	$(1\sim2)h$	$(1\sim2)B$	h	$(0.65\sim0.85)B$
b	$(0.25\sim0.35)R$	$(1\sim2)h$	$(1\sim2)B$	$h/3$	$(0.22\sim0.27)B$

第七节 重力坝的深式泄水孔

对于大、中型，重要的工程采用椭圆曲面，或进行水工模型试验确定；一般小型工程为施工方便，应采用圆柱面、斜圆柱面；圆形泄水孔直接连进水口，用喇叭形环面进水口。矩形进水口的高宽比一般为 $h/B=1.5\sim2$（图 2-39）。

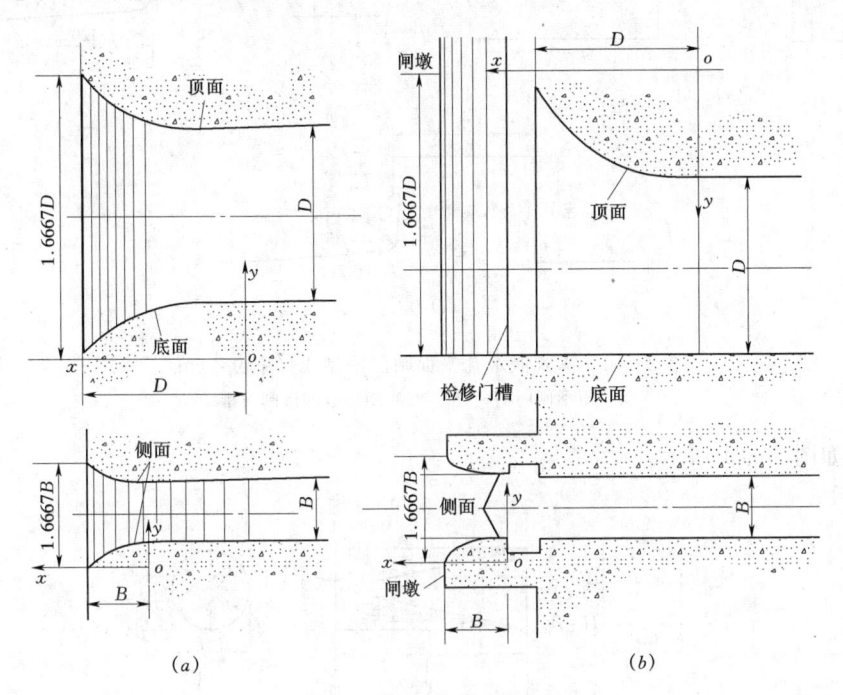

图 2-39 泄水孔进口形状
(a) 底面为曲线的进口形状；(b) 底面为平底的进口形状

（二）闸门和闸门槽

有压泄水孔一般在进水口设拦污栅和检修闸门，在出口压坡段后设工作闸门，工作闸门可用弧形闸门，也可用平面闸门，但检修门一般采用平面闸门。支承平面闸门的闸门槽形体设计不当，容易产生空蚀。水流经过闸门槽时，先是扩散，随即收缩，闸门槽内产生漩涡，流速增大时漩涡中心压力减少，造成水流脱壁，导致负压出现，引起空蚀破坏和结构振动。流速越大，越应引起重视。

闸门槽分矩形闸门槽和矩形收缩型闸门槽两种。中小型工程且流速小于 10m/s 的情况用矩形闸门槽。大、中型工程且流速大于 10m/s 的情况，为使流态较好，减免空蚀，可采用矩形收缩型闸门槽，如图 2-40 (b)、(c) 所示。

据实验研究成果证明，矩形收缩型闸门槽的尺寸应根据闸门尺寸和轨道布置要求确定，闸门槽的宽深比 $W/d=1.6\sim1.8$ 较好，错距 $\Delta=(0.05\sim0.08)W$、下游收缩边墙斜率为 $1:8\sim1:12$、圆角半径 $r=0.1d$ 比较理想。

（三）深水孔孔身与渐变段

有压泄水孔多数都采用圆形断面，圆形断面在周长相同的情况下过水能力最大，受力条件最好。在进水口，为适应布置矩形闸门的需要，在矩形断面与圆形断面之间需设置足够长的渐变段，又称方圆渐变段，防止洞内局部负压和空蚀。渐变段分进口渐变段和出口

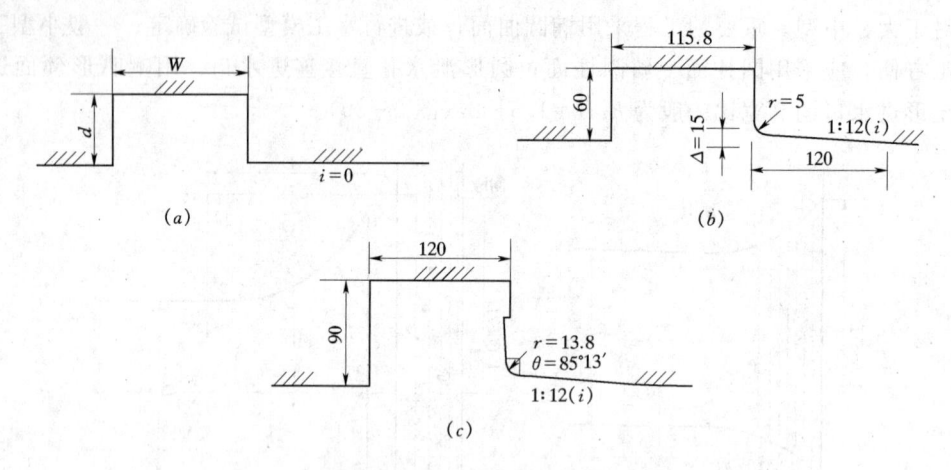

图 2-40 深式泄水孔平面闸门槽型式（单位：cm）
(a) 矩形闸门槽；(b)、(c) 矩形收缩形闸门槽

渐变段，如图 2-41 所示。

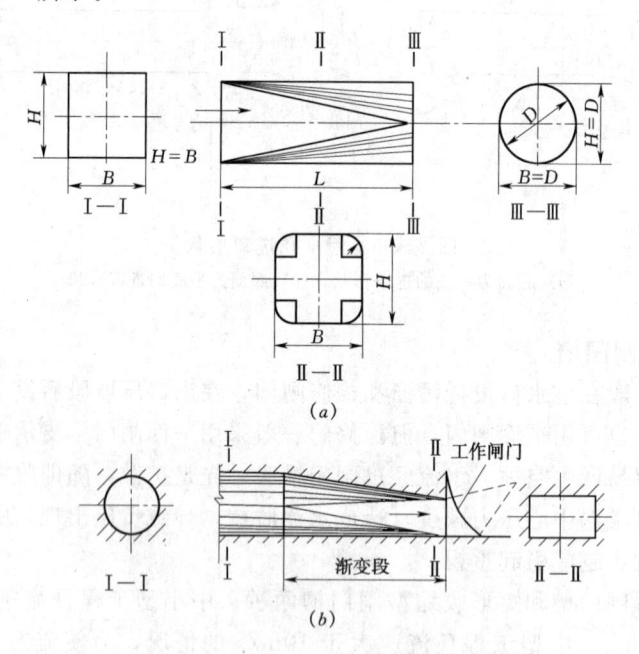

图 2-41 渐变段
(a) 进口渐变段；(b) 出口渐变段

渐变段的长度应满足断面过渡的需要，一般采用孔身直径的 1.5～2.0 倍，边壁的收缩率控制在 1∶5～1∶8 之间。为保证洞内有压，出口断面的矩形面积一般小于洞身圆形面积。

（四）有压泄水孔的出水口

当工作闸门全开，自由泄水时，出口附近 1/4～1 倍洞径范围内的洞顶出现负压，容易造成气蚀。为了消除负压，出口断面应缩小，一般缩小到泄水孔断面的 85%～90%，孔顶降低，孔顶坡比采用 1∶10～1∶5。出口断面收缩，既提高了整个泄水孔内的压力，又有利于防止体型变化和洞体表面不平而引起气蚀。

（五）通气孔和平压管

平压管是埋在坝体内部，平衡检修闸门两侧水压以减少启门力的输水管道。通气孔是向检修闸门和工作闸门之间的泄水孔道内充气和排气的通道。

平压管进口设在上游坝面或检修闸门前，在坝体内埋设管路，在廊道内设置控制阀门，与检修闸门后的泄水孔连通。检修闸门只能在静水中关闭和开启，操作步骤是：①关闭工作闸门；②关闭检修闸门；③打开工作闸门，一边泄水，一边进气；④进行工作闸门和泄水孔内维修；⑤维修完毕后，关闭工作闸门；⑥打开平压管控制阀门进水，同时通气孔排气；⑦检修闸门两侧水压平衡后开启检修闸门，进入正常运行状态，事故闸门可在动水中关闭，静水中开启。当发电进水口事故闸门后至发电尾水间出现故障，操作步骤是：①关闭事故闸门；②关闭尾水闸门；③一边排水，一边进气；④进行该段维修；⑤维修完毕后，打开平压管控制阀，一边进水，一边排气；⑥事故闸门两侧水压平衡后开启事故闸门；⑦开启工作闸门进入正常运行。

平压管的直径应根据设计充水时间确定，最长充水时间不超过 8h，计算时应把漏水量估算在内。小型工程的平压管流量不大时，可将平压管设在闸门上，有的工程不设平压管，利用检修闸门的小开度充水。通气孔的断面设计一般取泄水孔断面面积的 0.5%～1.0%，应大于平压管的过水断面面积，通气孔的下端应布置在靠近闸门之后的最高位置，通气孔的上端进口不允许设在闸门启闭室内，自由通气孔的上端进口应高于上游最高水位。当有适当的检查孔时，可由检查孔代替通气孔。

（六）有压孔的水力计算

有压泄水孔的水力计算任务有两个：①验算泄水能力；②孔内沿程压力分布（也称压坡线）。

(1) 泄水能力按管流公式计算。

$$\left.\begin{array}{l} Q = \mu A_c \sqrt{2gH} \\ \mu = \dfrac{1}{\sqrt{1 + \left[\dfrac{2gL}{C^2 R} + \Sigma \zeta\right]\left(\dfrac{A_c}{A}\right)^2}} \end{array}\right\} \quad (2-57)$$

其中
$$C = \frac{1}{n} R^{1/6}$$

式中　A、A_c——泄水孔孔身和出水口断面面积，m^2；

　　　L——泄水孔的长度，m；

　　　R、ζ——水力半径和局部水头损失系数；

　　　H——库水位与出口水面之间的高差，m；

　　　C——谢才系数；

　　　n——糙率。

（2）孔内沿程压力分布。根据能量方程求出沿程各断面的压强。要求泄水孔的压强不低于 2m 水柱高，否则应考虑采取处理措施。

三、无压泄水孔设计

无压泄水孔的工作闸门布置在深孔的进口处，使闸门后泄水道内始终保持无压明流。为了防止明满流交替流态发生，需将门后过水断面顶部抬高。由于泄水孔的断面尺寸较大，故对坝体削弱较大。

无压泄水孔在平面上应布置成直线，过水断面多为矩形或城门洞形，一般由压力短管和明流段两部分组成，如图 2-42 所示。

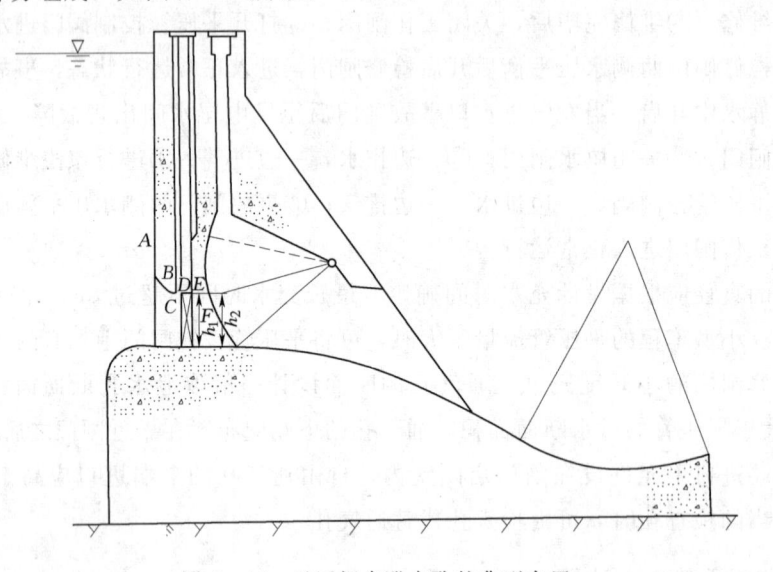

图 2-42 无压坝身泄水孔的典型布置

（一）进口压力短管

进口压力短管部分由进口曲面段、检修闸门槽和门槽后部的压坡段组成。进口曲面段与有压泄水孔进口相同，常用 1/4 椭圆曲面，其后接一倾斜的平面压坡段，压坡段的坡度常采用 1:4～1:6，长度约 3～6m。压坡段的坡度以既保证顶板有一定的压力，又不影响泄量和工作闸门后的流态为原则，如图 2-43 所示。

（二）明流段

在任何情况下，必须保证明流段形成稳定的无压流态，严禁明满流交替，故孔顶应有安全超高。明流段为直线且断面为矩形时，顶部到水面的高度可取最大流量时不掺气水深的 30%～50%，明流段为直线且断面为城门洞形状时，其拱脚距水面的高度可取不掺气水深的 20%～30%。工作闸门后泄槽的底坡可按自由射流水舌底缘曲线设计，通常采用抛物线形状，为了安全，抛物线起点的流速按最大计算值的 1.25 倍考虑，槽底曲线方程为

$$y = \frac{x^2}{6.25\varphi^2 H} \tag{2-58}$$

式中 x、y——槽底曲线坐标，m；

φ——孔口流速系数，一般取 0.90～0.96；若 $\varphi=0.96$，则 $y=x^2/(6H)$；

H——工作闸门孔口中心线处作用水头，m。

SL 319—2005《混凝土重力坝设计规范》建议泄水抛物线方程为

$$y = \frac{gx^2}{2(Kv)^2\cos\theta} + x\tan\theta \quad (2-59)$$

式中 θ——抛物线起点（坐标 x、y 的原点）处切线与水平方向的夹角，当起始段为水平线时，则 $\theta=0$；

v——起点断面平均流速，m/s；

g——重力加速度，9.81m/s²；

K——防止负压产生而采用的安全系数，$K=1.2\sim1.6$，一般取 $K=1.6$。

（三）泄水通气孔

无压泄水孔的工作闸门布置在上游进口，开闸泄水时，门后的空气被水流带走，形成负压，因此在工作闸门后需要设置通气孔，在泄流时进行补气，通气孔的面积按下式估算：

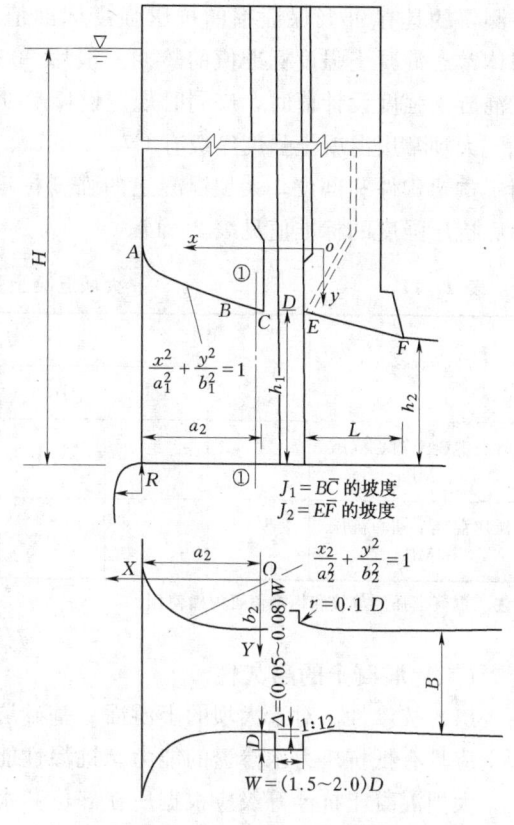

$$a = \frac{0.09v_w A}{[v_a]} \quad (2-60)$$

图 2-43 无压泄水进水口

式中 v_w——工作闸门孔口处断面的平均流速，m/s；

A——闸门后泄水孔断面面积，m²；

$[v_a]$——通气孔允许风速，m/s，一般取 20m/s，最大不超过 40m/s，否则会发出巨大响声；

a——通气孔断面面积，m²。

第八节 重力坝的材料与构造

重力坝的建筑材料主要是混凝土。对于水工混凝土，除强度外还应按其所处的部位和工作条件，在抗渗、抗冻、抗磨、抗侵蚀、抗裂性能方面提出不同的要求。

一、混凝土重力坝的材料

（一）混凝土的强度等级

普通混凝土强度等级是按标准方法制作养护的立方体试件，在 28d 龄期用标准试验方法测得的具有95%保证率的抗压强度标准值确定的,混凝土强度随着龄期延长而增长。坝体常态混凝土强度标准值的龄期一般用90d,碾压混凝土可采用180d龄期,因此在规定混凝土强度设计值时,应同时规定设计龄期。

大坝常用混凝土强度等级有C7.5、C10、C15、C20、C25、C30。高于C30的混凝土用于重要构件和部位。大坝混凝土的强度标准值可采用90d龄期强度,保证率80%,其轴心抗压强度的标准值见表2-17。

表2-17   大坝混凝土强度标准值

强度种类	符号	大坝混凝土（或碾压混凝土）强度等级						
		C5	C7.5	C10	C15	C20	C25	C30
常态混凝土轴心抗压/MPa	f_{ck}		7.6	9.8	14.3	18.5	22.4	26.2
碾压混凝土轴心抗压/MPa	f_{ck}	7.2	10.4	13.5	19.6	25.4	31.0	

注 混凝土强度等级和标准值可内插使用。

（二）混凝土的耐久性

(1) 抗渗性。对于大坝的上游面、基础层和下游水位以下的坝面均为防渗部位。其混凝土应具有抵抗压力水渗透的能力。抗渗性能通常用W（抗渗等级）表示。

大坝混凝土抗渗等级应根据所在部位和水力坡降确定,大坝抗渗等级的最小允许值按表2-18采用。

表2-18   大坝抗渗等级的最小允许值

项次	部位	水力坡降	抗渗等级
1	坝体内部		W2
2	坝体其他部位按水力坡降考虑时	$i<10$	W4
		$10 \leqslant i<30$	W6
		$30 \leqslant i<50$	W8
		$i \geqslant 50$	W10

注 1. 表中i为水力坡降。
 2. 承受侵蚀水作用的建筑物,其抗渗等级应进行专门的试验研究,但不得低于W4。
 3. 混凝土的抗渗等级应按SL 352—2006《水工混凝土试验规程》规定的试验方法确定。根据坝体承受水压力作用的时间也可采用90d龄期的试件测定抗渗等级。

(2) 抗冻性。混凝土的抗冻性能指混凝土在饱和状态下,经多次冻融循环而不破坏;不严重降低强度的性能。通常用F（抗冻等级）来表示。

抗冻等级一般应视气候分区、冻融循环次数、表面局部小气候条件、水分饱和程度、结构构件重要性和检修的难易程度,由表2-19查取。

表 2-19　　　　　　　　　　　大 坝 抗 冻 等 级

气 候 分 区	严寒		寒冷		温和
年冻融循环次数	≥100	<100	≥100	<100	—
受冻严重且难于检修部位：流速大于 25m/s、过冰、多沙或多推移质过坝的溢流坝、深孔或其他输水部位的过水面及二期混凝土	F300	F300	F300	F200	F100
受冻严重但有检修条件的部位：混凝土重力坝上游面冬季水位变化区；流速小于 25m/s 的溢流坝、泄水孔的过水面	F300	F200	F200	F150	F50
受冻较重部位：混凝土重力坝外露阴面部位	F200	F200	F150	F150	F50
受冻较轻部位：混凝土重力坝外露阳面部位	F200	F150	F100	F100	F50
重力坝下部位或内部混凝土	F50	F50	F50	F50	F50

注 1. 混凝土抗冻等级应按一定的快冻试验方法确定，也可采用 90d 龄期的试件测定。
   2. 气候分区按最冷月平均气温 T_1 值作如下划分：严寒 $T_1 < -10℃$；寒冷 $-10℃ \leq T_1 < -3℃$；温和 $T_1 > -3℃$。
   3. 年冻融循环次数分别按一年内气温从 +3℃ 以上降至 -3℃ 以下期间设计预定水位的涨落次数统计，并取其中的大值。
   4. 冬季水位变化区指运行期内可能遇到的冬季最低水位以下 0.5～1.0m，冬季最高水位以上 1.0m（阳面）、2.0m（阴面）、4.0m（水电站尾水区）。
   5. 阳面指冬季大多为晴天，平均每天有 4h 以上阳光照射，不受山体或建筑物遮挡的表面，否则均按阴面考虑。
   6. 最冷月份平均气温低于 -25℃ 地区的混凝土抗冻等级宜根据具体情况研究确定。
   7. 混凝土抗冻必须加气剂时，其水泥、掺和料、外加剂的品种和数量，水灰比、配合比及含气量应通过试验确定。

（3）抗磨性。抗磨性指抵抗高速水流或挟沙水流的冲刷、磨损的能力。目前，尚未制定出定量的技术标准，一般而言，对于有抗磨要求的混凝土，应采用高强度混凝土或高强硅粉混凝土，其抗压强度等级不应低于 C20，要求较高时则不应低于 C30。

（4）抗侵蚀性。抗侵蚀性指抵抗环境水的侵蚀性能。当环境水具有侵蚀性时，应选用适宜的水泥和尽量提高混凝土的密实性，且外部水位变动区及水下混凝土的水灰比可参照表 2-20 减少 0.05。

表 2-20　　　　　　　　　　　最 大 水 灰 比

气候分区	大 坝 分 区					
	Ⅰ	Ⅱ	Ⅲ	Ⅳ	Ⅴ	Ⅵ
严寒和寒冷地区	0.55	0.45	0.50	0.50	0.65	0.45
温和地区	0.65	0.50	0.55	0.55	0.65	0.45

（5）抗裂性。为防止大体积混凝土结构产生温度裂缝，除采用合理分缝、分块和温控措施外，应选用发热量低的水泥、合理的掺和料，减少水泥用量，提高混凝土的抗裂性能。

二、混凝土重力坝的材料分区

由于坝体各部分的工作条件不同，因而对混凝土强度等级、抗掺、抗冻、抗冲刷、抗裂等性能要求也不同，为了节省和合理使用水泥，通常将坝体不同部位按不同工作条件分区，采用不同等级的混凝土，图 2-44 为重力坝的三种坝段分区情况。

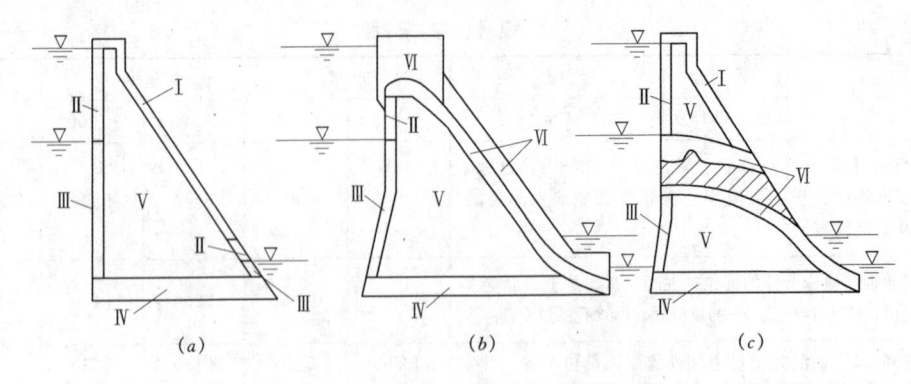

图 2-44 坝体分区示意图
(a) 非溢流坝；(b) 溢流坝；(c) 坝身泄水孔

Ⅰ区为上、下游以上坝体外部表面混凝土，Ⅱ区为上、下游水位变动区的坝体外部表面混凝土，Ⅲ区为上、下游以下坝体外部表面混凝土，Ⅳ区为坝体基础，Ⅴ区为坝体内部，Ⅵ区为抗冲刷部位（如溢洪道溢流面、泄水孔、导墙和闸墩等）。

分区性能见表 2-21。

表 2-21　　　　　　　　大 坝 分 区 特 性

分区	强度	抗渗	抗冻	抗冲刷	抗侵蚀	低热	最大水灰比	选择各分区的主要因素
Ⅰ	+	−	++	−	−	+	+	抗冻
Ⅱ	+	+	++	−	+	+	+	抗冻、抗裂
Ⅲ	++	++	+	−	+	+	+	抗渗、抗裂
Ⅳ	++	+	+	−	+	++	+	抗裂
Ⅴ	+	−	−	−	−	++	+	
Ⅵ	++	−	++	++	++	+	+	抗冲耐磨

注　表中有"++"的项目为选择各区等级的主要控制因素，有"+"的项目为需要提出要求的，有"−"的项目为不需提出要求的。

坝体为常态混凝土的强度等级不应低于 C7.5，碾压混凝土强度等级不应低于 C5。同一浇块中混凝土强度等级不宜超过两种，分区厚度尺寸最少为 2～3m。

三、重力坝坝体的防渗与排水设施

(一) 坝体防渗

在混凝土重力坝坝体上游面和下游面最高水位以下部分，多采用一层具有防渗、抗冻、抗侵蚀的混凝土作为坝体防渗设施，防渗指标根据水头和防渗要求而定，防渗厚度一般为 1/10～1/20 水头，但不小于 2m。

(二) 坝体排水设施

靠近上游坝面设置排水管幕，以减小坝体渗透压力。排水管幕距上游坝面的距离一般为作用水头的 1/15～1/25，且不小于 2.0m。排水管间距为 2～3m，管径约为 15～20cm。排水管幕沿坝轴线一字排列，管孔铅直，与纵向排水、检查廊道相通，上下端与坝顶和廊道直通，便于清洗、检查 [图 2-45 (a)] 和排水。

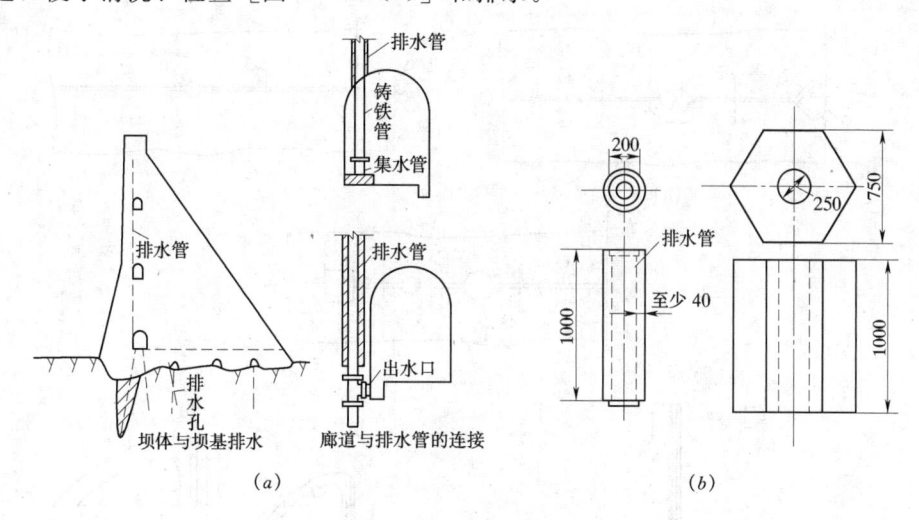

图 2-45　重力坝内部排水构造（单位：mm）
(a) 坝内排水；(b) 排水管

排水管一般为无砂混凝土管，可预制成圆筒形和空心多棱柱形 [图 2-45 (b)]，在浇筑坝体混凝土时，应保护好排水管，防止水泥浆漏入排水管内，阻塞排水管道。

四、重力坝的分缝与止水

为了满足运用和施工的要求，防止温度变化和地基不均匀沉降导致坝体开裂，需要合理分缝。常见的有横缝、纵缝、水平施工缝。

(一) 横缝

垂直于坝轴线，将坝体分成若干个坝段的缝为横缝，沿坝轴线 15~20m 设一道横缝，缝宽的大小，主要取决于河谷地形、地基特性、结构布置、温度变化、浇筑能力等，缝宽一般为 1~2cm。横缝分永久性和临时性两种。

1. 永久性横缝

为了使各坝段独立工作而设置的与坝轴线垂直的铅直缝面，缝内不设缝槽、不灌浆，但要设置止水，缝宽应大于该地区最大温差引起膨胀的极限值 1cm。夏季施工和冬季施工时所留的缝宽是不相同的。在温度最高时，不允许缝间产生挤压力。

(1) 止水片（带）。止水片常用的有紫铜片、塑料带、橡胶带等。紫铜片一般厚 1.0~1.6mm，扎成可伸缩的"⌐⌐"形状，每侧埋入混凝土的长度为 20~25cm，距坝面 1~2m，应保证接头焊接良好，深入基岩 30~50cm。重力坝横缝内的止水与坝的级别和高度有关，一般高坝，应采用两道金属止水片，中间设沥青井；中、低坝可以适当简化，其第一道止水应为紫铜片，对第二道止水及低坝的止水，在气候温和地区可采用塑料止水片，在寒冷地区可采用橡胶（或氯丁橡胶）水止带 [图 2-46]。

(2) 止水沥青井。沥青井位于两止水片中间，有方形和圆形两种，边长和直径大约为 20~30cm，井内灌注Ⅱ号（或Ⅲ号）石油沥青、水泥和石棉粉组成的填料。井内设加热

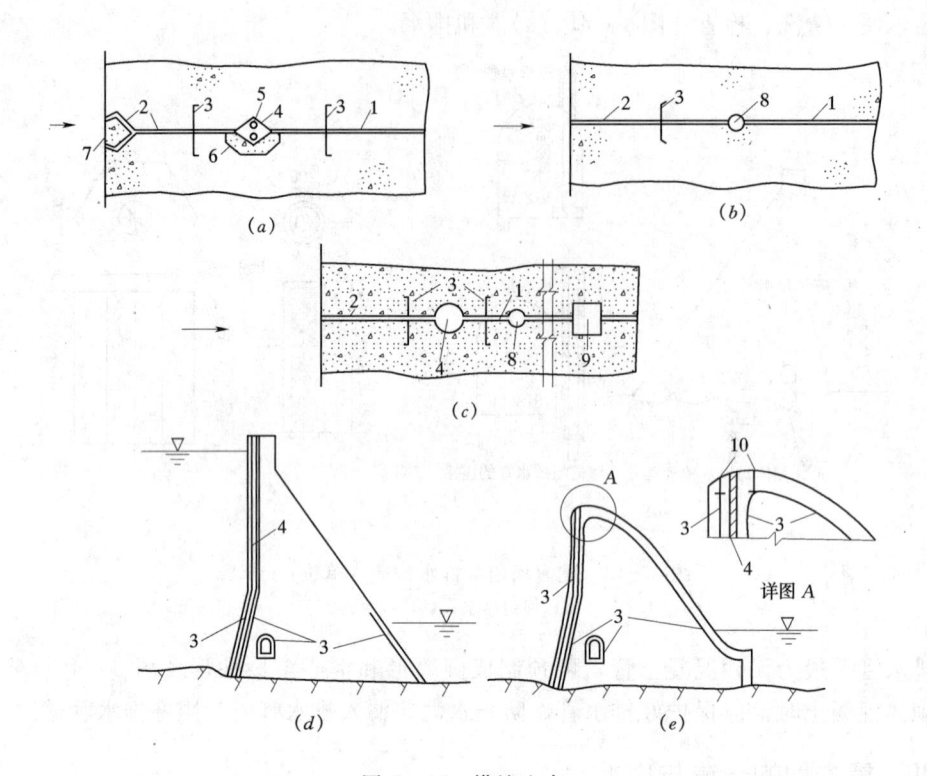

图 2-46 横缝止水

1—横缝；2—沥青油毡；3—止水片；4—沥青井；5—加热电极；6—预制块；
7—钢筋混凝土塞；8—排水井；9—检查井；10—闸门底槛预埋件

电极，沥青老化时，加热从井底排出，重填新料。

(3) 缝间填料。缝间可挟软木板、沥青油毡等。缝口用聚氯乙烯胶泥、混凝土塞、沥青等封堵。

(4) 排水井。在横缝止水之后宜设排水井。必要时检查井和排水井合二为一，断面尺寸约为 1.2m×0.8m，井内设爬梯和休息平台，与检查廊道相连通。

2. 临时性横缝

临时性横缝在缝面设置键槽，埋设灌浆系统，施工后灌浆连接成整体。临时横缝主要用于以下几种情况：①对横缝的防渗要求很高时；②陡坡上的重力坝段，即岸坡较陡，将各坝段连成整体，改善岸坡坝段的稳定性；③不良坝基上的重力坝，即软弱破碎带上的各坝段，横缝灌浆后连成了整体，增加坝体刚度；④强地震区（设计烈度在8度以上）的坝体。即强地震区将坝段连成整体，可提高坝体的抗震性。当岸坡坝基开挖成台阶状，坡度陡于1∶1时，应按临时性横缝处理。

(二) 纵缝

平行于坝轴线的缝称纵缝，设置纵缝的目的在于适应混凝土的浇筑能力和减少施工期的温度应力，待温度正常之后进行接缝灌浆。

纵缝按结构布置型式可分为：①铅直纵缝；②斜缝；③错缝，如图 2-47 所示。

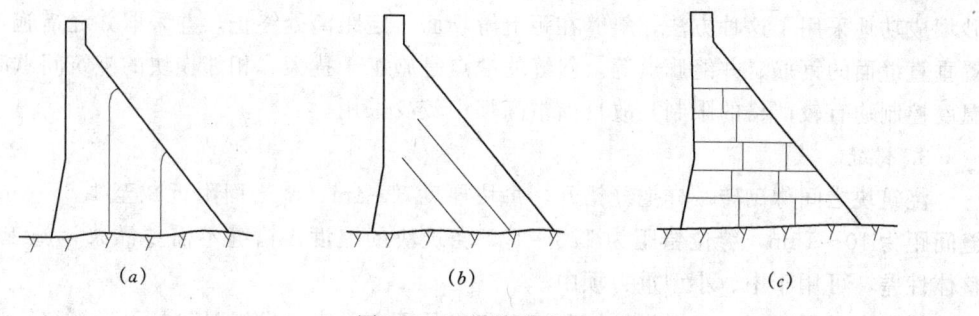

图 2-47 纵缝型式
(a) 铅直纵缝；(b) 斜缝；(c) 错缝

1. 铅直纵缝

纵缝方向是铅直的为铅直纵缝，是最常用的一种型式，缝的间距根据混凝土的浇筑能力和温度控制要求确定，缝距一般为 15～30m，纵缝不宜过多。

为了很好地传递压力和剪力，纵缝面上设呈三角形的键槽，槽面与主应力方向垂直，在缝面上布置灌浆系统（图 2-48）。

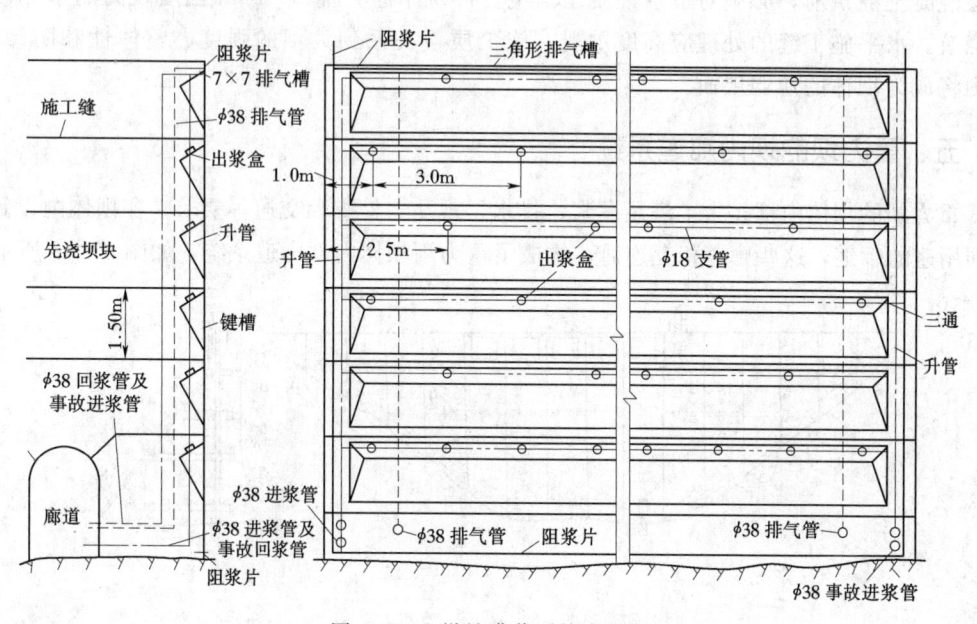

图 2-48 纵缝灌浆系统布置图

待坝体温度稳定，缝张开到 0.5mm 以上时进行灌浆。灌浆沿高度 10～15m 分区，缝体四周设置止浆片，止浆片用镀锌铁片或塑料片（厚 1～1.5cm，宽 24cm）。严格控制灌浆压力为 0.35～0.45MPa，回浆压力为 0.2～0.25MPa，压力太高会在坝块底部造成过大拉应力而破坏，压力太低不能保证质量。

纵缝两侧坝块的浇筑应均衡上升，一般高差控制在 5～10m 之间，以防止温度变化、干缩变形造成缝面挤压剪切，键槽出现剪切裂缝。

2. 斜缝

斜缝大致按满库时的最大主应力方向布置，因缝面剪应力小，不需要灌浆。中国的安砂坝成功地采用了这种方法，斜缝在距上游坝面一定距离处终止，并采取并缝措施，如布置垂直缝面的钢筋、并缝廊道等。斜缝的缺点是施工干扰大，相邻坝块的浇筑间歇时间及温度控制均有较严格的限制，故目前中高坝中较少采用。

3. 错缝

浇筑块之间像砌砖一样把缝错开，每块厚度 3～4m（基岩面附近减至 1.5～2m），错缝间距为 10～15m，缝位错距为 1/3～1/2 浇筑块的厚度。错缝不需要灌浆，施工简便，整体性差，可用于中、小型重力坝中。

近年来世界坝工由于温度控制和施工水平的不断提高，发展趋势是不设纵缝，通仓浇筑，施工进度快，坝体整体性好。但规范要求高坝通仓浇筑时必须有专门论证。

（三）水平施工缝

坝体上下层浇筑块之间的结合面称水平施工缝。一般浇筑块厚度为 1.5～4.0m，靠近基岩面用 0.75～1.0m 的薄层浇筑，利于散热，减少温升，防止开裂。纵缝两侧相邻坝块水平施工缝不宜设在同一高程，以增强水平截面的抗剪强度。上、下层浇筑间歇 3～7d，上层混凝土浇筑前，必须对下层混凝土凿毛，冲洗干净，铺 2～3cm 强度较高的水泥砂浆后浇筑。水平施工缝的处理应高度重视，施工质量关系到大坝的强度、整体性和防渗性，否则将成为坝体的薄弱层面。

五、重力坝的坝内廊道系统

重力坝的坝体内部，为了满足灌浆、排水、观测、检查和交通等要求，在坝体内设置了不同用途的廊道，这些廊道相互连通，构成了重力坝坝体内部廊道系统，如图 2-49 所示。

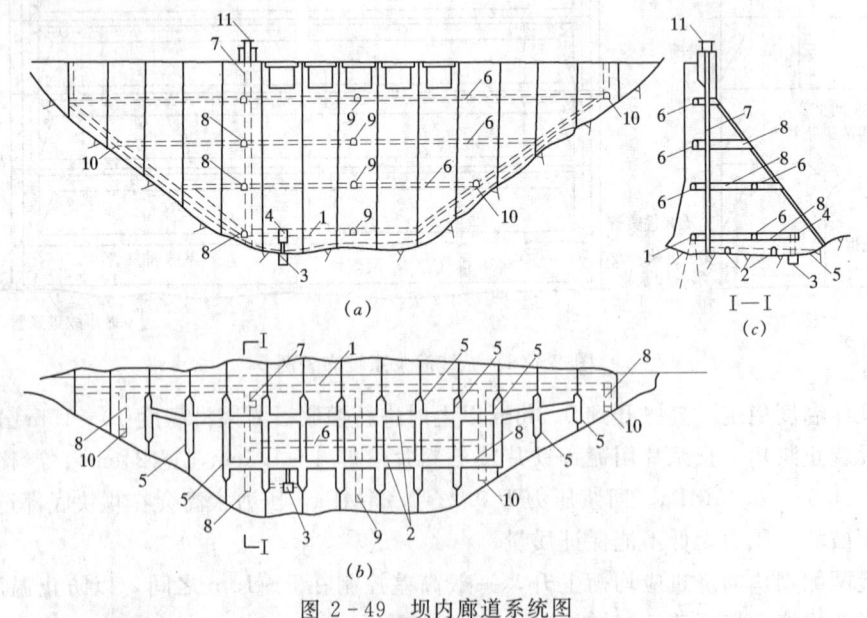

图 2-49 坝内廊道系统图
(a) 立面图；(b) 水平剖面图；(c) 横剖面图

1—坝基灌浆排水廊道；2—基面排水廊道；3—集水井；4—水泵室；5—横向排水廊道；
6—检查廊道；7—电梯井；8—交通廊道；9—观测廊道；10—进出口；11—电梯塔

(一) 基础灌浆廊道

在坝内靠近上游坝踵部位设基础（帷幕）灌浆廊道。为了保证灌浆质量，提高灌浆压力，要求距上游面应有 0.05～0.1 倍作用水头，且不小于 4～5m；距基岩面不小于 1.5 倍廊道宽度，一般取 5m 以上。廊道断面为城门洞形，宽度为 2.5～3m，高度为 3～3.5m，以便满足灌浆作业的要求。廊道上游侧设排水沟，下游侧设排水孔及扬压力观测孔，在廊道最低处设集水井，以便自流或抽排坝体渗水。

灌浆廊道随坝基面由河床向两岸逐渐升高。坡度不宜陡于 45°，以便钻孔、灌浆及其设备的搬运。当两岸坡度陡于 45°时，基础灌浆廊道可分层布置，并用竖井连接。当岸坡较长时，每隔适当的距离设一段平洞，为了灌浆施工方便，每隔 50～100m 宜设置横向灌浆机室。

(二) 检查和坝体排水廊道

为检查、观测和坝体排水的方便，需要沿坝高每隔 30m 设置检查和排水廊道一层。断面形式采用城门洞形，最小宽度 1.2m，最小高度 2.2m，廊道上游壁至上游坝面的距离应满足防渗要求且不小于 3m。对设引张线的廊道宜在同一高程上呈直线布置。廊道与泄水孔、导流底孔净距不宜小于 3～5m。廊道内的上游侧设排水沟。

为了检查、观测的方便，坝内廊道要相互连通，各层廊道左、右岸各有一个出口，要求与竖井、电梯井连通。

对于坝体断面尺寸较大的高坝，为了检查、观测和交通的方便，还需另设纵向和横向的廊道。此外，还可根据需要设专门性廊道。

第九节　重力坝的地基处理

一、重力坝对地基的要求

坝区天然基岩，不同程度地存在风化、节理、裂隙，甚至断层、破碎带和软弱夹层等缺陷，对这些不利的地质条件必须采取适当的处理措施。处理后的地基应满足下列要求：①应具有足够的抗压和抗剪强度，以承受坝体的压力；②应具有良好的整体性和均匀性，以满足坝基的抗滑稳定要求和减少不均匀沉降；③应具有足够的抗渗性和耐久性，以满足渗透稳定的要求和防止渗水作用下岩体变质恶化。统计资料表明，重力坝的失事有 40% 是因为地基问题造成的。地基处理对重力坝的经济、安全至关重要，要与工程的规模和坝体的高度相适应。

二、坝基的开挖与清理

坝基开挖与清理的最终目的是将坝体坐落在坚固、稳定的地基上。开挖的深度根据坝基应力、岩石强度、完整性、工期、费用、上部结构对地基的要求等综合研究确定。高坝需建在新鲜、微风化或弱风化下部的基岩上；中坝可建在微风化至弱风化中部的基岩上；坝高小于 50m 时，可建在弱风化中部、上部的基岩上。同一工程中的两岸较高部位对岩基要求可适当放宽。

坝段的基础面上、下游高差不宜过大，并开挖成略向上游倾斜的锯齿状。若基础面高差过大或向下游倾斜时，应开挖成带钝角的大台阶状。两岸岸坡坝段基岩面尽量开挖成有足够宽度的台阶状，以确保坝体的侧向稳定，对于靠近坝基面的缓倾角、软弱夹层，埋藏不深的溶洞、溶蚀面等局部地质缺陷应予以挖除。开挖至距利用基岩面 0.5～1.0m 时，应采用手风钻钻孔，小药量爆破，以免破坏基础岩体，遇到易风化的页岩、黏土岩时，应留 0.2～0.3m 的保护层，待浇筑混凝土前再挖除。

坝基开挖后，浇筑混凝土前，要进行彻底、认真的清理和冲洗，清除松动的岩块，打掉凸出的尖角，封堵原有勘探钻洞、探井、探洞，清洗表面尘土、石粉等。

三、坝基的加固处理

坝基加固的目的：①提高基岩的整体性和弹性模量；②减少基岩受力后的不均匀变形；③提高基岩的抗压、抗剪强度；④降低坝基的渗透性。

（一）坝基的固结灌浆

当基岩在较大范围内节理裂隙发育或较破碎而挖除不经济时，可对坝基进行低压浅层灌浆加固，这种灌浆称为固结灌浆，固结灌浆可提高基岩的整体性和强度，降低地基的透水性。工程试验表明，节理裂隙较发育的基岩固结灌浆后，弹性模量可提高 2 倍以上。一般在坝体浇筑 5m 左右时，采用较高强度等级的膨胀水泥浆进行固结灌浆。

固结灌浆孔一般用梅花形和方格形布置，如图 2-50 所示。孔距、排距、孔深取决于坝高、基岩构造和位置。靠近坝踵和坝趾处密而深，远离坝踵和坝趾处疏而浅。排距从 3～4m 过渡到 10～20m，孔深从 8～15m 过渡到 5～8m。

固结灌浆宜在基础部位混凝土浇筑后进行，固结灌浆压力要在不掀动基岩的原则下取较大值，无混凝土盖重时取 0.2～0.4MPa；有盖重时为 0.4～0.7MPa，视盖重厚度而定。特殊情况应视灌浆压力而定。

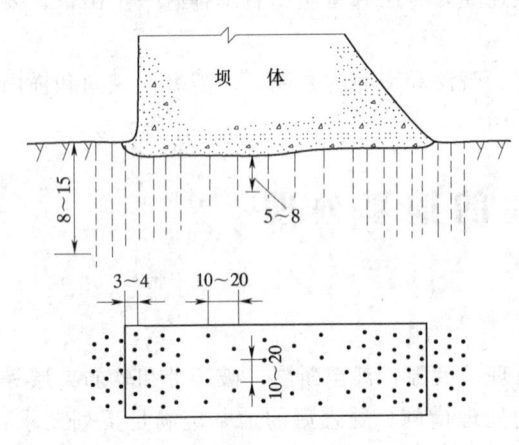

图 2-50 固结灌浆孔的布置（单位：m）

（二）坝基断层破碎带的处理

断层破碎带的强度低，压缩变形大，易产生不均匀沉降导致坝体开裂，若与水库连通可使渗透压力加大，易产生机械或化学管涌，危及大坝安全。

(1) 垂直河流方向的陡倾角断层破碎带。这种情况对漏水影响不大，要改善其力学特性，采用混凝土塞（或混凝土拱）。当断层破碎带宽度小于 2～3m 时，取塞的厚度为 1～2 倍的破碎带宽度，两侧挖成 1:1～1:0.5 的斜坡，以便使坝体压力通过塞（或拱）传到两边完整的岩石上，如图 2-51 (a) 所示。

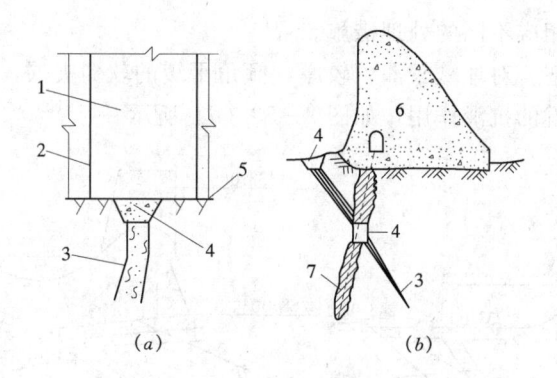

图 2-51 陡倾角断层破碎带的处理
1—坝段；2—伸缩缝；3—断层破碎带；4—混凝土塞；
5—基岩面；6—坝体；7—灌浆帷幕

(2) 顺河流方向的陡倾角断层破碎带。这种情况，首先沿整个坝基设置水平混凝土塞改善应力性能；其次在破碎带与防渗帷幕线交点处设置近似垂直而较深的混凝土塞；最后在塞下接较深的防渗帷幕，如图 2-51 (b) 所示。

(3) 缓倾角破碎带。这种情况同时存在强度、防渗和滑动问题，除加厚表层混凝土塞外，还应考虑其下面埋深部位对沉陷和稳定的影响。可以采用开挖若干个斜井和平洞，井和洞应大于破碎带宽度，回填混凝土，形成由混凝土斜塞和水平塞组成的刚性骨架，封闭该范围内的破碎物，以阻止其产生挤压变形和减少地下渗流的破坏作用。对于小而浅的破碎带，应彻底挖除，如图 2-52 所示。

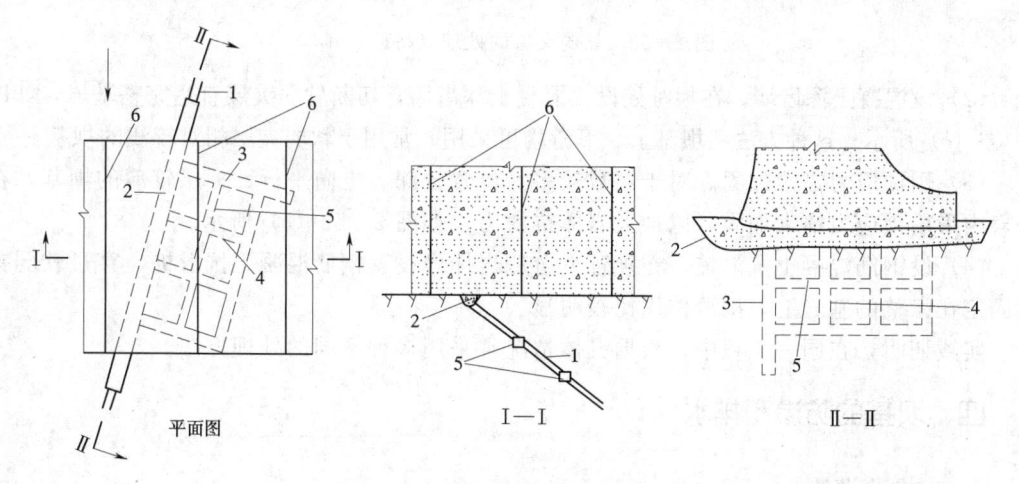

图 2-52 缓倾角断层破碎带的处理
1—断层破碎带；2—地表混凝土塞；3—阻水斜塞；4—加固斜塞；5—平洞回填；6—伸缩缝

(三) 软弱夹层的处理

岩石层间软弱夹层厚度较小，遇水容易发生软化或泥化，致使抗剪强度低，特别是倾角小于 30°的连续软弱夹层更为不利。对浅埋的软弱夹层，将其挖除，回填与坝基强度等级相近的混凝土。对埋藏较深的软弱夹层，应根据埋深、产状、厚度、充填物的性质，结合工程具体情况采取相应不同的处理措施。

(1) 设置混凝土塞。对埋藏较深、较厚，倾角平缓的软弱夹层，在层间打洞，设置混凝土塞，起到混凝土键的抗滑作用，如图2-53 (a) 所示。

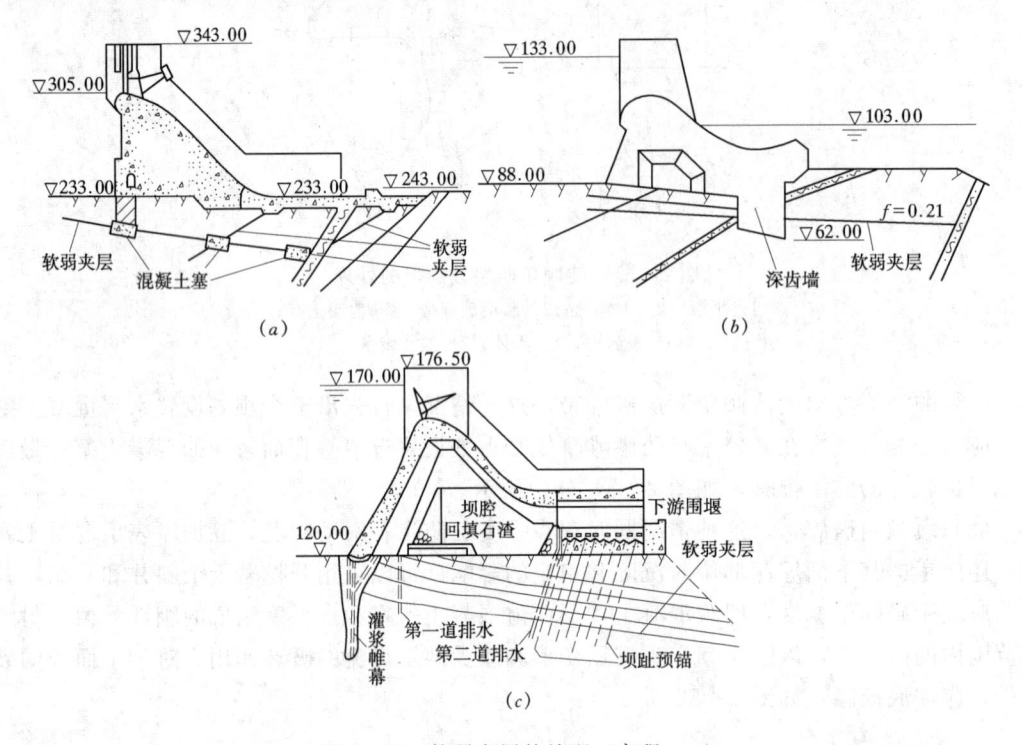

图2-53 软弱夹层的处理（高程：m）

(2) 设混凝土深齿墙。在坝趾处设置混凝土深齿墙，切断软弱夹层直达完整基岩，如图2-53 (b) 所示。这种方法在坝基上、下游均可采用，常用于软弱夹层相对较浅的坝基。

(3) 用预应力锚索加固。对于层数较多、位置较深、走向平行、夹层较薄的坝基，在基岩内采用预应力锚索加固，以加大岩体抗滑力，如图2-53 (c) 所示。

(4) 设钢筋混凝土抗滑桩。在坝趾下游侧岩体内设置钢筋混凝土抗滑桩，穿过软弱夹层固定在完整的基岩上，抗滑作用比较明显。

实践证明，在同一工程中，根据具体情况常采用多种不同的处理方法。

四、坝基的防渗和排水

（一）帷幕灌浆

帷幕灌浆是最好的防渗方法，可降低渗透水压力，减少渗流量，防止坝基产生机械或化学管涌。常用的灌浆材料有水泥浆和化学浆，应优先采用膨胀水泥浆。化学浆可灌性好，抗渗性好，但价格昂贵。

防渗帷幕的位置布置在靠近上游坝面的坝轴线附近，自河床向两岸延伸，如图2-54所示。钻孔和灌浆常在坝体灌浆廊道内，靠近岸坡可以在坝顶、岸坡或平洞内进行。钻孔一般为铅直或向上游不大于10°的斜坡。

第九节 重力坝的地基处理

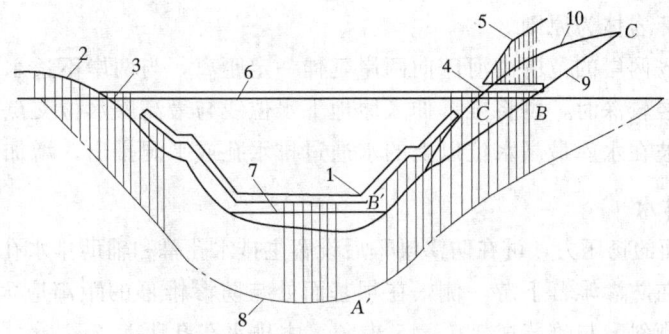

图 2-54 防渗帷幕沿坝轴线的布置
1—灌浆廊道；2—山坡钻进；3—坝顶钻进；4—灌浆平洞；5—排水孔；
6—正常蓄水位；7—原河水位；8—防渗帷幕底线；
9—原地下水位线；10—蓄水后地下水位线

防渗帷幕的深度应根据作用水头、工程地质、地下水文特性确定。坝基内透水层厚度不大时，帷幕可穿过透水层，深入相对隔水层（相对隔水层的判断参见 DL 5108—1999《混凝土重力坝设计规范》）3～5m。相对隔水层较深时，帷幕深度可根据防渗要求确定，常用坝高的 0.3～0.7 倍，形成河床部位深、两岸渐浅的帷幕布置形式。

防渗帷幕的厚度应当满足抗渗稳定的要求，即帷幕内的渗透坡降应小于容许的渗透坡降 $[J]$。防渗帷幕厚度应以浆液扩散半径组成区域的最小厚度为准，厚度与排数有关，中、高坝可设两排以上，低坝设一排，多排灌浆时一排必须达到设计深度，两侧其余各排可取设计深度的 1/2～1/3。孔距一般为 1.5～4.0m，排距宜比孔距略小。还可以在上游坝踵处加一排补强，如图 2-55 所示。

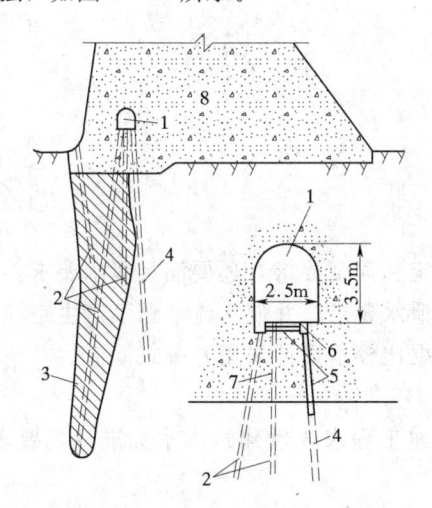

图 2-55 防渗帷幕和排水孔幕布置
1—坝基灌浆排水廊道；2—灌浆孔；3—灌浆
帷幕；4—排水孔幕；5—$\phi100$ 排水钢管；
6—$\phi100$ 三通；7—$\phi75$ 预埋钢管；8—坝体

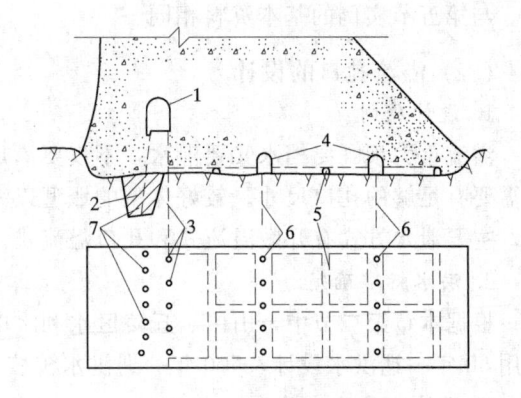

图 2-56 坝基排水系统
1—灌浆排水廊道；2—灌浆帷幕；3—主排水孔幕；
4—纵向排水廊道；5—半圆混凝土管；
6—辅助排水孔幕；7—灌浆孔

帷幕灌浆的时间，应在坝基固结灌浆后，坝体混凝土浇筑到一定的高度（有盖重后）施工。灌浆压力在孔底应大于 2～3 倍坝前静水头，帷幕表层段应大于 1～1.5 倍坝前静水头,但应以不破坏岩体为原则。

防渗帷幕伸入两岸的范围由河床向两岸延伸一定距离,与两岸不透水层衔接起来,当两岸相对不透水层较深时,可将帷幕伸入原地下水位线与最高库水位交点(图 2-54 中 B 点)处为止。岸坡在水库最高水位以上的水通过排水孔或平洞排出,增加岸坡的稳定性。

(二) 坝基排水

降低坝基底面的扬压力,可在防渗帷幕后设置主排水孔幕和辅助排水孔幕(图 2-56)。

主排水孔幕在防渗帷幕下游一侧,在坝基面处与防渗帷幕的距离应大于 2m。主排水孔幕一般向下游倾斜,与帷幕成 $10°\sim15°$ 夹角。主排水孔孔距为 $2\sim3m$,孔径约为 $150\sim200mm$,孔径过小容易堵塞,孔深可取防渗帷幕深度的 $0.4\sim0.6$ 倍,中、高坝的排水孔深不宜小于 10m。

主排水孔幕在帷幕灌浆后施工。排水孔穿过坝体部分要预埋钢管,穿过坝基部分待帷幕灌浆后才能钻孔。渗水通过排水沟汇入集水井,自流或抽排向下游。

辅助排水孔幕高坝一般可设 $2\sim3$ 排,中坝可设 $1\sim2$ 排,布置在纵向排水廊道内,孔距约为 $3\sim5m$,孔深为 $6\sim12m$。有时还在横向排水廊道或在宽缝内设排水孔。纵横交错、相互连通就构成了坝基排水系统,如图 2-56 所示。如下游水位较深,历时较长,要在靠近坝趾处增设一道防渗帷幕,坝基排水系统要靠抽排。

实践证明:我国新安江水库、丹江口水库、刘家峡水库等重力坝采用坝基排水系统,减压效果明显,较常规扬压力减小 30%。浙江、湖南等地设计中采用了抽水减压,收到了良好的效果。

五、重力坝设计实例

(一) 基本资料

与第五节实例的基本资料相同。

(二) 溢流孔口的设计

1. 设计原则

溢流重力坝既要挡水又要泄水,不仅要满足稳定和强度要求,还要满足泄水要求。因此需要有足够的孔口尺寸。较好体型的堰型以满足泄水要求,并使水流平顺不产生空蚀破坏,主要泄水方式有开敞溢流式和孔口溢流式。根据比较本设计采用开敞式溢流。

2. 洪水标准确定

根据本章第二节中,山区、丘陵区水利水电枢纽工程永久性建筑洪水标准规范要求,采用 50 年一遇洪水设计,500 年一遇洪水校核。

3. 设计流量的选择

确定设计流量时,先拟定溢流坝的泄水方式,然后进行调洪演算,求得各方案的防洪库容。确定设计洪水位和校核洪水位及相应的下泄流量,还必须考虑其他建筑物分担的泄洪任务。

4. 单宽流量 q 的确定

单宽流量是确定孔口尺寸的重要依据,单宽流量大,溢流孔口的宽度可以缩短。有利于枢纽的布置，但增加下游消能的困难，下游的局部冲刷可能更严重。反之，单宽流量小，有利于下游消能，但溢孔口的宽度增大，对枢纽的布置不利。因此，一个经济而安全的单宽流量必须综合地质条件、下游河流水深、枢纽布置、消能等各种条件，经技术经济比较后确定。

工程实践证明对于软弱夹层岩石常取 $q=20\sim50\mathrm{m}^3/(\mathrm{s}\cdot\mathrm{m})$，中等坚硬的岩石取 $q=50\sim100\mathrm{m}^3/(\mathrm{s}\cdot\mathrm{m})$，特别坚硬的岩石 $q=100\sim150\mathrm{m}^3/(\mathrm{s}\cdot\mathrm{m})$。本设计取 $q=80\mathrm{m}^3/(\mathrm{s}\cdot\mathrm{m})$。

5. 溢流孔口尺寸的确定

(1) 孔口净宽的计算（表 2-22）。

$$B_{校}=Q_{校}/q=\frac{1060}{80}=13.25(\mathrm{m})$$

$$B_{设}=\frac{Q_{设}}{q}=\frac{640}{80}=8(\mathrm{m})$$

表 2-22　　　　　　　　　　孔 口 净 宽 计 算 表

计算情况	泄量/（m³/s）	单宽流量/[m³/(s·m)]	孔口净宽/m
设计情况	640	80	7～13
校核情况	1060	80	11～22

取溢流坝孔口净宽为 21m，假设每孔净宽为 7m，孔数为 3。

(2) 溢流坝总长度的确定。根据工程经验，拟定闸墩的厚度初拟中墩厚 $d=4\mathrm{m}$，边墩厚 $d=3\mathrm{m}$，则溢流坝总长度（不包括边墩）B_1 为

$$B_1=nb+(n-1)d=21+2\times4=29(\mathrm{m})$$

(3) 闸门高度的确定。

闸门顶高程＝正常高水位＋(0.3～0.5)＝354＋0.5＝354.5（m）

门高＝闸门顶高程－堰顶高程＝354.5－348＝6.5（m）

门高取 7m。

闸墩顶部高程与非溢流坝顶路面高程相同。

(4) 堰顶高程的确定。根据下泄洪水流量计算公式 $Q_{溢}=\varepsilon m_z b_m\sqrt{2g}H_z^{\frac{3}{2}}$ 计算堰顶水头 H_z。堰顶高程计算表见表 2-23。

初拟时 ε 取 0.95，m_z 取 0.502，忽略行进流速水头，故堰顶高程即为设计洪水位减去堰顶水头 H_z。

$$H_{0校}=\left(\frac{1060}{0.95\times0.502\times21\sqrt{2\times9.81}}\right)^{\frac{2}{3}}=8.30(\mathrm{m})$$

$$H_{0设}=\left(\frac{640}{0.95\times0.502\times21\sqrt{2\times9.81}}\right)^{\frac{2}{3}}=5.93(\mathrm{m})$$

表 2-23　　　　　　　　　　堰 顶 高 程 计 算 表

计算情况	流量/(m³/s)	侧收缩系数	流量系数	孔口净宽/m	堰顶水头/m	水位高程/m	堰顶高程/m
校核情况	1060	0.95	0.502	21	8.30	356.3	348
设计情况	540	0.95	0.502	21	5.93	355.0	349.07

根据以上计算取堰顶高程为 348m。

(5) 定型设计水头 H_s 的确定。

堰上最大水头 H_{max}＝校核洪水位－堰顶高程＝356.3－348＝8.3

定型设计水头为 $H_s=(75\%\sim95\%)H_{max}$

$$H_{max}=6.23\sim7.89m$$

取 $H_s=7m$，$7/8.3=0.843$。查表 2-14 知，坝面最大负压为 $0.3H_s$，即 $0.3H_s=2.1m$，小于规定的允许值（不超过 3～6m 水柱）。

(6) 泄流能力校核。

1) 确定侧收缩系数 ε。闸墩用半圆形，则 $\xi_0=0.45$，$\xi_k=0.4$。

$$\varepsilon=1-0.2[(n-1)\xi_0+\xi_k]\frac{H_0}{nb}$$

式中　n——溢流孔数；

　　　　b——每孔的净宽；

　　　　H_0——堰顶水头；

　　　　ξ_0——闸墩形状系数；

　　　　ξ_k——边墩形状系数。

$$\varepsilon_{设}=1-0.2[(3-1)\times0.45+0.4]\frac{5.93}{3\times7}=0.93$$

$$\varepsilon_{校}=1-0.2[(3-1)\times0.45+0.4]\frac{8.30}{3\times7}=0.90$$

2) 确定流量系数 m。

设计情况　　　$\dfrac{H_z}{H_s}=\dfrac{5.93}{7}=0.847$

$$\frac{m_s}{m}=0.975+\frac{1-0.975}{0.2}\times(0.847-0.8)=0.981$$

$$m_s=0.981\times0.502=0.49$$

校核情况　　　$\dfrac{H_z}{H_s}=\dfrac{8.30}{7}=1.186$

$$\frac{m_s}{m}=1+\frac{1.025-1}{0.2}\times(1.186-1)=1.023$$

$$m_s=1.023\times0.502=0.51$$

泄洪能力校核计算表见表 2-24。

表 2-24　　　　　　　　　泄洪能力校核计算表

计算情况	m	ε	B/m	H/m	$Q/(m^3/s)$	$\left\|\dfrac{Q'-Q}{Q'}\right\|\times100\%$
设计情况	0.49	0.93	21	5.93	612	4.4%
校核情况	0.51	0.90	21	8.30	1021	3.7%

(三) 溢流坝剖面设计

溢流堰面曲线常采用非真空剖面线，采用较为广泛的非真空剖面曲线有克－奥曲线和

WES曲线两种，经比较本工程选用WES曲线，溢流坝的基本剖面为三角形。一般其上游面为铅直，溢流面有顶部的曲线、中间的直线、底部的反弧三部分组成。

1. 上游堰面曲线

原点上游采用椭圆曲线，其方程为

$$\frac{x^2}{(aH_s)^2}+\frac{(bH_s-y)^2}{(bH_s)^2}=1$$

$$a=0.28\sim0.30$$

$$\frac{a}{b}=0.87+3a$$

根据计算为 $H_s=7\mathrm{m}$，取 $a=0.28$，计算得 $b=0.16$。

$$\frac{x^2}{(0.28\times7)^2}+\frac{(0.16\times7-y)^2}{(0.16\times7)^2}=1$$

$$aH_s=0.28\times7=1.96(\mathrm{m})$$

$$bH_s=0.16\times0.7=1.12(\mathrm{m})$$

上游曲线计算见表2-25。

表2-25　　　　　　　　　　上游曲线计算表

x	−1.96	−1.47	−0.98	−0.49	0
y	1.12	0.379	0.15	0.036	0

2. WES曲线设计

原点下游采用WES曲线，其方程为 $x^n=KH_s^{n-1}y$。查表2-13得上游面垂直时，$n=1.85$，$k=2.000$。

顶部的曲线段确定后，中部的直线段与顶部的反弧段相切，其坡度一般与非溢流坝下游坡率相同，即为 $1:m$，直线段与WES曲线相切时，切点横坐标 x_c 为

$$x_c=[k/(mn)]^{\frac{1}{n-1}}H_s=\left[\frac{2.0}{0.75\times1.85}\right]^{\frac{1}{1.85-1}}\times7=10.76(\mathrm{m})$$

表2-26　　　　　　　　　　WES堰面曲线计算表

x	1	2	3	4	5	6	7	8	9	10	10.76
y	0.096	0.34	0.73	1.24	1.88	2.63	3.5	4.48	5.57	6.77	7.75

3. 底部反弧段

根据工程经验，挑射角 $\theta=25°$。挑流鼻坎应高出下游最高水位 $1\sim2\mathrm{m}$。鼻坎的高程为 $332.0+1=333.0\mathrm{m}$。

上游水面至挑坎顶部的高差 $H_0=$ 校核水位−坎顶高程$=356.3-333=23.3$（m）

反弧段过流宽度 $B_0=21+2\times4=29$（m）

流能比　　　$K_E=\dfrac{Q_{校}}{B_0\sqrt{g}H_0^{1.5}}=\dfrac{1060}{29\times\sqrt{9.81}\times23.3^{1.5}}=0.10$

坝面流速系数　　　$\varphi=\sqrt[3]{1-\dfrac{0.055}{K_E^{0.5}}}=0.94$

$$V_0 = \varphi\sqrt{2gH_0} = 20.1(\text{m/s})$$

坎顶水深 $$h = \frac{Q_{校}}{B_0 V_0} = \frac{1060}{29 \times 20.1} = 1.82(\text{m})$$

反弧段半径 $R = (4\sim10)h = 7.28\sim18.2\text{m}$，取 $R = 10\text{m}$。

$$R\cos\theta = R\cos25° = 9.06(\text{m})$$

反弧段的圆心求法：先画一条与坝的下游面平行，且距圆弧半径为 R 的直线，再画一条与挑坝顶点相距为 $R\cos25°$ 的水平线，两线的交点即为圆心。

(四) 消能防冲设计

1. 消能方式选择

根据地形地质条件，选用挑流消能。

挑流消能的原理：一是空中挑距，即利用鼻坎挑射出的水流在空中扩散掺气消耗一部分功能；二是水下消能即利用扩散了的水舌落入下游河床时与下游河道水体发生碰撞，并在水舌入水点附近形成的两个漩滚消耗剩余的大部分功能。

挑流消能的优点：构造简单，不需修建大量的下游护坦，便于维修。但也有缺点，挑流引起的水流雾化严重，尾水波动大。

2. 挑流消能计算

(1) 挑射距离。

$$v_1 = 1.1v = \varphi\sqrt{2gH_0} = 22.11(\text{m/s})$$
$$h_1 = h\cos\theta = 1.82 \times \cos25° = 1.65\ (\text{m})$$
$$h_2 = 333 - 328 = 5(\text{m})$$
$$L = \frac{1}{g}\left[v_1^2\sin\theta\cos\theta + v_1\cos\theta\sqrt{v_1^2\sin^2\theta + 2g(h_1+h_2)}\right]$$
$$= \frac{1}{9.81}[187.24 + 295.72] = 49.23(\text{m})$$

(2) 最大冲坑水垫厚度。

$$q = \frac{Q}{B_0} = \frac{1060}{29} = 36.55[\text{m}^3/(\text{s}\cdot\text{m})]$$
$$H = 356.3 - 332 = 24.3(\text{m})$$

可冲性类别属于可冲，冲刷系数取 $k = 1.1$。

$$t_k = kq^{0.5}H^{0.25}$$
$$= kq^{0.5}H^{0.25} = 1.1 \times 36.55^{0.5} \times 24.3^{0.25} = 14.77(\text{m})$$
$$t_k' = 14.77 - 5 = 9.77(\text{m})$$

(3) 消能防冲验算。

$$\frac{L}{t_k'} = \frac{49.23}{9.77} = 5.04 > 2.5$$

验算结果满足要求。

(五) 溢流坝顶布置

1. 闸墩

闸墩的墩头形状，上游采用半圆形，下游采用半圆形，其中上游布置于工作桥顶部，高程取非溢流坝顶高程,总长 14.3m。中墩的厚度为 4m,边墩的厚度为 3m,溢流坝的分缝设在闸孔中间,故没有缝墩,工作闸门槽深 0.8m,宽 1.3m,检修闸门槽深 0.5m,宽 0.5m。中墩横剖面图如图 2-57 所示。

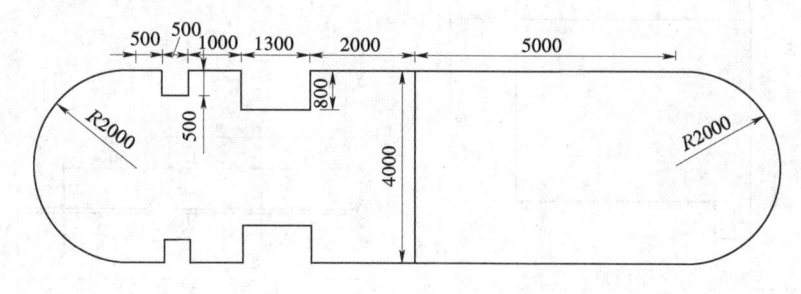

图 2-57 中墩横剖面图(单位:mm)

2. 工作桥布置

工作桥布置固定或移动式启闭机,当采用移动式启闭机时,工作桥和交通桥可以合二为一,当采用固定式启闭机时,二者可以分开布置。工作桥和交通桥相互间的位置,应由非溢流坝坝顶的交通要求确定。本工程采用固定式启闭机,宽 7m,高程为 356.3m。

导墙布置,边墩向下游延伸成导墙,其中延伸到挑流鼻坎末端的导墙需分缝,间距为 15m,其横断面为梯形,顶宽厚 0.5m。

(六)重力坝细部构造

1. 坝顶构造

(1)非溢流坝段。根据交通要求坝顶做混凝土路面,横坡为 2%。两边每隔 10m 设置排水管,汇集路面的雨水,并排入水库中。坝顶设置防浪墙,与坝体连成整体,其结构为钢筋混凝土。防浪墙设在坝体横缝处留有伸缩缝,墙高为 1.2m,厚度为 25cm,以满足运用安全的要求。坝顶公路两侧设有 0.5m 宽的人行道,并高出坝顶路面 20cm。坝顶总宽度为 5m,下游设置栏杆及路灯。

(2)溢流坝段。溢流坝的上部设有闸门、闸墩、门机。

(3)交通桥等结构和设备。

2. 廊道的布置和尺寸。

(1)基础灌浆廊道。廊道底部距坝基面 5m,上游侧距上游坝面 4m。廊道形状为城门洞形。底宽 2.5m,高 3m。内部上游侧设排水沟,并在最底处设集水井。

(2)坝体廊道。自基础廊道沿坝高每隔 12m 设置一层廊道,共两层,底部高程分别为 331m、343m。形状为城门洞形(图 2-58),其上游侧距上游坝面 3m,底宽 2m,高 2.5m。为了减小扬压力,在坝体内设置排水管,直径为 15cm,间距为 3m,为无砂多孔混凝土管。排水管将渗水收集到廊道内排出。

3. 横缝布置

为了防止坝体因温度变化和地基不均匀沉陷而产生裂缝,坝体需要分缝。横缝垂直于坝轴线布置,缝距为 20m,缝宽 2cm,内有止水,溢流坝段横缝间距为 17.5m,坝段总长 35m。横缝止水构造如图 2-59 所示。

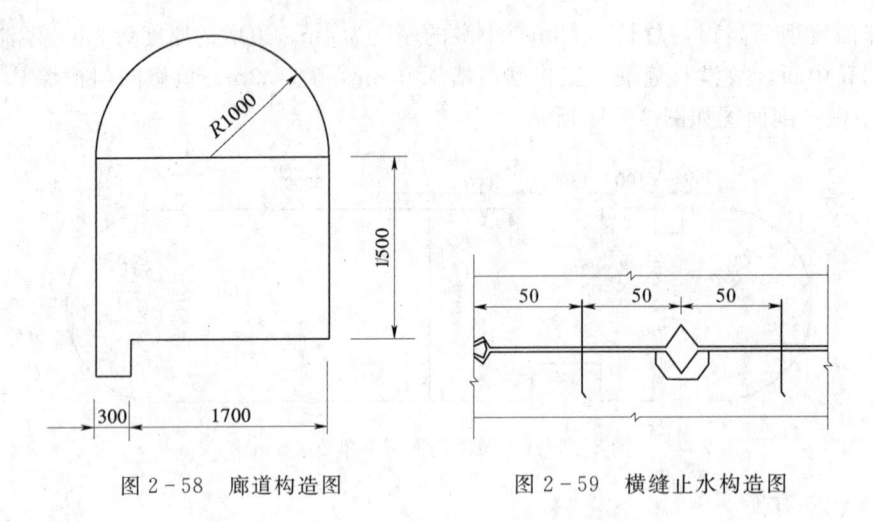

图2-58 廊道构造图　　图2-59 横缝止水构造图

4. 坝体止水

除横缝止水外，上游设两道防水片和一道防渗沥青等。止水片采用1.0mm厚的紫铜片。第一道止水片距上游坝面1.0m。两道止水片间距为1m，中间设置直径为20cm的沥青井，止水片的下部深入基岩30cm，并与混凝土紧密嵌固，上部伸到坝顶。

(七) 地基处理

天然地基常存在着不同程度的缺陷，必须经过处理才可作为坝基础。

1. 基础开挖

由于坝址处河床上有1~2m的覆盖层，地基开挖时应把覆盖层挖除。坝底面的最低高程为326.0m，顺水方向开挖成锯齿状，并在上下游坝基面开挖一个浅齿墙，沿坝轴线方向的两岸岸坡坝段基础，开挖成有足够宽度的分级平台，平台的宽度至少为1/3坝段长，相邻两级平台的高差不超过10m。

2. 帷幕设计

帷幕作用：①防止坝底渗透压力；②防止坝基产生机械式化学管涌。在基础灌浆廊道内钻设防渗帷幕。防渗帷幕采用膨胀水泥浆做灌浆材料。其位置布置在靠近上游坝面的坝基及两岸。帷幕的深度取13m。河床部位深，两岸逐渐变浅。灌浆孔直径取80mm，方向垂直，孔距取2m，设置一排。

(八) 绘制溢流坝剖面

重力坝溢流段剖面图如图2-60所示，绘制步骤如下。

(1) 绘制非溢流坝剖面。
(2) 绘制椭圆曲线和WES曲线。
(3) 绘制直线段。
(4) 绘制反弧段。
(5) 剖面修正。
(6) 绘制坝顶结构。
(7) 绘制廊道等细部构造。

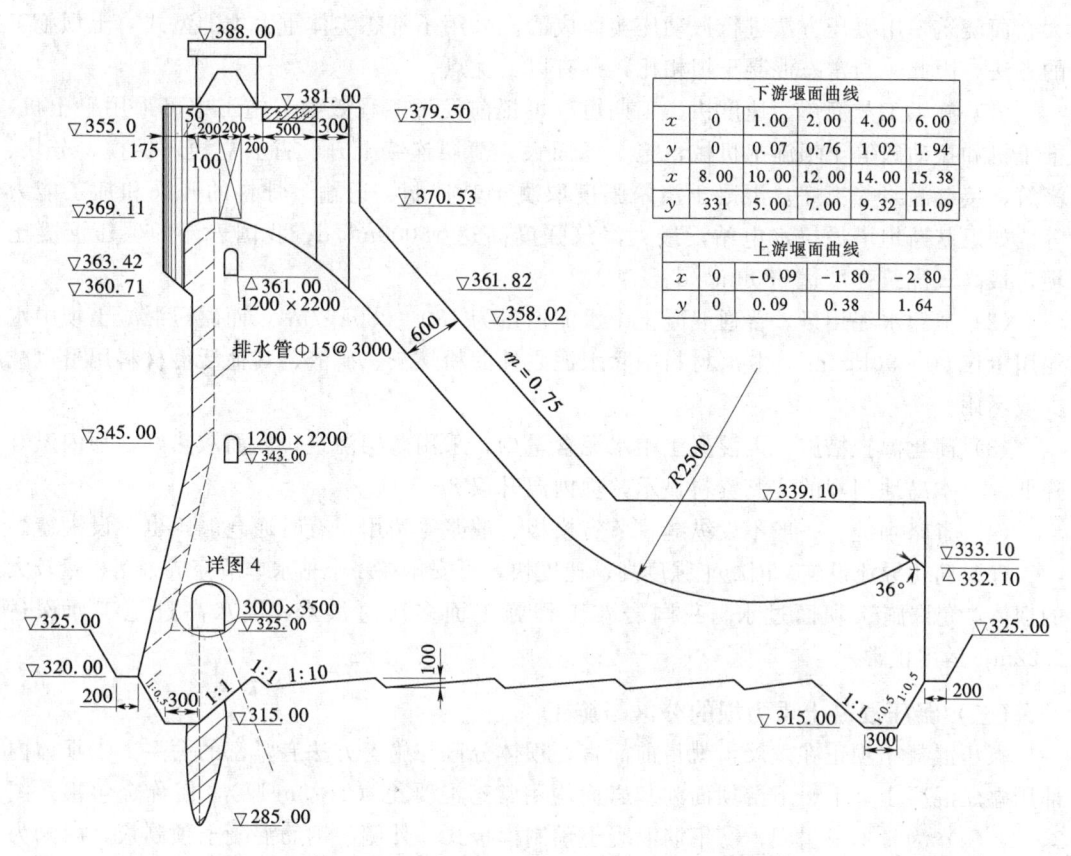

图 2-60 重力坝溢流段剖面图（高程单位：m；尺寸单位：cm）

(8) 标注。

第十节 其他类型的重力坝

其他类型的重力坝有：①碾压混凝土重力坝；②浆砌石重力坝；③宽缝重力坝；④空腹重力坝；⑤支墩坝（大头坝、连拱坝、平板坝）；⑥预应力锚固重力坝；⑦橡胶坝等。下面仅就几个常用坝型做简要介绍。

一、碾压混凝土重力坝

1980年日本首先建成了世界第一座90m高的岛地川碾压混凝土重力坝。1982年美国建造了高52m的柳溪坝。1986年我国福建建造了高56.8m的坑口坝。日本宫濑碾压混凝土重力坝高155m。我国的龙滩碾压混凝土重力坝高216.5m，是目前世界上最高的碾压混凝土重力坝。从发展趋势看，高度在增大，技术逐渐成熟，施工水平不断提高，经验不断丰富，在规模和数量上得到了更快的发展。

(一) 碾压混凝土重力坝的特点

碾压混凝土重力坝是采用干贫混凝土，自卸汽车，皮带输送入仓，推土机平仓，薄层大仓面浇筑,用碾压方法进行振动压实而成的。采用了常态实体重力坝的型式,土坝施工的方法,因此,与常态混凝土坝相比,具有以下优点。

(1) 施工工艺简单、速度快、工期短,可提前发挥工程效益。施工中可采用平土机、推土机和振动碾等土坝施工机械,施工场面大,薄层连续上升,省去立模、拆模、分块、浇筑、接缝灌浆等工序。混凝土浇筑强度取决于其拌制、运输、骨料的开采和加工能力等。如巴基斯坦塔贝拉水电站,最大浇筑强度高达 18000m^3/d;我国岩滩的碾压混凝土坝,最高日浇筑强度达 8330m^3/d。

(2) 节约水泥用量。普通混凝土中水泥用量为 180~280kg/m^3,而碾压混凝土坝中水泥用量仅 50~90kg/m^3,胶凝材料中除水泥之外的粉煤灰、矿渣、其他活性材料用量也减少或不用。

(3) 简化温控措施。因混凝土中水泥含量少,采用薄层浇筑,表面散热好,坝内温升降低。日本岛地川坝的实测资料显示,坝内温升仅 8~10℃。

(4) 省略坝缝。一般不设纵缝,节省模板、灌浆等费用。有时通仓碾压也不设横缝。

(5) 简化导流设施。因施工强度高、速度快,可安排在一个枯水季节完成。工程量较大的坝体,允许施工坝面过水。我国岩滩工程施工面多次过洪水,洪水高过施工面深达 2.22m,运用正常。

(二) 碾压混凝土重力坝的分区与施工

碾压混凝土坝正在发展,就目前而言,坝体分区与施工方法有紧密的关系。①坝体内部用碾压混凝土,上、下游坝面和基岩面均用常态混凝土 (2~3m 厚),俗称金包银,图 2-61 (a) 为日本玉川坝;②钢筋混凝土预制模板式,外侧为钢筋混凝土预制板,内侧为碾压混凝土,图 2-61 (b) 为美国的柳溪坝;③滑动钢模板内侧浇一层常态混凝土,坝内全用碾压混凝土,如美国上静水坝;④大型组装式钢模板内侧全断面均为碾压式混凝土,坝体表面为浓胶凝浆液保护,图 2-61 (d) 为我国潘家口下池坝;⑤综合采用多种形式,图 2-58 (c) 为我国福建的坑口坝,溢流坝面采用钢筋混凝土防冲层,上游坝面外侧用钢筋混凝土预制板,内侧为沥青砂浆防渗层,下游坝面采用混凝土预制板,坝内采用碾压混凝土。碾压混凝土铺筑层厚一般为 0.3~0.5m,碾压至翻浆为止。

(三) 碾压混凝土重力坝的坝体防渗

坝体防渗在碾压重力坝中比较重要,对于碾压混凝土坝体防渗有以下几种方法:①常态混凝土防渗,与前面讲的重力坝一样,坝面设横缝,缝内设止水;②富胶凝材料碾压混凝土防渗,要求在上游坝面 3m 左右范围内,碾压混凝土的强度、抗渗、抗冻等级设计值均满足坝体防渗要求;③合成橡胶薄膜防渗,在坝体上游表面涂橡胶薄膜或浓胶凝浆液;④沥青砂浆防渗层,预制钢筋混凝土模板与坝体之间用钢筋连接,并回填沥青砂浆,一般 6~10cm 厚。

(四) 碾压混凝土重力坝的坝体排水

碾压混凝土重力坝一般都需要布置坝体排水。排水管可设在上游常态混凝土内,也可设在碾压混凝土区,前者已介绍过,后者采用瓦楞纸包砂柱,与铺筑层高一致,放置在排水孔的位置上,待混凝土铺好碾压 1 天之后再清除孔内砂柱;也可采用拨管法造孔。美国上静水坝未设坝体排水,效果有待检验。

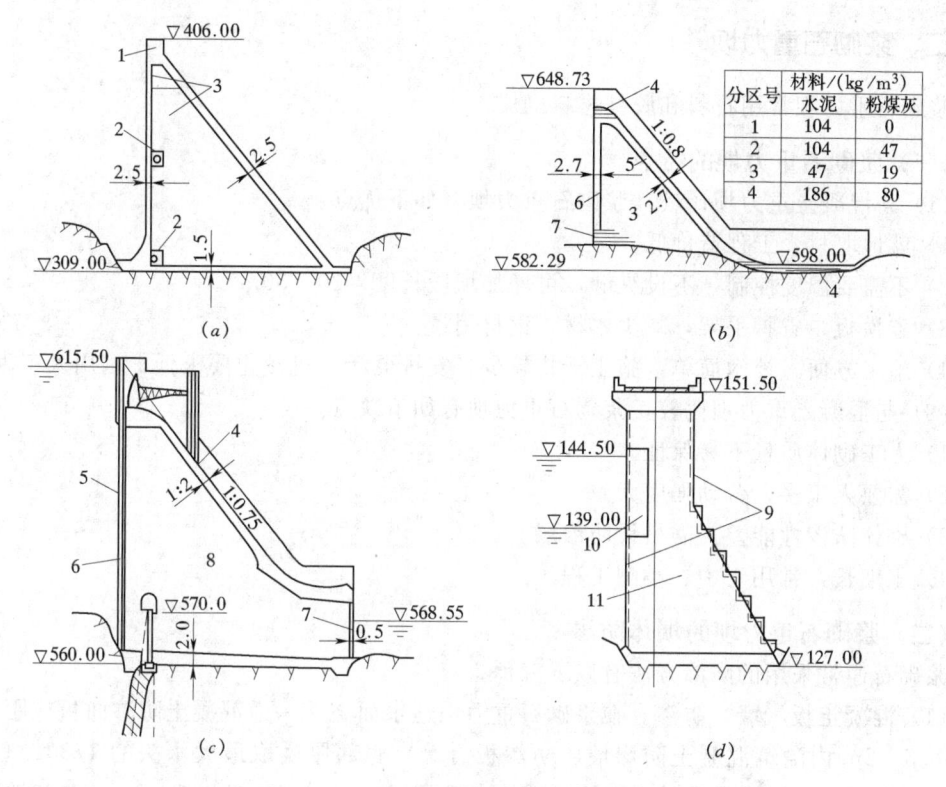

图 2-61 碾压混凝土重力坝的分区与施工
(a) 日本玉川坝；(b) 美国柳溪坝；(c) 中国坑口坝；(d) 中国潘家口下池坝
1—常态混凝土；2—钢筋混凝土；3—不同配合比的碾压混凝土；4—钢筋混凝土防冲层；
5—沥青砂浆防渗层；6—钢筋混凝土预制板；7—混凝土预制块；8—坝内碾压混凝土；
9—浓胶凝浆液；10—D150碾压混凝土；11—D50碾压混凝土

（五）碾压混凝土重力坝的坝体分缝

因碾压混凝土坝采用通仓浇筑，故不设纵缝，也可减少或不设横缝。为了适应温度伸缩和地基不均匀沉降，设横缝较好，缝距一般为 15~20m。当坝体上游面用常态混凝土防渗时，止水设在常态混凝土内。其横缝构造与常态混凝土坝相同。日本玉川坝的横缝间距为 15~18m，铺料平仓后用振动切缝机切缝，再插入钢板隔开，通仓振动碾压，最后抽出钢板形成横缝。

（六）碾压混凝土重力坝的坝内廊道

碾压混凝土重力坝内部构造尽量简化，廊道层数要减少，中坝（70m 以下）只设一层坝基灌浆、排水廊道；70~100m 的高坝设两层，以满足灌浆、排水和交通的需要。廊道采用预制拼装和现场浇筑两种方式，廊道外层用薄层砂浆与碾压混凝土连接。

（七）碾压混凝土重力坝的温度控制

碾压混凝土坝水泥用量少，粉煤灰掺量大，有利于温控；但通仓浇筑，快速上升，不设纵缝，不设冷却水管等，将不利于温控。为防止坝体产生温度裂缝，常采用以下措施：①选低热水泥、降低水泥用量、合理加入混合料；②对原材料进行预先冷却；③用冰屑代替部分水拌和；④合理安排施工季节等。

二、浆砌石重力坝

浆砌石重力坝常用石料和胶结材料砌成。

(一) 浆砌石重力坝的特点

(1) 与混凝土重力坝比较,浆砌石重力坝有如下优点。

1) 就地取材,工程造价低。

2) 不需要温度控制,不设纵缝,可增加坝段长度(20~30m)。

3) 省模板,省脚手架,减少木材、钢材用量。

4) 施工方便,技术简单,施工干扰较少,安排灵活,机械化要求低,多用人工砌筑。

(2) 与混凝土重力坝比较,浆砌石重力坝有如下缺点。

1) 人工砌体质量不易保证。

2) 需要人工多,劳动强度大。

3) 砌体防渗性能差,需另设防渗层。

4) 工期长,常用于中、小型工程。

(二) 浆砌石重力坝的坝体防渗

浆砌石通常采用的防渗方法有以下三种。

(1) 混凝土板(墙)防渗。在浆砌石重力坝迎水面浇筑一道混凝土防渗面板或距上游坝面0.5~2m内浇筑混凝土防渗墙。防渗板(墙)底部厚度取最大水头的1/30~1/60,顶厚不小于0.3m,板内设温度钢筋,砌体内设预埋锚筋,嵌入基岩1~2m,并与地基防渗帷幕连成整体,板沿坝轴线10~20m分缝,缝内设止水。防渗墙是用砌浆石或混凝土预制块代替模板浇筑在一起而成的防渗体,施工时省去了模板,其他要求与混凝土防渗板相同。

(2) 钢丝网水泥喷浆护面防渗。在上游坝面挂一层或二层钢丝网,喷水泥砂浆做防渗层,厚度一般为5~6cm,应根据水头大小选定。

(3) 砌石勾缝防渗。上游坝面用质地良好的条石或块石砌好防渗层,用高强度等级水泥砂浆勾缝。防渗层厚度约为坝体最大水头的1/15~1/20,砌缝深约2~3cm,砌缝厚约2~3cm,勾缝突出砌体0.5~1cm。该防渗体经济,施工简单,防渗效果差,只用于低水头浆砌石坝。

(三) 浆砌石重力坝溢流坝面衬护

溢流坝面应根据工程规模、泄流量的大小、流速的高低选择不同的衬护方式和厚度。①当堰顶流速较大时,溢流坝面至挑流鼻坎全部用钢筋混凝土衬护,厚约0.5~1.5m,通过锚筋与砌体锚固在一起,沿坝轴线方向每隔10~20m做一条伸缩缝;②流速不大时,在堰顶和鼻坎部位用混凝土衬护,直线段用条石衬护;③流速较小时,允许全部用质地良好、抗冲力强的条石衬护。

(四) 浆砌石重力坝的分缝

浆砌石坝不设纵缝,横缝的间距比混凝土重力坝大,一般为20~30m,最大不超过50m,并应与防渗设备的伸缩缝一致。特殊情况下,在沿坝轴线方向,基岩特性或地形变化较大处应设横缝，以适应可能发生的不均匀沉降。

（五）浆砌石重力坝的其他要求

为使砌体与基岩结合良好，在砌石前先浇筑 0.3～1.0m 厚的混凝土垫层，以便砌石。

坝体廊道分混凝土廊道和条石拱圈廊道。工程较大而且较重要，用混凝土廊道；工程较小，用砌石廊道。浆砌石重力坝内廊道数量应尽量减少。

浆砌石坝的坝体排水、地基处理、抗滑稳定及应力计算等可参见 SL 319—2005《混凝土重力坝设计规范》及 SL 25—2006《浆砌石坝设计规范》。

第十一节　混凝土重力坝的运用管理

混凝土重力坝在运用过程中，由于设计、施工、运行管理及其他各种原因，所表现出的主要问题包括失稳、风化、磨损、剥蚀、裂缝、渗漏，甚至破坏。因此必须加强混凝土坝的养护和管理。

一、混凝土坝的检查和养护

混凝土坝的检查与养护分为运用前、运用中和特殊情况，其主要工作内容介绍如下。

（一）运用前的检查与养护

工程竣工验收期间，应了解工程设计施工情况，特别是水下部分和隐蔽工程的情况，在运用前，要根据设计资料和竣工验收规定，全面进行检查。对于施工中混凝土蜂窝、麻面、孔洞及裂缝、渗漏等缺陷，要根据严重程度分别进行表面处理、堵漏或补强处理。施工用的模板、排架及机械设备等应全部拆除收存，遗留在表面的螺栓及其他铁件，应进行割除，如在溢流面上，还应进行表面修整。泄流表面及泄流孔洞进口附近若有障碍物，如砂石、混凝土块铁件及其他杂物，均应清除干净。

（二）运用中的检查与养护

应经常检查坝面完整情况；保持排水系统的畅通；定期检查伸缩缝工作情况。防止杂物卡塞、填料流失或止水损坏；做好安全检查与防护；对各种观测设备要做好保护，如有损坏或失效，应及时进行修复或更换。

（三）特殊情况下的检查与养护

当遇到设计水位运行，低水位运行，地震、台风和寒冷冻害等特殊情况后，应立即对工程进行检查，如有缺陷，应及时养护修理；发现异常现象时，要加强观察，并记录发展情况，研究紧急处理措施。

二、混凝土坝裂缝的处理

裂缝的处理方法主要有表层涂抹、喷浆修补，表层粘补，凿槽嵌补和灌浆处理等五种，应当根据裂缝的性质和具体条件进行选择。其中，关于表面涂抹和喷浆修补的方法将在表面（层）破坏的处理部分讲述，这里仅介绍后三种方法。

（1）表面粘补。表面粘补就是运用粘胶剂把橡皮及其他材料粘贴在裂缝部位的混凝土面上，达到封闭裂缝的目的。常用的方法有橡皮粘补、玻璃丝布粘补、紫铜片和橡皮联合粘补等。

（2）凿槽嵌补。沿裂缝凿槽，槽内嵌填各种防水材料。嵌补材料有沥青砂浆、环氧砂浆、预缩砂浆、聚氯乙烯胶泥等。嵌补时，槽面必须修理平整、清洗干净，除预缩砂浆外，一般要求槽内干燥，否则应采取一定措施使槽内干燥后再嵌补。

（3）灌浆处理。通过钻孔对裂缝内部进行灌浆，以达到防渗堵漏或固结补强的作用。布孔方式分骑缝孔与斜孔两种。骑缝孔用于浅孔或仅需防渗堵漏的情况；斜孔与裂缝面交角大于30°，孔深超过缝面0.5m，用于深缝及骑缝孔浆液扩散范围不足的情况。常用的灌浆材料有水泥和各种化学材料，可按裂缝的性质、开度及施工条件等情况选定。对于开度超过0.3mm的裂缝一般可用水泥灌浆；开度小于0.3mm的裂缝宜用化学灌浆；对于渗透流速较大（大于600m/d）或受温度变化影响的裂缝（如伸缩缝等），不论其开度如何，均宜采用化学灌浆。

三、混凝土坝渗漏的处理

混凝土坝的渗漏按其发生的部位可分为坝体渗漏、坝基渗漏、接触渗漏和绕坝渗漏四种情况。造成渗漏的原因是多方面的，如坝基存在隐患，混凝土坝体的有些裂缝、防渗及止水结构的破坏，遭遇地震及其他自然条件破坏等，都容易导致发生渗漏。渗漏的危害很大，主要表现在：渗漏将增加坝体、坝基扬压力而影响大坝的稳定性；由于渗水的侵蚀作用，混凝土强度降低，缩短大坝寿命；严重的渗漏不但造成水量损失，影响水库蓄水，而且会导致大坝变形或破坏。因此，要认真分析设计、施工和运用情况，摸清渗漏部位原因及危害程度，以提出相应的处理措施。

渗漏处理的基本原则是"上堵下排"，主要方法有以下几种情况。

（一）坝体渗漏的处理

坝体渗漏的处理，通常在迎水面封堵。首先应降低上游库水位，使渗漏入口露出水面再考虑用混凝土表面损坏和裂缝处理的方法进行修补，对于裂缝宽度随温度变化的渗漏处理，要考虑既能适应裂缝开合，又能保证封堵止水。

当迎水面处理有困难，且渗漏裂缝不影响正常运用时，也可在漏水出口处理，如采用埋管导渗和钻孔导渗等集中导渗的方法，要在裂缝封闭结束后进行凿除并予以封堵。

对于裂缝漏水，还可以用内部灌浆的方法处理，以充填漏水通道，达到堵漏的目的。

（二）坝基（或接触）渗漏的处理

混凝土坝的坝基（或接触）渗漏的处理，根据其产生的原因不同，有以下几种相应的处理方法。

（1）加深加厚帷幕。由于帷幕深度不够时应加大原帷幕深度。如孔距过大，还要加密钻孔，进行补强灌浆。

（2）接触灌浆处理。一般钻至基岩以下2m处进行灌浆，主要是加强坝与基岩之间的接触，如该部位需要同时做帷幕补强灌浆时，应结合进行。

(3) 固结灌浆处理。当原有顺河方向的断层破碎带贯穿坝基，造成渗漏时，除在该处加深加厚帷幕外，还应根据破碎带构造情况增设钻孔，进行固结灌浆。

(4) 改善排水条件。当查明排水不畅时或排水堵塞时，应设法疏通，必要时增设排水孔以改善排水条件。

（三）绕坝渗漏的处理

绕坝渗漏的处理，一般是在上游面封堵，也可以进行灌浆处理。对于地下泉水引起的渗漏，如入口难以找到，可根据地形地质情况，采用铺设反滤层或打导洞等方法将水引出。

四、混凝土表面损坏的处理

混凝土表面损坏现象主要包括表面蜂窝、麻面、表层裂缝、松软、剥落、钢筋外露或锈蚀等。表面损坏如不及时处理，会继续扩大，缩短建筑物使用寿命，严重时会削弱结构强度，甚至使建筑物失效而破坏。因此，应及时处理进行修补，避免和减少损坏的扩大。混凝土表面常用的修补处理方法有以下几种。

1. 水泥砂浆修补

首先要清除已损坏的混凝土，凿毛、清洗，在工作面湿润的情况下，将砂浆抹到修补部位，反复压光后进行养护。

2. 预缩砂浆修补

预缩砂浆是一种干硬性砂浆，按一定配合比拌和好，放置30~90min，使其预缩后再使用。这种砂浆具有较高的强度，收缩性小，施工方便，用于高流速区混凝土表层修补和工作量不大的情况，铺填前，要凿毛、清洗，先刷一层水泥浆，然后将预缩砂浆分层铺填，分层厚为4~5cm，用木锤敲紧，直至表面出浆为止，刷毛后再铺填第二层，最后一层的表面要反复压实抹光，并进行专门养护。

3. 喷浆修补

喷浆修补就是将水泥、砂和水的混合料通过喷头高压喷射到修补部位。喷浆修补分刚性喷浆、柔性喷浆和无筋素喷浆三种情况。刚性喷浆是喷浆层有承受结构中全部或部分应力的金属网；柔性喷浆是喷浆层中的金属网只起加固联结作用，不承担结构应力；无筋素喷浆多用于浅层缺陷部分的修补。

4. 喷混凝土修补

喷混凝土修补的部位，密度及抗渗能力比一般混凝土大，强度高、黏着力大，而且具有快速、高效，不用模板等优点。为防止喷射混凝土脱落，可掺用适量速凝剂。为防止发生裂缝可在喷混凝土中掺入用冷拔钢丝或镀锌铁丝制成的钢纤维。

5. 压浆混凝土修补

将有一定级配的洁净粗骨料预先埋入模板中，并埋入灌浆管，然后通过灌浆管用泵把水泥砂浆压入粗骨料间的空隙中胶结而成为密实的混凝土。压浆混凝土的收缩率小，而且减少了拌和工作量，主要用于钢筋稠密、埋件复杂、不易振捣的部位以及水下修补等，但对模板要求较高，应防止发生质量事故。

6. 环氧材料修补

环氧材料具有强度高，粘结力大，收缩率小，抗冲耐磨，抗蚀、抗渗和化学稳定性好的优点。用于混凝土表面修补的有环氧基液、环氧石英膏、环氧砂浆和环氧混凝土等。环氧材料有毒易燃，种类和配方较多，因此，根据工程具体结合当地条件选用，并严格按照一定的工艺过程进行。

五、混凝土重力坝的安全监测

1. 变形监测

（1）水平位移监测。坝体表面的水平位移可用视准线法或三角网法施测，前者适用于坝轴线为直线、顶长不超过 600m 的坝。后者可用于任何坝型。

视准线法是在两岸稳固岸坡上便于监测处设置工作基点，在坝顶和坝坡上布置测点，利用工作基点间的视准线来测量各测点的水平位移。

三角网法是利用 2 个或 3 个已知坐标的点作为工作基点，通过对测点交会算出其坐标变化，从而确定其位移值。

较高混凝土坝坝体内部的水平位移可用正垂线法、倒垂线法或引张线法量测。

1）正垂线法是在坝内观测竖井或空腔的顶部一个固定点上悬挂一条带有重锤的不锈钢丝，当坝体变形时，钢丝仍保持铅直，可用以测量坝内不同高程测点间的相对位移。正垂线通常布置在最大坝高、地质条件较差以及设计计算的坝段内，一般大型工程不少于 3 条，中型工程不少于 2 条。

2）倒垂线法是将不锈钢丝锚固在坝体基岩深处，顶端自由，借液体对浮子的浮力将钢丝拉紧。因底部固定，故可测定各测点的绝对水平位移。

3）引张线法是在坝内不同高程的廊道内，通过设在坝体外两岸稳固岩体上的工作基点，将不锈钢丝拉紧，以其作为基准线来测量各点的水平位移。

（2）铅直位移（沉降）监测。对混凝土坝坝内的铅直位移，可采用精密水准仪和精密连通管法量测。

2. 裂缝监测

混凝土建筑物的裂缝是随荷载环境的变化而开合的。监测方法是在测点处埋设金属标点或用测缝计进行。需要监测空间变化时，也可埋设"三向标点"。裂缝长度、宽度、深度的测量可根据不同情况采用测缝计、设标点、千分表、探伤仪以至坑探、槽探或钻孔等方法。

3. 应力及温度监测

在混凝土建筑物内设置应力、应变和温度监测点能及时了解局部范围内的应力、温度及其变化情况。

应力（或应变）的离差比位移要小得多，作为安全监控指标比较容易把握，故常以此作为分级报警指标。应力属建筑物的微观性态，是建筑物的微观反映或局部现象的反映。变位或变形则属于综合现象的反映。我国大坝安全监测经验表明：应力、应变监测比位移监测更易于发现大坝异常的先兆。

应力、应变测量埋件有应力或应变计，钢筋、钢板应力计，锚索测力器等都需要在施工期埋设在大坝内部，对施工干扰较大，且易损坏，更难进行维修与拆换，故应认真埋置。

4. 渗流监测

坝基扬压力监测多用测压管，也可采用差动电阻式渗压计。测点沿建筑物与地基接触面布置。坝体内部渗透压力可在分层施工缝上布置差动电阻式渗压计。

本 章 小 结

（1）重力坝概述中介绍了其特点和分类。建坝的历史、发展的过程以及设计基本要求，水利枢纽一般应从枢纽平面布置开始，对平面布置提出了一些原则性要求。

（2）重力坝主要依靠坝体自重维持稳定，基本剖面呈三角形，根据工程的结构和运用要求，用工程类比法在基本剖面的基础上修改成实用剖面。

（3）重力坝的荷载计算，根据 DL/T 5057—2009《水工混凝土结构设计规范》和 DL 5077—1997《水工建筑物荷载设计规范》来确定。本章要求在重力坝设计中采用荷载分项系数和结构分项系数。荷载作用组合分基本组合中三种情况和偶然组合中两种情况，实际工程中均需全部计算。

（4）抗滑稳定分析的方法中，无论采取什么方法，关键在于选择计算参数。传统的安全系数法，将逐渐被可靠度设计理论取代。工程实践证明，坝基面、深层有软弱夹层面，碾压混凝土重力坝的层面均有可能发生滑动，都需要验算。对于验算结果不稳定的情况，采取工程措施保证稳定。

（5）应力分析是该章重要的内容之一。重点介绍了材料力学法。假定各水平截面上的垂直正应力 σ_y 呈直线分布，采用偏心受压公式计算，进一步计算出剪应力、水平正应力以及主应力。

应力分析中采用计入扬压力和不计入扬压力两种情况计算，二者物理力学概念上是有差别的，稳定渗流场已形成时，计入扬压力的计算结果应视为总应力。破坏坝体的应力强度是有效应力部分，本章引入了坝体强度承载能力极限状态计算方法。

（6）溢流坝剖面在设计时应保证运行和泄水的安全。泄水方式与孔口布置、水库运用和坝体结构有关，重力坝消能方式应根据使用条件选择，高坝最常用的方式是挑流消能，底流消能、面流消能、戽流消能在低坝中常用。

（7）要掌握深式泄水孔的作用和分类，根据布置原则重点分析有压泄水孔的设计。对泄水孔周边应力提出了解决的方法。

（8）本章对混凝土重力坝的材料提出了具体要求，为了物尽其用，充分发挥其特点，在坝体上进行了材料分区。论述了坝体防渗和排水设施的布置要求，介绍了坝体分缝的原则、要求，以及如何设置止水。坝内廊道系统，有不同的廊道组成，从灌浆、交通、观测等方面选择纵横廊道的数量及构造尺寸。

（9）重力坝对地基有严格的要求，先应进行开挖与清理，对不满足要求的地基要加固处理。为了减小扬压力，应布置防渗幕和排水幕，并提出了具体要求。

复习思考题

1. 重力坝的优缺点有哪些?
2. 重力坝如何分类?
3. 简述重力坝的设计过程。
4. 重力坝的主要荷载有哪些? 分项系数各为多少?
5. 什么叫扬压力、渗透压力、浮托力?
6. 什么叫基本组合? 什么叫偶然组合? 各有哪些组合方式?
7. 非溢流坝剖面设计的原则是什么? 什么叫基本剖面、实用剖面?
8. 稳定计算的方法有哪些? 各有哪些特点?
9. 提高坝体抗滑稳定的措施有哪些?
10. 重力坝应力分析的方法有哪些? 各有何特点?
11. 重力坝应力分析的目的是什么?
12. 材料力学计算坝体应力的基本假定是什么? 主要计算内容是什么?
13. 溢流坝的剖面有哪些组成? 各有何要求?
14. 溢流坝的消能方式有几种? 各适用的条件和优缺点是什么?
15. 什么叫坝段? 坝体为什么要进行分缝?
16. 坝内廊道有哪些? 各有何作用?
17. 什么叫固结灌浆、帷幕灌浆? 各有什么作用?
18. 坝体材料如何分区? 分区的目的是什么?
19. 深式泄水孔的作用和分类有哪些?
20. 重力坝的地基处理措施有哪些?
21. 其他类型的重力坝有哪些? 各有何优缺点?
22. 混凝土坝常见的问题有哪些?
23. 混凝土坝裂缝的处理方法有哪些?
24. 混凝土坝的渗漏处理方法是什么?
25. 混凝土表面损坏的处理方法是什么?

第三章 拱 坝

第一节 概 述

一、拱坝的特点

拱坝是一空间壳体结构，其坝体结构可近似看作由一系列凸向上游的水平拱圈和一系列竖向悬臂梁所组成，如图 3-1 所示。

坝体结构既有拱作用又有梁作用，因此具有双向传递荷载的特点。其所承受的水平荷载一部分由拱的作用传至两岸岩体，另一部分通过竖直梁的作用传到坝底基岩，如图 3-2 所示。拱坝所坐落的两岸岩体部分称为拱座或坝肩；位于水平拱圈拱顶处的悬臂梁称为拱冠梁，一般位于河谷的最深处。

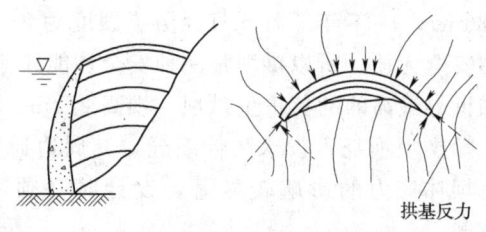

图 3-1 拱坝示意图

拱坝在外荷载作用下的稳定性主要是依靠两岸拱端的反力作用，并不完全依靠坝体重量来维持稳定。这样就可以将拱坝设计得较薄。

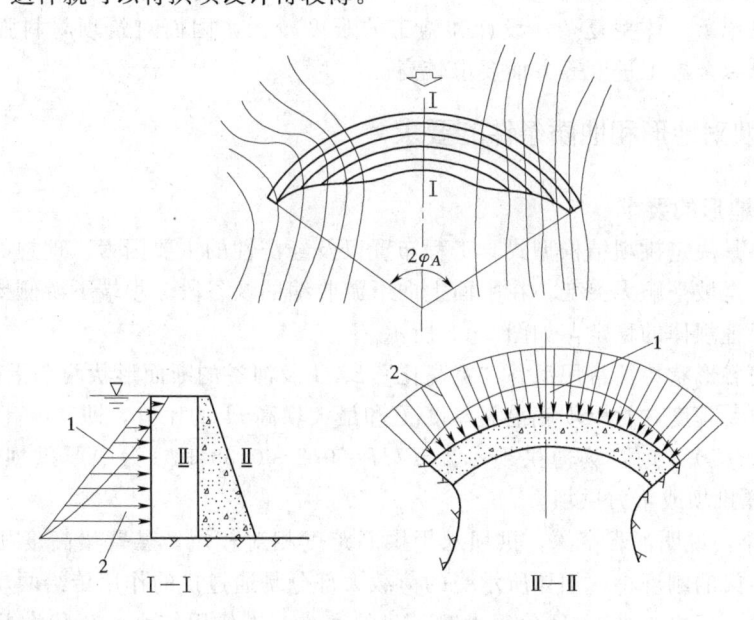

图 3-2 拱坝平面及剖面图
1—拱荷载；2—梁荷载

第三章 拱坝

拱结构是一种推力结构,在外荷作用下内力主要为轴向压力,有利于发挥筑坝材料(混凝土或浆砌块石)的抗压强度。若设计得当,拱圈的应力分布较为均匀,弯矩较小,拱的作用就发挥得更为充分,材料抗压强度高的特点就愈能充分发挥,从而坝体厚度就越薄。一般情况下,拱坝的体积比同一高度的重力坝体积约可以节省 1/3～2/3,因而,拱坝是一种比较经济的坝型。

拱坝是高次超静定结构,当发生超载或坝体某一部位产生局部裂缝时,坝体的梁作用和拱作用将自行调整,梁向荷载和拱向荷载将相互转移,坝体应力将重新分配,原来低应力部位将承担增大的应力,原来高应力部分的应力不再增长,裂缝可能停止发展甚至闭合。所以,只要拱座稳定可靠,拱坝的超载能力是很高的。国内外拱坝的结构模型破坏试验也表明,混凝土拱坝的超载能力可达设计荷载的 5～11 倍。

拱坝坝体轻韧,弹性较好,整体性好,故抗震性能也是很高的。在工程实践中,至今尚未发现有拱坝因地震而破坏或失事,例如意大利的卢美(Lumie)双曲拱坝(高 136m),1975 年 5 月 6 日经历了烈度为 8～9 度的地震,实测地震加速度为 $0.44g$,但坝体安全无损。所以拱坝是一种安全性能较高的坝型。目前,在地震区已修建了不少拱坝,如世界最高的的英古里拱坝,坝高 272m,修建在 9 级强地震区。

拱坝坝身不设永久伸缩缝,其周边通常是固接于基岩上,因而温度变化和基岩变化对坝体应力的影响较显著,设计时必须考虑基岩变形,并将温度荷载作为一项主要荷载。

在泄洪方面,过去常认为拱坝坝体比较单薄,不宜从坝身宣泄很大的流量。但实践证明,拱坝不仅可以在坝顶安全溢流,而且可以在坝身开设大孔口泄水。目前坝顶溢流或坝身孔口泄水的单宽流量已超过 $200m^3/(s \cdot m)$。近年来,拱坝溢流已渐趋普遍。

拱坝坝身单薄,体型复杂,设计和施工的难度较大,因而对筑坝材料强度、施工质量、施工技术以及施工进度等方面要求较高。

二、拱坝对地形和地质条件的要求

(一)对地形的要求

地形条件是决定拱坝结构型式、工程布置以及经济性的主要因素。理想的地形应是左右两岸对称,岸坡平顺无突变,在平面上向下游收缩的峡谷段。坝端下游侧要有足够的岩体支承,以保证坝体的稳定,如图 3-2 所示。

坝址处河谷形状特征常用河谷"宽高比" L/H 及河谷的断面形状两个指标来表示。

拱坝的厚薄程度,常以坝底最大厚度 T 和最大坝高 H 的比值,即"厚高比" T/H 来区分。当 $T/H<0.2$ 时,为薄拱坝;当 $T/H=0.2～0.35$ 时,为中厚拱坝;当 $T/H>0.35$ 时,为厚拱坝或重力拱坝。

L/H 值小,说明河谷窄深,拱坝水平拱圈跨度相对较短,悬臂梁高度相对较大,即拱的刚度大,梁的刚度小,坝体所承受的荷载大部分是通过拱的作用传给两岸,因而坝体可设计得较薄。反之,当 L/H 值很大时,河谷宽浅,拱作用较小,荷载大部分通过梁的作用传给地基,坝断面必须设计得较厚。一般情况下,在 $L/H<2$ 的窄深河谷中可修建薄拱坝;在 $L/H=2～3$ 的中等宽度河谷中可修建中厚拱坝;在 $L/H=3～4.5$ 的宽河谷

中多修建重力拱坝；在 $L/H>4.5$ 的宽浅河谷中，一般只宜修建重力坝或拱形重力坝。随着近代拱坝建设的发展，已有一些成功的实例突破了这些界限。美国的奥本三心双曲拱坝高 210m，河谷断面宽高比为 6；法国设计的南非亨德列·维乐沃特双曲拱坝高 90m，河谷断面宽高比已达 10。

不同河谷即使具有同一宽高比，其断面形状可能相差很大。图 3-3 代表两种不同类型的河谷形状在水压荷载作用下，拱梁系统的荷载分配以及对坝体剖面的影响。左右对称的 V 形河谷最适宜发挥拱的作用，靠近底部水压强度最大，但拱跨短，因而底拱厚度仍可较薄；U 形河谷靠近底部拱的作用显著降低，大部分荷载由梁的作用来承担，故厚度较大；梯形河谷的情况则介于这两者之间。

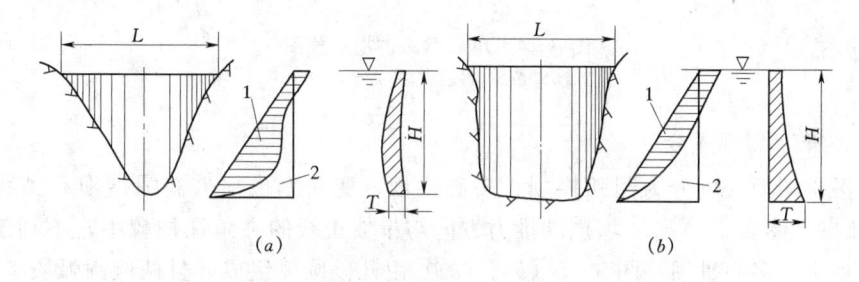

图 3-3　河谷形状对荷载分配和坝体剖面的影响
(a) V 形河谷；(b) U 形河谷
1—拱荷载；2—梁荷载

(二) 对地质的要求

地质条件也是拱坝建设中的一个重要问题。拱坝地基的关键是两岸坝肩的基岩，它必须能承受由拱端传来的巨大推力，并保持稳定，不产生较大的变形，以免恶化坝体应力甚至危及坝体安全。理想的地质条件是：基岩均匀单一、完整稳定、强度高、刚度大、透水性小和耐风化等。但是，理想的地质条件是不多的，应对坝址的地质构造、节理与裂隙的分布，断层破碎带的切割等认真查清。必要时，应采取妥善的地基处理措施。

随着经验的积累和地基处理技术水平的不断提高，在地质条件较差的地基上也建成了不少高拱坝。我国的龙羊峡重力拱坝，基岩被 8 条大断层和软弱带所切割，风化深，地质条件复杂，且位于 9 度强震区，但经过艰巨细致的基础处理，成功地建成了高达 178m 的混凝土重力拱坝。

三、拱坝的形式

1. 按拱坝的曲率分

按拱坝的曲率分有单曲和双曲。单曲拱坝在水平断面上有曲率，而悬臂梁断面上不弯曲或曲率很小 [图 3-4 (a)]。单曲拱坝适用于近似矩形的河谷或岸坡较陡的 U 形河谷。双曲拱坝在水平断面和悬臂梁断面都有曲率，拱冠梁断面向下游弯曲 [图 3-4 (b)]。双曲拱坝适用于 V 形河谷。

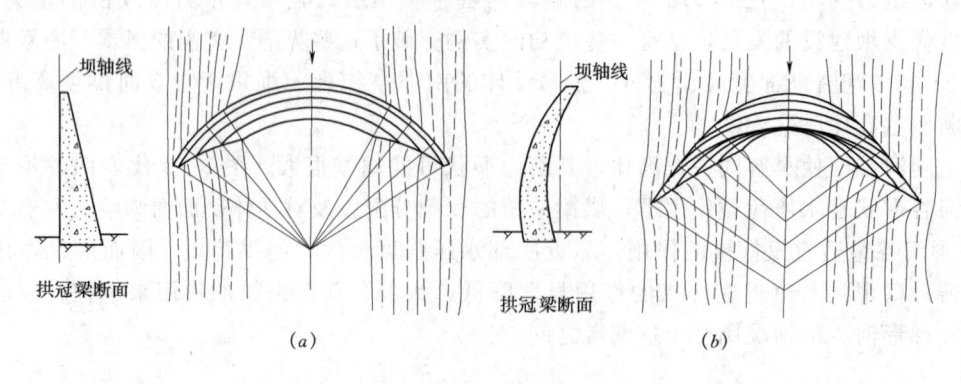

图 3-4 单、双曲拱坝示意图
(a) 单曲拱坝；(b) 双曲拱坝

2. 按水平拱圈型式分

按水平拱圈型式可分为圆弧拱坝、多心拱坝、变曲率拱坝（椭圆拱坝和抛物线拱坝等）。圆弧拱［图 3-5 (a)］坝拱端推力方向与岸坡边线的夹角往往较小，不利于坝肩岩体的抗滑稳定。多心拱坝［图 3-5 (b)、(c)］由几段圆弧组成，且两侧圆弧段半径较大，可改善坝肩岩体的抗滑稳定条件。变曲率拱坝（抛物线拱、椭圆拱等）的拱圈中间段曲率较大，向两侧曲率逐渐减小，如图 3-5 (d) ～ (f) 所示。

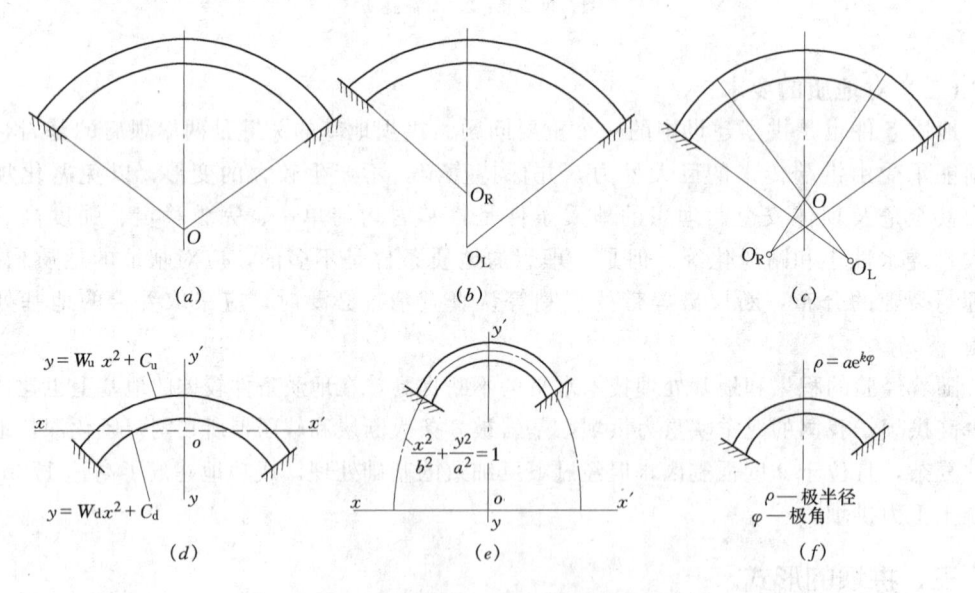

图 3-5 拱坝的各种水平拱圈型式
(a) 圆弧拱；(b) 二心拱；(c) 三心拱；(d) 抛物线拱；(e) 椭圆拱；(f) 对数螺旋线拱

四、拱坝的发展概况

目前世界拱坝发展速度之快仅次于土石坝，且多修建高拱坝、双曲拱坝和薄拱坝。各国拱坝发展快，其原因为：①工程量较小，投资较省，并具有超载潜力大等优点；②打破了或放松了过去对修建拱坝的传统规定，如过去要求河谷宽高比不大于3.0～3.5，现提高到5～6，甚至个别拱坝提高至10～12；③适当放宽了对地基的要求并提高了地基处理技术。世界各国100m以上高坝中以拱坝最多，据统计，拱坝占100m及200m以上混凝土坝总数的比例相应为33%及45%。

目前我国已建成的二滩双曲拱坝，最大坝高240m；最高的拱坝是即将建成的锦屏一级水电站混凝土双曲拱坝，坝高305m，目前也是世界最高拱坝；最薄的拱坝是广东省的泉水双曲拱坝，坝高80m，厚高比T/H为0.112。

为适应不同的地质条件和布置要求，还修建了一些特殊的拱坝，如湖南省凤滩拱坝，采用了空腹形式（图3-6）；贵州省的窄巷口水电站，采用拱上拱的工程措施，以跨过河床的深厚砂砾层（图3-7）。

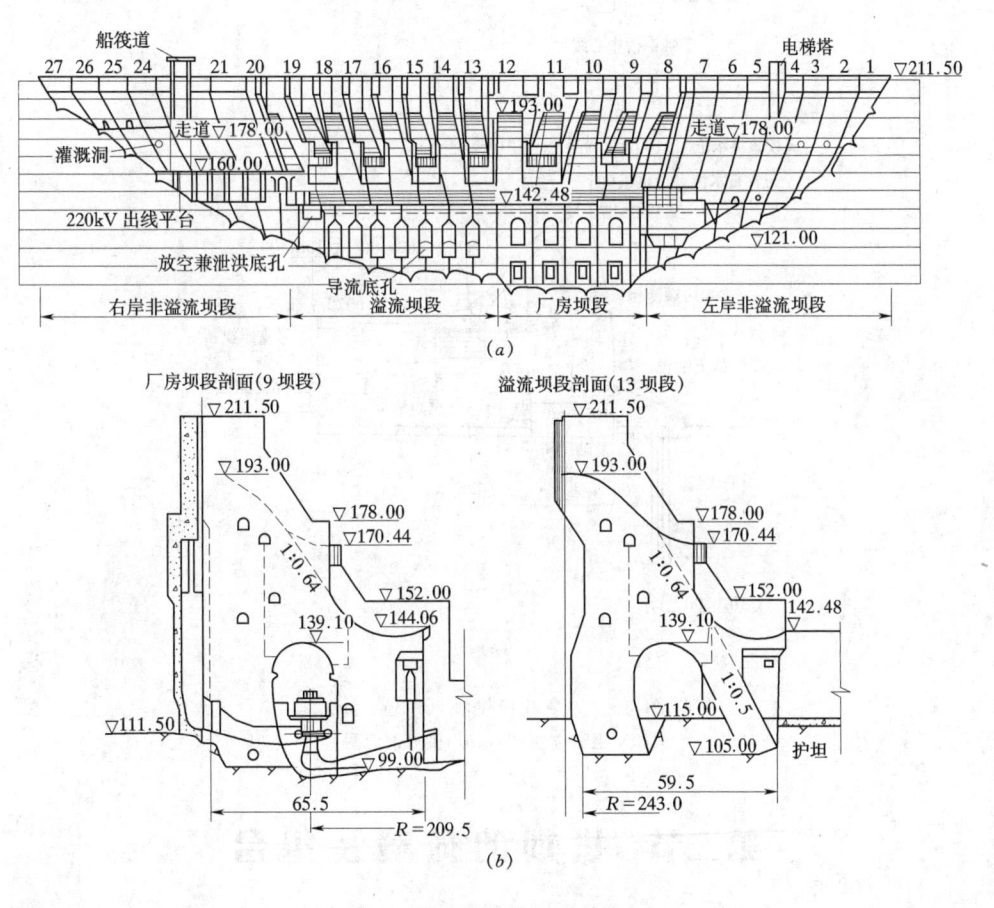

图3-6 凤滩重力拱坝（单位：m）
(a) 下游立视图；(b) 剖面图

目前我国在建的最大坝高达278m的金沙江溪洛渡双曲拱坝、澜沧江小湾拱坝（292m）以及拟建的雅砻江锦屏一级（305m）双曲拱坝，均超过世界最高的英古里拱坝，这在我国拱坝建设史上是空前的，标志着我国坝工建设的快速发展。

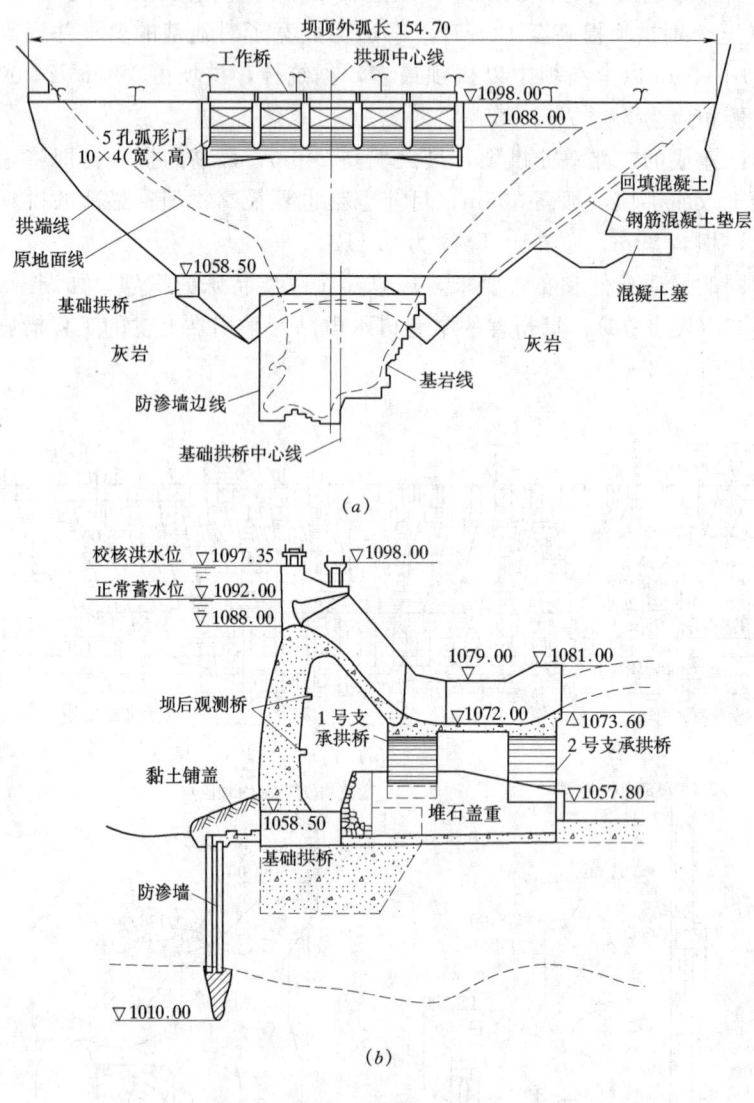

图 3-7 窄巷口拱坝（单位：m）
(a) 上游立视图；(b) 拱冠剖面图

第二节 拱坝的荷载及组合

一、拱坝的设计荷载

作用于拱坝的荷载有静水压力、动水压力、温度荷载、自重、扬压力、泥沙压力、浪压力、冰压力和地震荷载等。但由于拱坝的结构特点使上述荷载对坝体应力的影响与重力坝又不尽相同。

(一) 一般荷载的特点

1. 水平径向荷载

水平径向荷载包括：静水压力、泥沙压力、浪压力及冰压力。其中，静水压力是坝体上的最主要荷载，应由拱、梁系统共同承担，可通过拱梁分载法来确定拱系和梁系上的荷载分配。

水平径向静水压力强度的计算如下：

$$p = \gamma h \tag{3-1}$$

式中　p——作用于坝面的静水压力强度；

　　　γ——水的重度；

　　　h——计算点处的水深。

将 p 转化为拱轴线上的压力强度 p' 时，则

$$p' = \frac{pR_u}{R} \tag{3-2}$$

式中　R_u、R——拱圈外弧半径和平均半径。

2. 自重

混凝土拱坝在施工时常分段浇筑，最后进行灌浆封拱形成整体。在拱坝形成整体前，各坝段的自重变位和应力已形成，全部自重应由悬臂梁承担。

由于拱坝各坝块的水平截面都呈扇形，如图 3-8 所示，截面 A_1 与 A_2 间的坝块自重 G（kN）可按辛普森公式计算：

$$G = \frac{1}{6}\gamma_h \Delta Z(A_1 + 4A_m + A_2) \tag{3-3}$$

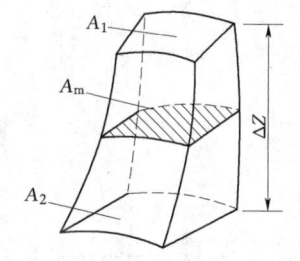

图 3-8　坝块自重计算图

式中　γ_h——混凝土重度，kN/m^3；应根据选定的混凝土配合比通过试验确定，无试验资料时可采用 23.5~24.0kN/m^3；

　　　ΔZ——计算坝块的高度，m；

A_1、A_2、A_m——上、下两端和中间截面的面积，m^2。

或简单地按式 (3-4) 计算：

$$G = \frac{1}{2}\gamma_h \Delta Z(A_1 + A_2) \tag{3-4}$$

3. 扬压力

拱坝坝体一般较薄，坝体内部扬压力对应力影响不大，对薄拱坝通常可忽略不计；较厚拱坝宜考虑扬压力作用；在进行拱座及坝基稳定分析时必须计算扬压力的作用。

(二) 温度荷载

拱坝为一超静定结构，在上、下游水温，气温周期性变化的影响下，坝体温度将随之变化，并引起坝体的伸缩变形，在坝体内将产生较大的温度应力，在薄拱坝中影响更大。据实测资料分析表明，在由水压力和温度变化共同引起的径向总位移中，后者约占 1/3~1/2。温度荷载是拱坝设计的主要荷载。

拱坝是分块浇筑，需充分冷却。当坝体温度逐渐降至相对稳定值时，进行封拱灌浆，形成整体。拱坝封拱一般选在气温为年平均气温或略低于年平均气温时进行。封拱时温度越低，建成后越有利于降低坝体拉应力。在封拱时的坝体温度称为封拱温度，它是衡量坝体温升和温降的计算基准。所谓温度荷载是指拱坝形成整体后，坝体温度相对于封拱温度的变化值。当坝体温度低于封拱温度时，称为温降，拱圈将缩短并向下游变位，如图3-9（a）所示，由此产生的弯矩、剪力及位移的方向都与库水压力作用下所产生的弯矩、剪力及位移的方向相同，但轴力方向相反；当坝体温度高于封拱温度时，称为温升，拱圈将伸长并向上游变位，如图3-9（b）所示，由此产生的弯矩、剪力和位移的方向与库水压力所产生的方向相反，但轴力方向则相同。因此，在一般情况下，温降对坝体应力不利；温升将使拱端推力加大，对坝肩稳定不利。

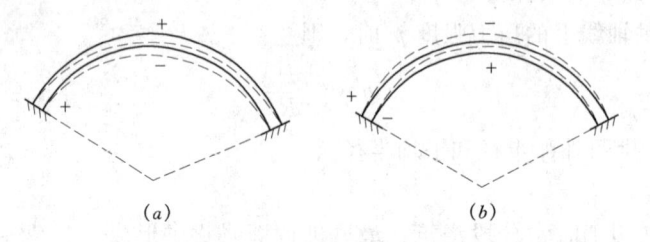

图3-9 坝体由温度变化产生的变形示意图
（a）温降；（b）温升
"＋"压应力；"－"拉应力

拱坝受外界温度影响后，坝体内在某一时刻的实际温度沿坝体厚度方向呈曲线分布。设坝内任一水平截面在某一时刻的温度分布如图3-10（a）所示。为便于计算方便，可将其与封拱温度的差值，即温度荷载视为三部分的叠加，见图3-10。

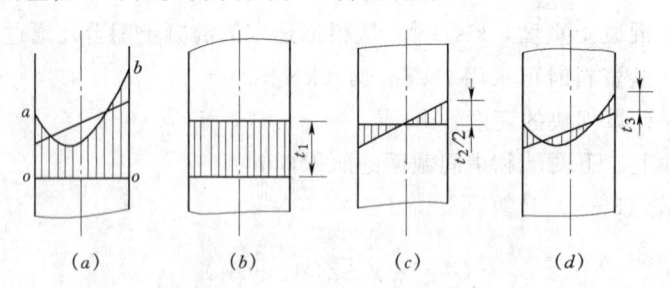

图3-10 拱圈截面温度变化图
（a）实际温度变化；（b）均匀温度变化；（c）沿坝厚的温度梯度变化；（d）非线性温度变化

1. 均匀温度变化（t_1）

这是温度荷载的主要部分，受外界温度的变幅和周期、封拱温度、坝体厚度及材料的热学特性等因素所控制。它对拱圈轴向力和力矩、悬臂梁力矩等都有很大影响。

2. 等效线性温差（t_2）

水库蓄水后，由于水库水温变幅小于下游气温变幅，故沿坝厚常有温度梯度t_2/T。

它对拱圈力矩的影响较大，而对拱圈轴向力和悬臂梁力矩的影响很小。在中、小型工程中一般可不考虑。

3. 非线性温度变化（t_3）

它是以坝体温度变化曲线上扣去 t_1 和 t_2 后的剩余部分，是局部性的，产生局部应力，不影响整体变形，在拱坝设计中一般可略去不计。

对于中、小型拱坝，t_2、t_3 较小，略去不计，可视情况采用下列经验公式计算拱坝的温度荷载（℃）。

$$t_1 = \frac{57.57}{T + 2.44} \quad (3-5)$$

或

$$t_1 = \frac{47}{T + 3.39} \quad (3-6)$$

式中 T——坝厚，m。

这两个经验公式都是很粗略的。对于坝顶部分得出的结果偏小，不宜用于厚度小于10m的部位；而对于坝下段的较厚部分则结果又稍偏大。

（三）地震荷载

由于拱坝的结构特性、对地震的反应与重力坝不同，拱坝应分别对顺流向和垂直流向的水平地震力进行计算，一般不考虑竖向地震作用。

根据 SL 203—97《水工建筑抗震设计规范》规定，拱坝的地震作用效应计算仍按表 2-6 的规定采用动力法或拟静力法。

对于工程抗震设防类别为乙类、丙类，设计烈度低于8度且坝高不大于70m的拱坝，可采用拟静力法计算。

二、拱坝的荷载组合

混凝土拱坝设计荷载组合可分为基本组合和特殊组合两类。基本组合由基本荷载组成，特殊组合除相应的基本荷载外，还应包括某些特殊荷载。荷载组合应按表 3-1 的规定确定。

表 3-1　　　　荷　载　组　合

荷载组合	主要考虑情况	荷载类别									
		自重	静水压力	温度荷载		扬压力	泥沙压力	浪压力	冰压力	动水压力	地震荷载
				设计正常温降	设计正常温升						
基本组合	1. 正常蓄水位	✓	✓	✓		✓	✓	✓	✓		
	2. 正常蓄水位	✓	✓		✓	✓	✓	✓			
	3. 设计洪水位	✓	✓		✓	✓	✓	✓			
	4. 死水位（或运行最低水位）	✓	✓	✓		✓	✓				
	5. 其他常遇的不利荷载组合										

续表

荷载组合	主要考虑情况		荷载类别									
			自重	静水压力	温度荷载		扬压力	泥沙压力	浪压力	冰压力	动水压力	地震荷载
					设计正常温降	设计正常温升						
特殊组合	1. 校核洪水位		√	√		√	√	√	√	√		
	2. 地震	1) 基本组合1＋地震荷载	√	√		√	√	√	√	√·		√
		2) 基本组合2＋地震荷载	√	√		√	√	√	√			√
		3) 常遇低水位情况＋地震荷载	√	√		√	√	√	√			√
	3. 施工期	1) 未灌浆	√									
		2) 未灌浆遭遇施工洪水	√	√								
		3) 灌浆	√		√							
		4) 灌浆遭遇施工洪水	√	√		√						
	4. 其他稀遇的不利荷载组合											

注 1. 上述荷载组合中，可根据工程的实际情况选择控制性的荷载组合进行计算。
   2. 地震较频繁地区，当施工期较长时，应采取措施及时封拱，必要时对施工期的荷载组合尚应增加一项"上述情况加地震荷载"，其地震烈度可按设计烈度降低1度考虑。
   3. 表中"特殊组合3. 施工期3) 灌浆"状况下的荷载组合，也可为自重和设计正常温升的温度荷载组合。

第三节 拱坝的布置

拱坝布置是指拱坝体型选择及其坝体布置。布置设计的总要求是在满足坝体应力和基础稳定要求的前提下，选择合适的体型，使工程量省、造价低、安全度高和耐久性好。同时，拱坝也必须满足枢纽布置及运用要求。

一、水平拱圈参数的选择

1. 拱中心角 $2\phi_A$

为了初步说明拱圈几何尺寸对坝体应力及工程量的影响，以单位高度的等厚圆拱为例（图3-11），在沿外弧均布压力强度 p 作用下，由静力平衡条件可得"圆筒公式"，即

$$\left. \begin{array}{l} T = \dfrac{pR_u}{\sigma} \\ R_u = R + \dfrac{T}{2} = \dfrac{l}{\sin\phi_A} + \dfrac{T}{2} \end{array} \right\} \quad (3-7)$$

式中 T——拱圈厚度；
σ——拱圈截面的平均应力；
l——拱圈平均半径处半弦长；

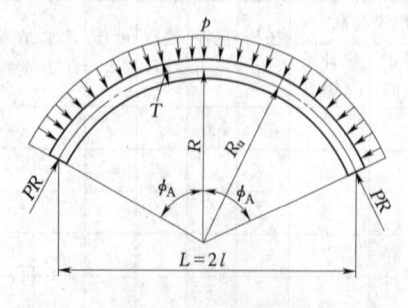

图 3-11 圆弧拱圈

R_u、R——外弧半径、平均半径。

式（3-7）还可表示为

$$T = \frac{2lp}{(2\sigma - P)\sin\phi_A} \quad (3-8)$$

或

$$\sigma = \frac{lp}{T\sin\phi_A} + \frac{p}{2} \quad (3-9)$$

由式（3-8）可见，对于一定的河谷、一定的荷载，当应力条件相同时，拱中心角$2\phi_A$越大（即R越小）拱圈厚度T越小，就越经济。但中心角增大也会引起拱圈弧长增加，在一定程度上也抵消了一部分由减小拱厚所节省的工程量。经过计算，可以得出拱圈体积最小时的中心角$2\phi_A = 133°34'$。由式（3-9）也可见，当拱厚T一定，拱中心角越大，拱端应力条件越好。因而从经济和应力考虑，采用较大中心角比较有利，但选用很大的中心角将很难满足坝肩稳定的要求。

从有利于拱座稳定考虑，要求拱端内弧面切线与可利用岩面等高线的夹角不得小于30°。过大的中心角将使拱端内弧面切线与岩面等高线的夹角减小，对拱座稳定不利。因此，拱圈中心角在任何情况下都不得大于120°。尤其当拱座下游岩体比较单薄时，更应将拱座中心角适当地减小，选用较小的中心角，使拱端推力尽可能地指向山体。

坝肩稳定与坝体应力对水平拱圈中心角的要求是矛盾的，可通过在设计上兼顾应力和稳定两方面的要求，以及选用合理的水平拱圈体形等措施加以解决。由于实际工程常以顶拱外弧线作为拱坝的坝轴线。所以，一般情况下可使顶拱中心角采用实际可行的最大值，往下拱圈的中心角逐渐减小。坝体顶拱最大中心角应根据不同的水平拱圈型式，采用90°~110°。底拱中心角在50°~80°之间选取。

2. 水平拱圈的形态

合理的水平拱圈应当是压力线接近拱轴线，使拱截面内的压应力分布趋于均匀。在河谷狭窄而对称的坝址，水压荷载的大部分靠拱的作用传到两岸。当采用圆弧拱圈时，从水压荷载在拱梁系统的分配情况看，拱所分担的水压荷载并不是沿拱圈均匀分布，而是从拱冠向拱端逐渐减小，见图3-2。因此，最合理的拱圈型式应是变曲率、变厚度、扁平的。

由三段圆弧构成的三心圆拱，通常两侧弧段的半径比中间的大［图3-5（c）］，从而可以减小中间弧段的弯矩，使压应力分布均匀，改善拱端与两岸岩体的连接条件，更有利于坝肩的岩体稳定。美国、葡萄牙等国采用三心圆拱坝较多，我国的白山拱坝、紧水滩拱坝和李家峡拱坝都是采用的三心圆拱坝。

椭圆拱、抛物线拱等变曲率拱，拱圈中段的曲率较大，向两侧逐渐减小，使拱圈中的压力线接近中心线，拱端推力方向与岸坡等高线的夹角增大，有利于坝肩岩体的抗滑稳定。我国二滩、东风水电站就是采用的抛物线拱坝。

二、拱坝平面布置型式

拱坝平面布置型式一般有等半径拱坝，等中心角拱坝，变半径、变中心角拱坝，双曲线拱坝。

1. 等半径拱坝

水平拱圈从上到下采用相同的外半径R_u，拱坝上游坝面为铅直圆筒面，拱圈厚度随水深逐渐加厚，下游面为倾斜面，各层拱圈内外弧的圆心均位于同一条铅直线上，即为等半径拱坝［图3-12（a）］，又称定圆心等外径拱坝。它适用于U形或较宽的梯形河谷，各层拱圈均能采用较大的中心角，有利于拱作用的发挥和减小坝体厚度，同时还具有结构简单，设计、施工方便，直立的上游面便于进水口或泄水孔控制设备的布置等优点，中、小型拱坝采用较多。

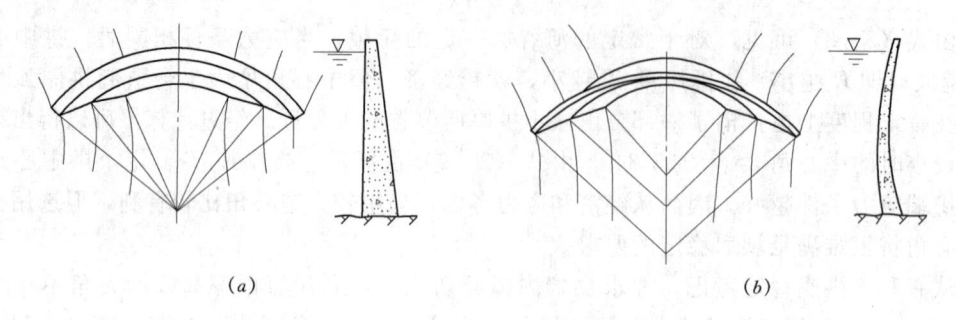

图3-12 拱坝的平面布置
（a）定圆心等外径拱坝；（b）双曲拱坝

当需坝顶溢流时，为使泄水跌落点离坝趾较远，也可采用定圆心等内半径变外半径的布置型式，使坝的下游面为铅直圆筒，上游面为倾斜面。

2. 等中心角拱坝

对于V形河谷如仍采用定圆心等半径拱坝，下部拱的中心角需要减小很多，厚度势必加大，不经济。为了使在V形河谷中各层拱圈的中心角接近最优中心角，并使中心角相等，此时拱圈半径从上到下将逐渐减小，就成为等中心角拱坝（图3-13）。

这种坝型的缺点是，为了维持圆心角为常数，拱坝的上、下游均形成扭曲面，并且出现倒悬，在靠近两岸部分均倒向上游。

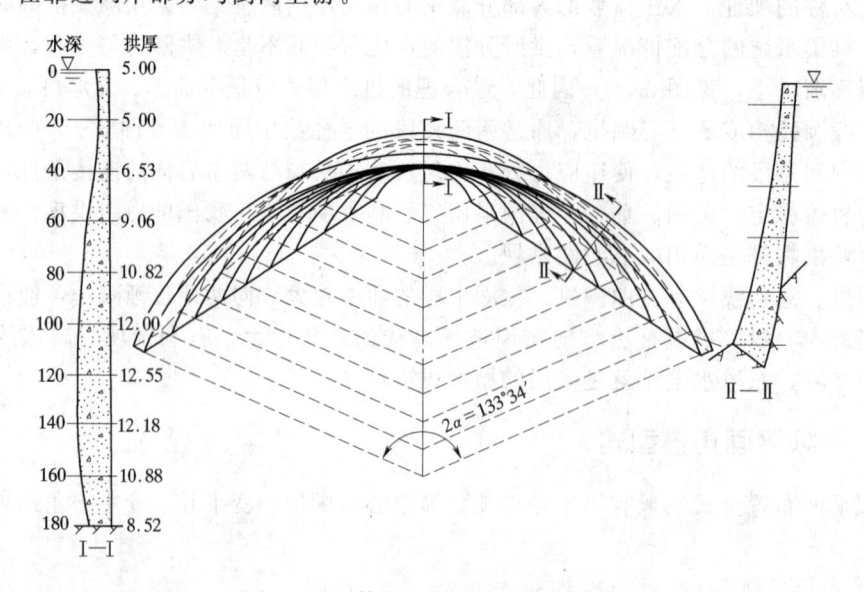

图3-13 等中心角拱坝（单位：m）

3. 变半径、变中心角拱坝

在拱坝的工程实践中，为了适应河谷条件并力求下部拱的中心角不致太小，采用比较广泛的是变半径、变中心角拱坝（图 3-14）。这种坝型在布置上更灵活，并在不同程度上消除了等半径拱坝、等中心角拱坝的缺点，改善了应力状态，是一种较好的坝型。

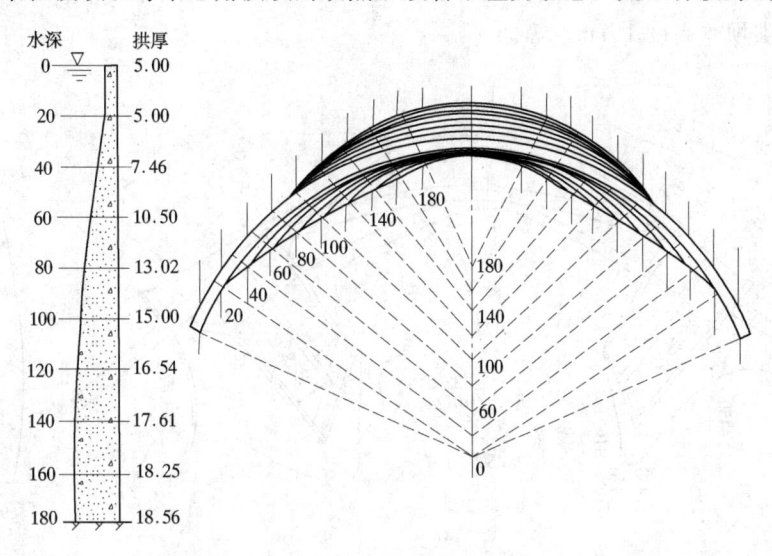

图 3-14 变半径、变中心角拱坝（单位：m）

4. 双曲拱坝

近代拱坝设计的趋势是尽可能建造双曲拱坝（图 3-15）。前述的变半径、变中心角拱坝在整体形状上已具有双向曲率的结构。双曲拱坝的主要优点是：梁系呈弯曲的形状，

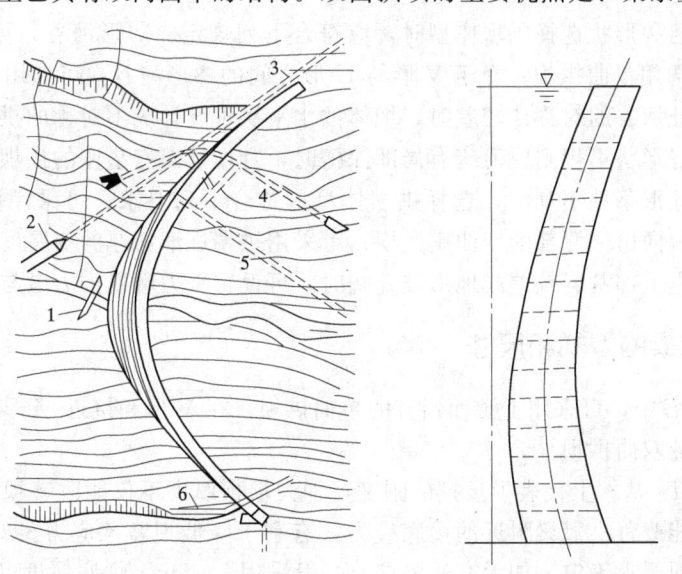

图 3-15 双曲拱坝
1—围堰；2—施工导流隧洞进口；3—发电隧洞；
4—泄水隧洞；5—施工泄水隧洞；6—溢洪道

兼有垂直拱的作用，垂直拱在水平拱的支撑下，将更多的水荷载传至坝肩；垂直拱在水荷载作用下上游面受压，下游面受拉，而在自重作用下则与此相反，因而应力状态可得到改善，材料强度得到更充分的发挥。双曲拱坝易使各层拱圈中心角趋于理想，更适用于V形或梯形河谷。双曲线拱坝在国内也有所发展，例如有广东泉水薄拱坝（图 3-16），湖南东江双曲拱坝（高度 157m）等。

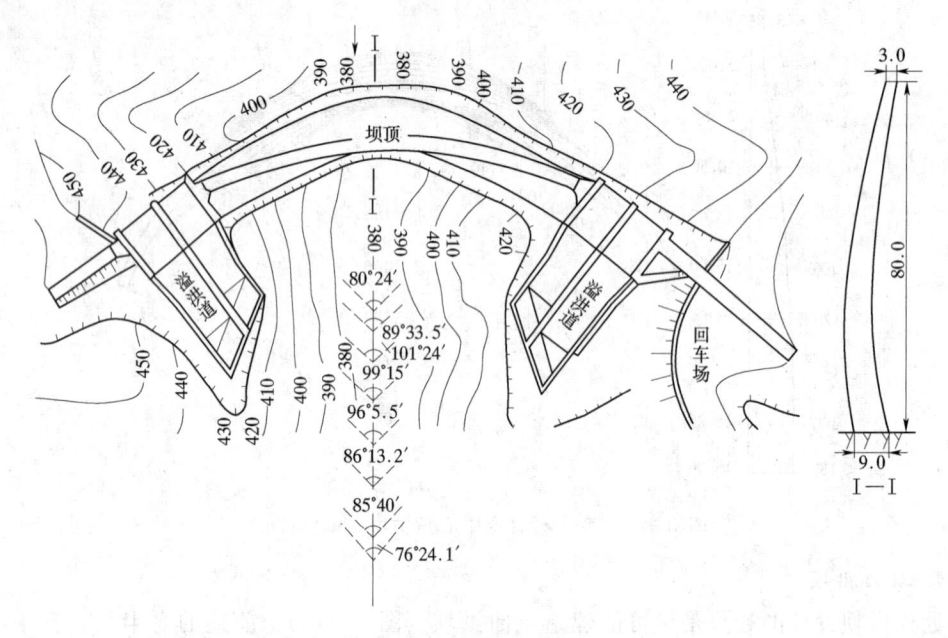

图 3-16 泉水薄拱坝（单位：m）

根据坝址河谷形状选择拱坝体型时，应符合下列规定：V 形河谷，可选用双曲拱坝；U 形河谷，可选用单曲拱坝；介于 V 形与 U 形之间的梯形河谷，可选用单曲拱坝或者双曲拱坝。当坝址河谷的对称性较差时，坝体的水平拱可设计成不对称的拱，或采用其他措施。当坝址河谷形状不规则或河床有局部深槽时，宜设计成有垫座的拱坝。

当地质、地形条件不利时，选择拱坝体型应符合下列要求：可采用两端拱圈呈扁平状、拱端推力偏向山体深部的变曲率拱坝；可采用拱端逐渐加厚的变厚度拱或设垫座的拱坝；当坝址两岸上部基岩较差或地形较开阔时，可设置重力墩或推力墩与拱坝连接。

三、拱冠梁的型式和尺寸

在 U 形河谷中，可采用上游面铅直的单曲拱坝，在 V 形和接近 V 形河谷中，多采用具有竖向曲率的双曲拱坝。

坝顶厚度 T_C 基本上代表了顶拱的刚度，加大坝顶厚度不仅能改善坝体上部下游面的应力状态，还能改善拱冠梁附近的梁底应力，有利于降低坝踵拉应力。T_C 一般按工程规模、运行和交通要求确定，如无交通要求，一般采用 3～5m。坝底厚度 T_B 是表征拱坝厚薄的一项控制数据，其影响因素有坝高、坝型、河谷形状及地质、荷载、筑坝材料和施工条件等因素。

初拟拱冠梁厚度时可采用我国《水工设计手册》建议的公式：

$$T_C = 2\varphi_C R_{轴}(3R_f/2E)^{\frac{1}{2}}/\pi \tag{3-10}$$

$$T_B = \frac{0.7LH}{[\sigma]} \tag{3-11}$$

$$T_{0.45H} = \frac{0.385HL_{0.45H}}{[\sigma]} \tag{3-12}$$

式中 T_C、T_B、$T_{0.45H}$——拱冠顶厚、底厚和 $0.45H$ 高度处的厚度，m；

φ_C——顶拱的中心角，rad；

$R_{轴}$——顶拱中心线的半径，m；

R_f——混凝土的极限抗压强度，kPa；

E——混凝土的弹性模量，kPa；

L——两岸可利用基岩面间河谷宽度沿坝高的平均值，m；

H——拱冠梁的高度，m；

$[\sigma]$——坝体混凝土的容许压应力，kPa；

$L_{0.45H}$——拱冠梁 $0.45H$ 高度处两岸可利用基岩面间的河谷宽度，m。

美国垦务局经验公式为

$$T_C = 0.01(H + 1.2L_1) \tag{3-13}$$

$$T_B = \sqrt[3]{0.0012HL_1L_2\left(\frac{H}{122}\right)^{H/122}} \tag{3-14}$$

$$T_{0.45H} = 0.95T_B \tag{3-15}$$

式中 L_1——坝顶高程处拱端可利用基岩面间的河谷宽度，m；

L_2——坝底以上 $0.15H$ 处拱端可利用基岩面间的河谷宽度，m。

《水工设计手册》的公式是根据混凝土强度确定的，美国垦务局的公式是根据已建拱坝设计资料总结出来的，两者可互作参考。表 3-2 和图 3-17 是美国垦务局推荐的拱冠梁剖面形式及各部位尺寸，其中 T_C、T_B 用前面公式计算，三个控制厚度确定后，即可用光滑曲线绘出拱冠梁剖面，用作初选时参考。这种剖面主要适合于双曲拱坝。

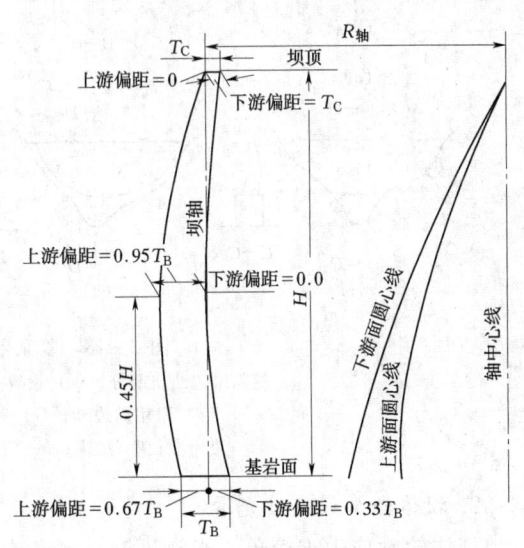

图 3-17 拱冠梁尺寸示意图

表 3-2　　　　　　　　拱冠梁剖面参考尺寸表

高　程	坝顶	$0.45H$	坝底
上游偏距	0	$0.95T_B$	$0.67T_B$
下游偏距	T_C	0	$0.33T_B$

四、拱坝布置要求和步骤

(一) 布置要求

实践证明,拱坝任何部位(包括坝与地基的连接部位)的形状和尺寸的突变都会引起应力集中,拱坝布置应遵循"连续"的原则,要求如下。

1. 基岩轮廓线连续光滑

应无突出的齿坎,基岩的岩性应均匀或连续变化,河谷的地形基本对称、变化连续。如天然河谷不满足时,可采用如图 3-18 所示的工程措施适当处理。

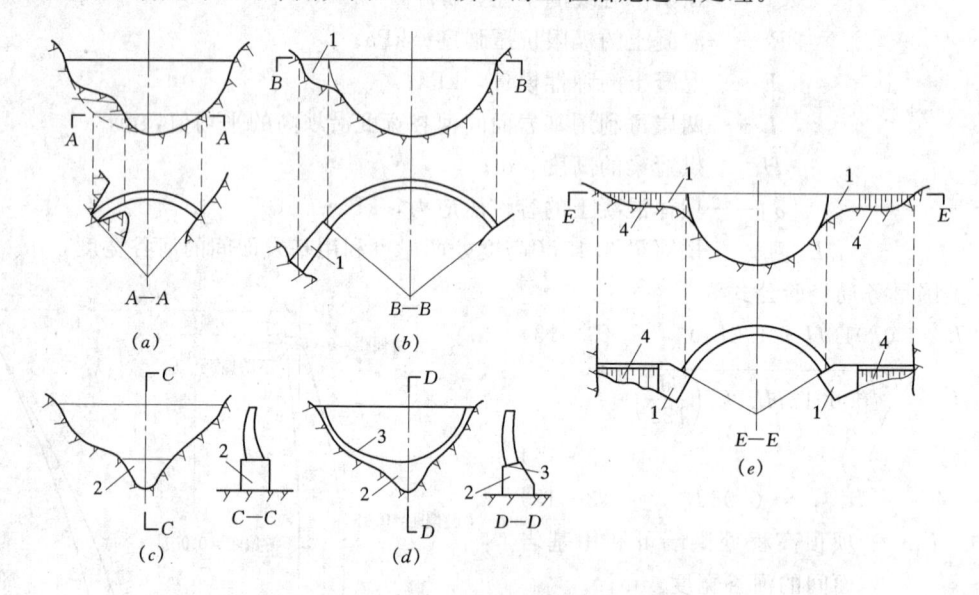

图 3-18 复杂断面河谷的处理
(a) 挖除岸边凸出部分;(b) 设置重力墩或推力墩;(c) 设置垫座;
(d) 采用周边缝;(e) 和其他挡水建筑物连接
1—重力墩;2—垫座;3—周边缝;4—其他挡水建筑物

2. 坝体轮廓线连续光滑

坝体轮廓应力求简单、光滑平顺,避免有任何突变;圆心轨迹线、中心角和内外半径沿高程的变化也应是光滑连续或基本连续的,如图 3-19 所示。悬臂梁的倒悬不宜过大。

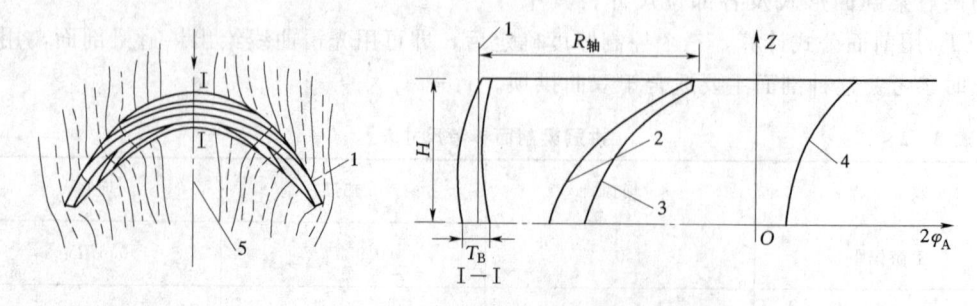

图 3-19 双曲拱坝布置示意图
1—坝轴线;2—下游面圆心线;3—上游面圆心线;4—拱圈中心角线;5—基准面

拱坝坝面倒悬是指上层坝面突出于下层坝面的现象。在双曲拱坝中，很容易出现坝面倒悬的现象。过度倒悬将使施工困难，且在封拱前在自重作用下很可能在与其倒悬相对的另一侧坝面产生拉应力甚至开裂。对于倒悬的处理，一般有以下几种方式。

(1) 使靠近岸边的坝体上游面维持直立，河床中部坝体将俯向下游，如图 3-20 (a) 所示。

(2) 使河床中间的坝体上游面维持直立，而岸边坝体向上游倒悬，如图 3-20 (b) 所示。

(3) 协调前两种方案，使河床段坝体稍俯向下游，岸坡段坝体稍向上游倒悬，如图 3-20 (c) 所示。

设计时，宜采用第三种方式，以减小坝面的倒悬度。对向上游倒悬的岸边坝段，为不使其下游面产生过大的拉应力，可在上游坝脚处加设支墩，如图 3-20 (d) 所示。

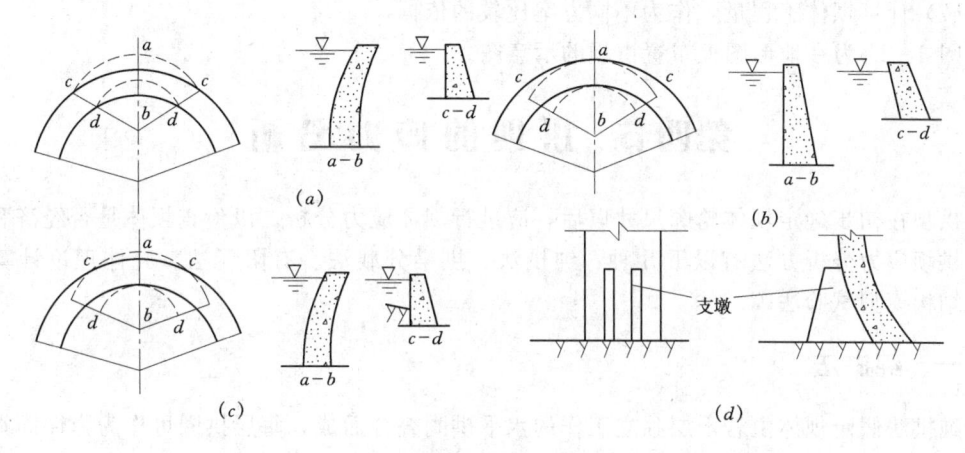

图 3-20 拱坝倒悬的处理

(二) 布置的步骤

拱坝的布置无一成不变的固定程序，而是一个反复调整和修改的过程。一般步骤如下。

(1) 根据坝址地形图、地质图和地质查勘资料，定出开挖深度，画出可利用基岩面等高线地形图。

(2) 在可利用基岩面等高线地形图上，试定顶拱轴线的位置。将顶拱轴线绘在透明纸上，以便在地形图上移动、调整位置，尽量使拱轴线与基岩等高线在拱端处的夹角不小于30°，并使两端夹角大致相同。按选定的半径、中心角及顶拱厚度画出顶拱内、外缘弧线。

(3) 初拟拱冠梁剖面尺寸，自坝顶

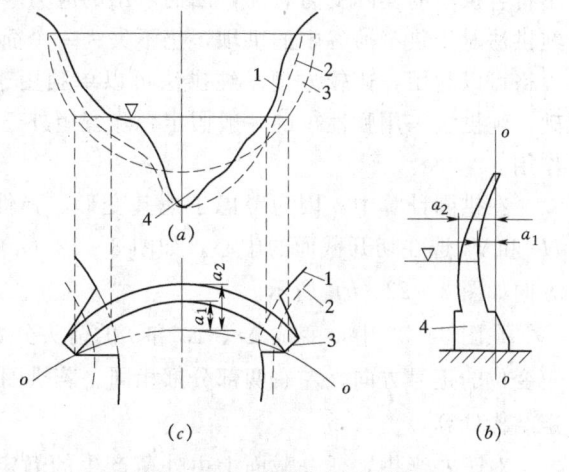

图 3-21 拱坝布置示意图
(a) 沿拱坝基座轴线的地形横剖面图；(b) 拱冠梁剖面；
(c) 在某高程处切出的水平拱圈
1—原地面线；2—新鲜基岩边界线；3—拱坝支座的周界；4—混凝土垫座

往下，一般选取 5~10 道拱圈，绘制各层拱圈平面图，布置原则与顶拱相同。各层拱圈的圆心连线在平面上最好能对称于河谷可利用岩面的等高线，在竖直面上圆心连线应为连续光滑的曲线。

(4) 切取若干铅直剖面，检查其轮廓线是否光滑连续，有无倒悬现象，确定倒悬程度。并把各层拱圈的半径、圆心位置以及中心角分别按高程点绘，连成上、下游面圆心线和中心角线。必要时，可修改不连续或变化急剧的部位，以求沿高程各点连线平顺光滑。

(5) 进行应力计算和坝肩岩体抗滑稳定校核。如不满足要求，应修改布置及尺寸，直至满足拱坝布置设计的总要求为止。

(6) 将坝体沿拱轴线展开，绘成拱坝上游或下游展视图，显示基岩面的起伏变化，对于突变处应采取削平或填塞措施。

(7) 计算坝体工程量，作为不同方案比较的依据。

图 3-21 为在地形图上布置拱坝的示意图。

第四节 拱坝的应力分析

拱坝在初步确定坝体轮廓尺寸以后，应进行坝体应力分析，以检查坝体是否经济和安全。拱坝应力分析方法有以下几种：纯拱法、拱梁分载法、有限元法、壳体理论计算方法、结构模型试验法等。

一、纯拱法

纯拱法假定坝体由若干层独立工作的水平拱圈叠合而成，每层拱圈可作为弹性固端拱进行计算。显然纯拱法没有反映拱圈之间的相互作用。由于假定荷载全部由水平拱承担，不符合拱坝的实际受力状况，因而求出的应力一般偏大，尤其对重力拱坝，误差更大。但纯拱法对于狭窄河谷中的拱坝，仍不失为一个简单实用的计算方法。在应用上，已有许多表格可以利用，比较方便。纯拱法可以单独用于拱坝的设计，同时也是拱梁分载法的基础。纯拱法采用弹性拱的一般假定，除弯矩外还考虑了轴向力、剪力以及拱端基岩变形的作用。

在拱圈计算中，因为考虑了地基变形，弹性中心不易求得，故通常将超静定力 M_0、H_0 和 V_0 选在切开截面的中心，如图 3-22 (a) 所示。荷载、静定力、内力及变位的正方向如图 3-22 (b) 所示。

在图 3-22 中，变位 Δr、Δs 和 θ 的箭头分别表示拱圈中心线径向变位、切向变位和角变位的正号方向，左右两部分都相同。若拱圈在拱冠切开，拱的左右两半部都可以按静定结构计算。

对于左半拱，任一截面上由外荷产生的静定力系为 M_L、H_L 和 V_L。则在中心角为 ϕ 的任一截面 C，其内力 M、H 及 V 分别为

$$\left. \begin{array}{l} M = M_0 + H_0 y + V_0 x - M_L \\ H = H_0 \cos\phi - V_0 \sin\phi + H_L \\ V = H_0 \sin\phi + V_0 \cos\phi - V_L \end{array} \right\} \quad (3-16)$$

第四节 拱坝的应力分析

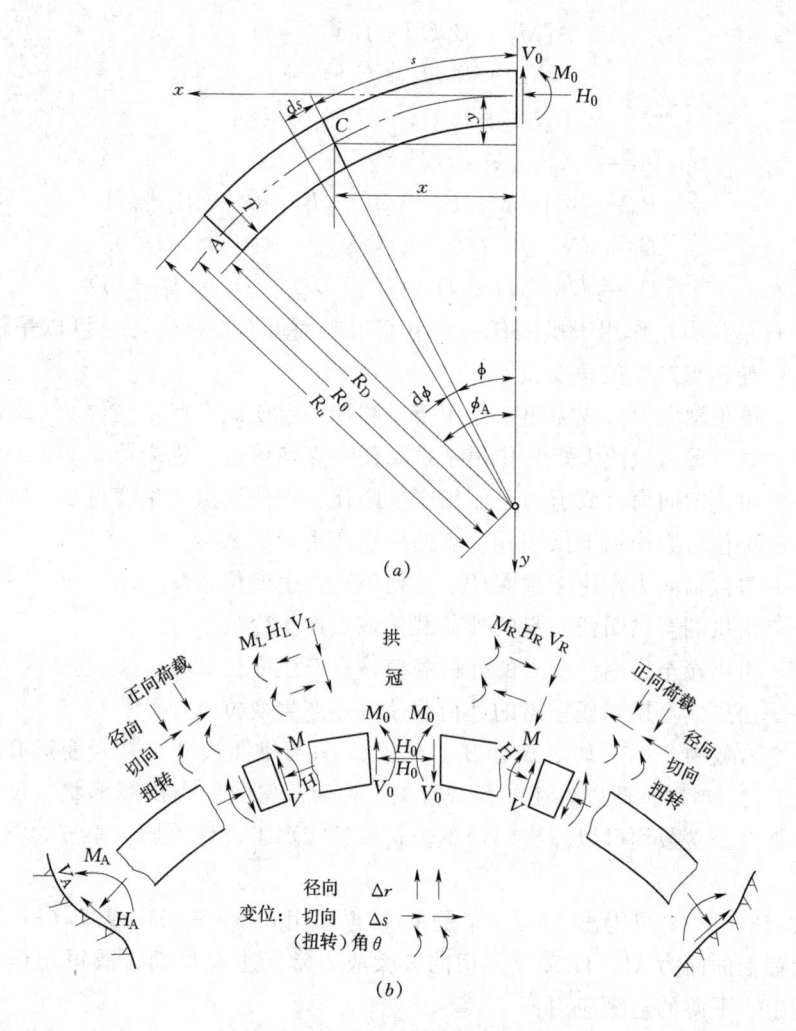

图 3-22 拱圈应力分析图
(a) 拱圈轮廓图；(b) 荷载和内力图

在右半拱圈，相应的静定力系为 M_R、H_R 和 V_R，任一截面的内力分别为

$$\left.\begin{aligned} M &= M_0 + H_0 y - V_0 x - M_R \\ H &= H_0 \cos\phi + V_0 \sin\phi + H_R \\ V &= H_0 \sin\phi - V_0 \cos\phi - V_R \end{aligned}\right\} \quad (3-17)$$

令拱冠截面引起的角变位、径向变位、切向变位分别 $_L\theta_0$、$_R\theta_0$、$_L\Delta r_0$、$_R\Delta r_0$、$_L\Delta s_0$、$_R\Delta s_0$（脚标 L、R 分别表示左半拱和右半拱），根据拱冠变形的连续条件，必须有

$$_L\theta_0 = {_R\theta_0}; \quad _L\Delta r_0 = {_R\Delta r_0}; \quad _L\Delta s_0 = {_R\Delta s_0}$$

由结构力学原理，可以导出上述 6 个变位公式，再根据上述三个连续条件，可以得出下式：

$$\left.\begin{array}{l} A_1 M_0 + B_1 H_0 + C_1 V_0 = D_1 \\ C_1 M_0 + B_2 H_0 + C_2 V_0 = D_2 \\ B_1 M_0 + B_3 H_0 + B_2 V_0 = D_3 \end{array}\right\} \quad (3-18)$$

其中
$$A_1 = {}_L A_1 + {}_R A_1$$
$$B_1 = {}_L B_1 + {}_R B_1;\ B_2 = {}_L B_2 - {}_R B_2;\ B_3 = {}_L B_3 + {}_R B_3$$
$$C_1 = {}_L C_1 - {}_R C_1;\ C_2 = {}_L C_2 + {}_R C_2$$
$$D_1 = {}_L D_1 + {}_R D_1;\ D_2 = {}_L D_2 - {}_R D_3;\ D_3 = {}_L D_3 + {}_R D_3$$

式中 A_1——单位力矩作用于拱圈任一点（切口断面可以在拱冠，也可以是任一断面），使该点产生的角变位 θ；

B_1——单位轴向力（或力矩）作用于拱圈任一点使该点产生变位 θ（或 Δs）；

C_1——单位剪力（或力矩）作用于拱圈任一点使该点产生变位 θ（或 Δr）；

B_2——单位轴向力（或剪力）作用于拱圈任一点使该点产生变位 Δr（或 Δs）；

C_2——单位剪力作用于拱圈任一点使该点产生变位 Δr；

B_3——单位轴向力作用于拱圈任一点使该点产生变位 Δs；

D_1——由拱端至拱圈任一点的外荷载使该点产生变位 θ；

D_2——由拱端至拱圈任一点的外荷载使该点产生变位 Δr；

D_3——由拱端至拱圈任一点的外荷载使该点产生变位 Δs。

以上 9 个常数中，A_1、B_1、B_2、B_3、C_1、C_2 只与拱圈尺寸和基岩变形有关，称为形常数；D_1、D_2、D_3 则除此以外还与荷载有关，称为载常数。当拱圈形状、尺寸和荷载确定以后，以上 9 个常数均可以算出。计算公式参见《水工设计手册》第五卷混凝土坝及有关文献。

求解式 (3-18)，可得出 M_0、H_0 及 V_0，再利用式 (3-16) 或式 (3-17) 计算拱圈任一径向截面的内力 M、H 和 V。坝的最大应力常发生在坝面，故可用偏心受压公式来计算拱坝上、下游的边缘应力：

$$\sigma_x = \frac{H}{T} \pm \frac{6M}{T^2} \quad (3-19)$$

式中 H 和 M——拱圈径向截面的轴向力和弯矩；

       T——拱厚。

以压应力为正，"+"用于上游边缘。

纯拱法中的形常数和载常数，对于变厚拱只能分段累计，用近似方法来代替积分进行计算，工作量较大。对于等截面圆拱，由基本公式直接积分得到的形常数已有现成解答，标准荷载下的载常数也已有计算数表可供查用。

二、拱梁分载法

拱梁分载法是将拱坝视为由若干水平拱圈和竖直悬臂梁组成的空间结构，坝体承受的荷载一部分由拱系承担，一部分由梁系承担，拱和梁的荷载分配由拱系和梁系在各交点处变位一致的条件来确定。荷载分配以后，梁是静定结构，应力不难计算；拱的应力可按纯拱法计算。荷载分配可采用试载法，先将总的荷载试分配由拱系和梁系承担，然后分别计算拱变位、梁变位。第一次试分配的荷载不会恰好使拱和梁共轭点的变位一致，必须再调整荷载分配，继续试算，直到变位接近一致为止。近年来由于电子计算机的应用，可以通过求解节点变位一致的代数方程组来求解拱和梁的荷载分配，从而可避免繁琐的试算。拱梁分载法是目前国内外广泛采用的一种拱坝应力分析方法。

应用拱梁分载法关键是拱梁系统的荷载分配。拱系和梁系承担的荷载要根据拱梁各交点（称为共轭点）变位一致的条件来确定。如图 3-23 所示，空间结构任一点的变位分量共有 6 个，即 3 个线变位和 3 个角变位，如某交点 C 的 6 个变位分量为径向变位 Δr、切向变位 Δs、铅直变位 Δz、水平面上转角变位 θ_z、径向截面上转角变位 θ_s 和沿坝壳中面的转角变位 θ_r。从理论上讲，应该要求坝体各共轭点的这 6 个变位分量都一致，即六向全调整。但这样将增加求解的复杂性和计算工作量。作为壳体，θ_r 一般不出现，铅直变位 Δz 除双曲拱坝外数值很小，可以忽略不计。再考虑壳体理论中两个相互垂直面上扭矩近似相等的条件，角变位 θ_z 和 θ_s 不是独立而是相互关联的，只要 θ_z 变位一致，θ_s 也就自动满足相等的要求。因此，对于拱梁交点的变位，只根据 Δr、Δz 及 θ_z 三个变位分量一致的条件，就可以决定荷载的分配，称为三向调整。

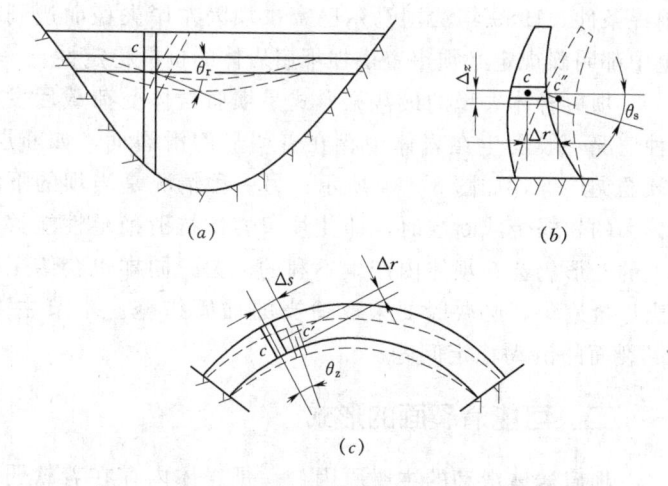

图 3-23 拱坝 c 点拱和梁单元上的变位示意图

理论上要求坝体拱、梁系统的变位处处相符，而工程上只需选择有代表性的几层拱圈和几根悬臂梁进行计算即可。其计算方法可参阅《拱坝设计》有关章节。

三、拱坝的应力控制指标

应力指标涉及筑坝材料强度的极限值和有关安全系数的取值。容许应力为坝体材料强度的极限与安全系数的比值，是控制坝体尺寸，保证工程安全和经济性的一项重要指标。

应力控制指标的取值与计算方法有关。我国混凝土拱坝设计规范规定以拱梁分载法的计算成果作为衡量强度安全的主要标准。

由拱坝整体作用的结构特性所决定，拱坝对压应力的控制比对拉应力的控制更为严格，抗拉强度安全系数比抗压强度安全系数略低。坝体内的主压应力和主拉应力应符合以下要求。

1. 容许压应力

混凝土的容许压应力等于混凝土的极限抗压强度除以安全系数。对于基本荷载组合，1、2级拱坝的安全系数采用4.0，3级拱坝的安全系数采用3.5；对于非地震情况特殊荷载组合，1、2级拱坝的安全系数采用3.5，3级拱坝的安全系数采用3.0。

2. 容许拉应力

在保持拱座稳定的条件下，通过调整坝的体型来减少坝体拉应力的作用范围和数值。对于基本荷载组合，拉应力不得大于1.2MPa；对于非地震情况特殊荷载组合，拉应力不得大于1.5MPa。

第五节 拱坝坝肩的稳定分析

一、概述

作用在拱坝上的外荷载大部分通过拱的作用传递给两岸坝肩，工程实践证明，坝肩稳定是拱坝安全的前提条件。1959年法国马尔巴赛拱坝因左岸失稳而遭到破坏后，许多国家在拱坝设计规范中都明确规定必须审查拱坝坝肩岩体的抗滑稳定性。

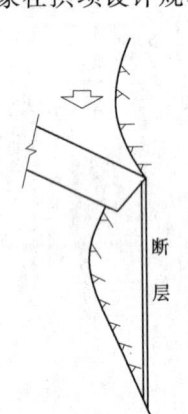

坝肩岩体失稳的最常见形式是坝肩岩体受荷载后发生滑动破坏。这种情况一般发生在岩体中存在着明显的滑裂面，如断层、节理、裂隙、软弱夹层等，如图3-24所示。另一种情况是当坝的下游岩体中存在着较大的软弱带或断层时，即使坝肩岩体抗滑稳定性能够满足要求，但过大的变形仍会在坝体内产生不利的应力，同样也会给工程带来危害，应当尽量避免，必要时要采取适当的加固措施。本节主要讨论存在明显滑裂面的滑动稳定问题。

二、可能滑裂面的形式

坝肩岩体滑动的主要原因：一是岩体内存在着软弱结构面；二是荷载作用。为此，在进行抗滑稳定计算时，必须研究失稳时最可能的滑裂面和滑裂方向，通过抗滑稳定计算，找出最危险的滑裂面组合和相应的最小安全系数。

图3-24 坝肩岩体失稳情况

如图3-25所示，常见的滑移体形式一般具备以下边界条件：在坝上面的基础内存在着陡倾角的上游拉裂面F_3；滑移体靠河一侧的自然边坡为纵向临空面F_4；滑移体下游由于河流转弯、突然扩大或存在着冲沟，形成横向临空面F_5；滑移体内侧由于存在着陡倾角的节理裂隙，软弱层面等形成侧向滑裂面F_1；滑移体底部由于存在着缓倾角的上述结构面，形成底部滑裂面F_2。在拱端和梁底力系的作用下，滑移体可能沿某单一滑裂面滑动，也可能沿两个滑裂面的交线滑动。

由于滑裂面的产状、规模和性质不同，可能出现下列组合形式。

(1) 当F_1是一条单独的陡倾角软弱面，而F_2是一组缓倾角软弱面时，应进行分层组合核算，找出其中抗滑稳定安全系数最小的F_1—F_2组合；或者，当F_2是一条单独的

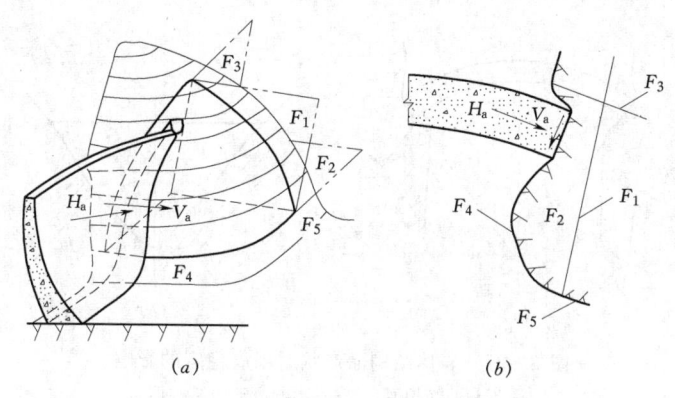

图 3-25 坝肩滑移体示意图
(a) 透视图；(b) 平面图

缓倾角软弱面，而 F_1 是一组陡倾角软弱面时，也应分条组合核算，找出最危险的组合。

（2）当坝肩岩体中具有成组的陡倾角和缓倾角软弱面，它们相互切割，构成许多可能的滑移体时，如图 3-26 (b)、图 3-26 (c) 所示，应找出抗滑力最小的组合。图中最小抗力的滑移面应是紧靠坝基开挖面的一组（阴影部分）。

（3）当 F_1 是很明显的连续软弱面，但并无明显的缓倾角软弱面 F_2 存在，这时，需假设一系列假想的滑裂面 F_2，并分层组合核算。

（4）当坝肩岩体没有构成特定的滑裂面时，如图 3-26 (a) 所示。一般需在 AE 线（大致平行于下游岸坡线）和 AO 线（通过拱端面的径向线）之间分别假定一系列滑裂面 AC、AD 等，分别进行抗滑稳定计算，其中抗滑稳定安全系数最小的滑裂面就是最危险和最可能的滑裂面。

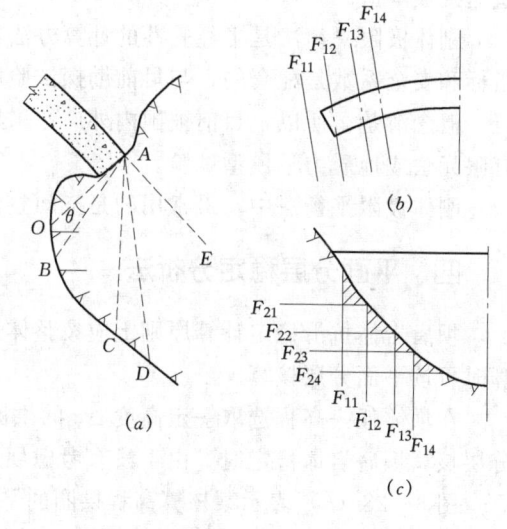

图 3-26 滑裂面的形式
(a) 可能滑裂面位置的范围；(b) 成组的铅直和水平软弱面平面图；(c) 下游立视图

一般情况下，当结构面平行于河流方向或向河床倾斜时，滑移体有可能沿此结构面滑动，对坝肩稳定不利；当结构面沿拱弧切向并倾向山里时，一般不影响坝肩稳定，如图 3-27 所示。

三、稳定分析方法

拱坝坝肩稳定分析目前常用刚体极限平衡法，其基本假定如下。

（1）将滑移体视为刚体，不考虑其中各部分间的相对位移。

（2）只考虑滑移体上力的平衡，不考虑力矩的平衡，认为后者可由力的分布自行调整满足，因此，在拱端作用的力系中不考虑弯矩的影响。

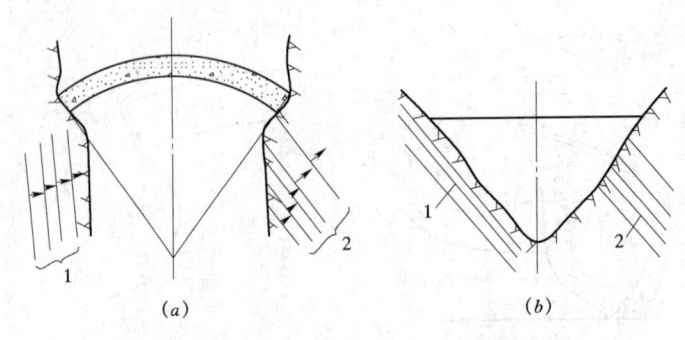

图 3-27 岩体结构面产状对坝肩稳定的影响
1—不利的结构面；2—不影响滑动的结构面

（3）忽略拱坝的内力重分布作用，认为作用在岩体上的力系为定值。

（4）达到极限平衡状态时，滑裂面上的剪力方向将与滑移的方向平行，指向相反，数值达到极限值。

刚体极限平衡法是半经验性的计算方法，具有长期的工程实践经验，采用的抗剪强度指标和安全系数是配套的，与目前勘探试验所得到的原始数据的精度相匹配，方法简便易行、概念清楚。所以，目前被国内外广泛采用。对于大型工程或复杂地质情况，可辅之以有限元法或地质力学模型试验。

刚体极限平衡法中，最常用的是空间整体稳定分析法和平面分层稳定分析法。

四、平面分层稳定分析法

坝肩岩体抗滑稳定计算原则上应按整体进行，在情况简单无特定的滑裂面和做初步计算时可按平面分层核算。

在坝体任一高程选取一定高度 Δz 的拱圈（通常取 $\Delta z = 1 \text{m}$）作为计算单元。按平面分层核算坝肩岩体稳定时，由于没有考虑坝肩岩体的整体作用，所以是偏于安全的。

图 3-28（a）表示某核算高程拱圈的平面图。设 aa' 通过上游拱端的一条陡倾角滑裂面，与拱端径向的夹角为 α。则作用于滑移体上的力为

$$N = H\cos\alpha - (V_a + V_b \tan\varphi)\sin\alpha \tag{3-20}$$

$$Q = H\sin\alpha + (V_a + V_b \tan\varphi)\cos\alpha \tag{3-21}$$

$$G = W\tan\varphi \tag{3-22}$$

对所核算的那层拱圈，抗滑力发生在竖直滑裂面 ab 和水平滑裂面 bc 上，见图 3-28（b），方向与 aa' 平行，指向上游。两个滑裂面上的抗滑力分别为

$$S_1 = f_1(N - U_1) + c_1 L \tag{3-23}$$

$$S_2 = f_2[(G+W)\tan\varphi - U_2] + c_2 L\tan\varphi \tag{3-24}$$

式中　U_1——作用于 ab 面上的渗透压力，作用面积为 L，m^2；

U_2——作用于 bc 面上的渗透压力，作用面积为 $L\tan\varphi$，m^2；

f_1、f_2——滑裂面 ab 面、bc 面的摩擦系数；

c_1、c_2——滑裂面 ab 面、bc 面的黏聚力。

第五节 拱坝坝肩的稳定分析

若选取 2—2 剖面，被推动的岩体将是 $a_1b_1c_1d_1e_1$，因此，岩体重量 W 应当是水平破裂面 bc 上相应岩体的重量，见图 3-28（d）剖面 $a—a'$。W 和 G 一样，应乘以 $\tan\varphi$，于是得出平面分层抗滑稳定安全系数为

$$K = \frac{[f_1(N-U_1)+c_1L] + \{f_2[(G+W)\tan\varphi - U_2] + c_2L\tan\varphi\}}{Q} \quad (3-25)$$

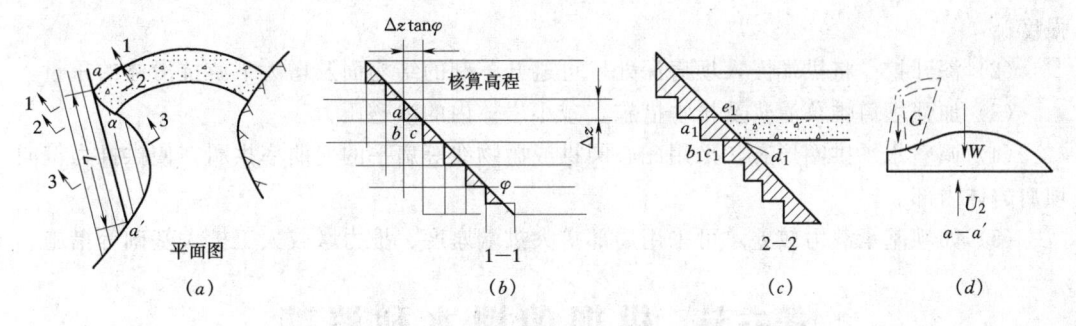

图 3-28 平面分层稳定分析计算简图

由于局部的不稳定不一定引起整体破坏，对整体稳定而局部不稳定的岩体，可采取必要的工程措施进行处理。

五、拱坝设计的稳定指标

SL 282—2003《混凝土拱坝设计规范》规定：坝肩岩体抗滑稳定计算，以刚体极限平衡法为主。对Ⅰ级、Ⅱ级工程及高坝采用抗剪断公式计算；其他则可采用抗剪断或抗剪强度公式计算。

$$K_1 = \frac{\sum(f_1N + c_1A)}{\sum Q} \quad (3-26)$$

$$K_2 = \frac{\sum f_2N}{\sum Q} \quad (3-27)$$

式中　　N——滑动面上的法向力；
　　　　Q——滑动面上的滑动力；
　　K_1、K_2——抗滑稳定安全系数；
　　　　A——计算滑裂面的面积；
f_1、f_2、c_1——滑裂面的摩擦系数和黏聚力。

规范规定，采用式（3-26）和式（3-27）计算时，相应安全系数应满足表 3-3 规定的要求。

表 3-3　坝肩岩体抗滑稳定安全系数

荷载组合		建筑物级别		
		1	2	3
按式（3-26）	基本	3.50	3.25	3.00
	特殊（非地震）	3.00	2.75	2.50
按式（3-27）	基本	—	—	1.30
	特殊（非地震）	—	—	1.10

六、改善坝肩稳定性的工程措施

通过坝肩稳定分析,如发现局部或整体稳定性不能满足要求时,可采取适当的工程措施加以改善。

(1) 通过挖除某些不利的软弱部位和加强固结灌浆等坝基处理措施来提高基岩的抗剪强度。

(2) 深开挖。将拱端嵌入坝肩深处,可避开不利的结构面及增大下游抗滑体的重量。

(3) 加强坝肩帷幕灌浆及排水措施,减小岩体内的渗透压力。

(4) 调整水平拱圈形态,采用三心圆拱或抛物线等扁平的变曲率拱圈,使拱推力偏向坝肩岩体内部。

(5) 如坝基承载力较差,可采用局部扩大拱端厚度、推力墩或人工扩大基础等措施。

第六节 拱坝的泄水和消能

一、拱坝坝身泄水方式

拱坝坝身的泄水方式有自由跌流式、鼻坎挑流式、滑雪道式及坝身泄水孔式等。

(一) 自由跌流式

自由跌流式如图 3-29 所示,泄流时,水流经坝顶自由跌入下游河床。这种型式适用于基岩良好,单宽泄洪量较小的小型拱坝。由于落水点距坝趾较近,坝下必须有防护设施。

(二) 鼻坎挑流式

为了使泄水跌落点远离坝脚,常在溢流堰顶曲线末端以反弧段连接成为挑流鼻坎。拱坝溢流表孔挑流坎如图 3-30 所示。挑流鼻坎多采用连续式结构,堰顶至鼻坎之间的高差一般不大于 6~8m,大致为设计水头的 1.5 倍,反弧半径约等于堰上设计水头,鼻坎挑射角一般为 15°~25°。由于落水点距坝趾较远,可适用于泄流量较大的轻薄拱坝,一般 $q \leqslant 50 \text{m}^3/(\text{s} \cdot \text{m})$。目前世界上最高的英古里拱坝,坝高 272m,就是采用坝顶鼻坎挑流的泄洪方式。我国的东风、流溪河双曲拱坝、半江拱坝也采用了这种型式,运用情况良好。

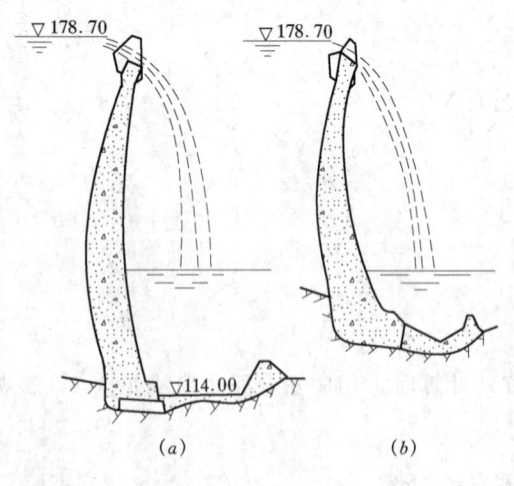

图 3-29 自由跌流与护坦布置(高程:m)

我国凤滩重力拱坝坝身泄洪量达 32600m³/s,单宽流量为 183.3m³/(s·m)。经过方案比较和试验研究,采用高低鼻坎挑流互冲消能,共有 13 孔,其中高坎 6 孔,低坎 7 孔,见图 3-6。高低坎水流以 50°~55°交角互冲,充分掺气,效果良好。

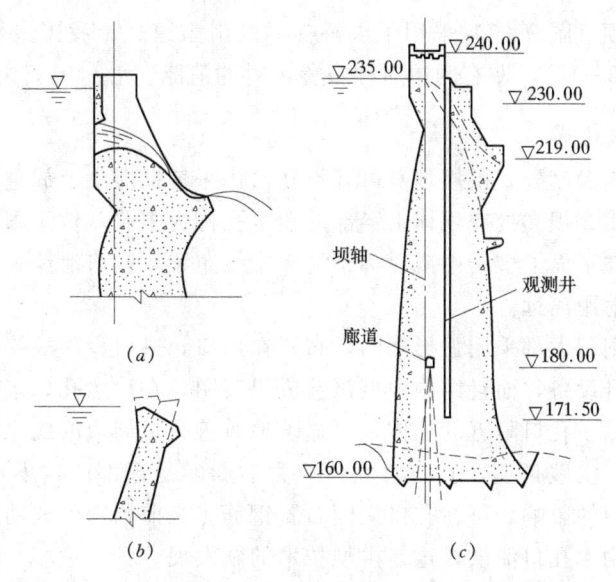

图 3-30 拱坝溢流表孔挑流坎（高程：m）
(a) 带胸墙的坝顶表孔挑流坎；(b) 坝顶表孔挑流坎；
(c) 流溪河拱坝溢流表孔挑流坎

（三）滑雪道式

滑雪道式是拱坝特有的一种泄水方式，其溢流面曲线由溢流坝顶和紧接其后的泄槽组成，泄槽通常由支墩或其他结构支撑，与坝体彼此独立。水流过坝以后，流经泄槽，由槽末端的挑流鼻坎挑出，使水流在空中扩散，下落到距坝较远的地点。由于挑流坎一般都比堰顶低很多，落差较大，因而挑距较远。适用于泄洪量较大、较薄的拱坝。

随着拱坝技术的发展，坝体越来越薄，当泄流量较大时，滑雪道是拱坝的理想泄洪方式。但滑雪道各部分的形状、尺寸必须适应水流条件，否则容易产生空蚀破坏。所以，滑雪道溢流面的曲线形状、反弧半径和鼻坎尺寸等都需经过试验研究来确定。

我国猫跳河三级修文水电站拱坝（图 3-31），坝高 49m，采用厂房顶滑雪道式泄洪；猫

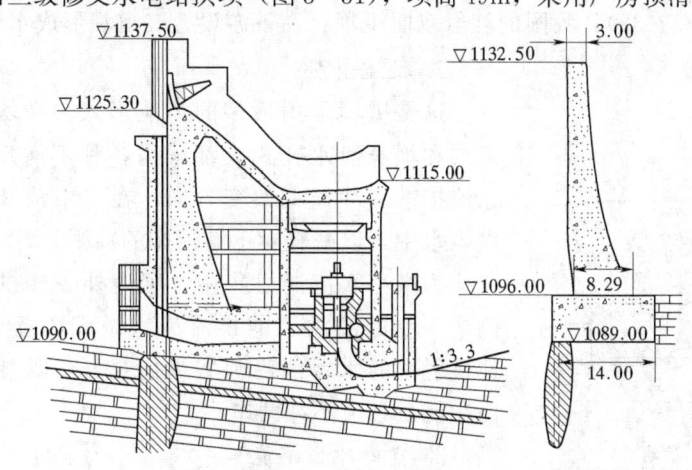

图 3-31 修文水电站拱坝剖面图（单位：m）

跳河四级窄巷口拱坝（图3-7）采用了拱桥支承的滑雪道式；我国泉水双曲薄拱坝采用岸坡滑雪道式（图3-16），左右两岸对称布置，对冲消能。

（四）坝身泄水孔式

在水面以下一定深度处，拱坝坝身可开设孔口用来辅助泄洪、放空水库、排沙或施工期导流。位于拱坝1/2坝高处或坝体上半部的泄水孔称为中孔；位于坝体下半部的称为底孔。拱坝泄流孔口在平面上多居中或对称于河床中线布置，孔口泄流一般是压力流，比堰顶溢流流速大，挑射距离远。

泄水孔的工作闸门大都采用弧形闸门，布置在出口，进口设事故检修闸门。这样不仅便于布置闸门的提升设备，而且结构模型试验成果表明，在泄水孔口末端设置闸墩及挑流坎后，由于局部加厚了孔口附近的坝体，可显著地改善孔口周边的应力状态，对于孔底的拱应力也有所改善。实践证明，孔口对坝体应力的影响是局部的，不致危及坝的整体安全。为改善局部应力的影响，可在孔口周围布置钢筋。当前国内外成功地在双曲拱坝一类薄拱坝的坝身上采用大孔口泄洪，这是拱坝技术的新发展。

二、拱坝的消能和防冲

拱坝泄流具有以下两个特点：

（1）水流过坝后具有向心集中现象，水舌入水处单位面积能量大，造成集中冲刷，因此消能防冲设计要防止发生危害性的河床集中冲刷。

（2）拱坝河谷一般比较狭窄，当泄流量集中在河床中部时，两侧形成强力回流，淘刷岸坡，因此消能防冲设计要防止危及两岸坝肩的岸坡冲刷或淘刷。

拱坝消能形式通常有以下几种。

1. 水垫消能

水流从坝顶表孔或坝身孔口直接跌落到下游河床，利用下游水流形成的水垫消能。由于水舌入水点距坝趾较近，故需采取相应的防冲措施，一般都在坝下游一定距离处设置消力坎、二道坝或挖深式消力池。如法国的乌格朗拱坝，利用下游施工围堰做成二道坝，抬高下游水位（图3-32）；我国的红岩双曲拱坝，在下游设置二道坝形成水垫消能。

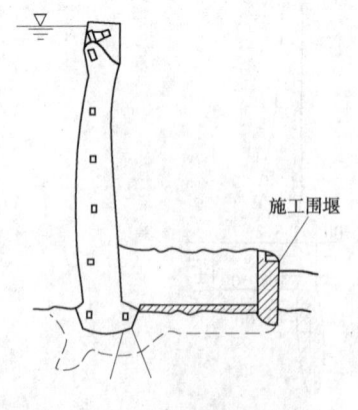

图3-32 乌格朗拱坝消力池

2. 挑流消能

这是拱坝采用最多的消能形式。鼻坎挑流式、滑雪道式和坝身泄水孔式大都采用各种不同形式的鼻坎，使水流扩散、冲撞或改变方向，在空中消减部分能量后再跌入水中，以减轻对下游河床的冲刷。

为减小水流向心集中，国内外一些拱坝将布置在两侧或一侧的溢洪道的挑流鼻坎做成窄缝式或扭曲挑坎，使挑射出的水舌能沿河谷纵向拉开，既减少落点处单位面积能量，又不冲两岸。

3. 空中冲击消能

对于狭窄河谷中的中、高拱坝，可利用过坝水流的向心作用特点，在拱冠两侧各布置一组溢流表孔或泄水孔，使两侧水舌在空中交汇，冲击掺气，沿河槽纵向激烈扩散，从而消耗大量的能量，减轻对下游河床的冲刷，如图3-16所示，但应注意两侧闸门必须同步开启，否则射流将直冲对岸，危害更大。我国修建的陈村水库、泉水水库和广西的山花水库（坝高45m）等均采用了两侧挑流对冲消能。

在大流量的中、高拱坝上，采用高低坎大差动形式，形成水股上下对撞消能。这种消能形式不仅把集中的水流分散成多股水流，而且由于通气充分，有利于减免空蚀破坏。我国的白山重力拱坝采用高差较大的溢流面低坎和中孔高坎相间布置，形成挑流水舌相互穿射、横向扩散、纵向分层的三维综合消能，效果很好。但对撞水流造成的"雾化"程度更为严重，应适当加以控制。

4. 底流消能

对重力拱坝，也可采用底流消能。我国拱坝较少采用。

泄水拱坝的下游一般都需采取防冲加固措施，如护坦、护坡、二道坝等。护坦、护坡的长度、范围以及二道坝的位置和高度等，应由水工模型试验确定。

三、高混凝土拱坝泄洪消能形式的新发展

高拱坝泄洪消能特点是泄洪区河道狭窄、水头高、泄量大、泄放功率大。如我国近年来已经或将要兴建的二滩、小湾、构皮滩和溪洛渡等高拱坝水库工程，坝高在230~300m之间，下泄射流的入水流速约50~60m/s，下泄流量达2万~6万 m^3/s，下泄功率达数千万至数亿千瓦。如此巨大的能量需要安全泄放和消刹，给消能防冲设计带来极大的困难，已成为我国目前筑坝技术的关键技术难题之一。

从国内外部分高坝工程的泄流流量和泄洪功率值来看，国外高拱坝工程的泄洪流量和泄洪功率都较小，如最高的英古里拱坝泄洪功率仅为504万kW，国外已建成的埃尔卡洪薄拱坝泄洪功率最大，也仅有1550万kW，远小于我国二滩水库等工程的泄洪功率。为了妥善、安全、经济地解决二滩水库等工程的泄洪消能难题，我国对高坝消能防冲课题开展了深入、细致的研究工作，创造和发展了许多新型的消能设施，现已积累了较丰富的研究成果，特别是针对峡谷区通过坝身宣泄大流量的高拱坝工程，已逐步形成一套较为合理、可行的泄洪消能设计方法。如二滩水库工程采用了"分散泄流削弱水流冲刷力，加固河床增强河道抗冲能力"的综合治理措施。这些研究成果表明，我国的高坝泄洪消能技术水平已接近或超过世界先进水平。

鉴于峡谷区高拱坝工程泄洪消能特点，解决其下游消能问题的主要途径是"分区泄洪，分散出流，加固河床，设置水垫塘消能"的综合措施，即一方面采取各种工程措施尽量减小下泄水流对河床的冲刷破坏能力，另一方面通过加固消能区河床来提高河道的抗冲能力，以保证泄洪时安全可靠。

高混凝土拱坝一般坝身设多层孔口，使过坝洪水分层出流，上下差动，水流撞击，射流水股在入水处纵向上尽可能地拉开与分散，对削弱水流的集中程度，减轻射流对下游的冲刷具有显著效果。通常坝身采用表孔＋中孔、表孔＋深孔、中孔＋深孔的二层孔口布置方案或表孔＋中孔＋深孔的三层孔口布置形式，高拱坝的坝身泄洪消能形式主要有下列四

种形式。

1. 挑跌流水垫塘消能形式

这是高拱坝工程中最为常用的一种坝身泄洪消能形式。一般坝身表孔采用下跌式、中孔采用上翘式布置，出流水股在空中形成大差动，碰撞分散与消能，入水射流离坝趾相对较远，泄洪时安全可靠，但雾化严重，目前在我国多项工程中采用，如二滩、溪洛渡等工程的坝身泄洪消能形式均采用了该形式。

2. 底跌流水垫塘消能形式

坝身表孔采用下跌式（或略有上翘）和中孔采用下跌式布置，泄洪时出流水股在纵向多层入水，中孔底流水股在水垫塘内形成水跃（淹没度不大），并与表孔跌流水股在塘内充分掺混，剧烈碰撞，来达到消能的目的。该形式使雾化大大减轻，并提高了水垫塘单位体积消能率。

3. 面跌流水垫塘消能形式

坝身表孔采用下跌式（或略有上翘）和中孔采用下跌式布置，坝址下游设导流墩，使中孔水股在水垫塘内形成面流流态，主流水股在表层扩散，并与表孔跌流水股在塘内消能区充分混掺碰撞，同时可有效地发挥中孔水股对表孔水股的顶托作用。

4. 多层水股射流式水垫塘消能形式

当下游水垫深度较大时，通过合理布置和选择表孔、中孔、深孔的出口角度和尺寸，使坝身泄洪时各层孔口大差动出流，各层射流水股可以在空中碰撞也可以不碰撞（如表孔、中孔、深孔均用下跌式布置）。下泄水股在塘内形成多层水股射流式流态，各水股射流在塘内通过充分混掺碰撞，剧烈紊动来消刹能量。同时可大大削弱下层水股对河床底部的冲击力。

第七节　拱坝的构造与地基处理

一、拱坝的构造

（一）坝体

1. 坝体分缝、接缝处理

拱坝是整体结构，不设置永久性横缝，为便于施工期间混凝土散热和降低收缩应力，防止混凝土产生裂缝，需要分段浇筑，各段之间设有收缩缝，在坝体混凝土冷却到年平均气温左右，混凝土充分收缩后再用水泥浆封堵，以保证坝的整体性。

拱坝横缝一般沿径向或接近径向布置。对于定中心拱坝，径向布置的横缝为一铅直平面，对于变半径的拱坝，为了使横缝与半径方向一致，必然会形成一个扭曲面。有时为了简化施工，对不太高的拱坝，也可用仅与 1/2 坝高处拱圈的半径方向一致的铅直面来分缝。横缝间距一般为 15～20m。横缝上游侧应设止水片，止水的材料和做法与重力坝相同。

横缝底部缝面与地基面的夹角不得小于 60°，并应尽可能正交。缝内设铅直向的梯形键槽，以提高坝体的抗剪强度。

拱坝厚度较薄，一般可不设纵缝。对厚度大于 40m 的拱坝，经分析论证可考虑设置纵缝。相邻坝块间的纵缝应错开，纵缝的间距约为 20～40m。为方便施工，一般采用铅直纵缝，到缝顶附近应缓转与下游坝面正交，避免浇筑块出现尖角。纵缝内一般应设水平向键槽以提高铅直向抗剪强度，键槽形状一般为三角形，键槽的一个面应和一个主应力方向接近垂直。

收缩缝按封拱时填灌方式不同可分为窄缝和宽缝两种。窄缝是两个相邻的坝段相互紧靠着浇筑，因混凝土收缩而自然形成的缝，缝中预埋灌浆系统，坝体冷却后进行接缝灌浆，混凝土拱坝一般都采用这种窄缝。宽缝又称回填缝，是在坝段之间留 0.7～1.2m 的宽度，缝面设键槽，上游面设钢筋混凝土塞，然后用密实的混凝土填塞。宽缝散热条件好，坝体冷却快，但回填混凝土冷却后又会产生新的收缩缝。

2. 坝体防渗和排水

拱坝上游面应采用抗渗混凝土，其厚度约为 $(1/10～1/15)H$，H 为坝面该处在水面以下的深度。对于薄拱坝，整个坝厚都应采用抗渗混凝土。

坝身内一般应设置竖向排水管，排水管与上游坝面的距离为 $(1/10～1/15)H$，一般不少于 3m。排水管应与纵向廊道分层连接，把渗水排入廊道的排水沟。排水管间距一般为 2.5～3.5m，内径一般为 15～20cm，多用无砂混凝土管。

（二）坝顶

坝顶宽度应根据剖面设计和满足运行、交通要求确定。当无交通要求时，非溢流坝的顶宽一般不小于 3m。溢流坝段坝顶布置应满足泄洪、闸门启闭、设备安装、交通、检修等的要求。

（三）廊道

为满足检查、观测、灌浆、排水和坝内交通等要求，需要在坝体内设置廊道与竖井。廊道的断面尺寸、布置和配筋基本上和重力坝相同。对于高度不大、厚度较薄的拱坝，为避免对坝体削弱过多，在坝体内可只设置一层灌浆廊道，而将其他检查、观测、交通和封拱灌浆等工作移到坝后桥上进行，桥宽一般为 1.2～1.5m，上下层间隔为 20～40m，在与坝体横缝对应处留有伸缩缝，缝宽约 1～3m，以适应坝体变形。

（四）坝体管道及孔口

坝体管道及孔口用于引水发电、供水、灌溉、排沙及泄水。管道及孔口的尺寸、数目、位置、形状应根据其运用要求和坝体应力情况确定。泄洪用的泄水孔断面多为矩形，矩形孔口的尖角处应修圆，以消除应力集中，并应局部配筋。为引水发电、灌溉、供水等目的在坝体内设置的管孔，一般采用圆形断面，进口多为矩形，中间设渐变段连接。

（五）垫座与周边缝

对于地形不规则的河谷或局部有深槽时，可在基岩与坝体之间设置垫座，在垫座与坝体间设置永久性的周边缝。周边缝一般做成二次曲线或卵形曲线，以保证其上坝体获得对称的较优体形。

垫座作为人工基础，可改善河谷的地形和地质条件，改进拱坝的支承条件。拱坝设周边缝后，梁刚度有所减弱，改变了拱梁分配的比例。周边缝还可减小坝体传至垫座的弯矩，从而减小垫座与基岩接触面间的拉应力，并减小甚至消除坝体上游面的竖向拉应力。利用垫座扩大与基岩的接触面积，可调整和改善坝基的应力条件。

（六）重力墩

重力墩是拱坝坝端的人工支座。对形状复杂的河谷断面，通过设重力墩可改善支承坝体的河谷断面形状，如图 3-18（b）所示；当河谷一岸或两岸较宽阔，可利用重力墩连接过渡到其他形式坝段，如图 3-18（e）所示。

重力墩承受拱端推力和上游库水压力，靠本身重力和适当的断面来保持墩的抗滑稳定和强度。

二、拱坝的地基处理

拱坝坝基的处理措施有坝基开挖、固结灌浆、接触灌浆、防渗帷幕灌浆、坝基排水、断层破碎带和软弱夹层的处理等。处理方法基本上与重力坝的岩基处理相同，但要求更为严格，特别是对两岸坝肩的处理尤为重要。

本 章 小 结

拱坝主要是通过拱结构的作用，把大部分荷载传给两岸，依靠两岸拱端的反力作用来维持坝体的稳定。同时有利于发挥材料的抗压强度，体积比重力坝节约 1/3～2/3，而且还有安全度高、抗震性能好等特点。

拱坝对地形、地质条件要求很高，特别是河谷地形条件对拱坝平面布置有较大的影响。

由于拱坝结构特点使得各种荷载对拱坝应力的影响与重力坝不尽相同，对于薄拱坝和中厚拱坝主要荷载为水压力和温度荷载。一般情况下，温降对坝体应力不利，而温升则对坝肩稳定不利。

拱坝的布置是在合理地选择水平拱圈参数以及平面布置型式的基础上，遵循"连续"的原则，使工程安全、经济。拱坝的布置是一个反复调整和修改的过程。

拱坝应力计算繁琐，计算方法较多。纯拱法可单独适用于拱坝的设计，同时也是拱梁法的基础。拱冠梁法是一种简化的拱梁分载法，仅考虑在拱冠梁与各拱圈的交点上径向变位一致的条件，因此工作量少，计算成果能满足要求。

坝肩稳定是拱坝安全的前提条件。坝肩岩体抗滑稳定原则上应采用整体分析法，在情况简单和做初步计算时可按平面分层分析法。

拱坝坝身通常的泄水方式有自由跌流、鼻坎挑流、滑雪道式和坝身泄水孔式。通常的消能方式有水垫消能、挑流消能、空中冲击消能、底流消能。随着高水头、大泄量的拱坝的不断发展，其泄水及消能形式也在不断发展。

拱坝的基本构造、地基处理和重力坝基本相同，不同点在于对材料的要求，坝体分缝，接缝处理，坝基的开挖等。

复 习 思 考 题

1. 拱坝具有哪些特点?
2. 拱坝对坝址地形条件和地质条件的要求是什么?
3. 拱坝设计荷载和重力坝设计荷载的特点有何区别?为什么?
4. 拱圈中心角如何确定?
5. 对拱坝布置有何要求?拱坝布置的步骤是什么?
6. 拱坝为什么在稍低于年平均温度时进行封拱?
7. 纯拱法进行应力分析的原理是什么?
8. 拱冠梁法的基本原理是什么?
9. 拱坝坝肩岩体滑动面型式有哪几种?
10. 坝肩岩体稳定分析的方法有哪几种?适用条件如何?
11. 改善坝肩岩体稳定的措施有哪些?
12. 拱坝坝身泄流方式有哪几种?各自的优缺点是什么?
13. 拱坝过坝水流如何进行消能?
14. 拱坝坝体为什么分缝?有几种类型?接缝如何进行处理?
15. 拱坝地基处理和重力坝地基处理有何区别?

第四章 土 石 坝

第一节 概 述

土石坝是指由当地土料、石料或混合料，经过抛填、碾压等方法堆筑成的挡水坝。当坝体材料以土和砂砾石为主时，称土坝；以石渣、卵石、爆破石料为主时，称堆石坝；当两类材料均占相当比例时，称土石混合坝。由于筑坝材料主要来自坝区，因而也称当地材料坝。

土石坝历史悠久，是世界坝工建设中应用最为广泛和发展最快的一种坝型。土石坝得以广泛应用和发展的主要原因包括以下几个方面。

(1) 可以就地取材，节约大量水泥、木材和钢材，减少工地的外线运输量。由于土石坝设计和施工技术的发展，放宽了对筑坝材料的要求，几乎任何土石料均可筑坝。

(2) 能适应各种不同的地形、地质和气候条件。任何不良的坝址地基，经处理后均可筑坝。特别是在气候恶劣、工程地质条件复杂和高烈度地震区的情况下，土石坝实际上是唯一可取的坝型。

(3) 大功率、多功能、高效率施工机械的发展提高了土石坝的施工质量，加快了进度，降低了造价，促进了高土石坝建设的发展。

(4) 岩土力学理论、试验手段和计算技术的发展提高了大坝分析计算的水平，加快了设计进度，进一步保障了大坝设计的安全可靠性。

(5) 高边坡、地下工程结构、高速水流消能防冲等土石坝配套工程设计和施工技术的综合发展，对加速土石坝的建设和推广也起了重要的促进作用。

世界上已建的高土石坝如苏联的努克列水库大坝，坝高达317m。塔吉克斯坦的罗贡水库大坝，坝高达335m。据统计，世界上在20世纪80年代末期兴建的百米以上的高坝中，土石坝的比例已达到75%以上。由于多方面的原因，我国高土石坝的发展比较缓慢，我国坝高超过100m的土石坝有石头河水库大坝，坝高105m；碧口水库大坝，坝高101m；鲁布革水库大坝，坝高101m；小浪底水库大坝，坝高154m等。随着我国能源和水利建设事业的发展，大型水利水电工程将日益增多，而水力资源丰富的黄河上游、长江中上游干支流、红水河等建坝地点，大都处于交通不便、地质条件复杂的地区，自然条件相对恶劣，施工困难，修建土石坝具有更强的适用性。因此，我国十分重视因地制宜，积极推广和发展高土石坝的建设。

一、土石坝的特点和设计要求

土石坝是由散粒体土石料经过填筑而成的挡水建筑物，因此，土石坝与其他坝型相比，在稳定、渗流、冲刷、沉陷等方面具有不同的特点和设计要求。

(1) 稳定方面。土石坝的基本剖面形状为梯形或复式梯形。由于填筑坝体的土石料为松散体，抗剪强度低，上、下游坝坡平缓，坝体体积和重量都较大，所以不会产生水平整体滑动。土石坝失稳的型式主要是坝坡的滑动或坝坡连同部分坝基一起滑动。坝坡滑动会影响土坝的正常工作，严重的将导致工程失事。

为了保证土石坝在各种工作条件下能保持稳定，应合理设计坝坡和防渗排水设施，施工中还要认真做好地基处理，并严格控制施工质量。

(2) 渗流方面。土石坝挡水后，在坝体内形成由上游向下游的渗流。渗流不仅使水库损失水量，还易引起管涌、流土等渗透变形。坝体内渗流的水面线叫做浸润线（图4-1）。浸润线以下的土料承受着渗透

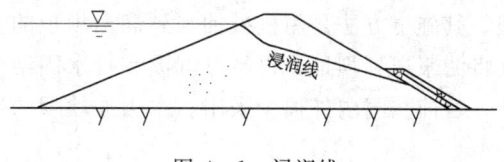

图4-1 浸润线

动水压力，并使土的内摩擦角和黏聚力减小，对坝坡稳定不利。坝体与坝基、两岸以及其他非土质建筑物的结合面，易产生集中渗流，因此设计土石坝时必须采取防渗措施以减少渗漏，保证坝体的渗透稳定性，并做好各种结合面的处理，避免产生集中渗流，以保证工程安全。

(3) 冲刷方面。土石坝为散粒体结构，抗冲能力很低。坝体上、下游水的波浪将在水位变化范围内冲刷坝坡；大风引起的波浪可能沿坝坡爬升很高甚至翻过坝顶，造成严重事故；降落在坝面的雨水沿坝坡下流，也将冲刷坝坡；靠近土石坝的泄水建筑物在泄水时激起水面波动，对土石坝坝坡也有淘刷作用；季节气温变化也可能使坝坡受到冻结膨胀和干裂的影响。为避免上述不良影响，应采取以下工程措施：①在土石坝上、下游坝坡设置护坡，坝顶及下游坝面布置排水措施，以免风浪、雨水及气温变化带来有害影响；②坝顶在最高库水位以上要留一定的超高，以防止洪水漫过坝顶造成事故；③布置泄水建筑物时，注意进出口离坝坡要有一定距离，以免泄水时对坝坡产生淘刷。

(4) 沉陷方面。由于土石料存在较大的孔隙，且易产生相对的移动，在自重及水压力作用下，会有较大的沉陷。沉陷使坝的高度不足，不均匀沉陷还将导致土石坝裂缝，横缝对坝的防渗极为不利。为防止坝顶低于设计高程和产生裂缝，施工时应严格控制碾压标准并预留沉陷量，使竣工时坝顶高程高于设计高程。对于重要工程，沉陷值应通过沉陷计算确定。对于一般的中、小型土石坝，如坝基没有压缩性很大的土层，可按坝高的1%~2%预留沉陷值。

根据土石坝的特点，认真分析研究基本资料，在枢纽布置时，应特别重视并尽量避免或减少土石坝与刚性建筑物的连接。对有条件的坝址，尽量选用开敞式溢洪道，以提高泄洪的超泄能力，使土石坝满足稳定、渗流、变形、冲刷以及不漫顶的要求。

二、土石坝的类型

土石坝常按坝高、施工方法或筑坝材料及防渗体位置进行分类。

(一) 按坝高分类

土石坝按坝高可分为低坝、中坝和高坝。我国 SL 274—2001《碾压式土石坝设计规范》规定：高度在30m以下的为低坝，高度在30~70m之间的为中坝，高度超过70m的

为高坝。土石坝的坝高均从清基后的地面算起。

(二) 按施工方法分类

(1) 碾压式土石坝。它是用适当的土料分层堆筑，并逐层加以压实（碾压）而成的坝。这种方法在土坝中用得较多。近年来用振动碾压修建堆石坝得到了迅速的发展，本章主要阐述这种类型的土石坝。

(2) 水力冲填坝。它是以水力为动力完成土料的开采、运输和填筑全部工序而建成的坝。其施工方法是用机械抽水到高出坝顶的土场，以水冲击土料形成泥浆，然后通过泥浆泵将泥浆送到坝址，再经过沉淀和排水固结而筑成坝体。这种方法因填筑质量难以完全保证，目前在国内外很少采用。水力冲填坝的造泥及冲填布置见图4-2。

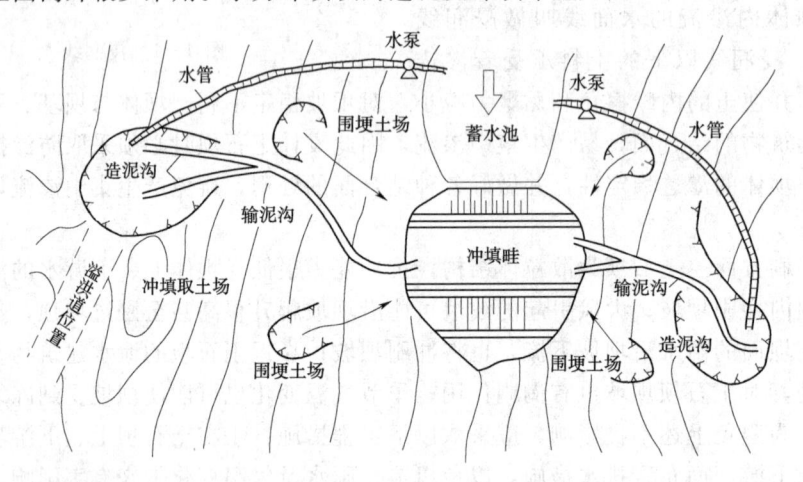

图 4-2 水力冲填坝施工示意图

(3) 定向爆破堆石坝。它是按预定要求埋设炸药，使爆出的大部分岩石抛向预期地点而形成的坝。这种坝增筑防渗部分比较困难。除苏联外，其他国家采用极少。我国已建有40多座，最高的为陕西石砭峪水库大坝，坝高82.5m。

(三) 按坝体材料的组合和防渗体的相对位置分类

1. 土坝

土坝是指坝体的绝大部分都由土料筑成的坝。根据土料的分布情况又可分为以下四种。

(1) 均质坝。均质坝的坝体基本上是由均一的壤土筑成，整个坝体用以防渗并保持自身的稳定[图4-3 (a)]。由于黏性土抗剪强度较低，故多用于低坝。

(2) 黏土心墙坝和黏土斜墙坝。用透水性较大的土料做坝的主体，用透水性极小的黏土做防渗体的坝。防渗体设在坝体中央的或稍向上游的称为黏土心墙坝或黏土斜心墙坝[图4-3 (b)、图4-3 (c)]；防渗体设在上游面的称为黏土斜墙坝[图4-3 (d)]。

(3) 人工材料心墙和斜墙坝。防渗体由沥青混凝土、钢筋混凝土或其他人工材料建成的坝。按其位置也可分为心墙或斜墙两种。[图4-3 (e)]为钢筋混凝土（或称刚性）心墙坝的示意图。

（4）多种土质坝。坝的主体（不包括防渗体、排水体和护坡等）由几种不同的土料建成的坝［图4-3（f）］。

2. 土石混合坝

上述多种土质坝中，粗粒土改用砂砾石料筑成的坝，或用土石混合在一起的材料筑成的坝，称为土石混合坝。根据防渗体的位置和材料的不同，也可分为心墙坝、斜墙坝和人工材料防渗坝，如［图4-3（g）～（j）］所示。

3. 堆石坝

除防渗体外，坝体的绝大部分或全部由石料堆筑起来的称为堆石坝。按防渗体的布置，同样也有斜墙坝、心墙坝两种［图4-3（k）、图4-3（l）］。钢筋混凝土刚性斜墙堆石坝也称为钢筋混凝土面板堆石坝。

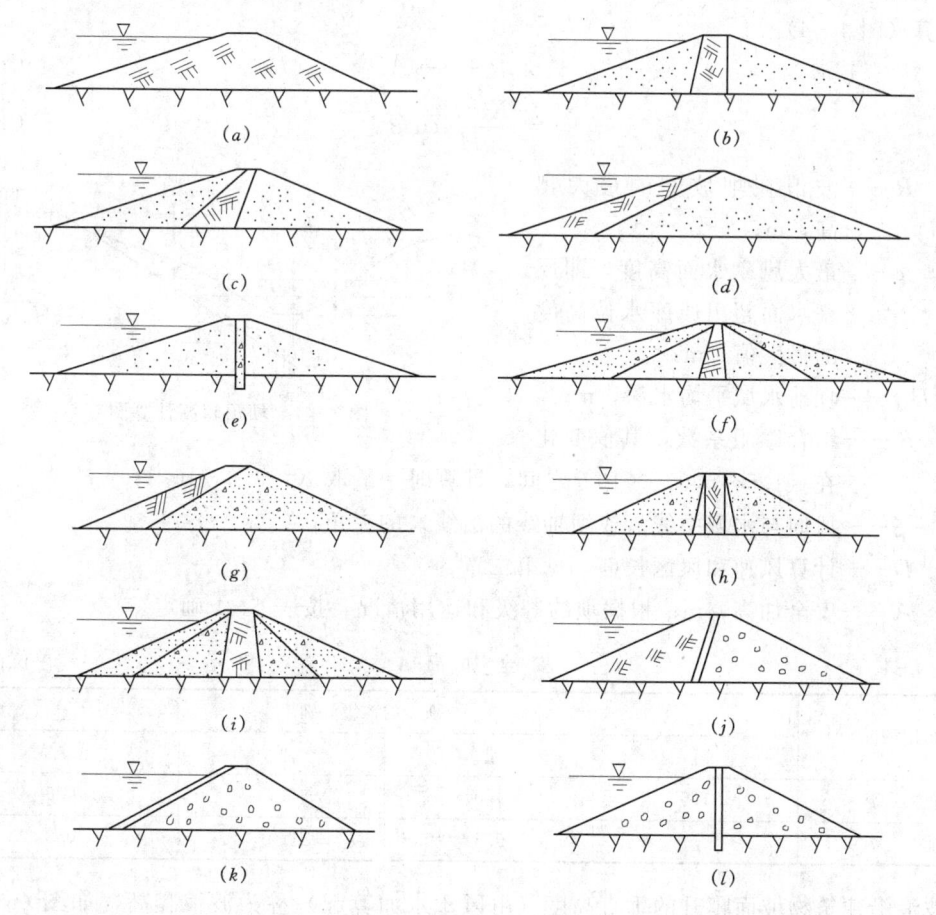

图 4-3 土石坝类型

有防渗体的土石坝，为避免因渗透系数和材料级配的突变而引起渗透变形，都要向上、下游方向分别设置2～3层逐层加粗的材料作为过渡层或反滤层。

在以上这些坝型中，用得最多的是斜墙或斜心墙土石坝，特别是斜心墙的土石混合坝，在改善坝身应力状态和避免裂缝方面具有良好的效果，高土石坝中应用得更多。

第二节 土石坝的基本剖面

土石坝的基本剖面根据坝高和坝的等级、坝型和筑坝材料特性、坝基情况以及施工、运行条件等参照现有工程的实践经验初步拟定，然后通过渗流和稳定分析检验，最终确定合理的剖面形状。由于土石坝的基本剖面是梯形，所以土石坝剖面的基本尺寸主要包括坝顶高程、坝顶宽度、坝坡、防渗结构、排水设施的型式及基本尺寸等。本节只介绍前三个基本尺寸。

一、坝顶高程

坝顶高程根据正常运用和非常运用的静水位加相应的超高 Y 予以确定。Y 按式（4-1）计算（图 4-4）。

$$Y = R + e + A \tag{4-1}$$

$$e = \frac{Kv_0^2 D}{2gH_m}\cos\beta \tag{4-2}$$

式中 R——波浪在坝坡上的最大爬高，m；

e——最大风壅水面高度，即风壅水面超出原库水位高度的最大值，m；

H_m——坝前水域平均水深，m；

K——综合摩阻系数，其值变化在 $(1.5\sim5.0)\times10^{-6}$ 之间，计算时一般取 $K=3.6\times10^{-6}$；

β——风向与水域中线（或坝轴线的法线）的夹角，(°)；

v_0、D——计算风速和风区长度，见第二章；

A——安全加高，m；根据坝的等级和运用情况，按表 4-1 确定。

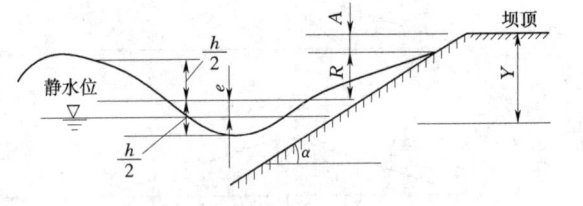

图 4-4 坝顶超高计算图

表 4-1 安全加高 A 单位：m

运用情况	坝的级别			
	Ⅰ	Ⅱ	Ⅲ	Ⅳ、Ⅴ
正 常	1.5	1.0	0.7	0.5
非 常	0.7	0.5	0.4	0.3

波浪沿建筑物坡面爬升的垂直高度（由风壅水面算起）称为波浪爬高，如图 4-4 中 R 所示。它与坝前的波浪要素（波高和波长）、坝坡坡度、坡面糙率、坝前水深、风速等因素有关。波浪爬高 R 的计算，土石坝设计规范推荐采用莆田试验站公式，其具体计算方法如下。

(1) 计算波浪的平均爬高 R_m。当坝坡系数 $m=1.5\sim5.0$ 时，平均爬高 R_m 计算公式为

$$R_{\mathrm{m}} = \frac{K_{\Delta}K_{\mathrm{w}}}{\sqrt{1+m^2}}\sqrt{h_{\mathrm{m}}L_{\mathrm{m}}} \qquad (4-3)$$

其中
$$m = \cot\alpha$$

式中　K_{Δ}——斜坡的糙率渗透性系数，根据护面的类型查表 4-2；

　　　K_{w}——经验系数，由计算风速 v_0（m/s）、坝前水域平均水深 H_{m}（m）和重力加速度 g 组成的无维量 $v_0/\sqrt{gH_{\mathrm{m}}}$ 按表 4-3 确定；

　　　m——单坡的坡度系数；

　　　α——单坡坡角；

　　　h_{m}、L_{m}——平均波高和波长，m。

表 4-2　　　　　　　　　糙率及渗透系数 K_{Δ}

护面类型	K_{Δ}	护面类型	K_{Δ}
光滑不透水护面（沥青混凝土）	1.0	砌石护面	0.75~0.80
混凝土板护面	0.9	抛填两层块石（不透水基础）	0.60~0.85
草皮护面	0.85~0.90	抛填两层块石（透水基础）	0.50~0.55

表 4-3　　　　　　　　　经 验 系 数 K_{w}

$\dfrac{V}{\sqrt{gH_{\mathrm{m}}}}$	≤1	1.5	2.0	2.5	3.0	3.5	4.0	≥5.0
K_{w}	1	1.02	1.08	1.16	1.22	1.25	1.28	1.30

莆田试验站的波高和波长计算：

1）平均波高 h_{m} 用式（4-4）计算：

$$\frac{gh_{\mathrm{m}}}{v_0^2} = 0.13\,\mathrm{th}\left[0.7\left(\frac{gH_{\mathrm{m}}}{v_0^2}\right)^{0.7}\right]\mathrm{th}\left\{\frac{0.0018\left(\dfrac{gD}{v_0^2}\right)^{0.45}}{0.13\,\mathrm{th}\left[0.7\left(\dfrac{gH_{\mathrm{m}}}{v_0^2}\right)^{0.7}\right]}\right\} \qquad (4-4)$$

式中符号意义同前。

2）平均波长 L_{m} 由平均周期 T_{m} 和平均水深 H_{m} 按下述理论公式计算：

平均周期　　　　　　　　　$T_{\mathrm{m}} = 4.438 h_{\mathrm{m}}^{0.5}$　　　　　　　　　（4-5）

当 $\dfrac{H_{\mathrm{m}}}{L_{\mathrm{m}}} \geqslant 0.5$ 时，称为深水波，其波长与周期有关。

$$L_{\mathrm{m}} = \frac{gT_{\mathrm{m}}^2}{2\pi} \approx 1.56 T_{\mathrm{m}}^2 \qquad (4-6)$$

当 $\dfrac{H_{\mathrm{m}}}{L_{\mathrm{m}}} < 0.5$ 时，称为浅水波，其波长与周期和水深都有关。

$$L_{\mathrm{m}} = \frac{gT_{\mathrm{m}}^2}{2\pi}\,\mathrm{th}\,\frac{2\pi H_{\mathrm{m}}}{L_{\mathrm{m}}} \qquad (4-7)$$

可用逐步近似法计算。

当 $\dfrac{gD}{v_0^2} \leqslant 1760\left\{\mathrm{th}\left[0.7\left(\dfrac{gH_{\mathrm{m}}}{v_0^2}\right)^{0.7}\right]\right\}^{\frac{1}{0.45}}$ 时，式（4-4）可简化为

$$\frac{gh_m}{v_0^2} = 0.0018 \left(\frac{gD}{v_0^2}\right)^{0.45} \tag{4-8}$$

(2) 计算设计爬高值 R。不同累计频率的爬高 R_P 与 R_m 的比，可根据爬高统计分布表 4-4 确定。

设计爬高值按建筑物的级别而定，对Ⅰ级、Ⅱ级、Ⅲ级土石坝取累计频率 $P=1\%$ 的爬高值 $R_{1\%}$；对Ⅳ级、Ⅴ级坝取 $P=5\%$ 的 $R_{5\%}$。

表 4-4 爬高统计分布（R_P/R_m 值）

R_P/R_m　$P/\%$ h_m/H_m	0.1	1	2	4	5	10	14	20	30	50
<0.1	2.66	2.23	2.07	1.90	1.84	1.64	1.54	1.39	1.22	0.96
0.1~0.3	2.44	2.08	1.94	1.80	1.75	1.57	1.48	1.36	1.21	0.97
>0.3	2.13	1.86	1.76	1.65	1.61	1.48	1.42	1.31	1.19	0.99

例如，某工程为Ⅲ等工程，经计算平均波高 $h_m=0.4816\text{m}$，平均水深 $H_m=35.70\text{m}$，波浪的平均爬高 $R_m=0.7226\text{m}$，因土石坝为Ⅲ级建筑物，故 $P=1\%$，根据 $h_m/H_m=0.4816/35.70=0.0135$，查表 4-4 得 $R_P/R_m=2.23$，则计算设计爬高 $R=2.23\times0.7221=1.61\text{m}$。

当风向与坝轴的法线成一夹角 β 时，波浪爬高应乘以折减系数 K_β，其值由表 4-5 确定。

表 4-5 斜向坡折减系数 K_β

$\beta/(°)$	0	10	20	30	40	50	60
K_β	1	0.98	0.96	0.92	0.87	0.82	0.76

坝顶高程等于水库静水位与超高之和，应分别按：①设计洪水位+正常运用情况的坝顶超高；②校核洪水位+非常运用情况的坝顶超高；③正常高水位+非常运用情况的坝顶超高+地震安全加高三种情况进行计算，然后取其中最大值为坝顶高程。

坝顶设防浪墙时，超高值 Y 是指静水位与墙顶的高差。

应该指出，这里计算的坝顶高程是指坝体沉降稳定后的数值。因此，竣工时的坝顶高程还应有足够的预留沉陷值。对施工质量良好的土石坝，坝顶沉降值约为坝高的 1%。

二、坝顶宽度

坝顶宽度应根据运行、施工、构造、交通和人防等方面的要求综合研究后确定。

当沿坝顶设置公路或铁路时，坝顶宽度应按照有关的交通规定选定。当无特殊要求时，高坝的坝顶最小宽度可选用 10~15m，中低坝可选用 5~10m。

坝顶宽度必须考虑心墙或斜墙顶部及反滤层布置的需要。在寒冷地区，坝顶还须有足够的厚度以保护黏性土料防渗体免受冻害。

三、坝坡

土石坝坝坡坡度对坝体稳定及工程量大小均起重要作用。坝坡坡度选择一般遵循以下规律：

(1) 上游坝坡长期处于水下饱和状态，水库水位也可能快速下降，为了保持坝坡稳定，上游坝坡常比下游坝坡为缓，但堆石坝上、下游坝坡坡率的差别要比砂土料为小。

(2) 土质防渗体斜墙坝上游坝坡的稳定受斜墙土料特性的控制，所以斜墙的上游坝坡一般较心墙坝为缓。而心墙坝，特别是厚心墙坝的下游坝坡，因其稳定性受心墙土料特性的影响，一般较斜墙坝为缓。

(3) 黏性土料的稳定坝坡为一曲面，上部坡陡，下部坡缓，所以用黏性土料做成的坝坡常沿高度分成数段，每段 10～30m，从上而下逐渐放缓，相邻坡率差值取 0.25 或 0.5。砂土和堆石的稳定坝坡为一平面，可采用均一坡率。由于地震荷载一般沿坝高呈非均匀分布，所以，砂土和石料有时也做成变坡形式。

(4) 由粉土、砂、轻壤土修建的均质坝，透水性较大，为了保持渗流稳定，一般要求适当放缓下游坝坡。

(5) 当坝基或坝体土料沿坝轴线分布不一致时，应分段采用不同坡率，在各段间设过渡区，使坝坡缓慢变化。

土石坝坝坡确定的步骤是：根据经验用类比法初步拟定，再经过核算、修改以及技术经济比较后确定。

土石坝的坝坡初选一般参照已有工程的实践经验拟定。

中、低高度的均质坝，其平均坡度约为 1：3。

土质防渗体的心墙坝，当下游坝壳采用堆石时，常用坡度为 1：1.5～1：2.5，采用土料时，常用坡度为 1：2～1：3；上游坝壳采用堆石时，常用坡度为 1：1.7～1：2.7，采用土料时，常用坡度为 1：2.5～1：3.5。斜墙坝的下游坝坡坡度可参照上述数值选用，取值宜偏陡；上游坝坡则可适当放缓，石质坝坡放缓 0.2，土质坝坡放缓 0.5。心墙和斜墙的尺寸可参照本章第六节选定。

人工材料面板坝，采用优质石料分层碾压时，上游坝坡坡度一般采用 1：1.4～1：1.7；良好堆石的下游坝坡可为 1：1.3～1：1.4；如为卵砾石时，可放缓至 1：1.5～1：1.6；坝高超过 110m 时，也宜适当放缓。人工材料心墙坝，均可参照上述数值选用，并且上、下游可采用同一坡率。

碾压式土石坝上、下游坝坡常沿高程每隔 10～30m 设置一条马道，其宽度不小于 1.5～2.0m，用以拦截雨水，防止冲刷坝面，同时也兼作交通、检修和观测之用，还有利于坝坡稳定。马道一般设在坡度变化处。碾压堆石坝下游坝坡也常设 1～2 条马道。土石坝上游坝坡视情况也可增设马道。

第三节　土石坝的渗流分析

一、渗流分析的目的和方法

(一) 渗流分析的目的

(1) 确定坝体浸润线和下游渗流逸出点的位置（坝体内渗透水流的自由水面为浸润

面，在坝的横剖面上则显示为浸润线，如图 4-1 所示），以便在不同部位正确采用土壤的重度、抗剪强度等物理、力学指标，为坝体稳定、应力与变形的计算和排水设施的选择提供依据，也为水上、水下分区设置土料提供依据。

(2) 确定坝体与坝基的渗流量，以便估计水库渗漏损失和确定坝体排水设施的尺寸。

(3) 确定坝坡出逸段和下游地基表面的出逸坡降，以及不同土层之间的渗透坡降，以判断该处的渗透稳定性。

(4) 确定库水位降落时上游坝壳内自由水面的位置，估算由此产生的孔隙水压力，供上游坝坡稳定分析之用。

(二) 渗流分析的方法

土石坝渗流是一个比较复杂的空间问题，理论计算非常复杂，所以一般都近似地作为平面问题来分析。当作为平面问题进行渗流计算时，常沿坝轴线在地质、地形变化显著处，将土石坝分成若干段，分别进行计算分析。土石坝渗流计算方法主要有解析法、手绘流网法和数值法三种。

解析法分为流体力学法和水力学法。前者理论严谨，但只能用于某些边界条件较为简单的情况；水力学法计算简易，精度可满足工程要求，得到了广泛的应用。本节主要介绍水力学法。

手绘流网法是一种简单易行的方法，能够求渗流场内任一点渗流要素，并具有一定的精度，但在渗流场内具有不同土质，且其渗透系数差别较大的情况下较难应用。

遇到复杂地基或多种土质坝，可用数值法。数值法可以计算不稳定渗流和较复杂的渗流问题。

二、渗流分析的水力学法

用水力学法进行土石坝渗流计算时，可将坝内渗流分为若干段，应用达西定律和杜平假设，建立各段的运动方程式，然后根据水流的连续性求解渗透流速、渗透流量和浸润线等。进行渗流计算时，应考虑水库运行中可能出现的不利条件。SL 274—2001《碾压式土石坝设计规范》规定，需计算下列水位组成的情况：①上游正常蓄水位与下游相应的最低水位；②上游设计洪水位与下游相应的最高水位；③上游校核洪水位与下游相应的最高水位；④库水位降落时上游坝坡稳定最不利的情况。

(一) 渗流基本公式

对于不透水地基上矩形土体内的渗流，如图 4-5 所示。

应用达西定律，渗透流速 $v=KJ$，K 为渗透系数，J 为渗透坡降。假定任一铅直过水断面内各点渗流坡降均相等，则有

$$v = -K \frac{dy}{dx} \quad (4-9)$$

设 q 为单宽流量，则

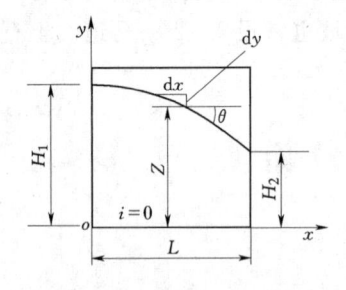

$$q = vy = -Ky \frac{dy}{dx} \quad (4-10)$$

图 4-5 不透水地基上矩形土体的渗流计算图

将式 (4-10) 变为

$$qdx = -Kydy \qquad (4-11)$$

等式两端积分，x 由 0 至 L，y 由 H_1 至 H_2，经整理则得

$$q = \frac{K(H_1^2 - H_2^2)}{2L} \qquad (4-12)$$

若将式 (4-11) 两端积分的上、下限改为：x 由 0 至 x，y 由 H_1 至 y，则得浸润线方程

$$q = \frac{K(H_1^2 - y^2)}{2x}$$

即

$$y = \sqrt{H_1^2 - \frac{2q}{K}x} \qquad (4-13)$$

由式 (4-13) 可知，浸润线是一个二次抛物线。式 (4-12) 和式 (4-13) 为渗流基本公式，当渗流量 q 已知时，即可绘制浸润线，若边界条件已知，即可计算单宽渗流量。

（二）不透水地基上均质土石坝的渗流计算

以下游有水而无排水设备的情况为例。

计算时将土坝剖面分为上游楔形体、中间段和下游楔形体三段，如图 4-6 所示。

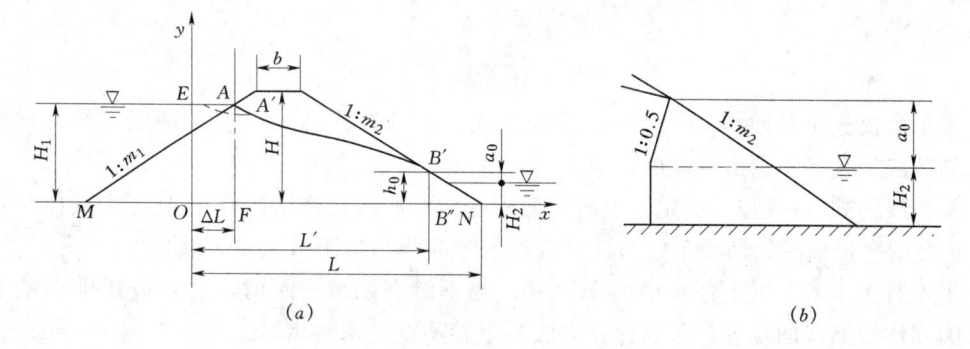

图 4-6 不透水地基上均质坝的渗流计算图

为了简化计算，根据电拟实验的结果，上游楔形体 AMF 可用高度为 H_1、宽度为 $\Delta L = \lambda H_1$ 的等效矩形代替，λ 值由下式计算：

$$\lambda = \frac{m_1}{2m_1 + 1} \qquad (4-14)$$

式中　m_1——上游坝面的边坡系数，如为变坡则取平均值。

这样就将上游面为坡面的渗流转换为上游面为铅直面的土石坝渗流问题。对所讨论情况的渗流计算可分两段进行，即坝身段（$EOB''B'$）及下游楔形体段（$B'B''N$），见图 4-6。

按式 (4-12) 得通过坝身段的渗流量为

$$q_1 = K\frac{H_1^2 - (H_2 + a_0)^2}{2L'} \qquad (4-15)$$

式中　a_0——浸润线出逸点在下游水面以上高度；

K——坝身土壤渗透系数；
H_1——上游水深；
H_2——下游水深；
L'——见图 4-6。

通过下游楔形体的渗流量，可分下游水位以上及以下两部分计算，见图 4-6 (b)。

根据试验研究认为，下游水位以上的坝身段与楔形体段以 1：0.5 的等势线为分界面，下游水位以下部分以铅直面作为分界面，与实际情况更相近，则通过下游楔形体上部的渗流量 q'_2 为

$$q'_2 = \int_0^{a_0} K \frac{y}{(m_2+0.5)y} \mathrm{d}y = K \frac{a_0}{m_2+0.5} \qquad (4-16)$$

通过下游楔形体下部的渗流量 q''_2 为

$$q''_2 = K \frac{a_0 H_2}{(m_2+0.5)a_0 + \dfrac{m_2 H_2}{1+2m_2}} \qquad (4-17)$$

通过下游楔形体的总渗流量 q_2 为

$$q_2 = q'_2 + q''_2 = K \frac{a_0}{m_2+0.5}\left(1 + \frac{H_2}{a_0 + a_\mathrm{m} H_2}\right) \qquad (4-18)$$

其中

$$a_\mathrm{m} = \frac{m_2}{2(m_2+0.5)^2}$$

根据水流连续条件，$q_1=q_2=q$，并联立式（4-15）、式（4-18）两式，就可求出两个未知数渗流量 q 和逸出点高度 a_0。

浸润线由式（4-13）确定。上游坝面附近的浸润线需作适当修正：自 A 点作与坝坡 AM 正交的平滑曲线，曲线下端与计算求得的浸润线相切于 A' 点，见图 4-6。

当下游无水时，以上各式中的 $H_2=0$；当下游有贴坡排水时，因贴坡式排水基本上不影响坝体浸润线的位置，所以计算方法与下游不设排水时相同。

有褥垫排水的均质坝和有棱体排水的均质坝渗流计算公式见表 4-6。

（三）有限深透水地基上土石坝的渗流计算

1. 均质土坝

对坝体透水性和地基透水性相似的，可先假定地基不透水，按上述方法确定坝体的渗流量 q_1 和浸润线；然后再假定坝体不透水，计算坝基的渗流量 q_2；最后将 q_1 和 q_2 相加，即可近似地得到坝体和坝基的渗流量。坝体浸润线可不考虑坝基渗透的影响，仍用地基不透水情况下算出的结果。

对于有褥垫排水的情况，因地基渗水而使浸润线稍有下降，可近似地假定浸润线与排水起点相交。由于渗流渗入地基时要转一个 90°的弯，流线长度比坝底长度 L' 要增大些。根据实验和流体力学分析，增大的长度约为 $0.44T$（T 为透水层的深度）。

2. 心墙土石坝

有限深透水地基上的心墙坝，一般都做截水墙以拦截透水地基渗流。心墙土料的渗透

第三节 土石坝的渗流分析

表 4-6　　各种不同类型地基土坝渗流计算公式

地基类型	坝型	计算简图	浸润线方程	计算公式 q
不透水地基	均质坝 带棱体排水		$y=\sqrt{H_1^2-\dfrac{2q}{k}x}$	$q=k\dfrac{[H_1^2-(H_2+h_0)^2]}{2L'}$ $h_0=\sqrt{L'^2+(H_1-H_2)^2}-L$
	均质坝 带褥垫排水		$y=\sqrt{H_1^2-\dfrac{2q}{k}x}$	$q=\dfrac{k}{2L'}(H_1^2-h_0^2)$ $h_0=\sqrt{L'^2+H_1^2}-L'$
	心墙坝		$y=\sqrt{\dfrac{2q}{k}x+H_2^2}$	联立下式求解 h_e、q $\begin{cases} q=k_e\dfrac{H_1^2-h_e^2}{2\delta} \\ q=k\dfrac{h_e^2-H_2^2}{2L} \end{cases}$

139

续表

地基类型	坝型	计算简图	浸润线方程	计算公式 q
不透水地基	斜墙坝		$y = \sqrt{\dfrac{2q}{k}x + H_2^2}$	联立下式求解 h_e、q $\begin{cases} q = k\dfrac{h_e^2 - H_2^2}{2L} \\ q = k_e\dfrac{H_1^2 - h_e^2 - (\delta\cos\alpha)^2}{2\delta\sin\alpha} \end{cases}$
有限深透水地基	均质坝		$y = \sqrt{H_1^2 - \dfrac{2q}{k}x}$	$q = k\dfrac{H_1^2}{2L'} + k_T\dfrac{TH_1}{L' + 0.44T}$
有限深透水地基	心墙坝		$y^2 = h^2 - \dfrac{h^2}{L}x$	联立下式求解 h、q $\begin{cases} q = k_e\dfrac{(H_1+T)^2 - (h+T)^2}{2\delta} \\ q = k\dfrac{h^2}{2L} + k_T\dfrac{h}{L + 0.44T} \end{cases}$

系数 K_c 常比坝壳土料的小得多，故可近似地认为上游坝壳中无水头损失，心墙前的水位仍为水库的水位。计算时一般分为心墙与截水墙段、下游坝壳与坝基段，并分别计算渗流量。由于心墙后浸润线的位置较低，可近似地取浸润线末端与堆石棱体的上游端相交。利用渗流的连续性，联立求得 q 和 h。

当下游有水时，可近似地假定浸润线逸出点在下游水面与堆石棱体内坡的交点处，用上述同样的方法进行计算。

表 4-6 给出各种不同类型地基土坝渗流计算的公式。

(四) 总渗流量计算

计算总流量时，应根据地形及透水层厚度的变化情况，将土石坝沿坝轴线分为若干段，如图 4-7 所示，然后分别计算各段的平均单宽流量，则全坝的总渗透流量 Q 可按下式计算：

$$Q = \frac{1}{2}[q_1 l_1 + (q_1 + q_2)l_2 + \cdots + (q_{n-2} + q_{n-1})l_{n-1} + q_{n-1}l_n] \quad (4-19)$$

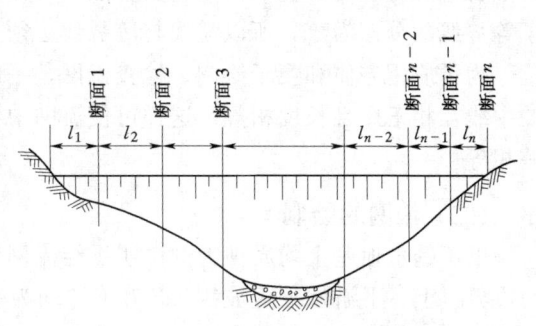

图 4-7 总渗流量计算示意图

式中 l_1、l_2、$\cdots$、l_n——各段坝长；
q_1、q_2、$\cdots$、q_n——断面1、断面2、$\cdots$、断面 n 处的单宽流量。

三、渗流分析的手绘流网法

手绘流网并辅以简单的计算，除了可以得到土石坝在稳定渗流情况下的浸润线、渗透流量、渗流出逸坡降等数据，供渗流分析以外，还可以得到坝体内的孔隙水压力，供坝坡稳定分析用。

(一) 流网的特性

在土石坝的渗流范围内充满了运动着的水质点。在稳定渗流的层流中，水质点的运动轨迹即为流线，各条流线上测压管水头相同点的连线称为等水位线或等势线。流线与等势线组成的网状图形叫做流网，如图 4-8 所示。

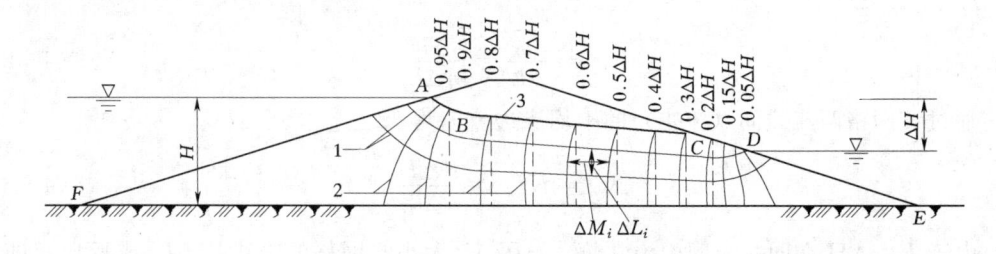

图 4-8 流网绘制
1—流线；2—等势线；3—浸润线

绘制的流网是否正确，要看它是否符合以下的流网特性。

(1) 流线和等势线都是圆滑的曲线。

(2) 流线和等势线是互相正交的，即在相交点，二曲线的切线互相垂直。这一点可用下面的简单推断来说明，假设等势线上某一点速度的方向不垂直于等势线，则该点速度必有平行于等势线的分速，但等势线各点水头都相等，不可能产生沿等势线的运动，故平行于等势线的分速为零，所以流线与等势线必须互相正交。

为了应用方便和便于绘制、检查流网，一般把流网的网格画成曲线正方形，即其网格的中线互相正交且长度相等。这样可使流网中各流带的流量相等，各相邻等势线间的水头差相等。

（二）流网的绘制

以不透水地基上均质坝为例说明手绘流网的方法，如图 4-8 所示。首先确定渗流区的边界：上、下游水下边坡线 AF 和 DE 均为等势线，初拟的浸润线 AC 及坝体与不透水地基接触线 FE 均为流线。下游坡出逸段 CD 既不是等势线，也不是流线，所以流线与等势线均不与它垂直正交，但其上各点反映了该处逸出渗流的水面高度。其次，将上、下游水头差 ΔH 分成 n 等分，每段为 $\Delta H/n$（如图中分为 10 等分，每段为 $0.1\Delta H$），然后引水平线与浸润线相交（图 4-9），从交点处按照等势线与流线正交的原则绘制等势线，形成初步的流网。最后，不断修改流线（包括初拟浸润线）与等势线，必要时可插补流线和等势线，直至使它们构成的网格符合要求，通常使之成为扭曲正方形。

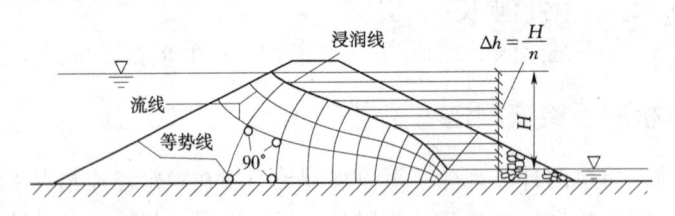

图 4-9 具有堆石排水时土石坝的流网

（三）流网的应用

流网绘制后，就可以根据流网求得渗透范围内各点的水力要素。

(1) 渗透坡降与渗透流速。在图 4-8 中任取一网格 i，两等势线相距为 ΔL_i，两流线间相距为 ΔM_i，水头差为 $\Delta H/n$，则该网格的平均渗透坡降为

$$J_i = \frac{\dfrac{\Delta H}{n}}{\Delta L_i} = \frac{\Delta H}{n\Delta L_i} \tag{4-20}$$

通过该网格两流线间（流带）的平均渗透流速为

$$V_i = KJ_i = \frac{K\Delta H}{n\Delta L_i} \tag{4-21}$$

由于 K、ΔH 在同一流网中为常数，J_i 及 V_i 大小与网格的中线长 ΔL_i 成反比，即网格小的地方坡降和流速大，反之则小。因此，从流网中可以很清楚地看出流速的分布情况和水力坡降的变化。

(2) 渗流量。单宽渗流量 q 为所有流带流量的总和。图 4-8 网格 i 所在流带中的渗

流量为

$$\Delta q_i = KJ\Delta M_i = \frac{K\Delta H \Delta M_i}{n\Delta L_i}$$

如果绘制的网格是扭曲正方形（$\Delta M_i = \Delta L_i$），则

$$\Delta q = \frac{K\Delta H}{n}$$

如整个流网分成 m 个流带（图中分为 3 个），则单宽总渗透流量为

$$q = \sum_{i=1}^{m}\Delta q_i \tag{4-22}$$

（3）渗透动水压力 W_φ。因为任意两相邻等势线的水头差为 $\Delta H/n$，所以任一网格 i 范围内的土体所承受的渗透动水压力为

$$W_\varphi = \gamma \frac{\Delta H}{n}\Delta L_i \times 1 = \gamma \frac{\Delta H}{n\Delta L_i}\times \Delta L_i^2 \times 1 = \gamma J_i A_i \tag{4-23}$$

式中 A_i——网格 i 的面积；

γ——水的重度。

四、土石坝的渗透变形及其防止措施

土石坝及地基中的渗流，由于机械或化学作用，可能使土体产生局部破坏，称为渗透变形。严重时会导致工程失事，必须采取有效的控制措施。

（一）渗透变形的形式

渗透变形的形式及其发生发展过程，与土料性质、土粒级配、水流条件以及防渗排水措施等因素有关，通常可分为下列几种形式：

（1）管涌。在渗流作用下，坝体或坝基中的细小颗粒被渗流带走逐步形成渗流通道的现象称为管涌，常发生在坝的下游坡或闸坝下游地基面渗流逸出处。没有黏聚力的无黏性砂土、砾石砂土中容易出现管涌；黏性土的颗粒之间有黏聚力，渗流难以把其中的颗粒带走，一般不易发生管涌。

管涌开始时只是细小颗粒从土壤中被带出，以后随着小颗粒土的流失，土壤的孔隙加大，较大颗粒也会被带走，逐渐向内部发展，形成集中的渗流通道。使个别小颗粒土在孔隙内开始移动的水力坡降，称为临界坡降；使更大的土粒开始移动，产生渗流通道和较大范围破坏的水力坡降，称为破坏坡降。

（2）流土。在渗流作用下，成块土体被掀起浮动的现象称为流土。它主要发生在黏性土及均匀非黏性土体的渗流出口处。发生流土时的水力坡降称为流土的破坏坡降。

（3）接触冲刷。当渗流沿两种不同土壤的接触面流动时，把其中细颗粒带走的现象，称为接触冲刷。接触冲刷可能使临近接触面的不同土层混合起来。

（4）接触流土和接触管涌。渗流方向垂直于两种不同土壤的接触面时，如在黏土心墙（或斜墙）与坝壳砂砾料之间，坝体、坝基与排水设施之间，以及坝基内不同土层之间的渗流，可能把其中一层的细颗粒带到另一层的粗颗粒中去，称为接触管涌。当其中一层为黏性土，由于含水量增大黏聚力降低而成块移动，甚至形成剥蚀时，称为接触流土。

渗透变形的形式，可能是单一形的，也可能是上述两种或多种形式同时出现于不同部位。设计时应进行分析判别，采取合适的防护措施。

（二）渗透变形形式的判别

试验研究表明，土壤中的细颗粒含量是影响土体渗透性能和渗透变形的主要因素。南京水利科学研究院进行过大量研究，结论是粒径在 2mm 以下者为细粒，其含量 $P_z>35\%$ 时，孔隙填充饱满，易产生流土；$P_z<25\%$ 时，孔隙填充不足，易产生管涌；$25\%<P_z<35\%$ 时，可能产生管涌或流土，并提出产生管涌或流土的细粒临界含量与孔隙率的关系为

$$P_z = \alpha \frac{\sqrt{n}}{1+\sqrt{n}} \tag{4-24}$$

式中　P_z——粒径不大于 2mm 的细颗粒临界含量，%；
　　　α——修正系数，取 0.95～1.0；
　　　n——土壤孔隙率。

当土体的细粒含量大于 P_z 时可能产生流土，当土体的细粒含量不大于 P_z 时，则可能产生管涌。

（三）渗透变形的临界坡降

(1) 管涌的临界坡降（J_C）。对于大、中型工程，应进行管涌试验，以求出实际产生管涌的临界坡降。对中、小型工程及初步设计时，当渗流方向为由下向上时，可用南京水利科学研究院的经验公式推算：

$$J_C = \frac{42 d_3}{\sqrt{\dfrac{K}{n^3}}} \tag{4-25}$$

式中　d_3——相应于粒径曲线上含量为 3% 的粒径，cm；
　　　K——渗透系数，cm/s；
　　　n——土壤孔隙率。

容许渗透坡降 $[J_C]=J_C/K$，安全系数 K 可根据建筑物的级别和土壤的类型选用安全系数 2～3。$[J_C]$ 值还可参照不均匀系数 η 值选用：$10<\eta<20$ 的非黏性土，$[J_C]=0.20$；$\eta>20$ 的非黏性土，$[J_C]=0.10$。

(2) 流土的临界坡降 J_B。当渗流自下向上作用时，常采用根据极限平衡得到的太沙基公式计算，即

$$J_B = (G-1)(1-n) \tag{4-26}$$

式中　G——土粒相对密度；
　　　n——土的孔隙率。

J_B 一般在 0.8～1.2 之间变化。南京水利科学研究院建议把上式乘以 1.17。容许渗透坡降 $[J_B]$ 也要采用一定的安全系数，对于黏性土，可用 1.5；对于非黏性土，可用 2.0～2.5。

（四）防止渗透变形的工程措施

土体发生渗透变形的原因主要取决于渗透坡降、土的颗粒组成和孔隙率等。因此，设计时应尽量降低渗透坡降和增加渗流出口处土体抵抗渗透变形的能力。为防止渗透变形，

常采用的工程措施有全面截阻渗流、延长渗径、设置排水设施、反滤层或排渗减压井等。这里只介绍反滤层的有关问题。

设置反滤层是提高抗渗破坏能力，防止各类渗透变形，特别是防止管涌的有效措施。在任何渗流流入排水设施处一般都要设置反滤层。

(1) 反滤层的结构。反滤层一般是由 2～3 层不同粒径的非黏性土、砂和砂砾石组成的。层次排列应尽量与渗流的方向垂直，各层次的粒径则按渗流方向逐层增加，如图 4-10 所示。

图中的Ⅰ型相当于坝体内的渗流流入水平排水的情况，以及斜墙后的渗流流入砂砾石坝壳的情况。Ⅱ型是位于地基渗流逸出处的反滤层。排渗减压井中的渗流方向为水平，反滤层则为垂直向。按照施工条件，水平反滤层的每层厚度最小为 10～15cm，一般为 15～30cm，垂直或倾斜反滤层的最小厚度应更大些。采用机械化施工时，每层厚度还要适当加大。

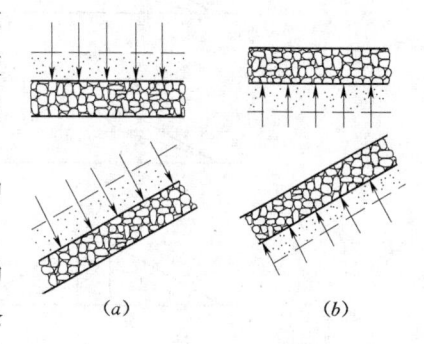

图 4-10 反滤层的布置示意图
(a) Ⅰ型；(b) Ⅱ型

(2) 反滤层的材料。反滤层的材料首先应该是耐久的、能抗风化的砂石料。为保证滤土排水的正常工作，材料的布置和要求应满足如下原则：

1) 被保护土壤的颗粒不得穿过反滤层。但对细小的颗粒（如粒径小于 0.1mm 的砂土），则可允许被带走。因为它被带走不会使土的骨架破坏，不至于产生渗透变形。

2) 各层的颗粒不得发生移动。

3) 相邻两层间，较小的一层颗粒不得穿过较粗一层的孔隙。

4) 反滤层不能被堵塞，而且应具有足够的透水性，以保证排水畅通。

5) 应保证耐久、稳定，其工作性能和效果应不随时间的推移和环境的改变而遭受破坏。

(3) 反滤层级配的设计。根据 SL 274—2001《碾压式土石坝设计规范》中提出的设计方法进行。

第四节 土石坝的稳定分析

一、概述

土石坝作为一个整体，也是依靠重力维持稳定的。但土石坝由于是散粒体堆筑而成，坝坡稳定要求必须采用肥大的剖面，所以坝体不可能产生水平滑动，其失稳形式主要是坝坡滑动或坝坡与坝基一起滑动。土石坝稳定分析的目的就是核算土石坝在自重及各种情况的孔隙压力和外荷载作用下，坝坡是否具有足够的稳定性。

坝坡稳定计算时，应先确定滑裂面的形状，土石坝滑坡的型式与坝体结构、土料和地基的性质以及坝的工作条件等密切相关。图 4-11 为可能滑动的各种形式，大体可归纳为如下几种：

(1) 曲线滑裂面。当滑裂面通过黏性土的部位时,其形状常是上陡下缓的曲面,由于曲线近似圆弧,因而在实际计算中常用圆弧代替,如图 4-11 (a)、(b) 所示。

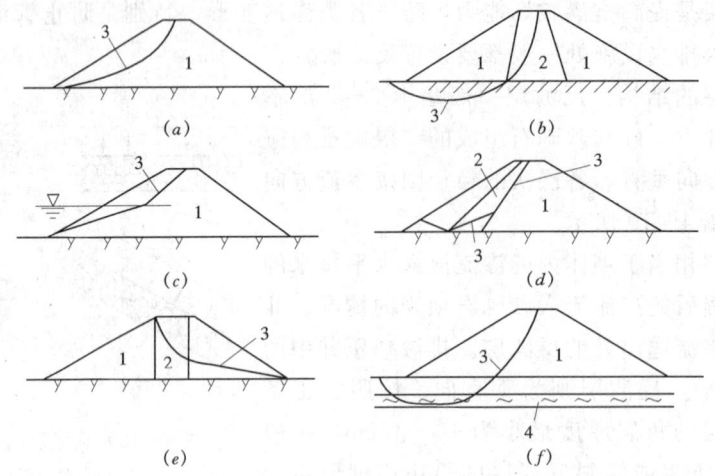

图 4-11 坝坡滑裂面形状
1—坝壳;2—防渗体;3—滑裂面;4—软弱层

(2) 直线或折线滑裂面。滑裂面通过无黏性土时,滑裂面的形状可能是直线或折线形。当坝坡干燥或全部浸入水中时呈直线形;当坝坡部分浸入水中时呈折线形 [图 4-11 (c)]。斜墙坝的上游坡失稳时,通常是沿着斜墙与坝体交界面滑动,如图 4-11 (d) 所示。

(3) 复合滑裂面。当滑裂面通过性质不同的几种土料时,可能是由直线和曲线组成的复合形状滑裂面。图 4-11 (e) 为通过黏土心墙的圆弧和通过砂砾坝壳直线组成的复合滑裂面;图 4-11 (f) 为坝基存在软弱夹层的情况,由两段圆弧和一段直线组合成的复合滑裂面。

二、荷载组合及稳定安全系数的标准

(一) 荷载

土石坝稳定计算必须考虑的荷载有自重、渗透动水压力和地震惯性力等。

(1) 自重。坝体自重一般在浸润线以上的土体按湿重度计算,浸润线以下、下游水位以上的按饱和重度计算,下游水位以下的按浮重度计算。

(2) 渗透动水压力。动水压力的方向与渗透方向相同,作用在单位土体上的渗透动水压力为 γJ,γ 为水的重度,J 为该处的渗透坡降。

(3) 孔隙水压力。这是黏性土体中常存在的一种力。黏性土在外荷载作用下产生压缩时,由于土内空气和水一时来不及排除,外荷载便由土粒及空隙中水和空气共同承担。土粒骨架承担的应力称为有效应力,它在土体滑动时能产生摩擦力,而水和空气承担的应力称为孔隙压力,它是不能产生摩擦力的。土壤中的有效应力 σ' 为总应力 σ 与孔隙压力 u 之差,所以土壤的有效抗剪强度为

$$\tau = c' + (\sigma - u)\tan\varphi' = c' + \sigma'\tan\varphi'$$

式中 φ'——内摩擦角;

c'——黏聚力。

孔隙压力的存在使土的抗剪强度降低，对于黏性填土或坝基，在施工期和水库水位降落期必须计算相应的孔隙压力，必要时还要考虑施工末期孔隙压力消散的情况。

孔隙压力的大小及消散速度，主要随土料性质、填土含水量、填筑速度、坝内各点荷载和排水条件不同而异，并随时间变化，因而孔隙压力的计算一般都较复杂。

目前考虑孔隙压力的方法有两种：一种是采用总应力法，即采用不排水剪的总强度指标 φ_u、c_u 来确定土的抗剪强度 $\tau_u = c_u + \sigma \tan\varphi_u$。显然，欲使试验的总应力与土壤实际总应力状态相符，一般是难以做到的。另一种是有效应力法，即先计算孔隙压力，再把它当做一组作用在滑弧上的外力来考虑，采用与有效应力相应的由排水剪或固结快剪试验求得的有效强度指标 φ'、c'。

(4) 地震惯性力。沿土石坝高度作用于质点 i 处的水平向地震惯性力 Q 可按下式计算：

$$Q = K_H C_z W_i \alpha_i \tag{4-27}$$

竖向地震惯性力 V 计算式为

$$V = \frac{2}{3} K_H C_z W_i \alpha_i \tag{4-28}$$

式中　K_H——水平向地震系数，当设计烈度为 7 度时，$K_H = 0.1$；当设计烈度为 8 度时，$K_H = 0.2$；当设计烈度为 9 度时，$K_H = 0.4$；

　　　C_z——地震效应折减系数，$C_z = \frac{1}{4}$；

　　　W_i——集中在质点 i 的重量，kN；

　　　α_i——质点 i 的动态分布系数，按图 4-12 选用，图中 α_m 为坝顶的动态分布系数，对于设计烈度为 7 度、8 度、9 度区的土石坝，α_m 分别取 3.0、2.5 和 2.0。

（二）稳定计算情况

根据经验，应对以下几种荷载组合情况进行稳定计算：

(1) 正常运用情况（设计情况）包括：①上游为正常蓄水位，下游为相应的最低水位或上游为设计洪水位，下游为相应的最高水位时，在稳定渗流情况下的上、下游坝坡的稳定计算；②水库水位正常降落时，上游坝坡的稳定计算。

(2) 非常运用情况（校核情况）包括：①施工期，凡黏性填土均应考虑孔隙水压力的影响，考虑孔隙水压力消散的条件为填筑密度低，饱和度大于 80%，K 在 $10^{-7} \sim 10^{-3}$ cm/s 之间的大体积填土；

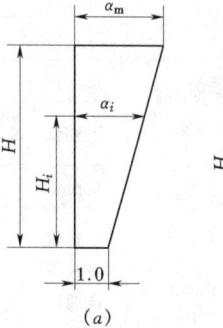

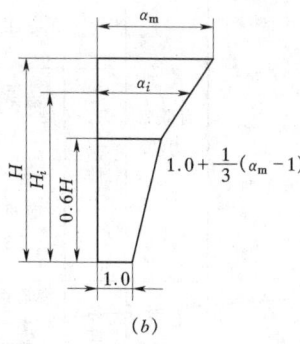

图 4-12　土石坝坝体动态分布系数（单位：m）
(a) 坝高 $H \leqslant 40$m；(b) 坝高 $H > 40$m

②水库水位非常降落，如自校核洪水位降落、降落至死水位以下，大流量泄空等情况下的上游坝坡稳定计算；③校核洪水位下有可能形成稳定渗流时的下游坝坡稳定计算。

（三）稳定安全系数标准

坝坡的抗滑稳定安全系数应不小于表 4-7 所规定的数值。对Ⅰ级坝和Ⅱ级以下的高坝，以及一些比较复杂的情况，可用不计条块间作用力的简化法复核坝坡抗滑稳定安全系数，这时最小安全系数值应比表4-7中的规定降低6.0%。

表4-7　　　　　　　　　　　容许最小抗滑稳定安全系数

运用条件	工程等级			
	Ⅰ	Ⅱ	Ⅲ	Ⅳ、Ⅴ
正常运用	1.50	1.30	1.25	1.20
非常运用	1.35	1.20	1.15	1.10
正常运用加地震	1.15	1.10	1.10	1.05

三、土料抗剪强度指标的选取

土石坝从施工期到运用期，坝体填土及地基土的抗剪强度都在不断变化。所以，土料的抗剪强度指标（内摩擦角 φ、黏聚力 c）的选用是否合理，关系到坝体的工程量和安全程度，极为重要。

一般情况下，黏性土的抗剪强度随固结度的增加而增加，稳定计算时应该采用黏性土固结后的强度指标。确定抗剪强度指标的方法有前述的有效应力法和总应力法两种，SL 274—2001《碾压式土石坝设计规范》规定，对Ⅰ级坝和Ⅱ级以下高坝在稳定渗流期必须采用有效应力法作为依据。Ⅲ级以下中低坝可采用两种方法的任一种。规定中还提出了不同情况下确定抗剪强度指标的方法见表4-8。

表4-8　　　　　　　　　　　抗剪强度指标的测定和应用

控制稳定的时期	强度计算方法	土 类		使用仪器	试验方法与代号	强度指标	试样起始状态
施工期	有效应力法	无黏性土		直剪仪	慢剪		填土用填筑含水量和填筑密度的土，地基用原状土
				三轴仪	排水剪（S或CD）		
		黏性土	饱和度小于80%	直剪仪	慢剪	c'、φ'	
				三轴仪	不排水剪测孔隙压力（Q或uu）		
			饱和度大于80%	直剪仪	慢剪		
				三轴仪	固结不排水剪测孔隙压力（Q或cu）		
	总应力法	黏性土	渗透系数小于10^{-7}cm/s	直剪仪	快剪	c_u、φ_u	
			任何渗透系数	三轴仪	不排水剪（Q或uu）		
稳定渗流期和水库水位降落期	有效应力法	无黏性土		直剪仪	慢剪	c'、φ' c_{cu}、φ_{cu}	同上，但要预先饱和，而浸润线以上的土不需饱和
				三轴仪	排水剪（S或CD）		
		黏性土		直剪仪	慢剪		
水库水位降落期	总应力法	黏性土		三轴仪	固结不排水剪测孔隙压力（R或uu）		

四、稳定分析方法

现行的边坡稳定分析方法很多,基本上都属于刚体极限平衡法。首先选定一种(或几种)破坏面的形式(如圆弧、直线、折线或复合滑动面),再在其中选取若干个可能的破坏面,分别计算出它们的安全系数,其中安全系数最小的滑动面即为最危险滑动面,相应的安全系数即为所求的安全系数。

(一) 圆弧滑动面稳定分析

基本原理:假定滑动面为圆柱面,将滑动面内土体看做刚体脱离体,土体绕滑动面的圆心转动即为边坡失稳。分析时在坝轴线方向取单位坝长1m按平面问题研究。工程实践中常采用条分法:将脱离体按一定的宽度分成若干铅直土条,分别计算各土条对圆心的抗滑力矩 M_r 和滑动力矩 M_s,再求和,最后即得该滑动面的安全系数 $K=\sum M_r/\sum M_s$。

目前最常见的有瑞典圆弧法和简化的毕肖普法。瑞典圆弧法计算简单,但理论上有缺陷,且当孔隙压力较大和地基软弱时误差较大。简化的毕肖普法计算比瑞典圆弧法复杂,但由于计算机的广泛应用,目前应用较多。

1. 不计条块间作用力的瑞典圆弧法

以渗流稳定期下游坝坡有效应力法为例说明如下。

(1) 将土条编号。土条宽度常取半径 R 的 $1/10$,即 $b=0.1R$。各块土条编号的顺序为:首先以过圆心垂线为零号土条的中心线,向上游(对下游坝坡)各土条的顺序为1、2、3、…、n,往下游的顺序为 -1、-2、-3、…、$-m$,如图4-13所示。

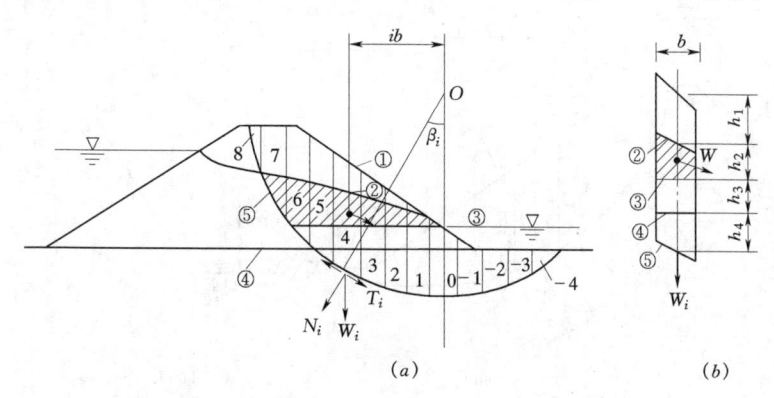

图4-13 圆弧滑动计算简图
①—坝坡线;②—浸润线;③—下游水面;④—地基面;⑤—滑裂面

(2) 土条的重量 W_i。计算抗滑力时,浸润线以上部分用湿重度,浸润线以下部分用浮重度。

$$W_i = [\gamma_1 h_1 + \gamma_3(h_2+h_3) + \gamma_4 h_4]b \tag{4-29}$$

式中 $h_1 \sim h_4$——土条各分段的中线高度,如图4-13(b)所示;
γ_1、γ_3、γ_4——坝体土的湿重度、浮重度和坝基土的浮重度。

计算滑动力时,下游水位与浸润线之间的土体用饱和重度,浸润线以上仍用湿重度计算,下游水位以下土体仍用浮重度计算。

(3) 安全系数。计算公式为

$$K = \frac{\sum\{[(W_i \pm V)\cos\beta_i - ub\sec\beta_i - Q\sin\beta_i]\tan\varphi'_i + c'_i b\sec\beta_i\}}{\sum[(W_i \pm V)\sin\beta_i + M_C/R]} \quad (4-30)$$

式中 W_i——土条重量；

Q、V——水平和垂直地震惯性力（向上为负，向下为正）；

u——作用于土条底面的孔隙压力；

β_i——条块重力线与通过此条块底面中点的半径之间的夹角；

b——土条宽度；

c'_i、φ'_i——土条底面的有效应力抗剪强度指标；

M_C——水平地震惯性力对圆心的力矩；

R——圆弧半径。

用总应力法分析坝体稳定时，略去公式含孔隙压力 u 的项，并将 c'_i、φ'_i 换成总应力强度指标。

2. 简化的毕肖普（Bishop）法

瑞典圆弧法不满足每一土条力的平衡条件，一般计算出的安全系数偏低。毕肖普法在这方面作了改进，近似考虑了土条间相互作用力的影响，其计算简图如图 4-14 所示。图中 E_i 和 X_i 分别表示土条间的法向力和切向力；W_i 为土条自重，在浸润线上、下分别按湿重度和饱和重度计算；Q_i 为水平力，如地震力等；N_i 和 T_i 分别为土条底部的总法向力和总切向力，其余符号如图 4-14 所示。

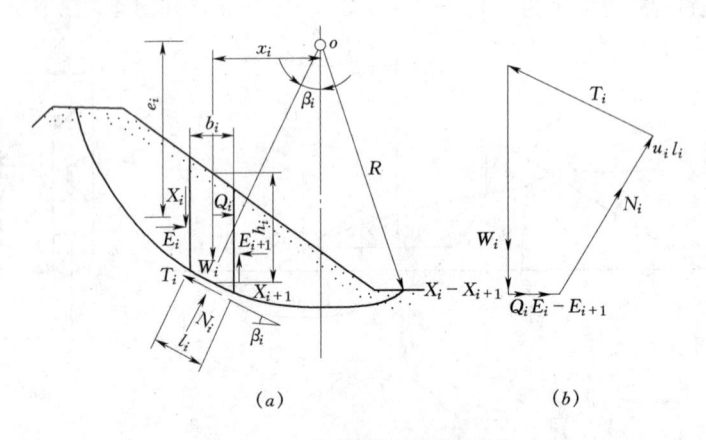

图 4-14 简化的毕肖普法

为使问题可解，毕肖普假设 $X_i = X_{i+1}$，即略去土条间的切向力，使计算工作量大为减少，而成果与精确法计算的仍很接近，故称简化的毕肖普法。安全系数计算公式为

$$K = \frac{\sum\{[(W_i \pm V)\sec\beta_i - ub\sec\beta_i]\tan\varphi'_i + c'_i b\sec\beta_i\}[1/(1 + \tan\beta_i \tan\varphi'_i/K)]}{\sum[(W_i \pm V)\sin\beta_i + M_C/R]}$$

$$(4-31)$$

式中符号意义同上。

3. 最危险圆弧位置的确定

上述滑动圆弧的圆心和半径都是任意选定的，求得的安全系数一般不是最小的，需经

多次试算才能找到最小安全系数，如何能用最少的试算次数，寻到最小的安全系数，过去不少学者进行过研究，下面介绍适合均质坝的两种常用方法。

(1) B.B 方捷耶夫法。他认为最小安全系数的滑弧圆心在扇形 $bcdf$ 范围内（图 4-15）。

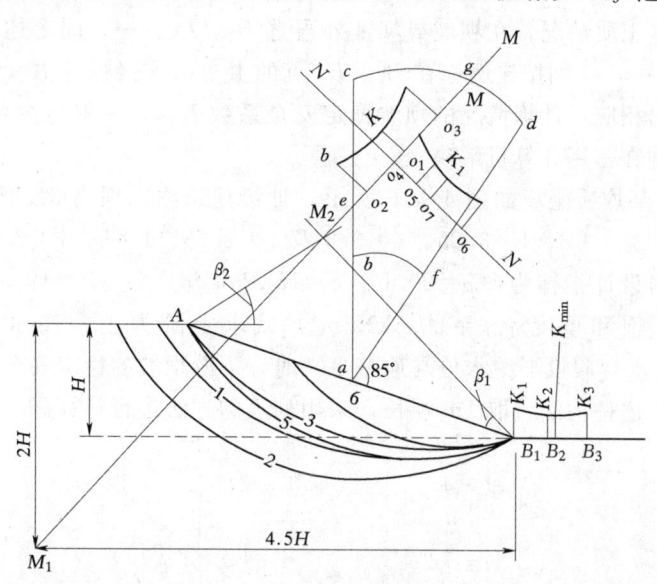

图 4-15 寻求最危险滑弧位置示意图

此扇形面积的两个边界为由坝坡中点 a 引出的两条线，一条为铅直线；另一条与坝坡线成 85°角。另外两个边界是以 a 为圆心所做的两个圆弧，内、外圆弧的 $R_内$、$R_外$ 见表 4-9。

(2) 费兰钮斯法。如图 4-15 所示，H 为坝高，定出距坝顶为 $2H$、距坝趾为 $4.5H$ 的 M_1 点；再从坝趾 B_1 和坝顶 A 引出 B_1M_2 和 AM_2，它们分别与下游坡及坝顶成 β_1、β_2（表 4-10）角并相交于 M_2 点，连接 M_1M_2 线，费兰钮斯认为最危险滑弧的圆心位于 M_1M_2 的延长线附近。

以上两种方法，适用于均质坝，其他坝型也可参考。实际运用时，常将二者结合应用，即认为最危险的滑弧圆心在扇形面积中 eg 线附近，并按以下步骤计算最小的安全系数。

首先在 eg 线上选取 o_1、o_2、o_3、…为圆心，分别做通过 B_1 点的滑弧并计算各自的安全系数 K，按比例将 K 值标在相应的圆心上，连成曲线找出相应最小 K 的圆心，如 o_4 点。

表 4-9 $R_内$、$R_外$ 值表

坝坡		1:1	1:2	1:3	1:4	1:5	1:6
$\dfrac{R}{H}$	$R_内$	0.75	0.75	1.0	1.5	2.2	3.0
	$R_外$	1.50	1.75	2.30	3.75	4.80	5.50

表 4-10 β_1、β_2 值表

坝坡	1:1.5	1:2	1:3	1:4
$\beta_1/(°)$	26	25	25	25
$\beta_2/(°)$	35	35	35	36

再通过 eg 线上 K 最小的点 o_4，作 eg 的垂线 $N—N$，在 $N—N$ 线上选 o_5、o_6 等为圆心，同样分别过 B_1 点作滑弧，找出最小的安全系数，如 B_1 点对应 K_1 即是。一般认为 K_1 值即为通过 B_1 点的最小安全系数，按比例将 K_1 标在 B_1 点的上方。

然后根据坝基土质情况，在坝坡或坝趾外再选 B_2、B_3、…，同上述方法求出最小安全系数 K_2、K_3、…，分别按比例标在 B_2、B_3 点的上方，连接标注 K_1、K_2、K_3 诸短线的端点，即可找出相应于计算情况的坝坡稳定安全系数 K_{min}。一般至少要计算 15 个滑弧才能求得 K_{min}，现在常用计算机解决。

【例 4 - 1】 某均质土坝如图 4 - 16 所示，Ⅲ级建筑物，坝高 31.85m，坝顶宽 7m，上、下游坝坡分别为 1∶3、1∶3.25、1∶3.5 及 1∶2.75、1∶3、1∶3.25，筑坝土料为中粉质壤土，土料设计指标为：$\varphi=20.1°$，$c=15$kPa，湿重度 $\gamma_m=19.5$kN/m^3，浮重度 $\gamma'=10.5$kN/m^3，饱和重度 $\gamma_{sat}=20.5$kN/m^3，试求上游为正常高水位（水深 $H_1=27.52$m），下游无水（假设下游水位与地基平）时，下游坝坡的稳定安全系数。

解： 按本节所述替代法，取 1m 坝长，采用列表的方法进行计算。

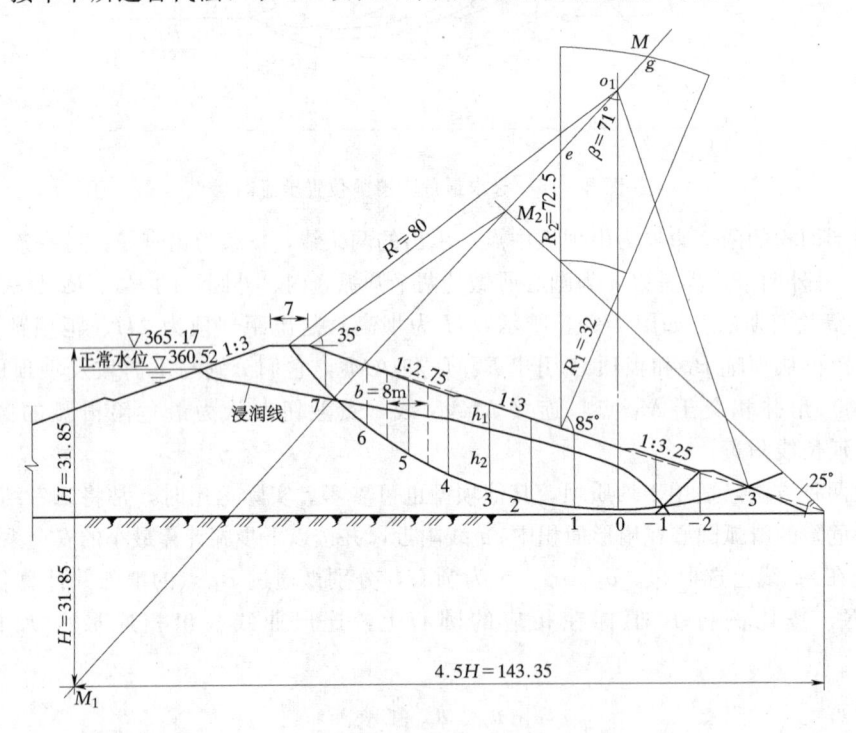

图 4 - 16 某均质坝稳定计算图（单位：m）

（1）按一定比例绘出坝体横剖面图，将计算的浸润线绘于图上。

（2）确定危险滑弧圆心的范围，见图 4 - 16。

（3）在 eg 线上任选一点 o_1 为圆心，以半径 $R=80$m 作圆弧。取土条宽度 $b=8$m，以通过圆心 o_1 的铅垂线作为 0 号土条的中线，向左右两侧量取土条，以左的编号为 1、2、…、8；以右的编号为 -1、-2、-3，各土条的 $\sin\beta_i$ 和 $\cos\beta_i$ 值填入计算表 4 - 11 中第②、③栏内。

(4) 量出各土条中心线的各种土体高度 h_{1i}、h_{2i}，并填入计算表 4-11 中的第④、⑤栏内。第 8 号土条量出宽度 $b'=3m$，高度 $h'=2.5m$，不足一条土条 $b=8m$ 的宽度，要将其换算成宽度 $b=8m$，高度 $h=b'h'/b=3\times2.5/8=0.94m$ 的土条；-3 号土条量出的宽度 $b'=5m$，高为 $h'=2.5m$，同理换算成宽度 $b=8m$，高度 $h=b'h'/b=5\times2.5/8=1.6m$。

下游排水设备对于低坝可近似地采用与坝体相同的重度（偏安全）。

(5) 计算表中各土条的重量。

(6) 计算。

$$\tan\varphi=\tan 20.1°=0.3819$$

弧长 $$\sum l_i=\frac{\pi R}{180}\theta=\frac{3.14\times80}{180}\times71=99.0844m$$

(7) 将有关数值代入式 4-30 中，求坝坡稳定安全系数为

$$K=\frac{\sum b_i(\gamma_m h_{1i}+\gamma'h_{2i})\cos\beta_i\tan\varphi_i+\sum c_i l_i}{\sum b_i(\gamma_m h_{1i}+\gamma_{sat}h_{2i})\sin\beta_i}$$

$$=\frac{\sum(\gamma_m h_{1i}+\gamma'h_{2i})\cos\beta_i\tan\varphi_i+\frac{1}{b}\sum c_i l_i}{\sum(\gamma_m h_{1i}+\gamma_{sat}h_{2i})\sin\beta_i}$$

$$=\frac{644.89+\frac{1}{8}\times15\times99.0844}{647.4}=1.28$$

(8) 再取其他的圆心 o_1、o_2、o_3、…重复上述的计算，即可求得最小稳定安全系数。其坝坡最小的稳定安全系数不得小于表 4-7 中规定的数值。

表 4-11　　　　　　　　计　算　表

土条编号	$\sin\beta_i$	$\cos\beta_i$	h_{1i}	h_{2i}	$\gamma_m h_{1i}$	$\gamma'h_{2i}$	$\gamma_{sat}h_{2i}$	(⑥+⑦)$\cos\beta_i\tan\varphi_i$	(⑥+⑧)$\sin\beta_i$
①	②	③	④	⑤	⑥	⑦	⑧	⑨	⑩
0	0	1	4.05	8.75	78.99	91.88	179.38	65.59	0
1	0.1	0.99	4	10.5	78	110.25	215.25	71.17	29.33
2	0.2	0.98	4.5	11.5	87.75	120.75	235.75	78.03	64.7
3	0.3	0.95	4.5	11.5	87.75	120.75	235.75	75.65	97.05
4	0.4	0.92	5.5	10	107.25	105	205	74.57	124.90
5	0.5	0.87	7	7	136.5	73.5	143.5	69.77	140.0
6	0.6	0.80	7.5	3.5	146.25	36.75	71.75	55.91	130.8
7	0.7	0.71	7		136.5			37.01	95.55
8	0.8	0.6	0.94		18.33		4.2		14.66
-1	-0.1	0.99	7	2.5	136.5	26.25	51.25	61.53	-18.78
-2	-0.2	0.98	5.5		107.25			40.14	-21.45
-3	-0.3	0.95	1.6		31.2			11.32	-9.36
合计								644.89	647.4

（二）折线滑动面稳定分析

非黏性土的坝坡，如心墙坝的上、下游坝坡和斜墙坝的下游坝坡，以及斜墙坝的上游

保护层和保护层连同斜墙一起滑动时，常形成折线滑动面。

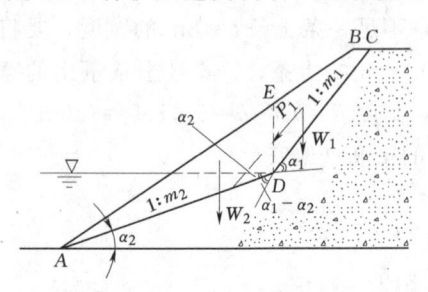

折线法常采用两种假定：①滑楔间作用力为水平向，采用与圆弧滑动法相同的安全系数；②滑楔间作用力平行滑动面采用与毕肖普法相同的安全系数。

1. 非黏性土坝坡部分浸水的稳定计算

对于部分浸水的非黏性土坝坡，由于水上与水下土的物理性质不同，滑裂面不是一个平面，而是近似折线面，今以图 4-17 所示心墙坝的上游坝坡为例，说明折线法按极限平衡理论计算安全系数的方法。

图 4-17 非黏性土坝坡稳定计算图

图中 ADC 为任一滑裂面，折点 D 在上游水位处，以铅直线 DE 将滑动土体分为两块，其重量分别为 W_1、W_2，假定条块间作用力为 P_1，其方向平行 DC 面，两块土体底面的抗剪强度分别为 φ_1、φ_2，则土块 BCDE 的平衡式为

$$P_1 - W_1 \sin\alpha_1 + \frac{1}{K} W_1 \cos\alpha_1 \tan\varphi_1 = 0 \tag{4-32}$$

土体 ADE 的平衡式为

$$\frac{1}{K}W_2\cos\alpha_2\tan\varphi_2 + \frac{1}{K}P_1\sin(\alpha_1-\alpha_2)\tan\varphi_2 - W_2\sin\alpha_2 - P_1\cos(\alpha_1-\alpha_2) = 0 \tag{4-33}$$

由式（4-32）、式（4-33）联立，可以求得安全系数 K。

若 $\varphi_1 = \varphi_2 = \varphi$，并令 $\frac{\tan\varphi}{K} = f$；则

$$\sin\alpha_1 = \frac{1}{\sqrt{1+m_1^2}}; \quad \cos\alpha_1 = \frac{m_1}{\sqrt{1+m_1^2}}$$

$$\sin\alpha_2 = \frac{1}{\sqrt{1+m_2^2}}; \quad \cos\alpha_2 = \frac{m_2}{\sqrt{1+m_2^2}}$$

并再将式（4-32）、式（4-33）联解得

$$f = \frac{A+B}{2} - \sqrt{\left(\frac{A+B}{2}\right)^2 - \left(\frac{B}{m_2}+C\right)} \tag{4-34}$$

其中

$$A = \frac{1+m_1^2}{m_2-m_1}\frac{m_2}{m_1} \tag{4-35}$$

$$B = \frac{W_2}{W_1}A \tag{4-36}$$

$$C = \frac{1+m_1 m_2}{m_1(m_2-m_1)} \tag{4-37}$$

安全系数

$$K = \frac{\tan\varphi}{f} \tag{4-38}$$

为求得坝坡的稳定安全系数，应假定不同的 α_1、α_2 和上游水位，即先求出在某一水位和 α_2 下不同 α_1 值时的最小稳定安全系数，然后在同一水位下再假定不同的 α_2 值，重复上述计算可求出在这种水位下的最小稳定安全系数。一般还必须至少再假设两个水位，才能最后确定坝坡的最小稳定安全系数。

2. 斜墙坝上游坝坡的稳定计算

斜墙坝上游坝坡的稳定计算，包括保护层沿斜墙和保护层连同斜墙沿坝体滑动两种情况，因为斜墙同保护层和斜墙同坝体的接触面是两种不同的土料填筑的，接触面处往往强度低，斜墙和保护层有可能共同沿斜墙底面折线滑动，如图 4-18 所示，对厚斜墙还应计算圆弧滑动稳定。

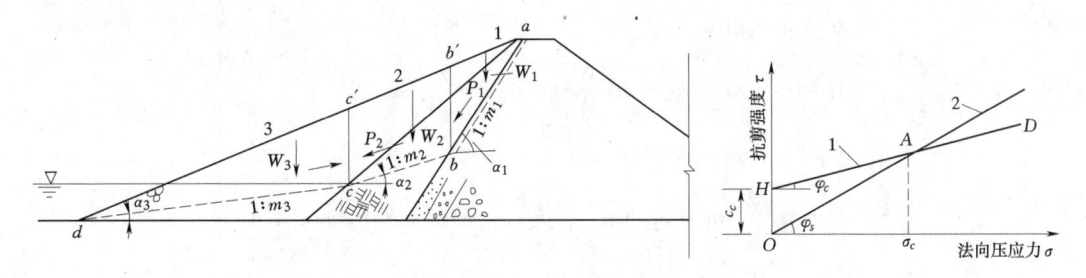

图 4-18 斜墙同保护层一起滑动的稳定计算图

图 4-19 土料抗剪强度与法向压应力的关系曲线
1—黏性土；2—非黏性土

斜墙与下游坝壳接触面的抗剪强度，可用直剪仪做两种接触面的抗剪强度试验得到，也可根据两种土料的强度包线 OAD 确定接触面的抗剪强度，如图 4-19 所示，当接触面法向压应力小于 σ_c 时，抗剪强度用 OA 线；当接触面法向压应力大于 σ_c 时，抗剪强度用 AD 线。

设试算滑动面 $abcd$（图 4-18），将滑动土体分成三块。如 abb' 土体重量为 W_1，ab 面的砂料内摩擦角为 φ_1（按图 4-19 原理决定），abb' 土体作用在 bb' 面上的土压力为 P_1，P_1 的方向假定与底面平行。令

$$\left. \begin{array}{l} n_1 = \dfrac{\tan\varphi_1}{\tan\varphi_3} = \dfrac{f_1}{f_3} \\ n_2 = \dfrac{\tan\varphi_2}{\tan\varphi_3} = \dfrac{f_2}{f_3} \\ n_3 = \dfrac{c_2}{\tan\varphi_3} = \dfrac{c_2}{f_3} \end{array} \right\} \tag{4-39}$$

式中　φ_2、φ_3——bc 及 cd 面上的实际内摩擦角；

c_2——bc 面上斜墙土料的实际单位黏聚力；

f_1、f_2、f_3——各滑动面为维持极限平衡所需的摩擦系数。

式（4-39）的意义是：各滑动面为维持极限平衡所需的摩擦系数之比值应与相应的土料抗剪强度之比值一致。也就是说各滑动面的安全系数相等。

由于 f_1、f_2、f_3 未知，故先用已知的 φ_1、φ_2、φ_3 及 c_2 由式（4-39）算出 n_1、n_2、n_3，然后列出维持土体 $cc'd$ 极限平衡时的方程式，求出 f_3，由图 4-18 可知

$$P_1 = W_1\sin\alpha_1 - n_1 W_1 f_3 \cos\alpha_1 \tag{4-40}$$

$$P_2 = W_2\sin\alpha_2 - n_2 W_2 f_3 \cos\alpha_2 - n_3 f_3 l_2 + P_1\cos(\alpha_1 - \alpha_2) - P_1 n_2 f_3 \sin(\alpha_1 - \alpha_2) \tag{4-41}$$

式中 l_2——bc 面的长度。

维持土体 $cc'd$ 极限平衡的平衡方程式为

$$W_3\sin\alpha_3 - f_3 W_3\cos\alpha_3 + P_2\cos(\alpha_2-\alpha_3) - P_2 f_3\sin(\alpha_2-\alpha_3) = 0 \quad (4-42)$$

将式（4-40）、式（4-41）代入式（4-42），经整理后得

$$Af_3^3 + Bf_3^2 + Cf_3 - D = 0 \quad (4-43)$$

其中

$$\left.\begin{aligned}
A &= n_1 n_2 m_1 a_1 a_2 \\
B &= n_1 n_2 m_1 a_1 a_2 + n_2 \frac{W_2}{W_1} m_2 a_2 c_1 + \frac{n_3 l_2}{W_1} a_2 c_1 c_2 \\
&\quad + n_1 m_1 a_2 b_1 + n_2 a_1 a_2 \\
C &= n_2 \frac{W_2}{W_1} m_2 b_2 c_1 + n_3 \frac{l_2}{W_1} b_2 c_1 c_2 + n_1 m_1 b_1 b_2 + n_2 a_1 b_2 \\
&\quad + \frac{W_2}{W_1} a_2 c_1 + a_2 b_1 + \frac{W_3}{W_1} m_3 c_1 c_2 \\
D &= \frac{W_3}{W_1} c_1 c_2 + \frac{W_2}{W_1} b_2 c_1 + b_1 b_2
\end{aligned}\right\} \quad (4-44)$$

$$\left.\begin{aligned}
a_1 &= \frac{m_2 - m_1}{\sqrt{1+m_1^2}}; a_2 = \frac{m_3 + m_2}{\sqrt{1+m_2^2}} \\
b_1 &= \frac{1+m_1 m_2}{\sqrt{1+m_1^2}}; b_2 = \frac{1+m_2 m_3}{\sqrt{1+m_2^2}} \\
c_1 &= \sqrt{1+m_1^2}; c_2 = \sqrt{1+m_2^2}
\end{aligned}\right\} \quad (4-45)$$

由式（4-43）求出 f_3 值，稳定安全系数 K 为

$$K = \frac{\tan\varphi_3}{f_3} \quad (4-46)$$

为求得最危险滑动面，需用试算的方法。如图 4-20 所示，先假定某一上游水位，再假定 c 点位置（随即得出 m_3），再假定不同的 b 点位置（随即得出 m_2），求出不同 b 点处的安全系数，绘出曲线，得出最小值，即为所设 c 点的最小安全系数。再假设不同 c 点，重复以上步骤，得出不同 c 点的安全系数，绘出曲线找出最小值，此值即为所设水位的安全系数。假设不同水位，重复以上步骤，得出不同安全系数，绘成曲线找出最小值，即为所求的安全系数。

当上游有水时，水位以上土体以湿重度计，上游水位与下游水位之间的斜墙黏性土以饱和重度计，上游水位以下的坝壳以浮重度计，下游水位以下的全部土体均以浮重度计。

（三）复合滑动面稳定分析

当滑动面通过不同土料时，常由直线与圆弧组合的形式。如厚心墙坝的滑动面通过砂性土部分为直线，通过黏性土部分为圆弧。当坝基下不深处存在有软弱夹层时，滑动面也可能通过软弱夹层而形成如图 4-21 所示的复合滑动面。

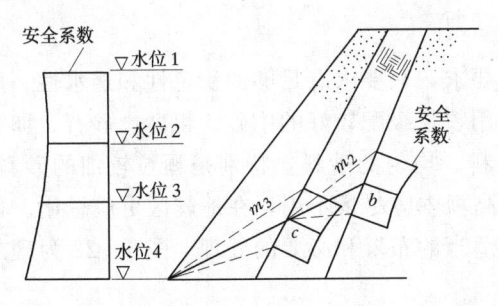

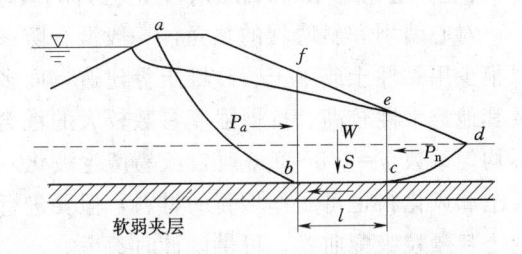

图 4-20 求安全系数步骤的示意图　　图 4-21 坝基有软弱夹层时的稳定计算简图

计算时，可将滑动土体分为 3 个区，土体 abf 的滑动推力为 P_a，土体 cde 的推力为 P_n，分别作用于 fb 和 ec 面上。由土体 $bcef$ 产生的抗滑力 S 作用于 bc 面上，稳定安全系数 K 可表示为

$$K = \frac{抗滑力}{滑动力} = \frac{S}{P_a - P_n} = \frac{W\tan\varphi + cl}{P_a - P_n} \quad (4-47)$$

式中　W——土体 $bcef$ 的自重；

　　　φ，c——软弱夹层的内摩擦角和黏聚力。

求 P_a、P_n 时，也可用条分法将两边的滑动土体 abf 和 cde 分成几个条块，并假定条块间的推力近似于水平。用上述试算法，拟定一个安全系数 K，推求各条块对下一块的推力（求 P_a 时从左块开始，求 P_n 时则从右块开始），得出 P_a 和 P_n 后代入式 (4-47)，如果得到 K 值与拟定的 K 值不同，则重新拟定 K，重复计算，直至两者相等为止。当然，也要多假定几个 ab 弧和 cd 弧的位置，经过多次试算，才能求出沿这种滑动面的最小稳定安全系数。

第五节　筑坝材料选择与填筑标准

就地取材是土石坝的一个主要特点。坝体附近土石料的种类及工程性质、料场的分布、储量、开采及运输条件等是进行土石坝设计的重要依据。近年来由于筑坝技术的发展，对筑坝材料的要求已逐渐放宽。原则上一般土石料都可选作碾压式土石坝的筑坝材料。对设计者的要求是选择合理的结构形式，将土石料在坝的各部分进行适当的配置，以使所选择的坝型和所设计的坝体剖面经济合理、安全可靠和便于施工。

一、坝体各组成部分对材料的要求

土石坝一般由坝体（或坝壳）、防渗设施和排水设施三个主要部分组成。它们的任务和工作条件不同，对材料的要求也有所不同。

（一）均质坝对材料的要求

均质坝未设置专门的防渗设施，土料应具有一定的抗渗性能，其渗透系数不宜大于 10^{-4} cm/s；黏粒含量一般为 10%~30%；有机质含量（按重量计）不大于 5%，最常用于均质坝的土料是砂质黏土和壤土。

(二) 心墙坝和斜墙坝对坝壳材料的要求

对心墙坝和斜墙坝的坝壳，一般没有防渗要求，只要求有足够的稳定性和透水性，所以很少用黏性土或壤土、砂壤土等建造，而多用粒径级配较好的中砂、粗砂、砂石、卵石及其他透水性较高、抗剪强度参数较大的混合料。均匀的砂料，特别是颗粒较细的砂料，不均匀系数 $\eta=1.5\sim2.6$ 时，极易产生液化，高坝中应尽量不用，在地震区更应忌用。砾石土和风化料也可用作坝壳的材料，但要进行适当的布置和必要的处理。图 4-22 为理想的土料颗粒级配曲线，可供设计时参考。

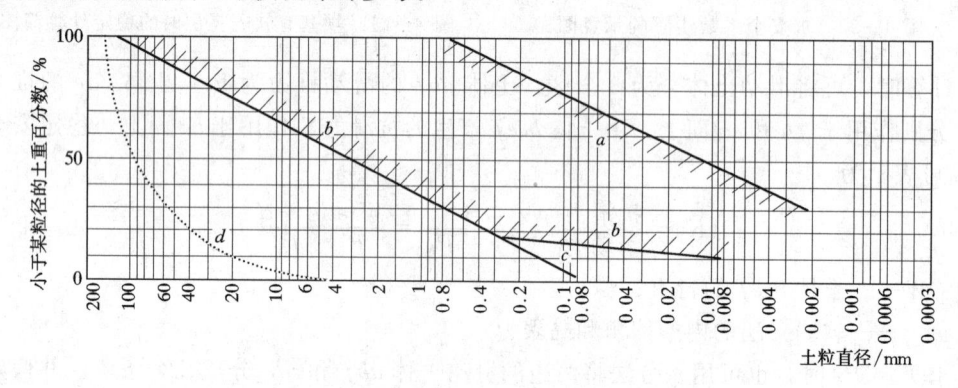

图 4-22 理想的土料颗粒级配曲线
a—心墙、斜墙土料细限；$a\sim b$—均质土坝及厚心墙坝的土料范围；
$b\sim c$—优良透水料；d—密实度最佳的透水料

(三) 防渗设施对土料的要求

心墙坝、斜墙坝做防渗设施的土料，首先应具有足够的防渗性。一般要求渗透系数不大于 10^{-5} cm/s，它与坝壳材料的渗透系数之比应最小，最好不大于 1/1000，以便有效地降低坝体浸润线，提高防渗效果。防渗土料还应具有足够的塑性，能适应坝体及坝基的变形而不致产生裂缝。一般塑性指数为 $7\sim20$ 的适用做防渗材料。塑性指数过大，则黏粒含量太多，不宜用来防渗。浸水后膨胀软化较大的黏土以及开挖压实困难的干硬性黏土应尽量不用。含有石膏和含有交换钠离子数量太多的离散土也不宜用来防渗。防渗体对杂质含量的要求也比对坝体材料的要求为高，一般要求有机质含量不超过 2%，水溶盐含量不超过 3%（均按重量计）。

目前，国内外对土石坝材料的要求有逐步放宽的趋势。有的甚至用砾石土、风化砾石土做防渗材料。如能针对不同材料的情况，因地制宜地采用适当的开采和压碎方法，做到碾压密实，防渗性能良好，则使用风化的黏土、页岩和泥质砂岩来作防渗体也是可能的。使用带有粗粒（大于5mm）的材料时，其粗粒含量一般不应超过 50%，其最大粒径不得大于铺土层厚度的 2/3，或不大于 100mm，且不得发生粗料集中架空现象。

用非均质土料做防渗材料时，必须按照设计规定的级配曲线的容许范围采用，并在施工工艺上采取保证措施，以避免分离现象。

(四) 排水设施和砌石护坡对石料的要求

排水设施和砌石护坡所用的石料，应有较高的抗压强度，良好的抗水性、抗冻性和抗风化性。块石料的重度应大于 22kN/m³；岩石孔隙率不应大于 3%，吸水率（按孔隙体积比例计）不应大于 0.8；块石料的饱和抗压强度不应小于 30MPa，软化系数不应小于 0.75～0.85，块石的形状要尽可能做成正方形，最大边长与最小边长之比不应大于 1.5～2.0，以避免挠曲折断，保证工程质量。所有的岩石还必须是新鲜的，不宜用风化和含黄铁矿的岩石。反滤料是排水设施的重要组成部分，材料要求与以上类似，但颗粒级配必须按要求分层设置，详见本章第三节。

二、风化料的应用

随着土石坝堆石体施工机械的改进，施工方法已由抛填改为薄层碾压：①提高了碾压效率，降低了碾压费用；②碾压后堆石表面平整，可以减少运输车辆轮胎的磨损；③碾压的密实度高，碾压的堆石很少发生颗粒分离现象，沉降和扭曲变形都较小。为此，对堆石料的石质、尺寸、级配、细料含量等要求均大大放宽，并有可能采用风化岩、软岩等劣质石料修建高坝。

(1) 风化岩、软岩等劣质石料的工程性质。这种石料的特点是母岩石质软，抗压强度低，石块小，细料多，但级配良好，碾压密实，孔隙率低，其工程性质基本能满足筑坝要求。根据国内外一些工程的经验来看，有的细料（粒径小于 5mm）含量达 10%～30%，尚能够自由排水，施工期无孔隙水压力。风化岩和软岩堆石料虽细料含量较多，但粒间接触点相应增多，压实后，其压缩性并不很大。有的坝软岩压实后的摩擦角 φ' 达到 37°～49°，与坚硬岩石相差无几。所以，用风化岩和软岩建成的堆石坝坝坡也可以做得较陡。

(2) 应用风化岩、软岩筑坝时应注意的几个问题。应按石料质量分区使用，将坝壳由内向外分成几个区，质量差的、粒径小的石料放在内侧，质量好的、粒径大的石料放在外侧，这样可扩大材料的使用范围。现场和试验室观测表明，堆石距表面的深度超过 0.5m 时，遭受风化的影响很小，设计时应在堆石料表面铺一层 1～1.5m 厚的新鲜岩石保护层，以防止内部继续风化。堆石中细料含量宜适当控制，以保持必要的透水性和压实密度，如细料含量较多难以自由排水，则应将其填筑在坝壳内要求较低的"任意料区"。任意料区一般布置在下游坝壳的干燥区或坝壳内侧靠近心墙附近。任意料区的周围应包一层排水过渡层。还应防止细料过分集中形成软弱面，影响坝体稳定和不均匀沉降。如岩石的软化系数较低，则应研究浸水后的抗剪强度降低和沉陷问题。

三、土石料的填筑标准

为了保证土石料的填筑质量，必须规定一定的标准。土石料的填筑标准，对于黏性土，其指标是设计干重度及相应的含水量；对于非黏性土，其指标是相对密度（可换算出干重度）；对于堆石料，其指标是孔隙率。

坝体填土的压实是为了提高填土的密实度和均匀性，使填土具有足够的抗剪强度、抗渗性和抗压缩性。但压得越密实，越需要较大的压实功能，耗费越多的人力、财力和时间，有时反而不够经济合理。因此，设计时必须对选用的材料确定合理的填筑方法和恰当的填筑标准，以取得既安全又经济的设计效果。

(一) 黏性土的压实标准

我国 SL 274—2001《碾压式土石坝设计规范》对黏性土的填筑标准作了如下规定。

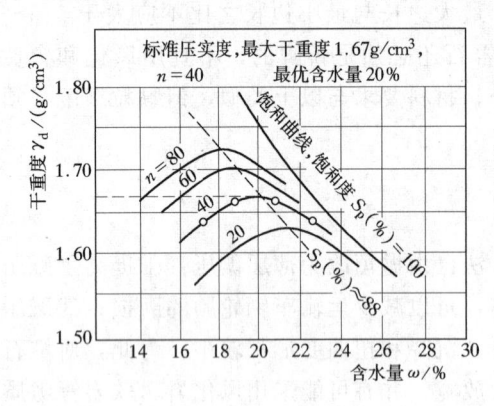

图 4-23 黏性土的击实曲线

对不含砾或含少量砾的黏性土料，以设计干重度作为设计指标，按击实试验的最大干重度乘以压实度确定。对于Ⅰ级坝和高坝，压实度为 0.98～1.00；对于Ⅱ级、Ⅲ级及其以下的中坝，压实度为 0.96～0.98。

土料的压实度受压实功能的控制，同时又随含水量而变化。在一定的压实功能条件下达到最佳压实效果的含水量称为最优含水量。填土所能达到的干重度与压实功能和含水量的关系如图 4-23 所示。最优含水量多在塑限附近。黏性土的填筑含水量一般控制在最优含水量附近。

(1) 填土含水量 ω。由于压实功能、最大干重度与最优含水量的关系，只有在施工过程中或至少在现场碾压试验中才能比较准确地求出，因此，初步设计时，只能根据室内试验或经验选定，即

$$\omega = \omega_p + \beta I_p \tag{4-48}$$

式中 ω——土的最优含水量；
　　　ω_p——土的塑限；
　　　I_p——土的塑性指数；
　　　β——系数，高坝可取为 ±0.1，中低坝可取 ± (0.1～0.2)。

(2) 填土的干重度 r_d。与最优含水量类似，施工以前也很难准确确定，一般可用下列经验公式初步拟定。

根据最优含水量 ω 用式 (4-49) 计算：

$$r_d = m \frac{r_s(1-v_a)}{1+0.01 w r_s} \tag{4-49}$$

式中 v_a——单位土体中空气的体积，黏性土取为 0.05，壤土可取为 0.04，砂壤土可取为 0.03；
　　　r_s——土粒重度；
　　　m——施工条件系数，高坝可取为 0.97～0.99，中低坝可取为 0.95～0.97。

初步设计时，也可用类比法，即参考已建成的相似土石坝的资料来选定设计干重度和含水量，并通过击实试验、现场试验和施工实践逐步改进。

(二) 非黏性土料的压实标准

非黏性土料是填筑坝体或坝壳的主要材料之一，对它的填筑密度也应有严格的要求，以便提高其抗剪强度和变形模量，增加坝体稳定和减小变形，防止砂土料的液化。它的压密程度一般与含水量关系不大，而与粒径级配和压实功能有密切关系。压密程度一般用相

对密度 D_r 来表示：

$$D_r = \frac{e_{max} - e}{e_{max} - e_{min}} \tag{4-50}$$

式中 e_{max}——最大孔隙比；

e_{min}——最小孔隙比；

e——设计孔隙比。

与 D_r 相应的干重度 r_d 为

$$r_d = \frac{r_{dmax} r_{dmin}}{(1-D_r)r_{dmax} + D_r r_{dmin}} \tag{4-51}$$

式中 r_{dmax}——砂砾料的最大干重度；

r_{dmin}——最小干重度，两者均可由试验得出。

设计时，应适当选定所要求的密实度。对于砂砾土，相对密度要求不低于0.75～0.80，地震区的土石坝，一般要求浸润线以上不低于0.75，浸润线以下不低于0.75～0.85。对于堆石料，平均孔隙率宜在20%～30%之间选择，坝的级别和高度越高，应选小值，反之应选大值。

非黏性土设计中的一个重要问题是防止产生液化。解决的途径除要求有较高的密实度外，还要注意颗粒不能太小，级配要适当，不能过于均匀。

第六节 土石坝的构造

对满足抗渗和稳定要求的土石坝基本剖面，还需进一步通过构造设计来保障坝的安全和正常运行。土石坝的构造主要包括坝顶防渗体、护坡和排水设施等部分。

一、坝顶

坝顶一般都做护面，护面的材料可采用碎石、单层砌石、沥青或混凝土，Ⅳ级以下的坝也可以采用草皮护面。如有公路交通要求，还应满足公路路面的有关规定。

坝顶上游侧常设防浪墙，防浪墙应坚固而不透水，下游侧宜设缘石。为了排除雨水，坝顶应做成向一侧或两侧倾斜的横向坡度，坡度宜采用2%～3%。对于有防浪墙的坝顶，则宜采用单向向下游倾斜的横坡。在坝顶下游侧设纵向排水沟，将汇集的雨水经坝面排水沟排至下游。

防浪墙可用混凝土或浆砌石修建。墙的基础应牢固地埋入坝内，当土石坝有防渗体时，防浪墙墙基要与防渗体可靠地连接起来，以防高水位时漏水。防浪墙的高度一般为1.0～1.2m（图4-24）。

坝面布置与坝顶结构应力求经济实用，在建筑艺术处理方面要美观大方。

二、防渗体

防渗体主要是心墙、斜墙、铺盖、截水墙等，它所要求的材料及布置上的一些特点，前面已叙述过，它的结构和尺寸应能满足防渗、构造、施工和管理方面的要求。

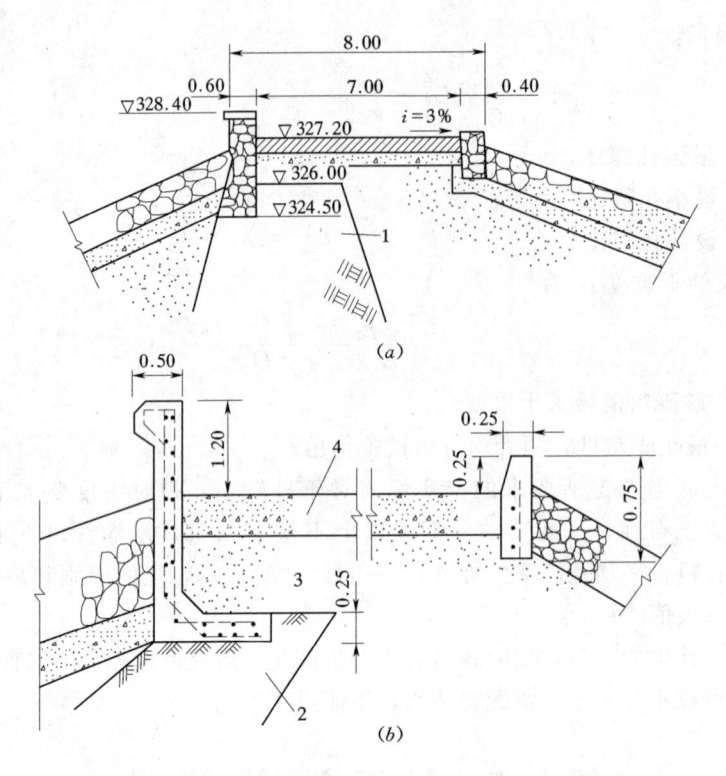

图 4-24 坝顶构造（单位：m）
1—心墙；2—斜墙；3—回填土；4—碎石路面

（一）黏性土心墙

如图 4-25 所示，这种心墙一般布置在坝体中部，有时稍偏上游并稍为倾斜，以便于和坝顶的防浪墙相连接，并可使心墙后的坝壳先期施工，得到充分的先期沉降，以避免或减少裂缝。

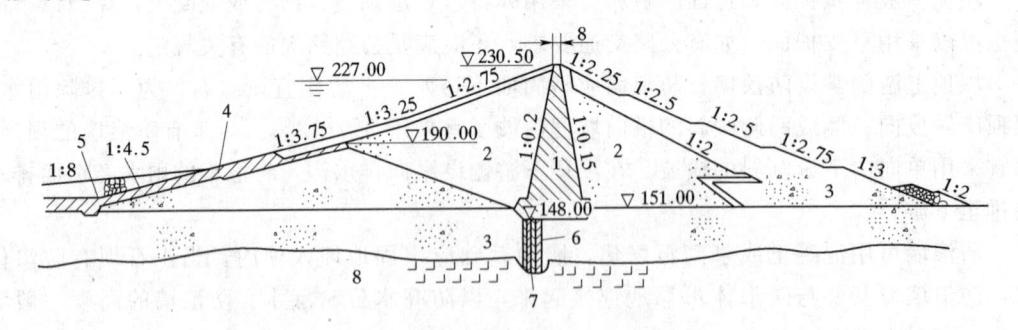

图 4-25 毛家村黏土心墙土坝（单位：m）
1—黏土心墙；2—半透水料；3—砂卵石；4—施工时挡土黏土斜墙；
5—盖层；6—混凝土防渗墙；7—灌浆帷幕；8—玄武岩

心墙坝顶部厚度一般不小于 3m，以便于机械化施工。由于心墙多为黏性土，材料的抗剪强度低，施工质量受气候的影响大，合适的黏土数量也难就近得到满足，所以，一般不宜做肥厚的心墙。心墙厚度常根据土壤的允许渗透坡降而定，有时也应考虑降低下游浸润线的需要。SL 274—2001《碾压式土石坝设计规范》规定心墙底部厚度不宜小于作用水头的1/4。黏土心墙两侧边坡多在1∶0.15～1∶0.3之间，有些肥大心墙在1∶0.4～1∶0.5之间。心墙的顶部应高出设计洪水位0.3～0.6m，且不低于校核水位，当有可靠的防浪墙时，心墙顶部高程也不应低于设计洪水位。心墙顶与坝顶之间应设有保护层，厚度不小于该地区的冰结或干燥深度，同时按结构要求不宜小于1m。心墙与坝壳之间应设置过渡层，过渡层的结构虽比反滤层的要求低一些，但也应采用级配良好的、抗风化的细粒石料和砂砾石料，以使整个坝体内应力传递均匀，并保证坝壳的排水效果良好。心墙与地基和两岸必须有可靠的连接。岩石地基上的心墙（图4-26）一般还要设混凝土垫座，或修建1～3道混凝土齿墙。齿墙的高度约为1.5～2.0m，切入岩基的深度常为0.2～0.5m，有时还要在下部进行帷幕灌浆。

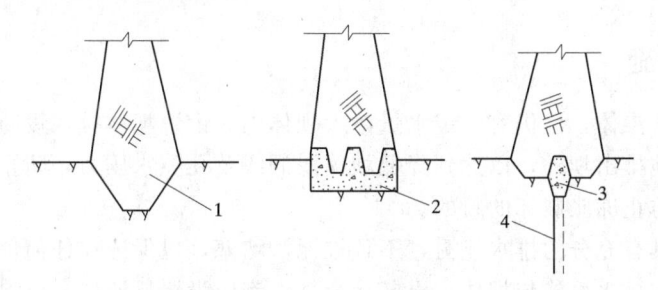

图4-26 黏土心墙与岩基的连接型式
1—黏土截水墙；2—混凝土垫座；3—混凝土齿墙；4—灌浆孔

当坝下有涵管穿过时，除涵管必须加设截水环外，还要把涵管放在坚固的地基上或垫座上，有时需将心墙适当加厚，并认真填筑密实以确保安全。

（二）黏土斜墙

黏土斜墙的构造除外形外，其他均与心墙类似。顶厚（指与斜墙上游坡面垂直的厚度）也不宜小于3m。为保证抗渗稳定，底厚不宜小于作用水头的1/5。墙顶应高出设计洪水位0.6～0.8m，且不低于校核水位。同样，如有可靠的防浪墙，斜墙顶部也不应低于设计洪水位。为防止斜墙因弯曲、沉降而断裂，其厚度应比仅按渗透稳定条件确定的数值为大。斜墙顶部和上游坡都必须设保护层，以防冲刷、冰冻和干裂。保护层常用砂、砾石、卵石或碎石等砌成，厚度不得小于冰冻和干燥深度，一般用2～3m。斜墙及保护层的坡度取决于土坝稳定计算的结果，一般内坡不宜陡于1∶2.0，外坡常在1∶2.5以上。斜墙与保护层以及下游坝体之间，应根据需要分别设置过渡层。上游的过渡层可简单一些，保护层的材料合适时，可只设一层，有时甚至不设；与坝体连接的过渡层，与心墙后的过渡层极似，但为了使应力均匀并适应变形，要求还应高一些，常需设置两层，斜墙与铺盖或截水墙的连接都应牢靠。图4-27为汤河黏土斜墙土坝。

（三）非土料防渗体

非土料防渗体有钢筋混凝土、沥青混凝土、木板、钢板、浆砌块石和塑料薄膜等，较常用的是沥青混凝土和钢筋混凝土，由于这些非土料的防渗体多用在堆石坝中，所以将在

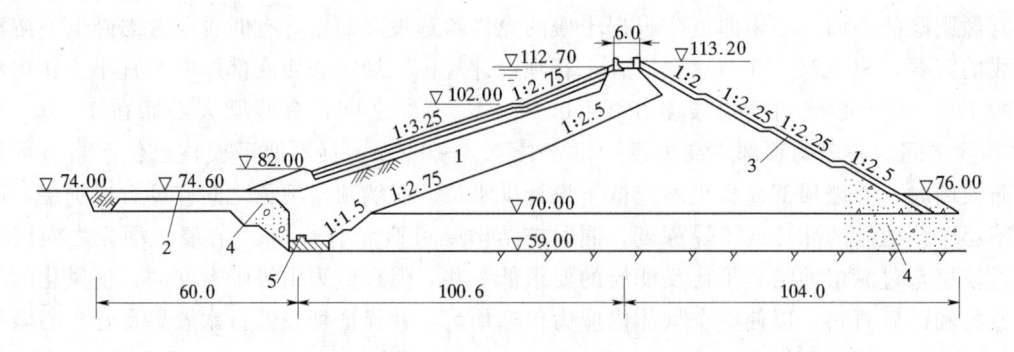

图4-27 汤河黏土斜墙土坝

1—黏土斜墙；2—黏土铺盖；3—砂砾半透水层；4—砂砾石土基；5—混凝土盖板齿墙

堆石坝一节中介绍。

三、排水设施

土石坝虽有防渗体，但仍有一定水量渗入坝体内。设置坝体排水设施，可以将渗入坝体内的水有计划地排出坝外，以达到降低坝体浸润线及孔隙水压力，防止渗透变形，增加坝坡的稳定性，防止冻胀破坏的目的。

排水设施应具有充分的排水能力，不致被泥沙堵塞，以保证在任何情况下都能自由地排出全部渗水。在排水设施与坝体、土基接合处，都应设置反滤层，以保证坝体和地基土不产生渗透变形，并应便于观测和检修。常用的坝体排水有以下几种型式。

(1) 贴坡排水。紧贴下游坝坡的表面设置，它由1～2层堆石或砌石筑成，在石块与坝坡之间设置反滤层，如图4-28所示。

贴坡排水顶部应高于坝体浸润线的逸出点，对Ⅰ级、Ⅱ级坝不小于2.0m，Ⅲ级、Ⅳ级、Ⅴ级坝不小于1.5m，并保证坝体浸润线位于冻结深度以下。贴坡排水底部必须设排水沟，其深度要满足结冰后仍有足够的排水断面。

贴坡排水构造简单、节省材料、便于维修，但不能降低浸润线。多用于浸润线很低和下游无水的情况，当下游有水时还应满足波浪爬高的要求。

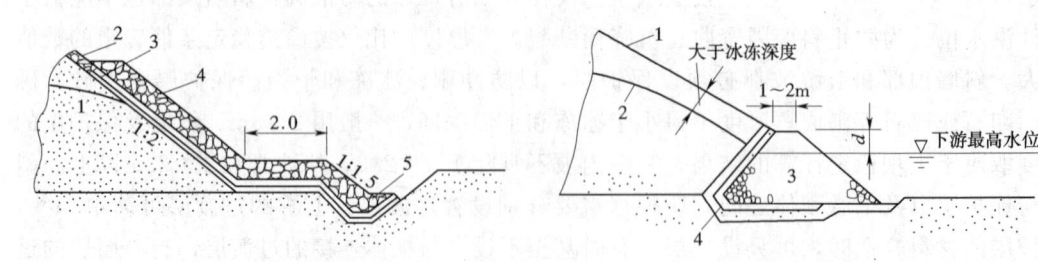

图4-28 贴坡排水

1—浸润线；2—护坡；3—反滤层；4—排水；5—排水沟

图4-29 堆石棱体排水

1—下游坝坡；2—浸润线；3—棱体排水；4—反滤层

(2) 棱体排水。在下游坝脚处用块石堆成棱体，顶部高程应超出下游最高水位，超出高度应大于波浪沿坡面的爬高，且对Ⅰ级、Ⅱ级坝不小于1.0m，对Ⅲ级、Ⅳ级、Ⅴ级坝不小于0.5m，并使坝体浸润线距坝坡的距离大于冰冻深度。堆石棱体内坡一般为

1∶1.25～1∶1.5，外坡为1∶1.5～1∶2.0或更缓。顶宽应根据施工条件及检查观测需要确定，但不得小于1.0m，如图4-29所示。

棱体排水可降低浸润线，防止坝坡冻胀和渗透变形，保护下游坝脚不受尾水淘刷，且有支撑坝体增加稳定的作用，是效果较好的一种排水型式。多用于河床部分的下游坝脚处。但石料用量较大、费用较高，与坝体施工有干扰，检修也较困难。

（3）褥垫排水。它是伸展到坝体内的一种排水设施，在坝基面上平铺一层厚约0.4～0.5m的块石，并用反滤层包裹。褥垫伸入坝体内的长度应根据渗流计算确定，对黏性土均质坝不大于坝底宽的1/2，对砂性土均质坝不大于坝底宽的1/3，其构造如图4-30所示。

褥垫排水向下游方向设有0.005～0.01的纵坡。排水层的厚度应根据排水量计算确定，并应满足反滤层最小厚度的要求。当下游水位低于排水设施时，降低浸润线的效果显著，还有助于坝基排水固结。但当坝基产生不均匀沉陷时，褥垫排水层易遭断裂，而且检修困难，施工时有干扰。

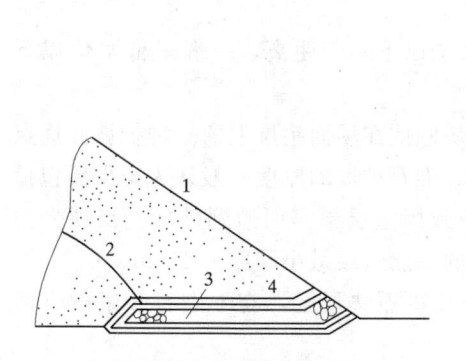

图4-30 褥垫式排水
1—护坡；2—浸润线；3—排水；4—反滤层

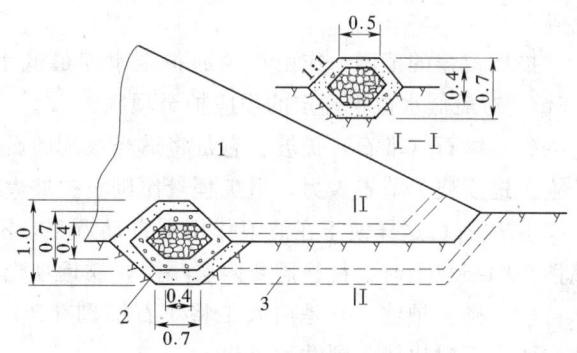

图4-31 管式排水
1—坝体；2—集水管；3—横向排水管

（4）管式排水。管式排水的构造如图4-31所示。埋入坝体的暗管可以是带孔的陶瓦管、混凝土管或钢筋混凝土管，还可以是由碎石堆筑而成。平行于坝轴线的集水管收集渗水，经由垂直于坝轴线的横向排水管排向下游。横向排水管的间距为15～20m。管式排水的优缺点与褥垫式排水相似。排水效果不如褥垫式好，但用料少。一般用于土石坝岸坡及台地地段，因为这里坝体下游经常无水，排水效果好。

（5）综合式排水。为发挥各种排水型式的优点，在实际工程中常根据具体情况采用几种排水型式组合在一起的综合式排水，如若下游高水位持续时间不长，为节省石料可考虑在下游正常高水位以上采用贴坡排水，以下采用棱体排水；还可以采用褥垫式与棱体排水组合（图4-32），贴坡棱体与褥垫式排水组合等综合式排水。

四、护坡与坝坡排水

土石坝的上游面，为防止波浪淘刷、冰层和漂浮物的损害、顺坝水流的冲刷等对坝坡的危害，必须设置护坡。土石坝下游面，为防止雨水、大风、水下部位的风浪、冰层和水流作用、动物穴居、冻胀干裂等对坝坡的破坏，也需设置护坡。在严寒和平原地区，护坡

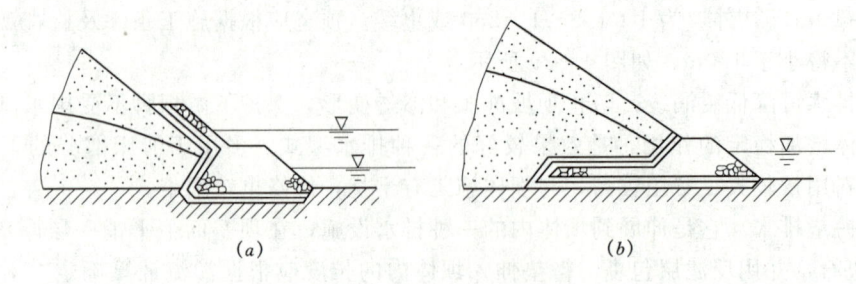

图 4-32 综合式排水
(a) 贴坡与棱体排水结合;(b) 褥垫与棱体排水结合

工程量很大,维修费用可达相当大的数字,因此合理选择护坡型式,使其能抵抗各种因素对护坡的破坏作用,施工维修方便、节省投资,具有重要意义。

1. 上游护坡

上游护坡的型式有抛石、干砌石、浆砌石、混凝土或钢筋混凝土、沥青混凝土或水泥土等。

护坡覆盖的范围,应由坝顶起护至水库最低水位以下一定距离,一般最低水位以下 2.5m。对最低水位不确定的坝应护至坝底。

(1) 抛石（堆石）护坡。它是将适当级配的石块倾倒在坝面垫层上的一种护坡。优点是施工进度快、节省人力,但工程量比砌石护坡大。堆石护坡的厚度一般认为至少要包括 2~3 层块石,这样便于在波浪作用下自动调整,不致因垫层暴露而遭到破坏。当坝壳为黏性小的细粒土时,往往需要两层垫层,靠近坝壳的一层垫层最小厚度为 15cm。

(2) 砌石护坡。它是用人工将块石铺砌在碎石或砾石垫层上,有干砌石和浆砌石两种。要求石料比较坚硬并耐风化。

干砌石应力求嵌紧,通常厚度为 20~60cm。有时根据需要用 2~3 层垫层,它也起反滤作用。砌石护坡构造见图 4-33。

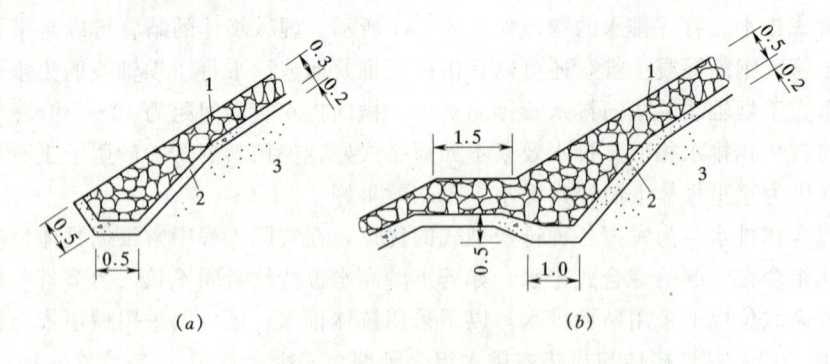

图 4-33 干砌石护坡（单位：m）
1—干砌石；2—垫层；3—坝体

浆砌石块石护坡能承受较大的风浪,也有较好的抗冰层推力的性能。但水泥用量大,造价较高。若坝体为黏性土,则要有足够厚度的非黏性土防冻垫层,同时要留有一定缝隙以便排水通畅。

(3) 混凝土和钢筋混凝土板护坡。当筑坝地区缺乏石料时可考虑采用此种型式。预制板的尺寸一般采用：方形板为 1.5m×2.5m、2m×2m 或 3m×3m，厚为 0.15～0.20m。预制板底部设砾石或碎石垫层。现场浇筑的尺寸可大一些，可采用 5m×5m、10m×10m 甚至 20m×20m。严寒地区冰推力对护坡危害很大，因此也有用混凝土板做护坡的，但其垫层厚度要超过冻深，见图 4-34。

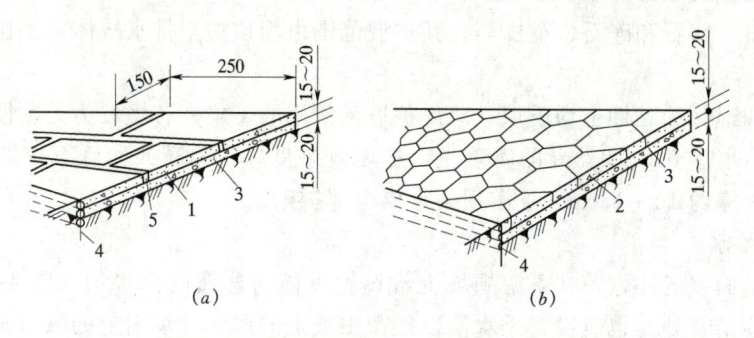

图 4-34 混凝土板护坡（单位：cm）
(a) 矩形板；(b) 六角形板
1—矩形混凝土板；2—六角形混凝土板；3—碎石或砾石；4—木挡柱；5—结合缝

(4) 渣油混凝土护坡。在坝面上先铺一层 3cm 的渣油混凝土（夯实后的厚度），上铺 10cm 的卵石做排水（不夯），第三层铺 8～10cm 的渣油混凝土，夯实后在第三层表面倾倒温度为 130～140℃ 的渣油砂浆，并立即将 0.5m×1.0m×0.15m 的混凝土板平铺其上，板缝间用渣油砂浆灌满。这种护坡在冰冻区试用成功，见图 4-35。

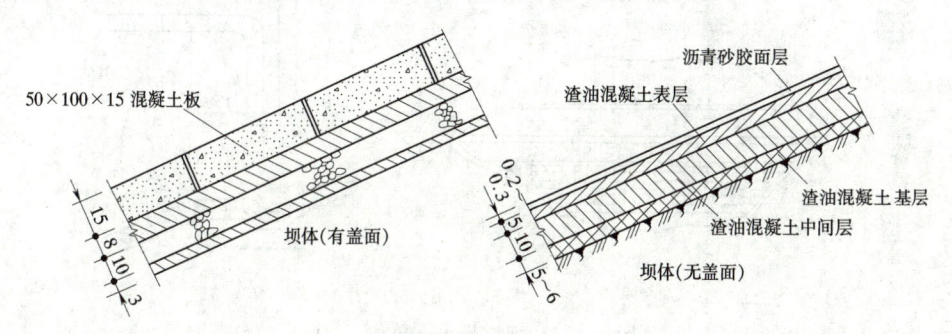

图 4-35 渣油混凝土护坡（单位：cm）

(5) 水泥土护坡。将粗砂、中砂、细砂掺上 7%～12% 的水泥（质量比），分层填筑于坝面作为护坡，叫水泥土护坡。它是随着土石坝的填筑逐层填筑压实的，每层压实的厚度不超过 15cm。这种护坡厚度为 0.6～0.8m，相应水平宽度为 2～3m，见图 4-36。

这种护坡经过几个坝的实际运用，在最大浪高 1.8m 并经数十年的冻融情况下，只有少量裂缝，护坡没有破坏。寒冷地区护坡在水库冰冻范

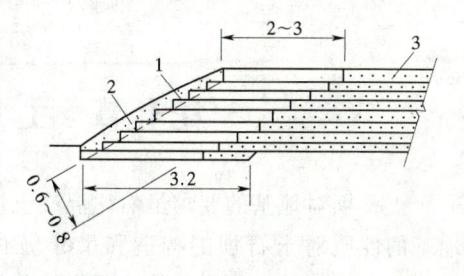

图 4-36 水泥土护坡（单位：m）
1—土壤水泥土护坡；2—潮湿土壤保护层；
3—压实的透水土料

围内，水泥含量应增加一些，常用8%～14%。

以上各种护坡的垫层按反滤层要求确定。垫层厚度一般对砂土可用15～30cm以上，卵砾石或碎石可用30～60cm以上。

2. 下游护坡

下游护坡主要是为防止被水冲蚀和人为破坏，一般宜采用简化型式。适用于下游护坡的型式有堆石、卵石和碎石、草皮等。其护坡范围由坝顶护至排水棱体，无排水棱体时护至坝脚。

气候温和地区的黏性土均质坝，草皮护坡是常用的型式。若坝坡为无黏性土时，则应在草皮下铺一层厚0.2～0.3m的腐殖土，护坡效果良好。碎石或卵砾石护坡，一般直接铺在坝坡上，厚约10～15cm。下游坝面需要全部护砌。

3. 坝坡排水

为了防止雨水的冲刷，在下游坝坡上常设置纵横向连通的排水沟（图4-37）。沿土石坝与岸坡的结合处，也应设置排水沟以拦截山坡上的雨水。坝面上的纵向排水沟沿马道内侧布置，用浆砌石或混凝土板铺设成矩形或梯形。若坝较短，纵向排水沟拦截的雨水可引至两岸的排水沟排至下游。若坝较长，则应沿坝轴线方向每隔50～100m左右设一横向排水沟，以便排除雨水。排水沟的横断面，一般深0.2m，宽0.3m，必要时可按1h暴雨强度和积水面积计算确定。

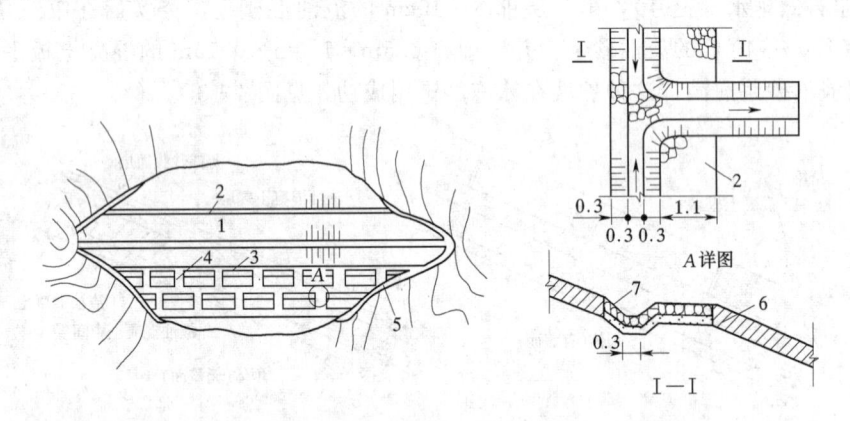

图4-37 坝坡排水（单位：m）
1—坝坡；2—马道；3—纵向排水沟；4—横向排水沟；5—岸坡排水沟；6—草皮护坡；7—浆砌石排水沟

第七节 土石坝的地基处理

土石坝对地基的要求虽然比混凝土坝低，可不必挖除地表面透水土壤和砂砾石等，但地基的性质对土石坝的构造和尺寸仍有很大影响。据国外资料统计，土石坝失事约有40%是由于地基问题引起的，可见地基处理的重要性。土石坝地基处理的任务是：①控制渗流，使地基以至坝身不产生渗透变形，并把渗流流量控制在允许的范围内；②保证地基稳定不发生滑动；③控制沉降与不均匀沉降，以限制坝体裂缝的发生。

第七节 土石坝的地基处理

土石坝地基处理应力求做到技术上可靠，经济上合理。筑坝前要完全清除表面的腐殖土，以及可能发生集中渗流和可能发生滑动的表层土石，如较薄的细砂层、稀泥、草皮、树根以及乱石和松动的岩块等，清除深度一般为 0.3～1.0m，然后再根据不同地基情况采取不同的处理措施。

岩石地基的强度大、变形小，一般均能满足土石坝的要求，其处理的目的主要是控制渗流，处理方法基本与重力坝相同，本节仅介绍非岩石地基的处理。

一、砂砾石地基处理

砂砾石地基一般强度较大，压缩变形也较小，因而对建筑在砂砾石地基上土石坝的地基处理主要是解决渗流问题。所以，处理的原则一般是减少坝基的渗透量并保证坝基和坝体的抗渗稳定。处理的方法是"上防下排"。属于"上防"的有铅直方向的黏土截水墙、混凝土防渗墙、板桩和帷幕灌浆，以及水平方向的防渗铺盖等；属于"下排"的有铅直方向的减压井和反滤式排水沟，以及水平方向的反滤式盖重等。所有这些措施既可以单独使用，也可以联合使用。

砂砾石地基控制渗流的措施，主要应根据地基情况、工程运用要求和施工条件选定。铅直的防渗措施能够截断地基渗流，可靠而有效地解决地基渗流问题，在技术条件可能而又经济合理时应优先采用。

（一）黏性土截水墙

当覆盖层深度在 15m 以内时，可开挖深槽直达不透水层或基岩，槽内回填黏性土而成截水墙（也称截水槽），心墙坝、斜墙坝常将防渗体向下延伸至不透水层而成截水墙，见图 4-38。

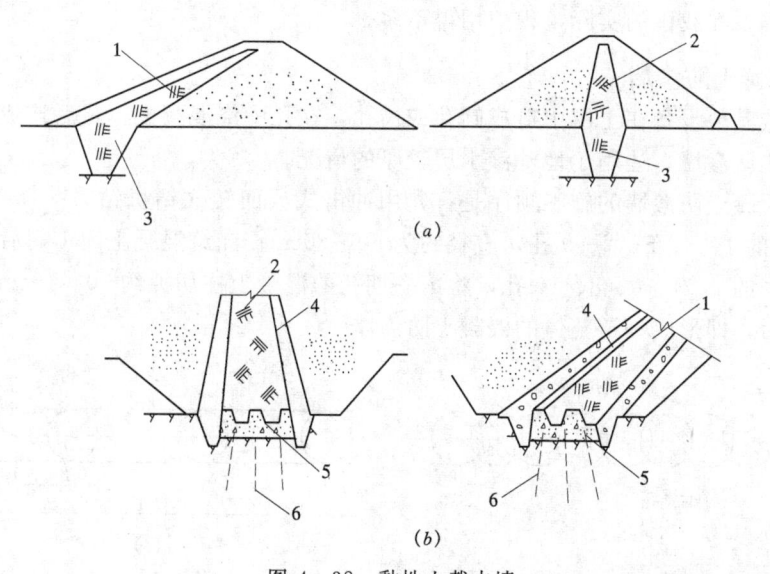

图 4-38 黏性土截水墙
(a) 截水墙的位置；(b) 截水墙（或心墙、斜墙）与基岩的连接
1—黏土斜墙；2—黏土心墙；3—截水墙；4—过滤层；5—垫座；6—固结灌浆

均质坝也可将坝体部分地延伸至不透水层而成截水墙,如图 4-39 所示。

截水墙底宽常根据回填土料的允许渗透坡降与基岩接触面抗渗流冲刷的允许坡降以及施工条件确定。截水墙内回填黏土、重壤土时不小于 $0.1H$(H 为作用水头),中、轻壤土不小于 $0.2H$,且一般不小于 3m,以利于施工。如我国大伙房土坝,坝高 48m,截水墙底宽 6m,通过截水墙的最大渗透坡降为 8。截水墙的开挖边坡通常不陡于 1:1,以保持边坡稳定。截水墙的土料应与其上部的心墙或斜墙一致。均质土坝截水墙所用土料应与坝体相同,其截水墙的位置宜设于距上游坝脚 1/3～1/2 坝底宽处。由于目前施工机械化程度的提高,黏土截水墙的采用有向深处发展的趋势,我国土石坝截水墙的开挖深度最大约达 20m,加拿大的下诺赫坝最大挖深已达 70m。

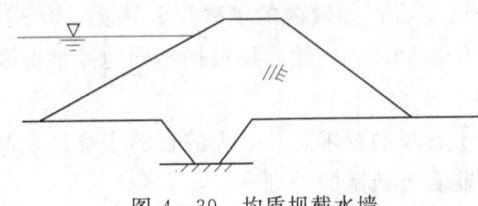

图 4-39 均质坝截水墙

截水墙结构简单、工作可靠、防渗效果好,得到了广泛的应用。缺点是槽身挖填和坝体填筑不便同时进行,若汛前要达到一定的坝高拦洪度汛,工期较紧。

(二) 板桩

当透水的冲积层较厚时,可采用板桩截水,或先挖一定深度的截水槽,槽下打板桩,槽中回填黏土,即合并使用板桩和截水墙。通常采用的是钢板桩,木板桩一般只用于围堰等临时性工程。

钢板桩可以穿过砾石类土和软弱或风化的岩石,有些工程的钢板桩深度已达 50m 以上,但钢板桩难以穿过含有大卵石的土层。钢板桩并非绝对不透水,而且在砂卵石层中打钢板桩时,由于孤石的阻力,可能使板桩歪斜、脱缝或挠曲,显著地增加透水性,加之钢板桩造价较高,在我国的实际工程中用得不多。

(三) 混凝土防渗墙

用钻机或其他设备在土层中造成圆孔或槽孔,在孔中浇混凝土,最后连成一片,成为整体的混凝土防渗墙,适用于地基渗水层较厚的情况。

圆孔形混凝土防渗墙的施工顺序是:先用冲击式或回转式钻机钻第一期孔,如图 4-40 (a) 所示的 1、3、5、7、9 孔,直径约为 60～80cm;浇筑混凝土约 1 周后,再钻第二期孔,如图中的 2、4、6、8、10 孔,将第一期孔的混凝土柱切掉约 10～15cm。第二期孔浇筑混凝土后,即形成一道整体的混凝土防渗墙。

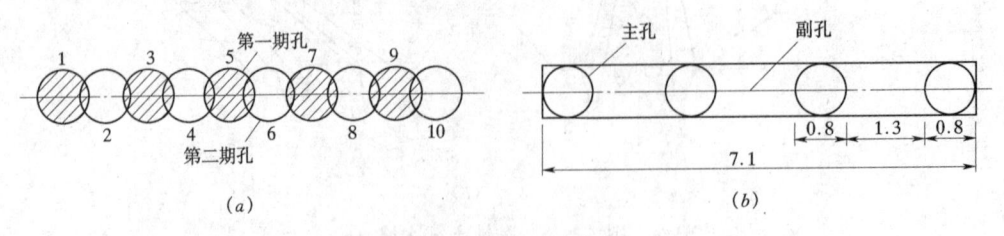

图 4-40 混凝土防渗墙的平面布置(单位:m)
(a) 圆孔形;(b) 板槽形

板槽形防渗墙是一种开挖沟槽浇筑混凝土的方法。施工方法是将一个槽孔分为几个主孔和副孔，先钻主孔，间距为 1.2~1.5m ［图 4-40（b）］，再劈钻副孔，主副孔形成图示的狭长形沟槽后再浇混凝土。副孔深度可比主孔小一些，主、副孔也可交替钻进。板槽孔段长约 8~17m，搭接部分比圆孔形少，但槽孔段的体积比单个圆孔大，需要有较大的混凝土搅拌设备和运输能力。用圆孔形施工的防渗墙目前最大深度已达 131m，板槽形为 80m。

防渗墙厚度根据防渗和强度要求确定。按施工条件可在 0.6~1.3m 之间选用（一般为 0.8m），因受钻孔机具的限制，墙厚不能超过 1.3m，如不能满足设计要求则应采用两道墙，此时厚度也不宜小于 0.6m，因厚度减小时钻孔数量随之增大，减少的混凝土量已不能抵偿钻孔量增大的代价。混凝土防渗墙的允许坡降一般为 80~100，混凝土强度等级为 C10，抗渗等级为 P_6~P_8，坍落度为 8~20cm，水泥用量为 300kg/m³ 左右。墙底应嵌入半风化岩内 0.5~1.0m，顶端插入防渗体，插入深度应为坝前水头的 1/10，且不得小于 2m。

修建混凝土防渗墙需要一定的机械设备，但并无特殊要求，关键是在施工过程中要保持钻孔稳定，不致坍塌，常采用膨润土或优质黏土制成的泥浆进行固壁，这种泥浆还可以起到悬浮和携带岩屑以及冷却和润滑钻头的作用。

从 20 世纪 60 年代起，混凝土防渗墙得到了广泛的应用。我国已建混凝土防渗墙 60 余座，积累了不少施工经验，并发展了反循环回转新型冲击钻机、液压抓斗挖槽等技术，在砂卵石层中纯钻工效（70m 以内）平均达到 0.85m/h，进入国际先进行列。黄河小浪底工程采用深度 70m 的双排防渗墙，单排墙厚 1.2m。图 4-41 为我国碧口水库大坝的防渗墙布置图。

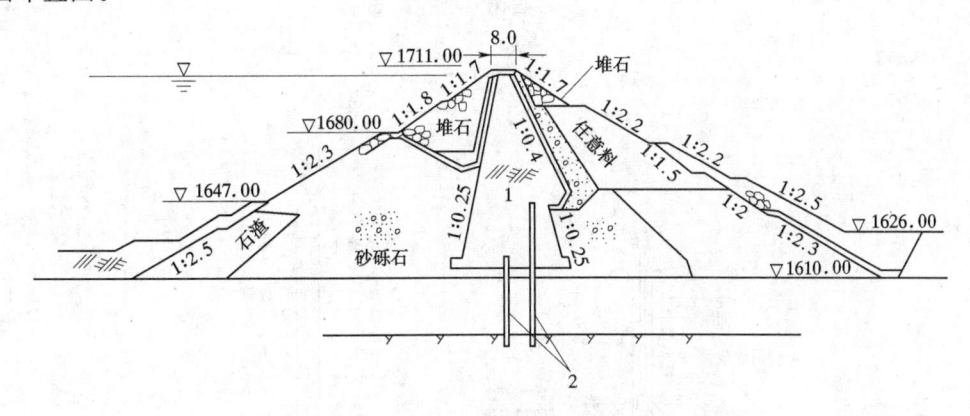

图 4-41 碧口土石坝的混凝土防渗墙（单位：m）
1—黏土心墙；2—混凝土防渗墙

（四）灌浆帷幕

当砂卵石层很厚时，用上述 3 种处理方法都较困难或不够经济，可采用灌浆帷幕防渗。

灌浆帷幕的施工方法是：先用旋转式钻机造孔，同时用泥浆固壁，钻完孔后在孔中注入填料，插入带孔的钢管（图 4-42），待填料凝固后，在带孔的钢管中置入双塞灌浆器，用一定压力将水泥浆或水泥黏土浆压入透水层的孔隙中。压浆可自下而上分段进行，分段可根据透水层性质采用 0.33～0.5m 不等。待浆液凝固后，就形成了防渗帷幕。

砂卵石地基的可灌性，可根据地基的渗透系数、可灌比值 M 及小于 0.1mm 颗粒含量等因素来评判。$M=D_{15}/d_{85}$，D_{15} 为某一粒径，在被灌土层中小于此粒径的土重占总土重的 15%，d_{85} 是另一粒径，在灌浆材料中小于此粒径的重量占总土重的 85%。一般认为，地基中小于 0.1mm 的颗粒含量不超过 5%，或渗透系数 $K>10^{-2}$cm/s 或 $M>10$，可灌水泥黏土浆，当渗透系数 $K>10^{-1}$cm/s 或 $M>15$ 时，可灌水泥浆。

灌浆帷幕的厚度 T，根据帷幕最大作用水头 H 和允许水力坡降 $[J]$，按下式估算：

$$T=\frac{H}{[J]}$$

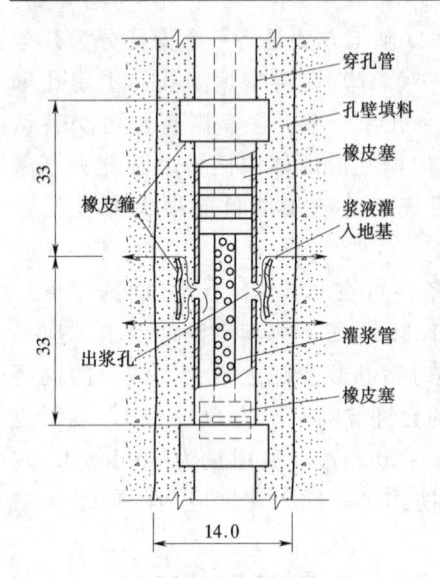

图 4-42 砂卵石灌浆示意图（单位：cm）

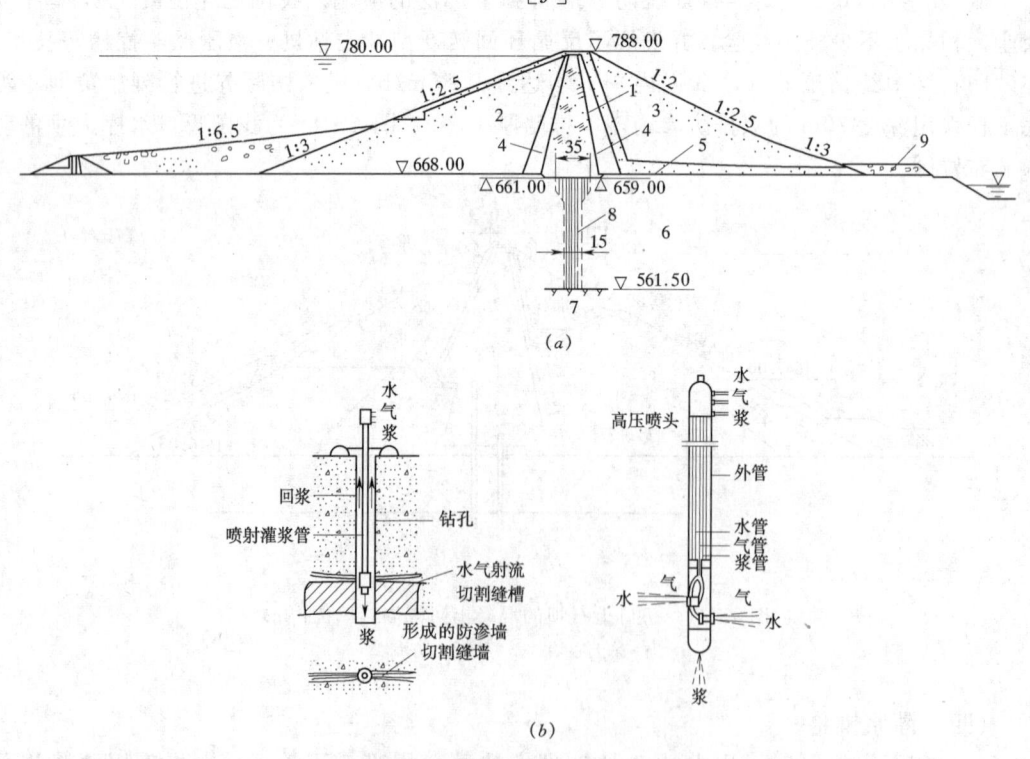

图 4-43 灌浆帷幕和高压喷射灌浆原理（单位：m）
(a) 采用灌浆帷幕的土石坝；(b) 高压喷射灌浆原理示意图
1—心墙；2—上游坝壳；3—下游坝壳；4—过滤层；5—排水；6—砂砾石坝基；
7—基岩；8—灌浆帷幕；9—盖重

一般 $[J]=3\sim 4$。

灌浆帷幕厚度较大，因此需几排钻孔，孔距和排距由现场试验确定，通常为 $3\sim 5m$，边排孔稍密，中排孔稍稀。灌浆时，先灌边排孔，后灌中排孔，浆液由稀到浓，灌浆压力自下而上逐渐减小，由 $2500\sim 4000kPa$ 减小到 $200\sim 500kPa$。灌浆帷幕伸入砂卵石层下的不透水层内至少 $1.0m$。灌浆后将表层胶结不好的砂卵石挖除，做黏土截水墙或混凝土防渗墙。

我国在密云水库白河主坝，上马岭和毛家村土石坝的砂砾石地基中采用了水泥黏土灌浆帷幕，灌浆深度达 $40m$；法国谢尔蓬松坝（图4-43）高 $129m$，砂砾石冲积层地基，1957年建成灌浆帷幕，深约 $110m$，顶部厚度 $35m$，底部厚度 $15m$，钻孔19排，中间四排直达基岩，边孔深度逐渐变浅，渗透坡降 $3.5\sim 8$。目前，在砂砾石层中最深的水泥黏土灌浆帷幕已达 $170m$。

灌浆帷幕的优点是灌浆深度大，当覆盖层内有大孤石时，可不受限制。这种方法的主要问题是对地基的适应性较差，有的地基如粉砂、细砂地基，不易灌进，而透水性太大的地基又往往耗浆量太大。所以使用这种方法时，必须对覆盖层的性质深入勘测和分析，并进行必要的现场试验。20世纪80年代后，我国发展了高压定向喷射灌浆技术，其原理是：将 $30\sim 50MPa$ 的高压水和 $0.7\sim 0.8MPa$ 的压缩空气输到喷嘴，喷嘴直径 $2\sim 3mm$，造成流速为 $100\sim 200m/s$ 的射流，切割地层形成缝槽，同时由 $1.0MPa$ 左右的压力把水泥浆由另一钢管输送到另一喷嘴以充填上述缝槽并渗入缝壁砂砾石地层中，凝结后形成防渗板墙。施工时，在事先形成的泥浆护壁钻孔中，将高压喷头自下而上逐渐提升即可形成全孔高的防渗板墙。这种喷射板墙的渗透系数为 $10^{-5}\sim 10^{-6}cm/s$，抗压强度为 $6.0\sim 20.0MPa$，容许渗透坡降突破规范限制，达到 $80\sim 100$，施工效率高，有一定发展前途。

（五）防渗铺盖

这是一种由黏性土做成的水平防渗设施，是斜墙、心墙或均质坝体向上游延伸的部分。当采用垂直防渗有困难或不经济时，可考虑采用铺盖防渗。防渗铺盖构造简单，造价一般不高，但它不能完全截断渗流，只是通过延长渗径的办法降低渗透坡降，减小渗透流量，所以对解决渗流控制问题有一定的局限性，其布置形式如图4-44所示。

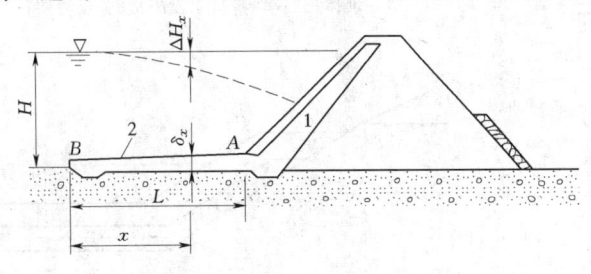

图4-44 防渗铺盖示意图
1—斜墙；2—铺盖

铺盖常用黏土或砂质黏土材料，渗透系数应小于砂砾石层渗透系数的 $1/100$。铺盖长度一般为 $4\sim 6$ 倍水头，铺盖厚度主要取决于各点顶部和底部所受的水头差 ΔH_x 和土料的允许坡降 $[J]$，即距上游端为 x 处的厚度应不小于 $\delta_x=\Delta H_x/[J]$，$[J]$ 值对于黏土可取 $5\sim 10$，对壤土可取 $3\sim 5$。上游端部厚度不小于 $0.5m$，与斜墙连接处常达 $3\sim 5m$。铺盖表面应设保护层，以防蓄水前黏土发生干裂及运用期间波浪作用和水流冲刷的破坏，铺盖与砂砾石地基之间应根据需要设置反滤层或垫层。

巴基斯坦塔贝拉土坝坝高 $147m$，坝基砂砾石层厚度约 $200m$，采用了厚 $1.5\sim 10m$，长 $2307m$ 的铺盖，是目前世界上最长的铺盖。我国采用铺盖防渗有成功的实例，但在运用中也确有一些发生程度不同的裂缝、塌坑、漏水等现象，影响了防渗效果，所以对高、中坝，复杂地层和防渗要求较高的工程，应慎重选用。

（六）排水减压措施

在强透水地基中采用铺盖防渗时，由于铺盖不能截断渗流，使渗水量和坝趾处的逸出坡降较大，特别当坝基表层为相对不透水层时，坝趾处不透水层的下面可能有水头较大的承压水，致使坝基发生渗透变形，或造成下游地区的沼泽化；即使表层并非不透水层，冲积土的坝基也往往具有水平方向渗透系数大于垂直方向的特点，致使坝趾处仍保持有较大的压力水头，也可能发生管涌或流土。针对以上这些情况，有时需在坝下游设置穿过相对不透水层并深入透水层一定深度的排水减压装置，以导出渗水，降低渗透压力，确保土石坝及其下游地区的安全。常用的排水减压设施有排水沟和排水减压井。

（1）排水沟。在坝趾稍下游平行坝轴线设置，沟底深入到透水的砂砾石层内，沟顶略高于地面，以防止周围表土的冲淤。按其构造，可分为暗沟和明沟两种。图4-45为排水暗沟，实际上也是坝身排水的组成部分；图4-46为排水明沟。两者都应沿渗流方向按反滤层布置，明沟沟底应有一定的纵坡与下游的河道连接。

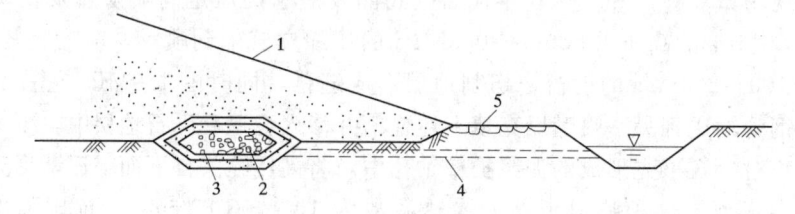

图4-45 排水暗沟
1—坝体；2—坝身排水设施；3—反滤层；4—排水暗沟；5—堆石盖重

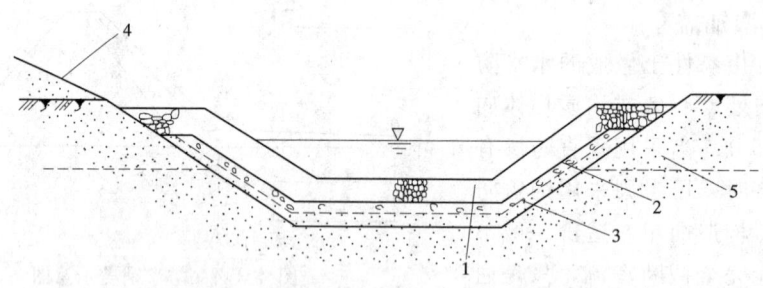

图4-46 排水明沟
1—块石或大卵石；2—碎石；3—砂；4—坝坡；5—相对不透水层

（2）排水减压井。排水减压井常用于不透水层较厚的情况，将深层承压水导出水面，然后从排水沟中排出，其构造如图4-47所示。在钻孔中插入带有孔眼的井管，周围包以反滤料，管的直径一般为20～30cm，井距一般为20～30m。

有时也可施加盖重以保证在承压水作用下的工程安全。太平湖土坝同时采用了减压井和盖重两种方法，如图4-48所示。

二、细砂与淤泥地基处理

（一）细砂地基处理

饱和的均匀细砂地基在动力作用下，特别是在地震作用下易于液化，应采取工程措施加以处理。当厚度不大时，可考虑将其挖除。当厚度较大时，可首先考虑采取人工加密措施，使之达到与设计地震烈度相适应的密实状态，然后采取加盖重、加强排水等附加防护设施。

在易液化土层的人工加密措施中，对浅层土可以进行表面振动加密，对深层土则以振冲、强夯等方法较为经济和有效。振冲法是依靠振动和水冲使砂土加密，并可在振冲孔中填入粗粒料形成砂石桩。强夯法是利用几十吨的重锤反复多次夯击地面，夯击产生的应力和振动通过波的传播影响到地层深处，可使不同深度的地层得到不同程度的加固。

（二）淤泥层的地基处理

淤泥层地基天然含水量大、重度小、抗剪强度低、承载能力小。当埋藏较浅且分布范围不大时，一般应把它全部挖除；当埋藏较深，分布范围又较宽时，则常采用压重法或设置砂井加速排水固结。压重施加于坝趾处，它与放缓坝坡所起的效果类似，但更为有效。这种压重材料只需有一定的重量而不需按反滤层设计。

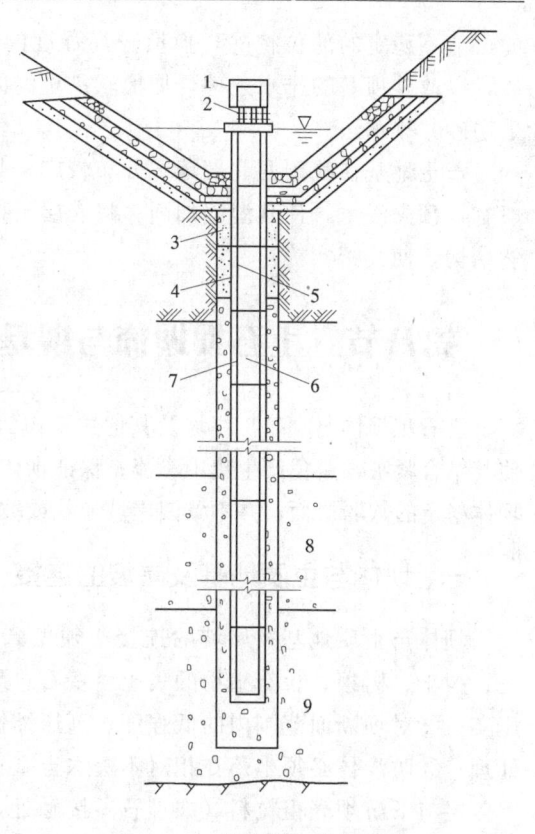

图 4-47 排水减压井构造图
1—井帽；2—钢丝出水口；3—回填混凝土；
4—回填砂；5—上升管；6—穿孔管；
7—反滤料；8—砂砾石；9—砂卵石

砂井排水法是在坝基中钻孔，然后在孔中填入砂砾，在地基中形成砂桩的一种方法。设置砂井后，地基中排除孔隙水的条件大为改善，可有效地增加地基土的固结速度。

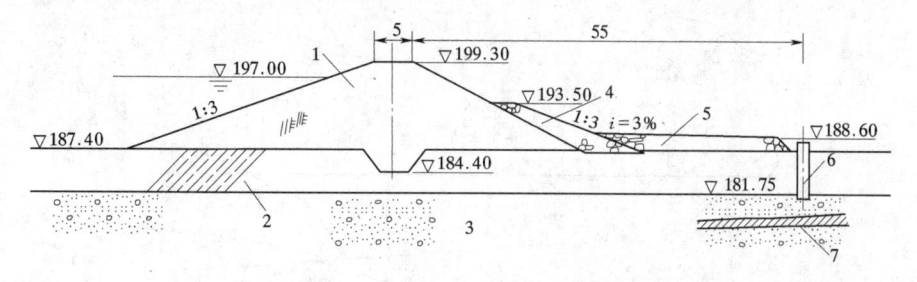

图 4-48 太平湖土坝减压井和透水盖重（单位：m）
1—粉质黏土；2—重粉质壤土；3—砂砾石层；4—碎石培厚；
5—透水盖重；6—减压井；7—软弱夹层

三、软黏土和黄土地基处理

软黏土层较薄时，一般全部挖除。当土层较薄而其强度并不太低时，可只将表面较薄的可能不稳定的部位挖除，换填较高强度的砂，称为换砂法。有时只在表面上填筑一层砂，以改善坝基的排水条件，加快软黏土的固结。当采用上述方法不能解决问题时，也可采用砂井排水法。

黄土地基在我国西北部地区分布较广，其主要特点是浸水后沉降较大。处理的方法一般有：预先浸水，使其湿陷加固；将表层土挖除，换土压实；夯实表层土，破坏黄土的天然结构，使其密实等。

第八节　土石坝坝体与坝基、岸坡及其他建筑物的连接

土石坝坝体与坝基、岸坡及其他建筑物的接触面都是防渗的薄弱部位，必须妥善处理，使其结合紧密，避免产生集中渗流；保证坝体与河床及岸坡结合面的质量，不使其形成影响坝体稳定的软弱层面；并不致因岸坡形状或坡度不当引起坝体不均匀沉降而产生裂缝。

一、坝体与土质地基及岸坡的连接

坝体与土质地基及岸坡的连接必须做到：①清除坝体与地基、岸坡接触范围内的草皮、树干、树根、含有植物的表土、蛮石、垃圾及其他废料，并将清理后的地基表面土层压实；②对坝断面范围内的低强度、高压缩性软土及地震时易于液化的土层，进行清除或处理；③防渗体必须坐落在相对不透水土基上，否则应采取适当的防渗处理措施；④地基覆盖层与下游坝壳粗粒料（如堆石）接触处，应符合反滤层要求，否则必须设置反滤层，以防止地基土流失到坝壳中。

为使防渗体与岸坡紧密结合，防止发生不均匀沉降而导致裂缝，岸边开挖时应大致平顺，不应成台阶状或突然变坡，岸坡上缓下陡时，凸出部位的变坡角应小于20°。土质岸坡的坡度一般不陡于1∶1.5，见图4-49。

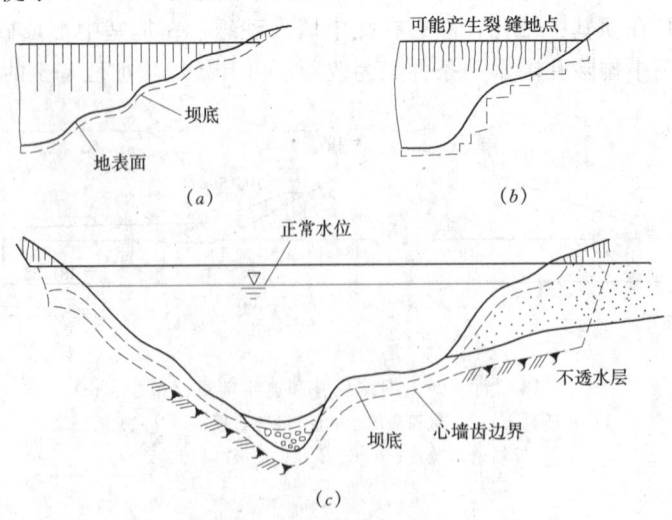

图4-49　土石坝与岸坡的连接
(a) 正确的削坡；(b) 不正确的台阶形削坡；(c) 心墙坐落在不透水层上

心墙和斜墙在与两端岸坡连接处应扩大其断面，以加强连接处防渗的可靠性，扩大断面与正常断面之间应以渐变的型式过渡。

二、坝体与岩石地基及岸坡的连接

坝体与岩石地基及岸坡的连接必须做到：①坝断面范围内的岩石地基与岸坡，应清除表面松动石块、凹处积土和突出的岩石。②土质防渗体和反滤层应与相对不透水的新鲜或弱风化岩石相连接。在开挖清理后，用混凝土或砂浆封堵清理后的张开节理裂隙和断层。基岩面上一般宜设混凝土盖板、喷混凝土层或喷浆层，将基岩与土质防渗体分隔开来，以防止接触冲刷。混凝土盖板还可兼做灌浆帽。③对失水时很快风化变质的软岩石（如页岩、泥岩等），开挖时应预留保护层（厚约10～15cm），待开始回填时，随挖除、随回填，或在开挖后用喷浆保护。④土质防渗体与岩石或混凝土建筑物相接处，如防渗土料为细粒黏性土，则在临近接触面0.5～1.0m范围内，应控制在高于最优含水量不大于3%的情况下填筑，在填土前用黏土浆抹面。如防渗土料为砾石土，临近接触面应采用纯黏性土或砾石含量少的黏性土，在略高于最优含水量下填筑，使其结合良好并适应不均匀沉陷。

岩石岸坡一般不陡于1：0.5，陡于此坡度应有专门论证，并采取必要措施，如做好结合面处的湿黏土回填，加强结合面下游的反滤层等。岩石岸坡的其他要求与土质岸坡相同。

在高坝防渗体底部混凝土盖板以下的基岩中，宜进行浅层铺盖式灌浆，以改善接触条件，在与防渗体接触的覆盖层中，也宜进行浅层铺盖式灌浆。

三、坝体与混凝土建筑物的连接

土石坝与混凝土坝、溢洪道、船闸、涵管等混凝土建筑物的连接，必须防止接触面的集中渗流，防止因不均匀沉降而产生的裂缝，以及因水流对上、下游坝坡和坝脚的冲刷而造成的危害。

1. 土石坝与混凝土重力坝的连接

土石坝与混凝土重力坝常采用插入式连接，如图4-50所示。

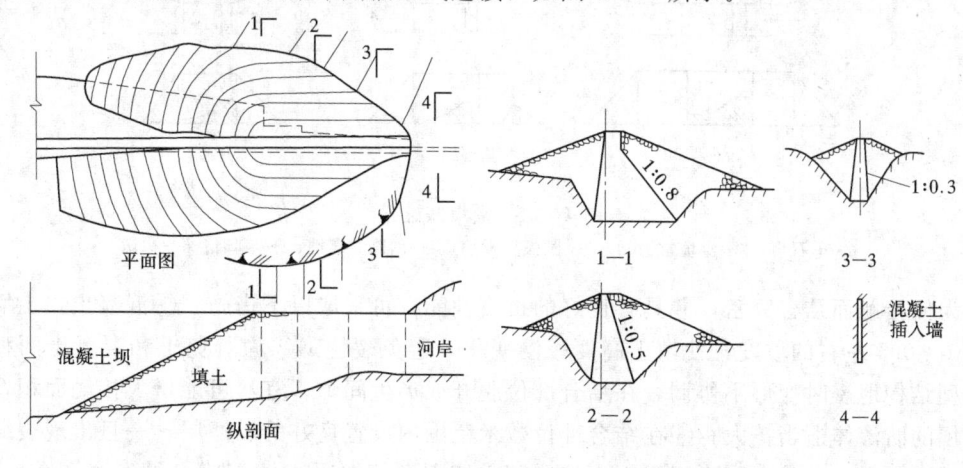

图4-50 土石坝与混凝土坝的插入式连接

这种连接形式结构简单,从混凝土坝与土石坝的连接部位开始,混凝土坝的断面逐渐缩小,最后成为刚性心墙插入土石坝心墙内。如美国的夏斯塔坝,在坝高48m处与土坝连接,断面逐渐变化,最后形成顶宽1.5m,底宽3.0m的混凝土心墙伸入河岸地基。

这种连接形式,土石坝的坡脚要向混凝土坝方向延伸较长,故对中、高坝不适于直接与混凝土溢流坝相连接。从抗震观点看,土与混凝土两种性质不同的结构地震时易于分离,插入部分断面变化易引起应力集中,结合部位施工不便,开裂后自愈作用小,修复困难。特别是对于高坝,采用高插入墙,根据受力条件,每隔一定高度需设置柔性铰,结构也比较复杂。但因插入式连接结构简单,对于低坝尚有一定的适用性。我国三道岭水库,坝高24m,与土坝黏土心墙连接处坝高17m,采用插入式连接。海城地震时该坝地震烈度为8度,震中距18km,地震时水位距坝顶7m,震后发现土坝坝顶有一条延伸很长的宽大裂缝,缝宽3~15cm,混凝土插入墙外土坡锥体沉降60~70cm,墙两侧黏土心墙下沉8cm,并在接触面上形成裂缝,缝的深度达1m以上,运用中未发现漏水异常,说明这种结构形式具有一定的抗震能力。

2. 土石坝与混凝土溢流坝(或船闸)的连接

土石坝与混凝土溢流坝、溢洪道和船闸连接时常采用翼墙式连接,如图4-51所示。其中图4-51(a)的上、下游翼墙在平面上为圆弧形,其顶部高出上游水位。圆弧形翼墙与土石坝的接触渗径较长,水流条件也较好,但工程量较大。图4-51(b)是仅将上游翼墙做成圆弧形,而下游翼墙做成逐渐降低的斜降式翼墙以节省工程量,但渗径较短。图4-51(c)是上、下游翼墙均做成斜降式翼墙,为了增加渗径,可在翼墙背面设一至数道刺墙。为改善刺墙的受力条件,在刺墙与翼墙之间可设不透水的伸缩缝。当刺墙较短时,也可不设伸缩缝,但刺墙必须有足够的强度,保证不发生断裂。

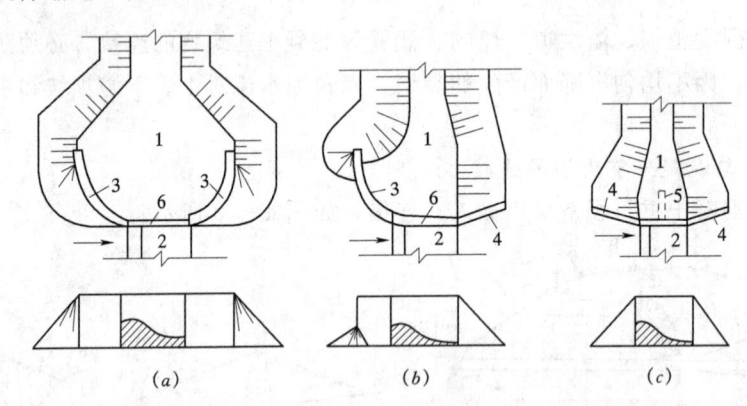

图4-51 翼墙式连接
1—土石坝;2—溢流重力坝;3—圆弧形翼墙;4—斜降式翼墙;5—刺墙;6—边墩

为使接触面结合紧密,并具有良好的抗震性能,可采取以下措施:①混凝土挡土墙宜采用1:0.5左右的坡度,使填土高度缓慢变化,避免裂缝;②为避免土和混凝土两种不同类型结构地震时变形不协调,在结合部位脱开或产生间隙,宜尽可能增大接触面积,将土石坝的防渗体适当扩大;③在结合部位数米范围内设置良好的反滤层,一旦出现裂缝后使其可以自愈,如日本四十四田坝在接合部心墙下游侧混凝土挡土墙上设有宽2.0m、深

1.0m沟槽，填入反滤料，与心墙的反滤层连成一体。同时，在寒冷地区，要防止因翼墙厚度和保护层厚度不足而使填土冻结。

3. 土石坝与坝下埋管的连接

为了泄洪、灌溉、发电和供水的需要，可在土石坝下的岩基或压缩性很小的土基上埋设涵管。土质防渗体与坝下埋管连接处，应适当扩大防渗体断面，以延长渗径。在防渗体下游面与坝下涵管接触处，一定要做好反滤层，将涵管包起来，使从接触面上渗过来的水，通过反滤层逸出而不带走土料。

坝下埋管周围均应仔细回填不透水土料，分层夯实。涵管本身必须设沉陷缝，做好止水，防止渗水冲刷坝体土料。对于地震区的土石坝以及高、中土石坝，不得在软基上布置坝下埋管，低坝采用软基上的坝下埋管时，必须有充分的技术论证。

第九节 面板堆石坝

一、概述

混凝土面板堆石坝是用堆石或砂砾石分层碾压填筑成坝体，并用混凝土面板做防渗体的坝的统称。主要用砂砾石填筑坝体的也可称为混凝土面板砂砾石坝。堆石体是坝的主体，对坝体的强度和稳定条件起决定性作用，因而要求由新鲜、完整、耐久、级配良好的石料填筑。

进入20世纪60年代以后，由于大型振动碾薄层碾压技术的应用，使堆石坝的密实度得到充分提高，从而大幅度降低了堆石坝的变形，加上钢筋混凝土面板结构设计、施工方法的改进，其运行性能好、经济效益高、施工工期短等优点得到充分地显示。中国已建、在建和拟建的坝体高度大于100m的钢筋混凝土面板堆石坝有贵州天生桥一级水库大坝（坝高178m）、贵州洪家渡水库大坝（坝高186m）、四川紫坪铺水库大坝（坝高159m）、湖北水布垭水库大坝（坝高232m）、广西百色水库大坝（坝高126.5m）等。世界上较高的钢筋混凝土面板堆石坝有160m高的巴西的阿利亚河口坝（Foz do Areia）、140m高的哥伦比亚的安其卡亚坝（Alto Anchicaya）等。目前，钢筋混凝土面板堆石坝已成为国内外坝工建设的一种重要坝型，是可行性研究阶段优先考虑的坝型之一，是当今高坝发展的一种趋向。本节将主要介绍钢筋混凝土面板堆石坝的特点和构造。

面板堆石坝与其他坝型相比有如下主要特点：

（1）就地取材，在经济上有较大的优越性，除了在坝址附近开采石料以外，还可以利用枢纽其他建筑物开挖的废弃石料。

（2）施工度汛问题较土坝更为容易解决，可部分利用坝面溢流度汛，但应做好表面保护措施。

（3）对地形、地质和自然条件适应性较混凝土坝强，可建在地质条件略差的坝址上，且施工不受雨天影响，对温度变化的敏感度也比混凝土坝低得多。

（4）方便机械化施工，有利于加快施工工期和减少沉降，随着重型振动碾等大型施工机械的应用，克服了过去堆石坝抛填法沉降量很大的缺点，这也是近代面板堆石坝得到迅速发展的主要原因之一。

（5）坝身不能泄洪，施工导流问题较混凝土坝难以解决，一般需另设泄洪和导流设施。

二、钢筋混凝土面板堆石坝的剖面尺寸

1. 坝顶要求

面板堆石坝一般为梯形剖面，其坝顶宽度和坝顶高程的确定与土坝类似，其中坝顶宽度除了应参考土坝的要求外，还应兼顾面板堆石坝的施工要求，以便浇筑面板时有足够的工作面和进行滑模设备的操作，一般不宜小于5m。

面板堆石坝一般在坝顶上游侧设置钢筋混凝土防浪墙，以利于节省堆石填筑方量。防浪墙高可采用4～6m，背水面一般高于坝顶1.0～1.2m，底部与面板门应做好止水连接，如图4-52所示。对于低坝也可采用与面板整体连接的低防浪墙结构。

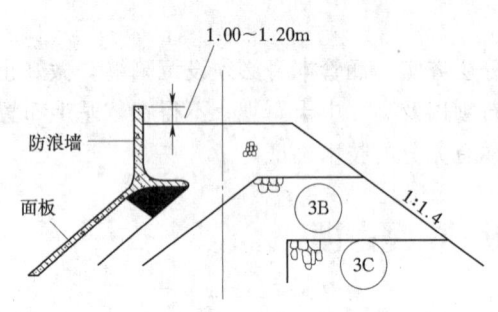

图4-52 面板堆石坝坝顶构造

2. 坝坡

面板堆石坝的坝坡与堆石料的性质、坝高及地基条件有关，设计时可参考类似工程拟定。对于采用抗剪强度高的堆石料，上、下游坝坡在静力条件下均可采用堆石料的天然休止角对应的坡度，鉴于经过大型振动碾压的堆石体内摩擦角多大于45°，因此一般采用1∶（1.3～1.4）。对于地质条件较差或堆石料抗剪强度较低以及地震区的面板堆石坝，其坝坡应适当放缓。

三、钢筋混凝土面板堆石坝的构造

钢筋混凝土面板堆石坝主要是由堆石体和钢筋混凝土面板防渗体等组成。

坝体应根据料源及坝料强度、渗透性、压缩性、施工方便和经济合理等要求进行分区，并相应确定填筑标准。从上游向下游宜分为垫层区、过渡区、主堆石区、次堆石区；在周边缝下游侧设置特殊垫层区；100m以上高坝，宜在面板上游低部位设置上游铺盖区及盖重区。

1. 堆石体

堆石体是面板下游的填筑体，是面板堆石坝的主体部分，根据其受力情况和在坝体所发挥的功能，又可划分为垫层区（2A区）、过渡区（3A区）、主堆石区（3B区）和次堆石区（3C区），如图4-53所示。

（1）垫层区。垫层区是面板的直接支承体，向堆石体均匀传递水压力，并起辅

图4-53 堆石坝分区示意图

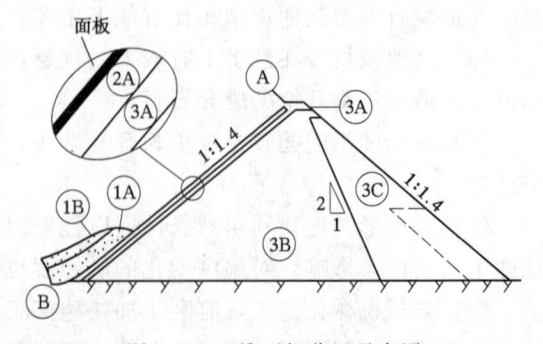

助渗流控制作用。垫层区应选用质地新鲜、坚硬且耐久性较好的石料，可采用经筛选加工的砂砾石、人工石料或者由两者掺配而成的混合料。高坝垫层料应具有连续级配，一般最大粒径为80~100mm，粒径小于5mm的颗粒含量为30%~50%，小于0.775mm的颗粒含量应少于8%。垫层料经压实后应具有内部渗透稳定性、低压缩性、抗剪强度高，并应具有良好的施工质量。垫层施工时每层铺筑厚度一般为0.4~0.5m，用10t振动碾碾压4遍以上。对垫层上侧面，由于重型振动碾难以碾压，因此对上游坡面还应进行斜坡碾压。垫层区的水平宽度应由坝高、地形、施工工艺和经济比较确定。当采用汽车直接卸料、推土机平料的机械化施工时，垫层水平宽度以不小于3m为宜。如采用反铲、装载机等配合人工铺料时，其水平宽度可适当减小，并相应增大过渡区宽度。垫层区可采用上下等宽布置；垫层区宜沿基岩接触面向下游适当扩大，延伸长度视岸坡地形、地质条件及坝高确定。应对垫层区的上游坡面提出平整度要求。

特殊垫层区是位于周边缝下游侧垫层区内，对周边缝及其附近面板上铺设的堵缝材料及水库泥沙起反滤作用。可以采用最大粒径小于40mm且内部稳定的细反滤料，经薄层碾压密实，以尽量减少周边缝的位移。

(2) 过渡区。过渡区位于垫层区和主堆石区之间，保护垫层并起过渡作用。石料的粒径级配和密实度应介于垫层与主堆石区两者之间。由于垫层很薄，过渡区实际上是与垫层共同承担面板传力。此外，当面板开裂和止水失效而漏水时，过渡区应具有防止垫层内细颗粒流失的反滤作用，并保持自身的抗渗稳定性。过渡区细石料要求级配连续，最大粒径不宜超过300mm，压实后应具有低压缩性和高抗剪强度，并具有自由排水性能。过渡区材料，可采用专门开采的细堆石料、经筛选加工的天然砂砾石料或洞挖石渣料等。该区水平宽度可取3~5m，分层碾压厚度一般为0.4~0.5m。

(3) 主堆石区。主堆石区位于坝体上游区内，是承受水荷载的主要支撑体。它将面板承受的水压力传递到地基和下游次堆石区，该区既应具有足够的强度和较小的沉降量，同时也应具有一定的透水性和耐久性。主堆石区宜采用硬岩（饱和无侧限抗压强度不小于30MPa的岩石）堆石料或砂砾料填筑。枢纽建筑物开挖石料符合主堆石区或下游堆石区质量要求者，也可分别用于主堆石区或下游堆石区。该区石料应级配良好，以便碾压密实。主堆石区填筑层厚一般为0.8~1.0m，最大粒径应不超过600mm，用10t振动碾碾压4遍以上。

(4) 次堆石区。次堆石区位于坝体下游区，与主堆石区共同保持坝体稳定，其变形对面板影响轻微。因而对填筑要求可酌情放宽。石料最大粒径可达1500mm，填筑层厚1.5~2.0m，用10t振动碾碾压4遍。下游次堆石区在坝体底部下游水位以下部分，应采用能自由滤水、抗风化能力较强的石料填筑；下游水位以上部分，使用与主堆石区相同的材料，但可以采用较低的压实标准，或采用质量较差的石料，如各种软岩（饱和无侧限抗压强度小于30MPa的岩石）料、风化石料等。

另外，混凝土面板上游铺盖区（1A区）可采用粉土、粉细砂、粉煤灰或其他材料填筑；上游盖重区（1B区）可采用渣料填筑；下游护坡可采用干砌石；或选用超径大石，运至下游坡面，以大头向外的方式堆放。

2. 钢筋混凝土面板防渗体

(1) 钢筋混凝土面板。采用钢筋混凝土面板作为防渗体，在堆石坝中应用较多，少量土坝也有采用。它位于堆石坝体上游面，起防渗作用。下面介绍钢筋混凝土面板的构造要求。

钢筋混凝土面板要求下游非黏性土坝体必须具有很小的变形，而面板本身也应能够适应坝体的相应变形。为此，钢筋混凝土面板在坝体完成初始变形后铺筑最为理想。

钢筋混凝土面板防渗体主要是由防渗面板和趾板组成，如图 4-54（a）所示。面板是防渗的主体，对质量有较高的要求，即要求面板具有符合设计要求的强度、不透水性和耐久性。面板底部厚度宜采用最大工作水头的 1%，考虑施工要求。顶部最小厚度不宜小于 30cm。

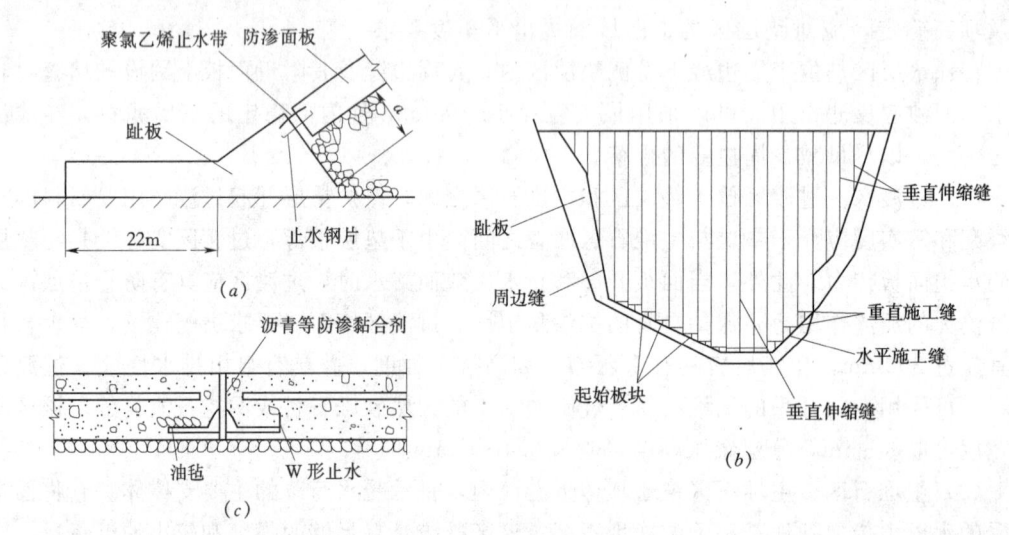

图 4-54 面板与趾板及分缝布置

为使面板适应坝体变形、施工要求和温度变化的影响，面板应设置伸缩缝和施工缝，如图 4-54（b）所示。垂直伸缩缝的间距，应根据面板受力条件和施工要求确定。位于面板中部一带，垂直伸缩间距可以取大些，一般以 10~18m 为宜，靠近岸坡的垂直缝间距则应酌情减小。垂直缝宜采用平接 [图 4-54（c）]，不使用柔性填充物，以便最大限度地减少面板的位移。水平施工缝一般设在坝底以上 1/3~1/4 坝高处。采用滑模施工时，为适应滑模连续施工的要求，也可以不设水平施工缝。

为控制温度和干缩裂缝及面板适应坝体变形而产生的应力；面板需要布置双向钢筋，每向配筋率为 0.3%~0.5%。由于面板内力分布复杂，计算有一定的难度，故一般将钢筋布置在面板中间部位。周边缝、垂直缝和水平缝附近配筋应适当加密，以控制局部拉应力和边角免遭挤压破坏。

(2) 趾板（底座）。趾板是连接地基防渗体与面板的混凝土板，是面板的底座，其作用是保证面板与河床及岸坡之间的不透水连接，同时也作为坝基帷幕灌浆的盖板和滑模施工的起始工作面。

趾板的截面形式和布置如图 4-54（a）所示，其沿水流方向的宽度 b 取决于作用水

头 H 和坝基的性质，一般可按 $b=H/J$ 确定，J 为坝基的允许渗透比降。无资料时可取相应趾板位置水头的 1/10～1/20，最小 3.0m，低坝最小可取 2.0m。对局部不良岸坡，应加大趾板宽度，增大固结灌浆范围。趾板厚度一般为 0.5～1.0m，最小厚度为 0.3～0.4m。配筋布置可与面板相同。分缝位置应与面板分缝（垂直缝）对应。如果地基为岩基，可设锚筋与岩基固定。

面板接缝（包括面板与趾板的周边接缝和趾板之间接缝）设计主要是止水布置，周边缝止水布置最为关键。面板中间部位的伸缩缝，一般设 1～2 道止水，底部用止水铜片，上部用聚氯乙烯止水带。周边缝受力较复杂，一般用 2～3 道止水，在上述止水布置的中部再加 PVC 止水。如布置止水困难，可将周边缝面板局部加厚。

(3) 面板与岸坡的连接。面板与岸坡的连接是整个面板防渗的薄弱环节，面板常因随坝体产生的位移而产生变形，使其与岸坡结合不紧密，甚至出现崩离岸坡或产生错动的现象，形成集中渗流。设计中应特别慎重对待。

面板与岸坡的连接是通过趾板与岸坡连接的，面板与趾板又通过分缝和止水措施防渗。为此，了解面板与岸坡的连接，就必须了解趾板与岸的连接。

趾板作为面板与岸坡的不透水连接和灌浆压帽，应置于坚硬、不冲蚀和可灌浆的弱风化至新鲜基岩上（低坝或水头较小的岸坡段可酌情放宽），岸坡的开挖坡度不宜陡于 1:0.5～1:0.7；对置于强风化或有地质缺陷岩基的趾板，应采用专门的处理措施。趾板基础开挖应做到整体平顺，不带台阶，避免陡坎和反坡，当有妨碍垫层碾压的台阶、反坡或陡坎时，应作削坡或回填混凝土处理。

为保证趾板与岸坡紧密结合，加大灌浆压重，趾板与岸坡之间应插锚筋固定。锚筋直径一般为 25～35mm，间距 1.0～1.5m，长 3～5m。

趾板范围内的岸坡应满足自身稳定和防渗要求，为此，应认真做好该处岸坡的固结灌浆和帷幕灌浆设计，固结灌浆可布置两排，深 3～5m。帷幕灌浆宜布置在两排固结灌浆之间，一般为一排，深度按相应水头的 1/3～1/2 确定。灌浆孔的间距视岸坡地质条件而定，一般取 2～4m，重要工程应根据现场灌浆试验确定。为了保证岸坡的稳定，防止岸坡坍塌而砸坏趾板和面板，上游面趾板高程以上的上游面板应按永久性边坡设计。

趾板范围内的基岩如有断层、破碎带、软弱夹层等不良地质条件时，应根据其产状、规模和组成物质，逐条进行认真处理，可用混凝土塞作置换处理，延伸到下游一定距离，用反滤料覆盖，并加强趾板部位的灌浆。

趾板地基如遇深厚风化破碎及软弱岩层，难以开挖到弱风化岩层时，可以采取如下处理措施：延长渗径，如加宽趾板，设下游防渗板，设混凝土截水墙等；增设伸缩缝；下游铺设反滤料覆盖。

第十节 土石坝的运用管理

由于土石料间的黏结强度低、抗剪能力小、颗粒间的孔隙大等原因，故在运用中易发生的主要问题有坍塌、边坡滑动、裂缝、渗漏、沉陷、冰冻、地震破坏及护坡破坏等现象。为确保土石坝的正常运用，应认真做好检查、维护、加固和除险工作。

一、土石坝的检查与养护

(一) 土石坝的检查

土石坝的检查工作包括四个方面,即经常检查、定期检查、特别检查和安全鉴定。及时进行检查,并采取措施予以养护、处理,对于防止轻微缺陷的发展,减轻不利因素的影响,延长使用年限,确保土石坝的安全有极为重要的作用。

(1) 经常检查。土石坝经常检查的主要内容包括坝体裂缝和渗流;边坡滑动、坍塌、塌陷和隆起;护坡完好情况(松动、塌陷、架空翻起等);排水系统(如排水体、排水沟、截水沟、集水井等)有无堵塞、损坏;防浪墙、坝顶路面情况;坝体有无蚁穴、兽洞;水质、环境污染情况;土石坝观测仪器、设备工作情况等。对各次检查出的问题应及时分析,并采取妥善的处理措施,有关情况要记录存档,以备检索。

(2) 定期检查。定期检查主要是指汛前、汛后、大量用水期前后、寒冷地区的冰冻期或在其他正常情况下定期检查。定期检查应结合经常检查的资料进行分析和研究。

(3) 特别检查。特别检查主要包括特大洪水、暴雨暴风、地震、工程非常运用、发生重大事故等情况时的检查。

(4) 安全鉴定。土石坝运用的前3~5年内必须对工程进行一次全面鉴定;以后每隔6~10年进行一次。安全鉴定应由主管部门组织管理、施工、设计、科研等单位人员参加。

(二) 土石坝的养护

土石坝的日常养护修理工作主要包括以下内容。

(1) 保持坝面完整。对于坝顶、防浪墙、坝坡、马道等部位,如有裂缝、散浸、塌陷、隆起、兽穴隐患及护坡损坏等现象,应及时查找分析原因,进行处理。

(2) 保持排水系统畅通。坝面、坝顶及岸坡排水系统应清洁完整,对沟内障碍和淤积物要及时清除,确保排水畅通,避免在坝后造成积化,形成沼泽。

(3) 合理控制水库水位。水库各种水位和水位降落速度应符合设计要求,水位降落一般不超过 $1\sim 2m/d$,对于设有铺盖的情况,为防止干裂或冻裂,一般不宜放空水库。

(4) 加强安全管理。不准在坝体上堆放大量超重物;不准利用坝坡作码头或在坝坡附近停放船、筏;禁止在土坝附近挖土、爆破或炸鱼;禁止在坝上种植树木、作物、放牧或铲草;禁止搬动护坡和导渗设施的砂石材料,以确保大坝安全和正常运用。

(5) 观测仪器、设备的养护。为了确保观测仪器、设备能安全正常运用,应禁止人为地摇动、碰撞或拴系船只、牲畜等现象发生。

二、土石坝的裂缝处理

土石坝的裂缝是较为常见的,往往大坝的滑坡、渗漏等破坏,是由细小的裂缝发展而成的。因此,认真分析裂缝的种类、原因,以采取有效的处理措施。

裂缝处理之前,首先要根据裂缝出现的部位、征兆和异常情况,确定裂缝的具体位置,再探明其大小、走向。处理土坝的裂缝,一般是在裂缝趋于稳定后进行。常用的方法有开挖回填法、灌浆法、挖填灌浆法等。

1. 开挖回填法

开挖回填是处理裂缝中比较彻底的方法，主要适用于深度较小的表层裂缝。一般在裂缝部位，将土料全部挖出，重新回填分层夯实，开挖的长度和深度都应超过裂缝的长度和深度。常用的开挖回填法有梯形楔入法、梯形加盖法和十字梯形法三种。开挖前应向裂缝中灌入白灰水，以掌握开挖的边界和深度，较深的缝要注意边坡稳定和安全，开挖后应保护坑口和结合面，避免日晒、风干、雨淋或冰冻，回填时要注意控制土料性质和含水量，分层夯实后干重度应比原坝体干重度稍大一些为宜。

2. 灌浆法

对于较深的裂缝或内部裂缝，开挖困难或开挖危及坝坡稳定时，采用灌浆法处理是比较妥当的。灌浆法一般分为重力灌浆和压力灌浆两类，前者是靠浆液自重灌入裂缝，后者是靠机械压力使浆液灌入裂缝。裂缝灌浆的浆液，可采用纯黏土或黏土水泥浆，灌浆时，布孔要先稀后密，浓度要先稀后稠，压力要有控制，防止压力过大而使坝体变形或被顶起。

3. 挖填灌浆结合法

对于中等深度的裂缝，库水位较高不易全部开挖或开挖有困难的部位，可采用上部开挖回填、下部灌浆处理。先沿裂缝开挖 2m 左右深度后进行回填，并预埋灌浆管，然后对下部裂缝进行灌浆。

三、土石坝的渗漏处理

土石坝渗漏现象是不可避免的，但对于引起土体渗透破坏或渗漏量过大的异常渗漏，必须及早发现并及时处理，以防止形成不可弥补的重大事故。

土石坝的渗漏首先要检查其产生的部位、性质、现象，并对浸润线、渗流量、渗流水质进行监测、分析，判断是否存在危险性渗漏，以便采取相应的处理措施。处理时，要遵循"上截下排"的原则，即在坝的上游坝体和坝基设防渗设施，阻截渗水，在坝的下游面设排水和导渗设施排出渗水。下面介绍几种常用的处理方法。

1. 上游截渗法

上游截渗方法较多，主要包括黏土斜墙、抛土或放淤、灌浆、防渗墙、黏土铺盖、截水墙等。

（1）黏土斜墙法。当均质土坝坝体施工质量差，渗漏严重；斜墙坝中斜墙被渗流顶穿；坝端岸坡岩石裂隙较多、节理发育或岸坡岩石为石灰岩，存在溶洞，产生绕渗，可在上游坝坡和坝端岸坡修筑贴坡黏土斜墙。

（2）抛土或放淤法。抛土或放淤法用于黏土铺盖、黏土斜墙等局部破坏的抢护，或岸坡较平坦时堵截绕渗和接触渗漏。当水库不易放空时，可用船只装运黏土至漏水部位，由水面向下均匀倒入水中，抛土形成一个防渗层，封堵渗漏部位。也可在坝顶用输泥管沿坝坡放淤或输送泥浆在坝面淤积而成为防渗层。

（3）灌浆法。当均质土坝或心墙坝施工质量不好，坝体坝基渗漏严重，特别是出现接触渗漏、坝体裂缝渗漏、绕坝渗漏时，采用灌浆处理可以形成一道阻渗帷幕，效果较好。根据情况可选用黏土、水泥或化学材料进行灌浆处理。

(4) 防渗墙法。防渗墙法可用于坝体、坝基、绕坝和接触渗漏处理，对于坝基透水层较深或不易放空水库的情况较为适宜。具体做法是利用专门的造孔机械以泥浆固壁法造孔，然后浇筑混凝土，形成一道直立且连续的混凝土墙。这种方法其防渗效果较为可靠，因此，在土坝及堤防工程中应用很多。

(5) 黏土铺盖法。对于土石坝的黏土铺盖防渗能力不足或因天然铺盖的损坏，坝基渗漏严重，而附近有丰富的符合标准的黏土情况，可将水库放空，在原铺盖或天然铺盖上再做一层新的黏土铺盖。

(6) 截水墙法。当坝体质量较好，坝基渗漏严重，岸坡有覆盖层，风化层或砂卵石层透水严重时，采用这种方法较为可靠，如黏土截水墙、混凝土截水墙、砂浆板桩截水墙等。

2. 下游导渗法

为了增强坝体稳定性，应在不引起渗透破坏的情况下，将渗水顺畅地排出坝外。常用的下游排水导渗方法包括导渗沟、贴坡排水、导渗砂槽、排渗沟、排水盖重、减压井等。

(1) 导渗沟法。在坝坡面上开挖浅沟，沟内用砂、砾、卵石或碎石按反滤要求回填而成的排水导渗沟。导渗沟按其在平面图上的形状可分为Ⅰ形、Y形和W形三种形式。

(2) 贴坡排水法。主要用于坝坡出现大面积较严重的渗漏，土坝的浸润线逸出点较高，坝坡湿润软化已处于不稳定状况时，采用这种措施，对于排出坝体渗水和增强坝坡稳定均有较好作用。

(3) 导渗砂槽法。当散浸严重，坝坡较缓采用导渗沟和贴坡排水不易解决时，可用导渗砂槽处理，在渗漏严重的坝坡上用钻机或相互搭接的排孔，搭接 $1/3$ 孔径，一般要求孔径较大，孔深根据排水要求确定。在孔槽内回填透水材料，孔槽要和排水体相连，形成一条条导渗砂槽。

(4) 排渗沟法。当坝基渗漏严重造成坝后长期积水，使坝基湿软，承载力降低，坝体浸润线抬高；或因坝基面有较薄的弱透水层，坝后产生渗透破坏，而在上游难以防渗处理时，可在下游坝基设排渗沟。排渗沟可分为明沟和暗沟两种形式。排渗明沟应与坝轴线垂直布置若干条，两端分别与排水体和新挖的平行坝轴线的排水沟相连；排渗暗沟是由透水的无砂混凝土管或其他透水材料做成，一般平行坝轴线布置，并连接排水沟将渗水排出。

(5) 排水盖重法。对于较软弱的坝基，因浸湿将地面隆起，而导致坝基失稳，可采用排水盖重法进行处理。先清理相关部位的坝基，在渗水出露地段上铺设反滤层，然后在反滤层上铺筑石块，铺筑厚度较大时可先填土后铺块石护面。这样既能使渗水排出，又能使覆盖层加重，以达到增加渗透稳定性的目的。

四、土石坝的滑坡处理

土石坝的滑坡是一种常见的病害，有的是突然发生的，有的是先出现裂缝后出现滑坡的，因此应该经常检查，发现问题及时处理。否则，一旦产生滑坡，就会造成巨大损失。

土石坝运用中，应结合滑坡的检查分析做好经常性养护，防止或减轻外界因素对边坡稳定的不利影响，若土坝有可能滑坡时，应进行稳定校核，并及早采取预防措施；当发现滑坡征兆时，要及时分析判断，采取有效措施进行抢护，防止险情恶化；一旦产生滑坡，要采取可靠处理措施，恢复坝坡，并提高抗滑能力。

1. 滑坡的预防和抢护

滑坡的预防和抢护是一项经常性工作，如水位骤降可能引起上游滑坡时，应停止放水，在上游坝坡抛砂袋石块，进行压重固脚；对坝坡刚出现的滑坡裂缝，在保证土坝有足够挡水断面的前提下，将滑动坡体削坡减重，以增加稳定性；由于渗漏可能引起的滑坡，首先应尽可能地合理降低库水位，减少渗漏水量，然后在上游抛土防渗，在下游开沟导渗，必要时应在下游压重固脚或修筑土料撑台等；在特殊情况下，可采取有针对性的专门措施，如坝体局部翻修改建、打防滑桩等；在土坝加高时，一般应在培厚基础上加高，且必须通过分析后进行。

2. 滑坡的处理

当滑坡已形成且终止后，应视具体情况进行永久性处理。处理原则是上部减载，下部压重。根据滑坡原因、滑坡状况并结合已采取的预防抢护措施，通过稳定分析，确定加固处理方案。

（1）因坝体碾压不实，浸润线过高而造成的背水坡滑坡，应采取上游防渗、下游压坡、导渗、放缓坝坡等措施。防渗措施主要包括黏土斜墙、混凝土防渗墙、抛土或放淤等。下游压坡则是在滑坡体下部修筑压坡体固脚。先清除原护坡，铺设反滤料，在其上用砂石修压坡体，缺少砂石料时，也可用土料分层压实，压坡体的坝脚另做排水体。

（2）因坝基存在淤泥层、湿陷性黄土层或均匀细砂层引起的滑坡，可在下游坝脚采用先挖除后用透水料回填的方法，先在坝脚外修筑固脚齿墙，然后挖除坝脚到齿墙间的泥、砂层，施工时要求分段开挖回填，并在其上面做压重台，如采用土料压重台，应在压重台与透水料结合面上设双向滤层并延伸至新筑坝脚以外。这种方法集排水导渗、压重固脚和放缓边坡为一体，起到阻止滑坡的作用。

（3）因排水体堵塞而引起的下游滑坡，应先分段恢复排水功能，并筑压重台固脚。恢复排水功能有困难时，可在排水棱体上设贴坡排水，施工中要注意滤料选择和铺设，防止再次淤塞，同时，要根据土坡稳定的需要，在坝脚修筑压坡体、压坡台等固脚设施。

（4）因渗漏引起的下游滑坡，处理时要上游防渗，下游修戗台，增设垂直排水系统，与水平排水体相连。对于裂缝已形成，其深度较大时，可修建砂石或土料戗台。

滑坡处理时，一定要严格控制施工质量，开挖回填符合上轻下重原则；一般滑坡主裂缝不宜采用灌浆方法处理；滑坡处理之前，要防止雨水渗入裂缝之内，必要时加以覆盖，进行保护。

五、土石坝护坡修理

护坡保护，是土石坝管理的重要组成部分。由于设计不当、施工质量差或管理不善等方面的原因，在暴雨、波浪、冰凌和其他外力作用下往往产生破坏现象，轻者影响工程美观、增加维修费用、降低工程效益，重者威胁大坝安全。因此，要认真分析护坡破坏原因，采取正确的处理措施。

护坡破坏的修理，按其工作性质，可分为临时性紧急抢护和永久性加固修理。前者是指护坡遭到风浪或冰冻破坏时，为防止破坏范围扩大和险情恶化，而进行的临时保护措施；后者则是经过进一步的分析、研究护坡破坏原因后，而进行的永久性加固措施。

1. 临时性紧急抢护

（1）砂袋压盖法。适用于风浪不大，护坡局部松动脱落，垫层未被淘刷的情况。可用砂袋压盖护坡破坏部位，压盖范围应超过破坏区 0.5～1.0m，厚度不少于两层，并纵横互叠。若垫层或坝体已被淘刷，压盖前，要先填 0.3～0.5m 厚的卵石或碎石，再进行压盖。

（2）抛石压盖法。用于风浪较大，局部护坡已有冲掉、坍塌的情况。一般应先抛 0.3～0.5m 厚的卵石或碎石层，然后抛石，石块大小应视抛石体稳定情况而定，一般块越大越好。

（3）石笼压盖法。适用于风浪很大，护坡破坏严重的情况。块石可就地装笼（如竹笼、铁丝笼），然后用机械或人力移至破坏部位，如破坏面积较大，可并列数个块石笼，笼间用铅丝扎牢并填塞紧凑，以增强整体性和防护能力。

临时性防浪、防冰抢护措施较多，可参考防汛与抢险有关内容。

2. 永久性加固修理

常用的方法有填补翻修、干砌石缝黏结、混凝土盖重、框架加固和沥青混凝土护面加固等。

（1）填补翻修法。对于护坡原材料质量差、施工质量差而引起的局部脱落、塌陷、崩塌和滑动等现象，可采用填补翻修法。如干砌石、浆砌石、混凝土、堆石、沥青油渣和草皮护坡等，应先清除破坏部位和抢护用的压盖物，然后依次按设计要求修复反滤层、护坡。

（2）干砌石缝黏结法。当护坡石块尺寸小，或施工质量差，不能抵御风浪冲刷时，可用水泥砂浆、水泥黏土砂浆、石灰水泥砂浆、细石混凝土、沥青混凝土等填缝，将护坡黏结成整体。施工时，应注意先清理缝隙并冲洗干净，分隔距离留缝排水，然后向缝内充填黏结材料。

（3）混凝土盖重法。多用于砌块尺寸太小、厚度不足、强度不够而且风浪较大的干砌石或浆砌石护坡的加固。先清洗缝隙和护坡表面，然后浇混凝土盖面，一般厚度为 5～7cm，每隔 3～5m 用沥青板分缝。

（4）框格加固法。一般用于石块较小、砌筑质量差的干砌石护坡的修理，如浆砌石框格、混凝土框格。其优点在于充分利用框格增强整体性，当护坡遭到破坏时，只局限在个别框格内，避免了大面积的崩塌和整体滑动。

六、土石坝的安全监测

1. 变形监测

变形监测包括水平及铅垂位移监测。水平位移监测方法参见混凝土重力坝的安全监测有关内容。

土石坝外部的铅直位移，可采用精密水准仪测定。

土石坝的固结监测，实质上也是一种铅直位移监测。它是在坝体有代表性的断面内埋设横梁式固结管、深式标点组、电磁式沉降计或水管式沉降计，通过逐层测量各测点的高程变化计算固结量。

土石坝的孔隙水压力监测应与固结监测配合布置，用于了解坝体的固结程度和孔隙水压力的分布及消散情况，以便合理安排施工进度，核算坝坡的稳定性。

2. 裂缝监测

当土石坝的裂缝宽度大于 5mm，或虽不足 5mm 但较长、较深或穿过坝轴线的，以及弧形裂缝、垂直错缝等都须进行监测。监测次数视裂缝发展情况而定。

3. 应力监测

在土石坝坝体内或与混凝土建筑物接触处常需量测土压力，所用仪器为土压计。

4. 渗流监测

土石坝的渗流监测包括浸润线、渗流量、坝体孔隙水压力、绕坝渗流等。

(1) 浸润线监测。实际上就是用测压管观测坝体内各测点的渗流水位。坝体监测断面上一些测点的瞬时水位连线就是浸润线。由于上、下游水位的变化，浸润线也随时空变化。所以，浸润线要经常观测，以监测大坝防渗，地基渗透稳定性等情况。测压管水位常用测深锤、电测水位计等测量。测压管用金属管或塑料管，由进水管段、导管和管口保护三部分组成。进水管段需渗水通畅、不堵塞，为此，在管壁上应钻有足够的进水孔，并在管的外壁包扎过滤层；导管用以将进水管段延伸到坝面，要求管壁不透水；管口保护用于防止雨水、地表水流入，避免石块等杂物掉入管内。测压管应在坝竣工后蓄水之前钻孔埋设。

(2) 渗流量监测。一般将渗水集中到排水沟（渠）中采用容积法、量水堰或测流（速）方法进行测量，最常用的是量水堰法。

(3) 坝体孔隙水压力监测应与固结监测的布点相配合，其监测方法很多，使用传感器和电学测量方法，有时能获得更好的效果，也易于遥测和数据采集和处理。

(4) 坝基、土石坝两岸或连接混凝土建筑物的土石坝坝体的绕坝渗流监测方法与上述基本相同。

(5) 渗水透明度监测。为了判断排水设施的工作情况，检验有无发生管涌的征兆，需对渗水进行透明度监测。

本 章 小 结

本章围绕土石坝剖面设计讲述了土石坝的特点、土石坝基本剖面尺寸的拟定、土石坝的渗流和稳定分析、土石坝的土料选择与填土标准的确定，以及土石坝地基处理等内容，并对土石坝运用管理及防汛与抢险的主要内容进行了讲述。本章学习的重点是土石坝的渗流分析和稳定分析，因为渗流和稳定问题对土石坝的安全是至关重要的，同时，这两部分内容牵涉一些复杂的公式和计算，增加了土石坝的学习难度，现就两部分内容的几个难点总结说明如下。

渗流分析的水力学法，从推理上要牢固掌握不透水地基均质坝的渗流计算方法。在均质坝渗流计算的简化时，为什么要把渗流域由分三段过渡为分两段呢？分三段，是属客观存在的，即上、下游三角形楔形段和中间缓变流段。上、下游部分不符合缓变流的基本假定，不能直接利用水力学方法计算。分两段，是简化处理，是依据电拟实验的结果。上游假若用等效矩形代替，其渗流量相等，只是浸润线在首部发生一定偏差，只要稍加修正就符合实际情况。等效矩形段的渗流符合缓变流的假定，可与中间段合并。而下游三角形段的渗流不符合缓变流假定，只能用更近似的方法解决。

心墙坝、斜墙坝和透水地基上均质坝的渗流计算，学习要抓住几个要点：第一，正确理解渗流计算简图，包括坝体的简化和有关假定；第二，计算公式选用正确；第三，掌握浸润线计算、绘制和修正的方法，至于公式的推理不作要求，以会应用为目的。

渗流分析的流网法，可求得渗流逸出处的渗流要素，进而校核渗流逸出区的渗透稳定，但只适用于坝体和坝基中渗流场不十分复杂的情况，所以，学习流网法，重点是掌握流网的基本特性、渗流域的边界条件，以及绘制流网的方法，为电模拟法绘制流网奠定基础。

在稳定分析中，要着重理解以下几点：

用总应力法计算坝坡稳定时，要用总法向应力和相应的强度指标 φ、c，强度指标由不排水快剪或三轴不排水试验得出，孔隙水压力没有单独测出来，它对强度的影响包含在抗剪强度之内。本法计算简单，φ、c 值的量测技术也比较成熟，但孔隙水压力的概念不明确，与实际情况有出入。

有效应力法用三轴仪量测孔隙水压力，应分别计算土体的孔隙水压力和有效应力。在计算滑动面上的抗滑力时采用有效应力和相应的抗剪强度指标 φ'、c'，它能较好地反映黏性土抗剪强度的本质，比较合理，但孔隙水压力较难准确计算。

复习思考题

1. 土石坝的特点是什么？试与重力坝、拱坝作比较。
2. 土石坝的主要类型有哪些？各有什么优缺点？
3. 土石坝的基本剖面为什么是梯形的？
4. 确定土石坝坝顶高程和重力坝坝顶高程的不同点是什么？
5. 土石坝的上、下游坝坡通常采用值的范围如何？为什么上游坝坡比下游坝坡平缓？
6. 渗流分析的任务是什么？有哪些方法？常用的理论方法是什么？它的基本假定是什么？
7. 什么叫流网？它由哪些线构成？绘制流网的基本原则是什么？土石坝渗流域的边界各是什么线？
8. 试叙述手绘流网的方法和步骤。
9. 如何根据已知流网求渗流要素？
10. 土石坝渗流变形有哪几类？什么叫流土？什么叫管涌？什么叫接触冲刷？什么叫接触流土？
11. 防止渗流变形的措施有哪些？
12. 重力坝与土石坝的稳定概念有什么不同？影响土石坝稳定的因素有哪些？
13. 土石坝坝坡滑裂面的形状有哪几种？在什么情况下易产生何种滑裂面？
14. 圆弧法的基本假定是什么？如何用简化的毕肖普法计算坝坡稳定安全系数？
15. 怎样确定滑弧的最小稳定安全系数？
16. 土石料的填筑标准是什么？在土料设计中何种土料主要控制何种指标？
17. 土石坝为什么要设防渗体？坝身、坝基防渗有哪些方法？
18. 土石坝为什么要设置排水设备？坝体排水有几种类型？各有什么优缺点？

19. 土石坝为什么要设置反滤层？设置反滤层应遵循什么原则？通常应在哪些部位设置反滤层？
20. 为什么要进行地基处理？地基处理的目的是什么？
21. 土石坝坝体与坝基、岸坡及其他建筑物连接时应注意什么问题？
22. 土石坝的检查和养护内容是什么？
23. 土石坝裂缝处理方法是什么？
24. 试分析土石坝运用中渗漏处理的措施。
25. 土石坝护坡破坏后应如何进行临时性抢护？并说明永久性的修理措施。

第五章 水 闸

第一节 概 述

水闸是一种低水头的水工建筑物，兼有挡水和泄水的作用，用以调节水位、控制流量，以满足水利事业的各种要求。

新中国成立以来，为防洪、排涝、灌溉、挡潮以及供水、发电等各种目的，修建了上千座大、中型水闸和难以数计的小型涵闸，促进了工农业生产的不断发展，给国民经济带来了很大的效益，并积累了丰富的工程经验。1988年建成的葛洲坝水利枢纽，其中的二江泄洪闸，共27孔，闸高33m，最大泄量达83900m³/s，运行情况良好。目前世界上最高和规模最大的荷兰东斯海尔德挡潮闸，共63孔，闸高53m，闸身净长3000m，连同两端的海堤，全长4425m。

一、水闸的类型

水闸的种类很多，通常按其所承担的任务和闸室的结构型式来进行分类。

（一）按水闸所承担的任务分类

水闸按所承担的任务可分为节制闸、进水闸、分洪闸、排水闸和挡潮闸等，如图5-1所示。

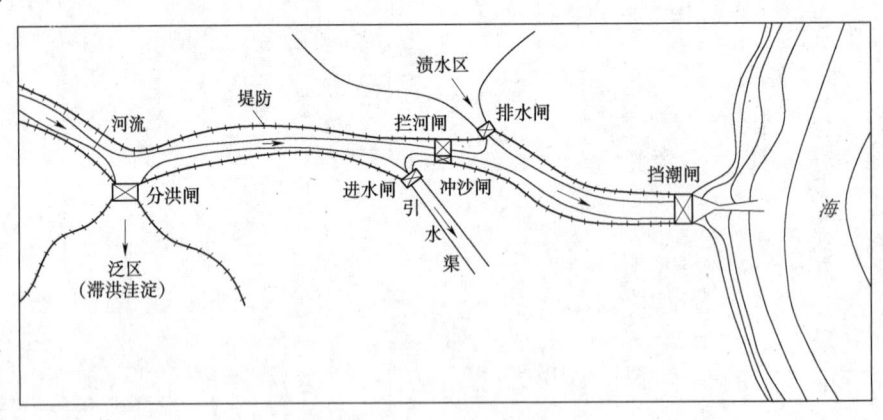

图 5-1 水闸的类型及位置示意图

1. 节制闸（或拦河闸）

节制闸在河流或渠道上建造。枯水期用以拦截河道，抬高水位，以利上游取水或航运要求；洪水期则开闸泄洪，控制下泄流量。位于河道上的节制闸称为拦河闸。

2. 进水闸

建在河道、水库或湖泊的岸边，用来控制引水流量，以满足灌溉、发电或供水的需要。进水闸又称取水闸或渠首闸。

3. 分洪闸

常建于河道的一侧，用来将超过下游河道安全泄量的洪水泄入预定的湖泊、洼地，及时削减洪峰，保证下游河道的安全。

4. 排水闸

常建于江河沿岸，外河水位上涨时关闸以防外水倒灌，外河水位下降时开闸排水，排除两岸低洼地区的涝渍。该闸具有双向挡水，有时双向过流的特点。

5. 挡潮闸

建在入海河口附近，涨潮时关闸不使海水沿河上溯，退潮时开闸泄水。挡潮闸具有双向挡水的特点。

此外，还有为排除泥沙、冰块、漂浮物等而设置的排沙闸、排冰闸、排污闸等。

（二）按闸室结构型式分类

1. 开敞式水闸

闸室上面不填土、封闭的水闸称为开敞式水闸。一般有泄洪、排水、过木等要求时，多采用不带胸墙的开敞式水闸［图 5-2（a）］，多用于拦河闸、排冰闸等；当上游水位变幅大，而下泄流量又有限制时，为避免闸门过高，常采用带胸墙的开敞式水闸，如进水闸、排水闸、挡潮闸多用这种型式［图 5-2（b）］。

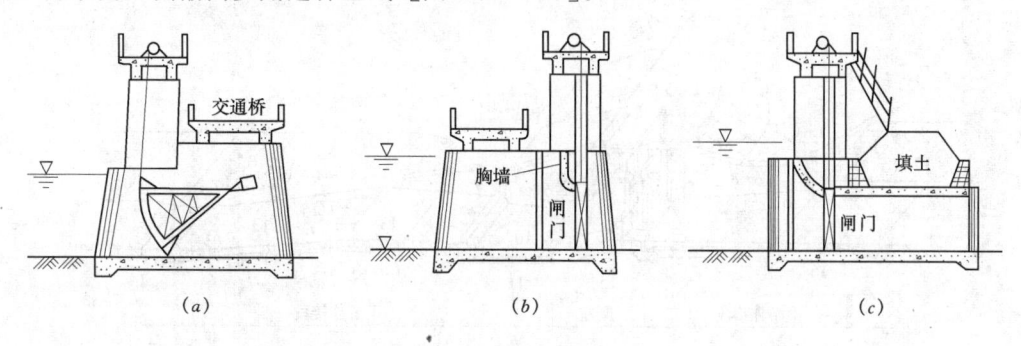

图 5-2 闸室结构型式
(a) 不带胸墙的开敞式水闸；(b) 带胸墙的开敞式水闸；(c) 涵洞式水闸

2. 涵洞式水闸

闸（洞）身上面填土封闭的水闸［图 5-2（c）］称为涵洞式水闸，又称为封闭式水闸。常用于穿堤取水或排水的水闸。洞内水流可以是有压的或者是无压的。

二、水闸的工作特点

水闸既能挡水，又能泄水，且多修建在软土地基上，因而它在稳定、防渗、消能防冲及沉降等方面都有其自身的特点。

1. 稳定方面

关门挡水时，水闸上、下游较大的水头差造成较大的水平推力，使水闸有可能沿基面产生向下游的滑动，为此，水闸必须具有足够的重力，以维持自身的稳定。

2. 防渗方面

由于上、下游水位差的作用,水将通过地基和两岸向下游渗流。渗流会引起水量损失,同时地基土在渗流作用下容易产生渗透变形。严重时闸基和两岸的土壤会被淘空,危及水闸安全。渗流对闸室和两岸连接建筑物的稳定不利。因此,应妥善进行防渗设计。

3. 消能防冲方面

水闸开闸泄水时,在上、下游水位差的作用下,过闸水流往往具有较大的动能,流态也较复杂,而土质河床的抗冲能力较低,可能引起冲刷。此外,水闸下游常出现波状水跃和折冲水流,会进一步加剧对河床和两岸的淘刷。因此,设计水闸除应保证闸室具有足够的过水能力外,还必须采取有效的消能防冲措施,以防止河道产生有害的冲刷。

4. 沉降方面

土基上建闸,由于土基的压缩性大,抗剪强度低,在闸室的重力和外部荷载作用下,可能产生较大的沉降,影响正常使用,尤其是不均匀沉降会导致水闸倾斜,甚至断裂。在水闸设计时,必须合理地选择闸型、构造,安排好施工程序,采取必要的地基处理措施,以减少过大的地基沉降和不均匀沉降。

三、水闸的组成

水闸通常由上游连接段、闸室段和下游连接段三部分组成,如图 5-3 所示。

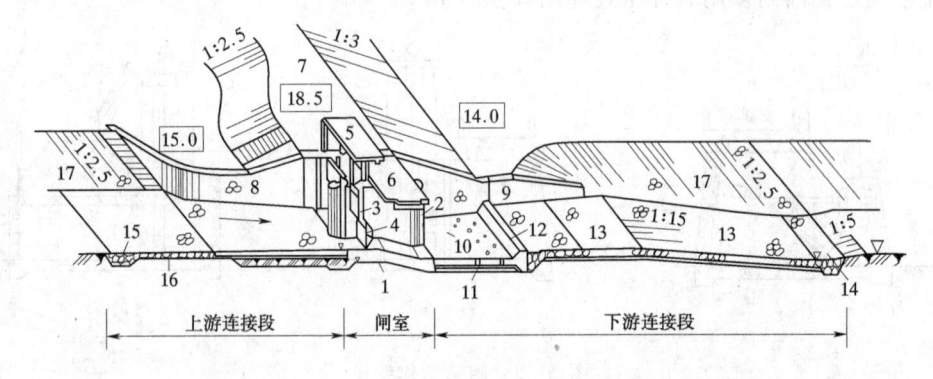

图 5-3 水闸的组成
1—闸室底板;2—闸墩;3—胸墙;4—闸门;5—工作桥;6—交通桥;7—堤顶;
8—上游翼墙;9—下游翼墙;10—护坦;11—排水孔;12—消力坎;13—海漫;
14—下游防冲槽;15—上游防冲槽;16—上游护底;17—上、下游护坡

(一) 上游连接段

上游连接段的主要作用是引导水流平稳地进入闸室,同时起防冲、防渗、挡土等作用。一般包括上游翼墙、铺盖、护底、两岸护坡及上游防冲槽等。上游翼墙的作用是引导水流平顺地进入闸孔并起侧向防渗作用。铺盖主要起防渗作用,其表面应满足抗冲要求。护坡、护底和上游防冲槽(齿墙)保护两岸土质、河床及铺盖头部不受冲刷。

(二) 闸室段

闸室是水闸的主体部分,通常包括底板、闸墩、闸门、胸墙、工作桥及交通桥等。底板是闸室的基础，承受闸室全部荷载，并较均匀地传给地基，还有防冲、防渗等作用。闸墩的作用是分隔闸孔，并支撑闸门、工作桥等上部结构。闸门的作用是挡水和控制下泄水流。工作桥供安置启闭机和工作人员操作之用。交通桥的作用是连接两岸交通。

（三）下游连接段

下游连接段具有消能和扩散水流的作用，一般包括护坦、海漫、下游防冲槽、下游翼墙及护坡等。下游翼墙引导水流均匀扩散，兼有防冲及侧向防渗等作用。护坦具有消能防冲作用。海漫的作用是进一步消除经过护坦的水流的剩余动能，扩散水流，调整流速分布，防止河床受冲。下游防冲槽是海漫末端的防护设施，避免冲刷向上游扩展。

四、水闸设计

水闸设计应从实际出发，广泛吸取工程实践经验，进行必要的科学实验，积极采用新结构、新技术、新材料、新设备。做到技术先进、安全可靠、经济合理、实用耐久、管理方便。水闸设计应符合 SL 265—2001《水闸设计规范》和现行的有关标准的规定。

水闸设计应认真收集和整理各项基本资料。选用的基本资料应准确可靠，满足设计要求。水闸设计所需要的各项基本资料主要包括闸址处的气象、水文、地形、地质、试验资料以及工程施工条件、运用要求，所在地区的生态环境、社会经济状况等。

水闸设计的内容有闸址选择，确定孔口形式和尺寸，防渗、排水设计，消能防冲设计，稳定计算，沉降校核和地基处理，选择两岸连接建筑物的形式和尺寸，结构设计等。

第二节　闸址选择和闸孔设计

一、闸址的选择

闸址选择关系到工程建设的成败和经济效益的发挥，是水闸设计中的一项重要内容。应根据水闸的功能、特点和运用要求以及区域经济条件，综合考虑地形、地质、水流、潮汐、泥沙、冰情、施工、管理、周围环境等因素，经技术经济比较确定。

节制闸或泄洪闸闸址宜选择在河道顺直、河势相对稳定的河段，经技术经济比较后也可选择在弯曲河段裁弯取直的新开河道上。进水闸、分水闸或分洪闸闸址宜选择在河岸基本稳定的顺直河段或弯道凹岸顶点稍偏下游处，但分洪闸闸址不宜选择在险工堤段和被保护重要城镇的下游堤段。排水闸（排涝闸）或泄水闸（退水闸）闸址宜选择在地势低洼、出水通畅处，排水闸（排涝闸）闸址宜选择在靠近主要涝区和容泄区的老堤堤线上。挡潮闸闸址宜选择在岸线和岸坡稳定的潮汐河口附近，且闸址泓滩冲淤变化较小、上游河道有足够的蓄水容积的地点。

选择闸址应考虑材料来源、对外交通、施工导流、场地布置、基坑排水、施工水电供应等条件，同时还应考虑水闸建成后工程管理维修和防汛抢险条件等。

选择闸址还应考虑下列要求：占用土地及拆迁房屋少；尽量利用周围已有公路、航运、动力、通信等公用设施；有利于绿化、净化、美化环境和生态环境保护；有利于开展综合经营。

二、水闸等级划分及洪水标准

(一) 工程等别及建筑物级别

平原区水闸枢纽工程应根据水闸最大过闸流量及其防护对象的重要性划分等别,其等别应按表5-1确定。规模巨大或在国民经济中占有特殊重要地位的水闸枢纽工程,其等别应经论证后报主管部门批准确定。

表5-1　　　　　　　　　　平原区水闸枢纽工程分等指标

工程等别	Ⅰ	Ⅱ	Ⅲ	Ⅳ	Ⅴ
规　模	大(1)型	大(2)型	中型	小(1)型	小(2)型
最大过闸流量/(m³/s)	≥5000	5000~1000	1000~100	100~20	<20
防护对象的重要性	特别重要	重要	中等	一般	—

注　当按表列最大过闸流量及防护对象重要性分别确定的等别不同时,工程等别应经综合分析确定。

水闸枢纽中的水工建筑物应根据其所属枢纽工程等别、作用和重要性划分级别,其级别应按表5-2确定。

表5-2　　　　　　　　　　水闸枢纽建筑物级别划分

工程等别	永久性建筑物级别		临时性建筑物级别
	主要建筑物	次要建筑物	
Ⅰ	1	3	4
Ⅱ	2	3	4
Ⅲ	3	4	5
Ⅳ	4	5	5
Ⅴ	5	5	—

山区、丘陵区水利水电枢纽中的水闸,其级别可根据所属枢纽工程的等别及水闸自身的重要性按表5-2确定。山区、丘陵区水利水电枢纽工程等别应按SL 252—2000《水利水电工程等级划分及洪水标准》的规定确定。灌排渠系上的水闸,其级别可按现行的GB 50288—99《灌溉与排水工程设计规范》的规定确定。

对失事后造成巨大损失或严重影响,或采用实践经验较少的新型结构的2~5级主要建筑物,经论证并报主管部门批准后可提高一级设计;对失事后造成损失不大或影响较小的1~4级主要建筑物,经论证并报主管部门批准后可降低一级设计。

(二) 洪水标准

平原区水闸的洪水标准应根据所在河流流域防洪规划规定的防洪任务,以近期防洪目标为主,并考虑远景发展要求,按表5-3所列标准综合分析确定。

表5-3　　　　　　　　　　平原区水闸洪水标准

水闸级别		1	2	3	4	5
洪水重现期/年	设计	100~50	50~30	30~20	20~10	10
	校核	300~200	200~100	100~50	50~30	30~20

山区、丘陵区水利水电枢纽中的水闸，其洪水标准应与所属枢纽中永久性建筑物的洪水标准一致。山区、丘陵区水利水电枢纽中永久性建筑物的洪水标准应按 SL 252—2000《水利水电工程等级划分及洪水标准》的规定确定。

灌排渠系上的水闸，其洪水标准应按表 5-4 确定。

表 5-4　　　　　　　　灌排渠系上水闸的设计洪水标准

灌排渠系上水闸的级别	1	2	3	4	5
设计洪水重现期/年	100～50	50～30	30～20	20～10	10

注　灌排渠系上的水闸校核洪水标准，可视具体情况和需要研究确定。

平原区水闸闸下消能防冲的洪水标准应与该水闸洪水标准一致，并应考虑泄放小于消能防冲设计洪水标准的流量时可能出现的不利情况。

三、闸孔型式的选择

闸孔型式一般有宽顶堰型、低实用堰型和胸墙孔口型三种，见图 5-4。

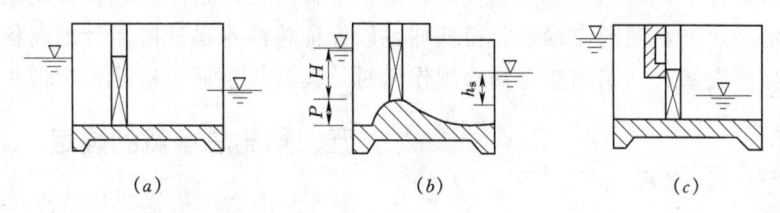

图 5-4　闸孔型式
(a) 平底板宽顶堰；(b) 低实用堰；(c) 胸墙孔口型

（一）宽顶堰型

宽顶堰是水闸中最常用的底板结构型式。其主要优点是结构简单、施工方便，泄流能力比较稳定，有利于泄洪、冲沙、排淤、通航等；其缺点是自由泄流时流量系数较小，容易产生波状水跃。

（二）低实用堰型

低实用堰有梯形的、曲线形的和驼峰形的。实用堰自由泄流时流量系数较大，水流条件较好，选用适宜的堰面曲线可以消除波状水跃；但泄流能力受尾水位变化的影响较为明显，当 $h_s > 0.6H$（h_s 为下游堰顶水深，H 为上游堰顶水深）以后，泄流能力将急剧降低，不如宽顶堰泄流时稳定。上游水深较大时，采用这种孔口形式，可以减小闸门高度。

（三）胸墙孔口型

当上游水位变幅较大，过闸流量较小时，常采用胸墙孔口型。可以减小闸门高度和启门力，从而降低工作桥高和工程造价。

四、闸底板高程的确定

闸底板高程与水闸承担的任务，泄流或引水流量，上、下游水位及河床地质条件等因素有关。

闸底板应置于较为坚实的土层上，并应尽量利用天然地基。在地基强度能够满足要求的条件下，底板高程定得高些，闸室宽度大，两岸连接建筑相对较低。对于小型水闸，由于两岸连接建筑在整个工程中所占比重较大，因而总的工程造价可能是经济的。在大、中型水闸中，由于闸室工程量所占比重较大，因而适当降低底板高程，常常是有利的。当然，底板高程也不能定得太低，否则，由于单宽流量加大，将会增加下游消能防冲的工程量，闸门增高，启闭设备的容量也随之增大，另外，基坑开挖也较困难。

选择底板高程以前，首先要确定合适的最大过闸单宽流量。它取决于闸下游河渠的允许最大单宽流量。允许最大过闸单宽流量可按下游河床允许最大单宽流量的 1.2~1.5 倍确定。根据工程实践经验，一般在细粉质及淤泥河床上，单宽流量取 5~10m³/(s·m)；在砂壤土地基上取 10~15 m³/(s·m)；在壤土地基上取 15~20 m³/(s·m)；在黏土地基上取 20~25 m³/(s·m)。下游水深较深，上、下游水位差较小和闸后出流扩散条件较好时，宜选用较大值。

一般情况下，拦河闸和冲沙闸的底板顶面可与河床齐平；进水闸的底板顶面在满足引用设计流量的条件下，应尽可能高一些，以防止推移质泥沙进入渠道；分洪闸的底板顶面也应较河床稍高；排水闸则应尽量定得低些，以保证将溃水迅速降至计划高程，但要避免排水出口被泥沙淤塞；挡潮闸兼有排水闸作用时，其底板顶面也应尽量定低一些。

五、闸孔总净宽的确定

闸孔总净宽应根据泄流特点、下游河床地质条件和安全泄流的要求，结合闸孔孔径和孔数的选用，经技术经济比较后确定。计算时分别对不同的水流情况，根据给定的设计流量，上、下游水位和初拟的底板高程及堰型来确定。

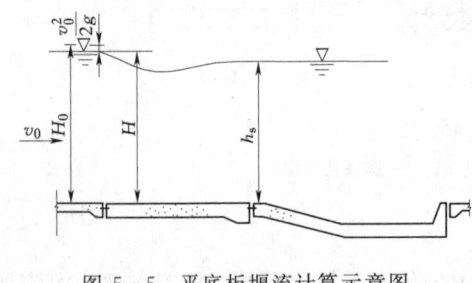

图 5-5 平底板堰流计算示意图

（1）对于平底闸，当水流为堰流时，计算示意图如图 5-5 所示。计算公式为式（5-1）~式（5-5）。

$$B_0 = \frac{Q}{\sigma \varepsilon m H_0^{3/2} \sqrt{2g}} \tag{5-1}$$

单孔闸
$$\varepsilon = 1 - 0.171\left(1 - \frac{b_0}{b_s}\right)\sqrt[4]{\frac{b_0}{b_s}} \tag{5-2}$$

多孔闸
$$\varepsilon = \frac{\varepsilon_z(n-1) + \varepsilon_b}{n} \tag{5-3}$$

$$\varepsilon_z = 1 - 0.171\left(1 - \frac{b_0}{b_0 + d_z}\right)\sqrt[4]{\frac{b_0}{b_0 + d_z}} \tag{5-4}$$

$$\varepsilon_b = 1 - 0.171\left(1 - \frac{b_0}{b_0 + \frac{d_z}{2} + b_b}\right)\sqrt[4]{\frac{b_0}{b_0 + \frac{d_z}{2} + b_b}} \tag{5-5}$$

式中 B_0——闸孔总净宽，m；

Q——过闸流量，m^3/s；
H_0——计入行近流速在内的堰上水深，m；
g——重力加速度，取 $9.81m/s^2$；
m——堰流流量系数，可采用 0.385；
ε——堰流侧收缩系数，对于单孔闸可按式（5-2）计算求得或由表 5-5 查得，对于多孔闸可按式（5-3）计算求得；
b_0——闸孔净宽，m；
b_s——上游河道一半水深处的宽度，m；
n——闸孔数；
ε_z——中闸孔侧收缩系数，可按式（5-4）计算求得或由表 5-5 查得，但表中 b_s 为 b_0+d_z；
d_z——中闸墩厚度，m；
ε_b——边闸孔侧收缩系数，可按式（5-5）计算求得或由表 5-5 查得，但表中 b_s 为 $b_0+\dfrac{d_z}{2}+b_b$；
b_b——边闸墩顺水流向边缘线至上游河道水边线之间的距离，m；
σ——堰流淹没系数，对于宽顶堰可由表 5-6 查得。

表 5-5　　　　　　　　　　　　　　ε 值

b_0/b_s	≤0.2	0.3	0.4	0.5	0.6	0.7	0.8	0.9	1.0
ε	0.909	0.911	0.918	0.928	0.940	0.953	0.968	0.983	1.000

表 5-6　　　　　　　　　　　　宽顶堰 σ 值

h_s/H_0	≤0.72	0.75	0.78	0.80	0.82	0.84	0.86	0.88	0.90	0.91
σ	1.00	0.99	0.98	0.97	0.95	0.93	0.90	0.87	0.83	0.80
h_s/H_0	0.92	0.93	0.94	0.95	0.96	0.97	0.98	0.99	0.995	0.998
σ	0.77	0.74	0.70	0.66	0.61	0.55	0.47	0.36	0.28	0.19

注　表中 h_s 为堰顶下游水深，m。

（2）对于平底闸，当为孔口出流时，计算示意图如图 5-6 所示，计算公式为式（5-6）~式（5-9）。

$$B_0 = \frac{Q}{\sigma'\mu h_e \sqrt{2gH_0}} \quad (5-6)$$

$$\mu = \varphi\varepsilon'\sqrt{1-\frac{\varepsilon' h_e}{H}} \quad (5-7)$$

$$\varepsilon' = \frac{1}{1+\sqrt{\lambda\left[1-\left(\dfrac{h_e}{H}\right)^2\right]}} \quad (5-8)$$

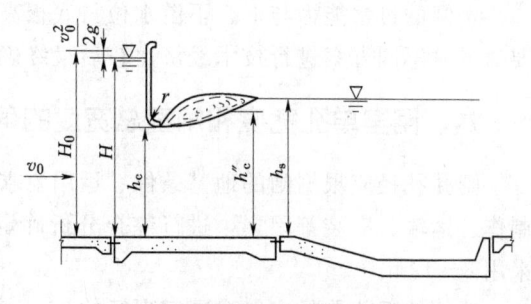

图 5-6　平底板孔流计算示意图

$$\lambda = \frac{0.4}{2.718^{16\frac{r}{h_e}}} \tag{5-9}$$

式中 h_e——孔口高度，m；

μ——宽顶堰上孔流流量系数，可按式（5-7）计算求得或由表 5-7 查得；

ε'——垂直收缩系数，可由式（5-8）计算求得；

φ——流速系数，可取 0.95～1.0；

λ——计算系数，可由式（5-9）计算求得，式（5-9）适用于 $0 < r/h_e < 0.25$ 范围；

r——胸墙底圆弧半径，m；

σ'——宽顶堰上孔流淹没系数，可由表 5-8 查得。

表 5-7　　　　　　　　　　　　　μ　值

r/h_e \ h_e/H	0	0.05	0.10	0.15	0.20	0.25	0.30	0.35	0.40	0.45	0.50	0.55	0.60	0.65
0	0.582	0.573	0.565	0.557	0.549	0.542	0.534	0.527	0.520	0.512	0.505	0.497	0.489	0.481
0.05	0.667	0.656	0.644	0.633	0.622	0.611	0.600	0.589	0.577	0.566	0.553	0.541	0.527	0.512
0.10	0.740	0.725	0.711	0.697	0.682	0.668	0.653	0.638	0.623	0.607	0.590	0.572	0.553	0.533
0.15	0.798	0.781	0.764	0.747	0.730	0.712	0.694	0.676	0.657	0.637	0.616	0.594	0.571	0.546
0.20	0.842	0.824	0.805	0.785	0.766	0.745	0.725	0.703	0.681	0.658	0.634	0.609	0.582	0.553
0.25	0.875	0.855	0.834	0.813	0.791	0.769	0.747	0.723	0.699	0.673	0.647	0.619	0.589	0.557

表 5-8　　　　　　　　　　　　　σ　值

$\frac{h_s - h''_c}{H - h''_c}$	≤0	0.1	0.2	0.3	0.4	0.5	0.6	0.7	0.8	0.9	0.92	0.94	0.96	0.98	0.99	0.995
σ'	1.00	0.86	0.78	0.71	0.66	0.59	0.52	0.45	0.36	0.23	0.19	0.16	0.12	0.07	0.04	0.02

注　表中 h''_c 为跃后水深，m。

水闸的过闸水位差应根据上游淹没影响、允许的过闸单宽流量和水闸工程造价等因素综合比较确定。一般情况下，平原地区水闸的过闸水位差可采用 0.1～0.3m。

水闸的过水能力与上、下游水位，底板高程和闸孔总净宽等是相互关联的，设计时需要通过对不同方案进行技术经济比较后最终确定。

六、闸室单孔宽度和闸室总宽度的确定

闸孔孔径应根据闸的地基条件、运用要求、闸门结构形式、启闭机容量，以及闸门的制作、运输、安装等因素，进行综合分析确定。我国大、中型水闸的单孔净宽度 b_0 一般采用 8～12m。

选用的闸孔孔径应符合国家现行的 SL 74—95《水利水电工程钢闸门设计规范》所规定的闸门孔口尺寸系列标准。

闸孔孔数 $n = B_0/b_0$，n 值应取略大于计算要求值的整数。闸孔孔数少于 8 孔时，宜采

用单数孔,以利于对称开启闸门,改善下游水流条件。

闸室总宽度 $L=nb_0+(n-1)d$,其中,d 为闸墩厚度,其确定方法见本章第五节。

闸室总宽度应与上、下游河道或渠道宽度相适应,一般不小于河(渠)道宽度的0.6倍。

孔宽、孔数和闸室总宽度拟定后,再考虑闸墩等的影响,进一步验算水闸的过水能力。计算的过水能力与设计流量的差值,一般不得超过±5%。

第三节 水闸的消能防冲设计

水闸泄水时,部分势能转为动能,流速增大,具有较强的冲刷能力,而土质河床一般抗冲能力较低。因此,为了保证水闸的安全运行,必须采取适当的消能防冲措施。要设计好水闸的消能防冲措施,应先了解过闸水流的特点,进而采取妥善的防范措施。

一、过闸水流的特点

1. 水流形式复杂

初始泄流时,闸下水深较浅,随着闸门开度的增大而逐渐加深,闸下出流由孔流到堰流,由自由出流到淹没出流都会发生,水流形态比较复杂。因此,消能设施应在任意工作情况下,均能满足消能的要求并与下游水流很好的衔接。

2. 闸下易形成波状水跃

由于水闸上、下游水位差较小,出闸水流的弗劳德数较低($Fr=1\sim1.7$),容易发生波状水跃,特别是在平底板的情况下更是如此。此时无强烈的水跃漩滚,水面波动,消能效果差,具有较大的冲刷能力。另外,水流处于急流状态,不易向两侧扩散,致使两侧产生回流,缩小河槽过水有效宽度,局部单宽流量增大,严重地冲刷下游河道,见图5-7。

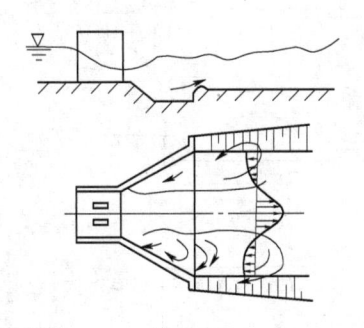

图5-7 波状水跃示意图　　图5-8 闸下折冲水流

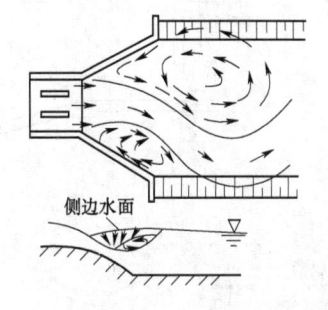

3. 闸下容易出现折冲水流

一般水闸的宽度较上、下游河道窄,水流过闸时先收缩而后扩散。如工程布置或操作运行不当,出闸水流不能均匀扩散,使主流集中,蜿蜒蛇行,左冲右撞,形成折冲水流,冲毁消能防冲设施和下游河道,见图5-8。

二、消能防冲设计条件的确定

(一) 闸下水流的消能方式

平原地区的水闸,由于水头低,下游水位变幅大,一般都采用底流式消能。对于山区灌溉渠道上的泄水闸和退水闸,如果下游是坚硬的岩体,又具有较大的水头时,可以采用挑流消能。当下游河道有足够的水深且变化较小,河床及河岸的抗冲能力较大时,可采用面流消能。

(二) 消能设计条件的选择

水闸在泄水(或引水)过程中,随着闸门开启度不同,闸下水深、流态及过闸流量也随之变化,设计条件较难确定。一般地,上游水位高、闸门部分开启、单宽流量大是控制条件,为保证水闸既能安全运行,又不增加工程造价,设计时应以闸门的开启程序、开启孔数和开启高度进行多种组合计算,进行分析比较确定。

上游水位一般采用开闸泄流时的最高挡水位。选用下游水位时,应考虑水位上升滞后于泄量增大的情况,计算时可选用相应于前一开度泄量的下游水位。下游始流水位应选择在可能出现的最低水位,同时还应考虑水闸建成后上、下游河道可能发生淤积或冲刷以及尾水位变动的不利影响。

三、底流消能工设计

(一) 布置

底流消能工的作用是通过在闸下产生一定淹没度的水跃来保护水跃范围内的河床免遭冲刷。淹没度过小,水跃不稳定,表面漩滚前后摆动;淹没度过大,较高流速的水舌潜入底层,由于表面漩滚的剪切,掺混作用减弱,消能效果反而减小。淹没系数取 $1.05\sim 1.10$ 较为适宜。

底流式消能设施有三种形式:下挖式、突槛式和综合式,如图 5-9 所示。

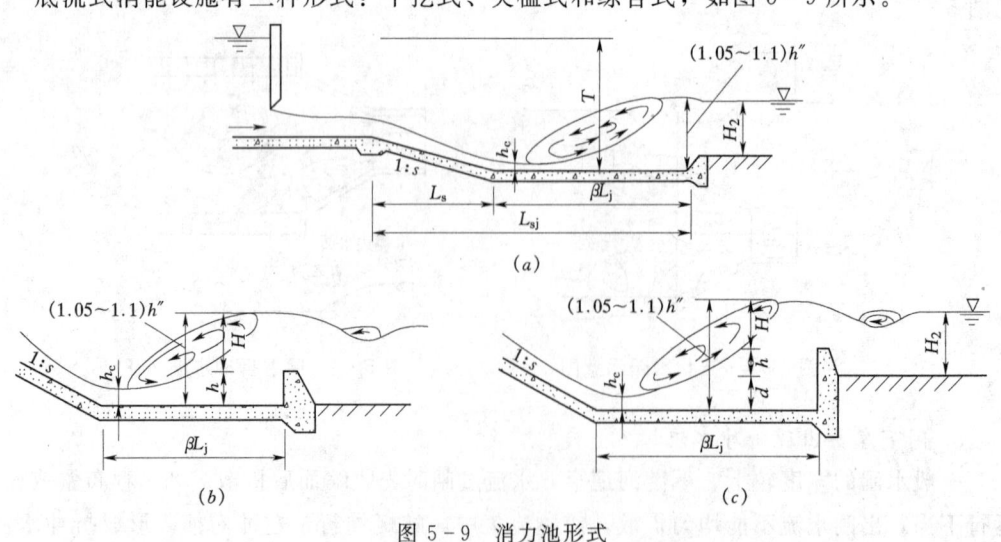

图 5-9 消力池形式
(a) 下挖式;(b) 突槛式;(c) 综合式

当闸下尾水深度小于跃后水深时，可采用下挖式消力池消能。消力池可采用斜坡面与闸底板相连接，斜坡面的坡度不宜陡于1∶4。当闸下尾水深度略小于跃后水深时，可采用突槛式消力池消能。当闸下尾水深度远小于跃后水深，且计算消力池深度又较深时，可采用下挖式消力池与突槛式消力池相结合的综合式消力池消能。当水闸上、下游水位差较大，且尾水深度较浅时，宜采用二级或多级消力池消能。

下挖式消力池、突槛式消力池或综合式消力池后均应设海漫和防冲槽（或防冲墙）。

消力池末端一般布置尾槛，用以调整流速分布，减小出池水流的底部流速，且可在槛后产生小横轴漩滚，防止在尾槛后发生冲刷，并有利于平面扩散和消减边侧下游回流，见图 5-10。图 5-11 为连续式的实体槛［图 5-11（a）］和差动式的齿槛

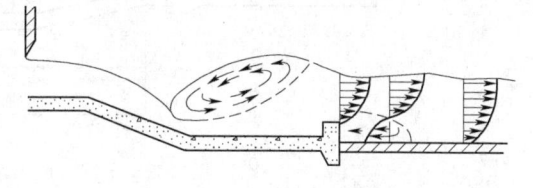

图 5-10 尾槛后的流速分布

［图 5-11（b）］。连续实体槛壅高池中水位的作用比齿槛好，也便于施工，一般采用较多。齿槛对调整槛后水流流速分布和扩散作用均优于实体槛，但其结构形式较复杂，当水头较高、单宽流量较大时易空蚀破坏，故一般多用于低水头的中、小型工程。图中几何尺寸可供选用时参考，最终应由水工模型试验确定。

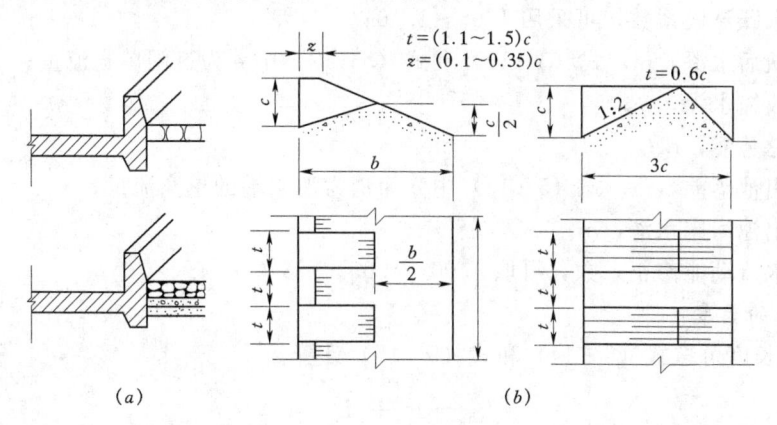

图 5-11 尾槛形式
(a) 连续式；(b) 差动式

(二) 池深、池长的确定

1. 消力池的深度

消力池的深度是在某一给定的流量和相应的下游水深条件下确定的。设计时，应当选取最不利情况对应的流量作为确定消力池深度的设计流量。要求水跃的起点位于消力池的上游端或斜坡段的坡脚附近。消力池计算示意图见图 5-12。

消力池深度可按式 (5-10)～式 (5-13) 计算。

$$d = \sigma_0 h''_c - h'_s - \Delta z \tag{5-10}$$

$$h''_c = \frac{h_c}{2}\left(\sqrt{1+\frac{8\alpha q^2}{gh_c^3}}-1\right) \tag{5-11}$$

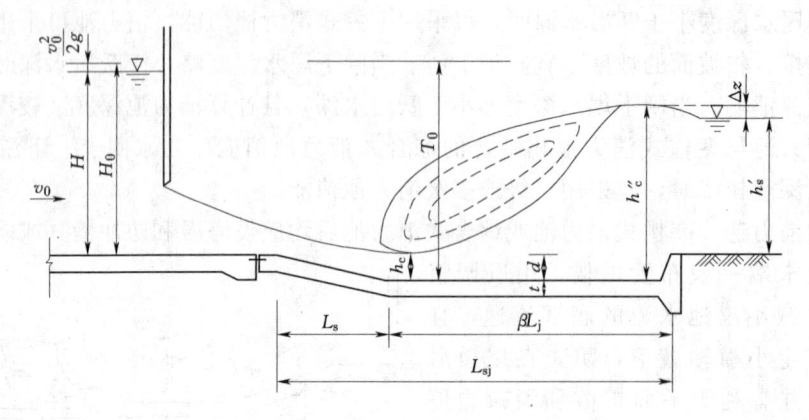

图 5-12 消力池计算示意图

$$h_c^3 - T_0 h_c^2 + \frac{\alpha q^2}{2g\varphi^2} = 0 \tag{5-12}$$

$$\Delta z = \frac{\alpha q^2}{2g\varphi^2 h_s'^2} - \frac{\alpha q^2}{2g h_c''^2} \tag{5-13}$$

式中 d——消力池深度，m；

σ_0——水跃淹没系数，可采用 1.05～1.10；

h_c''——跃后水深，m，式（5-11）和式（5-12）中 q 为过闸单宽流量；

h_c——收缩水深，m；

T_0——总势能，m；

Δz——出池落差，m，式（5-13）中 q 为消力池末端的单宽流量；

h_s'——出池河床水深，m；

α——水流动能修正系数，可取 1.00～1.05。

2. 消力池的长度

消力池的长度可按式（5-14）和式（5-15）计算。

$$L_{sj} = L_s + \beta L_j \tag{5-14}$$

$$L_j = 6.9(h_c'' - h_c) \tag{5-15}$$

式中 L_{sj}——消力池长度，m；

L_s——消力池斜坡段水平投影长度，m；

β——水跃长度校正系数，可采用 0.7～0.8；

L_j——水跃长度，m。

大型水闸的消力池深度和长度，在初步设计阶段应进行水工模型试验验证。

（三）构造要求

消力池底板（即护坦）承受水流的冲击力、水流脉动压力和底部扬压力等作用，应具有足够的质量、强度和抗冲耐磨的能力。护坦一般是等厚的，但也可采用不同的厚度，始端厚度大，向下游逐渐减小。

护坦厚度可根据抗冲和抗浮要求，分别按下式计算，并取其最大值。

抗冲 $$t = k_1 \sqrt{q} \sqrt{\Delta H'} \tag{5-16}$$

抗浮 $$t = k_2 \frac{P_y - \gamma h_d}{\gamma_1} \tag{5-17}$$

式中 t——消力池底板始端厚度，m；

k_1——消力池底板计算系数，可采用 0.15~0.20；

q——过闸单宽流量，m³/(s·m)；

$\Delta H'$——闸孔泄水时的上、下游水位差，m；

k_2——消力池底板安全系数，可采用 1.1~1.3；

P_y——扬压力，kPa；

h_d——消力池内平均水深，m；

γ——水的重度，kN/m³；

γ_1——消力池底板的饱和重度，kN/m³。

消力池末端厚度，可采用 $t/2$，但不宜小于 0.5m。

底板一般用 C15 或 C20 混凝土浇筑而成，并按构造配置Φ（10~12）、@（250~300）的构造钢筋。大型水闸消力池的顶、底面均需配筋，中、小型的可只在顶面配筋。

为了降低护坦底部的渗透压力，可在水平护坦的后半部设置排水孔，孔下铺设反滤层，排水孔孔径一般为 5~10cm，间距 1.0~3.0m，呈梅花形布置。

护坦与闸室、岸墙及翼墙之间，以及其本身沿水流方向均应用缝分开，以适应不均匀沉陷和温度变形。护坦自身的缝距可取 10~20m，靠近翼墙的消力池缝距应取得小一些。护坦在垂直水流方向通常不设缝，以保证其稳定性，缝宽 2.0~2.5cm。缝的位置如在闸基防渗范围内，缝中应设止水设备，但一般都铺贴沥青油毛毡。

为增强护坦的抗滑稳定性，常在消力池的末端设置齿墙，墙深一般为 0.8~1.5m，宽为 0.6~0.8m。

（四）辅助消能工

为了提高消力池的消能效果，除尾槛外，还可设置消力墩、消力齿等辅助消能工，以加强紊动扩散，减小跃后水深，缩短水跃长度，稳定水跃，达到提高水跃消能效果的目的。

四、海漫

水流经过消力池，虽已消除了大部分多余能量，但仍留有一定的剩余动能，特别是流速分布不均，脉动仍较剧烈，具有一定的冲刷能力。因此，护坦后仍需设置海漫等防冲加固设施，以使水流均匀扩散，并将流速分布逐步调整到接近天然河道的水流形态（图 5-13）。

图 5-13 海漫布置示意图

（一）海漫的布置和构造

一般在海漫起始段做 5～10m 长的水平段，其顶面高程可与护坦齐平或在消力池尾槛顶以下 0.5m 左右，水平段后做成不陡于 1:10 的斜坡，以使水流均匀扩散，调整流速分布，保护河床不受冲刷。

对海漫的要求有：①表面有一定的粗糙度，以利进一步消除余能；②具有一定的透水性，以便使渗水自由排出，降低扬压力；③具有一定的柔性，以适应下游河床可能的冲刷变形。常用的海漫结构有以下几种。

(1) 干砌石海漫。一般由粒径大于 30cm 的块石砌成，厚度为 0.4～0.6m，下面铺设碎石、粗砂垫层，厚 10～15cm ［图 5-14 (a)］。干砌石海漫的抗冲流速为 2.5～4.0m/s。为了加大其抗冲能力，可每隔 6～10m 设一浆砌石埂。干砌石常用在海漫后段。

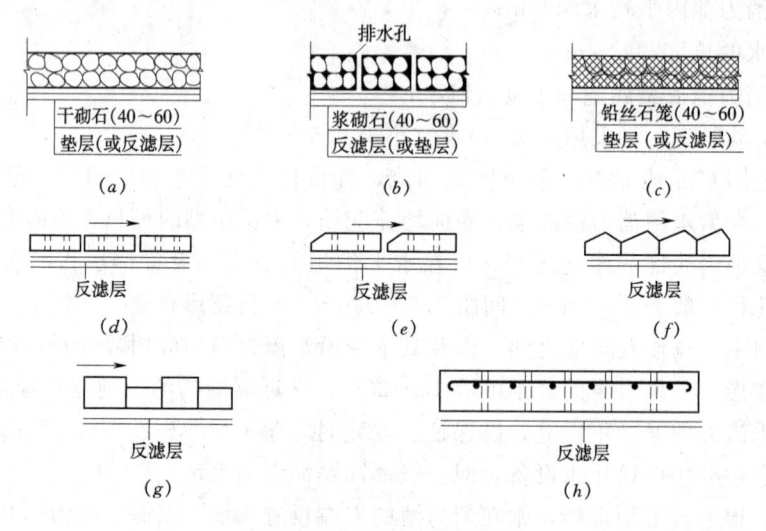

图 5-14 海漫构造示意图

(2) 浆砌石海漫。采用强度等级为 M5 或 M8 的水泥砂浆，砌石粒径大于 30cm，厚度为 0.4～0.6m，砌石内设排水孔，下面铺设反滤层或垫层 ［图 5-14 (b)］。浆砌石海漫的抗冲流速可达 3～6m/s，但柔性和透水性较差，一般用于海漫的前部约 10m 范围内。

(3) 混凝土板海漫。整个海漫由板块拼铺而成，每块板的边长为 2～5m，厚度为 0.1～0.3m，板中有排水孔，下面铺设垫层 ［图 5-14 (d)、图 5-14 (e)］。混凝土板海漫的抗冲流速可达 6～10m/s，但造价较高。有时为增加表面糙率，可采用斜面式或城垛式混凝土块体 ［图 5-14 (f)、(g)］。铺设时应注意顺水流流向不宜有通缝。

(4) 钢筋混凝土板海漫。当出池水流的剩余能量较大时，可在尾槛下游 5～10m 范围内采用钢筋混凝土板海漫，板中有排水孔，下面铺设反滤层或垫层 ［图 5-14 (h)］。

(5) 其他形式海漫。铅丝石笼海漫如图 5-14 (c) 所示。

（二）海漫的长度

海漫的长度应根据可能出现的不利水位、流量组合情况进行计算。当 $\sqrt{q_s}\sqrt{\Delta H'} = 1 \sim 9$，且消能扩散情况良好时，海漫长度可按式 (5-18) 计算

$$L_p = k_s \sqrt{q_s} \sqrt{\Delta H'} \tag{5-18}$$

式中 L_p——海漫长度，m；
      q_s——消力池末端单宽流量，$m^3/(s \cdot m)$；
      $\Delta H'$——泄水时的上、下游水位差，m；
      k_s——海漫长度计算系数，可由表 5-9 查得。

表 5-9　　　　　　　　　　　　k_s 值

河床土质	粉砂、细砂	中砂、粗砂、粉质壤土	粉质黏土	坚硬黏土
k_s	14～13	12～11	10～9	8～7

五、防冲槽

水流经过海漫后，尽管多余能量得到了进一步消除，流速分布接近河床水流的正常状态，但在海漫末端仍有冲刷现象。为保证安全和节省工程量，常在海漫末端设置防冲槽或采取其他加固措施。

在海漫末端挖槽抛石预留足够的石块，当水流冲刷河床形成冲坑时，预留在槽内的石块沿斜坡陆续滚下，铺在冲坑的上游斜坡上，防止冲刷坑向上游扩展，保护海漫安全，防冲槽见图 5-15。

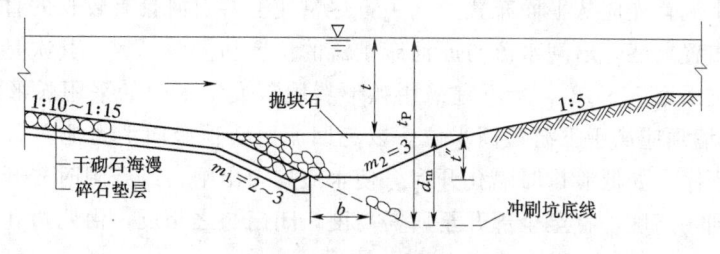

图 5-15　防冲槽

参照已建水闸工程的实践经验，防冲槽大多采用宽浅式的，其深度 t'' 一般取 1.5～2.5m，底宽 b 取 2～3 倍的深度，上游坡率 $m_1 = 2 \sim 3$，下游坡率 $m_2 = 3$。防冲槽的单宽抛石量 V（m^3）应满足护盖冲坑上游坡面的需要，可按式（5-19）估算。

$$V = A d_m \tag{5-19}$$

其中

$$d_m = 1.1 \frac{q'}{[v_0]} - t$$

式中 A——经验系数，一般采用 2～4；
      d_m——海漫末端的可能冲刷深度；
      q'——海漫末端的单宽流量，$m^3/(s \cdot m)$；
      $[v_0]$——河床土质的允许不冲流速，m/s；
      t——海漫末端的水深，m。

六、波状水跃、折冲水流的防止措施

(一) 波状水跃的防止措施

对于平底板水闸，可在消力池斜坡段的顶部上游预留一段 0.5～1.0m 宽的平台，其上设置一道小槛 [图 5-16 (a)]，使水流越槛入池，促成底流式水跃。槛的高度 C 约为 h_c 的 1/4（h_c 为闸孔出流的第一共轭水深）。小槛迎水面做成斜坡，以减弱水流的冲击作用，槛底设排水孔。如将小槛改成齿形槛分水墩 [图 5-16 (b)]，效果会更好。若水闸底板采用低实用堰型，则有助于消除波状水跃。

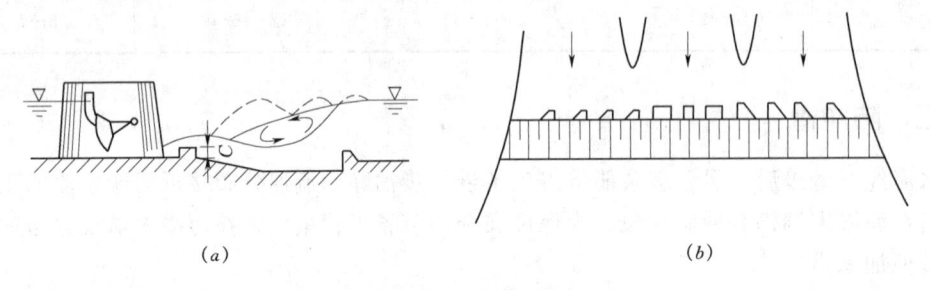

图 5-16 波状水跃的防止措施

(二) 折冲水流的防止措施

消除折冲水流首先应从平面布置上入手，尽量使上游引河具有较长的直线段，并能在上游两岸对称布置翼墙，出闸水流与原河床主流的位置和方向一致；其次是控制下游翼墙扩散角，每侧宜采用 7°～12°，且不宜采用弧形翼墙（大型水闸如采用弧形翼墙，其半径不小于 30m），墙顶应高于下游最高水位，以免回流由墙顶漫向消力池。另外，要制订合理的闸门开启程序，如低泄量时隔孔开启，使水流均匀出闸；或开闸时先开中间孔，继而开两侧邻孔至同一高度，直至全部开至所需高度，闭门与之相反，由两边孔向中间孔依次对称地操作。

第四节 水闸的防渗排水设计

水闸的防渗排水设计任务在于经济合理地拟定闸的地下（及两岸）轮廓线形式和尺寸，以消除和减小渗流对水闸产生的不利影响，防止闸基和两岸产生渗透破坏。

一、地下轮廓的布置

(一) 地下轮廓线

如图 5-17 所示，水流在上、下游水位差 H 作用下，经地基向下游渗透，并从护坦的排水孔等处排出。上游铺盖、板桩及水闸底板等不透水部分与地基的接触线，即图中折线 0、1、2、…、15、16 是闸基渗流的第一条流线，也称地下轮廓线，其长度称为闸基防渗长度。

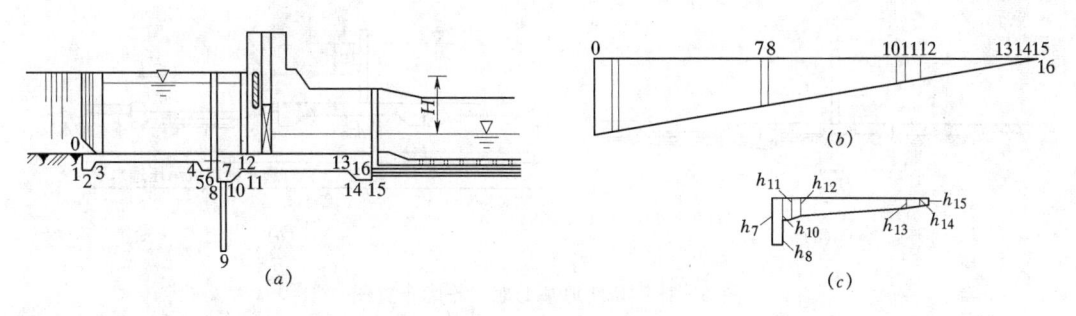

图 5-17 闸基渗流图

初步拟定的闸基防渗长度应满足下式要求：

$$L \geqslant CH \tag{5-20}$$

式中 L——闸基防渗长度，即闸基轮廓线防渗部分水平段和垂直段长度的总和，m；
H——上、下游水位差，m；
C——允许渗径系数值，见表 5-10，当采用板桩时，允许渗径系数值可采用表中规定值的小值。

表 5-10　　　　　　　　　允　许　渗　径　系　数　值

排水条件	地基类别	粉砂	细砂	中砂	粗砂	中砾、细砾	粗砾夹卵石	轻粉质砂壤土	轻砂壤土	壤土	黏土
有反滤层		13~9	9~7	7~5	5~4	4~3	3~2.5	11~7	9~5	5~3	3~2
无反滤层		—	—	—	—	—	—	—	—	7~4	4~3

（二）不同地基地下轮廓线的布置

闸基防渗长度初步确定后，可根据地基特性参考已建的工程经验进行闸基地下轮廓线布置。

防渗设计一般采用防渗与排水相结合的原则，即在高水位侧采用铺盖、板桩、齿墙等防渗设施，用以延长渗径，减小渗透坡降和闸底板下的渗透压力；在低水位侧设置排水设施，如面层排水、排水孔或减压井与下游连通，使地基渗水尽快排出，以减水渗透压力，并防止在渗流出口附近发生渗透变形。

地下轮廓布置与地基土质有密切关系，现分述如下。

1. 黏性土地基

黏性土壤具有黏聚力，不易产生管涌，但摩擦系数较小。因此，布置地下轮廓时，排水设施可前移到闸底板下，以降低底板下的渗透压力，并有利于黏土加速固结[图 5-18(a)]，以提高闸室稳定性。防渗措施常采用水平铺盖，而不用板桩，以免破坏黏土的天然结构，在板桩与地基间造成集中渗流通道。

黏性土地基内夹有透水砂层或承压透水层时，应考虑设置垂直排水，见图 5-18(b)，以便将承压水引出。

2. 砂性土地基

砂性土粒间无黏着力，易产生管涌，要求防止渗透变形是其考虑主要因素；砂性土摩

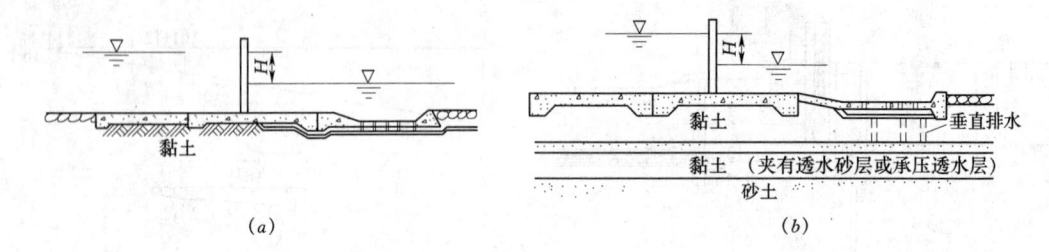

图 5-18 黏性地基上地下轮廓布置图
(a) 黏性地基；(b) 黏性地基夹有透水砂层或承压水层

擦系数较大，对减小渗透压力要求相对较小。当砂层很厚时，可采用铺盖与板桩相结合的型式，排水设施布置在护坦上，见图 5-19 (a)，必要时，在铺盖前端再加设一道短板桩，以加长渗径。当砂层较薄，下面有不透水层时，可将板桩插入不透水层，见图 5-19 (b)。当地基为粉细砂土地基时，为了防止地基液化，常将闸基四周用板桩封闭起来，图 5-19 (c) 是江苏某挡潮闸防渗排水的布置方式。因其受双向水头作用，故水闸上、下游均设有排水设施，而防渗设施无法加长。设计时应以水头差较大的一边为主，另一边为辅，并采取除降低渗压以外的其他措施，提高闸室的稳定性。

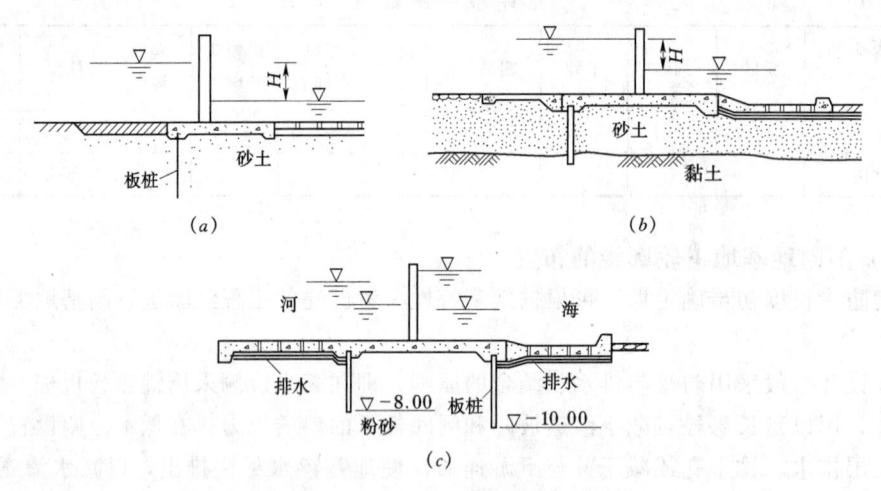

图 5-19 砂性地基上地下轮廓布置图
(a) 砂层厚度较深时；(b) 砂层厚度较浅时；(c) 易液化粉细砂土地基

二、闸基渗流计算

闸基渗流计算的目的，在于求解渗透压力、渗透坡降，并验算地基土在初步拟定的地下轮廓线下的抗渗稳定性。常用的渗流计算方法有改进阻力系数法和流网法；对于地下轮廓比较简单，地基又不复杂的中、小型工程，可考虑采用直线比例法。

(一) 改进阻力系数法

改进阻力系数法是在阻力系数法的基础上发展起来的，这两种方法的基本原理非常相似。主要区别是改进阻力系数法的渗流区划分比阻力系数法多，在进出口局部修正方面考虑得更详细些。因此，改进阻力系数法是一种精度较高的近似计算方法。

1. 基本原理

如图 5-20 所示，有一简单的矩形断面渗流区，其长度为 L，透水土层厚度为 T，两断面间的测压管水位差为 h。根据达西定律，通过该渗流区的单宽渗流量 q 为

$$q = K \frac{h}{L} T \quad (5-21)$$

或

$$h = \frac{L}{T} \frac{q}{K} \quad (5-22)$$

图 5-20 矩形渗流区

令 $L/T = \xi$，则得

$$h = \frac{\xi q}{K} \quad (5-23)$$

式中 ξ——阻力系数，ξ 值仅和渗流区的几何形状有关，它是渗流边界条件的函数。

对于比较复杂的地下轮廓，需要把整个渗流区大致按等势线位置分成若干个典型渗流段，每个典型渗流段都可利用解析法或试验法求得阻力系数 ξ，其计算公式见表 5-11。

表 5-11 典型流段的阻力系数

区 段 名 称	典型流段形式	阻力系数 ξ 的计算公式
进口段和出口段		$\xi_0 = 1.5 \left(\frac{S}{T}\right)^{3/2} + 0.441$
内部垂直段		$\xi_y = \frac{2}{\pi} \ln \cot \left[\frac{\pi}{4}\left(1 - \frac{S}{T}\right)\right]$
内部水平段		$\xi_x = \frac{L - 0.7(S_1 + S_2)}{T}$

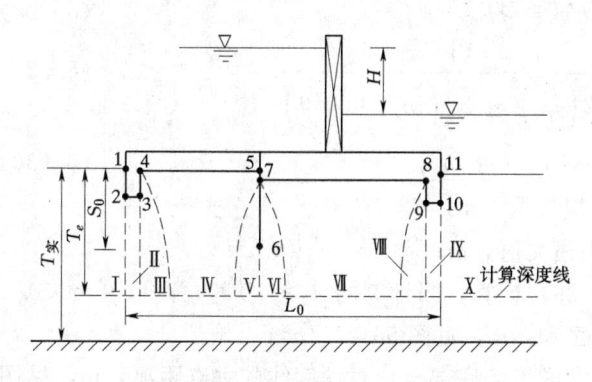

图 5-21 改进阻力系数法计算

如图 5-21 所示的简化地下轮廓，可由 2、3、4、5、6、7、8、9、10 点引出等势线，将渗流区划分成 10 个典型流段，并按表 5-11 的公式计算出各段的 ξ_i，再由式（5-26）得到任一典型流段的水头损失 h_i。

对于不同的典型段，ξ 值是不同的，而根据水流的连续原理，各段的单宽渗流量应该相同。所以，各段的 q/K 值相同，而总水头 H 应为各段水头损失的总和，于是得

$$h_i = \frac{\xi_i q}{K} \qquad (5-24)$$

$$H = \sum_{i=1}^{m} h_i = \frac{q}{K} \sum_{i=1}^{m} \xi_i \qquad (5-25)$$

将式（5-25）代入式（5-24）得各段的水头损失为

$$h_i = \xi_i \frac{H}{\sum_{i=1}^{m} \xi_i} \qquad (5-26)$$

求出各段的水头损失后，再由出口处向上游方向依次叠加，即得各段分界点的渗压水头。两点之间的渗透压强可近似地认为呈直线分布。进出口附近各点的渗透压强有时需要修正。如要计算 q，可按式（5-24）进行。

2. 计算步骤

（1）确定地基计算深度。上述计算方法对地基相对不透水层较浅时可直接应用，但在相对不透水层较深时，须用有效深度 T_e 作为计算深度 T_c。T_e 可按式（5-27）计算确定。

$$\left. \begin{array}{l} \text{当} \dfrac{L_0}{S_0} \geqslant 5 \text{ 时} \quad T_e = 0.5 L_0 \\[2mm] \text{当} \dfrac{L_0}{S_0} < 5 \text{ 时} \quad T_e = \dfrac{5 L_0}{1.6 \dfrac{L_0}{S_0} + 2} \end{array} \right\} \qquad (5-27)$$

式中　L_0——地下轮廓的水平投影长度，m；

　　　S_0——地下轮廓的铅直投影长度，m。

算出有效深度 T_e 后，再与相对不透水层的实际深度 $T_实$ 相比较，应取其中的小值作为计算深度 T_c。

（2）按地下轮廓形状将渗流区分成若干典型渗流段，利用表 5-11 计算各段的阻力系数 ξ_i，并计算各段的水头损失 h_i。

（3）以直线连接各分段计算点的水头值，便可绘出渗透压强分布图。

（4）对进、出口段水头损失值和渗透压强分布图形进行局部修正，计算公式为

$$h'_0 = \beta' h_0 \qquad (5-28)$$

$$\beta' = 1.21 - \frac{1}{\left[12\left(\dfrac{T'}{T}\right)^2 + 2\right]\left(\dfrac{S'}{T} + 0.059\right)} \qquad (5-29)$$

$$\Delta h = (1 - \beta') h_0 \qquad (5-30)$$

式中　h'_0——进、出口段修正后的水头损失值，m；

　　　h_0——按式（5-26）计算的水头损失值，m；

　　　β'——阻力修正系数，按式（5-29）计算，当计算的 $\beta' \geqslant 1.0$ 时，则取 $\beta' = 1.0$；

　　　S'——底板埋深与板桩入土深度之和，m，见图 5-22（a）；

　　　T'——板桩另一侧地基透水层深度或齿墙底部至计算深度线的垂直距离，m，见图 5-22；

　　　Δh——修正后的水头损失减小值，m，可按式（5-30）计算；

T——地基透水层深度，m。

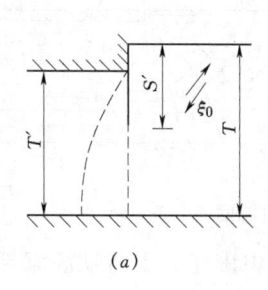

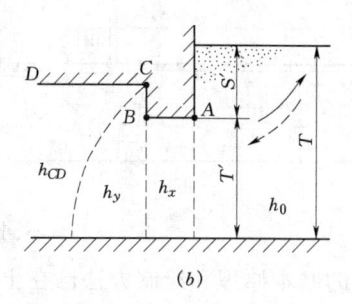

图 5-22 进出口渗流计算示意图
(a) 有板桩的进出口渗流计算示意；(b) 有齿墙的进出口渗流计算示意

(5) 当阻力修正系数 $\beta'<1$ 时，除进、出口段的水头损失需作修正外，在其附近的内部典型段内仍需修正。

当 $h_x \geqslant \Delta h$ 时，$h_x'=h_x+\Delta h$，h_x' 为修正后的水平段水头损失值；h_x 为水平段的水头损失值。

当 $h_x<\Delta h$ 时，可按下面两种情况修正：

1) 当 $h_x+h_y \geqslant \Delta h$ 时，则 $h_x'=2h_x$，$h_y'=h_y+\Delta h-h_x$，h_y 为内部垂直段的水头损失值，h_y' 为修正后的内部垂直段水头损失值；

2) 当 $h_x+h_y<\Delta h$ 时，则 $h_x'=2h_x$，$h_y'=2h_y$，$h_{CD}'=h_{CD}+\Delta h-(h_x+h_y)$，$h_{CD}$ 为 CD 段的水头损失值，h_{CD}' 为修正后的 CD 段水头损失值。

(6) 按式 (5-31) 计算出口段渗流坡降 J。

$$J=\frac{h_0'}{S'} \tag{5-31}$$

出口段和水平段的渗流坡降都应满足表 5-12 的允许渗流坡降的要求，防止地下渗流冲蚀地基土并造成渗透变形。

表 5-12　　　　　　水平段和出口段的允许渗流坡降 [J] 值

分 段	地 基 类 别										
	粉砂	细砂	中砂	粗砂	中砾夹细砾	粗砾夹卵石	砂壤土	壤土	软黏土	坚硬黏土	极坚硬黏土
水平段	0.05~0.07	0.07~0.10	0.10~0.13	0.13~0.17	0.17~0.22	0.22~0.28	0.15~0.25	0.25~0.35	0.30~0.40	0.40~0.50	0.50~0.60
出口段	0.25~0.30	0.30~0.35	0.35~0.40	0.40~0.45	0.45~0.50	0.50~0.55	0.40~0.50	0.50~0.60	0.60~0.70	0.70~0.80	0.80~0.90

注　当渗流出口处设反滤层时，表列数值可加大 30%。

(二) 流网法

对于边界条件复杂的渗流场，很难求得精确的渗流理论解，工程上往往利用流网法解决任一点渗流要素。流网的绘制可以通过实验或图解来完成。前者运用于大型水闸复杂的地下轮廓和土基，后者运用于均质地基上的水闸，既简便迅速，又有足够的精度。图 5-23 是不同地下轮廓的流网图，利用它可以求得渗流区内任一点的渗流要素。

(a)　　　　　　　　　　　　(b)

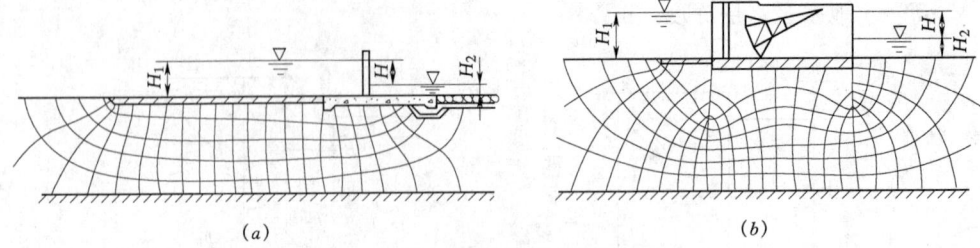

图 5-23　不同地下轮廓的流网图

关于流网的基本原理和绘制方法已在土石坝一章中讲述。土石坝渗流与闸基渗流的区别在于前者是无压渗流，后者是有压渗流。闸基渗流的边界条件常按下述方法确定：地下轮廓线作为第一条流线；地基中埋深较浅的不透水层表面作为最后一条流线。如果透水层很深，可认为渗流区的下部边界线为半圆弧线，该弧线的圆心位于地下轮廓线水平投影的中心，半径是地下轮廓线水平投影长度的 1.5 倍。设置板桩时，则半径应为地下轮廓线垂直投影的 3 倍，与前者比较，取其中较大值。渗流入渗的上游河床是第一条等势线；渗流出口处的反滤层或垫层是最后一条等势线。流网绘成后，即可计算下述渗流要素。

(1) 渗透压力。如图 5-24 (a) 所示的流网图，将各等势线与底板的交点位置向下投影到一水平线上，并将各交点的渗透压力水头（就是各该等势线的水头）按比例绘出，连接各点渗压水头的端点，即得出闸底的渗透压力分布图 [图 5-24 (b)]。

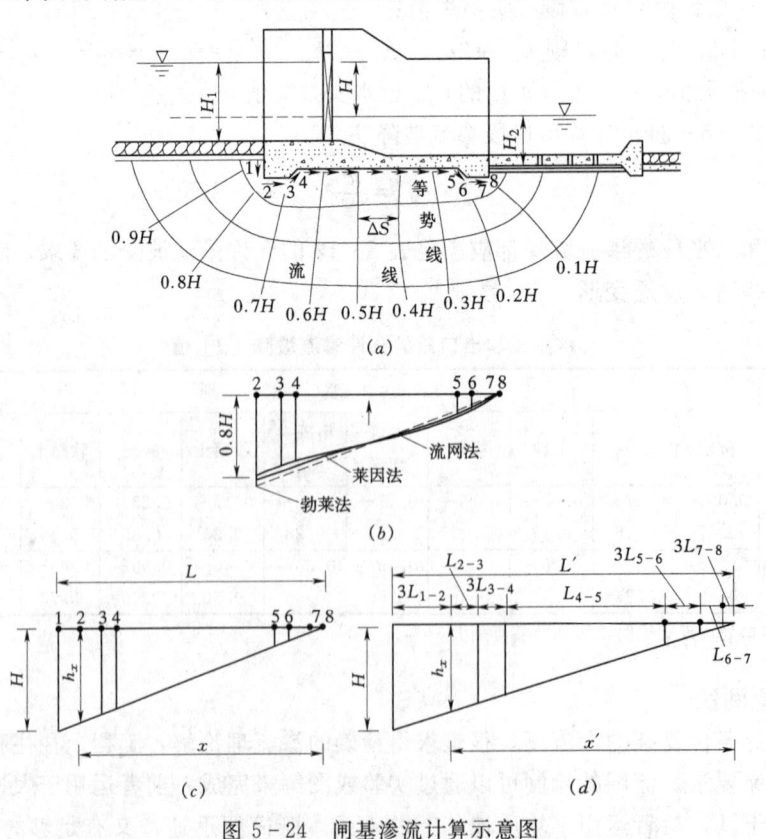

图 5-24　闸基渗流计算示意图

(a) 流网图；(b) 闸底渗透压力分布图；(c) 勃莱法；(d) 莱因法

(2) 渗透坡降、渗透流速、渗透流量。计算方法和公式见土石坝有关内容。

对渗透变形影响较大的渗流出逸坡降或流速，须从地下轮廓后部渗流出口处的流网网格求得。计算公式为

$$J_0 = \frac{h}{t} \tag{5-32}$$

式中　h——渗流出口处齿墙或短板桩底部 M 点的渗压水头值（图 5-25）；

　　　t——齿墙或短板桩底部至排水滤层的垂直距离。

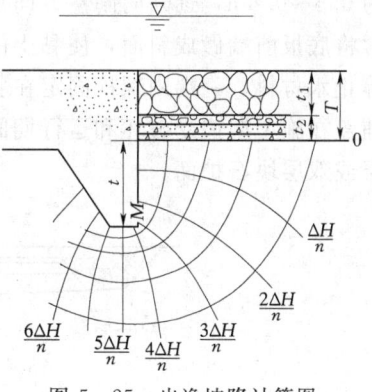

图 5-25　出逸坡降计算图

（三）直线比例法

直线比例法是假定渗流沿地下轮廓流动时，水头损失沿程按直线变化，求地下轮廓各点的渗透压力。直线比例法有勃莱法和莱因法两种。

1. 勃莱法

如图 5-24（b）所示，将地下轮廓予以展开，按比例绘一直线，在渗流开始点 1 作一长度为 H 的垂线，并由垂线顶点用直线和渗流逸出点 8 相连，即得地下轮廓展开成直线后的渗透压力分布图。任一点的渗透压力 h_x，如图 5-24（c）所示，可按比例求得：

$$h_x = \frac{H}{L}x \tag{5-33}$$

2. 莱因法

根据工程实现，莱因法认为水流在水平方向流动和垂直方向流动，消能的效果是不一样的，后者为前者的 3 倍。在防渗长度展开为一直线时，应将水平渗径除以 3，再与垂直渗径相加，即得折算后的防渗长度，然后按直线比例法求得各点渗透压力，见图 5-24（d）。

从图 5-24（b）可以看出莱因法更接近流网法。直线比例法计算结果与实际情况有一定出入，但因计算简便故在地下轮廓简单、地基又不复杂的低水头的小型水闸设计常采用。

三、防渗及排水设施

防渗设施是指构成地下轮廓的铺盖、板桩及齿墙，而排水设施则是指铺设在护坦、浆砌石海漫底部或闸底板下游段起导渗作用的砂砾石层。排水常与反滤层结合使用。

（一）铺盖

铺盖主要用来延长渗径，应具有相对的不透水性；为适应地基变形，也要有一定的柔性。铺盖常用黏土、黏壤土或沥青混凝土做成，有时也可用钢筋混凝土作为铺盖材料。

1. 黏土和黏壤土铺盖

铺盖的渗透系数应比地基土的渗透系数小 100 倍以上。铺盖的长度应由闸基防渗需要确定，一般采用上、下游最大水位差的 3~5 倍。铺盖的厚度 δ 应根据铺盖土料的容许水力坡降值计算确定，即 $\delta = \Delta H / [J]$，其中，ΔH 为铺盖顶、底面的水头差，$[J]$ 为材料的容许坡降，黏土为 4~8，壤土为 3~5。铺盖上游端的最小厚度由施工条件确定，一般

为 0.6～0.8m，逐渐向闸室方向加厚至 1.0～1.5m。铺盖与底板连接处为一薄弱部位，通常将底板前端做成斜面，使黏土能借自重及其上的荷载与底板紧贴，在连接处铺设油毛毡等止水材料，一端用螺栓固定在斜面上，另一端埋入黏土铺盖中，见图 5-26。为了防止铺盖在施工期遭受破坏和运行期间被水流冲刷，应在其表面先铺设砂垫层，然后再铺设单层或双层块石护面。

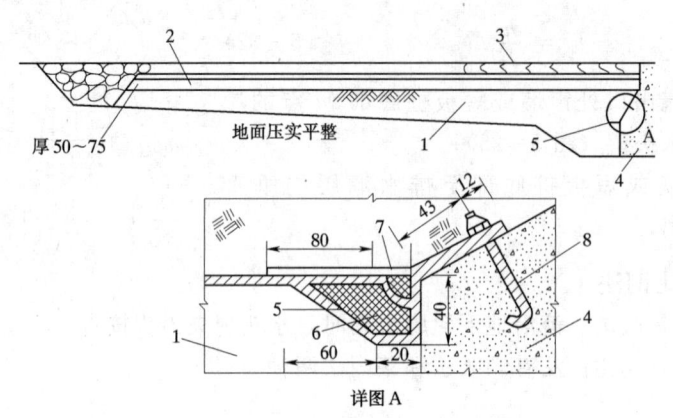

图 5-26 黏土铺盖的细部构造（单位：cm）
1—黏土铺盖；2—垫层；3—浆砌块石保护层（或混凝土板）；4—闸室底板；
5—沥青麻袋；6—沥青填料；7—木盖板；8—斜面上螺栓

2. 混凝土、钢筋混凝土铺盖

如当地缺乏黏性土料，或以铺盖兼作阻滑板增加闸室稳定时，可采用混凝土或钢筋混凝土铺盖（图 5-27）。其厚度一般为 0.4～0.6m，与底板连接处应加厚至 0.8～1.0m。铺盖与底板、翼墙之间用沉降缝分开。铺盖本身也应设温度沉降缝，缝距为 15～20m，靠近翼墙的缝距应小一些，缝中均应设止水（图 5-27）。混凝土强度等级为 C15，配置温度和构造钢筋。对于要求起阻滑作用的铺盖，应按受力大小配筋。

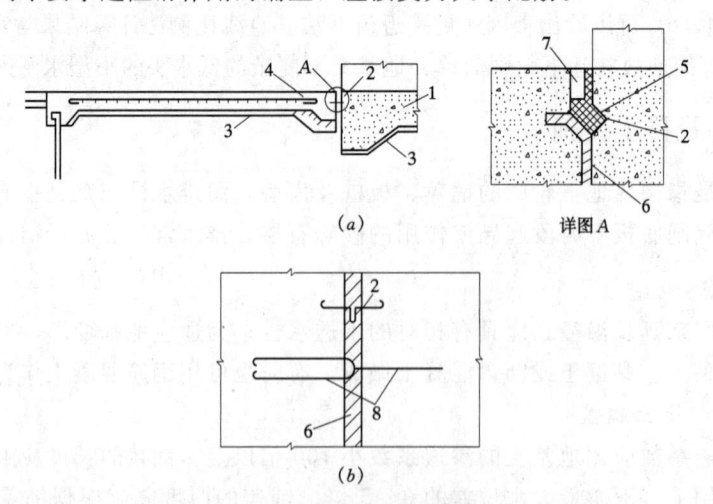

图 5-27 钢筋混凝土铺盖
1—闸底板；2—止水片；3—混凝土垫层；4—钢筋混凝土铺盖；5—沥青玛琋脂；
6—油毛毡两层；7—水泥砂浆；8—铰接钢筋

此外，还有沥青混凝土和浆砌块石铺盖。

（二）板桩

板桩的作用随其位置不同而不同。一般设在闸底板上游端或铺盖前端，主要用以降低渗透压力，有时也设在底板下游端，以减小出口段坡降或出逸坡降，但一般不宜过长，否则将过多地加大底板所受的渗透压力。

打入不透水层的板桩，嵌入深度不应小于1.0m。如透水层很深，则板桩长度视渗流分析结果和施工条件而定，一般采用水头的0.6~1.0倍。

板桩材料有木材、钢筋混凝土和钢材三种。木板桩长一般为3~5m，最大8m，厚8~12cm，适用于砂土地基。钢筋混凝土板桩，多为现场预制，长4~6m，宽50~60cm，厚10~50cm，适用于各种非岩石地基。板桩顶端与闸室底板的连接形式有两种：一种是把板桩紧靠底板前缘，顶部嵌入黏土铺盖一定深度，见图5-28（a）；另一种是把板桩顶部嵌入底板底面特设的凹槽内，桩顶填塞可塑性较大的不透水材料，见图5-28（b）。前者适用于闸室沉降量较大，而板桩尖已插入坚实土层的情况；后者则适用于闸室沉降量小，而板桩尖未达到坚实土层的情况。

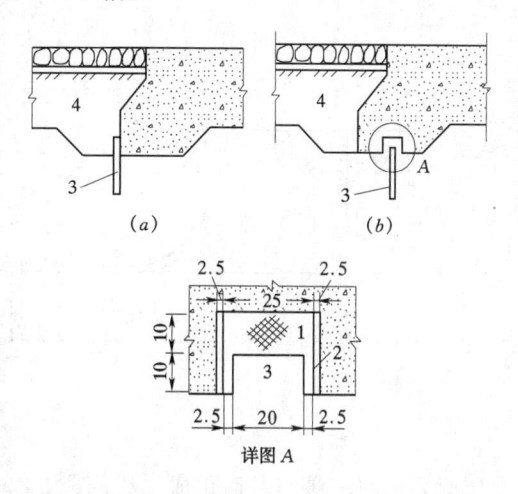

图5-28 板桩与底板的连接（单位：cm）
1—沥青；2—预制挡板；3—板桩；4—铺盖

（三）齿墙

闸底板的上、下游端一般都设有齿墙，它有利于抗滑稳定，并可延长渗径。齿墙深度一般为1.0~2.0m。

（四）排水设施

排水的位置直接影响渗压的大小和分布，应根据闸基土质情况和水闸的工作条件，做到既减小渗压，又避免渗透变形。一般采用直径为1~2cm的卵石、砾石或碎石等平铺在预定范围内，最常用的是在护坦和浆砌石海漫底部，或伸入底板下游齿墙稍前方，厚约0.2~0.3m。为防止渗透变形，应在排水与地基接触处（即渗流出口附近）做好反滤层。有关反滤层的设计可参见土石坝有关章节。

四、侧向绕渗

水闸建成挡水后，除闸基渗流外，渗流还从上游高水位绕过翼墙、岸墙和刺墙等流向下游，称为侧向绕渗（图5-29）。绕渗对翼墙、岸墙施加水压力，影响其稳定性；在渗流出口处，以及填土与岸、翼墙的接触面上可能产生渗透变形。此外，它还会影响闸和地基的安全。因此，应做好侧向防渗排水设施。

1. 侧向绕渗计算

侧向绕渗具有自由水面，属于三维无压渗流。当河岸土质均一，在其下面有水平不透

第五章 水闸

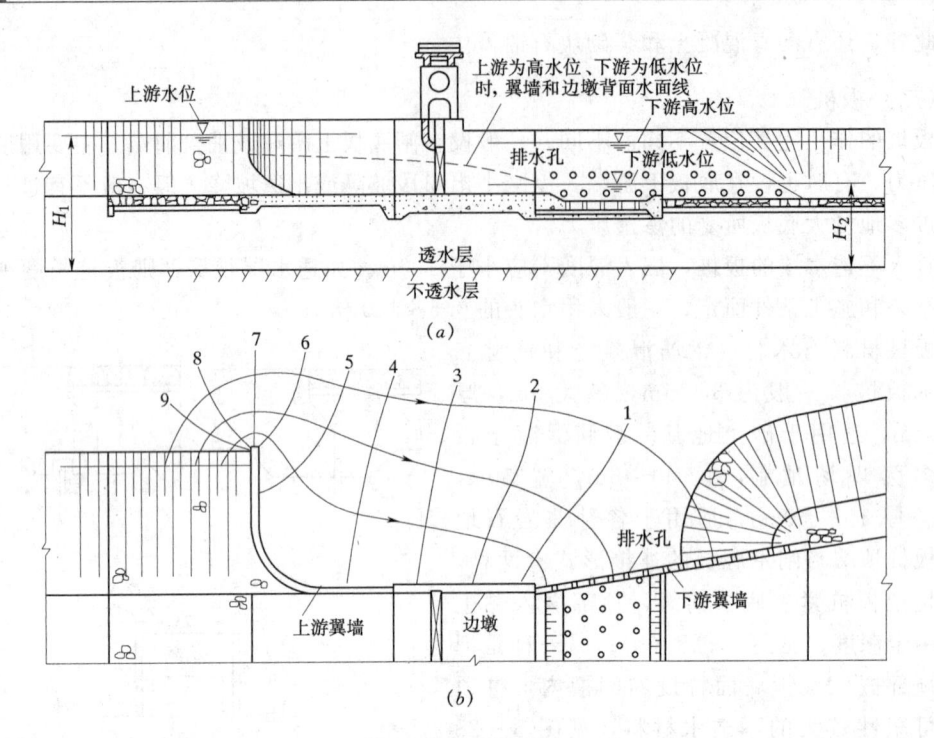

图 5-29 侧向绕渗

水层时，可将三维问题简化成二维问题，按与闸基有压渗流相似的方法或流网法或改进阻力系数法求解绕渗要素。如果墙后土层的渗透系数小于地基渗透系数时，侧向绕渗压力可以近似地采用相对应部位的闸基扬压力计算值，这样计算既简便，又有一定的安全度。如果前者大于后者，对于大型水闸，应用三维电拟试验验证。

2. 侧向防渗措施

侧向防渗排水布置（包括刺墙、板桩、排水井等）应根据上、下游水位，墙体材料和墙后土质以及地下水位变化等情况综合考虑，并应与闸基的防渗排水布置相适应，使在空间上形成防渗整体。若铺盖长于翼墙，在岸坡上也应设铺盖，或在伸出翼墙范围的铺盖侧部加设垂直防渗措施，以保证铺盖的有效防渗长度，防止在空间上形成防渗漏洞。防渗设备除利用翼墙和岸墙外，还可根据需要在岸墙或边墩后面靠近上游处增设板桩或刺墙，以增加侧向渗径。刺墙与边墩或岸墙之间需要用沉陷缝分开，缝中设止水设备。为避免填土与边墩、翼墙的接触面上产生集中渗流，常需设一些短的刺墙，并使边墩与翼墙的挡水面稍成倾斜，使填土借自重紧压在墙背上。为排除渗水，单向水头的水闸可在下游翼墙和护坡上设置排水设施。排水设施多种多样，可根据墙后回填土的性质选用不同的形式。

（1）排水孔。在稍高于地面的下游墙上，每隔 2~4m 留一直径 5~10cm 的排水孔，以排除墙后的渗水。这种布置适用于透水性较强的砂性回填土，见图 5-30 (a)。

（2）连续排水垫层。在墙背上覆盖一层用透水材料做成的排水垫层，使渗水经排水孔排向下游，见图 5-30 (b)，这种布置适用于透水性很差的黏性回填土。连续排水垫层也可沿开挖边坡铺设，见图 5-30 (c)。

【例 5-1】 某水闸地下轮廓线如图 5-31 所示。根据钻探资料知地面以下 9.5m 深

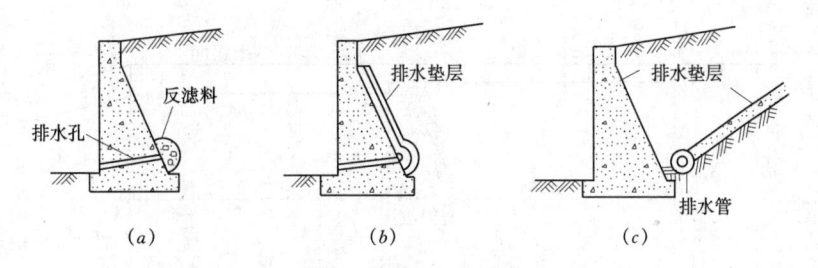

图 5-30 下游翼墙后的排水设施

(a) 排水孔 反滤料
(b) 排水垫层
(c) 排水垫层 排水管

处为相对不透水的黏土层。用改进阻力系数法计算各渗流要素。

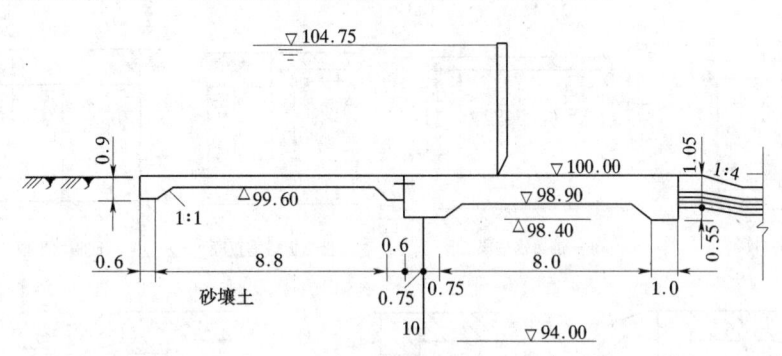

图 5-31 地下轮廓布置图（单位：m）

解：

（1）阻力系数的计算。

1）确定有效深度 由于 $L_0=10+10.5=20.5\text{m}$，$S_0=100.00-94.00=6.0\text{m}$，故 $L_0/S_0=20.5/6.0=3.42<5$，故由式（5-27）计算 T_e 得：

$$T_e = \frac{5L_0}{1.6\dfrac{L_0}{S_0}+2} = \frac{5\times 20.5}{1.6\times 3.42+2} = 13.72(\text{m}) > 9.5\text{m}$$

故按实际透水层深度 $T=9.5\text{m}$ 进行计算。

2）简化地下轮廓。将实际的地下轮廓进行简化，使之成为垂直和水平的两个主要部分，出口处齿墙的入土深度应予保留，如图 5-32（a）所示，将地下轮廓分成 7 段。

3）计算阻力系数。

进口段：将齿墙简化为短板桩，板桩入土深度为 0.5m，铺盖厚度为 0.4m。故 $S_1=0.5+0.4=0.9\text{m}$；$T_1=9.5\text{m}$；而另一侧的 $S_2=0.5\text{m}$，$T_2=9.1\text{m}$。计算进口段阻力系数 ξ_{01} 为

$$\xi_{01} = \left[1.5\left(\frac{S_1}{T_1}\right)^{\frac{3}{2}}+0.441\right] + \frac{2}{\pi}\text{lncot}\left[\frac{\pi}{4}\left(1-\frac{S_2}{T_2}\right)\right] = 0.54$$

铺盖水平段：$S_1=0.5\text{m}$，$S_2=5.6\text{m}$，$L_1=10.75\text{m}$，计算铺盖水平段阻力系数 ξ_{x1} 为

$$\xi_{x1} = \frac{L_1-0.7(S_1+S_2)}{T} = 0.71$$

板桩垂直段：$S_1=5.6\text{m}$，$T_1=9.1\text{m}$ 与 $S_2=4.9\text{m}$，$T_2=8.4\text{m}$，板桩垂直段阻力系数

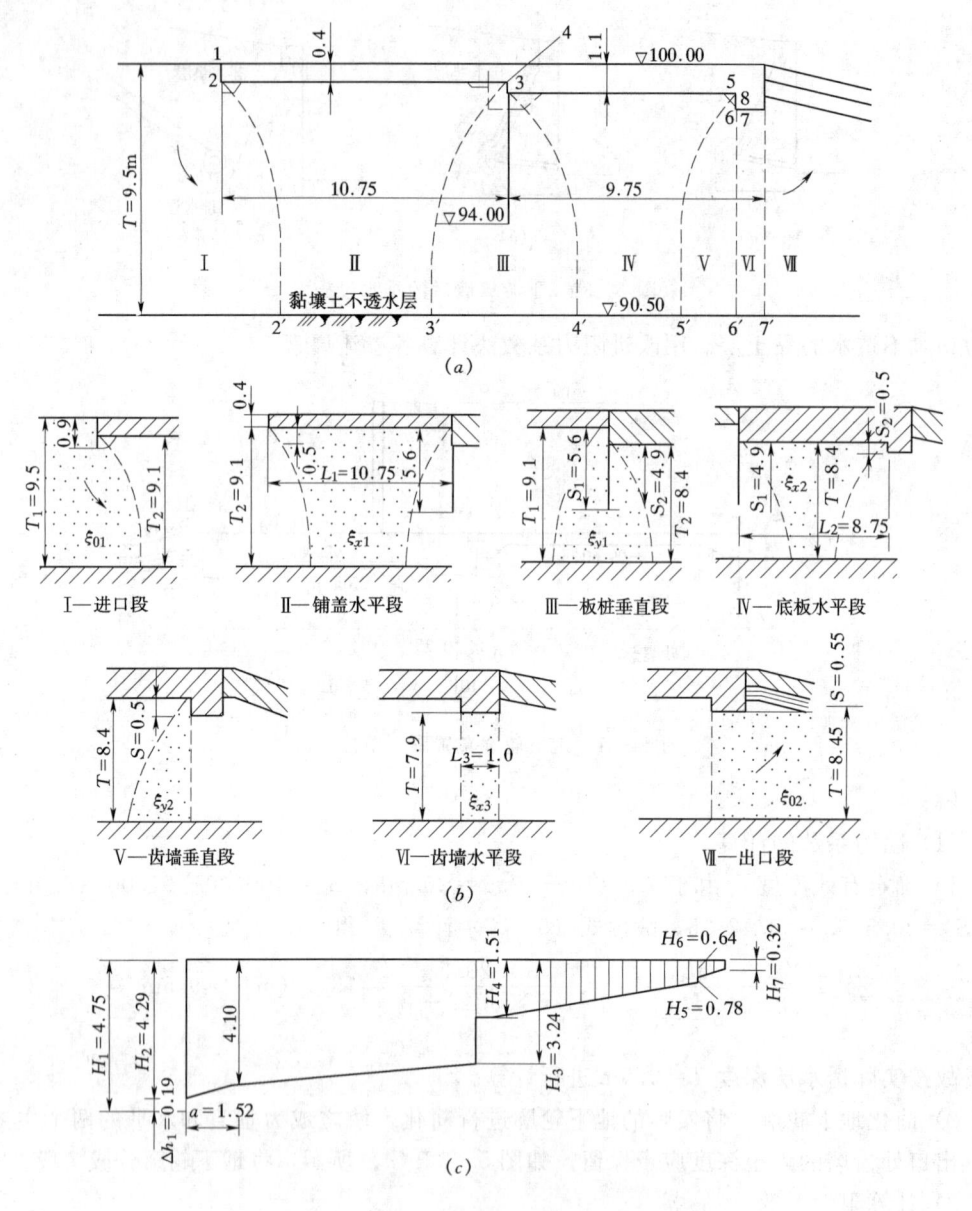

图 5-32 改进阻力系数法计算图（单位：m）

(a) 分段图；(b) 阻力系数计算图；(c) 渗压水头分布图

ξ_{y1} 为

$$\xi_{y1} = \frac{2}{\pi}\text{lncot}\left[\frac{\pi}{4}\left(1-\frac{S_1}{T_1}\right)\right] + \frac{2}{\pi}\text{lncot}\frac{\pi}{4}\left(1-\frac{S_2}{T_2}\right) = 1.43$$

底板水平段：$S_1=4.9\text{m}$，$S_2=0.5\text{m}$，$L_2=8.75\text{m}$，$T=8.4\text{m}$，故底板水平段阻力系数 ξ_{x2} 计算为

$$\xi_{x2} = 0.59$$

齿墙垂直段：$S=0.5\text{m}$，$T=8.4\text{m}$，则齿墙垂直段的阻力系数 ξ_{y2} 为

$$\xi_{y2}=0.06$$

齿墙水平段：$S_1=S_2=0$，$L_3=1.0\text{m}$，$T=7.9\text{m}$，计算齿墙水平段阻力系数 ξ_{x3} 为

$$\xi_{x3}=0.13$$

出口段：出口段中 $S=0.55\text{m}$，$T=8.45\text{m}$，计算其阻力系数 ξ_{02} 为

$$\xi_{02}=0.47$$

(2) 渗透压力计算。

1) 求各分段的渗压水头损失值。由式 (5-26) $h_i=\xi_i\dfrac{\Delta H}{\sum\limits_{1}^{n}\xi_i}$，其中 $\Delta H=4.75\text{m}$，且

$$\sum_{1}^{7}\xi_i=0.54+0.71+1.43+0.59+0.06+0.13+0.47=3.93。$$

进口段：$h_1=0.65\text{m}$。
铺盖水平段：$h_2=0.86\text{m}$。
板桩垂直段：$h_3=1.73\text{m}$。
底板水平段：$h_4=0.71\text{m}$。
齿墙垂直段：$h_5=0.07\text{m}$。
齿墙水平段：$h_6=0.16\text{m}$。
出口段：$h_7=0.57\text{m}$。

2) 进出口水头损失值的修正。

a. 进口处修正。由式 (5-29) 得修正系数 β'_1 为：

$$\beta'_1=1.21-\dfrac{1}{\left[12\left(\dfrac{T'}{T}\right)^2+2\right]\left[\dfrac{S}{T}+0.059\right]}=0.71<1.0$$

应予以修正。
进口段水头损失值应修正为

$$h'_1=\beta'_1 h_1=0.71\times 0.65=0.46\text{ (m)}$$

进口段水头损失减小值 Δh_1 为

$$\Delta h_1=0.65-0.46=0.19(\text{m})<h_2=0.86\text{m}$$

故铺盖水平段水头损失值应修正为

$$h'_2=h_2+\Delta h_1=0.86+0.19=1.05(\text{m})$$

b. 出口处修正。出口处修正系数 β'_2 为

$$\beta'_2=0.56<1$$

出口段水头损失应修正为

$$h'_7=\beta'_2 h_7=0.56\times 0.57=0.32\text{ (m)}$$

$$\Delta h_7=0.57-0.32=0.25(\text{m})>h_6+h_5=0.23(\text{m})$$

故应进一步修正。h_6、h_5、h_4 采用《水闸设计规范》中相应的修正公式得：$h'_6=0.32\text{m}$，$h'_5=0.14\text{m}$，$h'_4=0.73\text{m}$。

验算 $\Delta H=\sum h'=0.46+1.05+1.73+0.73+0.14+0.32+0.32=4.75(\text{m})$，计算无误。

3) 算各角隅点的渗压水头。由上游进口段开始,逐次向下游从总水头 4.75m 相继减去各分段水头损失值,即可求得各角点的渗压水头值:$H_1=4.75$m,$H_2=4.29$m,$H_3=3.24$m,$H_4=1.51$m,$H_5=0.78$m,$H_6=0.64$m,$H_7=0.32$m,$H_8=0$。

4) 绘制渗压水头分布图。根据以上算得的渗压水头值,并认为沿水平段的水头损失呈线性变化,即可绘出图 5-32 (c)。

(3) 求闸底板水平段渗透坡降和渗流出口处逸出坡降。

1) 渗流出口平均坡降由式 (5-31) 计算为

$$J_0 = \frac{h_0}{S'} = \frac{0.32}{0.55} = 0.58$$

2) 底板水平段平均渗透坡降为

$$J_X = \frac{h'_4}{L_2} = \frac{0.73}{8.75} = 0.083$$

(4) 验算闸基抗渗稳定性。本工程地基为砂壤土,由表 5-12 查得砂壤土 $[J_0]=0.50$,因渗流出口处设有滤层,容许坡降应修正为 $[J'_0]=1.3\times0.5=0.65$,而实际逸出坡降 $J_0=0.58<[J'_0]=0.65$,故不会产生流土。

由表 5-12,砂壤土水平段容许坡降 $[J_X]=0.25$,修正后 $[J'_X]=0.325$,而实际底板水平段坡降 $J_X=0.083$ 远小于 $[J'_X]$,说明地基砂壤土在其与底板的接触面上不会产生接触冲刷。

第五节 闸室的布置和构造

闸室是水闸的主体部分。开敞式水闸闸室由底板、闸墩、闸门、工作桥和交通桥等组成,有的还设有胸墙。

闸室的结构形式、布置和构造,应在保证稳定的前提下尽量做到轻型化、整体性好、刚性大、布置匀称,并进行合理的分缝分块,使作用在地基单位面积上的荷载较小、较均匀,并能适应地基可能的沉降变形。本节讲述闸室各组成部分的型式、尺寸及构造,闸门部分将在第六节讲述。

一、底板

常用的底板有平底板和钻孔灌注桩底板。在特定的条件下,也可采用低堰底板 [图 5-4 (b)]、箱式底板 [图 5-33 (a)]、斜底板 [图 5-33 (b)]、反拱底板 [图 5-33 (c)] 等。下面着重介绍平底板。

平底板按底板与闸墩的连接方式有整体式(图 5-34)和分离式(图 5-35)两种。

1. 整体式底板

闸墩与底板浇筑成整体即为整体式底板。其顺流向长度可根据闸身稳定和地基应力分布较均匀等条件来确定,同时应满足上层结构布置的需要。水头越大,地基越差,底板应越长。初拟底板长度时,对于砂砾石地基可取 $(1.5\sim2.5)H$,对于砂土、砂壤土地基可取 $(2.0\sim3.5)H$,对于黏壤土地基可取 $(2.0\sim4.0)H$,对于黏土地基可取 $(2.5\sim$

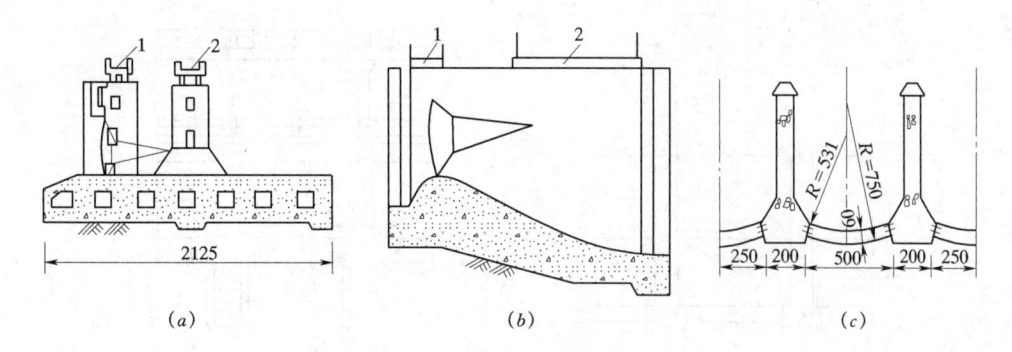

图 5-33 闸底板型式（单位：cm）
(a) 箱式底板；(b) 斜底板；(c) 反拱底板
1—工作桥；2—交通桥

4.5) H，H 为上、下游最大水位差。底板厚度必须满足强度和刚度的要求。大、中型水闸可取闸孔净宽的 1/6～1/8，一般为 1～2m，最薄不小于 0.7m，渠系小型水闸可薄至 0.3m。底板内配置钢筋。底板混凝土强度等级应满足强度、抗渗及防冲要求，一般选用 C15 或 C20。闸墩中间分缝的底板一般适用于闸孔尺寸为 8～12m 和较松软地基，或地震烈度较高的地区。对于中等密实以上、承载力较大的地基也可将缝分在闸室底板中间，如图 5-34 (b) 所示。

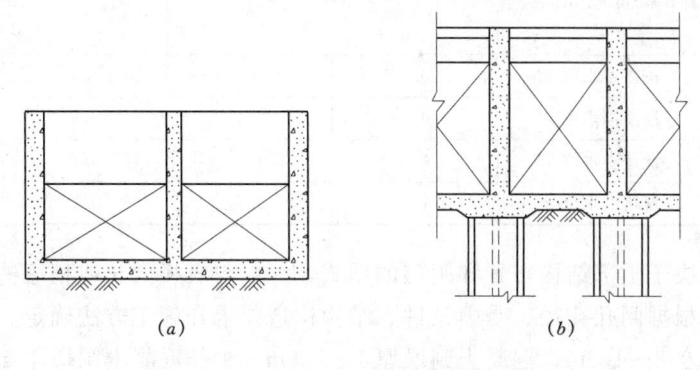

图 5-34 整体式底板
(a) 墩中分缝底板；(b) 跨中分缝底板

2. 分离式底板

在闸室底板两侧分缝，使底板与闸墩分离，成为分离式底板，如图 5-35 所示。一般适用于闸孔尺寸为大于 8m 和密实的地基或岩基。中间底板仅有防冲、防渗的要求，其厚度按自身抗滑稳定确定。一般用混凝土或浆砌石建成，必要时加少量钢筋。

二、闸墩

闸墩结构型式应根据闸室结构抗滑稳定性和闸墩纵向刚度要求确定，一般宜采用实体式。

闸墩的外形轮廓应能满足过闸水流平顺、侧向收缩小、过流能力大的要求。上游墩头

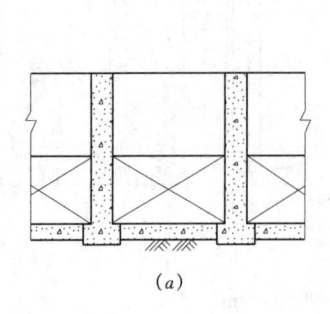

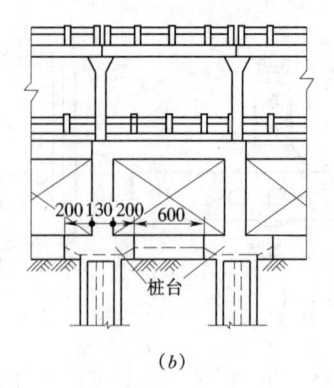

图 5-35 分离式底板（单位：cm）

可采用半圆形或尖角形，下游墩头宜采用流线形。

闸墩上游部分的顶面高程应满足以下两个要求：①水闸挡水时，不应低于水闸正常蓄水位加波浪计算高度与相应安全超高值之和；②泄洪时，不应低于设计（或校核）洪水位与相应安全超高值之和。各种运用情况下水闸安全超高下限值见表5-13。闸墩下游部分的顶面高程可根据需要适当降低。

表 5-13 水闸安全超高下限值

运用情况	超高下限/m 水闸级别	1	2	3	4、5
挡水时	正常蓄水位	0.7	0.5	0.4	0.3
	最高挡水位	0.5	0.4	0.3	0.2
泄水时	设计洪水位	1.5	1.0	0.7	0.5
	校核洪水位	1.0	0.7	0.5	0.4

闸墩长度取决于上部结构布置和闸门的型式，一般与底板同长或稍短些。

闸墩厚度应根据闸孔孔径、受力条件、结构构造要求和施工方法确定。根据经验，一般浆砌石闸墩厚0.8～1.5m，混凝土闸墩厚1～1.6m，少筋混凝土闸墩厚0.9～1.4m，钢筋混凝土闸墩厚0.7～1.2m。闸墩在门槽处厚度不宜小于0.4m。

平面闸门的门槽尺寸应根据闸门的尺寸确定，一般检修门槽深0.15～0.25m，宽约0.15～0.30m，主门槽深一般不小于0.3m，宽约0.5～1.0m。检修门槽与工作门槽之间应留1.5～2.0m的净距，以便于工作人员检修。弧形闸门的闸墩不需设主门槽。

三、胸墙

胸墙顶部高程与闸墩顶部高程齐平。胸墙底高程应根据孔口泄流量要求计算确定，以不影响泄水为原则。

胸墙相对于闸门的位置，取决于闸门的型式。对于弧形闸门，胸墙位于闸门的上游侧；对于平面闸门可设在闸门下游侧，也可设在上游侧。后者止水结构复杂、易磨损，但有利于闸门启闭，钢丝绳也不易锈蚀。

胸墙结构型式可根据闸孔孔径大小和泄水要求选用。当孔径不大于 6.0m 时可采用板式 [图 5-36 (a)], 孔径大于 6.0m 时宜采用板梁式 [图 5-36 (b)], 当胸墙高度大于 5.0m, 且跨度较大时, 可增设中梁及竖梁构成肋形结构 [图 5-36 (c)]。

板式胸墙顶部厚度一般不小于 20cm。梁板式的板厚一般不小于 12cm；顶梁梁高约为胸墙跨度的 1/12~1/15, 梁宽常取 40~80cm；底梁由于与闸门接触, 要求有较大的刚度, 梁高约为胸墙跨度的 1/8~1/9, 梁宽为 60~120cm。为使过闸水流平顺, 胸墙迎水面底缘应做成圆弧形。

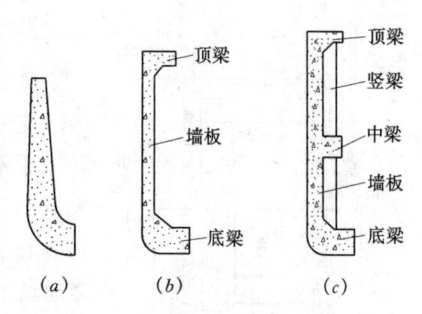

图 5-36 胸墙型式
(a) 板式；(b) 板梁式；(c) 肋形板梁式

胸墙与闸墩的连接方式可根据闸室地基、温度变化条件、闸室结构横向刚度和构造要求等采用简支式或固接式（图 5-37）。简支式胸墙与闸墩分开浇筑, 可避免在闸墩附近迎水面出现裂缝, 但截面尺寸较大。固接式胸墙与闸墩同期浇筑, 胸墙钢筋伸入闸墩内, 形成刚性连接, 截面尺寸较小, 容易在胸墙支点附近的迎水面产生裂缝。整体式底板可用固接式, 分离式底板多用简支式。

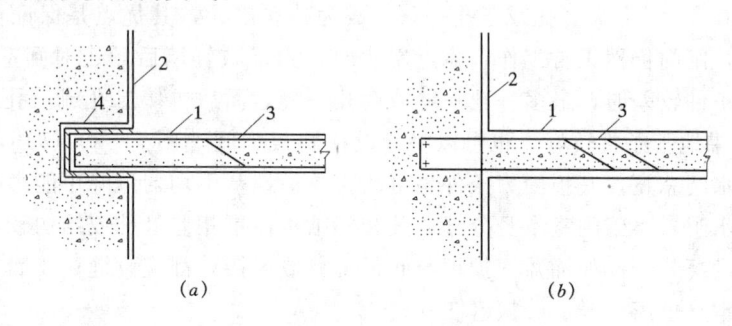

图 5-37 胸墙的支承型式
(a) 简支式；(b) 固接式
1—胸墙；2—闸墩；3—钢筋；4—涂沥青

四、工作桥、交通桥

(一) 工作桥

工作桥是为安装启闭机和便于工作人员操作而设在闸墩上的桥。当桥面很高时, 可在闸墩上部设排架支承工作桥。

工作桥设置高程与门型有关。对于平面闸门, 当采用固定式启闭机时, 由于闸门开启后悬挂的需要, 应使闸门提升后不影响泄放最大流量, 并留有一定的裕度；当采用活动式启闭机, 桥高则可适当降低。对于升卧式平面闸门, 由于闸门全开后处于平卧位置, 因而工作桥可以做得较低。

小型水闸的工作桥一般采用板式结构。大、中型水闸多采用板梁结构（图 5-38）。
工作桥的总宽度取决于启闭机的类型、容量和操作需要。小型水闸总宽度在

2.0~2.5m 之间，大型在 2.5~4.5m 之间。

（二）交通桥

交通桥的位置应根据闸室稳定及两岸交通连接等条件确定，通常布置在闸室下游。仅供人畜通行的交通桥，其宽度常不小于 3m；行驶汽车等的交通桥，应按交通部制定的规范进行设计，一般公路单车道净宽 4.5m，双车道 7~9m。交通桥的型式可采用板式、板梁式和拱式，中、小型工程可使用定型设计。

五、闸室的分缝及止水

（一）分缝

水闸沿轴线每隔一定距离必须设沉降缝，兼作温度缝，以免闸室因地基不均匀沉降及温度变化而产生裂缝。缝距一般为 15~30m，缝宽为 2~3cm，视地基及荷载变化情况而定。

整体式底板闸室沉降缝，一般设在闸墩中间，一孔、二孔或三孔一联，成为独立单元，其优点是保证在不均匀沉降时闸孔不变形，闸门仍然正常工作。靠近岸边时，为了减轻墙后填土对闸室的不利影响，特别是在地质条件较差时，最多一孔一缝或两孔一缝，而后再接二孔或三孔的闸室［图 5-39（a）］。如果地基条件较好，也可以将缝设在底板中间［图 5-39（b）］，这样不仅减小闸墩厚度和水闸总宽，底板受力条件也可改善，但地基不均匀沉降可能影响闸门工作。

土基上的水闸，不仅闸室本身分缝，凡相邻结构荷重相差悬殊或结构较长、面积较大的地方，都要设缝分开。如铺盖、护坦与底板、翼墙连接处都应设缝；翼墙、混凝土铺盖及消力池底板本身也需分段、分块（图 5-40）。

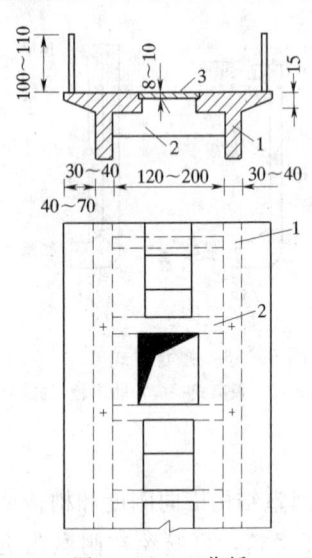

图 5-38 工作桥板梁结构（单位：cm）
1—纵梁；2—横梁；3—活动铺板

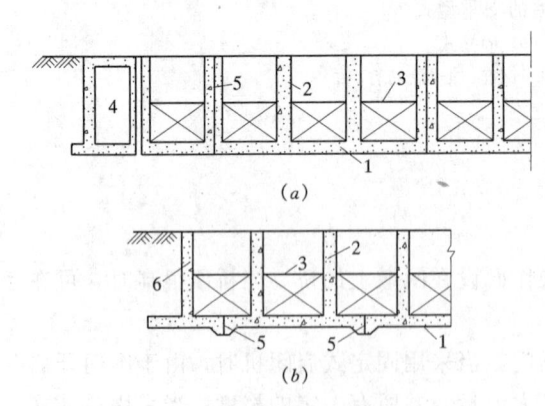

图 5-39 闸底板分缝型式
1—底板；2—闸墩；3—闸门；4—岸墙；5—沉降缝；6—边墩

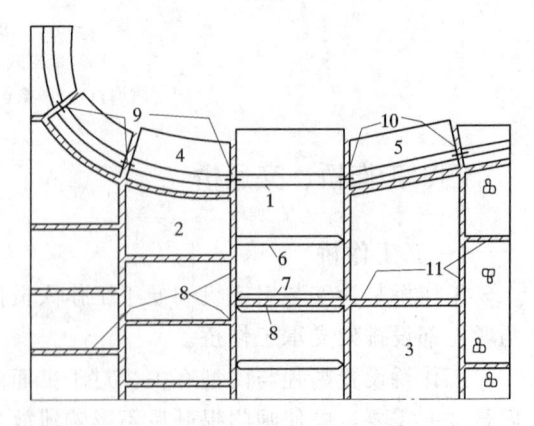

图 5-40 水闸分缝布置图
1—边墩；2—混凝土铺盖；3—消力池；4—上游翼墙；5—下游翼墙；6—中墩；7—缝墩；8—柏油油毛毡嵌紫铜片；9—垂直止水甲；10—垂直止水乙；11—柏油油毛毡止水

(二) 止水

凡具有防渗要求的缝，都应设止水设备。止水分铅直止水和水平止水两种。前者设在闸墩中间、边墩与翼墙间以及上游翼墙本身；后者设在铺盖、消力池与底板和翼墙、底板与闸墩间以及混凝土铺盖及消力池本身的温度沉降缝内。

图 5-41 为铅直止水构造图。闸墩止水 [图 5-41(a)、(b)]，一般布置在闸门上游，以减少缝墩侧向压力。如图 5-41(a) 所示的铅直止水施工简便，采用较广；如图 5-41(b) 所示的铅直止水能适应较大的不均匀沉降，但施工麻烦；如图 5-41(c) 所示的铅直止水构造简单，施工方便，适用于不均匀沉降较小或防渗要求较低的缝位，如岸墙与翼墙的止水等。

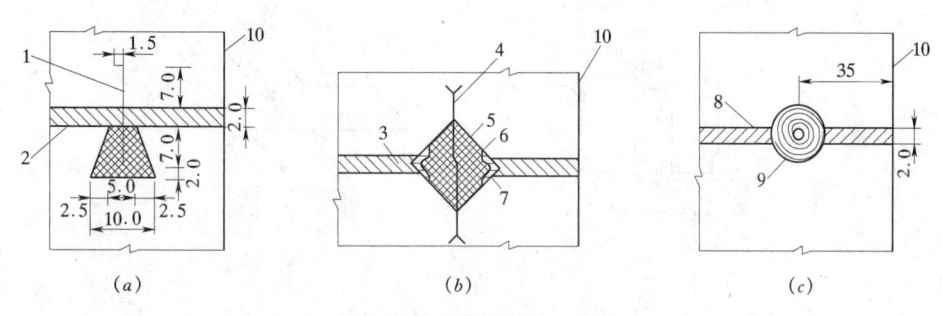

图 5-41 铅直止水构造图（单位：cm）
1—紫铜片和镀锌铁片（厚 0.1cm，宽 18cm）；2—两侧各 0.25cm 柏油毛毡伸缩缝，其余为柏油沥青席；
3—沥青油毛毡及沥青杉板；4—金属止水片；5—沥青填料；6—加热设备；7—角铁（镀锌铁片）；
8—柏油油毛毡伸缩缝；9—ϕ10 柏油油毛毡；10—临水面

图 5-42 为水平止水构造图。如图 5-42(a)、(b) 所示的型式适用于地基沉降较大或防渗要求较高的缝位；如图 5-42(c) 所示的型式适用于地基沉降小或防渗要求较低的缝位，在接缝底部与地基土壤接触处常铺有 2~3 层油毛毡沥青麻布，或回填黏土，以提高防渗效果。

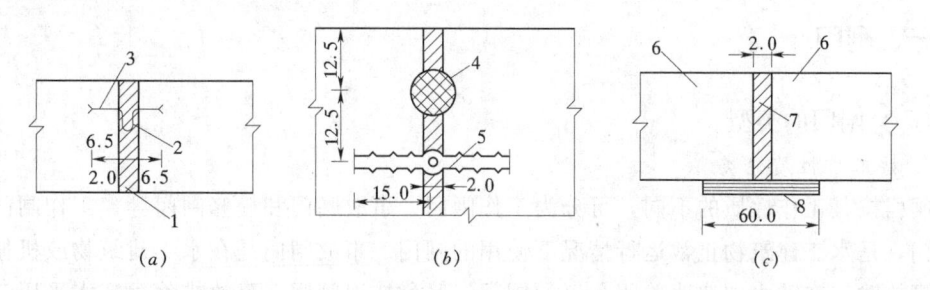

图 5-42 水平止水构造图（单位：cm）
1—柏油油毛毡伸缩缝；2—灌 3 号松香柏油；3—紫铜片 0.1cm（或镀锌铁片 0.12cm）；
4—ϕ7 柏油麻绳；5—塑料止水片；6—护坦；7—柏油油毛毡；
8—三层麻袋二层油毡浸沥青

在无防渗要求的缝中，一般铺贴沥青毛毡。

必须做好止水交叉处的连接，否则，容易形成渗水通道。交叉有两类：一是铅直交叉，二是水平交叉。交叉处止水片的连接方式也可分为两种：一种是柔性连接，即将金属止水片的接头部分埋在沥青块体中，如图 5-43（a）、(b) 所示；另一种是刚性连接，即将金属止水片剪裁后焊接成整体，如图 5-43（c）、(d) 所示。在实际工程中可根据交叉类型及施工条件决定连接方式，铅直交叉常用柔性连接，而水平交叉则多用刚性连接。

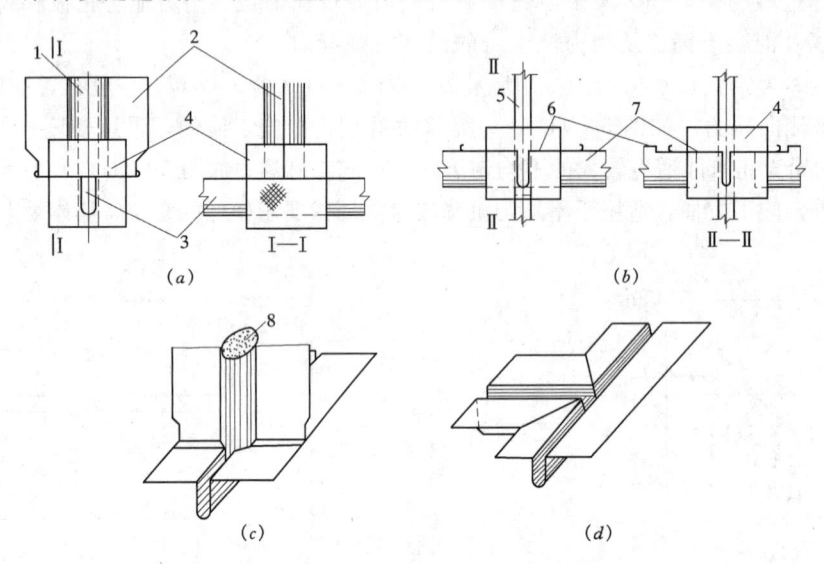

图 5-43 止水交叉构造图
(a) 铅直交叉柔性连接；(b) 水平交叉柔性连接；(c) 铅直交叉刚性连接；(d) 水平交叉刚性连接
1—铅直缝；2—铅直止水片；3—水平止水片；4—沥青块体；5—接缝；
6—纵向水平止水；7—横向水平止水；8—沥青柱

第六节 闸门与启闭机

闸门是水闸的关键部分，用它来封闭和开启孔口，以达到控制水位和调节流量的目的。

一、闸门

（一）闸门的类型

1. 按工作性质分类

闸门按其工作性质的不同，可分为工作闸门、事故闸门和检修闸门等。工作闸门又称主闸门，是水工建筑物正常运行情况下使用的闸门。事故闸门是在水工建筑物或机械设备出现事故时，在动水中快速关闭孔口的闸门，又称快速闸门。事故排除后充水平压，在静水中开启。检修闸门用以临时挡水，一般在静水中启闭。

2. 按门体的材料分类

闸门按门体的材料可分为钢闸门、钢筋混凝土或钢丝网水泥闸门、木闸门及铸铁闸门等。钢闸门门体较轻，一般用于大、中型水闸。钢筋混凝土或钢丝网水泥闸门可以节省钢材，不需除锈但前者较笨重，启闭设备容量大；后者容易剥蚀，耐久性差，一般用于渠系小型水闸。铸铁门抗锈蚀、抗磨性能好、止水效果也好，但由于材料抗弯强度较低，性能又脆，故仅在低水头、小孔径水闸中使用。木闸门耐久性差，已日趋不用。

3. 按结构形式分类

闸门按其结构形式可分为平面闸门、弧形闸门等。弧形闸门与平面闸门比较，其主要优点是启门力小，可以封闭相当大面积的孔口；无影响水流态的门槽，闸墩厚度较薄，机架桥的高度较低，埋件少。它的缺点是需要的闸墩较长；不能提出孔口以外进行检修维护，也不能在孔口之间互换；总水压力集中于支铰处，闸墩受力复杂。

(二) 平面闸门的构造

平面闸门由活动部分（即门叶）、埋固部分和启闭设备三部分组成。其中门叶由承重结构［包括面板、梁格、竖向联结系或隔板、门背（纵向）连接系和支承边梁等］、支承行走部件、止水装置和吊耳等组成（图5-44）。埋固部分一般包括行走埋固件和止水埋固体等。启闭设备一般由动力装置、传动和制动装置以及连接装置等组成。

平面闸门的基本尺寸根据孔口尺寸确定。孔口尺寸应优先采用钢闸门设计规范中推荐的系列尺寸。露顶式闸门顶部应在可能出现的最高挡水位以上有0.3~0.5m的超高。

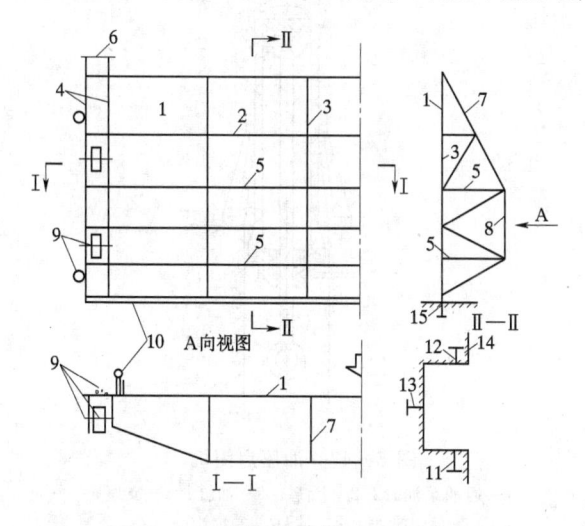

图5-44 平面钢闸门门叶的结构组成
1—面板；2—小横梁；3—小纵梁；4—边柱；5—主横梁；6—吊耳；7—竖向联结系；8—横向联结系；9—支承行走部件；10—止水装置；11—主轨；12—侧轨；13—反轨；14—止水导轨；15—底槛

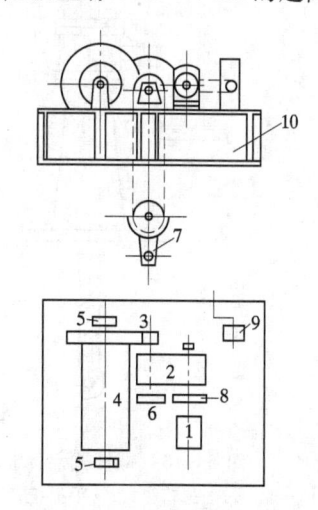

图5-45 卷扬机
1—电动机；2—减速器；3—开式齿轮；4—绳鼓；5—轴承座；6—定滑轮；7—动滑轮；8—制动器；9—手摇装置；10—机架

二、启闭机

闸门启闭机可分为固定式和移动式两种。启闭机型式可根据门型、尺寸及其运用条件等因素选定。选用启闭机的启闭力应等于或大于计算启闭力，同时应符合国家现行的SL41—93《水利水电工程启闭机设计规范》所规定的启闭机系列标准。

当多孔闸门启闭频繁或要求短时间内全部均匀开启时，每孔应设一台固定式启闭机。常用的固定式启闭机有卷扬式（图5-45）、螺杆式（图5-46）和油压式（5-47）三种。

1. 卷扬式启闭机

其主要由电动机、减速箱、传动轴和绳鼓所组成。绳鼓固定在传动轴上，围绕钢丝绳，钢丝绳连接在闸门吊耳上（图5-45）。启闭闸门时，通过电动机、减速箱和传动轴使绳鼓转动，带动闸门升降。为了防备停电或电器设备发生故障，可同时使用人工操作，通过手摇箱进行人力启闭。卷扬式启闭机启闭能力较大，操作灵便，启闭速度快，但造价较高，适用于弧形闸门。某些平面闸门能靠自重（或加重）关闭，且启闭力较大时，也可采用卷扬式启闭机。

2. 螺杆式启闭机

当闸门尺寸和启闭力都很小时，常用简便、廉价的单吊点螺杆式启闭机（图5-46）。螺杆与闸门连接，用机械或人力转动主机，迫使螺杆连同闸门上下移动。当水压力较大，门重不足时，为使闸门关闭到底，可通过螺杆对闸门施加压力。当螺杆长度较大（如大于3m）时，可在胸墙上每隔一定距离设支承套环，以防止螺杆受压失稳。其启闭重量一般为3～100kN。

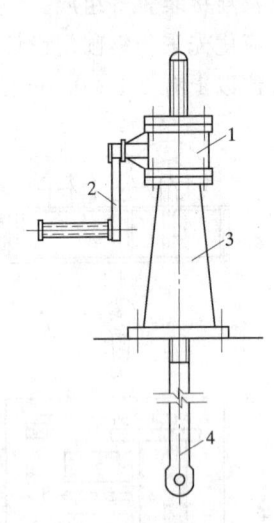

图5-46 螺杆式启闭机
1—齿轮箱；2—手摇把；3—支座；4—螺杆

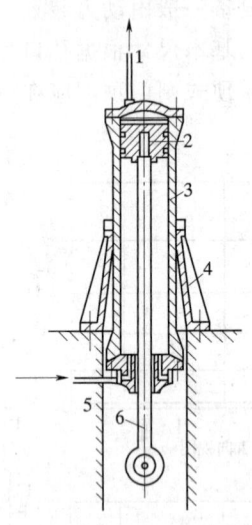

图5-47 油压启闭机
1—通油泵油管；2—活塞；3—油缸；4—支座；5—油管；6—连杆，下接门叶

3. 油压启闭机

近年来使用较多，油压启闭机的布置、构造、组成如图5-47所示。其主体为油缸和活塞。活塞经活塞杆或连杆和闸门连接。改变油管中的压力即可使活塞带动闸门升降。其优点是利用油泵产生的液压传动，可用较小的动力获得很大的启重力；液压传动比较平稳和安全；较易实行遥控和自动化等。主要缺点是缸体内圆镗的加工受到各地条件的限制，质量不易保证，造价也较高。

第七节 水闸的稳定分析及地基处理

一、闸室稳定分析

水闸竣工时，地基所受的压力最大，沉降也较大。过大的沉降，特别是不均匀沉降，会使闸室倾斜，影响水闸的正常运行。当地基承受的荷载过大，超过其容许承载力时，将使地基整体发生破坏。水闸在运用期间，受水平推力的作用，有可能沿地基面或深层滑动。因此，必须分别验算水闸在不同工作情况下的稳定性。对于孔数较少而未分缝的小型水闸，可取整个闸室（包括边墩）作为验算单元；对于孔数较多设有沉降缝的水闸，则应取两缝之间的闸室单元分别进行验算。

（一）荷载及其组合

水闸承受的主要荷载有自重、水重、水平水压力、扬压力、浪压力、淤沙压力、土压力及地震荷载等，如图 5-48 所示。自重、水重、淤沙压力等荷载的计算方法与重力坝基本相同；扬压力的计算方法参见第二章第三节；土压力按主动土压力计算。波浪压力、水平水压力及地震荷载的计算方法如下。

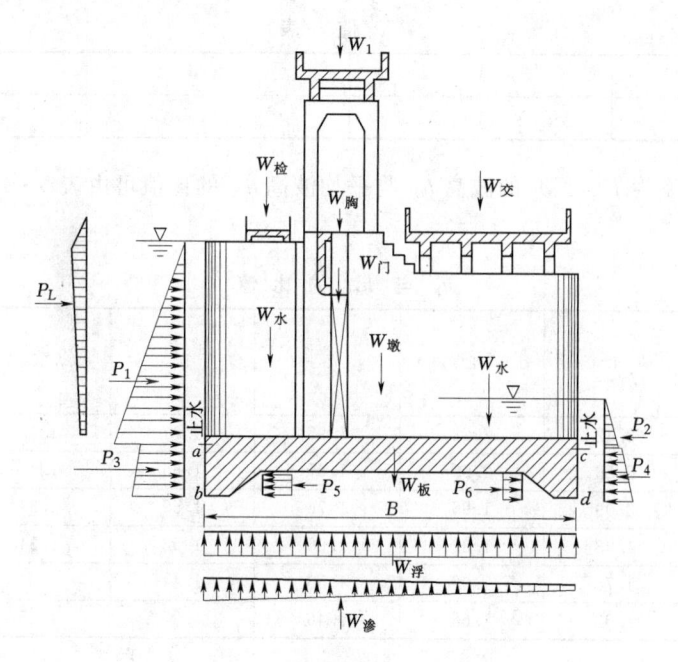

图 5-48 水闸挡水情况荷载示意图

1. 波浪压力

按以下步骤分别计算波浪要素以及波浪压力。波浪要素可根据水闸运用条件，闸前风向、风速、风区长度、风区内的平均水深等因素计算。波浪压力应根据闸前水深和实际波态进行计算。

(1) 平原、滨海地区水闸按莆田试验站公式计算 gh_m/v_0^2 和 gT_m/v_0：

$$\frac{gh_\mathrm{m}}{v_0^2} = 0.13 \mathrm{th}\left[0.7\left(\frac{gH_\mathrm{m}}{v_0^2}\right)^{0.7}\right] \mathrm{th}\left\{\frac{0.0018\left(\frac{gD}{v_0^2}\right)^{0.45}}{0.13 \mathrm{th}\left[0.7\left(\frac{gH_\mathrm{m}}{v_0^2}\right)^{0.7}\right]}\right\} \quad (5-34)$$

$$\frac{gT_\mathrm{m}}{v_0} = 13.9\left(\frac{gh_\mathrm{m}}{v_0^2}\right)^{0.5} \quad (5-35)$$

式中 h_m——平均波高，m；

v_0——计算风速，m/s，可采用当地气象台站提供的30年一遇10min平均最大风速；

D——风区长度，m，当对岸最远水面距离不超过水闸前沿水面宽度5倍时，可采用对岸至水闸前沿的直线距离；当对岸最远水面距离超过水闸前沿宽度5倍时，可采用水闸前沿水面宽度的5倍；

H_m——风区内的平均水深，m，可由沿风向的地形剖面图求得，其计算水位与相应计算情况下的静水位一致；

T_m——平均波周期，s。

(2) 根据水闸级别，由表5-14查得水闸的设计波列累积频率 P（％）值。

表 5-14 P 值 表

水闸级别	1	2	3
P/%	1	2	5

(3) 累积频率为 P（％）的波高 h_P 与平均波高 h_m 的比值可由表5-15查得，从而计算出 h_P。

表 5-15 h_P 与 h_m 的比值

h_P/h_m P/% h_m/H_m	1	2	5	10	20	50
0.0	2.42	2.23	1.95	1.71	1.43	0.94
0.1	2.26	2.09	1.87	1.65	1.41	0.96
0.2	2.09	1.96	1.76	1.59	1.37	0.98
0.3	1.93	1.82	1.66	1.52	1.34	1.00
0.4	1.78	1.68	1.56	1.44	1.30	1.01
0.5	1.63	1.56	1.46	1.37	1.25	1.01

(4) 按下式计算平均波长 L_m 值。

$$L_m = \frac{gT_m^2}{2\pi}\text{th}\frac{2\pi H}{L_m} \tag{5-36}$$

式中 H——闸前水深，m。

平均波长 L_m 值也可由表5-16查得。

表 5-16 L_m 值

L_m/m T_m/s H/m	2	3	4	5	6	7	8	9	10	12	14	16	18	20
1.0	5.22	8.69	12.00	15.24	18.44	21.62	24.79	27.96	31.11	37.41	43.70	49.98	56.26	62.54
2.0	6.05	11.31	16.23	20.95	25.58	30.16	34.69	39.20	43.70	52.66	61.59	70.50	79.40	88.29
3.0	6.22	12.68	18.96	24.93	30.72	36.41	42.03	47.61	53.16	64.19	75.17	86.12	97.04	107.95

续表

L_m/m T_m/s H/m	2	3	4	5	6	7	8	9	10	12	14	16	18	20
4.0	—	13.41	20.86	27.95	34.77	41.44	48.01	54.51	60.96	73.77	86.50	99.18	111.82	124.44
5.0	—	13.76	22.20	30.31	38.09	45.66	53.08	60.41	67.68	82.08	96.37	110.59	124.76	138.90
6.0	—	13.93	23.13	32.19	40.87	49.27	57.50	65.61	73.62	89.49	105.20	120.82	136.38	151.90
7.0	—	—	23.78	33.69	43.22	52.42	61.41	70.24	78.96	96.19	113.23	130.15	147.00	163.79
8.0	—	—	24.21	34.89	45.22	55.19	64.90	74.43	83.82	102.33	120.62	138.77	156.82	174.80
9.0	—	—	24.49	35.84	46.94	57.65	68.05	78.24	88.27	108.01	127.49	146.79	165.98	185.09
10.0	—	—	24.68	36.59	48.41	59.82	70.90	81.73	92.37	113.30	133.91	154.31	174.58	194.76
12.0	—	—	24.87	37.64	50.73	63.49	75.85	87.90	99.73	122.89	145.64	168.13	190.44	212.62
14.0	—	—	—	38.25	52.42	66.40	79.98	93.20	106.14	131.42	156.18	180.61	204.82	228.87
16.0	—	—	—	38.61	53.62	68.72	83.45	97.78	111.78	139.09	165.76	192.02	218.02	243.83
18.0	—	—	—	38.80	54.47	70.55	86.35	101.75	116.79	146.03	174.53	202.55	230.25	257.72
20.0	—	—	—	—	55.05	71.98	88.79	105.21	121.24	152.36	182.62	212.33	241.66	270.72
22.0	—	—	—	—	55.44	73.10	90.83	108.22	125.21	158.15	190.12	221.45	252.35	282.95
24.0	—	—	—	—	55.71	73.96	92.53	110.85	128.75	163.47	197.10	230.00	262.42	294.49
26.0	—	—	—	—	55.88	74.61	93.94	113.13	131.93	168.36	203.61	238.05	271.94	305.44
28.0	—	—	—	—	—	75.10	95.10	115.10	134.76	172.87	209.70	245.64	280.96	315.85
30.0	—	—	—	—	—	75.47	96.05	116.82	137.29	117.04	215.41	252.81	289.54	325.78

(5) 计算波浪压力时分别按下列规定进行。

1) 当 $H \geqslant H_K$ 和 $H \geqslant \dfrac{L_m}{2}$ 时，波浪压力可按式（5-37）、式（5-38）计算，计算示意图如图 5-49 所示。

$$P_L = \frac{1}{4}\gamma L_m (h_P + h_z) \quad (5-37)$$

$$h_z = \frac{\pi h_P^2}{L_m}\operatorname{cth}\frac{2\pi H}{L_m} \quad (5-38)$$

$$H_K = \frac{L_m}{4\pi}\ln\frac{L_m + 2\pi h_P}{L_m - 2\pi h_P} \quad (5-39)$$

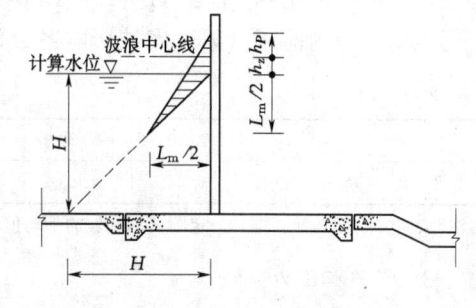

图 5-49 波浪压力计算示意图一

式中 P_L——作用于水闸迎水面上的浪压力，kN/m；

h_P——累积频率为 P（％）的波高，m；

h_z——波浪中心超出计算水位的高度，m；

H_K——使波浪破碎的临界水深，m。

2) 当 $H \geqslant H_K$ 和 $H < \dfrac{L_m}{2}$ 时，波浪压力按式（5-40）和式（5-41）计算，计算示意图见图 5-50。

$$p_L = \frac{1}{2}[(h_P + h_z)(\gamma H + p_s) + H p_s] \quad (5-40)$$

$$p_s = \gamma h_P \operatorname{sech} \frac{2\pi H}{L_m} \tag{5-41}$$

式中 p_s——闸墩（闸门）底面处的剩余浪压力强度，kPa。

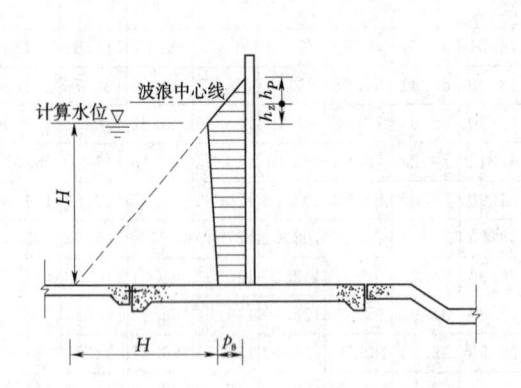

图 5-50 波浪压力计算示意图二

图 5-51 波浪压力计算示意图三

3) 当 $H < H_K$ 时，波浪压力可按式（5-42）和式（5-43）计算，计算示意图见图 5-51。

$$P_L = \frac{1}{2} P_j [(1.5 - 0.5\lambda)(h_P + h_z) + (0.7 + \lambda)H] \tag{5-42}$$

$$P_j = K_i \gamma (h_P + h_z) \tag{5-43}$$

式中 P_j——计算水位处的浪压力强度，kPa；

λ——闸墩（闸门）底面处的浪压力强度折减系数，当 $H \leq 1.7(h_P + h_z)$ 时，可采用 0.6；当 $H > 1.7(h_P + h_z)$ 时，可采用 0.5；

K_i——闸前河（渠）底坡影响系数，可按表 5-17 采用。

表 5-17　　　　　　　　　　　　　　K_i　值

i	1/10	1/20	1/30	1/40	1/50	1/60	1/80	≤1/100
K_i 值	1.89	1.61	1.48	1.41	1.36	1.33	1.29	1.25

注　表中 i 为闸前河（渠）一定距离内底坡的平均值。

2. 水平水压力

指作用于胸墙、闸门、闸墩及底板上的水平水压力。上下游应分别计算。

对于黏土铺盖 [图 5-52（a）]，a 点压强按静水压力计算，b 点取该点的扬压力值，两者之间按线性规律考虑。对混凝土铺盖，止水片以上仍按静水压力计算，以下按梯形分布 [图 5-52（b）]，d 点取该点的扬压力值，止水片底面 c 点的水压力等于该点的浮托力加 e 点处的渗透压力，即认为 c、e 点间无渗压水头损失。

3. 地震荷载

当设计烈度为 7 度或大于 7 度时，需考虑地震影响。地震荷载应包括建筑物自重以及其上的设备自重所产生的地震惯性力、地震动水压力和地震动土压力。根据 SL 203—97《水工建筑物抗震设计规范》，水闸地震荷载计算如下。

（1）地震惯性力。采用拟静力法计算作用于质点的水平向地震惯性力 F_i 时计算公式

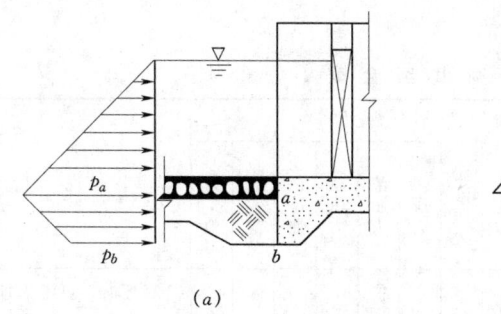

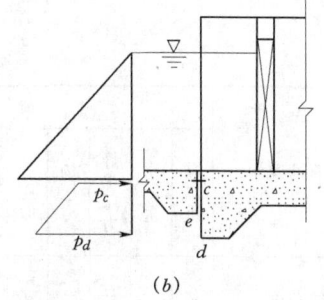

图 5-52 作用在铺盖与底板连接处的水压力
(a) 黏土铺盖与底板的连接；(b) 混凝土铺盖与底板的连接

如下：

$$F_i = \frac{\alpha_h \xi G_{Ei} \alpha_i}{g} \tag{5-44}$$

式中 F_i——作用在质点 i 的水平向地震惯性力代表值；
α_h——水平向设计地面加速度代表值；
ξ——地面作用的效应折减系数，除另有规定外，取 0.25；
G_{Ei}——集中在质点 i 的重力作用标准值；
α_i——质点 i 的动态分布系数，见表 5-18；
g——重力加速度。

表 5-18　　　　　　　水闸动态分布系数 α_i

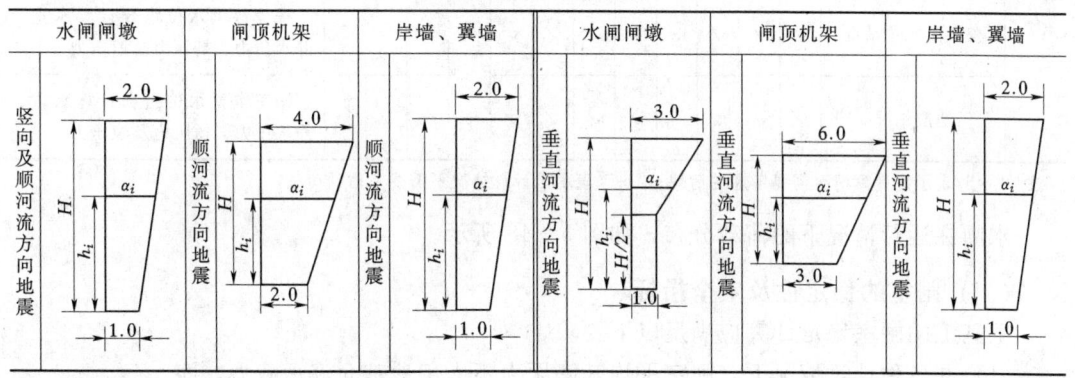

水闸闸墩	闸顶机架	岸墙、翼墙	水闸闸墩	闸顶机架	岸墙、翼墙
竖向及顺河流方向地震	顺河流方向地震	顺河流方向地震	垂直河流方向地震	垂直河流方向地震	垂直河流方向地震

注　水闸墩底以下 α_i 取 1.0；H 为建筑物高度。

(2) 地震动水压力。作用在水闸上的地震动水压力的计算可参照重力坝地震动水压力公式计算。

(3) 地震动土压力。作用在水闸岸墙和翼墙上的地震动土压力的计算可参照本书重力坝中地震动土压力公式进行计算。

荷载组合分为基本组合和特殊组合。基本组合由同时出现的基本荷载组成。特殊组合由同时出现的基本荷载再加一种或几种特殊荷载组成。但地震荷载不应与设计洪水位或校核洪水位组合。

计算闸室稳定和应力时的荷载组合可按表 5-19 的规定采用。必要时可考虑其他可能的不利组合。

表 5-19 荷 载 组 合 表

荷载组合	计算情况	自重	水重	静水压力	扬压力	土压力	淤沙压力	风压力	浪压力	冰压力	土的冻胀力	地震荷载	其他	说明
基本组合	完建情况	✓	—	—	—	✓	—	—	—	—	—	—	✓	必要时，可考虑地下水产生的扬压力
	正常蓄水位情况	✓	✓	✓	✓	✓	✓	✓	✓	—	—	—	✓	按正常蓄水位组合计算水重、静水压力、扬压力及浪压力
	设计洪水位情况	✓	✓	✓	✓	✓	✓	✓	✓	—	—	—	—	按设计洪水位组合计算水重、静水压力、扬压力及浪压力
	冰冻情况	✓	✓	✓	✓	✓	✓	—	—	✓	✓	—	✓	按正常蓄水位组合计算水重、静水压力、扬压力及冰压力
特殊组合	施工情况	✓	—	—	—	✓	—	—	—	—	—	—	✓	应考虑施工过程中各个阶段的临时荷载
	检修情况	✓	✓	✓	✓	✓	✓	✓	✓	—	—	—	✓	按正常蓄水位组合（必要时可按设计洪水位组合或冬季低水位条件）计算静水压力、扬压力及浪压力
	校核洪水位情况	✓	✓	✓	✓	✓	✓	✓	✓	—	—	—	—	按校核洪水位组合计算水重、静水压力、扬压力及浪压力
	地震情况	✓	✓	✓	✓	✓	✓	✓	✓	—	—	✓	—	按正常蓄水位组合计算水重、静水压力、扬压力及浪压力

注 "✓"表示该计算情况需要考虑的荷载；"—"表示该计算情况不需要考虑的荷载。

水闸在运行情况下的荷载分布，如图 5-48 所示。

（二）闸室的稳定性及安全指标

土基上的闸室稳定计算应满足以下要求。

(1) 在各种计算情况下，闸室平均基底压力不大于地基允许承载力，即

$$\frac{p_{\max}+p_{\min}}{2} \leqslant [p_{\text{地基}}] \tag{5-45}$$

(2) 闸室基底应力的最大值与最小值之比不大于表 5-20 规定的允许值，即

$$\eta = \frac{p_{\max}}{p_{\min}} \leqslant [\eta] \tag{5-46}$$

(3) 沿闸室基础底面的抗滑稳定安全系数应大于表 5-21 规定的允许值，即

$$K_C \geqslant [K_C] \tag{5-47}$$

表 5-20 土基上闸室基底应力最大值与最小值之比的允许值 [η]

地基土质	荷载组合	
	基本组合	特殊组合
松 软	1.50	2.00
中等坚实	2.00	2.50
坚 实	2.50	3.00

注 1. 对于特别重要的大型水闸，采用值可按表列数值适当减小。
　　2. 对于地震情况，采用值可按表列数值适当增大。

表 5-21 土基上沿闸室基底面抗滑稳定安全系数的允许值 [K_C]

荷载组合		水闸级别			
		1	2	3	4、5
基本组合		1.35	1.30	1.25	1.20
特殊组合	Ⅰ	1.20	1.15	1.10	1.05
	Ⅱ	1.10	1.05	1.05	1.00

注 1. 特殊组合Ⅰ适用于施工情况、检修情况及校核洪水位情况。
　　2. 特殊组合Ⅱ适用于地震情况。

(三) 计算方法

1. 验算闸室基底压力

(1) 当结构布置及受力情况对称时，按下式计算：

$$p_d^u = \frac{\sum G}{A} \pm \frac{\sum M}{W} \tag{5-48}$$

式中　p_d^u——闸室基底上、下游压力值，kPa；
　　　$\sum G$——作用在闸室上的全部竖向荷载（包括闸室基础底面上的扬压力在内），kN；
　　　$\sum M$——作用在闸室上的全部竖向和水平向荷载对于基础底面垂直水流方向的形心轴的力矩，规定逆时针为正，kN·m；
　　　A——闸室基础底面的面积，m²；
　　　W——闸室基础底面对于该底面垂直水流方向的形心轴的截面矩，m³。

(2) 当结构布置及受力情况不对称时，按下式计算：

$$p_d^u = \frac{\sum G}{A} \pm \frac{\sum M_x}{W_x} \pm \frac{\sum M_y}{W_y} \tag{5-49}$$

式中　$\sum M_x$、$\sum M_y$——作用在闸室上的全部竖向和水平向荷载对于基础底面形心轴 x，y 的力矩，kN·m；
　　　W_x、W_y——闸室基础底面对于该底面形心轴 x，y 的截面矩，m³。

2. 验算闸室的抗滑稳定

对建在土基上的水闸，除应验算其在荷载作用下沿地基的抗滑稳定外，当地基面的法向应力较大时，还需核算深层抗滑稳定性。一般情况下，不会发生深层滑动。

水闸沿闸室基础底面的抗滑稳定安全系数，应按式 (5-50)、式 (5-51) 之一进行计算。

$$K_C = \frac{f \sum G}{\sum H} \tag{5-50}$$

$$K_C = \frac{\tan\varphi_0 \sum G + c_0 A}{\sum H} \tag{5-51}$$

式中　K_c——沿闸室基础底面的抗滑稳定安全系数；

　　　f——闸室基础底面与地基之间的摩擦系数；

　　　$\sum H$——作用在闸室上的全部水平向荷载，kN；

　　　$\tan\varphi_0$——闸室基础底面与土质地基之间摩擦角φ_0的正切值；

　　　c_0——闸室基础底面与土质地基之间的黏结力，kPa。

黏性土地基上的大型水闸，沿闸室基础底面的抗滑稳定安全系数宜按公式（5-51）计算。

当闸室承受双向水平向荷载作用时，应验算其合力方向的抗滑稳定性。

闸室基础底面与地基之间的摩擦系数f值，可按表5-22选用。

表5-22　　　　　　　　　　　　　　f值

地基类别		f值	地基类别	f值
黏土	软弱	0.20~0.25	细砂、极细砂	0.40~0.45
	中等坚硬	0.25~0.35	中砂、粗砂	0.45~0.50
	坚硬	0.35~0.45	砂砾石	0.40~0.50
壤土、粉质壤土		0.25~0.40	砾石、卵石	0.50~0.55
砂壤土、粉砂土		0.35~0.40	碎石土	0.40~0.50

闸室基础底面与土质地基之间摩擦角φ_0值及黏聚力c_0值可根据土质类别按表5-23的规定采用。

表5-23　　　　　　　　　φ_0、c_0值（土质地基）

土质地基类别	φ_0值	c_0值
黏性土	0.9φ	$(0.2\sim0.3)c$
砂性土	$(0.85\sim0.9)\varphi$	0

注　表中φ为室内直接快剪试验测得的内摩擦角（°），c为室内直接快剪试验测得的黏结力（kPa）。

按表5-23的规定采用φ_0值和c_0值时，应按式（5-52）折算综合摩擦系数。对于黏性土地基，如折算的综合摩擦系数大于0.45，或对于砂性土地基，如折算的综合摩擦系数大于0.50，采用的φ_0值和c_0值均应有论证。

综合摩擦系数可按式（5-52）计算。

$$f_0 = \frac{\tan\varphi_0 \sum G + c_0 A}{\sum G} \tag{5-52}$$

式中　f_0——综合摩擦系数。

当闸室沿基础底面抗滑稳定安全系数小于允许值时，可在原有结构布置的基础上，结合工程的具体情况，采取下列一种或几种抗滑措施：①将闸门位置移向低水位一侧，或将水闸底板向高水位一侧加长。②适当增大闸室结构尺寸。③增加闸室底板的齿墙深度。此时可能的失稳滑动是水闸沿齿墙底面连同齿墙间土壤一齐滑动，因此抗滑稳定安全系数$K_c = (\tan\varphi'\sum G + cA')/\sum P$，式中$\varphi'$、$c$分别为齿墙间滑动面上土壤的内摩擦角和黏结力，$\Sigma G$ 为作用在滑动面上垂直力的总和（包括齿墙间土体重量，按浮容重计），A' 为齿墙间土体的剪切面积。④增加铺盖长度或在不影响防渗安全的条件下将排水设施向水闸底板靠近。⑤利用钢筋混凝土铺盖作为阻滑板，但闸室自身的抗滑稳定安全系数不应小于1.0（计算由阻滑板增加的抗滑力时，阻滑板效果的折减系数可采用0.80），阻滑板应满足限裂要求。阻滑板所增加的抗滑力 S 可由下式计算：

$$S = 0.8 f(G_1 + G_2 - V) \tag{5-53}$$

式中 G_1、G_2——阻滑板上的水重和自重；

V——阻滑板下的扬压力；

f——阻滑板与地基间的摩擦系数。

二、闸基的沉降

由于土基压缩变形大，容易引起较大的沉降和不均匀沉降。沉降过大，会使闸顶高程降低，达不到设计要求；不均匀沉降过大时，会使底板倾斜，甚至断裂及止水破坏，严重地影响水闸正常工作。因此，应计算闸基的沉降，以便分析了解地基的变形情况，作出合理的设计方案。计算时应选择有代表性的计算点进行。计算点确定后，用分层综合法计算其最终沉降量，计算公式如下：

$$S_\infty = m \sum_{i=1}^{n} \frac{e_{1i} - e_{2i}}{1 + e_{1i}} h_i \tag{5-54}$$

式中 S_∞——土质地基最终沉降量，m；

m——地基沉降修正系数，1.0～1.6；

n——土质地基压缩层计算深度范围内的土层数；

e_{1i}——基础底面以下第 i 层土在平均自重应力作用下，由压缩曲线查得的相应孔隙比；

e_{2i}——基础底面以下第 i 层土在平均自重应力加平均附加应力作用下，由压缩曲线查得的相应孔隙比；

h_i——基础底面以下第 i 层土的厚度，m。

土质地基允许最大沉降量和最大沉降差，应以保证水闸安全和正常使用为原则，根据具体情况研究确定。天然土质地基上水闸地基最大沉降量不宜超过15cm，最大沉降差不宜超过5cm。为了减小不均匀沉降，可采用以下措施：

（1）尽量使相邻结构的重量不要相差太大。

（2）重量大的结构先施工，使地基先行预压。

（3）尽量使地基反力分布趋于均匀，闸室结构布置匀称。

（4）必要时对地基进行人工加固。

三、地基处理

根据工程实践，当黏性土地基的标准贯入击数大于5，砂性土地基的标准贯入击数大于8时，可直接在天然地基上建闸，不需要进行处理。但对淤泥质土、高压缩性黏土和松砂所组成的软弱地基，则需处理。常用的处理方法有以下几种。

1. 换土垫层

换土垫层法是工程上广为采用的一种地基处理方法，适用于软弱黏性土，包括淤泥质土。当软土层位于基面附近，且厚度较薄时，可全部挖除。如软土层较厚不宜全部挖除，可采用换土垫层法处理，将基础下的表层软土挖除，换以砂性土，水闸即建在新换的土基上，如图5-53所示。

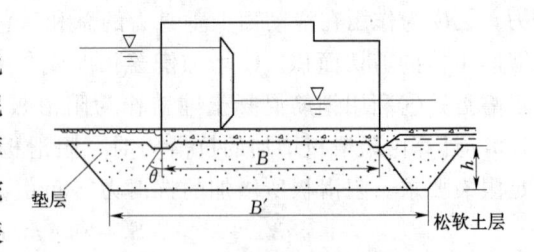

图5-53 换土垫层法地基处理

砂垫层的主要作用是：①通过垫层的应力扩散作用，减小软土层所受的附加应力，提高地基的稳定性；②减小地基沉降量；③铺设在软黏土上的砂层，具有良好的排水作用，有利于软土地基加速固结。

垫层的厚度一般为1.5～3.0m。垫层的宽度B'，通常选用建筑物基底压力扩散至垫层的宽度再加2～3m。垫层材料以采用中壤土最为适宜，含砾黏土以及级配良好的中砂、粗砂也是适宜的，至于粉砂和细砂，因其容易"液化"，不宜作为垫层材料。

2. 桩基础法

桩基础法是一种比较古老的地基处理方法，有较多的实践经验。即在地基中打桩或钻孔灌注钢筋混凝土桩，在桩顶上设承台以支承上部结构。水闸桩基一般采用摩擦桩，由桩周摩擦阻力和桩底支承力共同承担上部荷载。桩基可以大大提高地基的承载力。因而，采用桩基的闸室可以采用分离式底板。我国山东、河南有许多水闸就是采用灌注桩基。关于桩基础的设计问题，参见有关资料，本章第八节也作了简单介绍。

3. 沉井基础法

沉井基础与桩基础同属深基础，也是工程上广为采用的一种地基处理方法。

沉井是一筒状结构物，可以用浆砌块石、混凝土或钢筋混凝土筑成。施工时一般均就地分节砌筑或浇筑制成沉井，然后在井孔内挖土，这时沉井在自重下克服井外土的摩阻力和刃脚下土的阻力而下沉，当下沉至设计高程后，在井孔内用混凝土封底（也可不封底）即成沉井基础，如图5-54所示。

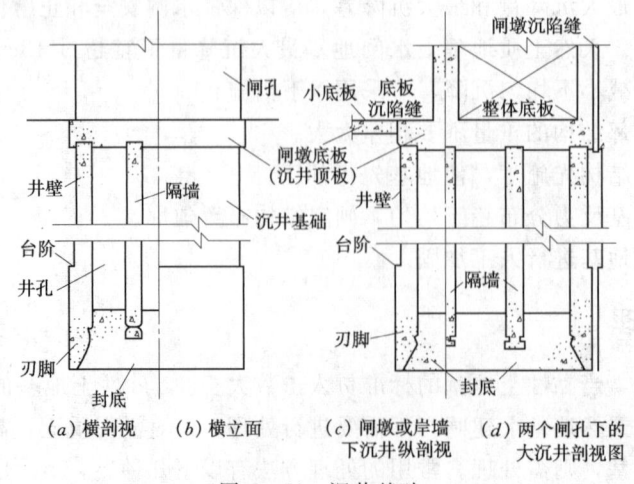

图5-54 沉井基础
(a) 横剖视 (b) 横立面 (c) 闸墩或岸墙下沉井纵剖视 (d) 两个闸孔下的大沉井剖视图

沉井基础的平面布置多呈矩形。沉井的平面尺寸不宜过大，单个沉井的长边不宜大于30m，长宽比不宜大于3.0。

当地基存在承压水层且影响地基抗渗稳定性时，不宜采用沉井基础。

此外，还有预压加固法、挤密砂桩法等地基处理方法。

近年来，随着科学技术的发展，不断提出了新的地基处理方法，如振冲砂（碎石）桩法、强夯法、旋喷浆液法、真空预压法、硅化法、电渗法等。其中有的方法正在逐步推广应用。有的用于大面积的水闸地基处理尚有困难，有的造价太高，很不经济。

第八节 闸室的结构设计

闸室为一受力比较复杂的空间结构。一般都将它分解为若干部件（如闸墩、底板、胸墙、工作桥、交通桥等）分别进行结构计算，同时又考虑相互之间的连接作用。

一、闸墩的结构计算

闸墩的计算情况有：①运用期，两边闸门都关闭时，闸墩承受最大水头时的水压力（包括闸门传来的水压力）、墩自重及上部结构重量。此时，对平面闸门的闸墩应验算墩底应力和门槽应力；弧形闸门的闸墩除验算墩底应力以外，还须验算牛腿强度及牛腿附近闸墩的拉应力。②检修期，一孔检修，上、下游检修门关闭而邻孔过水或关闭时，闸墩承受侧向水压力、闸墩及其上部结构的重力，应验算闸墩底部强度，弧形闸门的闸墩还应验算不对称状态时的应力。

（一）平面闸门闸墩应力计算

1. 墩底水平截面上的正应力计算

运用时期（图 5-55）对墩底应力最不利，可将其视为固接于闸底板上的悬臂结构，按偏心受压公式计算应力。

$$\sigma_d^u = \frac{\sum W}{A} \pm \frac{\sum M}{I_I} \frac{L}{2} \qquad (5-55)$$

式中 σ_d^u——墩底上、下游正应力，kPa；

$\sum W$——作用在闸墩上全部垂直力（包括自重）之和，kN；

A——墩底水平截面面积，m^2；

$\sum M$——作用在闸墩上的全部荷载对墩底水平截面中心轴（近似地作为形心轴）Ⅰ—Ⅰ的力矩之和，kN·m；

L——墩底长度，m；

I_I——墩底截面对Ⅰ—Ⅰ轴的惯性矩，近似地取为 $I_I = B(0.98L)^3/12$，m^4，B 为墩厚，m。

2. 墩底水平面上剪应力的计算

剪应力 τ 应按下式计算：

$$\tau = \frac{QS_I}{I_I b} \qquad (5-56)$$

式中　Q——作用在墩底水平截面上的剪力，kN；

　　　S_I——剪应力计算截面处以远的各部分面积对Ⅰ—Ⅰ轴的面积矩之和，m³；

　　　b——剪应力计算截面处的墩宽，m。

3. 墩底水平截面上的横向正应力计算

检修时期（图5-56）是横向计算的最不利条件，其横向正应力按下式计算：

$$\sigma_d^u = \frac{\sum W}{A} \pm \frac{\sum M}{I_\text{II}} \frac{B}{2} \tag{5-57}$$

式中　$\sum M$——横向水压力对墩底水平截面中心轴Ⅱ—Ⅱ的力矩之和，kN·m；

　　　I_II——墩底截面对Ⅱ—Ⅱ轴的惯性矩，m⁴。

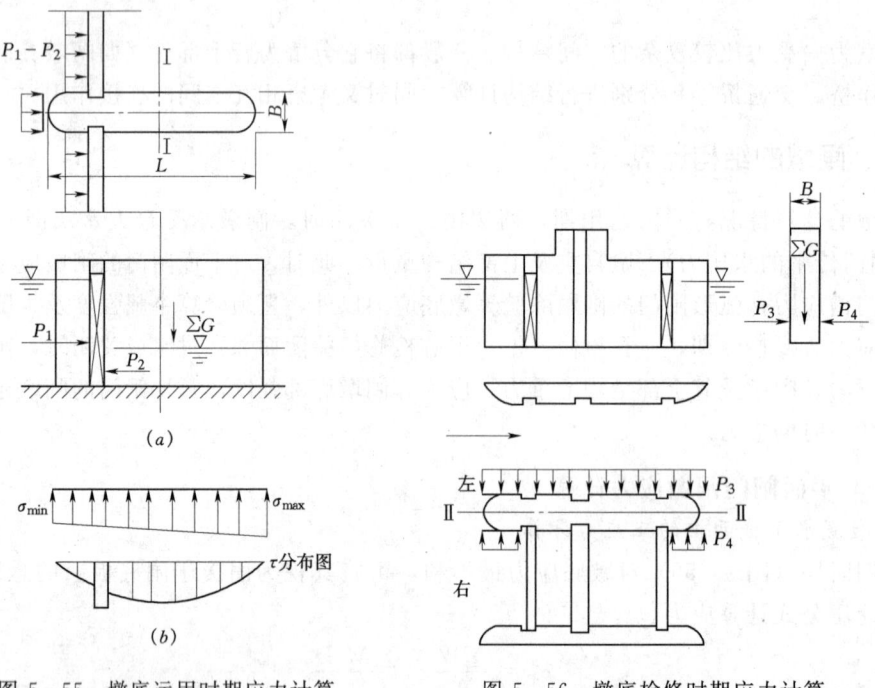

图5-55　墩底运用时期应力计算　　　图5-56　墩底检修时期应力计算

4. 门槽应力计算

门槽颈部因受闸门传来的水压力而可能受拉，应进行强度计算，以确定配筋量。计算时在门槽处截取脱离体（取下游段或上游段底板以上闸墩均可）（图5-57），将闸墩及其上部结构重量、水压力及闸墩底面以上的正应力和剪应力等作为外荷载施加在脱离体上。根据平衡条件，求出作用于门槽截面 BE 中心的力 T_0 及力矩 M_0，然后按偏心受压公式求出门槽应力 σ。

$$\sigma = \frac{T_0}{A} \pm \frac{M_0 \frac{h}{2}}{I} \tag{5-58}$$

其中　　　　　　　　　　　　$A = b'h, I = b'h^3/12$

式中　T_0——脱离体上水平作用力的总和；

A——门槽截面面积；

M_0——脱离体上所有荷载对门槽截面中心O'的力矩之和；

I——槽截面对中心轴的惯性矩；

b'、h——门槽截面宽度和高度。

5. 闸墩配筋

（1）闸墩配筋。闸墩的内部应力不大，一般不会超过墩体材料的允许应力，可不配置钢筋。但考虑到混凝土的温度、收缩应力的影响，以及为了加强底板与闸墩间施工缝的连接，仍需配置构造钢筋。垂直钢筋一般每米3～4φ10～14，下端伸入底板25～30倍钢筋直径，上端伸至墩顶或底板以上2～3m处截断（温度变化较小地区）；考虑到检修时受侧向压力的影响，底部钢筋应适当加密。水平向分布钢筋一般用φ8～12，每米3～4根。这些钢筋都沿闸墩表面布置。

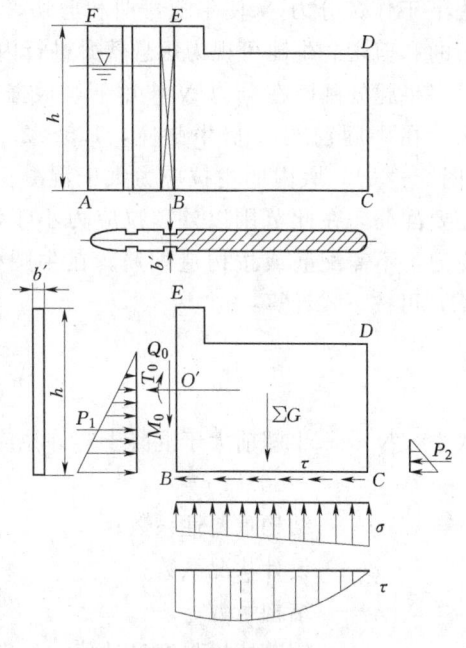

图 5-57 门槽应力计算

闸墩的上、下游端部（特别是上游端），容易受到漂流物的撞击，一般自底至顶均布置构造钢筋，网状分布。闸墩墩顶支承上部桥梁的部位，也要布置构造钢筋网。

（2）门槽配筋。一般情况下，门槽顶部为压应力，底部为拉应力。若拉应力超过混凝土的允许拉应力时，则按全部拉应力由钢筋承担的原则进行配筋；否则配置构造钢筋，布置在门槽两侧，水平排列，每米3～4根，直径较之墩面水平分布钢筋适当加大（图5-58）。

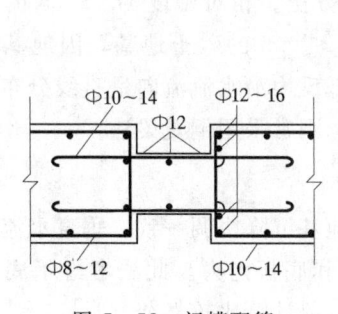

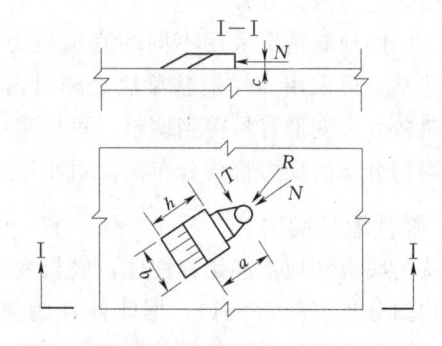

图 5-58 门槽配筋　　图 5-59 牛腿荷载示意图

（二）弧形闸门闸墩

弧形闸门通过牛腿支承在闸墩上，故不需设置门槽。牛腿宽度b不小于50～70cm，高度h不小于80～100cm，并在其端部设45°斜坡，牛腿轴线尽量与闸门关闭时门轴处合力作用线一致，见图5-59。

闸门关闭挡水时，牛腿在半扇弧形闸门水压力R的法向分力N和切向分力T共同作用下工作，分力 N 使牛腿弯曲和剪切，T 则使牛腿产生扭曲和剪切。牛腿可视为短悬臂梁进行内力计算和配筋。

牛腿处闸墩在分力 N 作用下，根据偏光弹性试验表明，在牛腿前约 2 倍牛腿宽，1.5～2.5 倍牛腿高范围（图 5-60），墩内的主拉应力大于混凝土的容许拉应力，需要配筋。在此范围以外，拉应力小于混凝土的容许拉应力，不需配筋或按构造配筋。在牛腿处闸墩钢筋面积 A_s，可按下式计算：

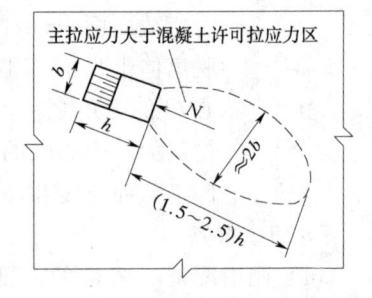

图 5-60 牛腿附近闸墩受力图

$$A_s = \frac{r_0 \psi \gamma_d N'}{f_y} \qquad (5-59)$$

式中 N'——牛腿前大于混凝土容许拉应力范围内的总拉力，约为牛腿集中力 N 的 70%～80%；

γ_0——结构重要性系数；

ψ——设计状况系数；

γ_d——结构系数；

f_y——钢筋抗拉强度设计值。

重要的大型水闸，应经试验确定闸墩的应力状态，并据此配置钢筋。

二、整体式平底板内力计算

整体式平底板的平面尺寸远较厚度为大，可视为地基上的受力复杂的一块板。目前工程实际仍用近似简化计算方法进行强度分析。一般认为闸墩刚度较大，底板顺水流方向弯曲变形远较垂直水流方向小，假定顺水流方向地基反力呈直线分布，故常在垂直水流方向截取单宽板条进行内力计算。

按照不同的地基情况采用不同的底板应力计算方法。相对密度 $D_r > 0.5$ 的砂土地基或黏性土地基，可采用弹性地基梁法。相对密度 $D_r \leq 0.5$ 的砂土地基，因地基松软，底板刚度相对较大，变形容易得到调整，可以采用地基反力沿水流流向呈直线分布，垂直水流流向为均匀分布的反力直线分布法。对小型水闸，则常采用倒置梁法。

（一）弹性地基梁法

该法认为底板和地基都是弹性体，底板变形和地基沉降协调一致，垂直水流方向地基反力不呈均匀分布（图 5-61），据此计算地基反力和底板内力。此法考虑了底板变形和地基沉降相协调，又计入边荷载的影响，比较合理，但计算比较复杂。

当采用弹性地基梁法分析水闸闸底板应力时，应考虑可压缩土层厚度 T 与弹性地基梁半长 $L/2$ 之比值的影响。当 $2T/L$ 小于 0.25 时，可按基床系数法（文克尔假定）计算；当 $2T/L$ 大于 2.0 时，可按半无限深的弹性地基梁法计算；当 $2T/L$ 为 0.25～2.0 时，可按有限深的弹性地基梁计算。

弹性地基梁法计算地基反力和底板内力的具体步骤如下：

（1）用偏心受压公式计算闸底纵向（顺水流方向）地基反力。

第八节 闸室的结构设计

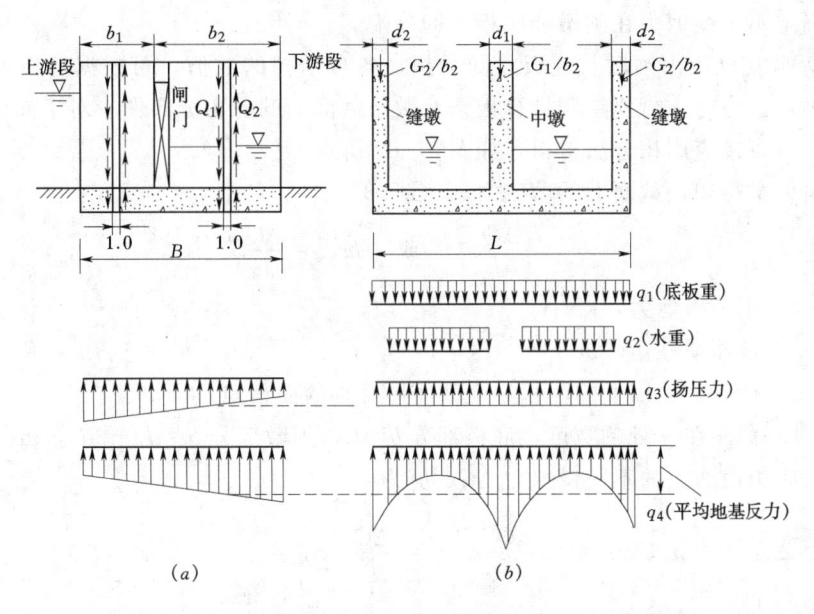

图 5-61 作用在单宽板条上的荷载及地基反力示意图

(2) 在垂直水流方向截取单宽板条及墩条，计算板条及墩条上的不平衡剪力。

以闸门槽上游边缘为界，将底板分为上、下游两段，分别在两段的中央截取单宽板条及墩条进行分析，如图 5-61 (a) 所示。作用在板条及墩条上的力有底板自重 (q_1)、水重 (q_2)、中墩重 (G_1/b_1) 及缝墩重 (G_2/b_2)，中墩及缝墩重（包括其上部结构及设备自重在内）中，在底板的底面有扬压力 (q_3) 及地基反力 (q_4)，如图 5-61 (b) 所示。

由于底板上的荷载在顺水流方向是有突变的，而地基反力是连续变化的，所以，作用在单宽板条及墩条上的力是不平衡的，即在板条及墩条的两侧必然作用有剪力 Q_1 及 Q_2，并由 Q_1 及 Q_2 的差值来维持板条及墩条上力的平衡，差值 $\Delta Q = Q_1 - Q_2$，称为不平衡剪力。以下游段为例，根据板条及墩条上力的平衡条件，取 $\sum F_y = 0$，则

$$\frac{G_1}{b_2} + 2\frac{G_2}{b_2} + \Delta Q + (q_1 + q'_2 - q_3 - q_4)L = 0 \tag{5-60}$$

由式 (5-60) 可求出 ΔQ，式中假定 ΔQ 的方向向下，如算得结果为负值，则 ΔQ 的实际作用方向应向上，$q'_2 = q_2 (L - 2d_2 - d_1)/L$。

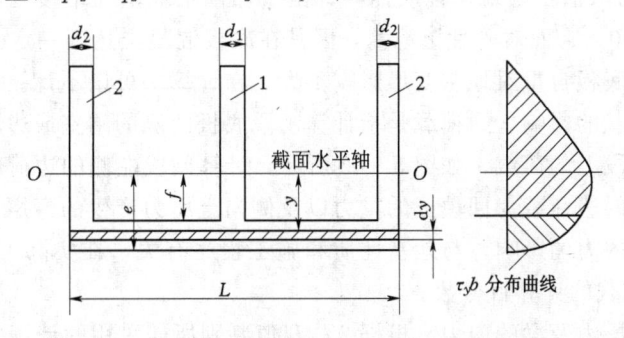

图 5-62 不平衡剪力 ΔQ 分配计算简图
1—中墩；2—缝墩

(3) 确定不平衡剪力在闸墩和底板上的分配。

不平衡剪力 Q 应由闸墩及底板共同承担,各自承担的数值,可根据剪应力分面图面积按比例确定。为此,需要绘制计算板条及墩条截面上的剪力分布图。对于简单的板条和墩条截面,可直接应用积分法求得,如图 5-62 所示。

由材料力学得知,截面上的剪应力 τ_y(kPa)为

$$\tau_y = \frac{\Delta Q}{bJ}S \quad \text{或} \quad b\tau_y = \frac{\Delta Q}{J}S$$

式中　ΔQ——不平衡剪力,kN;

　　　J——横面惯性矩,m^4;

　　　S——计算截面以下的面积对全截面形心轴的面积矩,m^3;

　　　b——截面在 y 处的宽度,底板部分 $b=L$,闸墩部分 $b=d_1+2d_2$,m。

显然,底板截面上的不平衡剪力 $\Delta Q_板$ 应为

$$\begin{aligned}\Delta Q_板 &= \int_f^e \tau_y L\,\mathrm{d}y = \int_f^e \frac{\Delta QS}{JL}L\,\mathrm{d}y = \frac{\Delta Q}{J}\int_f^e S\,\mathrm{d}y \\ &= \frac{\Delta Q}{J}\int_f^e (e-y)L\left(y+\frac{e-y}{2}\right)\mathrm{d}y = \frac{\Delta QL}{2J}\left[\frac{2}{3}e^3 - e^2f + \frac{1}{3}f^3\right]\end{aligned} \quad (5-61)$$

$$\Delta Q_墩 = \Delta Q - \Delta Q_板$$

一般情况,不平衡剪力的分配比例是:底板约占 10%~15%,闸墩约占 85%~90%。

(4) 计算基础梁上的荷载。

1) 将分配给闸墩上的不平衡剪力与闸墩及其上部结构的重量作为梁的集中力。

中墩集中力　　　　$P_1 = \dfrac{G_1}{b_2} + \Delta Q_墩 \left(\dfrac{d_1}{2d_2+d_1}\right)$

缝墩集中力　　　　$P_2 = \dfrac{G_2}{b_2} + \Delta Q_墩 \left(\dfrac{d_2}{2d_2+d_1}\right)$ 　　　　(5-62)

2) 将分配给底板的不平衡剪力化为均布荷载,并与底板自重、水重及扬压力等合并,作为梁的均布荷载,即

$$q = q_1 + q_2' - q_3 + \frac{\Delta Q_板}{L} \quad (5-63)$$

底板自重 q_1 的取值,因地基性质而异。由于黏性土地基固结缓慢,计算中可采用底板自重的 50%~100%;而对砂性土地基,因其在底板混凝土达到一定刚度以前,地基变形几乎全部完成,底板自重对地基变形影响不大,在计算中可以不计。

(5) 考虑边荷载的影响。边荷载是指计算闸段底板两侧的闸室或边墩背后回填土及岸墙等作用于计算闸段上的荷载。如图 5-63 所示,计算闸段左侧的边荷载为其相邻闸孔的闸基压应力,右侧的边荷载为回填土的重力以及侧向土压力产生的弯矩。

边荷载对底板内力的影响,与地基性质和施工程序有关,在实际工程中,可按表 5-24 的规定计及边荷载的计算百分数。

(6) 计算地基反力及梁的内力。根据 $2T/L$ 值判别所需采用的计算方法,然后利用已编制好的数表(例如郭氏表)计算地基反力和梁的内力,并绘出内力包络图,然后按钢筋

第八节 闸室的结构设计

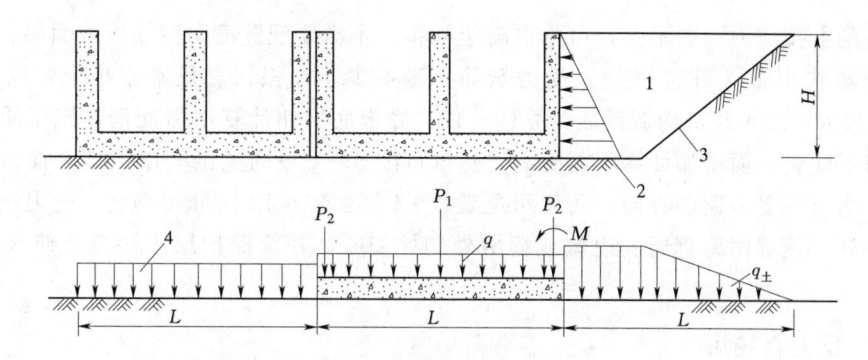

图 5-63 边荷载示意图
1—回填土；2—侧向土压力；3—开挖线；4—相邻闸孔的闸基压应力

表 5-24 边荷载计算百分数

地基类别	边荷载使计算闸段底板内力减少	边荷载使计算闸段底板内力增加
砂性土	50%	100%
黏性土	0	100%

注 1. 对于黏性土地基上的老闸加固，边荷载的影响可按本表规定适当减小。
   2. 计算采用的边荷载作用范围可根据基坑开挖及墙后土料回填的实际情况研究确定，通常可采用弹性地基梁长度的 1 倍或可压缩层厚度的 1.2 倍。

混凝土或少筋混凝土结构配筋，并进行抗裂或限裂计算，底板的钢筋布置形式如图 5-64 所示。

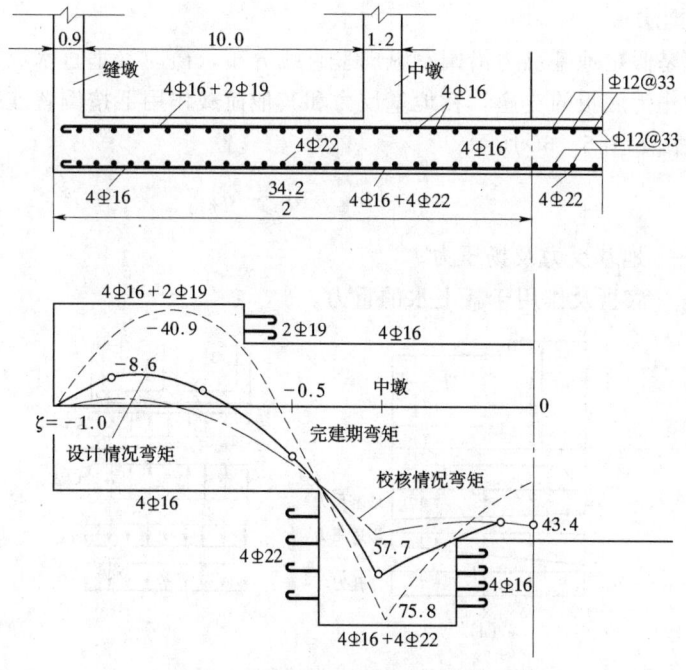

图 5-64 底板的钢筋布置型式
（单位：长度 m；弯矩 kN·m；直径 mm；间距 cm）

底板的主拉应力一般不大，可由混凝土承担，不需要配置横向钢筋，故面层、底层钢筋采用分离式布置（图 5-64）。受力钢筋每米不少于 3 根，直径不宜小于 $\Phi 12$ 和大于 $\Phi 32$，一般为 $\Phi 12 \sim 25$，构造钢筋为 $\Phi 10 \sim 12$。底板底层如计算不需配筋，施工质量有保证时，可不配置。面层如计算不需配筋，每米可配 $3 \sim 4$ 根构造钢筋以抵抗表面水流的剧烈冲刷。垂直于受力钢筋方向，每米可配置 $3 \sim 4$ 根 $\Phi 10 \sim 12$ 的分布钢筋。受力钢筋在中墩处不切断，相邻两跨直通至边墩或缝墩外侧处切断，并留保护层。构造筋伸入墩下 30 倍直径。

（二）反力直线法

该法假定地基反力在垂直水流方向也为均匀分布。其计算步骤如下。
(1) 用偏心受压公式计算闸底纵向地基反力。
(2) 确定单宽板条及墩条上的不平衡剪力。
(3) 将不平衡剪力在闸墩和底板上进行分配。
(4) 计算作用在底板梁上的荷载。

将由式（5-62）计算确定的中墩集中力 P_1 和缝墩集中力 P_2 化为局部均布荷载，其强度分别为 $p_1 = P_1/d_1$，$p_2 = P_2/d_2$，同时将底板承担的不平衡剪力化为均布荷载，则作用在底板底面的均布荷载为

$$q = q_3 + q_4 - q_1 - q'_2 - \frac{\Delta Q_{板}}{L} \tag{5-64}$$

(5) 按静定结构计算底板内力。

（三）倒置梁法

该法同样也是假定地基反力沿闸室纵向呈直线分布，横向（垂直水流方向）为均匀分布，它是把闸墩作为底板的支座，在地基反力和其他荷载作用下按倒置连续梁计算底板内力。其计算示意图如图 5-65 所示。

$$q = q_{反} + q_{扬} - q_{自} - q_{水} \tag{5-65}$$

式中　$q_{反}$、$q_{扬}$——地基反力及扬压力；
　　　$q_{自}$、$q_{水}$——底板及作用于板上水的重力。

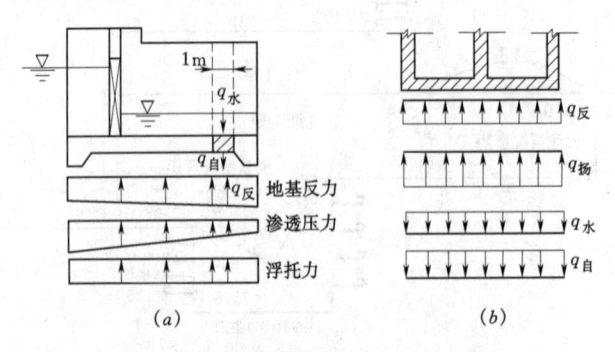

图 5-65　倒置梁计算板条荷载示意图

倒置梁法的缺点是没有考虑底板与地基变形协调条件，假设底板在横向的地基反力为均匀分布与实际情况不符，闸墩处的支座反力与实际的铅直荷载也不相等。因此，该法只适用于软弱地基上的小型水闸。

三、胸墙、工作桥、交通桥等结构计算

视支承和结构情况按板或板梁系统进行结构计算。其内力计算可参阅有关结构力学教材。

第九节　水闸的两岸连接建筑物

一、连接建筑物的作用

水闸与河岸或堤、坝等连接时，必须设置连接建筑物，包括上、下游翼墙和边墩（或边墩和岸墙），有时还设有防渗刺墙，其作用如下。

（1）挡住两侧填土，维持土坝及两岸的稳定。

（2）当水闸泄水或引水时，上游翼墙主要用于引导水流平顺进闸，下游翼墙使出闸水流均匀扩散，减少冲刷。

（3）保持两岸或土坝边坡不受过闸水流的冲刷。

（4）控制通过闸身两侧的渗流，防止与其相连的岸坡或土坝产生渗透变形。

（5）在软弱地基上设有独立岸墙时，可以减少地基沉降对闸身应力的影响。

在水闸工程中，两岸连接建筑在整个工程中所占比重较大，有时可达工程总造价的15%～40%，闸孔越少，所占比重越大。因此，在水闸设计中，对连接建筑的形式选择和布置，应予以足够重视。

二、连接建筑物的形式和布置

（一）闸室与河岸的连接形式

水闸闸室与两岸（或堤、坝等）的连接形式主要与地基及闸身高度有关。当地基较好，闸身高度不大时，可用边墩直接与河岸连接，如图 5-66 (a) ～ (d) 所示。

当闸身较高、地基软弱的条件下，如仍采用边墩直接挡土，由于边墩与闸身地基的荷载相差悬殊，可能产生不均匀沉降，影响闸门启闭，并在底板内产生较大的内力。此时，可在边墩外侧设置轻型岸墙，边墩只起支承闸门及上部结构的作用，而土压力全由岸墙承担，如图 5-66 (e) ～ (h) 所示。这种连接型式可以减少边墩和底板的内力，同时还可使作用在闸室上的荷载比较均衡，减少不均匀沉降。当地基承载力过低，可采用护坡岸墙的结构形式，如图 5-67 所示。其优点是边墩既不挡土，也不设岸墙挡土。因此，闸室边孔受力状态得到改善，适用于软弱地基。缺点是防渗和抗冻性能较差。为了挡水和防渗需要，在岸坡段设刺墙，其上游设防渗铺盖。

（二）翼墙的布置

上游翼墙应与闸室两端平顺连接，其顺水流方向的投影长度应不小于铺盖长度。

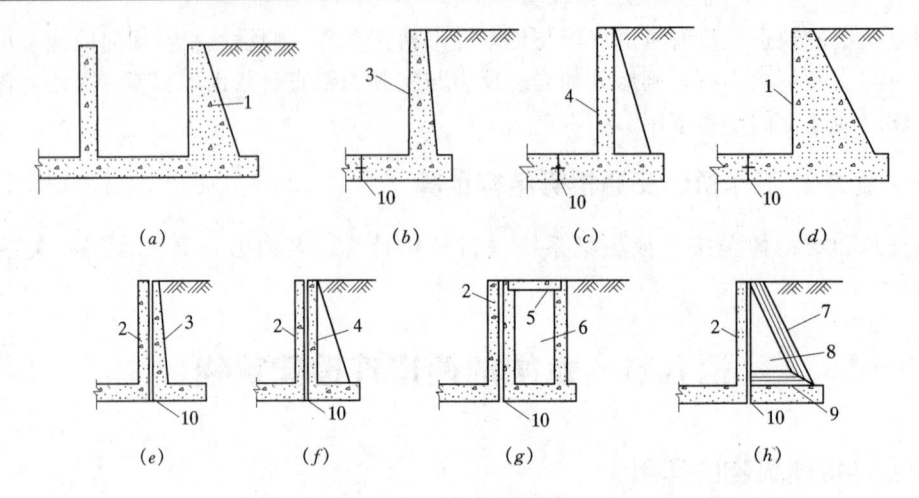

图 5-66 闸室与两岸或土坡的连接方式
1—重力式边墩；2—边墩；3—悬臂式边墩或岸墙；4—扶壁式边墩或岸墙；
5—顶板；6—空箱式岸墙；7—连拱板；8—连拱式空箱支墩；
9—连拱底板；10—沉降缝

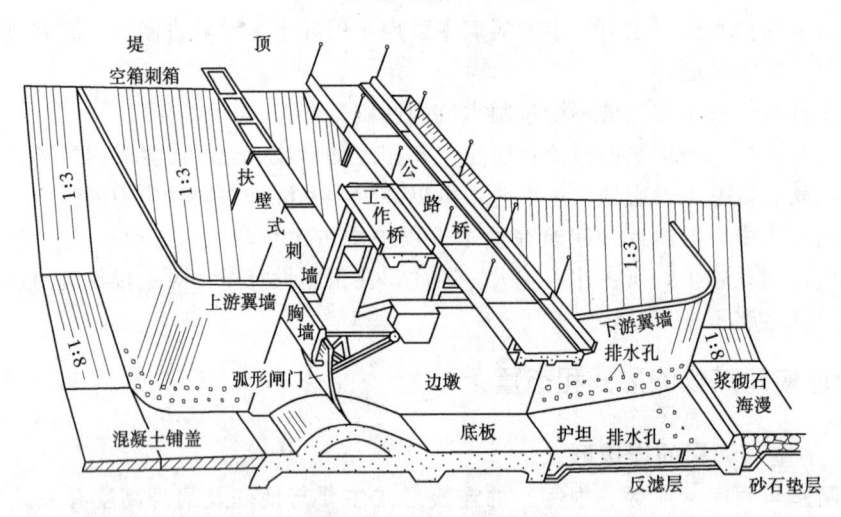

图 5-67 护坡连接式

下游翼墙的平均扩散角每侧宜采用 7°～12°，其顺水流方向的投影长度不小于消力池长度。

上、下游翼墙的墙顶高程应分别高于上、下游最不利的运用水位。翼墙分段长度应根据结构和地基条件确定，可采用 15～20m。建筑在软弱地基或回填土上的翼墙分段长度可适当缩短。

翼墙平面布置通常有下列几种形式。

1. 反翼墙

翼墙自闸室向上、下游延伸一段距离，然后转弯 90°插入堤岸，墙面铅直，转弯半径约 2～5m，如图 5-68 所示。这种布置形式的防渗效果和水流条件均较好，但工程量较大，一般适用于大、中型水闸。对于渠系小型水闸，为节省工程量可采用一字形布置型式,即翼墙自闸室边墩上、下游端即垂直插入堤岸。这种布置形式进出水流条件较差。

2. 圆弧式翼墙

这种布置是从边墩开始,向上、下游用圆弧形的铅直翼墙与河岸连接。上游圆弧半径为 15~30m,下游圆弧半径为 30~40m,如图 5-69 所示。其优点是水流条件好,但模板用量大,施工复杂。适用于上、下游水位差及单宽流量较大、闸室较高、地基承载力较低的大、中型水闸。

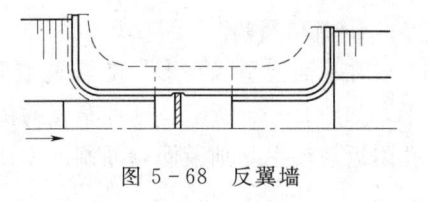

图 5-68 反翼墙

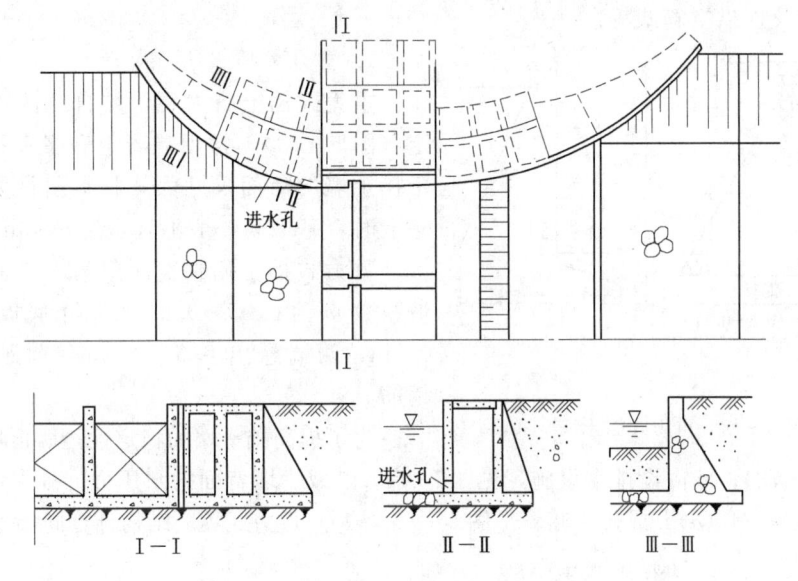

图 5-69 圆弧翼墙

3. 扭曲面翼墙

翼墙迎水面是由与闸墩连接处的铅直面,向上、下游延伸而逐渐变为倾斜面,直至与其连接的河岸(或渠道)的坡度相同为止(图 5-70)。翼墙在闸室端为重力式挡土墙断面形式,另一端为护坡形式。这种布置形式的水流条件好,且工程量小,但施工较为复杂,应保证墙后填土的夯实质量,否则容易断裂。这种布置形式在渠系工程中应用较广。

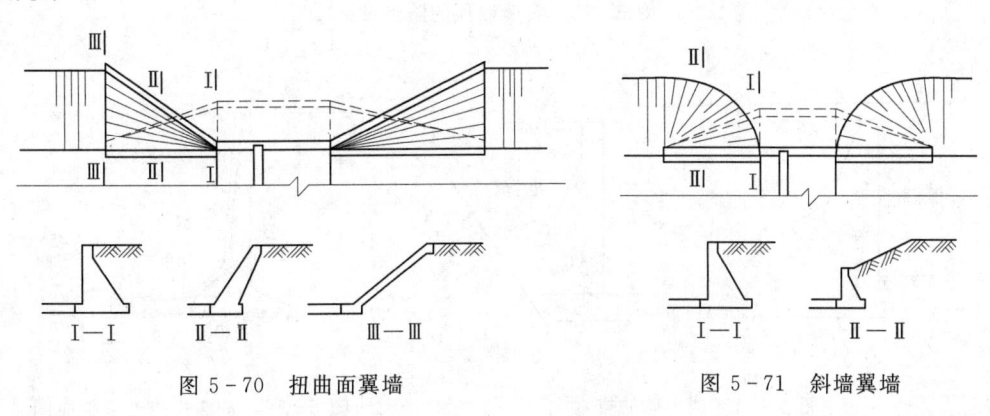

图 5-70 扭曲面翼墙

图 5-71 斜墙翼墙

4. 斜墙翼墙

在平面上呈八字形，随着翼墙向上、下游延伸，其高度逐渐降低，至末端与河底齐平，如图 5-71 所示。这种布置的优点是工程量省，施工简单，但防渗条件差，泄流时闸孔附近易产生立轴漩涡，冲刷河岸或坝坡，一般用于较小水头的小型水闸。

三、两岸连接建筑物的结构形式

两岸连接建筑物从结构观点分析，是指挡土墙。常用的形式有重力式、悬臂式、扶壁式、空箱式及连拱空箱式等。

1. 重力式挡土墙

重力式挡土墙主要依靠自身的重力维持稳定（图 5-72），常用混凝土和浆砌石建造。由于挡土墙的断面尺寸大，材料用量多，建在土基上时，基墙高一般不宜超过 5~6m。

重力式挡土墙顶宽一般为 0.4~0.8m，边坡系数 m 为 0.25~0.5，混凝土底板厚约 0.5~0.8m，两端悬出 0.3~0.5m，前趾常需配置钢筋。

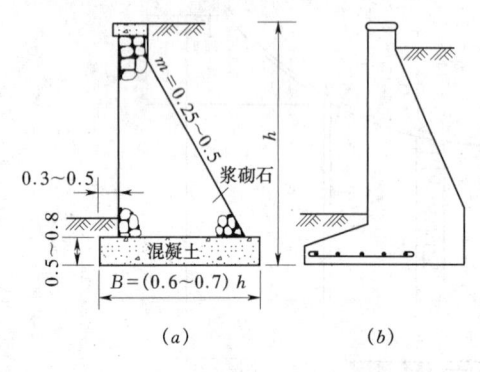

图 5-72 重力式挡土墙

为了提高挡土墙的稳定性，墙顶填土面应设防渗（图 5-73）；墙内设排水设施，见图 5-74，以减少墙背面的水压力。排水设施可采用排水孔 [图 5-74 (a)] 或排水暗管 [图 5-74 (b)]。重力式翼墙结构计算同挡土墙。

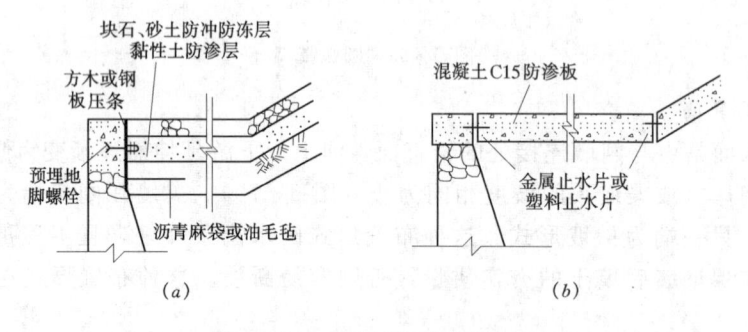

图 5-73 翼墙墙顶的防渗设施

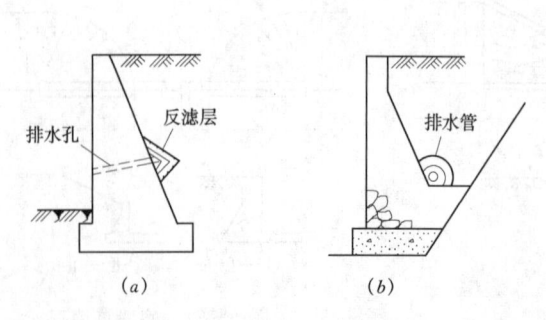

图 5-74 挡土墙的排水

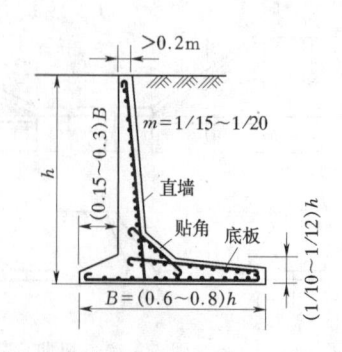

图 5-75 悬臂式挡土墙剖面图

2. 悬臂式挡土墙

悬臂式挡土墙是由直墙和底板组成的一种钢筋混凝土轻型挡土结构（图5-75）。其适宜高度为6～10m。用作翼墙时，断面为倒T形，用作岸墙时，则为L形［图5-66(e)］，这种翼墙具有厚度小、自重轻等优点。它主要是利用底板上的填土维持稳定。

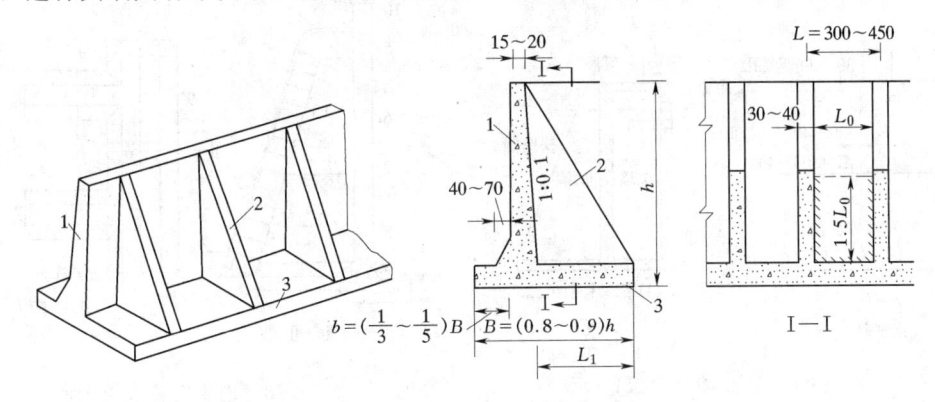

图5-76 扶壁式挡土墙（单位：cm）
1—立墙；2—扶壁；3—底板

底板宽度由挡土墙稳定条件和基底压力分布条件确定。调整后踵长度，可以改善稳定条件；调整前趾长度，可以改善基底压力分布。直径和底板近似按悬臂板计算。

3. 扶壁式挡土墙

当墙的高度超过9～10m以后，采用钢筋混凝土扶壁式挡土墙较为经济。扶壁式挡土墙由直墙、底板及扶壁三部分组成，如图5-76所示。利用扶壁和直墙共同挡土，并可利用底板上的填土维持稳定，当改变底板长度时，可以调整合力作用点位置，使地基反力趋于均匀。

钢筋混凝土扶壁间距一般为3～4.5m，扶壁厚度为0.3～0.4m；底板用钢筋混凝土建造，其厚度由计算确定，一般不小于0.4m；直墙顶端厚度不小于0.2m，下端由计算确定。悬臂段长度b约为$(1/3～1/5)B$。直墙高度在6.5m以内时，直墙和扶壁可采用浆砌石结构，直墙顶厚0.4～0.6m，临土面可做成1∶0.1的坡度；扶壁间距2.5m，厚0.5～0.6m。

底板的计算分前趾和后踵两部分。前趾计算与悬臂梁相同。后踵分两种情况：当$L_1/L_0 \leqslant 1.5$（L_0为扶壁净距）时，按三边固定、一边自由的双向板计算；当$L_1/L_0 > 1.5$时，则自直墙起至离直墙$1.5L_0$为止的部分按三面支承的双向板计算，在此以外按单向连续板计算。

扶壁计算，可把扶壁与直墙作为整体结构，取墙身与底板交界处的T形截面按悬臂梁分析。

4. 空箱式挡土墙

空箱式挡土墙由底板、前墙、后墙、扶壁、顶板和隔板等组成，如图5-77所示。利用前后墙之间形成的空箱充水或填土可以调整地基应力。因此，它具有重力小和地基应力分布均匀的优点，但其结构复杂，需用较多的钢筋和木材，施工麻烦，造价较高。故仅在某些地基松软的大中型水闸中使用。在上、下游翼墙中基本上不再采用。

顶板和底板均按双向板或单向板计算，原则上与扶壁式底板计算相同。前墙、后墙与扶壁式挡土墙的直墙一样，按以隔墙支承的连续板计算。

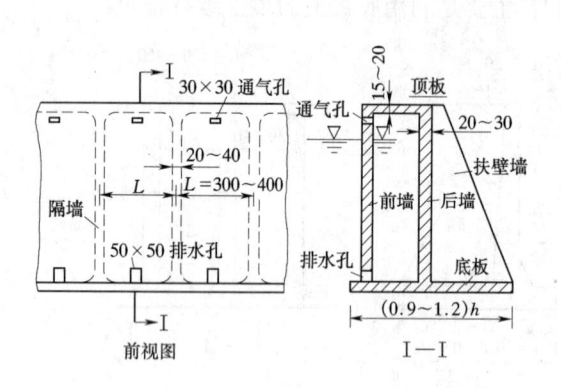

图 5-77 空箱式挡土墙（单位：cm）

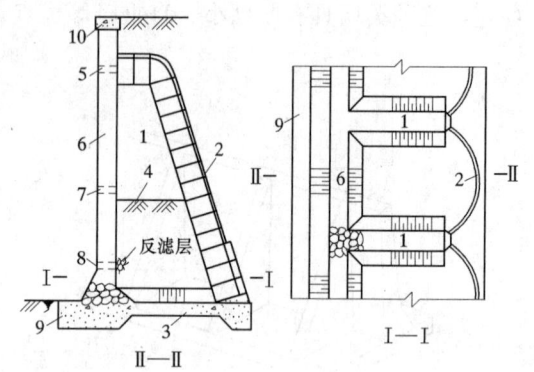

图 5-78 连拱空箱式挡土墙
1—隔墙；2—预制混凝土拱圈；3—底板；4—填土；
5—通气孔；6—前墙；7—进水孔；8—排水孔；
9—前趾；10—盖顶

5. 连拱空箱式挡土墙

连拱空箱式挡土墙也是空箱式挡土墙的一种形式，它由底板、前墙、隔墙和拱圈组成，如图 5-78 所示。前墙和隔墙多采用浆砌石结构，底板和拱圈一般为混凝土结构。拱圈净跨一般为 2~3m，矢跨比常为 0.2~0.3，厚度为 0.1~0.2m。拱圈的强度计算可选取单宽拱条，按支承在隔墙（扶壁）上的两铰拱进行计算。连拱式挡土墙的优点是钢筋省、造价低、重力小，适用于软土地基。缺点是挡土墙在平面布置上需转弯时施工较困难，整体性差。

第十节 水闸的运用管理

水闸多建在软土地基上，由于基础压缩性大，承载力低故沉陷量较大，轻则影响使用，重则危及水闸安全；且由于水闸水头变幅大，过闸水流往往消能不充分，加上土基抗冲能力低，所以下游冲刷较普遍；此外，闸基和两岸渗流对水闸的稳定不利，容易引起渗透变形。

针对水闸的运用特点，本节着重对水闸的养护及常见问题的处理措施进行说明。有些问题的处理，可参考混凝土坝的方法进行。

一、水闸的检查与养护

为了确保水闸正常运用，应对各部分进行检查，包括经常性检查、定期检查和特殊检查。如对土方工程、石方工程、混凝土和钢筋混凝土工程、闸门和起闭设备及其他附属设施等，要注意有无异常现象，是否完好，要求认真检查，并做好记录，发现问题及时处理。水闸的日常养护工作，可参照土石坝、混凝土坝有关内容进行，此外，应注意以下几方面要求。

(1) 杂物清理。要定期清理、打捞积聚在闸底板上、门槽和消力池内的砂石和杂物；防止表面磨损、卡塞等不利现象。

(2) 严禁超载。水闸上增设交通桥或堆放重物都会引起地基不均匀沉陷，闸身变形或裂缝。

(3) 防止冲刷。对岸坡、海漫等部位的冲刷破坏要及时填补加固维修。

(4) 启闭灵活。如闸门的防锈、防腐，局部损坏的修补，变形、断裂、螺栓松动的修复；启闭机械经常保养，定期检修，以确保闸门的启闭灵活和安全可靠。

(5) 防蚀防腐。主要是指沿海地区或水中含有侵蚀物质的水闸，由于水的侵蚀作用，使钢筋锈蚀、混凝土顺筋裂缝，钢闸门穿孔和剥落，严重影响结构的使用寿命。因此，对易受侵蚀部位要予以保护，已顺筋开裂，但不严重的构件，应及时修理。

二、水闸常见问题的处理

水闸常见问题包括水闸的裂缝、渗漏、下游冲刷、磨损、气蚀等几个方面。

(一) 裂缝的处理

水闸的裂缝通常出现在闸底板、闸墩、翼墙、下游护坦等部位，浆砌石挡土墙和砌石护坡也易产生裂缝。因此，应根据不同情况和原因，采取不同的处理措施。

1. 闸墩裂缝

闸墩裂缝最常见的是发生在弧形闸门闸墩的牛腿与闸门之间的范围内，多呈铅直向且贯穿闸墩。处理时，多采用预应力拉杆锚固法，一般是沿闸墩主拉应力方向增设高强度预应力钢筋（拉杆），主拉杆的布置应与主拉应力大小、方向相适应，呈扁形分布。主拉杆上游端通过钢板与锚筋连接，下游端穿过牛腿，杆端配置螺帽并施加预应力。为保护拉杆并使表面平整，应将墩石凿成宽深均为 5cm 的槽，使拉杆放入其内，张拉后用水泥砂浆抹平。

2. 翼墙裂缝

上、下游翼墙通常采用各种形式的挡土墙，由于温度变化、不均匀沉降、墙后未设排水孔、墙后填土不实或冻胀等原因，引起墙体移动、倾斜并产生裂缝。修补前，要查明并消除产生裂缝的原因。特别是墙后未设排水孔的，应重新设置。经验算，如墙体不能抵抗墙后土压力，可用锚筋加固。当挡土墙有整体滑动危险时，可在墙前打桩，并在桩上浇筑混凝土盖重。

3. 下游护坦裂缝

护坦裂缝主要是由于地基不均匀沉陷、温度变化、排水堵塞或排水布置不合理等原因造成的。沉陷裂缝的处理一般是待其基本稳定以后，将裂缝改做沉陷缝，并在缝中设止水；排水堵塞应查明原因，及时进行必要的翻修；温度裂缝虽然易于产生，但尺寸小变化慢，一般可将缝隙凿槽，先用柏油麻绳封住后，再用砂浆抹平，但密实性差；也可在枯水期往槽内嵌补环氧材料或混凝土，有时也可利用裂缝做一道伸缩缝。对某些混凝土体较厚部位的贯穿性裂缝可采用灌浆处理法。

(二) 渗漏的处理

水闸的渗漏主要是指闸基渗漏和侧向绕渗等。处理原则仍为上截下排，即防渗和排渗相结合。

1. 闸基渗漏

闸基的异常渗漏，不仅会引起渗透变形，甚至将直接影响水闸的稳定性，因此，要认真分析，查清渗水来源，工程中通常采用以下措施进行防渗。

(1) 延长或加厚原铺盖。加大铺盖尺寸，可以提高防渗能力。如原铺盖损坏严重，引起渗径长度不足，应将这些部位铺盖挖除，重新回填翻新。

(2) 及时修补止水。当铺盖与闸底板、翼墙间，岸墙与边墩等连接部位的止水损坏后，要及时进行修补，以确保整个防渗体系的完整性。

(3) 底板、铺盖与地基间的空隙是常见的渗漏通道，不仅使渗透变形迅速扩大，还会影响底板的安全使用，一般可采用水泥灌浆予以堵闭。

(4) 增设或加厚防渗帷幕。建在岩基上的水闸，如基础裂隙发育或较破碎，可考虑在闸底板首端增设防渗帷幕，若原有帷幕的，应设法加厚。

2. 侧向绕渗

严重的侧向绕渗将引起下游边坡的渗透变形，甚至造成翼墙歪斜、倒塌等事故。工程中防渗措施较多，如经常维护岸墙、翼墙及接缝止水，确保其防渗作用。对于防渗结构破坏的部位，应用开挖回填、彻底翻修的方法；对于原来没有刺墙的，可考虑增设刺墙，但要严格控制施工质量；对于接缝止水损坏的，应补做止水结构，如橡皮止水、金属片止水、沥青止水。

(三) 下游冲刷的处理

水闸下游冲刷破坏的主要部位是护坦、海漫、下游河床及两岸边坡。其处理方法有两个方面：一是改善水流流态，布置以充分消能为目的的消能措施；二是布置以提高抗冲能力为目的的防护措施。

(四) 磨损的处理

水闸的磨损现象，主要是发生在多沙河流上，如闸底板、护坦因设计不周引起的磨损，应通过改善结构的布置来防治。水闸护坦上因设置消力墩引起的立轴漩涡长时间挟带泥沙在一定的范围旋转，使护坦磨损，严重时会磨穿护坦，为此，可废弃消力墩，将尾槛改成斜面或流线形，使池内泥沙随水流顺势带向下游，减轻对护坦的磨损。

有些部位改善结构布置较为困难，如闸底板应采用抗蚀性能好的材料进行护面或修补，可起到较好的作用。磨损的修补材料较多，如环氧材料、高强度混凝土、呋喃材料等，可根据具体部位、磨损状况、自身条件，参考其他工程运用经验确定。

(五) 气蚀的处理

水闸的气蚀是工程运用中常见的问题，主要发生在高速水流脱离边界条件，产生过低负压的部位，气蚀的初期只是表层的轻微剥蚀，但随其不断发展，将产生较为严重的气蚀破坏，影响正常运用。

三、闸门、启闭机的运用

闸门、启闭机都有多种类型，其工作特点不尽相同，现简要介绍闸门、启闭机的一般操作及运用技术要求。

（一）运用前的准备工作

1. 严格执行启闭制度

启闭制度是管理人员进行闸门操作的主要依据，一般情况下，不经批准，不得随意变动。当接到启闭任务后，要迅速召集有关人员，做好各项准备工作，特别是闸门开度较大，其泄流水位变化对上、下游有危害时，必须预先通知有关单位，以免造成不必要的损失。

2. 认真进行检查工作

为了确保闸门能安全及时的启闭，必须认真细致地进行检查工作，如发现问题，应及时处理，再进行操作，主要内容包括闸门的检查，启闭机设施的检查及其他方面的检查。

（1）闸门的检查。闸门启闭前应检查门体有无歪斜，周围有无漂浮物卡阻现象、闸门开度是否在原定的位置；对于平板闸门应检查闸门槽是否有堵塞、变形；在冰冻地区，冬季启闭闸门前要检查闸门的活动部位有无冻结现象。

（2）启闭设施的检查。该检查主要包括启闭电流或动力有无故障，对于人力启闭的，要有人员保证；电动机应当运行正常，机电安全保护设施应完好可靠；机械转动部位的润滑油应充足，并符合规定要求；牵引设备是否正常，如钢丝绳是否锈蚀、断裂、螺杆、连杆和活塞杆等有无弯曲变形，吊点结合是否牢固等。

（3）其他方面的检查。如上、下游有关船只漂浮物或其他障碍物影响行水情况，设有通气孔时，应检查通气是否正常，有无堵塞；上、下游水位，流量，流态的检查观测等。

（二）闸门的操作运用

闸门在进行操作运用时，首先应明确设计规定的闸门运用原则，一般要求工作闸门能在动水情况启闭，检修闸门在静水情况启闭，事故闸门应能在动水情况关闭，一般在静水情况开启。闸门在操作运用时，应注意的主要问题如下。

（1）工作闸门的操作。工作闸门允许局部开启时，在不同的开度泄水，应注意对下游的冲刷和闸门、闸身的振动；不允许局部开启的工作闸门，中途不能停留使用；闸门泄流时，必须与下游水位相适应，使水跃发生在消力池内。一般应根据实测水位、流量、开度等资料分次开启；控制压力涵洞的闸门，在充分放水时，不应使洞内流量增减太快，停水过程要适当延长，并保持通气孔畅通，以防洞内产生负压、超压及气蚀等现象。

（2）事故、检修闸门操作。该操作不得用于控制流量；泄水期间，事故闸门要充分做好准备，一旦闸门下游发生事故，力争在最短的时间内关闭闸门；对于压力涵洞的检修闸门关闭后，洞内积水应缓慢放空，特别是洞身长度大，检修门距工作门较远的情况。

（3）多孔闸门的运用。不能全部同时启闭时，可由中间向两边依次对称开启，闭门时则由两边向中间依次进行，以保证下泄水流均匀对称，减少冲刷；下泄水流量允许部分开启闸孔时，必须在水跃能控制在消力池内的情况下进行。

本 章 小 结

本章主要从孔口设计、消能防冲设计、防渗排水设计、稳定分析及闸室的结构计算这五部分进行分析。

孔口设计是根据过闸水流的形式，选定相应的计算公式初拟闸孔净宽、单孔宽度和孔数，并进行过流能力验算，使计算的过流能力与设计流量的差值一般不超过±5%。

水闸下游的消能形式通常采用底流式，其消能设施通常为挖深式消力池，因此需要确定消力池的池深和池长以满足各种情况下消能的要求。消力池下游设海漫和防冲槽。

防渗设计时根据不同性质的地基拟定不同的地下轮廓线布置形式，并由 $L \geqslant CH$ 初步拟定防渗长度。闸基渗流计算方法有流网法、改进阻力系数法和直线法。

闸室稳定计算包括三个内容：① $K_c \geqslant [K_c]$；② $\eta = \dfrac{p_{max}}{p_{min}} \leqslant [\eta]$；③ $\dfrac{p_{max}+p_{min}}{2} \leqslant [p_{地基}]$。在进行稳定计算时需正确地计算该设计工况下闸室受到的各种荷载。

进行闸室结构计算时将它分解为若干构件分别计算。整体式平底板内力计算方法有弹性地基梁法、反力直线分布法和倒置梁法。当采用弹性地基梁法时，应计入边荷载的作用。

水闸的运用管理着重对水闸的检查与养护以及裂缝、渗漏、下游冲刷、磨损、气蚀等常见问题的处理措施进行了说明。

复 习 思 考 题

1. 什么叫水闸？按照其作用可分为哪几类？按其结构形式又可分为哪几类？
2. 绘草图比较开敞式水闸和涵洞式水闸的结构不同之处。
3. 试分别说明水闸在完建无水期、关门挡水期和开闸泄水期的工作特点。
4. 水闸由哪几段构成？各段的主要作用是什么？
5. 闸孔形式有哪几种？其各自的适用条件是什么？
6. 如何设计消力池池长和池深？计算出的水跃长度是否为消力池长度？为什么？
7. 水闸下游产生的不利流态有哪几种？产生的原因是什么？有哪些防止措施？
8. 水闸下游设置海漫的作用是什么？对海漫材料有什么要求？
9. 水闸下游为什么要设置防冲槽？
10. 闸下渗流对水闸有何破坏作用？为消除和减小这些不利影响可采取哪些措施？
11. 水闸渗流计算的目的和方法是什么？
12. 改进阻力系数法的基本原理是什么？
13. 闸下轮廓线的布置原则是什么？有哪几种布置形式？各适用于何种地基？
14. 铺盖长度如何确定？板桩设在闸室上游端和下游端各有什么作用？
15. 如何确保黏土铺盖和混凝土底板之间的止水可靠？
16. 闸室底板的作用是什么？整体式底板和分离式底板各自的适用条件是什么？

17. 水闸在哪些部位需要分缝？其作用是什么？在哪些缝中要设置止水？

18. 绘出水闸在关门挡水时受到的主要荷载图，并说明水平水压力的计算方法（当上游铺盖分别采用黏土铺盖和混凝土铺盖时）。

19. 写出水闸地基应力的计算公式，并说明各项参数的意义。地基应力应满足哪些要求？

20. 闸室沿基面的抗滑稳定安全系数如何计算？并写出计算公式。

21. 如何采取工程措施提高闸室的抗滑稳定安全系数？

22. 倒置梁法的基本假设是什么？试写出计算板条上的单宽荷载的计算公式。

23. 试述弹性地基梁法的计算步骤。

24. 什么叫不平衡剪力？如何计算不平衡剪力？

25. 边荷载应如何考虑？

26. 水闸两岸连接建筑物的作用是什么？在平面布置上有哪几种形式？

27. 水闸下游翼墙的扩散角应满足什么条件？

28. 水闸闸室段与两岸连接有哪几种形式？

29. 两岸连接建筑物的结构形式有哪几种？在设计时应如何进行选择？

30. 闸门的作用是什么？直升式平面闸门和弧形闸门各有何优缺点？

31. 启闭机有哪些类型？

32. 勃莱法和莱茵法有何区别？

33. 土石坝渗流和闸基渗流的区别是什么？

34. 水闸运用管理中常见的问题是什么？简述一般处理措施。

35. 闸门在操作运用时，应注意哪些方面的问题？

第六章 河岸溢洪道

第一节 概 述

为了宣泄水库多余的水量，防止洪水漫坝失事，确保工程安全，以及满足放空水库和防洪调节等要求，在水利枢纽中一般都设有泄水建筑物。常用的泄水建筑物有深式泄水建筑物（包括坝身泄水孔、水工隧洞、坝下涵管等）和溢洪道（包括河岸溢洪道、河床溢洪道）。河岸溢洪道一般适用于土石坝、堆石坝等水利枢纽。河床溢洪道即溢流坝，通常用于重力坝枢纽。

一、河岸溢洪道的类型

河岸溢洪道可以分为正常溢洪道和非常溢洪道两大类，正常溢洪道常用的型式主要有正槽式、侧槽式、井式和虹吸式四种。

(1) 正槽式溢洪道。如图 6-1 所示，这种溢洪道的泄槽轴线与溢流堰轴线正交，过堰水流方向与泄槽轴线方向一致，其水流平顺，超泄能力大，并且结构简单，运用安全可靠，是采用最多的河岸溢洪道型式之一。

(2) 侧槽式溢洪道。如图 6-2 所示，这种溢洪道的泄槽轴线与溢流堰的轴线接近平行，即水流过堰后，在侧槽内转弯约 90°，再经泄水槽泄入下游。侧槽溢洪道多设置于较陡的岸坡上，大体沿等高线设置溢流堰和泄水槽，易于加大堰顶长度，减少溢流水深和单宽流量，不需大量开挖山坡，但侧槽内

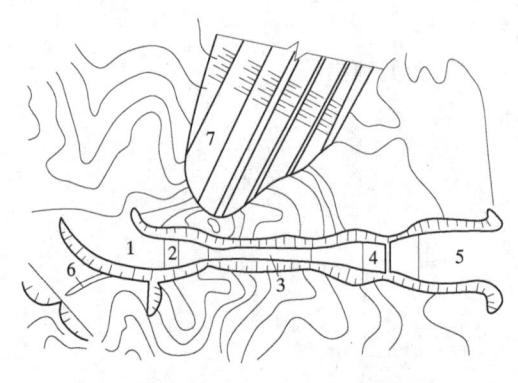

图 6-1 正槽式溢洪道
1—进水渠；2—溢流堰；3—泄槽；4—消力池；
5—出水渠；6—非常溢洪道；7—土石坝

水流紊乱、撞击很剧烈。因此，对两岸山体的稳定性及地基的要求很高。

(3) 井式溢洪道。其组成主要有溢流喇叭口段、渐变段、竖井段、弯道段和水平泄洪洞段，如图 6-3 所示。其适用于岸坡陡峭、地质条件良好，又有适宜的地形的情况。可以避免大量的土石方开挖，造价可能较其他溢洪道低，但当水位上升，喇叭口溢流堰顶淹没，堰流转变为孔流，超泄能力较小。当宣泄小流量，井内的水流连续性遭到破坏时，水流不稳定，易产生振动和空蚀。因此，我国目前较少采用。

(4) 虹吸式溢洪道。该型式溢洪道通常包括进口（遮檐）、虹吸管、具有自动加速发生虹吸作用和停止虹吸作用的辅助设备、泄槽及下游消能设备，如图 6-4 所示。溢流堰

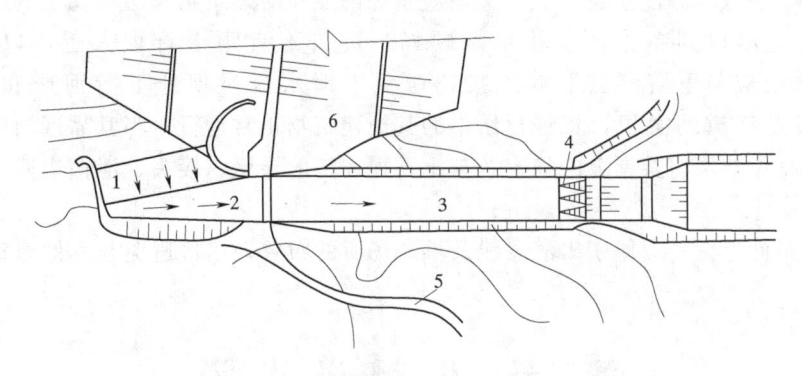

图 6-2 侧槽式溢洪道
1—溢流堰；2—侧槽；3—泄水槽；4—出口消能段；5—上坝公路；6—土石坝

顶与正常高水位在同一高程，水库正常高水位以上设通气孔，当水位超过正常高水位时，水流将流过堰顶，虹吸管内的空气逐渐被空气带走达到真空，形成虹吸作用自行泄水。当水库水位下降至通气孔以下时，虹吸作用便自动停止。这种溢洪道可自动泄水和停止泄水，能比较灵敏地自动调节上游水位，在较小的堰顶水头下能得到较大的泄流量，但结构复杂，施工检修不便，进口易堵塞，管内易空蚀，超泄能力小。一般用于水位变化不大和需随时进行调节的中、小型水库，以及发电和灌溉的渠道上。

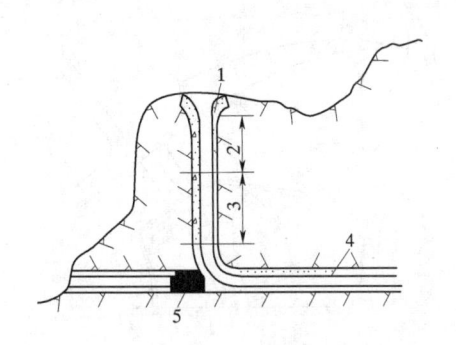

图 6-3 井式溢洪道
1—喇叭口；2—渐变段；3—竖井段；4—隧洞；5—混凝土塞

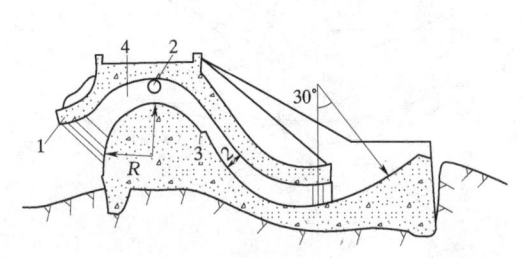

图 6-4 虹吸式溢洪道
1—遮檐；2—通气孔；3—挑流坎；4—曲管

二、河岸溢洪道的位置选择

河岸溢洪道在枢纽中的位置，应根据地形、地质、工程特点、枢纽布置的要求、施工及运行条件、经济指标等综合因素进行考虑。

溢洪道的布置应结合枢纽总体布置全面考虑，避免与泄洪、发电、航运及灌溉等建筑物在布置上相互干扰。

溢洪道位置应选择有利的地形和地址条件。布置在岸边或垭口，并尽量避免深开挖而形成高边坡，以免造成边坡失稳或处理困难；溢洪道轴线一般宜取直线，如需转弯时，应尽量在进水渠或出水渠段内设置弯道。溢洪道应布置在稳定的地基上，并考虑岩层及地质构造的性状，还应充分注意建库后水文地质条件的变化对建筑物及边坡稳定的影响。

溢洪道进出口的布置，应使水流顺畅。进口不宜距土石坝太近，以免冲刷坝体；出口水流应与下游河道平顺连接，避免下泄水流对坝址下游河床和河岸的淘刷、冲刷以及河道的淤积，保证枢纽中的其他建筑物正常运行。当其靠近坝肩时，其布置及泄流不得影响坝肩及岸坡的稳定，与土石坝连接的导墙、接头、泄槽边墙等必须安全可靠。

从施工条件考虑，应便于出渣路线及堆渣场所的布置；尽量避免与其他建筑物施工相互干扰。

第二节 正槽溢洪道

一、正槽溢洪道的组成

正槽溢洪道通常由进水渠、控制段、泄槽、消能防冲设施及出水渠等部分组成。

(一) 进水渠

进水渠的作用是将水库的水平顺地引向溢流堰。当溢流堰紧靠水库时，可布置成对称或基本对称的喇叭口形式，以引导水流，如图 6-5 所示。

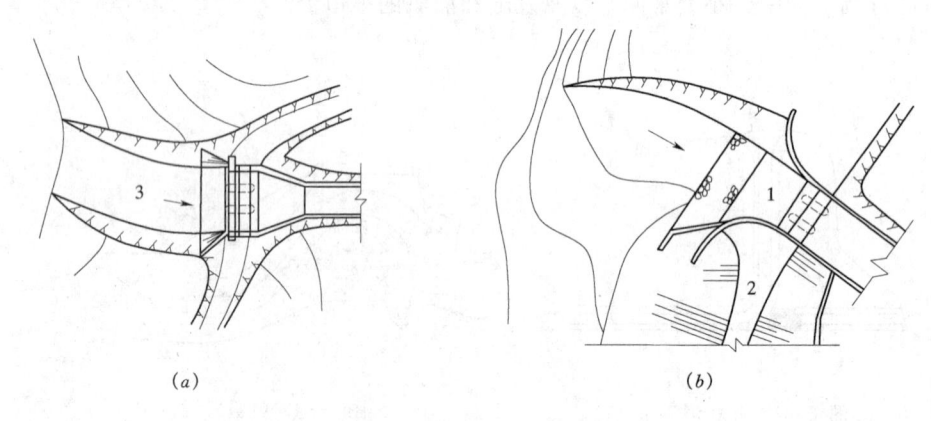

图 6-5 溢洪道进水渠的形式
1—喇叭口；2—土坝；3—进水渠

进水渠平面布置应使进水顺畅，避免断面突然变化和水流流向的急转弯，体形宜简单。在溢流堰前宜设置不小于 2~3 倍堰前水深的渐变段或直线翼墙，以防止出现漩涡或横向水流。当进口布置在坝肩时，靠坝一侧应设置顺应水流的曲面导水墙，靠山一侧可开挖或衬护成规则曲面。

渠道需转弯时，其轴线的转弯半径不宜小于 4 倍渠底宽，弯道至溢流堰之间宜有长度不小于 2 倍堰上水头的直线段。

进水渠底板一般为等宽或顺水流方向收缩，进口底宽与溢流堰宽之比宜为 1.5~3。渠道内的流速应大于悬移质不淤流速，小于渠道的不冲流速，且水头损失较小，渠道设计流速宜采用 3~5m/s。对于山坡较陡，从山岩中开挖出来的岸边溢洪道，为了减少其开挖量，进水渠的设计流速可以适当提高，但应尽量缩短进水渠的长度，以减少水头损失。对于设计流速超限的情况应进行论证。其横断面在岩基上接近矩形，边坡根据稳定要求确定，新鲜岩石一般为 1:0.1~1:0.3，风化岩石可用 1:0.5~1:1.0。在土基上采用梯形，边坡一般选用 1:1.5~1:2.5。

进水渠的纵断面一般做成平底坡或不大的逆坡。

进水渠一般不做衬护，当岩性差，为防止严重风化剥落或为降低渗透压力时，应进行衬护；在靠近溢流堰前区段，由于流速较大，为了防止冲刷和减少水头损失，可采用混凝土、浆砌块石或干砌块石护面，底板衬砌厚度可按构造要求确定，混凝土衬砌厚度可取 30cm，必要时还要进行抗渗和抗浮稳定验算。

(二) 控制段

溢洪道的控制段包括溢流堰及两侧连接建筑物，是控制溢洪道泄流能力的关键部位。

1. 溢流堰的型式

溢流堰应根据地形、地质条件、运用要求，通过技术经济比较选定。通常选用开敞式或带胸墙孔口式的宽顶堰、实用堰、驼峰堰、折线形堰。开敞式溢流堰具有较大的超泄能力，宜优先选用。

(1) 宽顶堰。宽顶堰的特点是结构简单、施工方便，但流量系数较低。由于宽顶堰荷载小，对承载力较差的土基适应能力较强，因此，在泄量不大或附近地形较平缓的中、小型工程中应用较广，如图 6-6 所示。宽顶堰的堰顶通常需用混凝土或浆砌石进行砌护，保护地基不受冲刷。对于中、小型工程，若基岩有足够的抗冲能力，也可以不加砌护但应考虑开挖后岩石表面不平整对流量系数的影响。

(2) 实用堰。实用堰与宽顶堰相比较，实用堰的流量系数比较大，在泄量相同的条件下，需要的溢流前缘较短，工程量相对较小，但施工较复杂。大、中型水库，特别是岸坡较陡时，多采用这种型式，如图 6-7 所示。

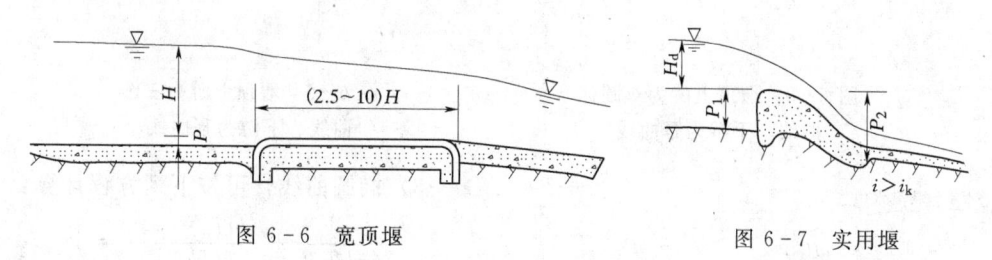

图 6-6 宽顶堰

图 6-7 实用堰

溢洪道中的实用堰一般都比较低矮，其流量系数介于溢流重力坝和宽顶堰之间。实用堰的泄流能力与其上、下游堰高，定型设计水头，堰面曲线型式等因素有关。

堰顶以下的堰面曲线宜优先采用 WES 型幂曲线，堰顶上游可采用双圆弧、三圆弧或椭圆曲线。WES 型幂曲线，可按下式计算：

$$x^n = kH_d^{n-1}y \tag{6-1}$$

式中 H_d——堰面曲线定型设计水头；

x、y——原点下游堰面曲线横、纵坐标；

n——与上游堰坡有关的指数，见表 6-1；

k——当 $P_1/H_d > 1.0$ 时，k 值见表 6-1；当 $P_1/H_d \leqslant 1.0$ 时，取 $k = 2.0 \sim 2.2$。

表 6-1　　　　　　　　　　　堰 面 曲 线 参 数

上游面坡度 ($\Delta y/\Delta x$)	k	n	a	b	R_1	R_2
3:0	2.000	1.850	$0.175H_d$	$0.282H_d$	$0.5H_d$	$0.2H_d$
3:1	1.936	1.836	$0.139H_d$	$0.237H_d$	$0.68H_d$	$0.21H_d$
3:2	1.939	1.810	$0.115H_d$	$0.214H_d$	$0.48H_d$	$0.22H_d$
3:3	1.873	1.776	$0.119H_d$	—	$0.45H_d$	—

设计溢流堰堰面曲线，首先要确定定型设计水头 H_d。对于 $P_1 < 1.33H_d$ 的低堰，$H_d = (0.65 \sim 0.85) H_{max}$（$H_{max}$ 为校核流量下的堰上水头）。低堰泄流时由于下游堰面水深比较大，堰面一般不会出现危险负压，不致发生破坏性的空蚀和振动。

堰顶上游堰面曲线可采用以下三种曲线：

1) 双圆弧曲线，如图 6-8 所示，图中的参数见表 6-1。
2) 三圆弧曲线，上游堰面铅直，如图 6-9 所示。

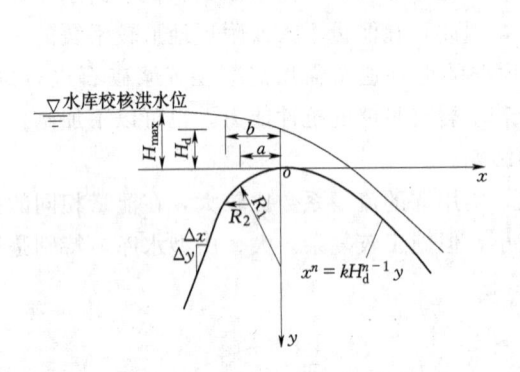

图 6-8　堰顶上游为双圆弧曲线、下游为幂曲线

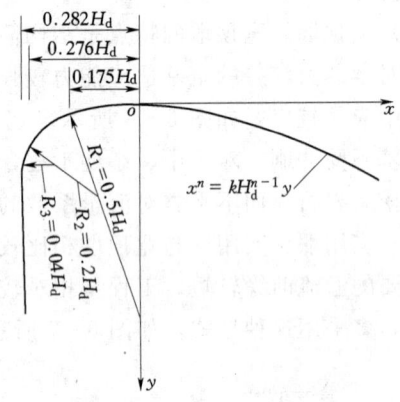

图 6-9　堰顶上游为三圆曲线、下游为幂曲线

图 6-10　上游堰面倒悬，堰顶上游为椭圆曲线、下游为幂曲线

3) 椭圆曲线，可按下列方程计算：

$$\frac{x^2}{(aH_d)^2} + \frac{(bH_d - y)^2}{(bH_d)^2} = 1$$

式中　a、b——椭圆曲线参数，当 $P_1/H_d < 2$ 时，$a = 0.215 \sim 0.28$，$b = 0.127 \sim 0.163$；当 P_1/H_d 数值较小时，a 与 b 取小值。

上游堰面采用倒悬时，应满足 $d > H_{max}/2$，如图 6-10 所示。

高堰的流量系数接近一个常数，一般

不随 P_1/H_d 的变化而变化；低堰的流量系数则随 P_1/H_d 的减小而降低，流量系数的变化见表 6-2。这是因为进水渠中流速加大，水头损失加大，同时过堰水舌下缘垂直收缩不完全，压能增大，动能减小。为了获得较大的流量系数，一般上游堰高 $P_1 \geqslant 0.3H_d$。

表 6-2　　　　　　　　　随相对堰高变化的流量系数 m 值

H_0/H_d \ P_1/H_d	0.2	0.4	0.6	1.0	≥1.33
0.4	0.425	0.430	0.431	0.433	0.436
0.5	0.438	0.442	0.445	0.448	0.451
0.6	0.450	0.455	0.458	0.460	0.464
0.7	0.458	0.463	0.468	0.472	0.476
0.8	0.467	0.474	0.477	0.482	0.486
0.9	0.473	0.480	0.485	0.491	0.494
1.0	0.479	0.486	0.491	0.496	0.501
1.1	0.482	0.491	0.496	0.502	0.507
1.2	0.485	0.495	0.499	0.506	0.510
1.3	0.496	0.498	0.500	0.508	0.513

注　适用于堰顶上游堰面曲线为双圆弧、三圆弧、椭圆曲线。

低堰的流量系数还与下游堰高 P_2 有关。当堰顶水头较大，下游堰高 P_2 不足，堰后水流不能保证自由泄流时，将会出现流量系数随水头增加而降低的现象。为了消除这种现象，下游堰高 $P_2 \geqslant 0.6H_d$。

溢流堰顶部曲线的长度对流量系数也有影响。当堰顶曲线长度不足以保持标准实用堰的外形轮廓时，流量系数将受到影响而降低。对克—奥 I 型剖面堰其曲线终点（切点）的坐标应满足：$x \geqslant 1.15H_d$，$y \geqslant 0.36H_d$；对于 WES 标准堰面其大致范围是：$x = (-0.282 \sim 0.85)H_d$，$y = (0 \sim 0.37)H_d$。堰面曲线终点的切线坡度宜陡于 1:1，如图 6-11 所示。

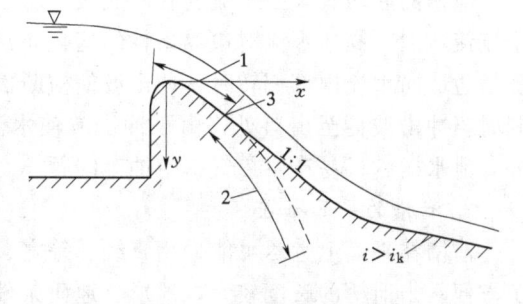

图 6-11　实用堰基本剖面
1—基本堰面；2—辅助堰面；3—切点

实用堰末端一般设置反弧曲面段，当它与泄槽连接时，反弧半径 $R = (3 \sim 6)h$（h 为最大泄量时反弧段最低点的水深）；当它与水平泄槽或消力池护坦连接时，反弧半径 $R = (6 \sim 12)h$，流速大时宜选用较大值。

（3）驼峰堰。驼峰堰是一种复合圆弧的溢流低堰，堰面由不同半径的圆弧组成，如图 6-12 所示。其流量系数一般为 0.40~0.46。设计与施工简便，对地基的要求低，适用于软弱地基。

（4）折线形堰。为获得较长的溢流前沿，在平面上将溢流堰做成折线形，称折线形堰。

中、小型水库溢洪道，特别是小型水库溢洪道常不设闸门，堰顶高程就是水库的正常蓄水位；溢洪道设闸门时，堰顶高程低于水库的正常蓄水位。堰顶是否设置闸门，应从工程安全、洪水调度、水库运行、工程投资等方面论证确定。侧槽式溢洪道的溢流堰一般不设闸门。

当水库水位变幅较大时，常采用带胸墙的溢流堰。这种布置型式，堰顶高程比开敞式的要低，在库水位较低时即可泄流，因而有利于提高水库的汛期限制水位，充分发挥水库效益；此外，还可以减小闸门尺寸。但在高水位时，超泄能力不如开敞式溢流堰大。

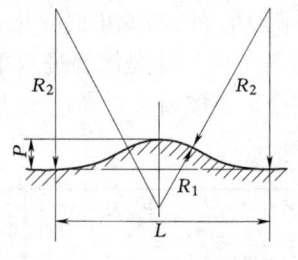

图 6-12 常见的驼峰堰剖面
甲型：$R_1=2.5P$、$R_2=6P$、$L=8P$、$P=0.24H_d$；
乙型：$R_1=1.05P$、$R_2=4P$、$L=6P$、$P=0.34H_d$

2. 溢流孔口尺寸的拟定

溢洪道的溢流孔口尺寸，主要是由溢流堰堰顶高程和溢流前沿宽度的确定。其设计方法与溢流重力坝基本相同。但由于溢洪道出口一般离坝脚较远，其单宽流量可以比溢流重力坝所采用数值大一些。闸墩的型式和尺寸应满足闸门（包括门槽）、交通桥和工作桥的布置、水流条件、结构及运行检修等的要求。当有防洪抢险要求时，交通桥与工作桥必须分开设置，桥下净空应满足泄洪、排凌及排漂要求。

（三）泄槽

正槽溢洪道在溢流堰后通常布置泄槽，以便将过堰水流迅速安全地泄向下游。河岸溢洪道的落差主要集中在该段。

1. 泄槽的水力特征

泄槽的底坡宜大于水流的临界底坡，所以又称之为陡槽。槽内的水流处于急流状态，水流流速大。高速水流对边界条件的变化非常敏感，当边墙有转折时就会产生冲击波。当陡槽边墙向水流内部偏转时，冲击波使横断面上的水深局部增加，因而要求边墙也增高；同时当冲击波传至出口处，由于冲击波使水流部分集中，也增加了下游消能的困难。另外，泄水槽内极易产生掺气、空蚀等问题。

2. 泄槽的平面布置

泄槽在平面上宜尽可能采用直线、等宽、对称布置，力求使水流平顺、结构简单、施工方便。当泄槽的长度较大，地形、地质条件不允许做成直线，或为了减少开挖工程量、便于洪水归河、便于消能等原因，可以设置收缩段、扩散段或弯道。

收缩段的收缩角越小，冲击波也越小。收缩角 θ 可以通过经验公式式（6-2）计算确定。工程经验和试验资料表明：收缩角小于 6°的，具有较好的水流流态，可以不进行冲击波验算。

扩散段的扩散角必须保证水流扩散时不能与边墙分离，避免产生竖轴漩涡。按直线扩散的扩散角 θ 一般不宜超过 6°～8°。初步设计时，扩散角 θ 也可根据式（6-2）计算确定：

$$\tan\theta \leq \frac{1}{KFr} \tag{6-2}$$

其中

$$Fr = \frac{v}{\sqrt{gh}}$$

式中 Fr——扩散段起、止断面的平均弗劳德数;

K——经验系数,一般取 3.0;

v——扩散段起、止断面的平均流速,m/s;

h——扩散段起、止断面的平均水深,m。

泄槽在平面上需要设置弯道时,弯道段宜设置在流速小、水流比较平稳、底坡较缓且无变化部位。应满足以下要求:横断面内流速分布均匀;冲击波对水流扰动影响小;在直线段和弯道之间可设置缓和过渡段;为降低边墙高度和调整水流,宜在弯道和缓和过渡段渠底设置横向坡;弯道半径宜采用 6~10 倍泄槽宽度,如图 6-13 所示,R 为轴线转弯半径,B 为泄槽底宽。

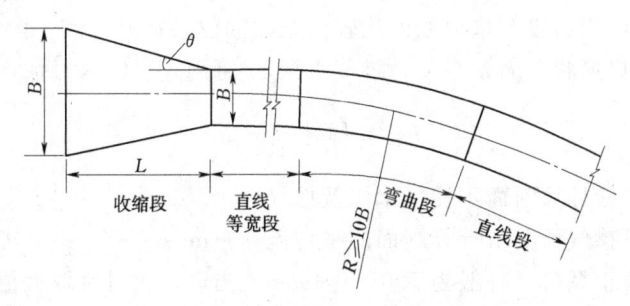

图 6-13 泄槽平面布置示意图

3. 泄槽的纵剖面

泄槽的纵剖面应尽量按工程量少、结构安全稳定、水流流态良好的原则进行布置。泄槽纵坡必须保证槽中的水位不影响溢流堰自由泄流和泄水时槽中不发生水跃,使水流处于急流状态。因此,泄槽纵坡必须大于水流临界坡度。常用的纵坡为 1%~5%,有时可达 10%~15%,坚硬的岩石上可以更大,实践中有用到 1:1 的。

泄槽纵坡以一次坡为好,因其水力条件好。当受地形条件限制或为了节省开挖方量而需要变坡时,变坡次数不宜过多,且宜先缓后陡。在坡度变化处要用曲线相连接,以免高速水流在变坡处发生脱离槽底引起空蚀或槽底遭到动水压力的破坏。当坡度由陡变

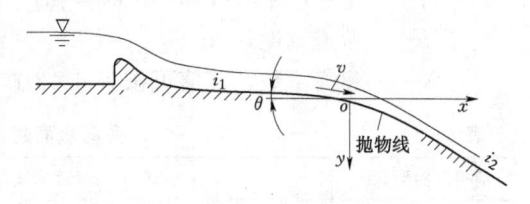

图 6-14 变坡处的连接

缓时,可采用圆弧曲线连接,圆弧半径为 (3~6) h(h 为变坡处的断面水深),流速大者宜选用大值;当底坡由缓变陡时,可采用抛物线连接,如图 6-14 所示。抛物线方程为

$$y = x\tan\theta + \frac{x^2}{K(4H_0\cos^2\theta)} \qquad (6-3)$$

其中 $$H_0 = h + \frac{\alpha v^2}{2g}$$

式中 x、y——以缓坡泄槽末端为原点的抛物线横、纵坐标,m;

θ——缓坡泄槽底坡坡角,(°);

H_0——抛物线起始断面比能,m;

h——抛物线起始断面平均水深,m;

v——抛物线起始断面平均流速，m/s；

α——流速分布不均匀系数，通常取 $\alpha=1.0$；

K——系数，对于落差较大的重要工程，取 $K=1.5$；对于落差较小者，取 $K=1.1\sim1.3$。

4. 泄槽的横断面

泄槽横断面形状在岩基上接近矩形，以使水流均匀分布和有利于下游消能；若采用梯形断面，考虑结合开挖边坡衬砌作边墙，边坡也不宜缓于 1∶1.5，因为若边坡过缓，则易形成水流分布不匀，使流态恶化，甚至出现漩涡、水面波、翻水现象。

泄槽边墙顶高程，应根据波动和掺气后的水面线，加上 0.5~1.5m 的超高来确定。对收缩（扩散）段、弯道段等水力条件比较复杂的部位，宜取大值。掺气程度与流速、水深、边界糙率及进口形状等因素有关，掺气水深 h_b 可用式（6-4）估算。

$$h_b = \left(1 + \frac{\zeta v}{100}\right)h \tag{6-4}$$

式中 h、h_b——泄槽计算断面不掺气水深及掺气后水深，m；

v——不掺气情况下计算断面的平均流速，m/s；

ζ——修正系数，一般为 1.0~1.4s/m，当流速大时宜取大值。

在泄槽转弯处的水流流态复杂，由于弯道离心力及冲击波共同作用，形成横向水面差，流态十分不利。弯道的外侧水面与中心线水面的高差 ΔZ 如图 6-15（a）所示。ΔZ 可按经验公式（6-5）计算。

$$\Delta Z = K\frac{v^2 b}{g r_0} \tag{6-5}$$

式中 ΔZ——横向水面差，m；

r_0——弯道段中心线曲率半径，m；

b——弯道宽度，m；

K——超高系数，其值可按表 6-3 查取。

表 6-3 横向水面超高系数 K 值

泄槽断面形状	弯道曲线的几何形状	K 值
矩形	简单圆曲线	1.0
梯形	简单圆曲线	1.0
矩形	带有缓和曲线过渡段的复曲线	0.5
梯形	带有缓和曲线过渡段的复曲线	1.0
矩形	既有缓和曲线过渡段、槽底又横向倾斜的弯道	0.5

为消除弯道段的水面干扰，保持泄槽轴线的原底部高程、边墙高等不变，以利施工，常将内侧渠底较轴线高程下降 ΔZ，而外侧渠底则抬高 ΔZ，如图 6-15（b）、（c）所示。

5. 泄槽的构造

（1）泄槽的底部衬砌。为了保护泄槽地基不受高速水流的冲刷破坏及风化破坏，泄槽底部通常都需衬砌。泄槽底板应满足：表面光滑平整，不致引起不利的负压和空蚀；分缝

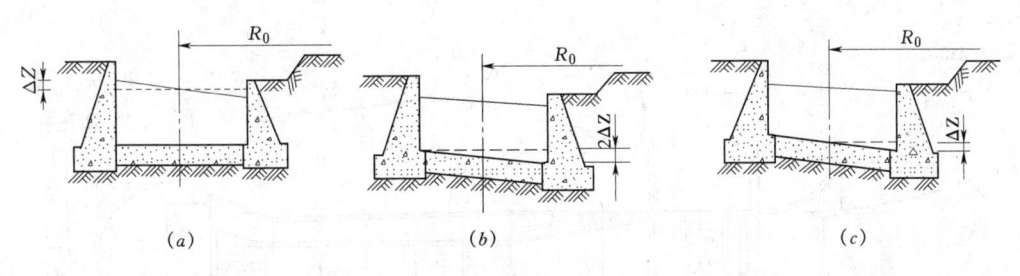

图 6-15 弯道横向水面超高

合理，止水可靠，避免高速水流浸入底板以下，因脉动压力引起破坏；排水系统通畅，以减小作用于底板上的扬压力；材料能抵抗水流冲刷；在各种荷载作用下能保持稳定；适应温度变化和有一定的抗冻融循环能力。

影响泄槽衬砌可靠性的因素是多方面的，而且作用在底板上的荷载不易精确计算。因此泄槽底板的稳定主要依靠防渗、排水、止水、锚筋等工程措施来解决。

衬砌可以用混凝土、水泥浆砌条石或块石等型式。

水泥浆砌条石或块石适用于流速小于 15m/s 的中、小型水库溢洪道，厚度一般为 0.3~0.6m。但如果砌得光滑平整，接缝止水和底部排水良好，也可以承受 20m/s 左右的流速。

大、中型工程，由于槽内流速较高，一般用混凝土衬砌，厚度一般不宜小于 0.3m。靠近衬砌的表面沿纵横向需配置温度钢筋，含筋率约为 0.1%。土基上泄槽通常用混凝土衬砌，衬砌厚度一般要比岩基上的大，通常为 0.3~0.5m，需要双向配筋，各向含筋率约为 0.1%。

（2）衬砌的分缝与止水。为防止产生温度裂缝，在衬砌上应设置横缝和纵缝。衬砌的纵横缝一般用平缝，如图 6-16 (d) 所示。当地基不均匀性明显时，横缝可采用搭接缝或键槽缝，如图 6-16 (c) 所示。纵横缝的间距应考虑气候特点、地基约束情况、混凝土施工（特别是温度）条件，根据类似工程的经验确定，其大小一般采用 10~15m。一般情况下，横缝要求比纵缝严格，陡坡段要比缓坡段严格，地址条件差的部位要比地质条件好的部位严格。土基对混凝土板伸缩的约束力比岩基小，所以可以采用较大的分块尺寸，纵横缝的间距可用 15m 或稍大，以增加衬砌的稳定性和整体性（图 6-17）。对于可能发生不均匀沉陷或不设锚筋的泄槽底板，应在底板的上游端设置齿墙，并采用上、下游板块的全搭接横缝；或在板块的上、下游端均设置齿墙，但不应只在板块下游端设置齿墙，因为在下游端设齿墙，易在横缝处形成突坎，造成空蚀，而且会使水流钻入下游板块底部，抬动底板。齿墙的作用是阻滑、嵌固、减少纵向渗流。齿墙应配置足够数量的钢筋，以保证强度。如果衬砌不够稳定或为了增加衬砌的稳定性，也可以在地基中设锚筋桩，以加强衬砌与地基的结合，如图 6-18 所示。

接缝处衬砌表面应结合平整，特别要防止下游表面高出上游表面。衬砌分缝的缝宽随分块大小及地基的不同而变化，一般多采用 1~2cm，缝内必须做好止水，止水效果越好，作用在底板上向上的脉动压力越小，底板的稳定性越高。

（3）衬砌的排水。纵缝和横缝下面应设置排水设施，且互相连通，渗水集中到纵向排水内排向下游。纵向排水通常是在沟槽内放置缸瓦管，管径视渗水大小确定，一般采用

第六章 河岸溢洪道

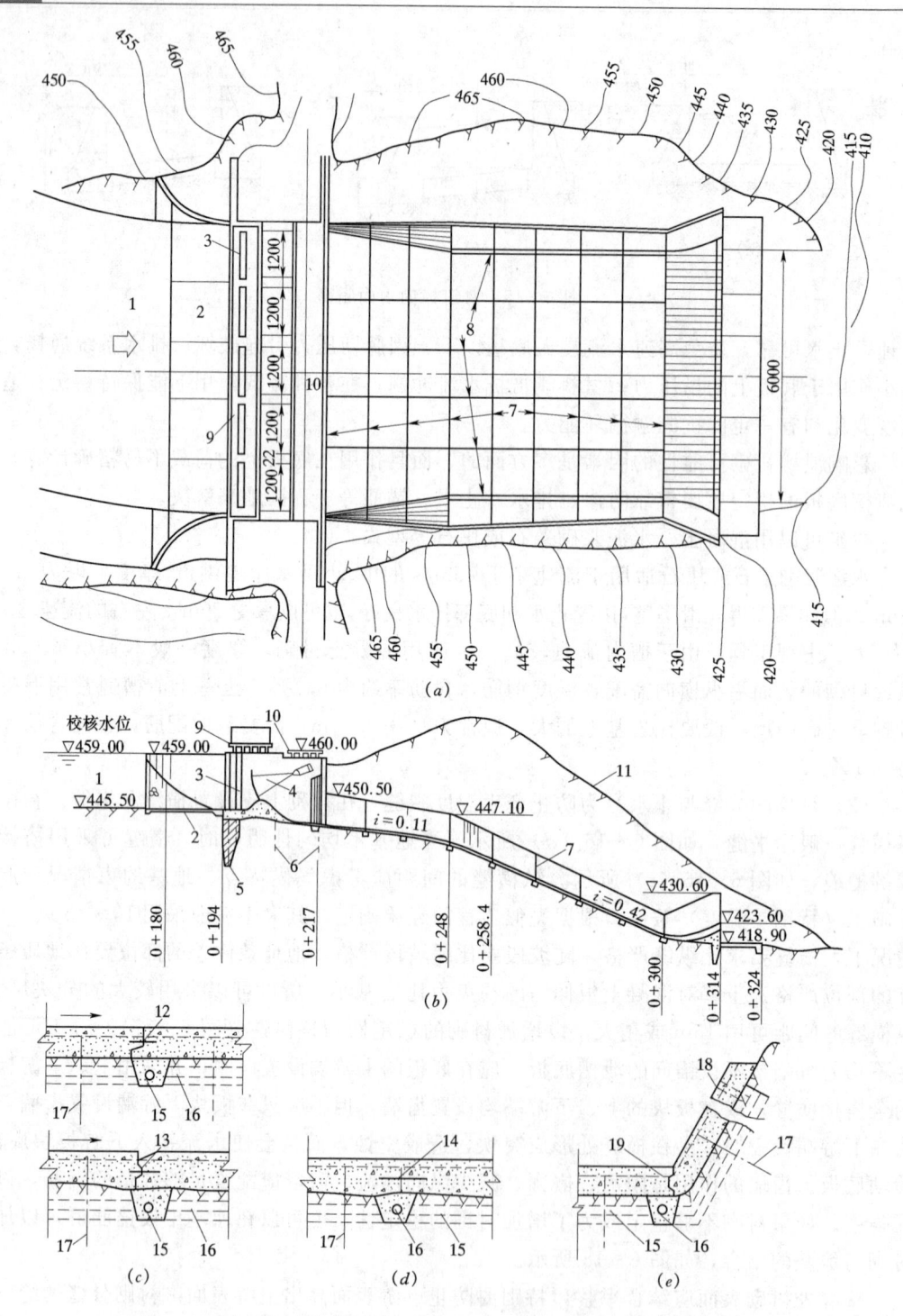

图 6-16 岩基上泄槽的构造（高程、桩号单位：m；尺寸单位：cm）
(a) 平面布置图；(b) 纵剖面图；(c) 横缝与排水构造；(d) 纵缝与排水构造；(e) 边墙缝与排水构造
1—进水渠；2—混凝土护底；3—检修门槽；4—工作闸门；5—帷幕；6—排水孔；7—横缝；8—纵缝；
9—工作桥；10—公路桥；11—开挖线；12—搭接缝；13—键槽缝；14—平缝；15—横向排水管；
16—纵向排水管；17—锚筋；18—通气孔；19—边墙缝

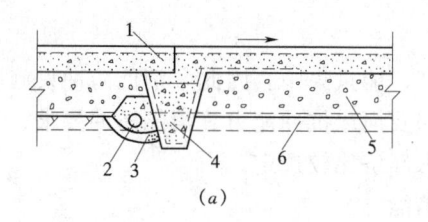

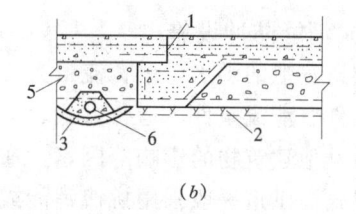

图 6-17 土基上泄槽底板的构造
(a) 横缝；(b) 纵缝
1—止水；2—横向排水管；3—灰浆坐垫；4—齿墙；5—透水垫层；6—纵向排水管

10~20cm。管接口不封闭，以便收集渗水，周围用 1~2cm 的卵石或碎石填满，顶部盖混凝土板或沥青油毛毡等，以防止浇筑混凝土时灰浆进入造成堵塞。当流量较小时，纵向排水也可以在岩基上开槽沟，沟内填不易风化的砾石或碎石，上盖水泥袋，再浇混凝土。横向排水通常是在岩石上开挖沟槽，尺寸视渗水大小而定，一般采用 0.3m×0.3m。为了防止排水管有可能被堵塞而影响排水，纵向排水管至少应有两排，以确保排水通畅。

(4) 底板锚固。在岩基上应注意将表面风化破碎的岩石挖除。有时用锚筋将衬砌和岩基连在一起，以增加衬砌的稳定性。锚筋的直径、间距和插入深度与岩石性质、节理构造有关。一般每平方米的衬砌范围约需 1cm² 的钢筋。钢筋直径不宜太小，通常采用 25mm 或更大，间距约为 1.5~3.0m，插入深度大约为 40~60 倍的钢筋直径。对较差的岩石应通过现场试验确定。

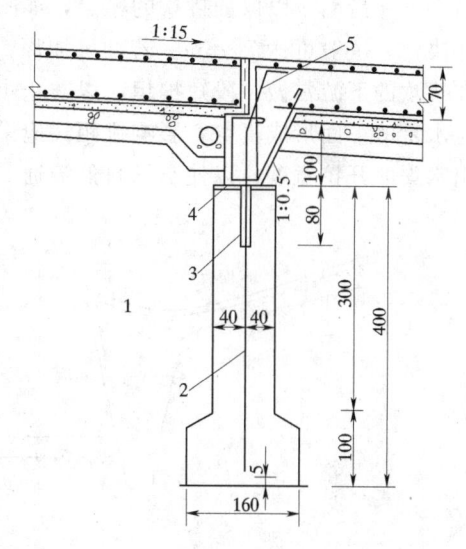

图 6-18 岳城水库溢洪道锚筋桩布置
1—第三纪砂层；2—15kg/m 钢轨；3—涂沥青厚 2cm，包油毡一层；4—沥青油毡厚 1cm；5—Φ32 螺纹钢筋

(5) 泄槽边墙的构造。泄槽边墙的构造基本上与底板相同。边墙的横缝间距与底板一致，缝内设止水，其后设排水并与底板下的排水管连通。在排水管靠近边墙顶部的一端设通气孔以便排水通畅。边墙顶部应设马道，以利交通。边墙本身不设纵缝，但多在与边墙接近的底板上设置纵缝，如图 6-16 (e) 所示。边墙的断面型式，根据地基条件和泄槽断面形状而定，岩石良好，可采用衬砌式，厚度一般不小于 0.30m；当岩石较弱时，需将边墙做成重力式挡土墙，其顶宽应不小于 0.5m。

6. 防空蚀措施

根据水工建筑物发生空蚀破坏的工程经验，一般都在流速大于 15m/s 时发生；因此，为避免发生空蚀，对于流速大于 15m/s 的水工建筑物，应慎重选择进水口、门槽、挑流鼻坎等的体型；对于流速大于 20m/s 的区域，更应予以重视。掺气减蚀设施可采用挑坎、跌坎、通气槽及其各种组合型式。

(四) 消能防冲设施

溢洪道宣泄的洪水，单宽流量大、流速高、能量集中。因此，消能防冲设施应根据地形地质条件、泄流条件、运行方式、下游水深及河床抗冲能力、消能防冲要求、下游水流衔接及对其他建筑物的影响等因素，通过技术经济比较选定。

河岸式溢洪道一般采用挑流消能或底流消能。

1. 挑流消能

挑流消能一般适用于较好岩石地基的高、中水头枢纽。挑坎的结构型式一般有重力式 [图 6-19 (a)]，衬砌式 [图 6-19 (b)] 两种，后者适用坚硬完整岩基。在挑坎的末端做一道深齿墙，以保证挑坎的稳定，如图 6-20 所示。齿墙的深度根据冲刷坑的形状和尺寸决定，一般可达 7~8m。若冲坑加深，齿墙也应加深。挑坎与岩基常用锚筋连为一体。在挑坎的下游常做一段短护坦，以防止小流量时产生贴壁流而冲刷齿墙底脚。为避免在挑流水舌的下面形成真空，影响挑距，应采取通气措施，如图 6-20 所示的通气孔，或扩大出水渠的开挖宽度，以使空气自然流通。

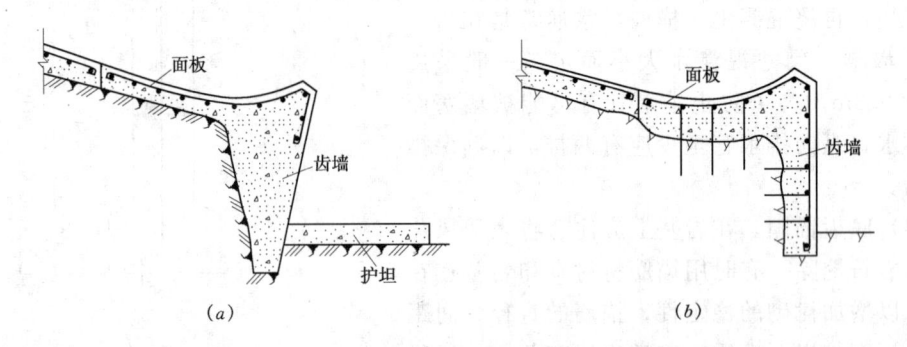

图 6-19 挑坎结构型式
(a) 重力式；(b) 衬砌式

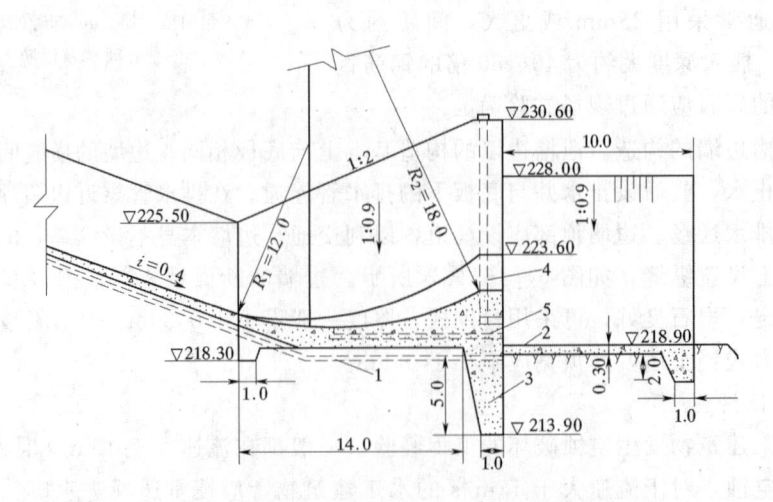

图 6-20 溢洪道挑流坎布置图
1—纵向排水；2—护坦；3—混凝土齿墙；4—ϕ50cm 通气孔；5—ϕ10cm 排水管

2. 底流消能

底流消能可适用于各种地基，或设有船闸、筏道等对流态有严格要求的枢纽，但不适用于有排漂和排凌要求的情况。在河岸式溢洪道中底流消能一般适用于土基上或破碎软弱的岩基上。

（五）出水渠

溢洪道下泄水流经消能后，不能直接泄入河道而造成危害时，应设置出水渠。出水渠的作用是将消能后的水流平顺地引入下游河道。选择出水渠线路应经济合理，其轴线方向应尽量顺应河势，利用天然冲沟或河沟，如无此条件时，则需人工挖明渠，或在建设期间仅开挖引冲沟，利用泄洪时的水流将冲沟扩大，泄洪后进行断面整修。当溢洪道的消能设施与下游河道距离很近时，也可不设出水渠。当出水渠临近大坝、厂房等主要建筑物时，不宜采用引冲沟方式。

二、正槽溢洪道的水力计算

溢洪道各部分的形状和尺寸拟定以后，应验算其泄流能力并进行水面线及消能计算，以判断方案布置是否合理。

（一）进水渠的水力计算

进水渠水力计算内容是：根据渠内流速的大小，求库水位与下泄流量关系曲线，校核泄流能力；求渠内水面曲线，确定进水渠边墙高。

(1) 根据堰流公式 (6-6) 求 H_0（已知 B、Q）。

$$H_0 = \left(\frac{Q}{\varepsilon \sigma_s m B \sqrt{2g}}\right)^{2/3} \tag{6-6}$$

式中 H_0——包括行近流速水头的堰上水头，m；

B——闸孔总净宽，m；

m——流量系数；

ε——侧收缩系数；

σ_s——淹没系数；

Q——流量，m³/s。

(2) 联立求解下列方程，计算堰前水深 h 和流速 v。对于梯形断面进水渠，水深和流速的计算公式为

$$\left. \begin{array}{l} h = H_0 + P_1 - \dfrac{v^2}{2g} \\ v = \dfrac{Q}{\omega} = \dfrac{Q}{bh + mh^2} \end{array} \right\} \tag{6-7}$$

式中 b——渠底宽；

m——进水渠边坡系数；

其他符号意义如图 6-21 所示。

(3) 计算水库水位。

1) 当 $v \leqslant 0.5$ m/s 时，进水渠水头损失很小，可忽略不计，则

$$水库水位 = 堰顶高程 + H_0 \qquad (6-8)$$

2) 当 $v=0.5\sim3.0\text{m/s}$，并且进水渠沿程断面、糙率不变（或变化很小）、平面布置比较顺直时，进水渠水头损失所占比重也很小，这时仍可按明渠均匀流公式进行近似计算，计算误差并不是很大，且偏于安全。则

$$水库水位 = 堰顶高程 + H + \frac{\alpha v^2}{2g} + h_\omega \qquad (6-9)$$

其中

$$h_\omega = h_j + h_f$$

$$h_j = \zeta \frac{v^2}{2g}$$

$$h_f = JL = \frac{v^2 n^2 L}{R^{4/3}}$$

式中 h_ω——进水渠总水头损失，为沿程水头损失 h_f 与局部水头损失 h_j 之和；

ζ——局部水头损失系数，参见有关水力学教材；

L——进水渠长度，m；

α——动能改正系数，一般采用 $\alpha=1.0$；

其他符号意义如图 6-21 所示。

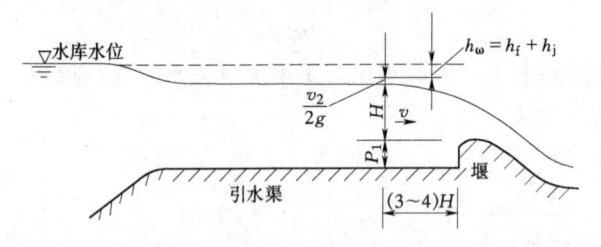

图 6-21 进水渠水力计算图（一）　　图 6-22 进水渠水力计算图（二）

3) 当进水渠流速 $v \geqslant 3.0\text{m/s}$，进水渠沿程断面糙率变化较大，则要用明渠非均匀流公式进行计算。

首先计算起始断面的水力要素——水深、流速。进水渠的起始断面一般可选择在堰前 $(3\sim4)H$ 处，如图 6-22 中的 1—1 断面。起始断面水深为 h_1，流速为 v_1（用式 6-7 试算）。

然后假定分段末端水深为 h_2，流速 v_2 可以求出，$v_2 = Q/\omega_2$；根据式（6-10）计算流段内的平均摩阻坡降 $\overline{J}$ 为

$$\overline{J} = \frac{\overline{v}^2}{\overline{C}^2 \overline{R}} \qquad (6-10)$$

其中

$$\overline{v} = \frac{v_1 + v_2}{2}$$

$$\overline{C} = \frac{C_1 + C_2}{2}$$

$$\overline{R} = \frac{R_1 + R_2}{2}$$

将 $\overline{J}$ 代入式（6-11）求得 ΔL_{1-2}。

$$\Delta L_{1-2} = \frac{\left(h_1 + \frac{\alpha_1 v_1^2}{2g}\right) - \left(h_2 + \frac{\alpha_2 v_2^2}{2g}\right)}{i - \bar{J}} \tag{6-11}$$

式中　ΔL_{1-2}——分段的长度，m；

　　　　i——引渠纵坡；

　　　α_1、α_2——动能修正系数，一般采用 1.0。

重复上述步骤求得 ΔL_{2-3}，ΔL_{3-4}，…，直至 $\sum \Delta L$ 等于引渠全长，推算到渠首断面 n—n 计算 h_n，v_n，即可推求引渠的水面线。则水库水位可由式（6-12）计算。

$$水库水位 = 渠底高程 + h_n + \frac{\alpha v_n^2}{2g} + \zeta \frac{\alpha v_n^2}{2g} \tag{6-12}$$

（二）控制段水力计算

控制段水力计算主要是校核溢流堰过流能力。

溢流堰选用实用堰（$0.67H < \delta < 2.5H$）或宽顶堰（$2.5H < \delta < 10H$），其堰上水头 H_0 都可用式（6-6）计算。则上游堰高 $= h - H_0$。泄流能力的校核可采用 $Q = \varepsilon \sigma_s mB \times \sqrt{2g} H_0^{3/2}$ 进行验算。

当宽顶堰顺水流方向的长度 $L > 10H$ 时，水流流态已不属于宽顶堰流，而是明渠非均匀流，它的沿程水头损失已不能忽略。如图 6-23 所示，当一个平坡或缓坡接一陡坡时，渠中水流由缓流变为急流，在两坡的交接断面处，水深可以近似看成是临界水深 h_k。对该情况可用下述方法求得其泄流量。

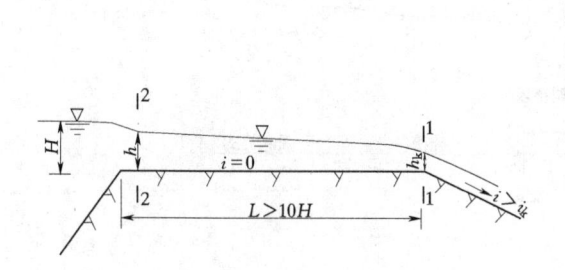

图 6-23　水力计算示意图

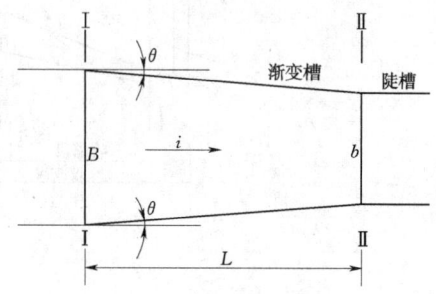

图 6-24　渐变槽过渡段

取断面 1—1 和 2—2 列能量方程如下：

$$h + \frac{v^2}{2g} = h_k + \frac{v_k^2}{2g} + h_f \tag{6-13}$$

式中　h、v——2—2 断面的水深和流速；

　　　h_k、v_k——1—1 断面的水深和流速；

　　　　h_f——两断面间的能量损失。

计算时，假定 h，按式（6-14）求流量 Q。

$$Q = \varphi Bh \sqrt{2g(H-h)} \tag{6-14}$$

式中　φ——流速系数，视进口形状而定，一般为 0.96 左右；

　　　B——进口 2—2 断面的渠底宽；

H——库水位与渠底高差。

求得 Q 后，即可求得式（6-13）中的 v、h_k、v_k 及 h_f $\left(v = \dfrac{Q}{Bh}, h_k = \sqrt[3]{\dfrac{Q^2}{B_k^2 g}}, v_k = \dfrac{Q}{B_k h_k}, h_f = \dfrac{\bar{v}^2 n^2 L}{\bar{R}^{4/3}}, \bar{v}、\bar{R} \right.$ 为两断面间的平均流速和水力半径，B_k 为 1—1 断面的渠底宽，L 为过堰顶长度$\bigg)$。将以上各值代入式（6-13），如左右相等，h、Q 即为所求值，如不相等则再设 h 重新试算。

（三）过渡段水力计算

过渡段的作用是用来连接控制段和泄槽，它把单宽流量小、溢流前缘长的宽浅式进口与宽深合适，开挖、衬砌工程量合理的泄槽段结合起来。过渡段大多是变宽度、变底坡，有的甚至是改变方向的明槽。过渡段可布置在陡槽上（也叫渐变槽），平面布置如图 6-24 所示。也可采用缩窄陡槽过渡段，即先用斜坡缩窄底宽降低槽底高程，再由调整段调整水流，使其平顺流入下游陡槽，如图 6-25 所示。

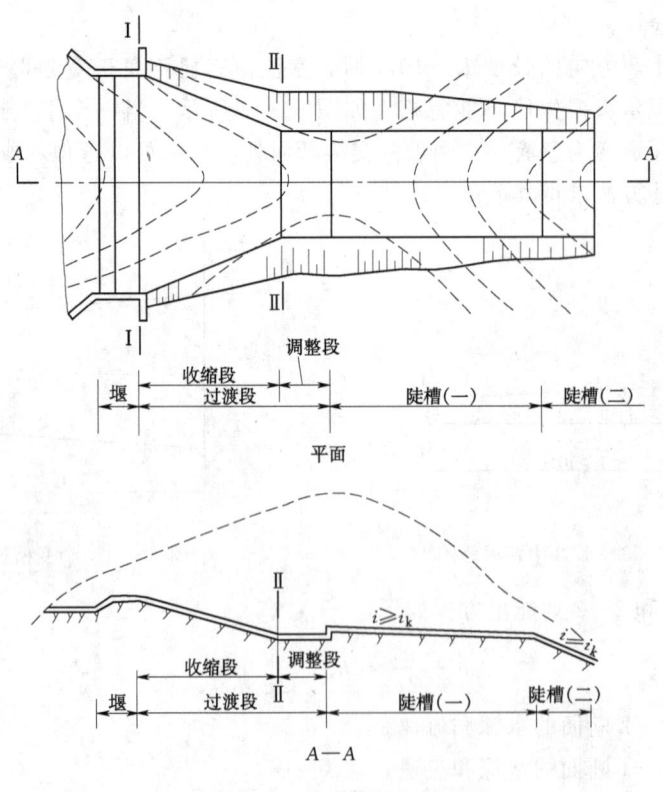

图 6-25 缩窄陡槽过渡段

过渡段的水力设计应考虑以下要求：①不能影响控制段的设计过流能力；②不能因收缩或改变流向而引起水流扰动（如冲击波等），使扰动传向下游泄槽和消能防冲设施；③在满足前两点的情况下，尽可能简化过渡段型式，减小长度、宽度和深度。

（1）渐变槽式过渡段。其水平方向长度 L 可用式（6-15）计算。

$$L = \frac{B-b}{2\tan\theta} \tag{6-15}$$

Ⅰ—Ⅰ断面水深认为近似等于临界水深 h_k，Ⅰ—Ⅰ到Ⅱ—Ⅱ断面水深，按式（6-16）能量方程求解。

$$E_1 + i_1 L = E_2 + h_f \tag{6-16}$$

其中

$$E_1 = h_1 + \frac{\alpha v_1^2}{2g}$$

$$E_2 = h_2 + \frac{\alpha v_2^2}{2g}$$

$$h_f = \frac{\overline{v}^2 L}{\overline{C}^2 \overline{R}}$$

式中　v_1、v_2——Ⅰ—Ⅰ断面和Ⅱ—Ⅱ断面的流速；

　　　　h_1、h_2——Ⅰ—Ⅰ断面和Ⅱ—Ⅱ断面的水深；

　　　　i_1——过渡段的坡降；

　　　　$\overline{v}$、$\overline{C}$、$\overline{R}$——两断面的平均流速、平均谢才系数、平均水力半径。

其计算步骤：先求 h_1（h_k）验算 i_1，i_1 应大于 i_k，再设 h_2，试算 E_2，直至满足能量方程。

（2）缩窄陡槽型过渡段。其水力计算基本假定为：上游控制段为宽顶堰或平底渠，通过设计流量 Q_k 时，上下游断面水深都等于临界水深 h_k，中间不存在水跃。设计条件为已知 Q_k，以及上下游断面尺寸（可假设 Q_k 为设计流量或校核流量）。水力计算内容是确定过渡段各部分尺寸。水力计算示意图如图 6-26 所示。

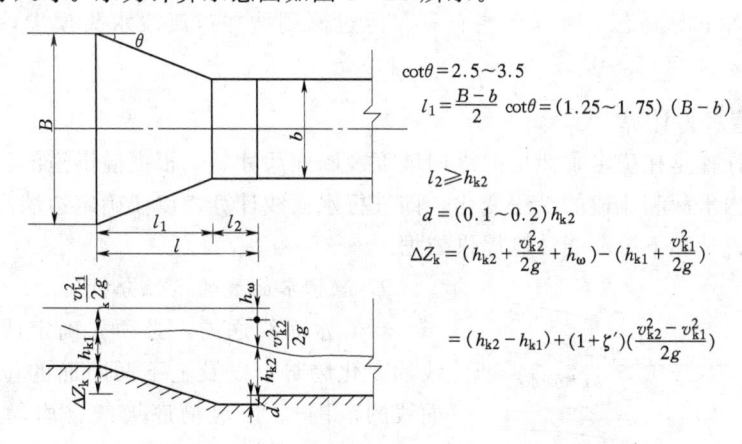

图 6-26　缩窄陡槽型过渡段水力计算示意图

过渡段下游断面（下游陡槽的起始断面）槽底与上游溢流堰高差 ΔZ_k 采用式（6-17）计算。

$$\Delta Z_k = (h_{k2} - h_{k1}) + \frac{v_{k2}^2 - v_{k1}^2}{2g} + h_\omega \tag{6-17}$$

$$h_\omega = h_f + h_j$$

$$h_f = \frac{\overline{v}^2 n^2 l}{\overline{R}^{4/3}}$$

$$h_j = \zeta\left(\frac{v_{k2}^2 - v_{k1}^2}{2g}\right)$$

式中 h_{k1}、h_{k2}——通过流量 Q_k 时，过渡段上、下游的临界水深，m；

$\quad\quad v_{k1}$、v_{k2}——相应的临界流速，m/s；

$\quad\quad h_\omega$——过渡段的水头损失，m；

$\quad\quad h_f$——沿程摩阻损失，m；

$\quad\quad \bar{v}$、$\bar{R}$、n——平均流速、平均水力半径和糙率；

$\quad\quad h_j$——缩窄断面而成的局部水头损失，m，选用 $\zeta=0.1\sim0.2$。

为简化计算 h_ω 和 ΔZ_k 可采用下式计算：

$$h_\omega = \zeta'\left(\frac{v_{k2}^2 - v_{k1}^2}{2g}\right)$$

$$\Delta Z_k = (h_{k2} - h_{k1}) + (1+\zeta')\left(\frac{v_{k2}^2 - v_{k1}^2}{2g}\right)$$

选用 $\zeta'=0.2\sim0.3$。

收缩段长度 l_1 根据式（6-15）计算。

调整段长度 l_2 的计算。调整段的作用是使受缩影响后而在断面上产生分布不均的水流，在此平面内得到高调整，并较平顺地流到下游泄槽，其长度不少于两倍的末端断面水深，即 $l_2 \geqslant 2h_{k2}$。

调整段挖深 d 值的计算。挖深的目的是增加缩窄口的水深，使小流量条件下及早发生成水跃，改善下游流态。所以深些有利，但过深则增加过渡段水头损失，因此不宜过深，一般采用 $d=(0.1\sim0.2)h_{k2}$。

（四）泄槽水力计算

泄槽水力计算是在确定了泄槽的纵向坡度及断面尺寸后，根据溢洪道的设计与校核流量，计算泄槽内水深和流速的沿程变化，即进行水面线计算，以便确定边墙高度，为边墙及衬砌的结构设计和下游消能计算提供依据。

1. 泄槽水面线的定性分析

计算水面线之前，必须先确定所要计算水面线的变化趋势，以及上下两断面的位置（定出水面线的范围）。以泄槽底坡线、均匀流的水面线（n—n 线）和临界水深的连线（k—k 线）三者的位置来区分，则可将泄槽渠底以上的空间分成 (a)、(b)、(c) 三个区域，如图 6-27 所示。(a) 区为缓流区，(b)、(c) 区为急流区。泄槽中可以发生 a_{II} 型壅水曲线、b_{II} 型降水曲线及 c_{II} 型壅水曲线三种，出现最多的是 b_{II} 型降水曲线，其形状如图 6-27 所示。

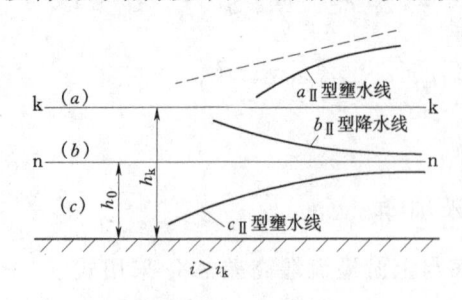

图 6-27 陡坡上的水面线

2. 用分段求和法计算泄槽水面线

泄槽水面线计算的首要问题是确定起始断面，起始断面一般都在泄槽的起点，水面线的计算从该断面开始向下游逐段进行。起始断面的水深则与上游渠道情况有关。

（1）泄槽上游接宽顶堰、缓坡明渠或过渡段，如图6-28所示，起始断面水深等于临界水深 h_k。

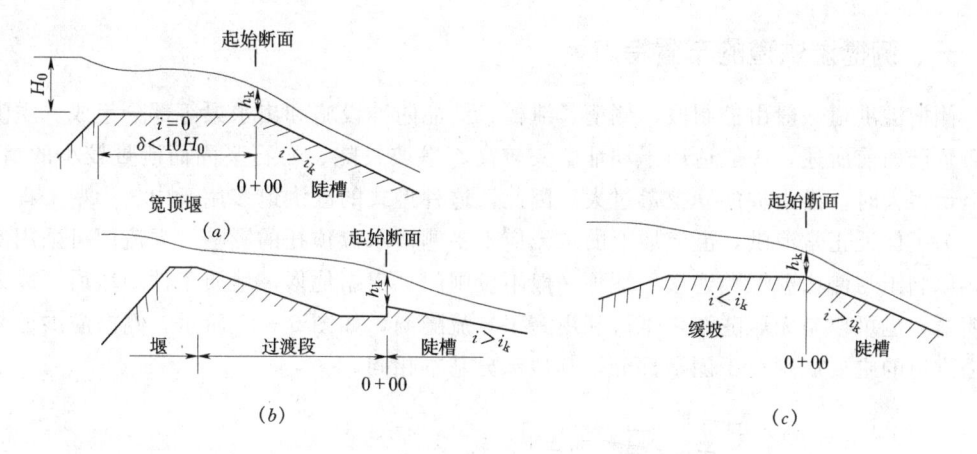

图6-28 泄槽起始断面水深 h_1 示意图（一）

（2）泄槽上接实用堰、陡坡明渠，如图6-29所示。起始计算断面水深分别定在堰下收缩断面或泄槽首端以下 $3h_k$ 处，起始计算断面水深 h_1 小于 h_k，可按下式计算：

$$h_1 = \frac{q}{\phi \sqrt{2g(H_0 - h_1 \cos\theta)}} \tag{6-18}$$

式中 q——起始计算断面单宽流量，$m^3/(s \cdot m)$；

H_0——起始计算断面渠底以上总水头，m；

θ——泄槽底坡坡角；

ϕ——起始计算断面流速系数，取0.95。

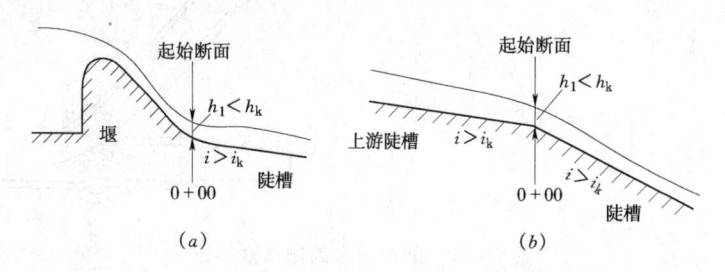

图6-29 泄槽起始断面水深 h_1 示意图（二）

（3）泄槽水面线的计算及边墙高度的确定。泄槽水面线的计算采用分段求和法。该法的基本公式为式（6-11），计算步骤同引渠水面线计算所述，或参考有关水力学教材进行计算。水面线确定以后可根据槽内流速大小及式（6-4），确定边墙高度。

（五）消能设计水力计算

溢洪道消能设计水力计算可参考第二章有关挑流消能设计内容及第五章有关底流消能设计内容进行计算。

第三节 侧槽溢洪道

一、侧槽溢洪道的布置特点

侧槽溢洪道一般由控制段、侧槽、泄槽、消能防冲设施和出水渠等部分组成。溢洪道的布置已如前所述，一般适用于坝址山头较高、岸坡较陡、岩石坚固而泄量较小的情况。当泄量很大时，沿山坡的开挖量过大。因此，这种型式的溢洪道多用于中、小型工程。

为了保证正常泄洪，溢流堰上的水流应不受侧槽水位顶托的影响。溢流堰可采用实用堰，以利于与侧槽壁平顺连接，堰顶一般不设闸门。根据地形、地质条件，堰后可以是开敞明槽，也可以是无压隧洞，也可利用施工导流隧洞，如图6-30所示。侧槽溢洪道与正槽溢洪道的主要区别在于侧槽部分，其他部分基本相同。

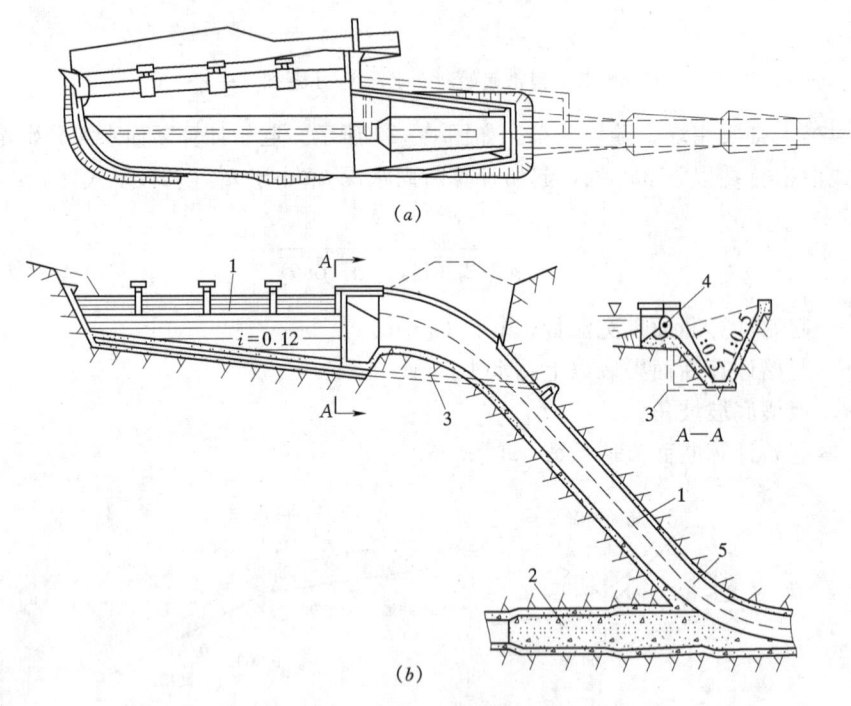

图6-30 隧洞泄水的侧槽溢洪道
(a) 平面图；(b) 纵剖面图
1—水面线；2—混凝土塞；3—排水管；4—闸门；5—泄水隧洞

二、侧槽设计

侧槽设计应满足：泄流能力沿侧槽均匀增加；由于过堰水流转向约90°，大部分能量消耗于侧槽内的水体旋滚，侧槽中水流的顺流向流速完全取决于侧槽的水力坡降，因此要保证一定的坡度；侧槽中的水流应处于缓流状态，以使水流稳定；侧槽中的水面高程要保证溢流堰为自由出流，保证泄流能力和稳定流态。

(一) 侧槽的横断面

侧槽横断面形状宜做成窄深式。当过水断面面积相同的情况下，窄深断面比宽浅断面节省开挖量，如图 6-31 所示，若窄深断面的过水断面面积为 ω_1，宽浅断面的过水断面面积为 ω_2，当 $\omega_1 = \omega_2$ 时，窄深断面可节省开挖面积 ω_3；而且窄深断面容易使侧向进流与槽内水流混合，水面较为平稳。靠岸一侧的边坡在满足水流和边坡稳定的条件下，以陡为宜，一般采用 1:0.5 左右，溢流堰一侧，溢流曲线下部的直线段坡度（即溢流边坡）一般可采用 1:0.5~1:0.9。

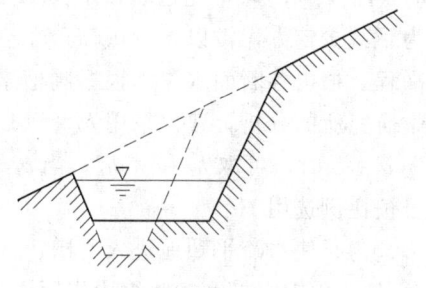

图 6-31 不同侧槽断面挖方量比较图
（虚线为窄深断面；实线为宽浅断面）

由于侧槽内的流量是沿流向不断增加的，所以侧槽底宽也应沿水流方向逐渐增加。起始断面底宽 b_0 与末端断面底宽 b_l 的比值对侧槽的工程量影响很大。一般 b_0/b_l 越小，则侧槽的开挖量越省，但槽底挖得较深，调整段（图 6-32）的工程量也相应增加。所以，应根据地形、地质条件确定比较经济的 b_0/b_l 值，通常 b_0/b_l 采用 0.5~1.0，其中 b_0 的最小值应满足开挖设备和施工要求，b_l 一般选用与泄槽底宽相同的数值。

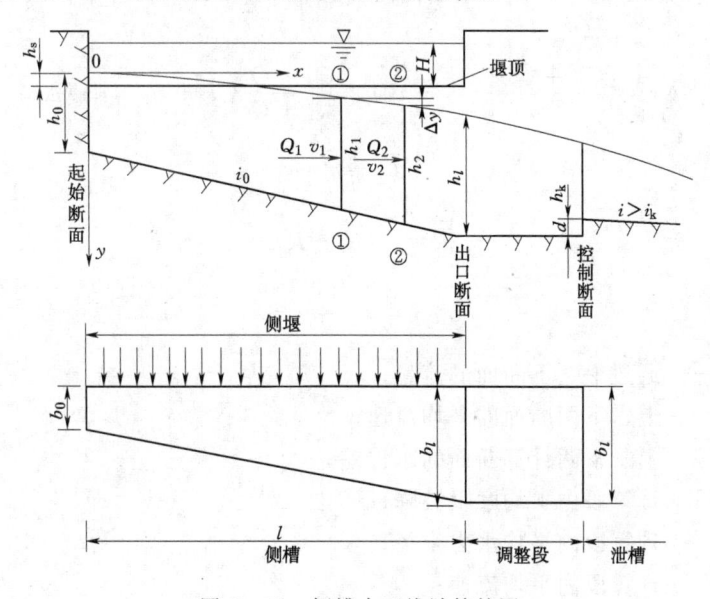

图 6-32 侧槽水面线计算简图

(二) 侧槽的纵剖面

(1) 槽底纵坡。侧槽应有适宜的纵坡以满足泄水能力的要求。由于槽中水流处于缓流状态，因而侧槽的纵坡比较平缓，但如果槽底纵坡过缓，将使侧槽上游段水面壅高过多而影响过堰流量。但如果过陡，又会增加侧槽下游段的开挖深度。初步拟定时槽底纵坡可采用 0.01~0.05，具体数值可根据地形和泄量大小选定。

(2) 槽底高程。槽底高程加槽内水深等于水面高程，水面过高将淹没堰顶影响过堰流量。所以，确定槽底高程的原则应该是在不影响溢流堰过流能力的条件下，尽量采用较高的槽底以减少开挖方量。根据实验，若槽内水面线在侧槽始端最高点超出溢流堰顶的高度 h_s（图 6-32），不超过堰顶水头 H 的 0.5 倍时，可以认为对整个溢流堰来说是非淹没的。为了减少挖方，常以 $h_s=0.5H$ 确定侧槽始端的水位。根据该水位减去水深可得槽首底部高程。槽内各断面水深则根据侧槽末端的水深 h_l 向上游逐段推算而得。根据江西水利科学研究所的分析，建议采用 $h_l=(1.2\sim 1.5)h_k$ 较为适宜，h_k 为该断面的临界水深，当 $b_l/b_0=5$ 时，可取 $h_l=1.5h_k$；当 $b_l/b_0=1.0$ 时，可取 $h_l=1.2h_k$；当 $b_l/b_0=1.2\sim 1.5$ 时，可按比例选用。

为了使水流平顺地进入泄槽，常在泄槽与侧槽之间设水平调整段，其长度 $L=(2\sim 3)h_k$。由缩窄槽宽的收缩段或用调整段末端底坎适当壅高水位，使水流在控制断面形成临界水流，而后泄入泄槽或隧洞。

三、侧槽的水力计算要点

（一）侧槽水面曲线的计算公式

初步拟定侧槽断面并布置后，即可进行侧槽的水力计算。水力计算的目的在于计算侧槽水面线和相应的槽底高程。侧槽水面曲线可按式（6-19）计算。该公式计算图形如图 6-32 所示。

$$\Delta y = \frac{(v_1+v_2)}{2g}\left[(v_2-v_1)+\frac{Q_2-Q_1}{Q_1+Q_2}(v_1+v_2)\right]+\bar{J}\Delta x \qquad (6-19)$$

其中
$$\bar{J}=\frac{n^2\bar{v}^2}{\bar{R}^{4/3}}$$

$$\bar{R}=\frac{1}{2}(R_1+R_2)$$

$$\bar{v}=\frac{1}{2}(v_1+v_2)$$

式中　Q_1、Q_2——通过上、下断面的流量；
　　　v_1、v_2——上、下两断面的平均流速；
　　　Δy——上、下两计算断面的水位差；
　　　$\bar{J}$——计算段内平均摩阻坡降；
　　　$\bar{R}$——计算段内平均水力半径；
　　　$\bar{v}$——计算段内平均流速；
　　　n——侧槽壁面糙率系数，根据《溢洪道设计规范》（SL 253—2000）选用，混凝土衬砌一般为 0.011～0.017；喷混凝土一般为 0.02～0.03；岩石一般为 0.025～0.045；
　　　Δx——计算段水平长度。

（二）侧槽水力计算的步骤

已知设计流量 Q、堰顶高程、允许淹没水深 h_s、侧槽边坡坡率 m、底宽变率 b_0/b_l、槽底坡度 i_0 和槽末水深 h_l。计算步骤如下：

(1) 由给定的 Q 和堰上水头 H 计算侧堰溢流前缘长度 L。
(2) 列侧槽末端断面与调整段末端断面（控制断面）之间的能量方程，计算控制断面处底板的抬高值 d。
(3) 根据给定的 m、b_0/b_l、i 和 h_l，以侧槽末端作为起始断面，按式（6-19），逐段推求各相邻断面之间的高差 Δy 及水深。
(4) 根据侧槽首端溢流堰容许的淹没水深 h_s，定出侧槽首端水位，减去水深得首端槽底高程。其他各断面槽底高程可按底坡确定或按水位减水深确定。

第四节　非常溢洪道

在建筑物运行期间可能出现超过设计标准的洪水，由于这种洪水出现机会极少，泄流时间也不长，所以在枢纽中可以用结构简单的非常溢洪道来宣泄。其启用标准应根据工程等级、枢纽布置、坝型、洪水特性及标准、库容特性及对下游的影响等因素确定。

非常溢洪道一般分为漫流式、自溃式、爆破引溃式三种。

一、漫流式非常溢洪道

这种溢洪道与正槽溢洪道类似，将堰顶建在准备开始溢流的水位附近，而且任其自由漫流。这种溢洪道的溢流水深一般取得较小，因而堰长较大，多设于垭口或地势平坦之处，以减少土石方开挖量。如大伙房水库为了宣泄特大洪水，1977年增加了一条长达150m的漫流式非常溢洪道。

二、自溃式非常溢洪道

这种形式的溢洪道是在非常溢洪道的底板上加设自溃堤，堤体可根据实际情况采用非黏性的砂料、砂砾或碎石填筑，平时可以挡水，当水位达到一定高程时自行溃决，以宣泄特大洪水。按溃决方式可分为溢流自溃和引冲自溃两种形式，如图6-33、图6-34所示。

溢流自溃式非常溢洪道构造简单、管理方便，但溢流缺口的位置、规模和自溃式非常溢洪道的安全运行无法进行人工控制，有可能溃坝提前或滞后。一般用于自溃坝高度较低、分担洪水比重不大的情况。当溢流自溃坝较长时，可用隔墙将其分成若干段，各段采用不同的坝高，满足不同水位的特大洪水下泄，避免当泄量突然加大时给下游造成损失。引冲自溃式非常溢洪道是在自溃坝的适当位置加引冲槽，当库水位达到启溃水位后，水流即漫过引冲槽，冲刷下游坝坡形成口门并向两侧发展，使之在较短时间内溃决。在溃决过程中，泄量逐渐增大，对下游防护有利，在工程中应用较广泛，但尚缺少有效措施控制过水口门形成和口门形成的时间，溃堤泄洪后，调蓄库容减小，可能影响来年水库综合效益。

三、爆破引溃式非常溢洪道

爆破引溃式溢洪道是当需要泄洪时引爆预埋在副坝药室或廊道内的炸药，利用其爆炸能量，使非常溢洪道进口的副坝坝体形成一定尺寸的爆破漏斗，形成引冲槽，并将爆破漏

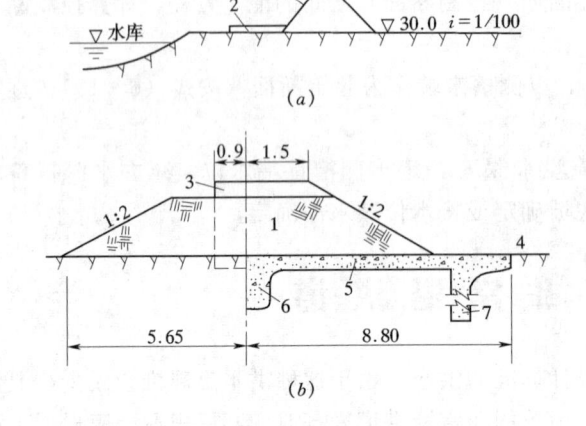

图 6-33 溢流自溃式非常溢洪道
（a）安徽省城西水库非常溢洪道示意图；
（b）国外某水库漫顶自溃堤断面图
1—土堤；2—公路；3—自溃堤各段间隔墙；4—草皮护面的非常溢洪道；5—0.3m 厚混凝土护面；6—0.6m 厚、1.5m 深混凝土截水墙；7—0.6m 厚、3m 深混凝土截水墙

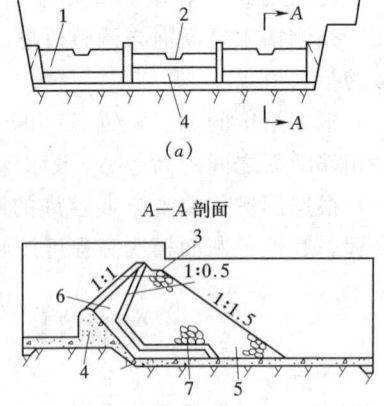

图 6-34 引冲自溃式非常溢洪道（南山水库）
1—自溃坝；2—引冲槽；3—引冲槽底；4—混凝土堰；5—卵石；6—黏土斜墙；7—反滤层

斗以外的土体炸松、炸裂，通过坝体引冲作用使其在短时间内迅速溃决，达到泄洪目的。

由于非常溢洪道的运用概率很小，实践经验还不多，目前在设计中如何确定合理的洪水标准、非常泄洪设施的启用条件及各种设施的可靠性等，尚待进一步研究解决。

第五节 溢洪道的运用管理

一、存在的主要问题及原因

根据有关资料统计，溢洪道在运用中存在的主要问题是泄洪能力不足、闸墩和闸底板开裂、陡坡底板和边墙破坏、消能设施破坏等。

1. 泄洪能力不足

溢洪道泄洪能力不足或来水超过设计标准洪水，将导致漫坝失事，根据统计资料，1954—2006 年，我国共有 3496 座水库大坝失事，其中水库垮坝失事原因主要是漫坝和质量问题，分别占垮坝总数的 51.49% 和 37.53%。水库漫坝原因主要是泄洪能力未达标和遇超标准洪水，其中因泄洪能力未达标而垮坝的水库 1349 座，占垮坝总数的 38.59%；遇超标准洪水而垮坝的水库 447 座，占垮坝总数的 12.79%。造成溢洪道泄洪能力不足的原因是多方面的，主要包括：①设计资料不全，如降雨资料不准、系列较短、水库积水面积计算差别大等；②计算值与实际值差别较大，如设计洪水标准确定和溢洪道泄洪能力计算；③进口增设拦鱼栅及闸前堆渣等障洪物；④引水渠水头损失考虑不足或根本未计入；⑤大坝沉降使溢洪道的堰顶水头达不到设计要求等。

2. 闸墩和闸底板开裂

建在岩基上的河岸溢洪道，闸墩开裂部位比较规则，多在牛腿前1～2m范围内。主要原因是温度应力，由于岩石和混凝土的线膨胀系数不同，在温度作用下，两者的伸缩率也不同。温升时，墩的两端可自由伸长，其伸长率大，岩基的伸长率小，故岩基对闸墩有约束作用，墩处于受压状态；温降时，混凝土收缩率大，而岩石收缩率小，故在闸墩内底部处于受拉状态，其拉应力超过闸墩底部抗拉强度时，将在墩底中间部位开裂。这种裂缝与土基上闸墩开裂是不同的，后者一般为通缝，而前者多由底部向墩顶延伸，延伸高度不等，如不及时采取补救措施，也有可能形成通缝。

3. 陡坡底板和边墙破坏

溢洪道的泄水陡坡段，水流多为急流，由于地形、地质条件所限，往往为了减少工程量而布置成弯道致使泄水槽内产生不利的流态，不仅冲击泄水槽边墙，造成边墙冲毁，严重威胁溢洪道自身的安全，而且威胁临近建筑物的安全；此外，因为槽内流态的混乱，也易造成底板被掀起或局部接缝破坏的不良现象。实际工程中，泄水陡坡形式各异，工作条件也不相同，分析高速水流对泄槽的破坏原因是多方面的，但主要因素如下：①泄水槽高速水流掺气，而导致水深的增加，若边墙保护高度不足时，将直接冲毁边墙，一般平均流速超出6～7m/s时，空气将大量掺入水中而形成乳白色的掺气水流；②受地形限制，进口收缩不对称、槽身转弯、出口扩散布置时，槽内水流易发生侧向水跃、菱形冲击波及掺气现象，槽内流态紊乱、破坏力强，菱形冲击波的作用也严重恶化了下游的消能条件，需要加高边墙高度，以防止边墙冲毁；③槽内流速大、流态差，易产生气蚀破坏而使接缝破坏等现象；④施工质量差、平整度不满足要求，接缝不合理，强度不够，维护不及时造成局部气蚀；⑤陡槽底板下部扬压力过大、排水失效；⑥基础为土基或风化带未清理干净，泡水后造成强度降低、不均匀沉陷、底板掏空等破坏。

4. 消能设施破坏

底流消能时，消力池尺寸过小，不满足水跃消能的要求；护坦的厚度过于单薄，底部反滤层不符合要求；平面形状布置不合理，扩散角偏大造成两侧回流，压迫主流而形成水流折冲现象；消力池上游泄水槽采用弯道，进入消力池单宽流量沿进口宽分布不均，水流紊乱、气蚀等；施工质量差、强度不足，结构不合理，维护不及时等均能引起消力池的破坏。

挑流消能时，挑距达不到设计要求，冲坑危及挑坎和防冲墙；反弧及挑坎磨损、气蚀，使其表面高低不平而不能正常运用；采用差动式挑流鼻坎时，在高坎的侧壁易产生气蚀破坏。实际工程运用表明：差动式挑流高、低坎挑角差$\Delta\theta$的大小是影响气蚀的主要原因，一般$\Delta\theta$越大，越易产生气蚀；挑坎上过流量较小，易产生贴壁流，直接淘刷防冲墙的基础，并且挑出的水流向两侧扩散，冲刷两岸岸坡；设计不合理、地质条件差、施工质量低、强度不足及维护不及时等都会造成挑流设施的破坏。

二、主要处理措施

1. 泄洪能力不足的处理

提高水库抗洪能力，除了加强水库的科学调度和制定正确的防洪标准外，主要应采取以下措施。

(1) 加高大坝，增加蓄水能力。对于土石坝，加高前要认真进行调查研究，在确保大坝安全的前提下，精心设计、施工，按照加高的位置不同可分为从背水坡加高、从迎水坡加高、背水和迎水坡同时加高、"戴帽"加高四种方式。

(2) 加大溢洪道泄洪断面。当溢洪道设计断面没有开足而降低防洪标准时，应按要求重新开足设计断面。如果是原设计的标准低，则应加大断面，对于两岸山坡不高，开挖工程量不大时，可用加宽、衬砌的方法；如果岸坡较陡，加宽断面挖方量过大时，可采用加深过水断面的方法。在有闸溢洪道上扩建，要考虑增加闸孔数或增加闸门宽度。

(3) 改建溢洪设施。改建的方法一般包括降低溢流堰高程，宽顶堰改实用堰，增建闸门，改变布置和结构型式、尺寸或提高衬砌质量等措施，充分改变水流条件，加大泄流流速和流量。

(4) 增设泄洪设施。为防御超标准洪水，在原有泄洪设施情况下可增设以下泄洪设施：①增设非常溢洪道，对于采用隧洞、坝下涵管泄洪的水库，采用加高大坝或增设泄水孔不经济，或改建溢洪道困难大时，可在附近有利的位置增设非常溢洪道另找泄洪出路以提高防洪能力；②增设泄洪隧洞或涵管，这种方法既有利于泄洪，又利于排沙减淤，延长水库寿命，布设时应尽量降低进口高程，进口位置、形式应利于排沙，但因此方法泄洪能力有限且超泄能力低，故应慎重对待。

(5) 清除阻洪设施。溢洪道进口阻洪设施主要有临时桥梁、随意弃渣、漂浮物及两岸山坡的滑坡体等，要求在汛期来临时及时拆除和清理干净，以防影响行洪安全。

2. 闸墩和底板开裂的处理

处理闸墩和底板开裂应根据具体情况而定。如河南南湾水库溢洪道的右二闸墩，在牛腿前1.5m处自上而下形成通缝，把闸墩分为前后两半，处理时采用埋设辐射筋及环氧砂浆封面的方法，取得了较好的效果。这种方法是先在墩的表面凿槽，用环氧砂浆和预埋螺栓固定一端，另一端通过牛腿锚定施加拉力，使钢筋受拉产生拉应力，把钢筋放在槽内，然后用环氧砂浆进行封闭。

为了适应温差变化而产生的温度应力，应认真进行抗裂验算及裂缝开展校核，一般要在闸墩下部与底板接触部位设置限裂及温度筋。

裂缝的其他处理方法，可参考混凝土重力坝及其他有关资料。

3. 陡坡底板和边墙破坏的处理

溢洪道陡坡上流速急、流态混乱，对底板和边墙破坏性极大，工程运用中，一般是首先考虑改善水流条件，其次是对破坏部位进行处理。

(1) 改善陡槽水流条件。水流条件受边界的约束影响很大，改善水流条件的关键是改善边界条件，主要方法包括：①陡槽尽量布置成直线，以减少冲击波的干扰和反射，改善进入消力池的水流条件，当陡槽底坡采用变坡时，应用曲线连接，使水流贴槽而流以避免产生负压、气蚀；②平面上尽量将陡槽入口布置成收缩角不超过 11.25°左右；③弯道上水流条件改善，可采用控制弯道曲率和侧槽横比降两方面的措施，由于地形所限而导致转弯较急时，可在进弯时设置分流隔墩，墩形可做成流线形，使断面横比降经隔墩而分散，从而可以降低侧墙的高度，同时起导流作用，但要注意在高速水流作用下，易引起隔墩局部边壁的气蚀。

（2）修复处理破坏部位。泄水槽底板与边墙的工作条件是较复杂的，承受水压力、脉动压力、渗透压力、浮托力等作用，并受温度变化、冻融交替产生的伸缩应力影响，还要抵抗风化、磨蚀、气蚀等作用，一旦发生破坏现象，应及时进行修复处理。具体方法较多，处理时应视其原因而采取不同措施，作到"封"、"通"、"压"、"光"，以保证泄槽的安全。"封"指截断渗流，如采用防渗帷幕、齿墙、止水等防渗措施；"通"指排水系统要畅通，底板下面未做排水或排水被堵塞将会产生很大的扬压力，造成底板被掀起、折断或淘空；"压"指利用底板自重、衬砌上游块压住下游块或在缝中设键槽相互挤压等措施，使底板不被掀起；"光"指要求底板、边墙的表面光滑平整，施工时残留废渣、砂浆块、钢筋头等不平整因素应彻底清除，以防止气蚀破坏。

4. 消能设施破坏的处理

底流消能设施破坏的处理可参考水闸管理中有关内容。挑流消能设施存在的主要问题有气蚀破坏、挑距不足、贴壁流及局部破坏等，处理时应按不同情况具体对待。对于局部破坏，如程度较轻应及时进行填补平整修理，否则要修改原设计进行翻修，以消除产生破坏的条件，如改善结构布置形式、提高结构抗蚀抗冲能力、向低压区补气防蚀等措施。

为了防止挑距过近，应正确选择挑射角，对于重要工程应进行模型试验，对于一般中、小型工程，选择时要考虑设计和校核流量，还要兼顾小流量时运用，以防挑不出去或贴壁下流，淘刷挑流鼻坎下面的防冲墙脚，山东省曾运用优选法选择挑射角认为选用 27°左右较为合适，最好结合模型试验选择。

对于挑流消能因出口水流扩散冲刷岸坡问题，西北水科院曾通过试验提出了改进型的异形鼻坎，即挑流鼻坎不是用一个反弧曲线，而是在反弧段做成一定的横比降，水流挑出后在垂直方向上集中，因水流的出坎挑角各不相同，因此，挑出后的水流将沿下游河床在较长的距离上跌落，可以减轻河岸的冲刷深度。如龙羊峡和安康水电站均采用了这种消能形式，效果较好，因其河道较狭窄，无论采用连续式或者差动式消能，挑出水流都会冲刷岸坡。

差动式高坎产生边壁气蚀问题，除选择合理的挑角差 $\Delta\theta$ 外，还可在高坎侧壁开通气孔，通气孔的位置应在负压部位稍偏向上游，如新安江水电站溢流坝后差动式鼻坎在高坎侧壁通入 $\phi=28cm$ 的通气管，把空气送至气蚀部位，消除了气蚀现象。

本 章 小 结

本章重点讲述河岸溢洪道的设计，包括正槽溢洪道与侧槽溢洪道，对泄水建筑物的类型及非常溢洪道作了解性地介绍。正槽溢洪道一般由进水渠、控制段、泄槽、消能防冲设施及尾水渠五部分组成，对各部分的设计原理分别加以阐述，对其水力计算原理则进行了详细论述。其设计方法步骤：首先进行位置选择和工程布置，拟定各部分尺寸，然后进行水力计算，校核泄流能力，确定边墙高度及消能防冲设施的形式及尺寸，最后进行各部分细部构造的设计。侧槽溢洪道主要讲述其特点、组成及其水力计算要点。侧槽溢洪道与正槽溢洪道相比较增设了窄深断面的侧槽，其余部分相同，因此侧槽设计是侧槽溢洪道学习的主要内容。溢洪道的运用管理主要针对泄洪能力不足、闸墩和闸底板开裂、陡坡底板和边墙破坏、消能设施破坏等常见的问题，讲述了原因和处理措施。

复习思考题

1. 泄水建筑物如何分类？河岸式溢洪道有几种型式？
2. 对河岸溢洪道的位置应如何进行选择？
3. 正槽溢洪道和侧槽溢洪道的主要区别是什么？它们各由哪几部分组成？各组成部分的作用是什么？
4. 溢流堰有哪几种型式？各有什么特点？
5. 泄槽的水力特征是什么？
6. 试说明泄槽平面、纵剖面、横剖面的设计要求。
7. 泄槽衬砌应满足什么要求？
8. 试简要说明岩基上及土基上泄槽衬砌的设计。
9. 如何选择河岸溢洪道的消能方式？
10. 正槽溢洪道的水力计算内容是什么？
11. 侧槽溢洪道布置有什么特点？如何进行侧槽的设计？
12. 试说明侧槽的水力设计要点。
13. 为什么要设置非常溢洪道？非常溢洪道有哪几种型式？
14. 溢洪道在运用中存在的主要问题是什么？试说明发生的原因。
15. 溢洪道泄洪能力不足应如何处理？
16. 闸墩裂缝的处理方法是什么？

第七章 水工隧洞与坝下涵管

第一节 水工隧洞概述

在水利枢纽中为满足泄洪、灌溉、发电等各项任务在岩层中开凿而成的建筑物称为水工隧洞。

一、水工隧洞的特点

水工隧洞的结构特性及工作条件，决定了它有以下三方面的特点。

(一) 结构特点

隧洞是位于岩层中的地下建筑物，与周围岩层密切相关。在岩层中开挖隧洞后，破坏了原有的平衡状态，引起洞孔附近应力重新分布，岩体产生新的变形，严重的会导致岩石崩塌。因此，隧洞中常需要临时性支护和永久性衬砌，以承受围岩压力。围岩除了产生作用在衬砌上的围岩压力以外，同时又具有承载能力，可以与衬砌共同承受内水压力等荷载。围岩压力与岩体承载能力的大小，主要取决于地质条件。因此，应做好隧洞的工程地质勘探工作，使隧洞尽量避开软弱岩层和不利的地质构造。

(二) 水流特点

枢纽中的泄水隧洞，其进口通常位于水下较深处，属深式泄水洞。它的泄水能力与作用水头 H 的 $1/2$ 次方成正比，当 H 增大时，泄流量增大较慢。但深式进口位置较低，可以提前泄水，提高水库的利用率，故常用来配合溢洪道宣泄洪水。

由于作用在隧洞上的水头较高，流速较大，如果隧洞在弯道、渐变段等处的体型不合适或衬砌表面不平整，都可能出现气蚀而引起破坏，所以要求隧洞体型设计得当、施工质量良好。

泄水隧洞的水流流速高、单宽流量大、能量集中，在出口处有较强的冲刷能力，必须采取有效的消能防冲措施。

(三) 施工特点

隧洞是地下建筑物，与地面建筑物相比，洞身断面小，施工场地狭窄，洞线长，施工作业工序多、干扰大、难度也较大，工期一般较长。尤其是兼有导流任务的隧洞，其施工进度往往控制着整个工程的工期。因此，采用新的施工方法，改善施工条件，加快施工进度和提高施工质量在隧洞工程建设中需要引起足够的重视。

二、水工隧洞的类型

1. 按用途分类

(1) 泄洪洞。配合溢洪道宣泄洪水，保证枢纽安全。

(2) 引水洞。引水发电、灌溉或供水。
(3) 排沙洞。排放水库泥沙，延长水库的使用年限，有利于水电站的正常运行。
(4) 放空洞。在必要的情况下放空水库里的水，用于人防或检修大坝。
(5) 导流洞。在水利枢纽的建设施工期用来施工导流。

在设计水工隧洞时，应根据枢纽的规划任务，尽量考虑一洞多用，以降低工程造价。如施工导流洞与永久隧洞相结合，枢纽中的泄洪、排沙、放空隧洞的结合等。

2. 按洞内水流状态分类

(1) 有压洞。隧洞工作闸门布置在隧洞出口，洞身全断面均被水流充满，隧洞内壁承受较大的内水压力。引水发电隧洞一般是有压隧洞。

(2) 无压洞。隧洞的工作闸门布置在隧洞的进口，水流没有充满全断面，有自由水面。灌溉渠道上的隧洞一般是无压的。

一般说来，隧洞根据需要可以设计成有压的，也可以设计成无压的，还可以设计成前段是有压的而后段是无压的。但应注意的是，在同一洞段内，应避免出现时而有压时而无压的明满流交替现象，以防止引起振动、空蚀等不利流态。

第二节 水工隧洞的布置和构造

一、水工隧洞的布置

(一) 水工隧洞的线路选择

隧洞的路线选择是隧洞设计的关键问题之一，它关系到工程造价、施工难易、工程进度、运行可靠性等。影响隧洞线路选择的因素很多，如地质、地形、施工条件等。因此，应该在做好勘测工作的基础上，根据隧洞的用途，拟定出若干方案，综合考虑各种因素，进行技术比较后加以选定。

隧洞的线路选择主要考虑以下几个方面的因素。

1. 地质条件

隧洞路线应选在地质构造简单、岩体完整稳定、岩石坚硬的地区，尽量避开不利的地质构造，如向斜构造、断层及构造破碎带。要尽量避开地下水位高、渗水严重的地段，以减少隧洞衬砌上的外水压力。洞线要与岩层、构造断裂面及主要软弱带走向有较大的交角，对于整体块状结构的岩体及胶结紧密的厚岩层，夹角不宜小于30°，对于薄层以及层间连接较弱，特别是层间结合疏松的薄层高倾角岩层，夹角不小于45°。在高地应力地区，洞线宜与最大水平地应力方向有较小夹角，以减少隧洞的侧向围岩压力。隧洞应有足够的覆盖厚度，对于有压隧洞，当考虑弹性抗力时，围岩的最小覆盖厚度不小于3倍洞径。根据以往工程经验，对于围岩坚硬完整无不利构造的岩体，有压隧洞的最小覆盖厚度不小于$0.4H$（H为压力水头），如不加衬砌，则应不小于$1.0H$。

在隧洞的进、出口处，围岩的厚度往往较薄，应在保证岩体稳定的前提下，避免高边坡的开挖导致工程量的增大和工期的延长。故进、出口的围岩最小厚度应根据地质、施工、结构等因素综合分析确定，一般情况下，进、出口顶部的岩体厚度不宜小于洞径或洞宽。

2. 地形条件

隧洞的路线在平面上应尽量短而直，以减小工程费用和水头损失。如因地形、地质、枢纽布置等原因需要转弯时，对于低流速的隧洞弯道曲率半径不应小于5倍洞径或洞宽，转弯转角不宜大于60°，弯道两端的直线段长度也不宜小于5倍的洞径或洞宽。高流速的隧洞应避免设置曲线段，如设弯道时，其曲率半径和转角最好通过试验确定。

3. 水流条件

隧洞的进口应力求水流顺畅，减少水头损失。重视隧洞出口轴线与河流主流的相对位置，水流应与下游河道平顺衔接，与土石坝下游坝脚及其建筑物保持足够距离，防止出现冲刷。

4. 施工条件

洞线选择应考虑施工出渣通道及施工场地布置问题。洞线设置曲线时，其弯曲半径应考虑施工方法及施工大型机械设备所要求的转弯半径。

对于长隧洞，还应注意利用地形、地质条件布置施工支洞、斜洞、竖井（图7-1）。以便进料、出渣和通风，增加总工作面，改善施工条件，加快施工进度。

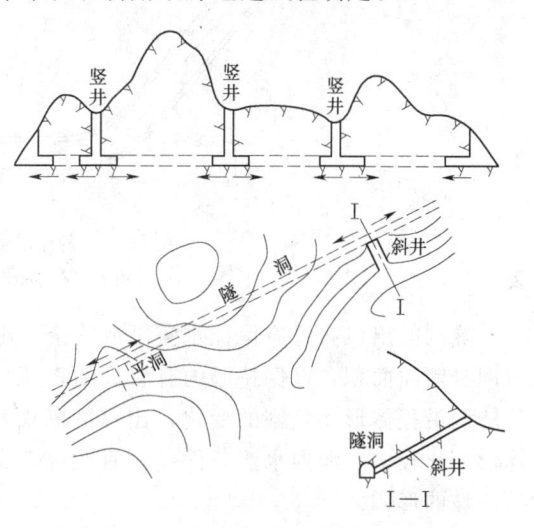

图7-1 施工支洞、斜洞、竖井的布置

此外，洞线选择应满足枢纽总体布置和运行要求，避免在隧洞施工和运行中对其他建筑物产生干扰。

（二）水工隧洞的工程布置

水利枢纽中的泄水和引水隧洞的工程布置主要包括隧洞进、出口和洞身及闸门的布置。

1. 隧洞进、出口的布置

进、出口建筑物的布置，应根据枢纽总体布置，考虑地形、地质条件，使水流顺畅，进流均匀，出流平稳，下泄安全。

隧洞的进口高程应根据隧洞的用途及实际运用要求加以确定。用于发电引水的隧洞，要保证其有压工作状态时，其进口顶部高程应在水库最低工作水位以下0.5~1.0m，以免吸入空气；底部应高出水库淤沙高程最少1.0m以上，防止粗颗粒泥沙进入洞内，造成磨损。灌溉隧洞的进口高程应保证在水库最低工作水位时，能引入设计流量，并应与下游灌区布置在同一侧，若为自由灌溉，应满足引水高程的要求。排沙洞应设置在需要排沙的发电、灌溉引水洞进口附近，其高程宜较低。用于放空水库和施工导流的隧洞进口高程一般都较低。

进口的进水方式有表孔溢流式和深水进口式两种。前者的进口布置方式与岸边溢洪道相似，只是用隧洞代替了泄槽，泄水时，洞内为无压流（图7-2）。我国采用这种布置形式的有毛家村、流溪河、冯家山等无压泄洪洞。这种布置形式的表孔进口虽有较大的超泄能力，但其泄流能力受到隧洞断面的限制。深式泄水隧洞，可以是无压的或有压的（图7

-3)。这种布置形式与重力坝上的泄水孔布置形式相似。

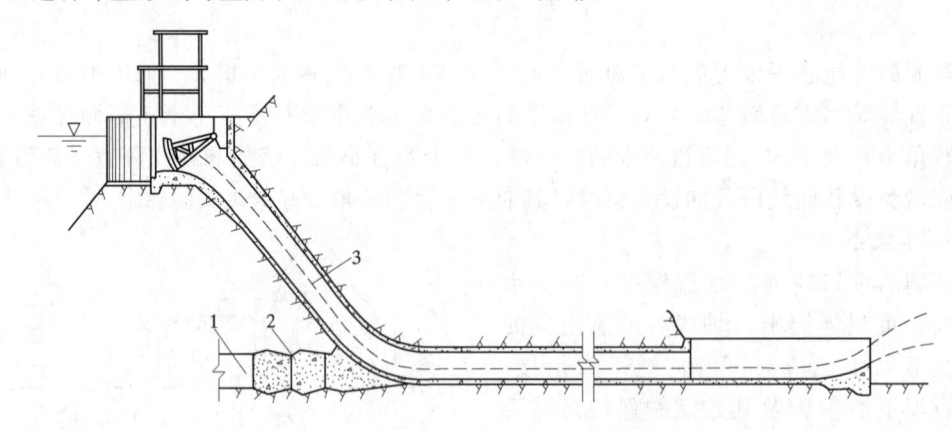

图 7-2 表孔溢流式泄洪洞布置图
1—导流洞；2—混凝土堵头；3—水面线

隧洞的出口布置应保证水流下泄安全，出流平稳。对于有压隧洞，出口断面面积应小于洞身断面面积，以保持洞内有较大的正压。SL 279—2002《水工隧洞设计规范》指出，若隧洞沿程体形无急剧的变化，出口的断面积宜收缩为洞身断面的 85%～90%，若沿程体形变化较多，洞内水流条件差，宜收缩为洞身断面的 80%～85%，收缩方式宜采用洞顶压坡的形式。

隧洞的出口应根据地形地质条件、水流条件、下游河床抗冲能力、消能防冲要求及对周围建筑物的影响，通过技术经济比较选择适宜的消能防冲方式。对于高流速、高水头、大流量的泄水隧洞，宜采用挑流或底流消能方式，较常用的为挑流消能。

2. 隧洞的纵坡选择

隧洞的坡度主要涉及泄流能力、压力分布、过水断面大小、工程量、空蚀特性及工程安全。应根据运用要求及上、下游的水位衔接在总体布置中综合比较确定。

有压洞的纵坡主要取决于进出口高程，要求在最不利的条件下，全线洞顶保持不小于 2m 的压力水头。有压洞的底坡不宜采取平坡或反坡，因其会出现压力余幅不足且不利于检修排水。有压洞的纵坡从施工排水和检修隧洞排水来考虑，一般取坡度为 3‰～10‰。

无压隧洞的纵坡应根据水力计算加以确定，一般要求在任何运用情况下，纵坡均应大于临界坡度。

3. 闸门位置布置

泄水隧洞中一般要设置两道闸门。

检修闸门设置在隧洞进口，用来挡水，以便对工作闸门或隧洞进行检修。检修闸门一般要求在静水中启闭，一些大、中型隧洞的深式进水口常要求检修闸门能在动水中关闭、静水中开启，以满足出现事故时的需要，此时也称为事故闸门。当隧洞出口低于下游水位时，出口处还需设置叠梁式检修门。

工作闸门用来调节流量和封闭孔口，要求能在动水中启闭。工作闸门可根据需要设置在隧洞的进口、出口或洞中的某一适宜位置。

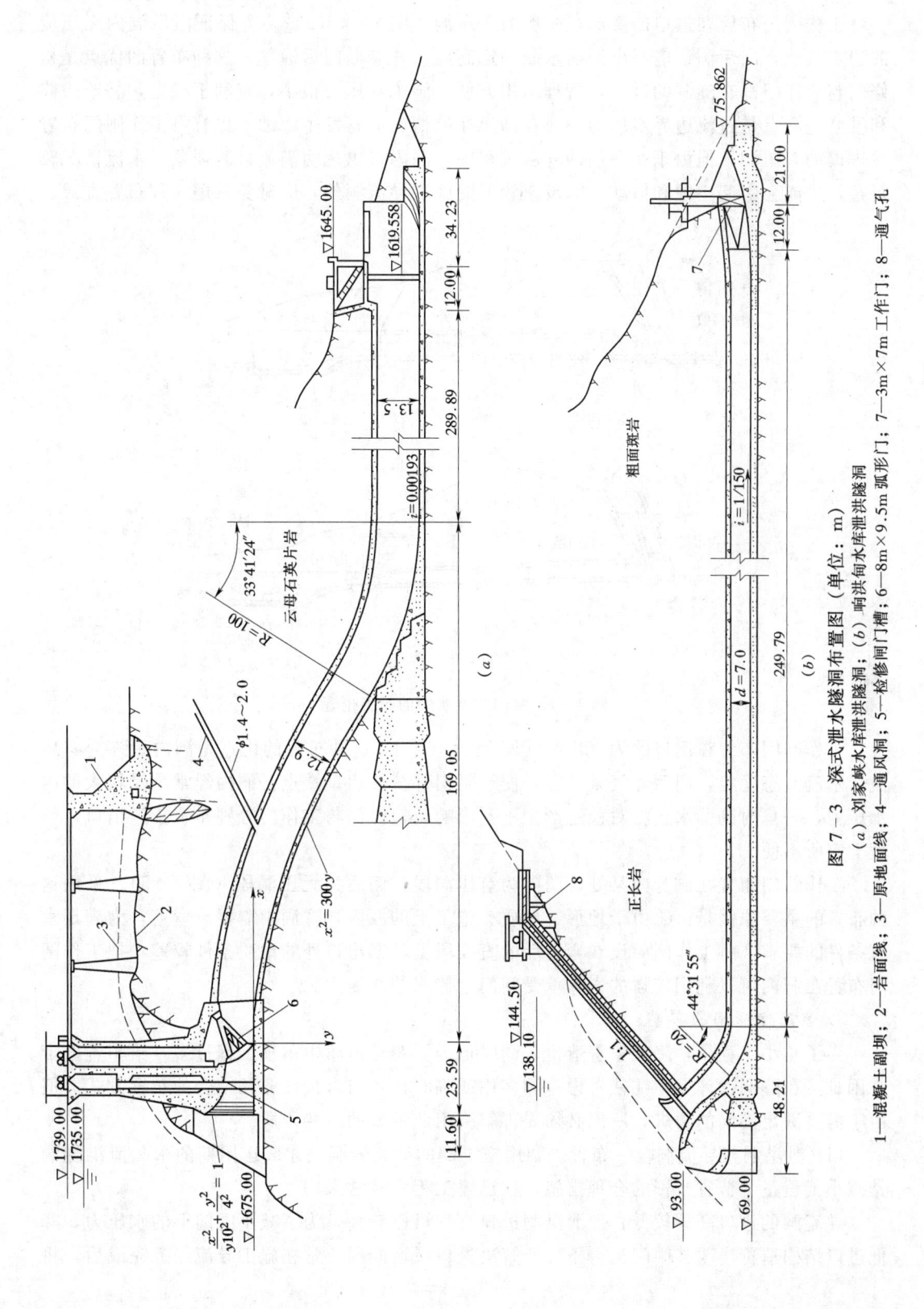

图 7-3 深式泄水隧洞布置图（单位：m）
(a) 刘家峡水库泄洪隧洞；(b) 响洪甸水库泄洪隧洞
1—混凝土副坝；2—岩面线；3—原地面线；4—通风洞；5—检修闸门槽；6—8m×9.5m弧形门；7—3m×7m工作门；8—通气孔

工作闸门布置在进口的隧洞，一般为无压洞 [图 7-4 (a)]。为保证门后洞内无压流的稳定流态，门后洞顶应高出洞内水面一定高度，并需向门后通气。这种布置的优点是检修门与工作门都在隧洞的进口，管理运用方便，洞中水压力很小，有利于稳定，易于检修和维修。缺点是过流边界水压力小，在高流速的情况下易发生空蚀。也有将工作闸门布置在进口的有压洞，但由于在闸门的开启过程中，洞内将出现明满流过渡现象，水流情况较复杂，可能会引起空蚀和振动，除流速较低的施工导流洞外，应避免采用这种布置方式。

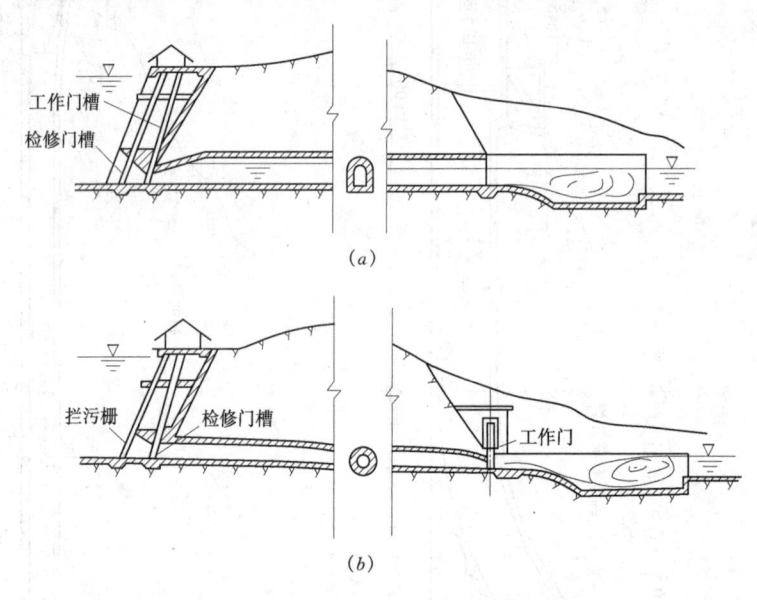

图 7-4 闸门在隧洞中的布置位置

工作闸门布置在出口的为有压洞 [图 7-4 (b)]。这种布置的优点是洞内始终为有压流，水流流态稳定，门后通气条件好，便于闸门部分开启。缺点是洞内经常承受较大的内水压力，一旦衬砌漏水，将对稳定产生不利影响，检修门与工作门分别布置于进出口，管理上有所不便。

工作闸门布置在洞身内某处，门前为有压洞段，门后为无压洞段（图 7-5）。采用这种布置的主要原因是：①由于地形、地质、施工上的原因，隧洞中需要设弯道，为满足水流条件的要求，将工作闸门设在弯道后的直线段上；②出口处的地质条件较差，把工作闸门布置在洞内可以利用较强的岩体承受闸门上传来的水压力。

4. 多用途隧洞的布置

为了减小工程量，降低工程造价，同时也为了避免枢纽中单项工程过多，给布置上带来困难，在隧洞设计上，往往考虑一洞多用或临时任务与永久任务相结合的布置方式。但由于需要满足不同的要求，所以必须妥善解决由此带来的一些矛盾。

(1) 泄洪洞与导流洞合一布置。利用施工期的导流隧洞改建成运用期的永久泄洪隧洞是减小工程量、节省投资的合理措施，在已建工程中较常采用。

导流洞的进口高程较低，而泄洪洞进口高程可以较高，为了减小闸门上的水压力，降低进口结构造价，改善闸门运行条件及解决进口淤堵问题，常在施工导流任务完成后，将

图 7-5 水工隧洞布置实例（单位：m）

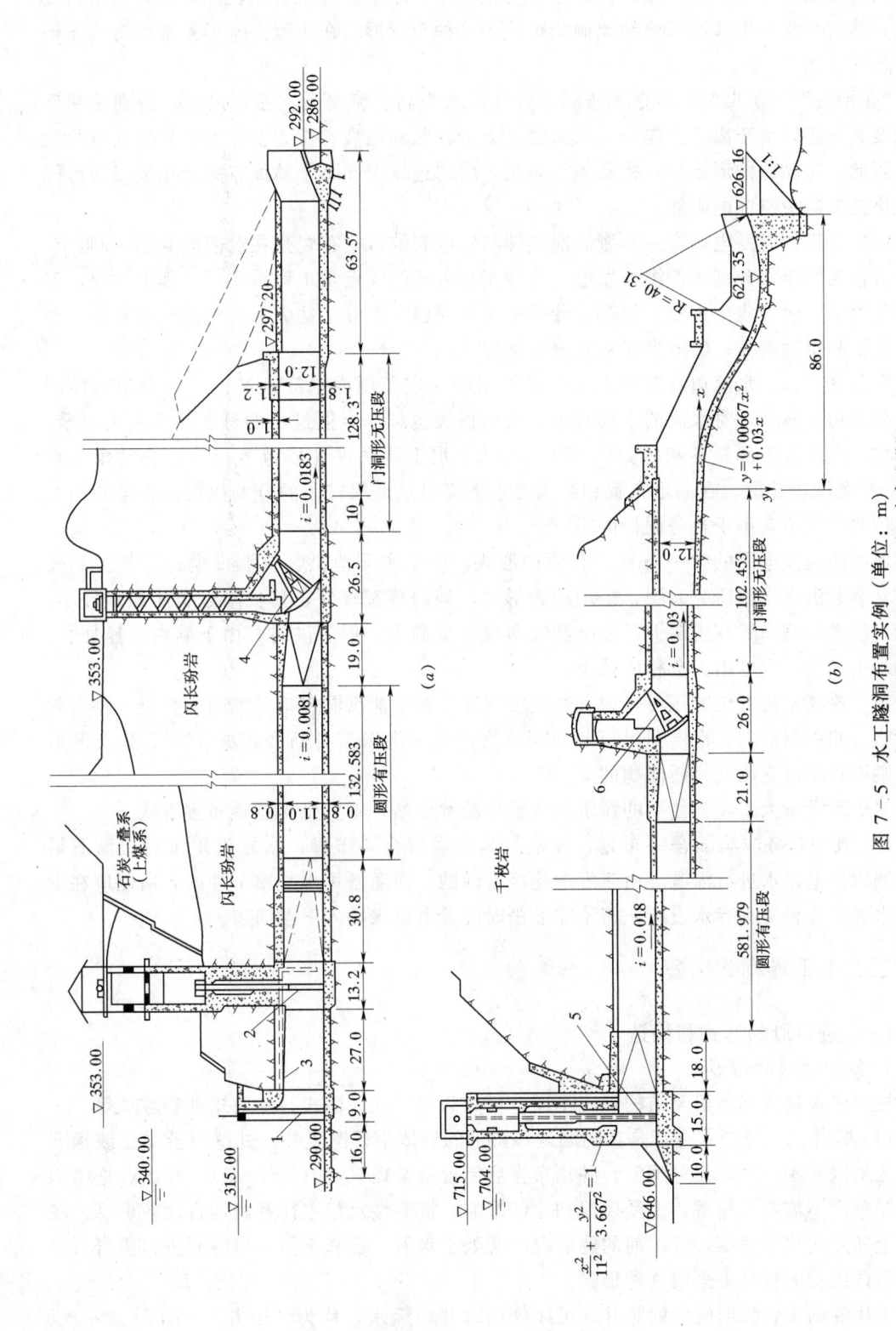

(a) 三门峡水库1号泄洪排砂洞；(b) 碧口水库泄洪洞

1—叠梁门槽；2—3.5m×11m 事故检修门；3—平压管；4—8m×8m 弧形工作门；5—9m×11m 事故检修门；6—9m×8m 弧形门

导流洞前段堵塞,而在原导流洞口的上方另设进口,隧洞底坡根据水流流速设计为抛物线形式,然后再接一反弧段与原导流洞相衔接。这种布置形式在工程上常形象地称为"龙抬头"形式(图 7-3)。

"龙抬头"式泄洪洞大多是无压洞,并往往水头高、流速大,在弯道处,特别是在反弧段及其下游,由于离心力作用,水流流态复杂,脉动强烈,压力变化大,易遭受空蚀破坏。因此,应做好体形设计,控制施工质量,限制过流表面不平整度,并选用适当的掺气减蚀措施来避免空蚀的破坏。

(2) 泄洪洞与发电洞合一布置。泄洪洞与发电洞的合一布置是在洞前段共用一洞,在后段分岔为两个洞分别来泄洪与发电。这种布置方式的优点是工程量小,工程进度快,工程布置紧凑,管理集中方便。但存在着两个主要问题:①分岔岔尖附近水流流态复杂,易产生负压和空蚀破坏;②泄洪时对发电有影响。

在分岔部位,水流边界突然改变,必然引起一定范围内水流紊乱。从水力学的角度看,分岔角度越小,对水流的干扰越小,水头损失也越小。但过小的分岔角使岔尖过窄,对结构强度及施工都是不利的。SL 279—2002《水工隧洞设计规范》指出,分岔角宜在 30°~60°范围内选取,在满足布置和结构要求下应尽量采取较小的分岔角度。发电隧洞在分岔后的长度不宜小于自身洞径的 10 倍。

泄洪洞与发电洞的合一布置,有两种形式:一是主洞泄洪、支洞发电;二是主洞发电、岔洞泄洪。试验研究表明,采用前者形式,洞内流态较好,岔尖附近负压相对较小。因此,泄洪洞宜布置在主洞上,发电洞宜布置在支洞上。但泄洪时,由于洞内流速加大,有效水头降低,发电出力会相应减小。

为了提高岔尖部位的压力,改善其空蚀状况,减小泄洪洞出口处的断面积是一种有效的措施。如主洞泄洪,泄洪洞出口断面积不宜超过泄洪洞洞身断面积的 85%,如支洞泄洪,则不宜超过支洞洞身断面积的 70%。

对于泄洪量大、经常使用的泄洪洞或重要的水电站,不宜采用这种布置方式。

(3) 其他任务隧洞的合一布置。发电与灌溉隧洞合一布置,水轮机尾水后接灌溉渠道,利用发电尾水进行灌溉。由于发电是经常性的,而灌溉用水是季节性的,所以应在发电尾水的后面设置一弃水设施,将不需灌溉时的发电尾水排入下游河道。

二、水工隧洞的构造

(一) 进口段的形式和构造

1. 进口建筑物的形式

进口建筑物按其布置及结构形式不同,可分为竖井式、塔式、岸塔式和斜坡式等。

(1) 竖井式。竖井式进口是在隧洞进口附近的岩体中开凿竖井,井壁用混凝土或钢筋混凝土加以衬砌,井底设置闸门,井顶布置启闭设备及操纵室(图 7-6)。其优点是结构比较简单,不需要工作桥,不受风浪和冰的影响,抗震性及稳定性好,运行比较可靠。缺点是竖井开凿比较困难,竖井前的隧洞段经常处于水下,检修不便。当隧洞进口段岩石坚固,岩体比较完整时多采用这种形式。

无压隧洞设置弧形闸门的竖井,关闭闸门时井内无水,称为"干井"(图 7-5)。压

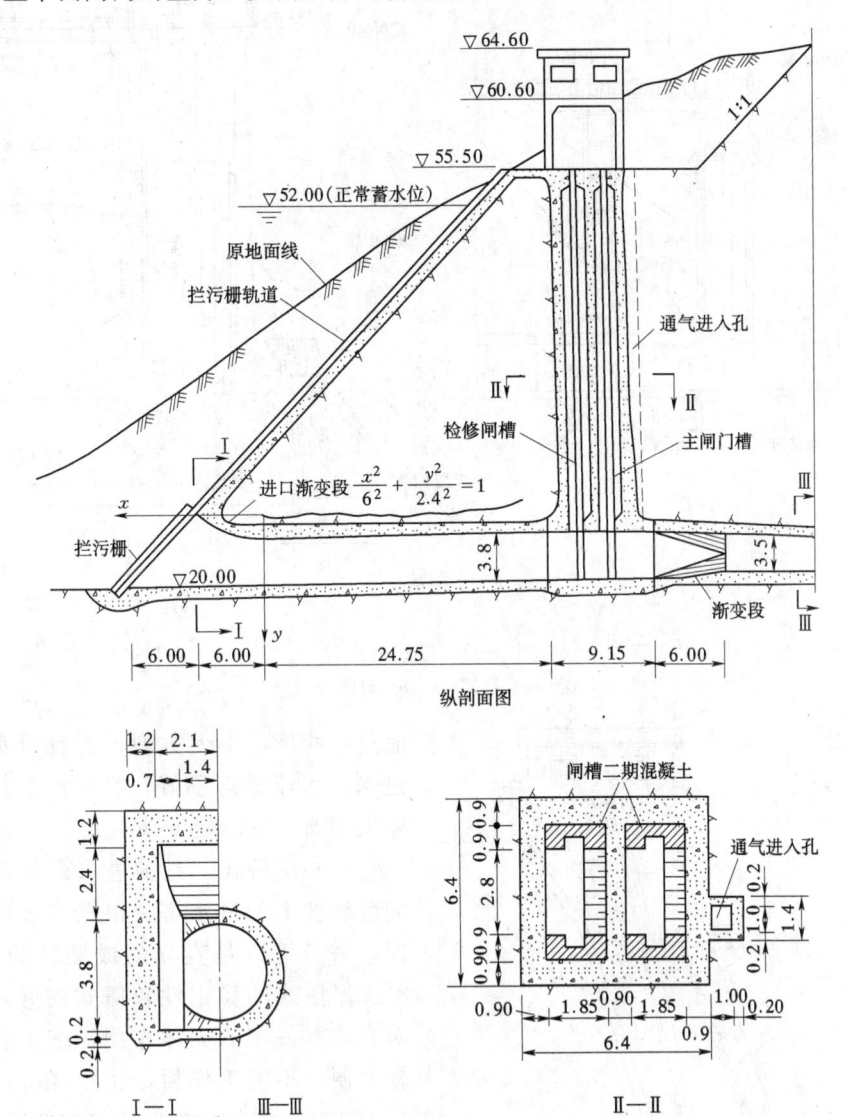

力隧洞设置平面闸门的竖井，关闸后井内仍充满水，称为"湿井"。

图 7-6 竖井式进口建筑物

（2）塔式。塔式进口建筑物是独立于隧洞的进口处而不依靠山坡的建筑物。塔底设闸门，塔顶设操纵平台和启闭机，用工作桥与岸坡相连。这种进口建筑物的优点是布置比较紧凑，闸门开启比较方便可靠。其缺点是受风浪、冰、地震的影响大，稳定性相对较差，需要较长的工作桥。常用于岸坡岩石较差，覆盖层较薄，不宜修建靠岸进口建筑物的情况。

塔的结构形式有封闭式和框架式两种（图 7-7）。封闭式塔的横断面形式为矩形和圆形。矩形断面结构简单、施工方便。圆形断面的受力条件较好，采用较多。封闭式塔身上在不同高程处设置进水口，可引取水库上层温度较高的清水，以满足灌溉农作物的需求。框架式结构具有结构轻便、受风浪影响小、节省材料、造价较低的优点，但只能在低水位

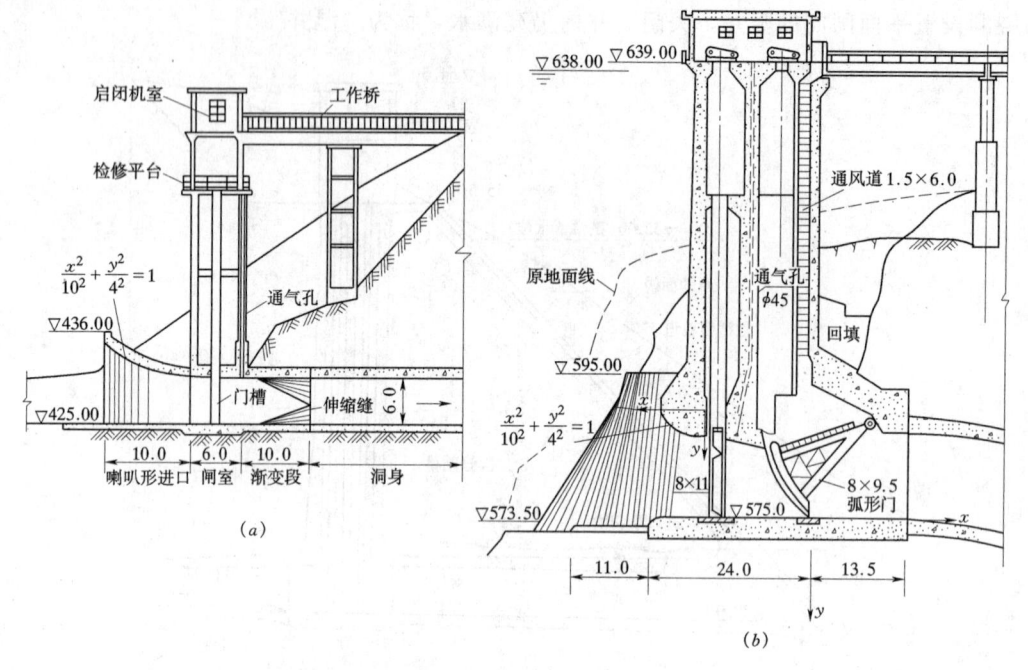

图 7-7 塔式进水口
(a) 框架式；(b) 封闭式

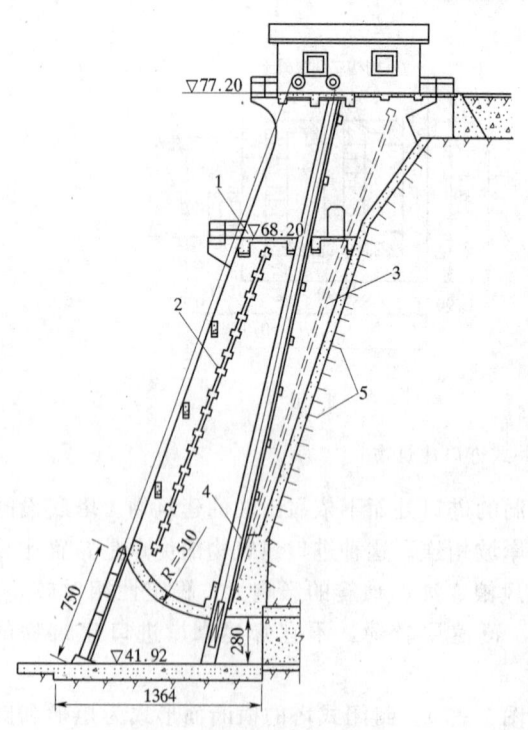

图 7-8 岸塔式进水口
（高程单位：m；尺寸单位：cm）
1—清污台；2—固定拦污格栅；3—通气孔；
4—闸门轨道；5—锚筋

时进行检修，不太方便，而且泄水时门槽进水，水流流态不好，容易产生空蚀，一般大型泄水隧洞较少采用。

（3）岸塔式。此种进口是靠在开挖后洞脸岩坡上的进水塔。根据岩坡的稳定情况，塔身可以是直立的或倾斜的（图7-8）。岸塔式的稳定性较塔式的好，甚至可对岩坡有一定的支撑作用，施工安装也比较方便，不需工作桥，比较经济。适用于岸坡较陡，岩体比较坚固稳定的情况。

（4）斜坡式。斜坡式进水口是在较完整的岩坡上进行平整、开挖、护砌而修建的一种进水口［图7-3（b）］。闸门和拦污栅的轨道直接安装在斜坡的护砌上。这种布置的优点是，结构简单，施工、安装方便，稳定性好，工程量小。缺点是由于闸门倾斜，闸门不易依靠自重下降，闸门面积加大。斜坡式进口一般只用于中、小型工程，或只用于安装检修闸门的进口。

以上是几种基本的进水口形式，在实

际工程中常根据地形、地质、施工等具体条件采用，如半竖井半塔式进水口［图 7-9 (a)］，下部靠岸的塔式进水口［图 7-9 (b)］等。

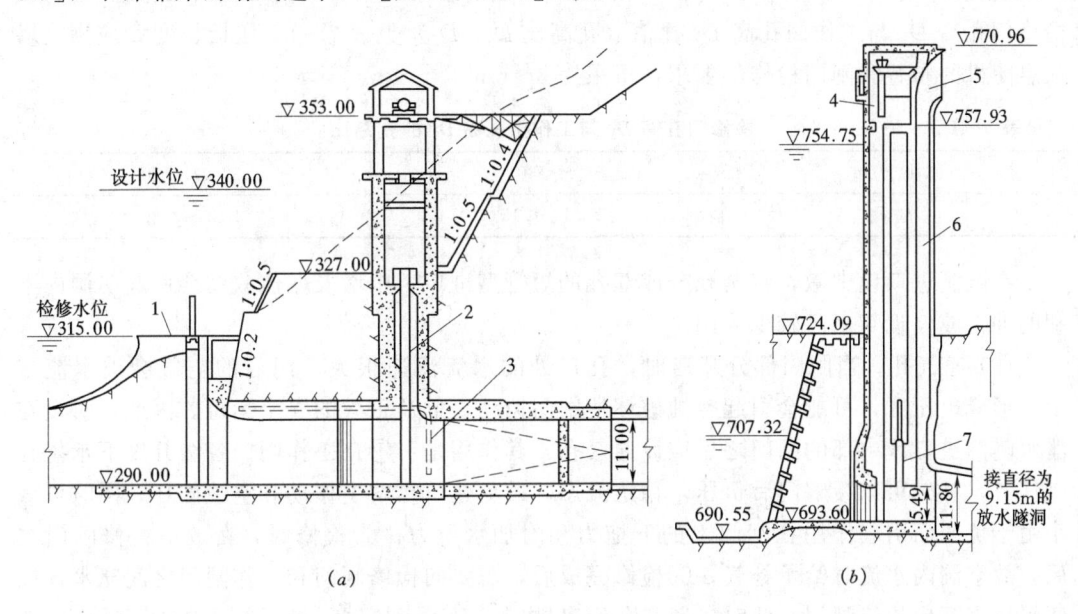

图 7-9　组合式进水口（单位：m）
(a) 三门峡水库泄洪洞进水口；(b) 麦加水库放水隧洞进口
1—叠梁门平台；2—事故检修闸门井；3—平压管 (d=70cm)；4—事故闸门；5—空气进口；6—通气井；7—工作闸门

2. 进口段的组成及构造

进口段的组成包括进水喇叭口、通气孔、平压管拦污栅、渐变段和闸门室等几部分。

(1) 进水喇叭口。进水口是隧洞的首部，其体形应与孔口水流的流态相适应，避免产生不利的负压和空蚀破坏，同时还应尽量减小局部水头损失，以提高泄流能力。

隧洞进口常采用顶板和两侧边墙顺水流方向三向逐渐收缩的平底矩形断面，形成喇叭口状。收缩曲线常采用 1/4 椭圆曲线（图 7-10），椭圆方程为

$$\frac{x^2}{a^2}+\frac{y^2}{b^2}=1 \tag{7-1}$$

式中　a——椭圆的长半轴，对于顶板曲线，约等于闸门处的孔口高度 H，对于边墙曲线，约等于闸门处的孔口宽度 B；

　　　b——椭圆的短半轴，对于顶板曲线，可用 $H/3$，对于边墙曲线约为 $(1/3\sim 1/5)B$。

对于重要的隧洞，进口曲线应通过水工模型试验确定。

深式无压隧洞的进水口是一短管型压力段，为了增加压力段的压力，改善其压力分布，常在进口段顶部设置倾斜压坡（图 7-10）。这种形式的压

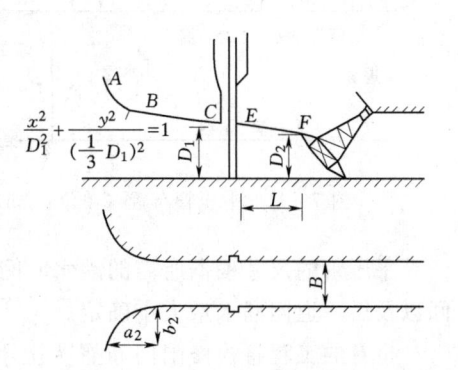

图 7-10　进口段洞顶压坡布置

力进口段顶部曲线由椭圆曲线 AB、直线段 BC 及 EF 组成。通常 BC 段稍缓于 EF 段，如 BC 段的斜率为 $1:4.5$、$1:5.5$、$1:6.5$，EF 段的斜率则为 $1:4$、$1:5$、$1:6$。压力段检修门孔高 D_1 与工作门孔高 D_2 比值（孔高比 D_1/D_2）见表 7-1，压板长度 L 应满足塔顶启闭机的布置和闸门检修的要求，可采用 3～6m。

表 7-1　　　　　　　　检修门孔高 D_1 与工作门孔高 D_2 的孔高比

水头 H/m	$H<30$	$30<H<70$
D_1/D_2	1.1～1.15	1.20～1.25

在隧洞进口设中墩，将洞孔分成双孔的短管型进口，中墩及两侧收缩会引起明洞内不利的冲击波，近年来已较少采用。

（2）通气孔。当闸门部分开启时，孔口处的水流流速很大，门后的空气会被水流带走，形成负压区，可能会引起空蚀破坏使闸门振动，危及工程的安全运行。因此，对设在泄水隧洞进口或中部的闸门之后应设通气孔，其作用是：①在工作闸门各级开度下承担补气任务，补气可以缓解门后负压，稳定流态，避免建筑物发生振动和空蚀破坏，同时可减小由于负压而引起作用在闸门上的下拖力和附加水压力；②检修时，在放下检修闸门之后，放空洞内水流时给予补气；③检修完成后，需要向检修闸门和工作闸门之间充水，以便平压来开启检修闸门，此时，通气孔用以排气。对于无压洞，设通气孔是为了适应高速水流水面自然掺气的需要。所以，通气孔在隧洞运用中，承担着补气、排气的双重任务，对改善流态、避免运行事故起着重要的作用。

通气孔的上部进口必须与闸门启闭机室分开设置，以免在充气或排气时，由于风速太大，影响工作人员的安全。通气孔在洞内的出口应仅靠闸门的下游面，并尽量在洞顶，以保证在任何流态下都能充分通气。通气孔管身应力求顺直，减少转弯突变，以减小阻力。

（3）平压管。检修门设在工作闸门之前，仅在隧洞或工作闸门检修时才使用，由于使用的机会较少，启闭设备尽可能简单些。为了减小启门力，往往要求检修门在静水中开启。为此，常在闸墙内设置绕过检修门槽的平压管（图 7-11）。当检修工作结束后，在开启检修门之前，首先打开平压管的阀门，将水放进检修门与工作门之间的空间，使检修门两侧的水位相同，水压平衡，此时再开启检修门，由于是在静水中开启，可以大大减小启门力。

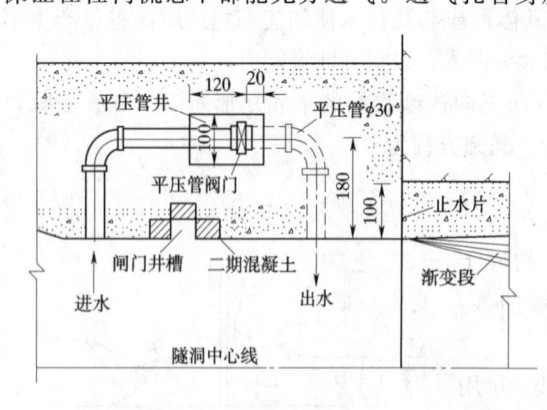

图 7-11　平压管布置（单位：cm）

平压管的尺寸根据所需的灌水时间（通常灌水时间约 8h 左右）、两道门之间的灌水空间以及后一道门漏水量大小确定。

也有的工程将检修闸门布置为上下相连的两部分，在平压时，先将上段提起一定距离，从其形成的小矩形孔口中向两道门之间充水，待检修门前后水压力平衡后，再将闸门全部开启。但这种布置方式在充水时由于水流冲击力较大，容易引起闸门振动，在设计及运用时应加以注意。

当充水量不大时,也可将平压管设在闸门上(图7-12),充水时先提起门上的充水阀门,待充水平压完成后,再继续提升闸门。

(4) 拦污栅。进口处的拦污栅是为了防止水库中的漂浮物进入隧洞而设置的。

泄水隧洞一般不设拦污栅。当需要拦截水库中的较大浮沉物时,可在进口设置固定的栅梁或粗拦污栅。

引水发电的有压隧洞进口应设置较密的细栅,以防污物阻塞和破坏阀门及水轮机叶片。

(5) 渐变段、闸门室。渐变段及闸门室等,可参见第二章第七节重力坝的深式泄水孔有关内容。

(二) 洞身段的形式与构造

1. 洞身断面形式及尺寸

(1) 无压隧洞的断面形式及尺寸。无压隧洞多采用圆拱直墙形(城门洞)断面 [图7-13 (b)、(f)]。由于这种断面的顶部为圆拱形,适宜于承受垂直围岩压力,并且在施工时便于开挖和衬砌。顶拱中心角一般在 90°~180°之间,当垂直围岩压力较小时,可采用较小的中心角。一般情况下,较大跨度泄水隧洞的中心角常采用120°左右。断面的高宽比一般为 1~1.5,水深变化大时,采用较大值。在侧向围岩压力较大时,为了减小或消除作用在边墙上的侧向围岩压力,也可把边墙做成向内倾斜状 [图7-13 (c)]。如围岩条件较差还可以采用马蹄形断面 [图7-13 (e)],马蹄形断面由上部半圆和下部三心圆或多心圆构成,以尽量减小衬砌截面弯矩。当围岩条件差,而且又有较大的地下水压力时,可以考虑采用圆形断面。

无压隧洞的断面尺寸主要根据其泄流能力要求及洞内水面线来确定。

对于表孔溢流式进口,泄流能力按堰流计算;对于深式进口,泄流能力取决于进口压力短管段,可按管流计算:

$$Q = \mu\omega\sqrt{2gH} \tag{7-2}$$

式中 μ——考虑进口段局部水头损失的流量系数,约为 0.9;

ω——工作闸门处的孔口面积,m^2;

H——作用水头,m。

洞内的水面曲线用能量方程分段求出。为了保证洞内的稳定无压流状态,水面以上应有足够的净空。当洞内的水流流速大于 15~20m/s 时,应考虑由于高速水流引起的掺气和冲击波的影响。流速较低、通气良好的隧洞,要求水面以上净空不小于洞身断面面积的 15%,其高度不小于 40cm;流速较高的隧洞,考虑掺气和冲击波的影响,在掺气升高的水面以上的净空面积一般为洞身断面面积的 15%~25%,冲击波波峰高不应超过城门洞形断面的直墙范围。

在确定隧洞断面尺寸时,还应考虑到洞内施工和检查维修等对最小尺寸的要求,圆形

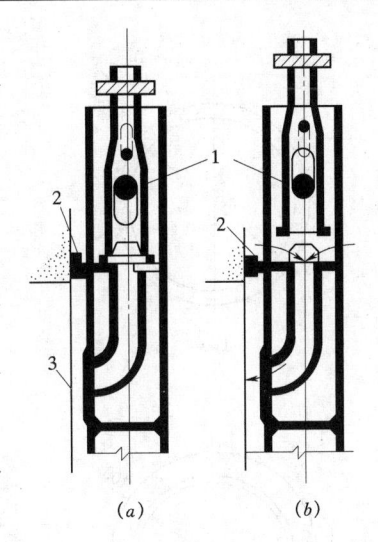

图 7-12 门顶平压阀
(a) 封闭;(b) 充水
1—门顶阀;2—顶止水;3—门槽边线

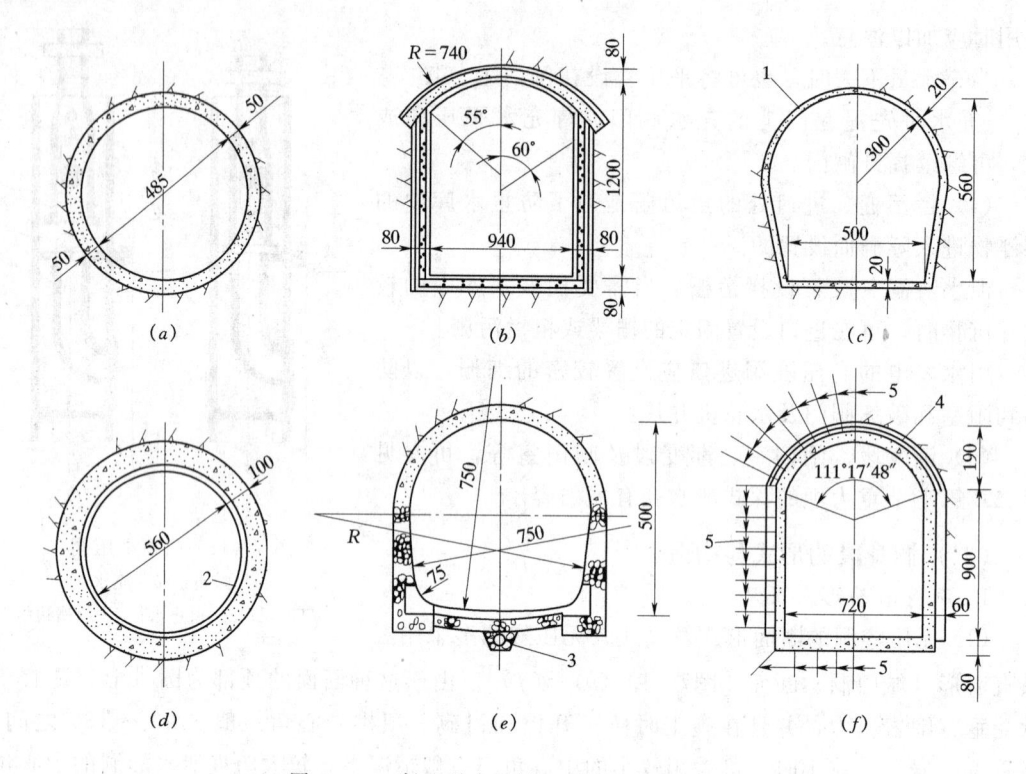

图 7-13 断面形式及衬砌类型（单位：cm）
(a)～(c) 单层衬砌；(d)～(f) 组合式衬砌
1—喷混凝土；2—$\delta=16mm$ 钢板；3—$\phi25cm$ 排水管；4—20cm 钢筋网喷混凝土；5—锚筋

断面内径一般不小于 1.8m，非圆形断面尺寸不小于 1.5m×1.8m（宽×高）。

(2) 有压隧洞的断面形式及尺寸。有压隧洞由于内水压力较大，从水流条件（过水断面湿周最小）及受力条件（受力方向对称）考虑，一般均采用圆形断面 [图 7-13 (a)、～(d)]。当围岩条件较好，洞径和内水压力都不大时，为了施工方便，也可采用上述无压隧洞常用的断面形式。

有压隧洞的断面尺寸应根据泄流能力要求以及沿程压坡线情况来确定。有压隧洞的泄流能力按管流计算，公式为式 (7-2)，但流量系数 μ 为考虑隧洞沿程阻力和局部阻力后的流量系数，而 ω 则是隧洞出口的断面面积。在隧洞出口处应设有压坡段，减小隧洞出口段面积，以保证洞内水流始终处于有压状态，并要求在最不利运行条件下，洞顶应有 2m 以上的压力水头。洞内水流流速越大，要求压力水头越大，对于高流速的有压泄水隧洞，压力水头可高达 10m 左右。

2. 洞身衬砌的类型及构造

衬砌是指沿开挖洞壁而做的人工护壁，主要作用是：①阻止围岩变形的发展，保证围岩的稳定；②根据需要，承受围岩压力、内水压力和其他荷载；③防止渗漏；④保护围岩免受水流、空气、温度、干湿变化等的冲蚀破坏作用；⑤平整围岩，减小表面糙率，增大过流能力；⑥满足环境保护的要求。

(1) 衬砌的类型。隧洞衬砌主要可分为以下几种类型。

1) 平整衬砌（也称护面）。用混凝土、喷混凝土和浆砌石（图7-14）做成的护面，它不承受荷载，仅起到平整隧洞表面、减小糙率、防止渗漏、保护岩石不受风化的作用。平整衬砌适用于围岩坚固、完整，能自行保持稳定，水头和流速较小的情况。对于无压隧洞，如岩石不易风化，可只衬砌过水边界部分。平整衬砌的厚度由构造决定，一般混凝土或喷混凝土可采用5～15cm，浆砌石衬砌可采用25～30cm。

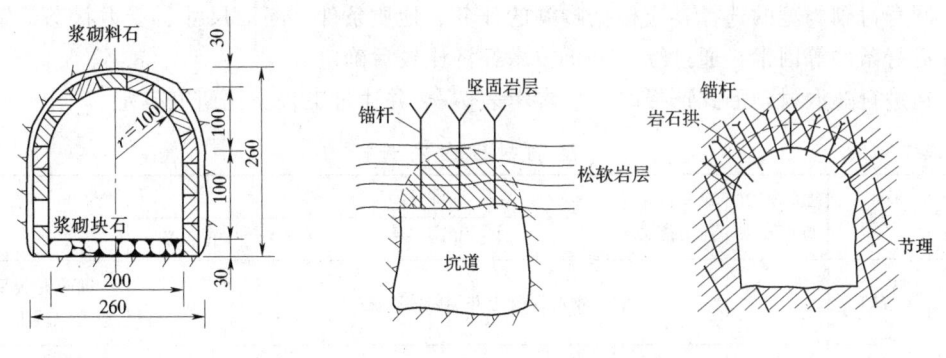

图7-14　砌石衬砌（单位：cm）　　　　　图7-15　锚杆支护

2) 单层衬砌。用混凝土[图7-13 (a)]、钢筋混凝土[图7-13 (b)]或浆砌石做成。单层衬砌适用于中等地质条件，隧洞断面较大，水头及流速较高的情况，是我国应用最广的受力衬砌。由于混凝土的抗拉强度较低，靠增加混凝土的厚度来提高其抗弯能力是不经济的，因为在衬砌厚度增加的同时，也增加了自重，并增加岩石的开挖量，所以衬砌厚度应在满足要求的前提下尽量采用较小的尺寸。根据SL 279—2002《水工隧洞设计规范》，混凝土和单层钢筋混凝土衬砌的厚度不宜小于25cm，双层钢筋混凝土衬砌的厚度不宜小于30cm，并由衬砌受力计算最终确定。衬砌所用混凝土的强度等级不应低于C15。

3) 锚喷衬砌。锚喷衬砌是利用锚杆和喷混凝土加固围岩措施的总称，是逐渐发展起来的一项新型加固措施。喷混凝土不需模板，施工进度快，能紧跟掘进工作面施工，缩短围岩暴露时间，使围岩的风化、潮解和应力松弛等不致有大的发展。但由于喷层较薄，随开挖岩面起伏不平，糙率较大，且大面积喷射施工质量难以控制，在内水压力及水流作用下，有可能引起渗漏及冲蚀破坏。喷混凝土的厚度不宜小于8cm，最大不宜超过20cm。混凝土的设计强度等级不宜低于C20。

锚杆支护是用特定形式的锚杆锚定于岩石内部，把原来不够完整、不够稳定的围岩固结成一个整体，增加围岩的整体性和稳定性（图7-15）。

4) 组合式衬砌。根据开挖断面周边不同部位衬砌的受力特点和运用要求，可采用不同的衬砌材料组合而成，如内层为钢板、钢筋网喷浆，外层为混凝土或钢筋混凝土[图7-13 (d)]；如顶拱为混凝土，边墙和底板采用浆砌石[图7-13 (e)]；又如顶拱和边墙先锚喷后再进行混凝土或钢筋混凝土衬砌等形式。实践证明，在软弱、破碎的岩体中开挖隧洞，由于岩体稳定性差，采用先锚喷，再做混凝土或钢筋混凝土衬砌，是一种较安全、较经济的组合形式。

5) 预应力衬砌。预应力衬砌是对混凝土、钢筋混凝土衬砌的外壁施加预压应力，以便在运用时抵消内水压力产生的拉应力，克服混凝土抗拉强度低的缺点，这样不仅能减小衬砌厚度，减少隧洞开挖量，节约材料，还可以增强衬砌的抗裂性和不透水性。其缺点是工序多、施工复杂、高压灌浆技术要求高、工期较长。最简单的预应力方法是向衬砌和围岩之间进行压力灌浆，使衬砌产生预压应力。为保证灌浆效果，应在衬砌与围岩之间预留2~3cm的空隙，灌浆浆液应用膨胀性水泥，以防止干缩时导致预压应力降低。预应力衬砌多用于高水头圆形有压隧洞。

洞身衬砌类型的选择，应根据隧洞的任务、地质条件、断面尺寸、受力状态、施工方法及运行条件等因素，通过综合分析技术经济比较后确定。

在进行隧洞衬砌形式选择时，可参考表7-2并通过工程类比研究确定。

表7-2　　　　　　　　　　　　隧洞衬砌形式选择

压力状态	设计原则	最小覆盖厚度要求	承担内水压力能力	围岩分类		备注
				Ⅰ、Ⅱ	Ⅲ	Ⅳ、Ⅴ	
无压	抗裂			钢筋混凝土并加防渗措施			研究是否采用预应力混凝土
	限裂			锚喷、钢筋混凝土		钢筋混凝土	
	非限裂			不衬砌、混凝土、锚喷		锚喷、钢筋混凝土	
有压	抗裂	满足	具备	预应力混凝土、钢筋混凝土并加防渗措施		预应力混凝土、钢板	钢筋混凝土并加防渗措施宜在低压洞使用
			不具备	预应力混凝土、钢板			
		局部不满足		预应力混凝土、钢板			
	限裂	满足	具备	锚喷、钢筋混凝土		钢筋混凝土	锚喷宜在低压洞使用
			不具备	钢筋混凝土			
		局部不满足		钢筋混凝土、预应力混凝土			
	非限裂	满足	具备	不衬砌、混凝土、锚喷、钢筋混凝土		锚喷、钢筋混凝土	不衬砌隧洞宜在Ⅰ、Ⅱ类围岩使用
			不具备	钢筋混凝土			
		局部不满足		钢筋混凝土			

当围岩坚硬、完整、裂隙少、稳定性好且抗风化性能好时，对于流速低、流量较小的隧洞，可以不加衬砌。不衬砌的有压隧洞，其内水压力应小于地应力的最小主应力，以保证围岩稳定。由于不衬砌隧洞的糙率大，泄放同样流量就要增大开挖断面，因此，是否采用不衬砌隧洞应经过技术经济比较之后确定。

(2) 衬砌的分缝与止水。在混凝土及钢筋混凝土衬砌中，一般设有施工工作缝和永久性的横向变形缝。

隧洞在穿过断层、软弱破碎带以及和竖井交接处，或其他可能产生较大的相对变位时，衬砌需要加厚，应设置横向变形缝。变形缝的缝面不凿毛，分布钢筋也不穿过，无防渗要求的无压洞，可不设止水，对有压洞或有防渗要求的无压洞，则缝内应设止水片及充填1~2cm厚的沥青油毡或其他相应的防渗措施（图7-16）。

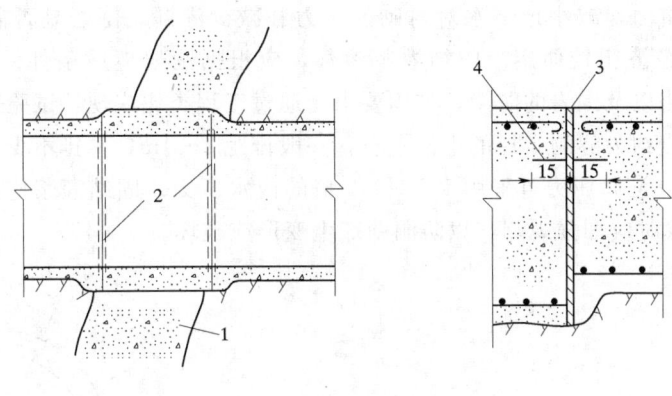

图 7-16 伸缩变形缝（单位：mm）
1—断层破碎带；2—沉陷缝；3—沥青油毛毡厚1～2cm；4—止水片或止水带

围岩地质条件比较均一的洞身段只设施工缝。根据浇筑能力和温度收缩等因素分析确定沿洞线的浇筑分段长度，一般分段长度可采用6～12m，底拱和边拱、顶拱的环向缝不得错开。衬砌的环向施工缝需要进行凿毛处理，或设一些插筋穿过缝面以加强整体性。纵向施工缝应根据浇筑能力，设置在衬砌结构拉应力及剪应力较小的部位，对于圆形隧洞常设在与中心垂直线夹角为45°处（图7-17）；对于城门洞形隧洞，为便于施工可设在顶拱、边墙、底板交界附近。纵向施工缝必须进行凿毛处理，必要时缝内可设键槽。

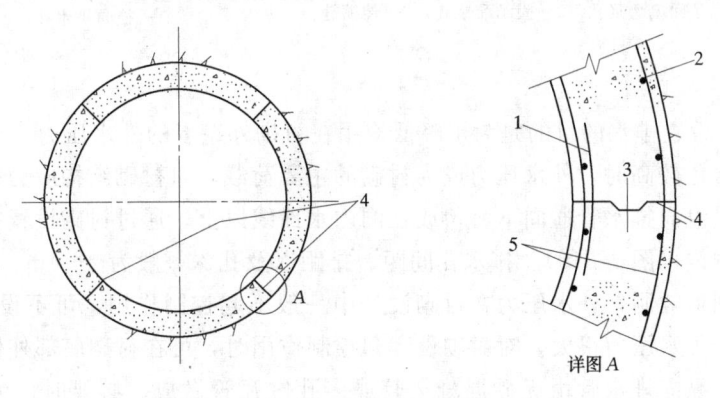

图 7-17 纵向施工缝
1—插筋；2—分布钢筋；3—止水片；4—纵向施工缝；5—受力筋

(3) 灌浆。隧洞灌浆分为回填灌浆和固结灌浆两种。

1) 回填灌浆。回填灌浆的目的是为了填充衬砌与围岩之间的空隙，使之结合紧密，共同受力，以改善传力条件和减少渗漏。回填灌浆的范围、孔距、排距、灌浆压力及浆液浓度，应根据衬砌结构的形式、隧洞的工作条件、施工方法及隧洞开挖后断面的裂缝情况来确定。混凝土和钢筋混凝土衬砌的顶部必须进行回填灌浆，砌筑顶拱时，可预留灌浆管，待衬砌完成后通过预埋管进行灌浆（图7-18），灌浆范围一般在顶拱中心角90°～120°以内，孔距和排距一般为2～6m，灌浆孔应深入围岩5cm以上，灌浆压力一般为0.2～0.3MPa。

2) 固结灌浆。固结灌浆的目的在于加固围岩，提高围岩的整体性，减小围岩压力，保证岩石的弹性抗力，减小地下水对衬砌的压力和减少渗漏。围岩是否需要进行固结灌浆，应通过技术经济比较而定。固结灌浆参数，应根据围岩地质条件，衬砌结构形式，内、外水压力大小以及围岩的防渗、加固要求，通过工程类比或现场试验来确定。固结灌浆孔一般深入围岩约为隧洞半径的1倍左右，一般排距2～4m，每排不少于6孔，做对称布置（图7-18）。灌浆压力可采用1.5～2.0倍的内水压力。固结灌浆应在回填灌浆7～14h后进行，灌浆时应加强观测，以防洞壁产生变形或破坏。

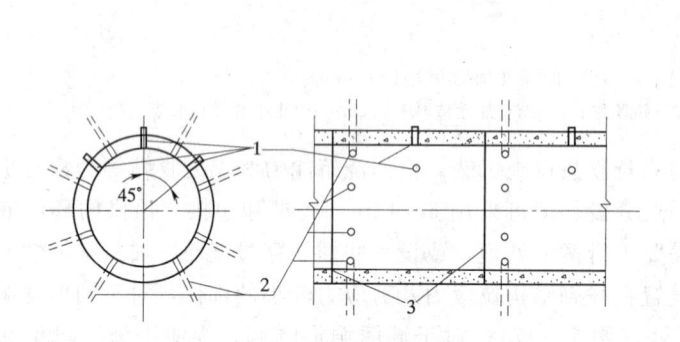

图7-18 灌浆孔布置
1—回填灌浆孔；2—固结灌浆孔；3—伸缩缝

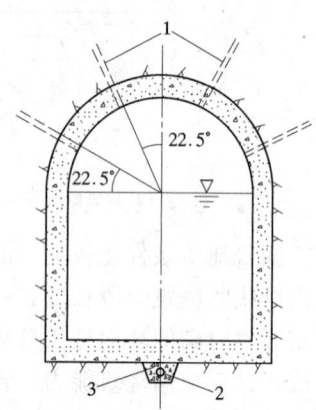

图7-19 无压隧洞排水布置图
1—径向排水孔；2—纵向排水管；
3—小石子

（4）排水。设置排水的目的是为了降低作用在衬砌外壁上的外水压力。对于无压隧洞衬砌，当地下水位较高时，外水压力成为衬砌的主要荷载，对衬砌结构应力影响很大。为此，可在洞底设纵向排水管通向下游，或在洞内水面线以上，通过衬砌设置排水孔，将地下水直接引入洞内（图7-19）。排水孔间距、排距以及孔深一般为2～4m。

对于有压圆形隧洞，外水压力在衬砌设计中一般不起控制作用，可不设置排水设备。当外水位很高，外水压力很大，对衬砌设计起控制作用时，可在衬砌底部外侧设纵向排水管，通至下游，纵向排水管由无砂混凝土管或多孔缸瓦管做成。必要时，为提高排水效果，可沿洞轴线每隔6～8m设一道环向排水槽，环向排水槽可用砾石铺筑，将收集的渗水汇入纵向排水管（图7-20）。设置排水设施时，应避免内水外渗。

（三）出口段及消能设施

有压隧洞的出口常设有工作闸门及启闭机室，闸门前有渐变段，出口之后为消能设施。无压隧洞出口仅设有门框，其作用是防止洞脸及其以上岩石崩塌，并与扩散消能设施的两侧边墙相衔接（图7-21）。

泄水隧洞出口水流的特点是隧洞出口宽度小，单宽流量大，能量集中，所以常在出口处设置扩散段，使水流扩散，减小单宽流量，然后再以适当形式消能。

泄水隧洞的消能方式大多采用挑流消能，其次是底流消能。近年来国内也在研究和采用新的消能方式，如窄缝挑流消能和洞内突扩消能等。

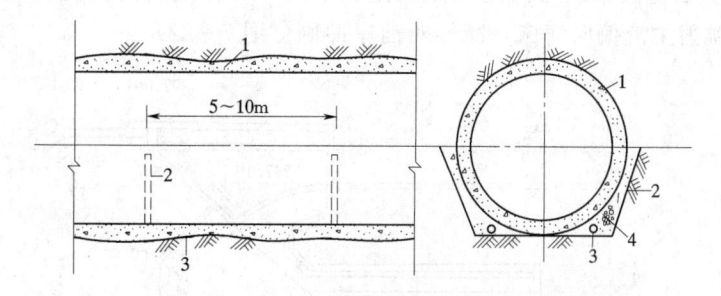

图 7-20 有压隧洞排水布置
1—隧洞混凝土衬砌；2—横向排水槽；3—纵向排水管；4—卵石

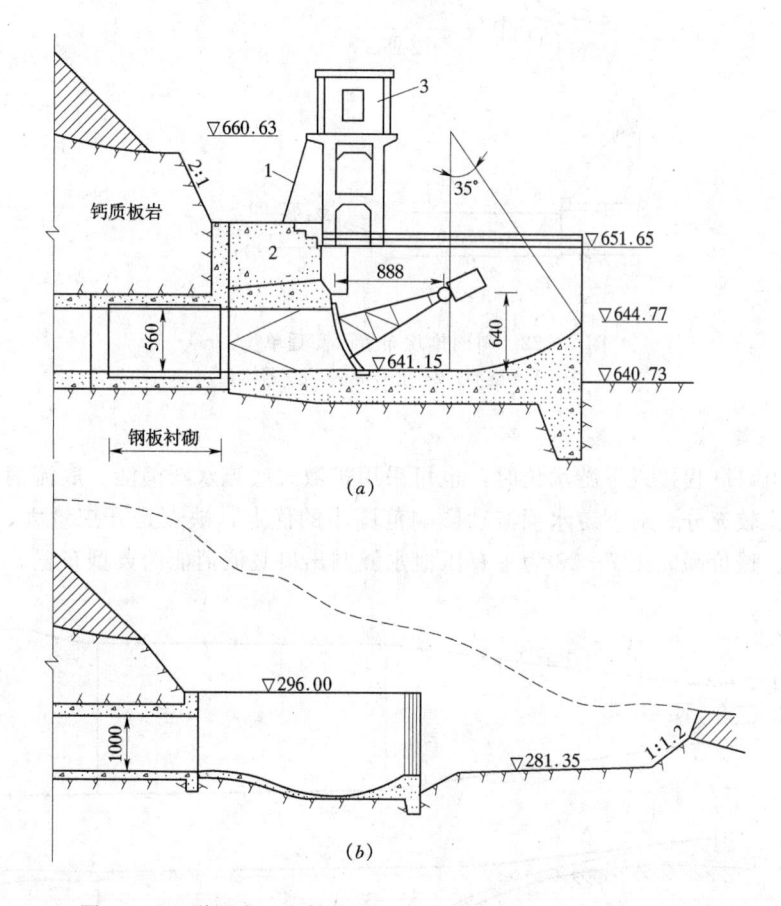

图 7-21 隧洞出口段结构图（高程单位：m；尺寸单位：cm）
(a) 有压隧洞；(b) 无压隧洞
1—钢梯；2—混凝土压重；3—启闭机室

1. 挑流消能

当隧洞出口高程高于或接近下游水位，且地形地质条件允许时，采用扩散式挑流消能比较经济合理，因为它结构简单、施工方便，国内外泄洪、排沙隧洞广泛采用这种消能方式（图7-21）。当隧洞轴线与河道水流交角较小时，可采用斜向挑流鼻坎，靠河床一侧鼻坎较低，使挑射主流偏向河床，减轻对河岸冲刷（图7-22）。

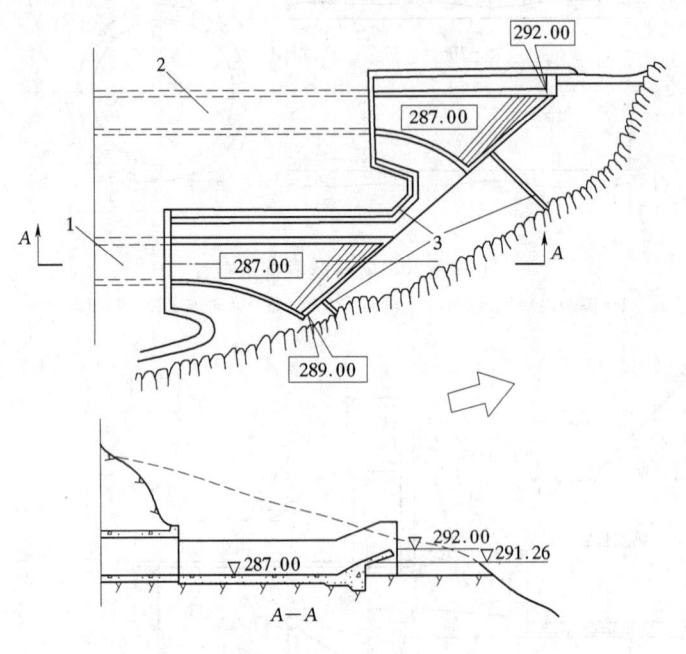

图7-22 斜向挑坎布置（高程单位：m）
1—Ⅰ号隧洞；2—Ⅱ号隧洞；3—排水沟

2. 底流消能

当隧洞出口高程接近下游水位时，也可采用扩散式底流水跃消能。底流消能具有工作可靠、消能比较充分、对下游水面波动影响范围小的优点，缺点是开挖量大、施工复杂、材料用量多、造价高。图7-23为一有压泄水隧洞出口底流消能的典型布置。

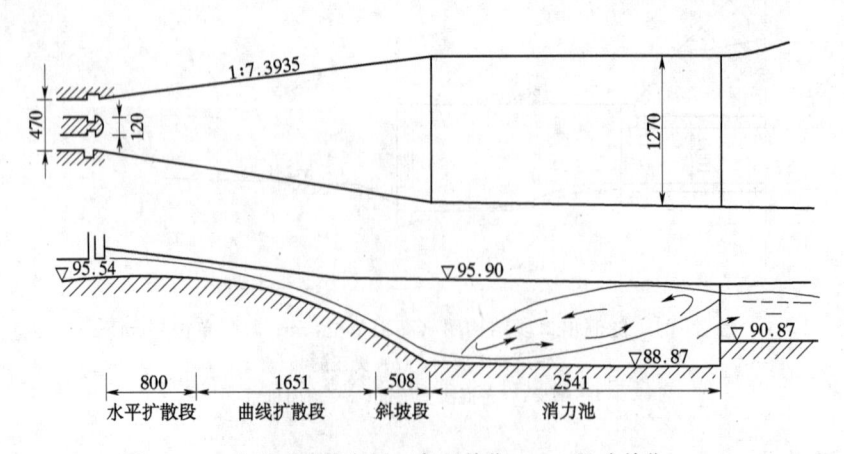

图7-23 底流式消能布置（高程单位：m；尺寸单位：cm）

水流由隧洞出口经水平扩散段横向扩散，再经曲线扩散段和斜坡段继续扩散，最后进入消力池。曲线段的曲线形式按平台末端水流质点的抛物线轨迹设计，曲线方程为

$$y = \frac{1}{2}\frac{g}{K}\left(\frac{x}{v}\right)^2 \tag{7-3}$$

式中 K——安全系数，一般可取 1.0，当 $v>30\text{m/s}$ 时可取 1.1～1.2；

v——平台扩散段末端断面平均流速，m/s；

g——重力加速度，m/s^2。

这种布置方式由于使水流横向充分扩散，单宽流量减小，可使消力池的长度和深度也相应减小。

3. 窄缝式挑坎消能

窄缝式挑坎消能为挑坎处采用收缩成窄缝的布置形式（图 7-24）。

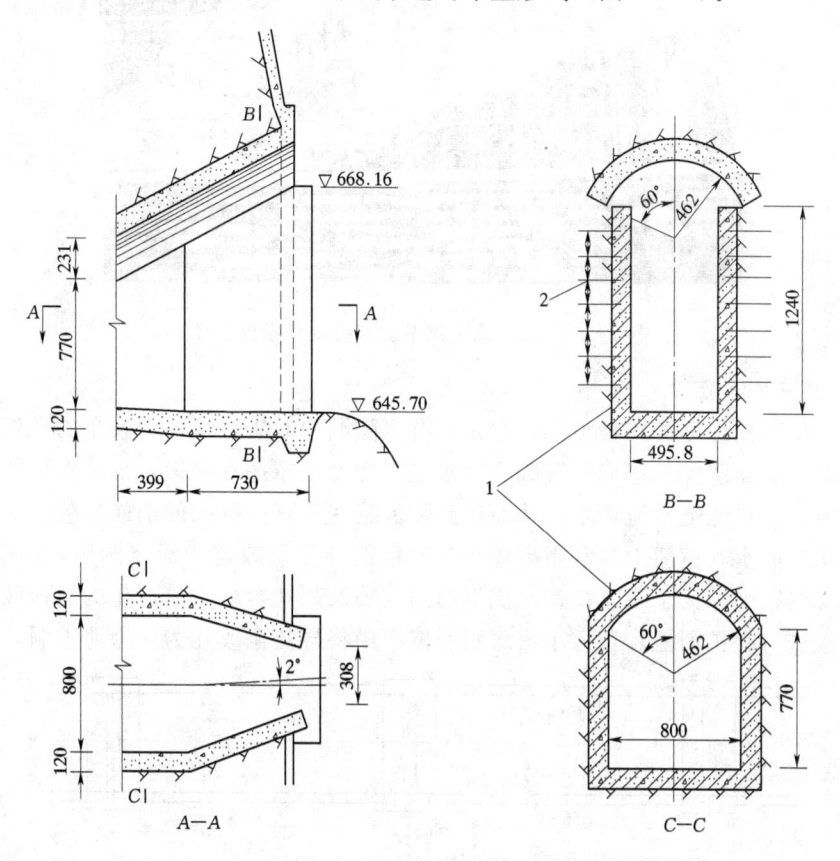

图 7-24 窄缝挑坎布置图（高程单位：m；尺寸单位：cm）
1—钢筋混凝土衬砌；2—锚筋

窄缝式挑坎与等宽挑坎不同之处在于，它的挑角很小，一般取 0°，顺水流方向，两侧边墙向中心的显著收缩使出水口处水流迅速加深，水舌的出射角在底部和表层差别很大，底部约为 0°，表层可达 45°左右，因此导致水舌下缘挑距缩短，上缘挑距加大，水流挑射高度增加，使水流纵向扩散加大，空中扩散面积增大，减小了对河床单位面积上的冲击动能，同时水舌在空中扩散及入水时大量掺气，在水舌进入水垫后气泡上升，减小了水舌入水的潜水深度，改善了水流流态，从而大大减轻了对下游河床的冲刷。

图 7-25 为东江水电站窄缝式挑坎模型试验流态图。试验研究表明，收缩式窄缝挑坎的收缩比 b/B（b 为挑坎末端宽度，B 为始端宽度）在 $0.35\sim0.5$ 之间，长宽比 L/B（L 为收缩挑坎的长度）在 $0.75\sim1.5$ 范围内。侧墙在平面上可布置成直线，侧墙高度要通过计算出的水面线来确定。对于实际工程，应通过水工模型试验来确定挑坎尺寸。

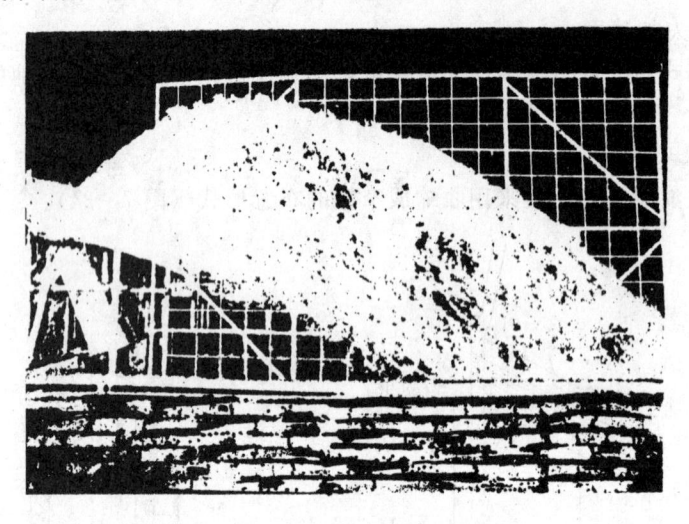

图 7-25　东江水电站窄缝式挑坎模型流态图

4. 洞中突扩消能

洞中突扩消能也称为孔板消能，它是在有压隧洞中设置过流断面较小的孔板，利用水流流经孔板时突缩和突扩造成的漩滚，在水流内部产生摩擦和碰撞，消减大量能量，同时又将动能转化为热能随水流带走，从而达到降低流速，减少磨损的消能目的。

在高水头的水利枢纽中，利用高程相对较低的导流洞改建为泄流洞后，由于水头高，洞内流速必然很大。为了防止高速水流引起的空蚀及高速含砂水流产生的磨损破坏，可在洞内设孔板进行突扩消能。黄河小浪底水利枢纽中将导流洞改建为压力泄洪洞，就采用了

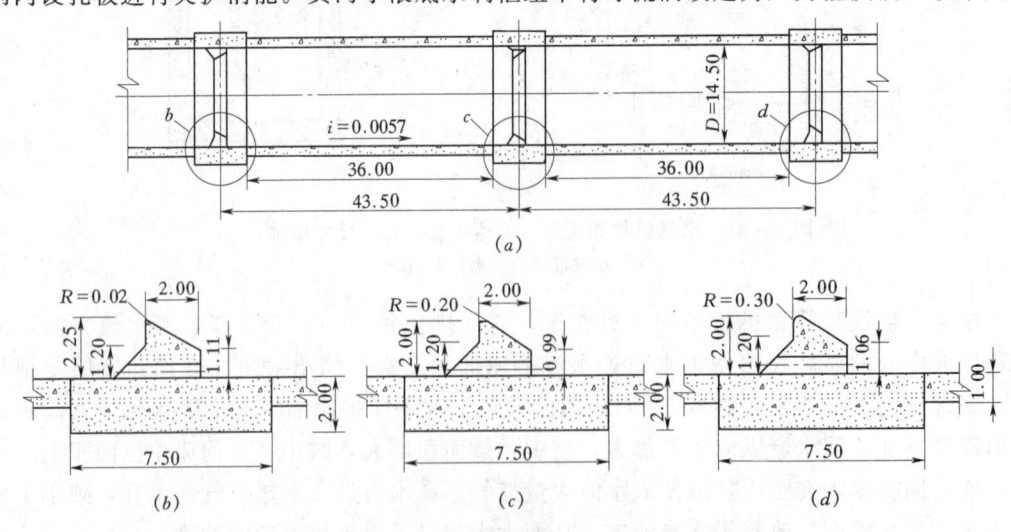

图 7-26　孔板布置图（单位：m）

多级孔板消能方案,在直径为 $D=14.50m$ 的洞中布置了三道孔板,孔板间距为 $3D=43.50m$,为防止空化的产生,三级孔板采用不同的孔径比 d/D (d 为孔板的内径,D 为泄洪洞的内径)。由上游至下游的Ⅰ、Ⅱ、Ⅲ级孔板孔径比 d/D 分别为 0.689、0.724、0.724,孔缘圆弧半径 R 分别为 0.02m、0.20m、0.30m,孔板厚度均为 2.00m,为防止孔板上游角隅漩涡出现空蚀,孔板前根部还设有 $1.20m×1.20m$ 的消涡环(图 7-26)。由导流洞改建的泄洪洞,经过三级孔板消能,可将 140m 水头消去 60m 水头,洞内平均流速仅 10m/s。不仅可节省投资,控制了洞内流速,而且有助于山体稳定,同时一洞多用也解决了泄水建筑物总体布置上的困难。

第三节 作用在水工隧洞衬砌上的荷载

一、荷载的种类及其计算

作用在隧洞衬砌上的荷载,按其作用的状况分为基本荷载和特殊荷载两类。

基本荷载,即长期或经常作用在衬砌上的荷载,包括衬砌自重、围岩压力、设计条件下的内水压力、稳定渗流情况下的外水压力、预应力等。特殊荷载,即出现机遇较少的、不经常作用在衬砌上的荷载,包括校核洪水位时的内水压力和相应的外水压力、地震荷载、施工荷载、灌浆压力、温度荷载等。其中内水压力、衬砌自重容易确定,而围岩压力、外水压力、灌浆压力、温度荷载及地震荷载等只能在一些简化和假定的前提下采用近似计算。

荷载计算的对象是单位洞长。

1. 围岩压力

在岩体中开挖隧洞,破坏了岩体原有的平衡状态,引起围岩的应力重新分布,围岩发生变形,甚至滑移、塌落,衬砌承受的这些可能崩塌围岩的压力称为围岩压力,也称为山岩压力。

围岩压力按作用的方向可分为垂直围岩压力和侧向围岩压力。一般岩体中,作用在衬砌上的主要是垂直向下的围岩压力,对于软弱破碎的岩层,则还需考虑侧向围岩压力。

影响围岩压力的因素很多,如围岩的地质条件、隧洞的埋置深度、断面形状和尺寸、施工方法、衬砌形式等。因此围岩压力计算是一个错综复杂的问题,很难用一个简单的理论公式予以概括。

围岩作用在衬砌上的荷载,应根据围岩条件、横断面形状和尺寸、施工方法以及支护效果确定。围岩压力的计取应符合下列规定:

(1) 自稳条件好,开挖后变形很快稳定的围岩,可不计围岩压力。

(2) 薄层状及碎裂散体结构的围岩,作用在衬砌上的围岩压力可按式(7-4)计算:

$$\left.\begin{array}{ll}\text{垂直方向} & q_v=(0.2\sim 0.3)\gamma_r B \\ \text{水平方向} & q_h=(0.05\sim 0.10)\gamma_r H\end{array}\right\} \quad (7-4)$$

式中 q_v——垂直均布围岩压力,kN/m^2;

q_h——水平均布围岩压力,kN/m^2;
γ_r——岩体重度,kN/m^3;
B——隧洞开挖宽度,m;
H——隧洞开挖高度,m。

(3) 不能形成稳定拱的浅埋隧洞,宜按洞室顶拱的上覆岩体重力作用计算围岩压力,再根据施工所采取的支护措施予以修正。

(4) 块状、中厚层至厚层状结构的围岩,可根据围岩中不稳定块体的作用力来确定围岩压力。

(5) 采取了支护或加固措施的围岩,根据其稳定状况可不计或少计围岩压力。

(6) 采用掘进机开挖的围岩,可适当少计围岩压力。

(7) 具有流变或膨胀等特殊性质的围岩,可能对衬砌结构产生变形压力时,应对这种作用进行专门研究,并宜采取措施减小其对衬砌的不利作用。

(8) 地应力在衬砌上产生的作用应进行专门研究。

2. 弹性抗力

当衬砌承受荷载后,向围岩方向变形时,会受到围岩的抵抗,这个抵抗力称为弹性抗力。弹性抗力与围岩压力不同,围岩压力是由于围岩变形而施加于衬砌的压力,而弹性抗力则是当衬砌受力后向围岩变形,围岩反作用于衬砌,而使衬砌受到的被动抗力。弹性抗力的存在,说明衬砌与围岩共同工作,共同承受荷载,从而减小由荷载特别是内水压力产生的衬砌中内力,因而,对于衬砌是有利的。

影响弹性抗力的因素主要是围岩的岩性、构造、强度及厚度,同时还必须保证衬砌与围岩紧密结合。为了有效地利用弹性抗力,常对围岩进行灌浆加固并填实衬砌与围岩间的空隙。由于弹性抗力的存在,对于衬砌是有利的,必须对弹性抗力进行缜密的分析和估算,对弹性抗力的估算不能过高,以免造成安全不足。

围岩的弹性抗力 p_0 可近似地认为符合文克尔假定,由下式计算:

$$p_0 = K\delta \tag{7-5}$$

式中　p_0——围岩的弹性抗力强度,kN/cm^2;
　　　δ——围岩受力面的法向位移,cm;
　　　K——围岩的弹性抗力系数,kN/cm^3。

围岩的法向位移 δ 值,可根据衬砌的荷载(包括弹性抗力在内)经计算求得。

围岩的弹性抗力系数 K,则与围岩岩性及开挖洞径有关。在圆形有压隧洞的衬砌计算中,为了应用方便,常以隧洞开挖半径为 100cm 时的单位弹性抗力系数 K_0 来表示围岩的抗力特性,则开挖半径为 r_e 时的弹性抗力系数 K 为

$$K = \frac{100}{r_e}K_0 \tag{7-6}$$

式中　r_e——隧洞实际开挖半径,cm;
　　　K_0——开挖半径为 100cm 时的单位弹性抗力系数,kN/cm^3,可由表 7-3 查得或由
　　　　　　工程类比法确定。

无压隧洞的围岩抗力系数 K 可由表 7-3 查得，也可用工程类比法确定。对于重要而且地质条件复杂的工程，则应尽可能由现场试验确定 K 值。

表 7-3　　　　　　　　　　　岩 石 抗 力 系 数 表

岩石坚硬程度	代表的岩石名称	节理裂隙多少或风化程度	单位岩石抗力系数 $K_0/(kN/cm^3)$	无压隧洞的岩石抗力系数 $K/(kN/cm^3)$
坚硬	石英岩、花岗岩、流纹斑岩、安山岩、玄武岩、厚层硅质灰岩等	节理裂隙少 新鲜	10～20	2～5
		节理裂隙不太发育 弱风化	5～10	1.2～2
		节理裂隙发育 弱风化	3～5	0.5～1.2
中等坚硬	砂岩、石灰岩、白云岩、砾岩等	节理裂隙少 新鲜	5～10	1.2～2
		节理裂隙不太发育 弱风化	3～5	0.8～1.2
		节理裂隙发育 弱风化	1～3	0.2～0.8
较软	砂页岩互层、黏土质岩石、致密的泥灰岩等	节理裂隙少 新鲜	2～5	0.5～1.2
		节理裂隙不太发育 弱风化	1～2	0.2～0.5
		节理裂隙发育 弱风化	<1	<0.2
松软	严重风化及十分破碎的岩石、断层及破碎带等		<0.5	<0.1

注　1. 本表不适用于竖井以及埋藏特别深或特别浅的隧洞。
　　2. 表列数据适用于 $H \leqslant 1.5B$ 的隧洞断面，H 和 B 分别为隧洞的开挖高度和宽度。
　　3. 单位岩石抗力系数 K_0 值一般适用于有压隧洞，洞壁岩石抗力系数 K 值可以根据下式确定：$K=100K_0/r'$，r' 为隧洞的开挖半径，以 cm 计。
　　4. 无压隧洞的 K 值仅适用于开挖宽度为 5～10m 的隧洞。当开挖宽度大于 10m 时，K 值应适当减小。

弹性抗力的存在要求围岩有足够的厚度，对于有压洞，只有在围岩厚度大于 3 倍开挖洞径及在内水压力作用下不存在滑动和上抬的可能时，才可考虑弹性抗力。当围岩厚度不足 3 倍开挖洞径时，应适当降低 K 值，当围岩厚度小于 1.5～2.0 倍开挖洞径时，则不应考虑弹性抗力。对于无压洞，如果两侧有足够的厚度且无不利的滑动面时，可以考虑弹性抗力。

3. 内水压力

内水压力是指作用在衬砌内壁上的水压力。它是有压隧洞的主要荷载，常对衬砌的计算起到控制作用，其数值可由水力计算来确定。

为便于计算，在有压隧洞的衬砌计算中，常将内水压力分解为两部分：均匀内水压力和非均匀内水压力（无水头洞内满水压力）。

均匀内水压力是由洞顶内壁以上的水头产生的，计算式为

$$p_1 = \gamma h \tag{7-7}$$

式中　γ——水的重度，kN/m^3；

h——高出衬砌内壁顶点以上的内水压力水头,m。

非均匀内水压力是指洞内充满水,洞顶处水压力为零,洞底处的水压力为 $2\gamma r_i$ 时的水压力。计算式为

$$p_2 = \gamma r_i(1-\cos\theta) \tag{7-8}$$

式中 r_i——衬砌内半径,m;

θ——计算点半径与洞顶半径的夹角。

非均匀内水压力的合力,方向向下,数值等于单位洞长内的总水重。

内水压力为以上两者的叠加,见图 7-27。

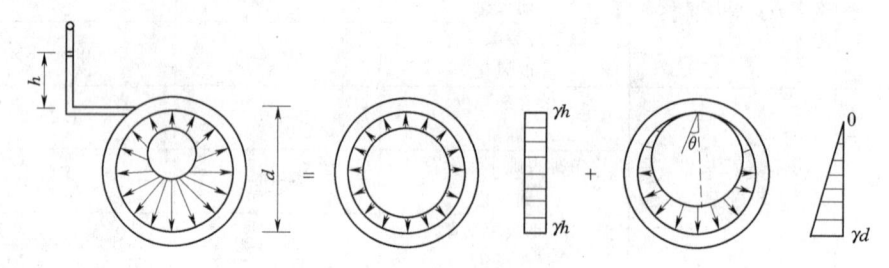

图 7-27 内水压力计算图

对于有压的发电引水隧洞,内水压力的控制值是作用在衬砌上的全水头与水击引起的压力增值之和。对于无压隧洞,比较简单,只需算出洞内水面线,就可求出内水压力。

4. 外水压力

外水压力是指作用在衬砌外壁上的地下水压力,其值取决于水库蓄水后的地下水位线的高低。外水压力的大小与地形、地质、水文地质条件以及工程防渗、排水等措施有关,难以准确计算。对于无压隧洞,一般采用在衬砌外壁布置排水措施来消除外水压力。对于有压隧洞,外水压力有抵消内水压力的作用,需要慎重考虑。

考虑到地下水在渗流过程中受各种因素的影响,衬砌又是与围岩紧密接触,工程中常将地下水位线至隧洞中心的作用水头乘上一个折减系数 β_e 后,作为地下水位线的计算值(图 7-28)。β_e 可根据工程类比以及地下水的活动情况来取值,建议参考表 7-4 选用。当围岩裂缝发育较大时,取较大值,否则取较小值。

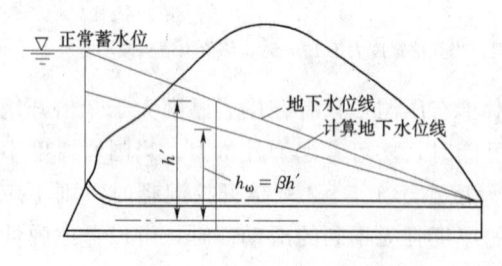

图 7-28 地下水位线分布图

作用在衬砌外壁上的外水压力可按下式估算:

$$p_e = \beta_e \gamma h' \tag{7-9}$$

式中 p_e——作用在衬砌结构外表面的外水压力强度,kN/m²;

β_e——外水压力折减系数,参见表 7-4;

h'——隧洞中心至地下水位线的作用水头,m;

γ——水的重度,kN/m³,一般采用 9.81kN/m³。

对设有排水设施的水工隧洞,可根据排水效果和排水设施的可靠性,对作用在衬砌结

构上的外水压力作适当折减，其折减值可通过工程类比确定。

表 7-4　　　　　　　　　　　外水压力折减系数 β_e 值

级别	地下水活动状态	地下水对围岩稳定的影响	β_e 值
1	洞壁干燥或潮湿	无影响	0~0.20
2	沿结构面有渗水或滴水	风化结构面充填物质，地下水降低结构面的抗剪强度，对软弱岩体有软化作用	0.1~0.40
3	沿裂隙或软弱结构面有大量滴水、线状流水或喷水	泥化软弱结构面充填物质，地下水降低结构面的抗剪强度，对中等岩体有软化作用	0.25~0.60
4	严重滴水，沿软弱结构面有小量涌水	地下水冲刷结构面中充填物质，加速岩体风化，对断层等软弱带软化泥化，并使其膨胀崩解，以及产生机械管涌；有渗透压力，能鼓开较薄的软弱层	0.40~0.80
5	严重股状流水，断层等软弱带有大量涌水	地下水冲刷携带结构面中充填物质，分离岩体，有渗透压力，能鼓开一定厚度的断层等软弱带，能导致围岩塌方	0.65~1.00

注　当有内水组合时，β_e 值应取小值；无内水组合时，β_e 值应取大值。

5. 衬砌自重

衬砌自重是指沿隧洞轴 1m 长衬砌的重量，它均匀作用在衬砌厚度的平均线上（图 7-29）。

衬砌单位面积上的自重强度 g 为：

$$g = \gamma_h \delta \tag{7-10}$$

式中　γ_h——衬砌材料的重度，kN/m^3，对于混凝土 $\gamma_h = 24 kN/m^3$，对于钢筋混凝土 $\gamma_h = 25 kN/m^3$；

δ——衬砌厚度，应考虑超挖回填的影响，m。

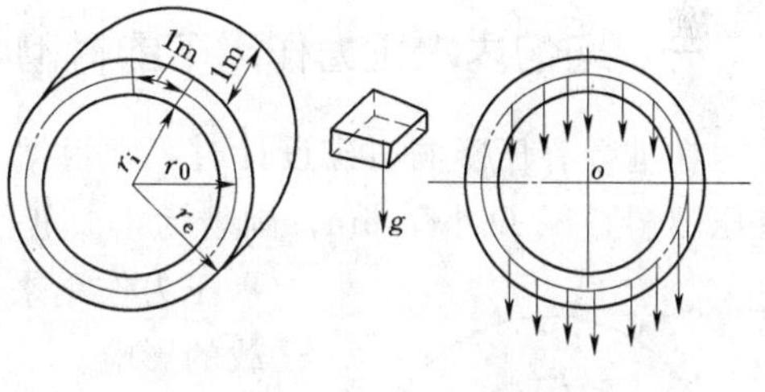

图 7-29　衬砌自重计算图

6. 其他荷载

除以上几种常见荷载外，还有灌浆压力、温度荷载、地震荷载等其他荷载，这些荷载或为施工期临时作用，或对衬砌影响较小，或出现几率很小，在设计中较少考虑。

二、荷载组合

在进行衬砌结构计算时，对于荷载组合，既要考虑不利条件，又要考虑同时作用的可能性，将荷载分成基本组合和特殊组合两类，采用不同的安全系数来进行考虑。

设计中常考虑的荷载组合包括以下三种情况下的组合。

(1) 正常运用情况：围岩压力＋衬砌自重＋宣泄设计洪水时内水压力＋外水压力。

(2) 施工、检修情况：围岩压力＋衬砌自重＋可能出现的最大外水压力。

(3) 非常运用情况：围岩压力＋衬砌自重＋宣泄校核洪水时内水压力＋外水压力。

正常运用情况属于基本组合，在衬砌设计时往往以正常运用情况来确定衬砌的厚度、材料强度等级和配筋量,用其他情况来作校核。

第四节 圆形有压隧洞的结构计算

衬砌结构计算的内容包括确定衬砌厚度,配置钢筋数量,校核衬砌强度。

衬砌结构计算的步骤是:根据隧洞沿线荷载及断面形状尺寸的变化情况分为若干段;每段中选出一代表性断面进行计算;初拟衬砌形式和厚度;分别计算各种荷载产生的内力,按不同的荷载组合叠加,进行强度校核、配筋及修改。

隧洞衬砌的结构设计原则,根据不同的防渗要求,可分为抗裂设计、限制裂缝开展宽度设计和不限制裂缝开展宽度设计,参见表 7-5。

表 7-5   按防渗要求衬砌结构的设计原则

衬砌的防渗要求	计 算 控 制 条 件	衬砌的设计原则
严格	衬砌结构中拉应力不应超过混凝土的允许拉应力	抗裂设计
一般	衬砌结构裂缝宽度不应超过允许值	限制裂缝开展宽度设计
无	不计算裂缝宽度和间距,钢筋应力不应超过钢筋允许拉应力	不限制裂缝开展宽度设计

有压隧洞多采用圆形断面,均匀内水压力是控制衬砌断面的主要荷载。为充分利用围岩的弹性抗力,应使衬砌与围岩紧密贴接,并要求围岩厚度超过 3 倍开挖洞径。

一、均匀内水压力作用下的衬砌内力计算

在进行有压隧洞衬砌设计时,常根据均匀内水压力初步计算衬砌厚度及钢筋数量。当有压隧洞直径 D 小于 6m,围岩为 I、II 类,且围岩厚度大于 3 倍开挖洞径时,可只按内水压力作用来计算衬砌的厚度和应力,而不需要考虑其他荷载的影响。

(一) 混凝土衬砌 (按混凝土未开裂考虑)

当围岩符合考虑弹性抗力的条件时,衬砌在均匀内水压力 p 作用下,衬砌外壁表面将会产生均匀的弹性抗力 p_0 (图 7-30)。

此时,将衬砌视为无限弹性介质中的厚壁圆管,根据衬砌与围岩接触面的径向变位相容条件,采用弹性理论的厚壁管公式进行求解。

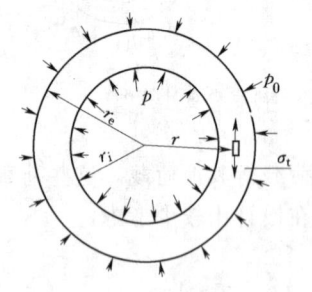

图 7-30 衬砌在均匀内水压力作用下的应力计算图

1. 围岩的弹性抗力

衬砌在内水压力 p 和弹性抗力 p_0 的作用下,根据弹性理论,按平面变形情况,可求出在厚壁管管壁外半径 r_e 处的径向变位 u_e 为

$$u_e = \frac{r_e(1+\mu)}{E}\left[\frac{(1-2\mu)+1}{t^2-1}p - \frac{1+(1-2\mu)t^2}{t^2-1}p_0\right] \quad (7-11)$$

其中
$$t = r_e/r_i$$

式中　E——衬砌材料的弹性模量，Pa；
　　　μ——衬砌材料的泊松比；
　　　t——衬砌外半径 r_e 与衬砌内半径 r_i 的比值。

当开挖的洞壁处作用有弹性抗力 p_0 时，根据前述，洞壁的径向变位 $\delta = p_0/K = p_0 r_e/K_0$，由变形相容条件可得 $\delta = u_e$，整理后可得围岩的弹性抗力为

$$p_0 = \frac{1-A}{t^2 - A} p \qquad (7-12)$$

$$A = \frac{E - K_0(1+\mu)}{E + K_0(1+\mu)(1-2\mu)} \qquad (7-13)$$

式中　A——无因次数，称为弹性特征因数。

式中的 E、K_0 的单位分别以 kPa、kN/m³ 计。

当不计弹性抗力时，$K_0 = 0$，则 $A = 1$，$p_0 = 0$。

2. 衬砌的边缘应力

厚壁管在均匀内水压力 p 和弹性抗力 p_0 的作用下，按照弹性理论的解答，管壁厚度内任意半径 r 处的切向正应力 σ_t 为

$$\sigma_t = \frac{1 + \left(\dfrac{r_e}{r}\right)^2}{t^2 - 1} p - \frac{t^2 + \left(\dfrac{r_e}{r}\right)^2}{t^2 - 1} p_0 \qquad (7-14)$$

将式（7-12）代入式（7-14）分别令 $r = r_i$ 及 $r = r_e$，可得衬砌的内边缘切向应力 σ_i 及外边缘切向应力 σ_e 为

$$\sigma_i = \frac{t^2 + A}{t^2 - A} p \qquad (7-15)$$

$$\sigma_e = \frac{1 + A}{t^2 - A} p \qquad (7-16)$$

由于 $t = \dfrac{r_e}{r_i} > 1$，所以 $\sigma_i > \sigma_e$，即内边缘切向应力 σ_i 为衬砌设计的控制条件。

3. 混凝土衬砌厚度

在求混凝土的衬砌厚度时，假设衬砌厚度为 h，则 $t = \dfrac{r_e}{r_i} = \dfrac{r_i + h}{r_i} = 1 + \dfrac{h}{r_i}$，且令 σ_i 等于混凝土的允许轴向抗拉强度 $[\sigma_{hl}]$，代入式（7-15），经整理后可得：

$$h = r_i \left[\sqrt{A \frac{[\sigma_{hl}] + p}{[\sigma_{hl}] - p}} - 1 \right] \qquad (7-17)$$

$$[\sigma_{hl}] = \frac{R_l}{K_l} \qquad (7-18)$$

式中　R_l——混凝土的设计抗拉强度；
　　　K_l——混凝土的抗拉安全系数，按表 7-6 选用。

表 7-6　　　　　　　　　　　　　混凝土的抗拉安全系数

隧洞级别	1		2、3		4、5	
荷载组合	基本组合	特殊组合	基本组合	特殊组合	基本组合	特殊组合
混凝土达到设计抗拉强度时的安全系数	2.1	1.8	1.8	1.6	1.7	1.5

可由式（7-17）的计算值，来初拟衬砌厚度。当计算出的 h 很小时，采用值不应小于构造要求的最小厚度。从式（7-17）可以看出，$[\sigma_{hl}]$ 应大于 p，A 应为正值，否则将出现 h 无解或不合理。当 $A>0$，而 $[\sigma_{hl}]<p$ 时，应提高混凝土的强度等级或改用钢筋混凝土衬砌。当 $[\sigma_{hl}]$ 与 p 很接近时，h 的计算值将会大到不合理的程度，为使混凝土衬砌不致过厚，对坚固岩体内的混凝土衬砌，一般限制水头 p 不大于 20m，超过此值，宜改用钢筋混凝土衬砌。

混凝土和钢筋混凝土的衬砌厚度（不包括围岩超挖部分），应根据强度要求、抗渗要求以及构造要求并结合施工方法分析确定。单层钢筋混凝土的衬砌厚度不宜小于 25cm，双层钢筋混凝土的衬砌厚度不宜小于 30cm。

混凝土以及钢筋混凝土衬砌时，混凝土的强度等级不应低于 C150。

（二）钢筋混凝土衬砌

根据围岩条件、防渗要求、隧洞工作状态和工程的重要性，对钢筋混凝土衬砌提出抗裂或限裂的要求。因此，钢筋混凝土衬砌计算可分为未出现裂缝和出现裂缝两种情况来考虑。

1. 按混凝土未出现裂缝情况计算

此时的计算情况与上述混凝土衬砌的计算情况相似，对上述公式稍加修改即可应用。即混凝土的截面面积 F 由混凝土的折算截面面积 F_n 代替；混凝土构件混凝土的允许轴向抗拉强度 $[\sigma_{hl}]$ 由钢筋混凝土构件混凝土的允许轴向抗拉强度 $[\sigma_{gh}]$ 代替。

钢筋混凝土衬砌厚度为

$$h = r_i \left[\sqrt{\frac{[\sigma_{gh}]+p}{[\sigma_{gh}]-p}} - 1 \right] \qquad (7-19)$$

衬砌内边缘应力，可按下式进行校核：

$$\sigma_i = \frac{F}{F_n} \frac{t^2+A}{t^2-A} p \leqslant [\sigma_{gh}] \qquad (7-20)$$

$$[\sigma_{gh}] = \frac{R_f}{K_f}$$

$$F_n = F + \frac{E_s}{E_c}(f_i + f_e)$$

式中　R_f——混凝土的设计抗裂强度；

K_f——钢筋混凝土的抗裂安全系数；

F——沿洞线 1m 长衬砌混凝土的纵断面面积；

F_n——F 中包括钢筋在内的折算面积；

E_s——钢筋的弹性模量；

E_c——混凝土的弹性模量；

f_i——衬砌的内层钢筋截面面积；

f_e——衬砌的外层钢筋截面面积。

按式（7-19）求出的 h 值小于零或小于衬砌构造要求的最小厚度时，应采用构造要求的最小厚度。

内外层的钢筋可对称布置，钢筋面积可按结构要求的最小配筋率配置。

2. 按混凝土衬砌出现裂缝情况计算

若隧洞衬砌开裂后，内水外渗不危及围岩和相邻建筑物的安全时，衬砌的混凝土应按允许出现裂缝而限制裂缝开展宽度的方式来设计，以减小衬砌厚度。裂缝的宽度不应超过 0.2～0.3mm；对于水质有侵蚀性的衬砌，最大裂缝宽度不应超过 0.15～0.25mm。限裂设计可以节省大量混凝土和钢筋用量，目前广为采用。

衬砌开裂后，混凝土的拉应力释放，丧失承担内水压力的能力，内水压力主要由围岩承担，因此，必须要求围岩具有承担内水压力的能力。

通过实际工程的观测发现，在开挖的隧洞的周围存在着一个围岩开裂的松动圈，松动圈中的地应力大为降低。当采用开裂设计时，在内水压力作用下，不仅使衬砌开裂，也会引起松动圈的继续开裂。若结构计算时不考虑松动圈的开裂影响，将可能会使设计结果偏于危险。

当围岩条件较差，或洞径超过 6m 时，不能只考虑内水压力。此时应求出均匀内水压力作用下的内力，与其他荷载引起的内力进行组合，然后再来设计。

二、考虑弹性抗力时其他荷载作用下的衬砌内力计算

圆形有压洞的衬砌除了作用有内水压力荷载外，还会作用有围岩压力、衬砌自重，无水头洞内满水压力、外水压力等荷载。在围岩地质条件较好的情况下，计算这些荷载产生的内力时，应考虑弹性抗力的存在。

根据研究分析，约在隧洞顶部中心角90°范围的以外部分，衬砌变形指向围岩，作用有弹性抗力，其分布规律如图 7-31 所示。

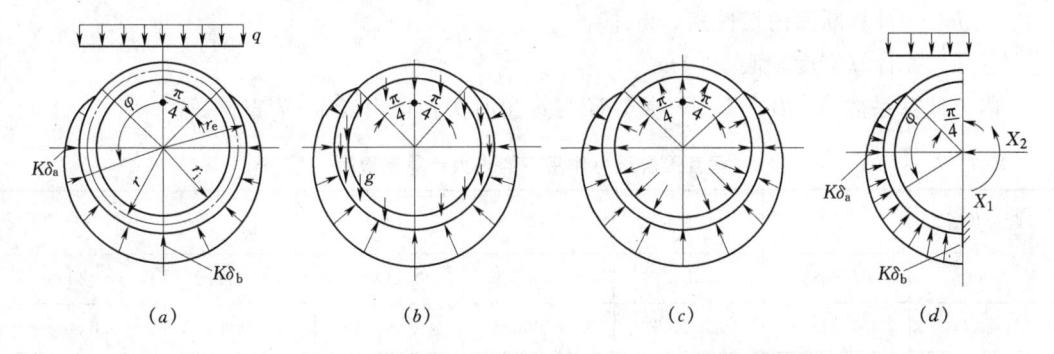

图 7-31 圆形隧洞衬砌上的荷载及其弹性抗力分布图

(a)～(c) 在围岩压力、衬砌自重、洞内无水头满水压力作用下的弹性抗力分布；

(d) 在围岩压力作用下的计算简图

当 $\dfrac{\pi}{4} \leqslant \varphi \leqslant \dfrac{\pi}{2}$ $\qquad K\delta = -K\delta_\text{a}\cos2\varphi$

当 $\dfrac{\pi}{2} \leqslant \varphi \leqslant \pi$ $\qquad K\delta = K\delta_\text{a}\sin^2\varphi + K\delta_\text{b}\cos^2\varphi$

式中 φ——计算断面半径与过洞顶铅直线的夹角；

$K\delta_\text{a}$、$K\delta_\text{b}$——$\varphi=\dfrac{\pi}{2}$ 及 $\varphi=\pi$ 处的弹性抗力值。

假定荷载关于圆断面的铅直中心线对称；垂直和水平围岩压力为均匀分布；衬砌自重沿衬砌中心线均匀分布；隧洞无水头而满水时，内、外水压力作用方向均为径向；不计衬砌与围岩之间的摩擦力。可利用结构力学的方法，求得上述各项荷载单独作用下的内力计算公式。

1. 垂直围岩压力作用下的内力计算

$$M = qrr_\text{e}[A\alpha + B + Cn(1+\alpha)] \tag{7-21}$$

$$N = qr_\text{e}[D\alpha + F + Gn(1+\alpha)] \tag{7-22}$$

其中 $\qquad\alpha = 2 - \dfrac{r_\text{e}}{r}$

$$n = \dfrac{1}{0.06416 + \dfrac{EJ}{r^3 r_\text{e} Kb}}$$

式中 M——计算断面上的弯矩，kN·m；

N——计算断面上的轴力，kN；

q——垂直围岩压力强度，kPa；

r——衬砌的平均半径，m；

r_e——衬砌的外半径，m；

K——围岩弹性抗力系数，kN/m³；

E——衬砌材料的弹性模量，kPa；

J——计算断面的惯性矩，m⁴；

b——计算宽度，取 $b=1$m。

内力计算系数 A、B、C、D、F、G 与 φ 角有关，可由表 7-7 查得。

表 7-7 垂直围岩压力作用下的内力计算系数表

断面位置	A	B	C	D	F	G
$\varphi=0$	0.16280	0.08721	−0.00699	0.21220	−0.21222	0.02098
$\varphi=\pi/4$	−0.02504	0.02505	−0.00084	0.15004	0.34994	0.01484
$\varphi=\pi/2$	−0.12500	−0.12501	0.00824	0.00000	1.00000	0.00575
$\varphi=3\pi/4$	0.02504	−0.02507	0.00021	−0.15005	0.90007	0.01378
$\varphi=\pi$	0.08720	0.16277	−0.00837	−0.21220	0.71222	0.02237

2. 衬砌自重作用下的内力计算

$$M = gr^2(A_1 + B_1 n) \quad (7-23)$$

$$N = gr(C_1 + D_1 n) \quad (7-24)$$

式中　g——单位面积的衬砌自重，kPa；

其余符号意义同前。

内力计算系数 A_1、B_1、C_1、D_1 可由表 7-8 查得。

表 7-8　　　　　　　　衬砌自重作用下的内力计算系数表

断面位置	A_1	B_1	C_1	D_1
$\varphi=0$	0.34477	−0.02194	−0.16669	0.06590
$\varphi=\pi/4$	0.03348	−0.00264	0.43749	0.04660
$\varphi=\pi/2$	−0.39272	0.02589	1.57080	0.01807
$\varphi=3\pi/4$	−0.03351	0.00067	1.91869	0.04329
$\varphi=\pi$	0.44059	−0.02628	1.73749	0.07024

3. 无水头洞内满水压力作用下的内力计算

$$M = \gamma r_i^2 r(A_2 + B_2 n) \quad (7-25)$$

$$N = \gamma r_i^2 (C_2 + D_2 n) \quad (7-26)$$

式中　γ——水的重度，kN/m³；

　　　r_i——衬砌的内半径，m；

其余符号意义同前。

内力计算系数 A_2、B_2、C_2、D_2 可由表 7-9 查得。

表 7-9　　　　　　　无水头洞内满水压力作用下的内力计算系数表

断面位置	A_2	B_2	C_2	D_2
$\varphi=0$	0.17239	−0.01097	−0.58335	0.03295
$\varphi=\pi/4$	0.01675	−0.00132	−0.42771	0.02330
$\varphi=\pi/2$	−0.19636	0.01295	−0.21460	0.00903
$\varphi=3\pi/4$	−0.01677	0.00034	−0.39419	0.02164
$\varphi=\pi$	0.22030	−0.01315	−0.63126	0.03513

4. 外水压力作用下的内力计算

在无内水压力组合的情况下，当衬砌所受的浮力小于垂直围岩压力及衬砌自重之和，即 $\pi r_e^2 \gamma < 2(qr_e + \pi gr)$ 时，可按下式进行计算：

$$M = -\gamma r r_e^2 (A_2 + B_2 n) \quad (7-27)$$

$$N = -\gamma r_e^2 (C_2 + D_2 n) + \gamma h_w r_e \quad (7-28)$$

式中　h_w——均匀外水压力计算水头，即计算水位线在拱顶以上的高度，m；

其余符号意义同前。

第七章 水工隧洞与坝下涵管

由式（7-27）、式（7-28）可以看出，外水压力作用下内力计算公式与无水头洞内满水压力作用下的内力计算公式的差别，仅在于用外半径 r_e 代替内半径 r_i，且由于作用力方向相反，则计算结果符号相反，同时增加了一项由均匀外水压力而引起的轴向力 $\gamma h_\omega r_e$。

当 $\pi r_e^2 \gamma \geqslant 2(qr_e + \pi gr)$ 时，应按不考虑弹性抗力的公式来计算。

在有内水压力组合时，衬砌本身的自重必然大于所受到的浮力，此时，衬砌外壁上的弹性抗力与前述计算图形相符，因此，不受 $\pi r_e^2 \gamma < 2(qr_e + \pi gr)$ 条件的限制，可按式（7-27）及式（7-28）计算。

三、不考虑弹性抗力时其他荷载作用下的衬砌内力计算

在围岩地质条件差，岩体破碎的情况下，就不应考虑弹性抗力的作用。这时，由于岩体破碎软弱，还需考虑侧向围岩压力的作用。在各项荷载作用下（侧向围岩压力能自行平衡，可以除外），衬砌外壁将有地基反力，假定地基反力作用在衬砌的下半圆，方向为径向，呈余弦曲线分布（图7-32）。地基反力的最大值 R 在衬砌的最底处，可由平衡条件求得。

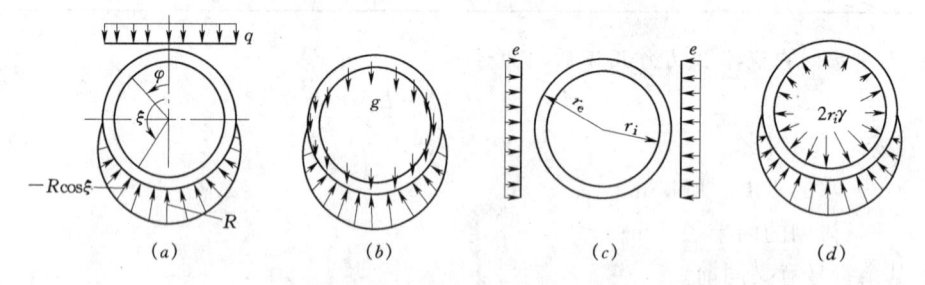

图 7-32 不考虑弹性抗力时衬砌的荷载及反力分布图
(a) 垂直围岩压力；(b) 衬砌自重；(c) 侧向围岩压力；(d) 水重

衬砌在垂直围岩压力、侧向围岩压力、衬砌自重、无水头洞内满水压力及外水压力作用下的内力计算公式及内力计算系数见表7-10。

表 7-10 不考虑弹性抗力（反力按余弦曲线分布）时，围岩压力等荷载作用下衬砌内力计算表

$\begin{cases} M—\text{内壁受拉为正} \\ N—\text{轴向受压为正} \end{cases}$

项次	荷载名称	内力	计算公式	系数	断面位置				
					$\varphi=0$（洞顶）	$\varphi=\frac{\pi}{4}$	$\varphi=\frac{\pi}{2}$	$\varphi=\frac{3\pi}{4}$	$\varphi=\pi$（洞底）
一	垂直围岩压力	M	$qr_e r(A_3 a + B_3)$	A_3	0.16280	−0.02504	−0.12500	0.02505	0.08720
				B_3	0.06443	0.01781	−0.09472	−0.01097	0.10951
		N	$qr_e(C_3 a + D_3)$	C_3	0.21220	0.15005	0.00000	−0.15005	−0.21220
				D_3	−0.15915	0.38747	1.00000	0.91625	0.79577
二	侧向围岩压力	M	$er_e r A_4 a$	A_4	−0.25000	0.00000	0.25000	0.00000	−0.25000
		N	$er_e C_4$	C_4	1.00000	0.50000	0.50000	0.50000	1.00000

续表

项次	荷载名称		内力	计算公式	系数	断面位置				
						$\varphi=0$（洞顶）	$\varphi=\dfrac{\pi}{4}$	$\varphi=\dfrac{\pi}{2}$	$\varphi=\dfrac{3\pi}{4}$	$\varphi=\pi$（洞底）
三	衬砌自重		M	gr^2A_5	A_5	0.27324	0.01079	−0.29755	0.01077	0.27324
			N	grC_5	C_5	0.00000	0.55535	1.57080	1.96957	2.00000
四	无水头洞内满水压力		M	$\gamma r_i^2 rA_6$	A_6	0.13662	0.00539	−0.14878	0.00539	0.13662
			N	$\gamma r_i^2 C_6$	C_6	−0.50000	−0.36877	−0.21460	−0.36877	−0.50000
五	外水压力	当 $\pi\gamma r_e^2 \leqslant 2(qr_e+\pi rg)$	M	$\gamma r_e^2 rA_6$	A_6	同上 A_6 系数				
			N	$\gamma r_e^2 C_6 + \gamma h_w r_e$	C_6	同上 C_6 系数				
		当 $\pi\gamma r_e^2 > 2(qr_e+\pi rg)$	M	$(1-\lambda)\gamma r_e^2 rA_6$	A_6	同上 A_6 系数				
			N	$(1-\lambda)\gamma r_e^2 C_7 -\lambda\gamma r_e^2 C_6 + \gamma h_w r_e$	C_7	1.50000	1.63122	1.78540	1.63123	1.50000

注 表中 $\lambda=\dfrac{2(qr_e+\pi rg)}{\pi\gamma r_e^2}$；$a=2-\dfrac{r_e}{r}$；$e$——侧向围岩压力强度；其余符号的意义同前。

需要指出：在计算外水压力作用产生的内力时，当 $\pi r_e^2 \gamma > 2(qr_e+\pi gr)$ 时，只适用于隧洞施工、检修等无内水压力的情况；当有内水压力时，即使 $\pi r_e^2 \gamma > 2(qr_e+\pi gr)$，也应按 $\pi r_e^2 \gamma \leqslant 2(qr_e+\pi gr)$ 的条件计算，因为此时衬砌受到的浮力总比衬砌自重小。

在工程实践中，当荷载组合中既有均匀内水压力又有均匀外水压力时，往往先将两者叠加后再进行内力计算。当 $pr_i > \gamma h_w r_e$ 时，应以 $p-\dfrac{\gamma h_w r_e}{r_i}$ 作为均匀内水压力计算内力，而不再考虑外水压力；如 $pr_i < \gamma h_w r_e$，则应以 $\gamma h_w - \dfrac{pr_i}{r_e}$ 作为均匀外水压力计算内力，不再考虑内水压力的作用。

四、隧洞衬砌的应力校核

当衬砌厚度由内水压力和其他荷载共同作用来确定时，则衬砌的内、外边缘切向应力应按下式来进行强度校核。

$$\sigma_i = \dfrac{t^2+A}{t^2-A}p + \dfrac{\sum M}{W} - \dfrac{\sum N}{F} \leqslant [\sigma_{hl}] \tag{7-29}$$

$$\sigma_e = \dfrac{1+A}{t^2-A}p - \dfrac{\sum M}{W} - \dfrac{\sum N}{F} \leqslant [\sigma_{hl}] \tag{7-30}$$

式中 $\sum M$、$\sum N$——除内水压力以外的其他荷载使衬砌某截面产生的弯矩和轴向压力，使衬砌内表面受拉的弯矩为正，使衬砌断面受压的轴向力为正；

W——衬砌的抗弯截面模量；

F——沿洞线 1m 长衬砌混凝土的纵断面面积。

第五节 坝下涵管

在土石坝枢纽中，当由于两岸地质条件或其他原因，不易开挖隧洞时，可以采用在土石坝下埋设涵管的方式来满足泄水、引水的需求。

一、坝下涵管的特点

与在山岩中开挖隧洞相比，坝下涵管不需要开山凿洞，结构简单、施工方便、工期较短、造价也低，因此在中、小型工程中使用较多。同时，坝下涵管的进口通常在水下较深处，也是属于深式泄水或放水建筑物。因此，其工作特点、工程布置、进出口的形式与构造等方面与水工隧洞均有相似之处。但是，坝下涵管的管身埋设于土石坝坝下，穿坝而过，如设计施工不良或运用管理不当，极易影响土石坝的安全。根据国内外土石坝失事资料的统计分析表明，坝下涵管的缺陷是引起土石坝失事的重要原因之一。涵管的材料与土石坝的填土是两种性质差别较大的材料，如果两者结合不好，水库中的水就会沿管壁与填土之间接触面产生集中渗流，引起管外填土的渗透变形，特别当涵管由于坝基的不均匀沉陷或连接结构等方面原因，发生断裂、漏水时，后果更加严重，甚至导致坝体的失事。因此在坝下涵管的设计、施工中必须采取适当的措施，做到管身与周围土体的紧密结合，加强管身的防渗处理，保证坝下涵管及坝体安全可靠运行。对于高坝或多地震地区的坝，应尽量避免采用坝下涵管。

二、坝下涵管的位置选择

坝下涵管的线路选择及工程布置的一般原则为经济合理、安全可靠、运行方便。在进行坝下涵管的位置选择时，主要应考虑以下几个方面的问题。

1. 地质条件

应尽量将涵管设在岩基上。如不可能时，对于坝高在 10m 以下的涵管也可设于压缩性小、均匀而密实的土基上，但必须有充分的技术论证。涵管上部所受的外荷载沿管轴线方向变化较大，将可能产生不均匀沉陷，而引起管身断裂，因此，必须避免将管身部分设于岩基上、部分设于土基上，以防止因地基的不均匀沉降而使得管身断裂。不得将涵管直接建在坝体填土中。在进出口的位置，要注意山坡地质的稳定性，防止山坡塌方堵塞涵管。

2. 地形条件

涵管应布置在与进口高程相适应的位置，以免增加过多的挖方工程量。涵管进口高程的确定，可根据运用要求、河流泥沙情况及施工导流等因素来考虑。

3. 运用条件

涵管的布置要尽量从方便运用来考虑，引水灌溉的坝下涵管最好与灌区布置在同一岸侧，如两岸均有灌区，可在两岸各设一个涵管，以免修建过河交叉建筑物。涵管不宜离溢洪道太近，以免泄水时相互干扰。

4. 水流条件

涵管的轴线应为直线，且与坝轴线垂直，以使水流顺畅，并缩短管线，减小工程量，降低水头损失。当为了适应地形、地质的变化，涵管必须转弯时，轴线应以光滑曲线连接，其转弯曲率半径应大于管径的 5 倍。

在进行涵管布置时，应综合考虑以上条件，并注意与其他建筑物之间的相互位置关系，拟定若干方案，经过经济技术比较后加以确定。

三、坝下涵管的进出口建筑物

1. 进口建筑物

坝下涵管多见于小型水库，且涵管多用于引水灌溉，因此其进口建筑物最好选择分层取水的结构形式，以便在引水灌溉时引取水库表层温度较高的清水，有利于农作物的生长。

（1）分级卧管式。此种进口形式广泛地应用于引水灌溉工程中，它是由斜卧在坝前岸坡上的进水卧管、卧管下部的消力井组成的（图 7-33）。在卧管上设有多级台阶，每个台阶上设圆孔进水口，孔径 10～50cm，用木塞或平板门控制引水。卧管应布设在坚实的地基或岩基上，坡度不宜太陡，坡度以 1∶2.5～1∶3 为宜，以免水流过急影响管身稳定，卧管上端应高于最高水位，并在顶端设通气孔，以保证管内的无压水流状态。引水时，打开靠近水面的进水孔，使表层水进入卧管，并经底部的消力井消能后较平稳地转向，流入坝下涵管。

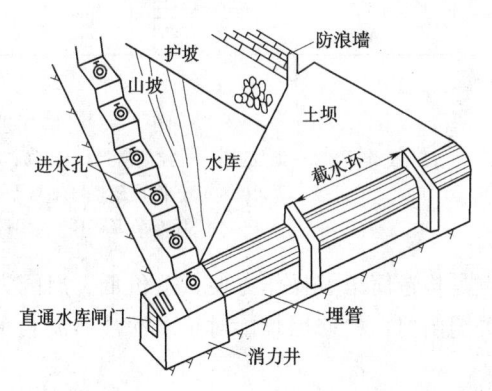

图 7-33 分级卧管式进口

这种形式的进口建筑物结构简单、施工方便，由于卧管内的水流为无压流，对于小型工程，可以使用浆砌石块、条石来修建，可就地取材，降低造价。同时，引取水库表层温度较高的水，对农作物生长有利。但缺点是孔口较多，容易漏水，且闸门运用管理不便，对引水流量不易准确控制。

（2）塔式。这种进口形式与隧洞的塔式进口建筑物基本相同。考虑到引水灌溉的要求，大多做成分层取水的封闭塔（图 7-34）。塔的位置可有三种布置方式，第一种是将塔布置在坝体内靠近坝顶附近，优点是塔身受风浪、冰冻的影响小，稳定性好，产生不均匀沉陷和断裂的可能性小，交通桥短。但由于塔身位于坝体中部，如果塔身与涵管的结合处漏水，将会引起坝体的渗透变形，而且塔的上游侧涵管检修不便，塔的下游侧较短，可能会出现渗径不足。另一种布置方式是将进水塔布置在上游坝脚处，其优缺点与上述布置恰恰相反。还有一种布置方式是将塔设在前述两种位置之间，由于这种方式容易造成塔身与斜墙防渗体结合部的漏水，因此这种方式不适用于斜墙坝。

（3）斜拉闸门式。沿库区山坡或上游坝面布置斜坡，在斜坡上设置闸门运用的轨道，进水口在斜坡的底部（图 7-35），启闭机安装在山坡平台上或坝顶。这种布置方式的特

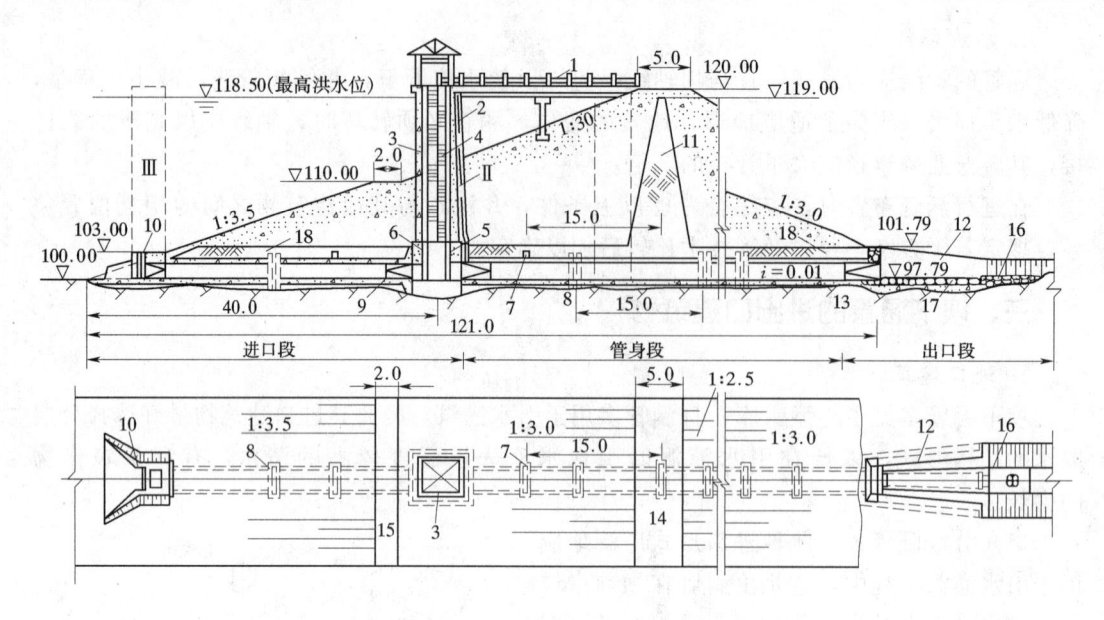

图 7-34 塔式进口布置图（单位：m）
1—工作桥；2—通气孔；3—控制塔；4—爬梯；5—主闸门槽；6—检修门槽；7—截水环；8—伸缩缝；
9—渐变段；10—拦污栅；11—黏土心墙；12—消力池；13—岩基；14—坝顶；
15—马道；16—干砌石；17—浆砌石；18—黏土

点是构造简单、操作方便、造价低、启闭力小，但由于闸门是倾斜安置，不易利用自重来关闭闸门，检修困难。对于多泥沙河流及水头较高时不宜采用。

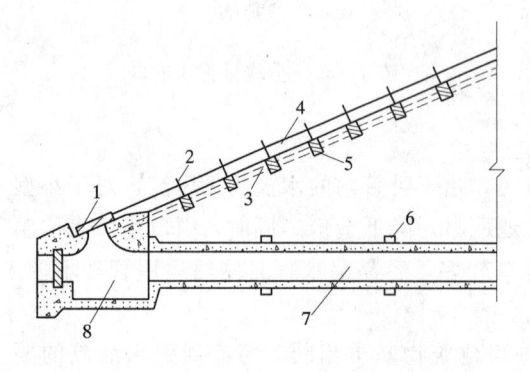

2. 出口建筑物

坝下涵管的出口建筑物包括渐变段及消能设施两部分。渐变段的构造与隧洞相同，由于涵管的流量不大、水头较低，涵管出口的消能方式往往为底流式水跃消能方式。

四、坝下涵管的管身形式及构造

1. 坝下涵管的管身形式

坝下涵管也分为有压涵管与无压涵管两种类型。从防止管身漏水以免影响土石坝安全来考虑，最好将涵管做成无压的。管身断面通常有圆形、矩形及拱形等。

图 7-35 斜拉闸门式
1—斜拉闸门；2—支柱；3—通气孔；4—拉杆；5—混凝土块体；6—截水环；7—涵管；8—消能井

2. 坝下涵管的构造

为了防止管身的不均匀沉陷，避免产生集中渗流，在管身一般均设有伸缩缝、管座、截水环、涵衣等设施。

（1）伸缩缝。为了适应地基沉降变形、管身伸缩变形及施工能力的要求，需在涵管的轴线方向分缝。为了适应地基的变形，铺设在土基上的涵管需设沉降缝。在良好的岩基上，虽然不均匀沉降的影响很小，但由于地基对管身的约束作用，也可能使管身在温度变化时产生横向裂缝，故需设温度伸缩缝，一般将温度伸缩缝与沉降缝统一考虑，称为温度沉降缝。对于现浇混凝土管，缝的间距一般不大于3～4倍管径，且不大于15m，预制管的接头即为伸缩缝。缝宽一般为1～3cm。缝内必须做好止水。

(2) 管座。管身应放在较坚实且稳定的地基上，为防止地基因受力不均而产生不均匀沉降导致管身断裂，一般不宜将管身直接布置于土基上，更不允许将管身置于坝体的填方上。

当地基比较软弱时，应将管身置于用浆砌块石和混凝土做成的刚性管座上，管座与管身接触面所形成的包角一般为90°～135°，当竖向荷载较大时，可采用180°包角。管座的厚度一般为30～50cm。在管座与管身的接触面上，涂以沥青或铺上沥青油毡垫层，可减小管座对管身的约束，避免因管身纵向变形而导致管身出现横向裂缝。

(3) 截水环。为了防止沿管道外壁发生集中渗流，常在管壁外围设置截水环，以达到改变渗流方向，增加渗径，减小渗流的目的。

截水环的布置位置可根据坝型及上堵下排的防渗原则来定。对于黏土心墙坝或黏土斜墙坝，常将涵管通过防渗体的局部加厚，在两者相交处设2～3道截水环。对于均质坝，在上游侧及坝轴线位置设2～3道截水环，下游侧不必设。

截水环宜设在两伸缩缝之间，以减少截水环对管身纵向变形的约束作用。

(4) 涵衣。工程实践经验表明，涵管与坝体的接触面是防渗的薄弱环节，为了更有效地防止集中渗流，通常在涵管周围1～2m的范围内，回填黏性土做防渗层，这个防渗层称为涵衣。涵衣与砂性坝壳之间应设过渡层。

第六节 隧洞的运用管理

隧洞和涵管是水库枢纽的重要建筑物，由于设计、施工、管理等方面的原因，可能出现裂缝、断裂、漏水、空蚀及磨损破坏等现象，影响工程的正常运用。特别是坝下涵管的断裂漏水，不仅影响水库的兴利，而且有可能引起垮坝的重大事故，所以，要加强经常性检查养护，发现问题及时处理。

一、隧洞和涵管的检查养护

隧洞和涵管的检查养护内容主要有以下几个方面。

运用前要经常检查隧洞的衬砌或涵管有无变形、裂缝、漏水，出口部位有无异常潮湿和漏水现象，要及时分析原因并进行处理。检查隧洞进出口有无可能崩塌的山坡或危石，特别是无衬砌的隧洞有无可能塌落的岩块，要及时清除或妥善处理。拦污栅上的杂草、污物应经常清除，易被泥沙淤积的进水口，要定期进行泄水冲砂或清理，防止闸门被砂石卡阻而影响正常运用。

运用期间，随着闸门的启闭要密切注意观察和倾听洞内有无异常响声，设有观测设备的要做好记录；对于坝下涵管，要观察其附近的上、下游坝坡有无塌坑、裂缝或湿软等现象，如有异常应及时进行处理。设有通气孔时，应及时清理吸入的杂物，确保其畅通。特别应指出的是要正确操作运用，避免洞（管）内出现明、满交替的流态，闸门的启闭均应缓慢进行，避免流量的猛增猛减，防止洞内产生超压、负压或水锤等不良现象，对于无压洞严禁在受压情况下使用。

（1）运用之后，要认真检查洞或管壁有无蜂窝、麻面，有无裂缝和漏水的孔洞，出口消能设施有无损坏现象等，要分析其产生的原因，提出处理的方法。

（2）闸门、启闭机要经常检查、养护，以确保灵活、安全。

（3）其他方面，如发生严重冰冻后，要防止冰冻对进水塔和进水口造成冰冻破坏，位于地震区的水库，当发生 5 级以上的地震后，应进行全面检查，发现问题及时处理，禁止在建筑物附近采石爆破或炸鱼，以免因振动引起隧洞或涵洞断裂，对于洞顶岩石厚度小于 3 倍洞径的情况，禁止在顶部堆放重物或修建其他建筑物，以免发生意外。

二、隧洞常见问题的处理

1. 隧洞衬砌开裂漏水的处理

处理方法主要有水泥砂浆或环氧砂浆封堵、抹面，水泥或化学灌浆，锚喷支护，内衬补强等，应根据工程的具体情况选择使用。

（1）水泥砂浆或环氧砂浆封堵、抹面。这种方法主要用于过水表面存在蜂窝麻面、细小漏洞或细小裂缝等问题较轻的情况，对于一般渗水裂缝或蜂窝麻面可采用水泥砂浆加水玻璃浆液堵塞抹面处理。在漏水严重的位置，应用环氧砂浆进行封堵处理，先对其凿毛，深约 2~3cm，然后清洗干净，干燥或擦干后将砂浆填入封堵密实，表面抹平。对于漏水的裂缝或孔洞，先埋管导水，在已凿毛、清洗的埋管四周用快硬水玻璃水泥或环氧聚酰胺砂浆封堵，然后用水灰比较小的混凝土修补表面，再用环氧砂浆封闭，立模支撑压平粘结牢固，最后在导管内灌浆封堵。

对于环氧砂浆，各地配比不同，可参考有关资料选用。

（2）灌浆处理。对于隧洞开裂漏水较严重的情况，采用水泥灌浆或化学灌浆是表里兼治、堵漏补强的常用方法。由于地质条件较差而引起的不均匀沉陷造成的开裂，一般要求等沉陷稳定后再灌浆。要限制裂缝的发展，可以先灌浆，如继续开裂时，再进行灌浆处理。具体方法可参考涵管的灌浆处理内容。

（3）锚喷支护。这种方法用于无衬砌损坏的加固和衬砌损坏的补强。这种方法可提高围岩的整体稳定性和承载能力，节约投资，加快施工进度，应用广泛。目前，常用的有喷混凝土、喷混凝土与锚杆联合、钢筋网喷混凝土与锚杆联合等方法。

实践表明，对于小跨度洞室只喷混凝土即可，锚杆所起作用不大。而对裂隙发育、岩石较破碎的洞室，应加锚杆进行锚喷支护。采用锚喷联合加固时，应保证喷面的平整，严防锚筋出头，以免产生空蚀破坏。

（4）内衬补强。这种方法用于衬砌材料强度不足，隧洞产生裂缝或断裂的情况。因隧洞过水时流速较大，一般采用钢板衬砌，尽量不要过多缩小过水断面，注意衬砌钢板与洞壁要结合牢固。衬砌前，应将洞壁凿毛，清洗干净。此外，采用的方法还有用钢筋混凝土管、钢筋网水泥管等制成的成品管与原洞壁间充填水泥砂浆或预埋骨料灌浆，或在洞内现场浇筑混凝土、浆砌混凝土预制块等方法。

在隧洞的开裂部位进行内衬之前，应把周围的岩石予以加固处理，防止衬砌部位裂缝的继续发展。

2. 隧洞空蚀破坏的处理

空蚀的产生与多种因素有关，流速与边界条件是两个重要因素。根据国内外研究成果，目前常用的防空蚀措施主要包括改善水流的边界条件，选用抗空蚀的材料，控制闸门开度、设置通气孔、通气减蚀、掺气减蚀及限制过流边界的不平整度等。

(1) 改善水流的边界条件。边界条件要符合水流的运动规律，最好进行水工模型试验。易产生空蚀的部位，如进口段、渐变段、门槽及其底缘、弯道、龙抬头曲线段、岔洞及出口段等处的形体应尽可能流线化或呈圆角，并使边界表面平整、光洁。

(2) 选用抗空蚀材料。合理选择抗空蚀材料，对于防蚀减蚀有很大作用。常用的抗空蚀材料主要有高强度混凝土、钢纤维混凝土、钢铁砂混凝土、硅粉混凝土、环氧砂浆、高强度水泥石英砂浆、辉绿岩铸石板、钢板等。

(3) 控制闸门开度、设置通气孔。闸门开度不同，门底与门后的压力不同，当闸门相对开度为20%左右时，门底止水后易形成负压区和压力不稳定区，使闸门上下振动，闸门底部易产生空蚀。当闸门相对开度约为80%～90%时，门后易出现明、满流交替现象，水流反向冲击闸门使其发生水平方向振动。如河南兰考三义寨引黄闸在改建之前曾发生严重的闸门振动，开度约在80%左右，闸门强烈振动引起闸基液化，闸底板断裂，造成重大损失。在闸门操作运用时，应尽可能避开易振的开度。

(4) 掺气减蚀。当流速大于35～40m/s时，对不平整体的处理要求是很高的，不仅增加施工难度，而且所花代价很大。近20～30年以来，不少工程采用掺气措施，来达到减蚀目的，通过原型观测，证明掺气减蚀的效果十分显著。

掺气减蚀就是通过设在高流速水层底面的掺气槽、挑坎等，向掺气设施所形成的水舌空腔中通入空气，由于射流底缘的紊动，空气不断地被卷入水流，形成一个水气掺混带。因为掺气能改变水层与边壁间的压力状况，使空泡溃灭时作用在边壁上的冲击力大为减弱。同时含气水流也成了具有弹性的可压缩体，从而达到减免空蚀的目的。

试验表明，当流速为46m/s时，如不掺气，即使混凝土强度达44MPa，也会发生空蚀破坏；但当掺入相当于水流量5%的空气后，强度为12MPa的混凝土也没有发生空蚀。

具体做法是在容易发生空蚀的过流底面边界上设置掺气设备，掺气设施有掺气槽、挑坎、跌坎三种基本形式以及由它们组合而成的其他形式。这些布置形式，都是在设施后的水层底部形成一定长度的空腔，利用空腔中的低压，通过连接的通气孔，将外界的空气自动吸入，并与水流掺混后随之下移。掺气的浓度沿程递减，一道掺气槽的有效保护长度大约为50～80m。在选择掺气设施布置时，应满足以下要求：①能提供足够的空气，以达到必需的掺气浓度（在它能覆盖的保护范围内，一般最小不低于4%～5%）；②在设计运行的水头范围内能形成稳定的空腔，保证供气，工作可靠；③水流流态平稳，不影响正常运行；④附近的水层底面或空腔内不出现较大的负压，一般负压不超过0.5m水柱。

挑坎单独使用或与掺气槽结合时，其高度多在5～85cm，一般情况下单宽流量大时采用较高的挑坎。挑坎的挑角可取5°～7°。挑坎越高，坡度越大，则空腔越大，通气量也越大，但是下游的水流条件不利，因而挑坎的坎高和坡度均不宜过大。掺气槽常用梯形断面，具体尺寸以通气顺畅，满足通气孔出口布置为准。通气孔中的风速应小于60m/s。

在隧洞中的掺气设备常设于龙抬头式泄水隧洞反弧起点上游一定距离或同时也设于反弧段的下切点处，但不能设在反弧上，以免因离心力的作用而使掺气槽内充水。

掺气减蚀方法是一种经济而有效的措施，目前在我国工程中采用较多。

(5) 控制过流边界的不平整度。过流边界的不平整是指水流边壁表面的孤立突体或凹陷。例如，混凝土施工时留下来的接缝错台、模板印痕、残留钢筋头、管头、混凝土残渣或局部混凝土脱皮和剥落时留下的坑穴、局部放线不准或模板走样造成的凹凸面，以及其他突体、跌坎等。水流经过这些不平整体时，将会使水流与边界分离，出现局部绕流，形成漩涡，致使压力降低而可能造成空蚀。因此，在设计、施工中对不平整度给以限制是十分重要的。

3. 隧洞的磨损处理

高速水流的泄水建筑物，磨损问题的处理措施主要是合理选择抗冲耐磨材料。下面简单介绍几种常用材料。

(1) 铸石板镶面。其特点是具有较高的抗磨损强度和抗悬移质微切削破坏的能力，如三门峡水库在3号排砂底孔上使用辉绿岩铸石板镶面，效果很好。

(2) 铸石砂浆、铸石混凝土。这种砂浆或混凝土保持了铸石耐磨的性能，其抗冲耐磨强度不亚于环氧砂浆。当水泥石把铸石粘结在一起时，凸出的铸石骨料主要承受挟沙水流的微切削作用，对防止悬移质冲磨破坏起到了保护作用。在葛洲坝的二江泄水闸采用了高标号（大于800号）铸石砂浆材料，取得了较好的抗磨损效果。此外，采用铸石骨料高强度混凝土或砂浆具有较好的抵抗推移质冲磨的性能，它和普通混凝土施工工艺相同，利于基层结合，可大面积使用。

(3) 聚合物砂浆、聚合物混凝土。聚合物的粘结强度比水泥粘结强度高得多，对于相同的骨料，聚合物混凝土抵抗悬移质和推移质冲磨的强度都较高。为保证其效果，应注意选好骨料，由于聚合物价格较高且有一定毒性，所以，多用于局部冲磨严重和可能产生空蚀破坏的部位。

(4) 钢板砌护。钢材有很好的冲击韧性，但抗磨损强度不及铸石或天然岩石。实践证明，钢板抗悬移质微切削冲磨破坏能力差，而抗推移质冲磨破坏能力强，所以，通常用在冲磨严重和难于维修的部位。如在南桠河和渔子溪水电站的推移质冲磨严重部位，采用了钢板砌护，使用效果良好。

本 章 小 结

本章主要内容包括水工隧洞与坝下涵管的特点、类型、路线选择、总体布置以及组成部分和细部构造等。

通过对本章的学习，要求了解水工隧洞的类型、特点、线路选择及总体布置，掌握水工隧洞各组成部分的作用、要求、构造及衬砌的荷载计算，熟悉水工有压隧洞衬砌的结构计算，并了解坝下涵管的特点、类型，管身的结构计算、位置选择、断面形状尺寸确定及细部构造组成。掌握隧洞在运用管理中常见问题的产生原因及处理措施。

复 习 思 考 题

1. 简述水工隧洞的类型及工作特点。
2. 水工隧洞的闸门应如何布置？
3. 水工隧洞线路选择应遵循的原则是什么？
4. 试述水工隧洞进口建筑物的类型、构造特点及适用条件。
5. 水工隧洞的洞身断面形式有哪些？它们各适用于什么情况？
6. 水工隧洞的衬砌有什么作用？有哪些类型？它们各适用于什么情况？
7. 水工隧洞的衬砌分缝、洞身灌浆及排水的目的是什么？在构造上它们各有什么特点和要求？
8. 什么叫围岩压力？有哪些影响因素？
9. 什么叫弹性抗力？有哪些影响因素？
10. 水工隧洞衬砌设计中常需考虑哪些荷载组合？
11. 简述水工有压隧洞衬砌的结构计算。
12. 坝下涵管与水工隧洞相比较各有什么特点？
13. 坝下涵管的进口建筑物有哪些型式？各有什么优缺点及适用条件？
14. 坝下涵管管身的细部构造有哪些？它们各有什么作用？

第八章 渠系建筑物

第一节 渠道与渠首工程

一、渠道

灌溉渠道遍布整个灌区，线长面广，其规划和设计是否合理，将直接关系到土方量的大小、渠系建筑物的多少、施工和管理的难易以及工程效益的大小，因此，渠道的规划布置和设计工作，一定要慎重进行。

灌溉渠道一般可分为干、支、斗、农四级固定渠道。干、支渠主要起输水作用，称为输水渠道；斗、农渠主要起配水作用，称为配水渠道。

（一）渠道的布置

渠道布置关系到灌区合理开发、渠道安全输水及降低工程造价等关键问题，应综合考虑地形、地质、施工条件及挖填平衡、便于管理养护等各种因素。

1. 地形条件

在平原地区，渠道路线最好是直线，并选在挖方与填方相差不多的地方。如不能满足这一要求时，也应尽量避免深挖高填。转弯也不应过急，对于衬砌的渠道，转弯半径应不小于 2.5 倍水面宽度；对不衬砌的渠道，转弯半径不小于 5 倍的水面宽度。

在山坡地区，渠线应尽量沿等高线方向布置，以免过大的挖填方量。当渠道通过山谷、山脊时，应对高填、深挖、绕线、渡槽、隧洞等方案进行比较，从中选出最优方案。渠道应与道路、河流正交。

2. 地质条件

渠道线路应尽量避开渗漏严重、流沙、泥泽、滑坡以及开挖困难的岩层地带。必要时，可采取防渗措施以减少渗漏；采用外绕回填或内移深挖以避开滑坡地段；采用混凝土或钢筋混凝土衬砌以保证渠道安全运行。

3. 施工条件

施工时的交通运输、水和动力供应、机械施工场地、取土和弃土的位置等条件，均应加以考虑。

4. 管理要求

渠道布置要和行政区划与土地利用规划相结合，每个用水单位有单独的用水渠道，以便于管理和维护。

总之，渠道的布置必须重视野外踏勘工作，从技术上、经济上仔细分析比较，才能使渠道布置较为合理。

（二）渠道的纵横断面设计

渠道的设计包括横断面设计和纵断面设计。在实际设计中，纵断面和横断面设计应交替并且反复进行，最后经过分析比较，确定合理的设计方案。

1. 渠道横断面

渠道横断面尺寸，应根据水力计算确定。梯形土渠的边坡应根据稳定条件确定，土渠的边坡系数 m 一般取 $1\sim2$。对于挖深大于 5m 或填高超过 3m 的土坡，必须进行稳定计算，计算方法与土石坝稳定计算相同。为了管理方便和边坡稳定，每隔 $4\sim6$m 应设一平台，平台宽 $1.5\sim2$m，并在平台内侧设排水沟。渠道的糙率应尽量接近实际值，主要依据渠道有无护面、养护、施工情况加以选定。渠道的比降应根据纵断面设计要求进行确定。当渠道的流量、比降、糙率及边坡系数已定时，即可根据明渠均匀流公式确定渠道断面尺寸。

渠道横断面的形状常用梯形，它便于施工，并能保持渠道边坡的稳定，如图 8-1 (a)、(c) 所示。在坚固的岩石中开挖渠道时，宜采用矩形断面，如图 8-1 (b)、(d) 所示。当渠道通过城镇工矿区或斜坡地段，渠宽受到限制时，可采用混凝土等材料砌护，如图 8-1 (e)、(f) 所示。

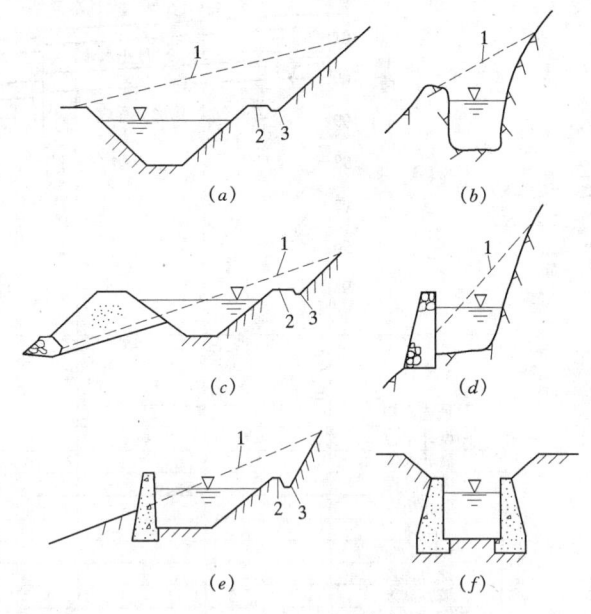

图 8-1 渠道横断面图
(a)、(c)、(e)、(f) 土基；(b)、(d) 岩基
1—原地面线；2—马道；3—排水沟

2. 渠道的纵断面

渠道纵断面设计的任务是根据灌溉水位要求确定渠道的空间位置，主要内容包括确定渠道纵坡、正常水位线、最低水位线、渠底线和最高水位线。渠道的纵断面图见图 8-2。

确定渠道纵坡时，主要考虑地面坡度、地质情况、流量大小、水流含沙量等因素。

二、无坝渠首枢纽

当河道的枯水位和流量都能满足灌溉要求时，不需要在河道上修筑拦河坝（闸），只需在河岸上选择适宜地点开渠并修建取水建筑物，从河流侧面引水，这种渠首称无坝渠首。根据河岸的地质情况、河床演变规律以及引水量、含沙量情况，无坝取水枢纽布置形式一般有以下几种。

（一）位于弯道凹岸的取水枢纽

这种取水枢纽，可以充分利用弯道环流特性，将取水口建在弯道的凹岸，引取表层较清水流，排走底沙。在河岸稳定、引水量小于河道流量的 25%～35% 时，常采用这种布

第八章 渠系建筑物

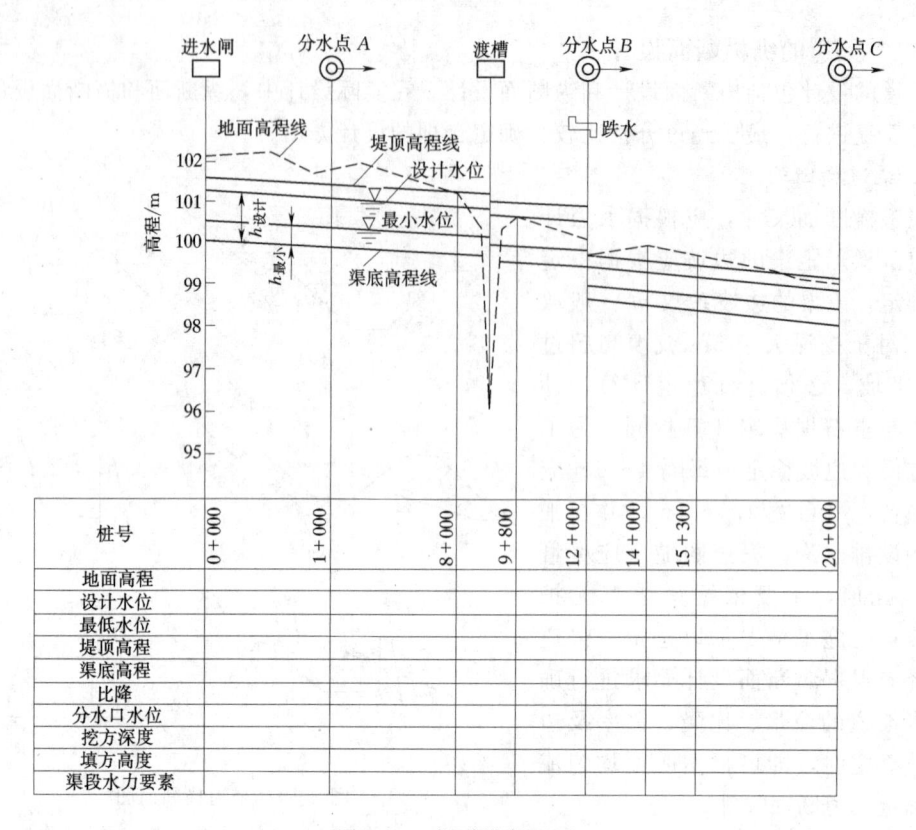

图 8-2 渠道纵断面图

置形式。

取水枢纽一般由拦沙坎、进水闸、引水渠、沉沙池等建筑物组成，如图 8-3 所示。为了减少水头损失，可将引水渠缩短或不设引水渠。

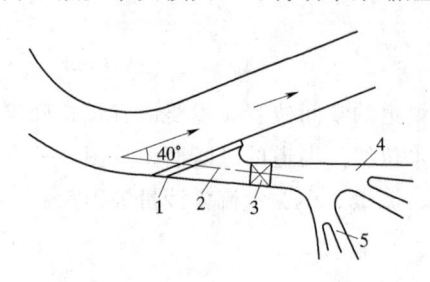

图 8-3 无坝渠首平面布置示意图
1—拦沙坎；2—引水渠；3—进水闸；
4—东沉沙条渠；5—西沉沙条渠

取水口的位置设在弯道顶点以下水深最深、单宽流量最大、横向环流最强的地方，以引取表层清水，防止泥沙入渠。

拦沙坎的作用是防止推移质泥沙进入渠道。一般沿岸边布置在取水口的前缘，其轴线与水流的夹角应为锐角，以免砂砾跃过。拦沙坎的横剖面形状有梯形、矩形以及向前伸的悬臂板形。拦沙坎的高度视河流泥沙情况而定，在含沙量小、河床稳定的情况，一般高出渠底 0.5~0.8m。

进水闸的中心线与河道水流的夹角称引水角。引水角的大小影响入渠泥沙的多少。引水角越小，水流越平顺，冲刷越轻，但过小会使渠首布置增加困难，一般采用 30°~50°为宜。山东省打渔张渠首工程，经模型试验，引水角采用 40°，并利用进水闸后的天然洼地作为沉沙条渠，经沉淀后的水流所含泥沙粒径大部分小于 0.02~0.03mm，达到了预期目的，工程运用情况良好。

(二) 导流堤式取水枢纽

在不稳定的河道上或坡降较陡的山区河流，引取流量较大时，可在渠首设导流堤拦截水流，抬高取水口水位，使河道水流平顺地进入进水闸（图 8-4）。导流堤式取水枢纽中还设有冲沙闸，平时排沙，洪水期宣泄洪水。

导流堤与主流方向的夹角 $\alpha=10°\sim20°$ 为宜，如果过小将增加导流堤的长度，过大又易被洪水冲毁。

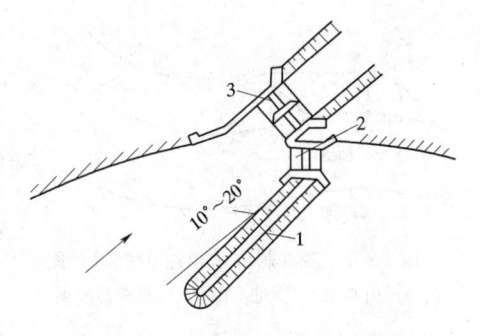

图 8-4 导流堤式渠首布置图
1—导流堤；2—泄水排沙闸；3—进水闸

导流堤的长度取决于引水流量的大小，堤身越长引水越多，但对泄洪的影响越大。一般导流堤的上游端应接近河道主流，以满足引水需要。

泄水冲沙闸底板与该处河底相平或略低，但应比河流主槽高，以利于泄水和排沙。进水闸底板高程应比引水段河床高出 0.5~1.0m，拦截推移质泥沙入渠。

(三) 引水渠式取水枢纽

根据地形条件，为使冲沙闸的水流归入原河道，可将进水闸布置在离河岸较远的地方，如图 8-5 所示。这种布置形式可防止河岸冲刷变形影响，保证取水枢纽建筑物的安全。

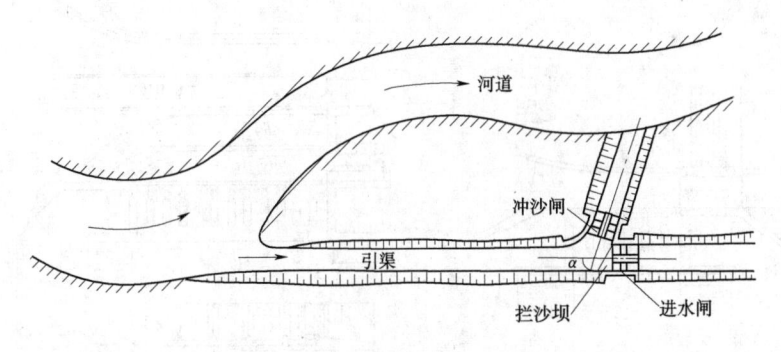

图 8-5 引水渠式渠首布置图

引水渠可适当加宽加深兼作沉沙池之用，但引水渠在冲沙时应有足够的水头，以达到水力冲沙的目的。

进水闸前设有拦沙坎及冲沙闸。冲沙闸的底板高程低于进水闸底板 0.5~1.0m。冲沙闸的中线与引水渠水流方向成 30°~60°夹角，以便利用侧面排沙产生的横向环流减少泥沙进入干渠。

(四) 多首制取水枢纽

多首制取水枢纽有两个以上的引水渠，各渠相距 2~3km，甚至 3~4km。当一个取水口淤塞后，可由其他引水口引水，或者引水渠淤积后，轮流清淤，保证灌区不停水。多首制取水枢纽适用于不稳定的多泥沙河流，尤其是山麓性河流。

图 8-6 为多首制取水枢纽布置示意图。洪水期仅用一个取水口引水，其他取水口临时堵塞，以免引水过多和渠道淤积。枯水期则由几个取水口同时引水，以保证所需的水量。

三、有坝渠首枢纽

当河道水量比较丰富，但水位较低，不能保证自流灌溉，或引水量较大，无坝引水不能满足要求时，则可拦河筑坝，壅高水位，保证引取灌溉所需流量，这种取水方式称为有坝取水。有坝取水枢纽一般由壅水坝或拦河闸、进水闸及防沙设施等建筑物组成。如果河流上还有发电、航运、过木及过鱼等要求时，有坝取水枢纽中需修建相应的专门建筑物。有坝取水枢纽布置应考虑泥沙问题，通常采用的防沙设施有沉沙槽、冲沙闸、冲沙廊道、冲沙底孔及沉沙池等。根据对泥沙处理方法的不同而有许多布置形式，现介绍常用的几种有坝取水枢纽布置形式。

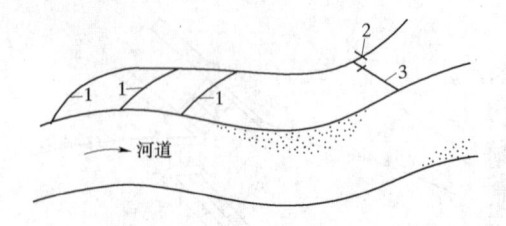

图 8-6 多首制取水枢纽布置示意图
1—引水渠；2—进水闸；3—泄水排沙渠

（一）沉沙槽式取水枢纽

这种取水枢纽由壅水建筑物、导流墙、冲沙闸、沉沙槽及进水闸等建筑物组成（图 8-7）。这种布置形式具有构造简单、施工方便等优点，在我国应用较多。

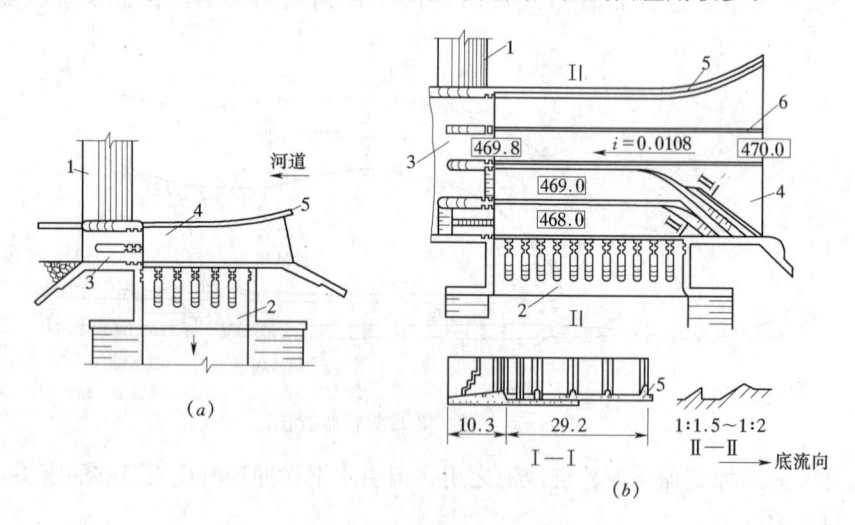

图 8-7 沉沙槽式取水枢纽布置图
(a) 原渭惠渠沉沙槽式渠首；(b) 改进后槽内建分水墙及导沙坎
1—壅水坝；2—进水闸；3—冲沙闸；4—沉沙槽；5—导水墙；6—分水墙

壅水建筑物一般是坝顶不设闸门的溢流坝。坝顶高程以满足引水要求为准，坝顶长度取决于泄洪时上游水位的限制。如河床宽度较窄，溢流坝长度受到限制以致洪水期壅水过高时，可采用带闸门的溢流坝或拦河闸，以降低洪水期的上游水位。

进水闸位于坝端两岸，其作用是控制引水流量，进水闸的引水角应利于提高引水防淤效果，一般约为 45°。进水闸底板应高出沉沙槽底板 1.0~1.5m。

冲沙闸与进水闸相邻布置,用以冲刷沉沙槽内泥沙及宣泄部分洪水,并使河道主流趋向进水闸,保证引水。因此,冲沙闸必须有一定的过水能力以增加冲沙效果和控制流向。在山区河流,冲沙闸的过水断面约为筑坝处河道过水断面面积的 $1/5\sim1/20$;在平原河流,其过水能力应大于灌溉期河道的正常流量。

导水墙与进水闸翼墙共同形成沉沙槽,并控制环流的影响范围。导水墙的长度,上游应伸至进水闸以上,下游导水墙应伸到壅水坝护坦末端,以便水流集中将泥沙冲到下游。导水墙的平面形状多为喇叭口形,以使水流平顺地进入沉沙槽。

沉沙槽的布置不仅要考虑沉沙所需要的容积,而且还要考虑冲沙防沙的效果。为了便于冲沙集中水流,沉沙槽的宽度与冲沙闸的宽度相同。为了取得足够的沉沙容积,防止泥沙进入干渠,底板低于进水闸 $1.0\sim1.5$m。为了进一步提高防沙冲沙效果,有的工程将沉沙槽布置成弧形,并在槽内设置分水墙及导沙坎。沉沙槽的泥沙冲到坝下,待溢流坝泄洪时,把泥沙带走。实践证明,冲沙闸与河道水流方向成 15°夹角,引水防沙效果较好。

若用拦河闸代替溢流坝,基本上不改变取水枢纽上、下游河道的形状。与溢流坝相比,它既可壅水,又可开闸泄水冲沙,还可利用闸门启闭来调整上游河道主流的方向,使取水口保持良好的引水条件。因此,采用拦河闸壅水是改善引水条件的有效措施。

(二)冲沙廊道式取水枢纽

这种取水枢纽主要由拦河闸(坝)、冲沙闸、进水闸及冲沙廊道组成。它是根据水流含沙量沿水深分布规律,将水流垂直地划分为表层及底层两部分,进水闸引取表层较清水流,而使含沙量较多的底层水流经冲沙廊道排至下游,故这种取水枢纽又叫分层取水式取水枢纽,如图 8-8 所示。根据实际工程运用经验,冲沙廊道式取水枢纽对于排除粗颗粒泥沙非常有效。

按照进水闸的布置位置分为侧面引水式和正面引水式两种布置形式。

侧面引水式由于水流产生环流,泥沙淤积在取水口的上唇附近,因此,应将冲沙廊道布设在第一闸孔的上游及第一、二闸孔的下面。由于廊道断面较小,长度较大,而且平面上呈弯曲形,故冲沙能力较低。当河道来沙量较大时,为了冲洗上游淤沙,常需增设冲沙闸。

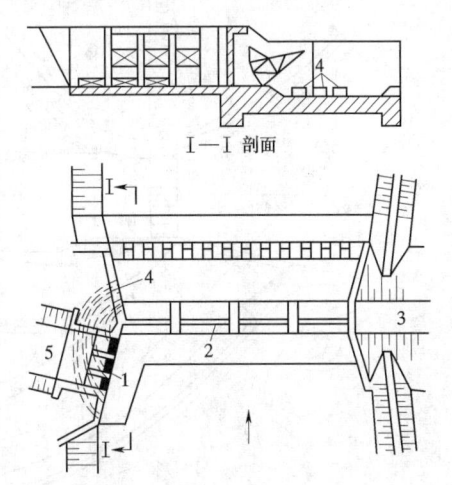

图 8-8 冲沙廊道式取水枢纽布置图
1—进水闸;2—拦河闸;3—土坝;
4—冲沙廊道;5—干渠

正面引水式是将进水闸与壅水坝布置在同一轴线上,闸底板下设尺寸较大的冲沙廊道,一般不另设冲沙闸。这种布置方式,引水时闸前水流在平面上无弯曲现象,可减少粗沙入渠,冲沙廊道还可用于泄洪。

廊道的断面形状最好为矩形,底部和侧墙都应用耐磨材料衬砌。为了便于检修,廊道的高度不得小于 0.5m。廊道进口设工作闸门,出口淹没在水下时也应设闸门以防止下游泥沙淤积在洞内。

冲沙廊道式取水枢纽的优点是可以边引水边冲沙，当枯水期来水及来沙量减少时，也可以利用廊道闸门控制进行定期冲沙。冲沙廊道式取水枢纽适用于来水量比较丰富、用水保证率高的情况。为使廊道内能产生 4~6m/s 的冲沙流速，坝前水位应形成较大的水头。

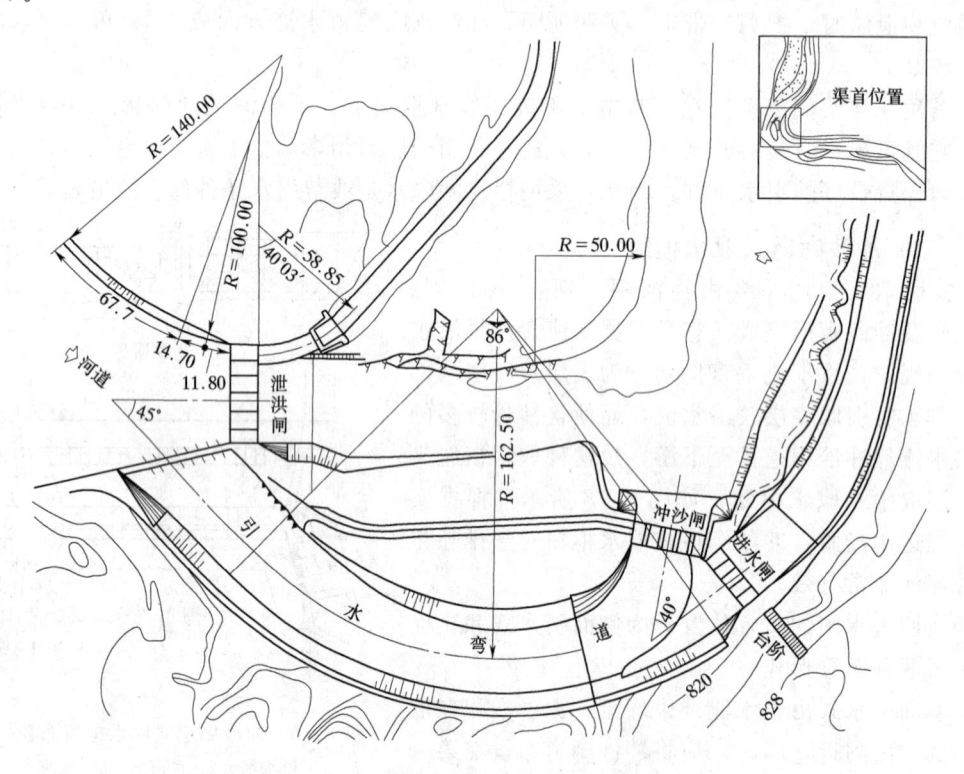

(三) 人工弯道式取水枢纽

人工弯道式取水枢纽是利用弯道环流原理，将河道整治为弯曲的引水弯道，造成人工环流，并在弯道末端按正面引水、侧面排沙的原则，布置进水闸和冲沙闸，以引取表层水流，排走底沙。这种取水枢纽在我国新疆地区被广泛采用。

该种取水枢纽由人工引水弯道、进水闸、冲沙闸、泄洪闸以及下游排沙道等组成（图8-9）。

图 8-9 人工弯道式取水枢纽布置图

(四) 底栏栅式取水枢纽

底栏栅式取水枢纽是利用栏栅防止泥沙入渠。一般在溢流坝内设引水廊道，廊道顶部有金属栏栅，当河水从坝顶溢流时，一部分或全部水流经栏栅孔隙流入廊道，然后流入渠道。河流中的泥沙除细颗粒随水流入廊道外，卵石及砾石等则随水流泄到下游，如图8-10所示。这种渠道一般用于坡陡流急和河床为卵石、砾石且推移质细颗粒不太多的山溪性河道。

这种取水枢纽由底栏栅坝、泄洪排沙闸、溢流坝、拦沙坎及导流堤等组成。

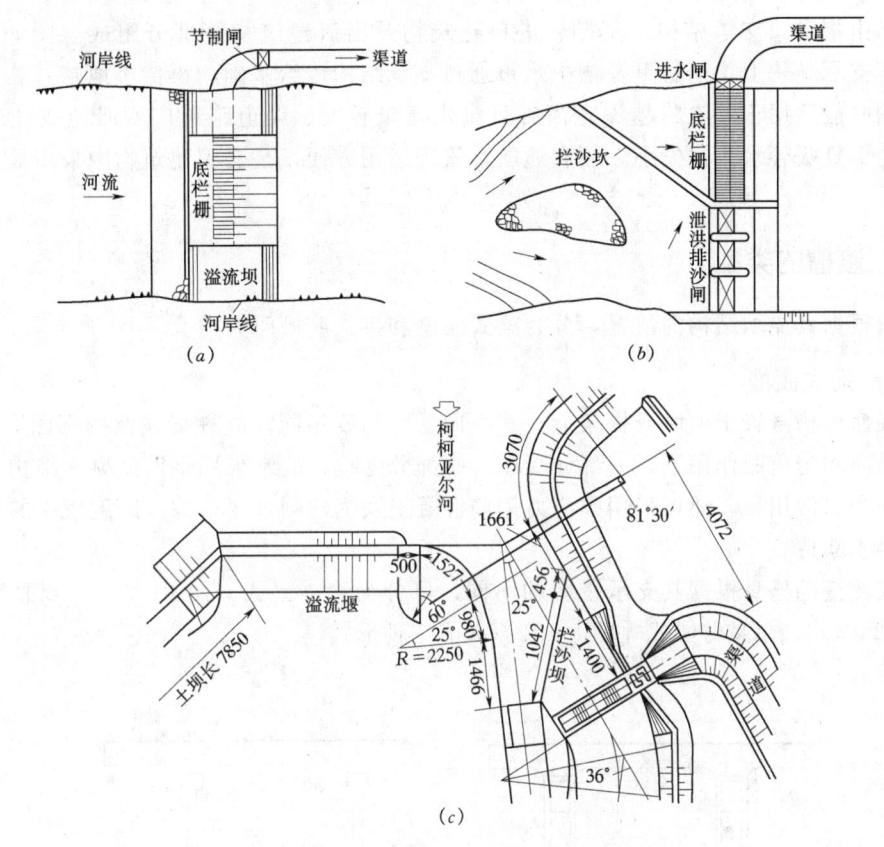

图 8-10 底栏栅式取水枢纽布置图
(a) 湖北猴子底栏栅式取水枢纽；(b) 新疆吐鲁番人民渠取水枢纽；
(c) 鄯善东柯柯亚尔新渠取水枢纽

第二节 渡　　槽

一、渡槽的作用

渡槽是输送水流跨越渠道、河流、道路、山冲、谷口等的架空输水建筑物。当挖方渠道与冲沟相交时，为避免山洪及泥沙入渠，还可在渠道上面修建排洪渡槽，用来排泄冲沟来水及泥沙。

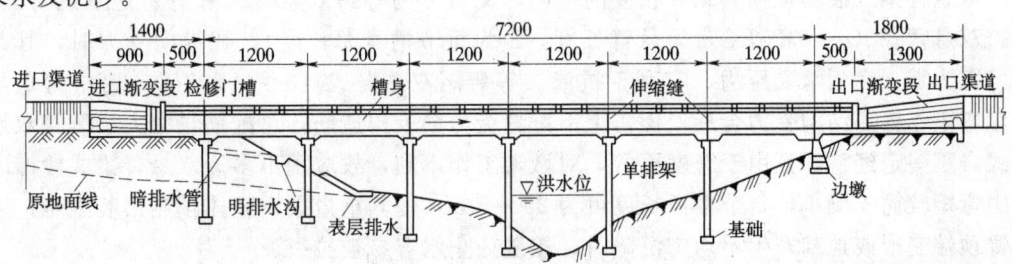

图 8-11 梁式渡槽纵剖面图（单位：cm）

渡槽由槽身、支承结构、基础、进口建筑物及出口建筑物等部分组成（图8-11）。槽身置于支承结构上，槽身重及槽中水重通过支承结构传给基础，再传至地基。

渡槽一般适用于渠道跨越深宽河谷且洪水流量较大、渠道跨越广阔滩地或洼地等情况。它比倒虹吸管水头损失小，便利通航，管理运用方便，是交叉建筑物中采用最多的一种形式。

二、渡槽的类型

渡槽根据其支承结构的情况，分为梁式渡槽和拱式渡槽两大类。

（一）梁式渡槽

梁式渡槽槽身置于槽墩或排架上，其纵向受力和梁相同，故称梁式渡槽（图8-11）。槽身在纵向均匀荷载作用下，一部分受压，一部分受拉，故常采用钢筋混凝土结构。为了节约钢筋和水泥用量，还可采用预应力钢筋混凝土及钢丝网水泥结构，跨度较小的槽身也可用混凝土建造。

梁式渡槽的槽身根据其支承位置的不同，可分为简支梁式（图8-11）、双悬臂梁式 [图8-12 (a)]、单悬臂梁式 [图8-12 (b)] 三种形式。

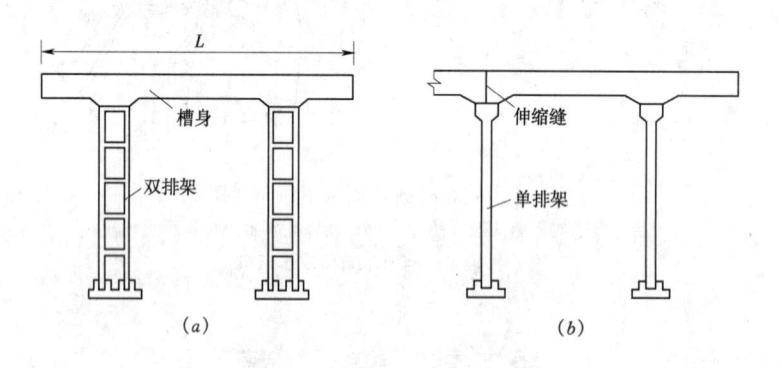

图8-12 悬臂梁式渡槽
(a) 双悬臂梁式；(b) 单悬臂梁式

简支梁式渡槽的优点是结构简单，施工吊装方便，接缝处止水构造简单。缺点是跨中弯矩较大，底板受拉，对抗裂防渗不利。常用跨度是8~15m，其经济跨度大约为墩架高度的0.8~1.2倍。

双悬臂梁式渡槽根据其悬臂长度的不同，又可分为等跨双悬臂式和等弯矩双悬臂式。等跨双悬臂式（$a=0.25L$，a 为悬臂长度，L 为每节槽身总长度），在纵向受力时，其跨中弯矩为零，底板承受压力，有利于抗渗。等弯矩双悬臂式（$a=0.207L$），跨中弯矩与支座弯矩相等，结构受力合理，但需上下配置受力筋及构造筋，总配筋量常大于等跨双悬臂式，不一定经济，且由于跨度不等，对墩架工作不利，故应用不多。双悬臂梁式渡槽因跨中弯矩较简支梁小，每节槽身长度可为25~40m，但其重量大，整体预制吊装困难，当悬臂顶端变形或地基产生不均匀沉陷时，接缝处止水容易被拉裂。

单悬臂梁式渡槽一般用在靠近两岸的槽身或双悬臂式向简支梁式过渡时采用。

(二) 拱式渡槽

槽身置于拱式支承结构上的渡槽，称为拱式渡槽。拱式渡槽的主要承重结构是拱圈。槽身通过拱上结构将荷载传给拱圈，它的两端支承在槽墩或槽台上。拱圈的受力特点是承受以压力为主的内力，故可应用石料或混凝土建造，并可用于较大的跨度。但拱圈对支座的变形要求严格，对于跨度较大的拱式渡槽应建筑在比较坚固的岩石地基上。

拱式渡槽按材料可分为砌石拱式渡槽、混凝土拱式渡槽和钢筋混凝土拱式渡槽等；按照主拱圈的结构形式则可分为板拱拱式渡槽、肋拱拱式渡槽和双曲拱拱式渡槽等。

石拱渡槽的主拱圈为实体的矩形截面的板拱，一般用粗料石砌筑（图8-13）。其优点是就地取材，节省钢筋，结构简单，便于施工；缺点是自重大，对地基要求高，施工时需较多木料搭设拱架。

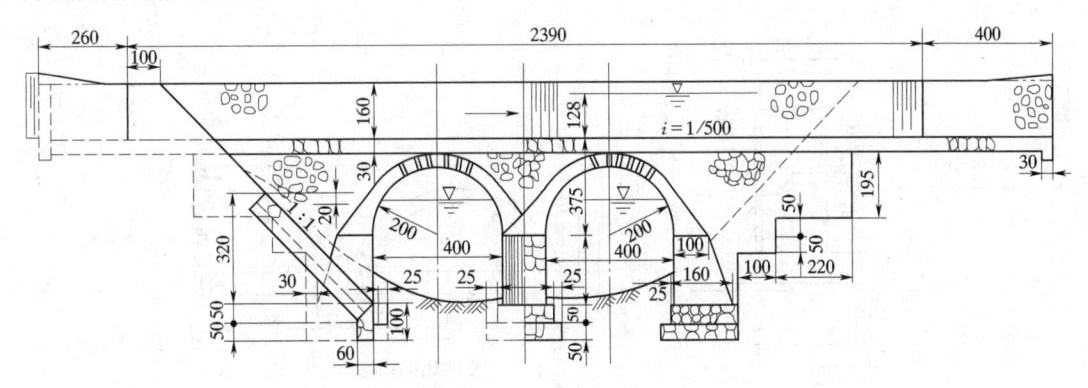

图 8-13 拱式渡槽（单位：cm）

肋拱渡槽的主拱圈由2~4根拱肋组成，拱肋间用横系梁连结以加强拱肋整体性，保证拱肋的横向稳定，如图8-14所示。肋拱渡槽一般采用钢筋混凝土结构，对于大中跨径的肋拱结构可分段预制吊装拼接，无需支架施工。这种型式的渡槽外形轻巧美观，自重较轻，工程量小，但钢筋用量较多。

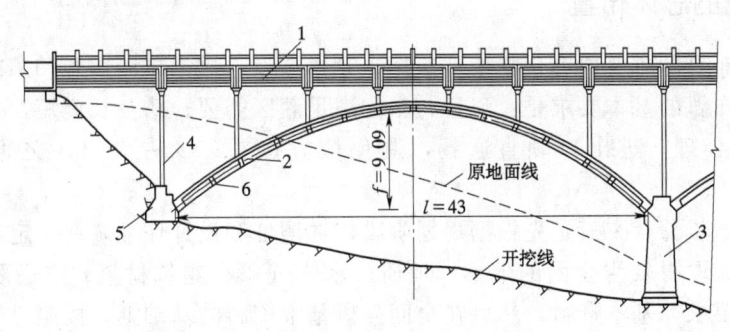

图 8-14 肋拱渡槽（单位：m）
1—槽身；2—肋拱；3—槽墩；4—排架；5—横系梁

双曲拱渡槽的主要拱圈由拱肋、拱波、拱板和横系梁（横隔板）等组成（图8-15）。因主拱圈沿纵向和横向都呈拱形，故称为双曲拱。双曲拱能充分发挥材料的抗压性能，造型美观，此外，主拱圈可分块预制，吊装施工，既节省搭设拱架所需的木料，又不需要较多的钢筋,适用于修建大跨径渡槽。

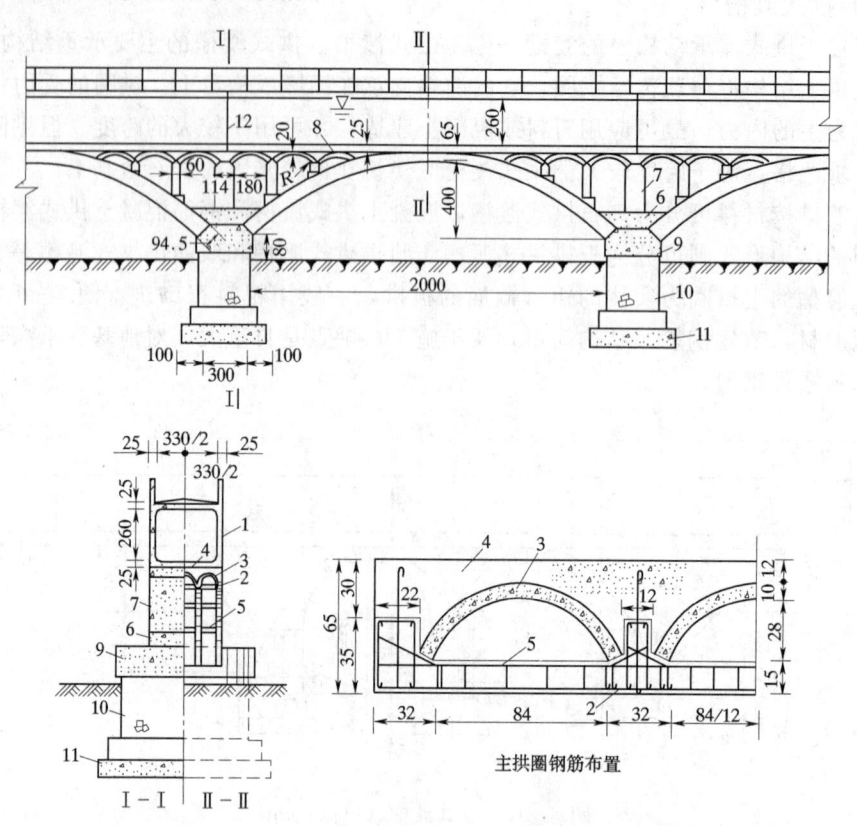

图 8-15 双曲拱渡槽(单位:cm)
1—槽身;2—拱肋;3—预制拱波;4—混凝土填平层;5—横系梁;6—护拱;7—腹拱横墙;
8—腹拱;9—混凝土墩帽;10—槽墩;11—混凝土;12—伸缩缝

三、渡槽的总体布置

渡槽总体布置的主要内容包括槽址选择、渡槽选型、进出口段布置和基础布置。

渡槽总体布置的基本要求是:流量、水位满足灌区需要;槽身长度短,基础、岸坡稳定,结构选型合理;进出口顺直通畅,避免填方接头;少占农田,交通方便,就地取材等。

总体布置的步骤,一般是先根据规划阶段初选槽址和设计任务,在一定范围内进行调查和勘探工作,取得较为全面的地形、地质、水文气象、建筑材料、交通要求、施工条件、运用管理要求等基本资料,然后在全面分析基本资料的基础上,按照总体布置的基本要求,提出几个布置方案,经过技术经济比较,选择最优方案。

(一)槽址选择

选择槽址时,一般需考虑以下几个方面。

(1)应结合渠道线路布置,尽量利用有利的地形、地质条件,以便缩短槽身长度,减少基础工程量,降低墩架高度。

(2) 槽轴线力求短直，进出口要避免急转弯并力求布置在挖方渠道上。

(3) 跨越河流的渡槽，槽轴线应与河道水流方向正交，槽址应位于河床及岸坡稳定、水流顺直的地段，避免选在河流转弯处。

(4) 少占耕地，少拆迁民房，并尽可能有较宽敞的施工场地，争取靠近建筑材料产地，以便就地取材。

(5) 交通方便，水电供应条件较好，有利于管理维修。

(二) 渡槽选型

长度不大的中、小型渡槽，可采用一种类型的单跨或等跨渡槽。对于地形、地质条件复杂而长度较大的大、中型渡槽，可根据具体情况，选用一种或两种类型和不同跨度的布置方式，但变化不宜过多，否则将增加施工难度和影响槽墩受力状况。具体选择渡槽形式时，主要应考虑以下几个方面。

1. 地形、地质条件

地形平坦、槽高不大时，一般采用梁式渡槽，施工与吊装均比较方便；对于窄深的山谷地形，当两岸地质条件较好，有足够的强度与稳定性时，宜建大跨度拱式渡槽，避免很高的中间墩架；地形、地质条件比较复杂时，应作具体分析。例如，跨越河道的渡槽，当河道水深流急、槽底距河床高度大、水下施工较困难，而滩地部分槽底距地面不高且渡槽较长时，可在河床部分采用大跨度的拱式渡槽，在滩地采用梁式或中、小跨度的拱式渡槽，当地基承载能力较低时，可采用轻型结构的渡槽。

2. 建筑材料

建筑材料方面，应贯彻就地取材和因材设计的原则，结合地形地质及施工等其他条件，采用经济合理的结构形式。

3. 施工条件

应尽可能采用用预制构件进行装配的结构形式，以加快施工速度，节省劳力。同一渠系有几个渡槽时，应尽量采用同一种结构形式。

(三) 进出口段布置

为了使渠道水流平顺地进入渡槽，避免冲刷和减小水头损失，布置渡槽的进出口段时，应注意以下几个方面。

(1) 进出口前后的渠道上应有一定长度的直线段。渡槽进出口渠道的直线段与槽身连接，在平面布置上要避免急剧转弯，防止水流条件恶化，影响正常输水，造成冲刷现象，对于流量较大、坡度较陡的渡槽，尤其要注意这一问题。

(2) 设置渐变段。渠道与渡槽的过水断面，在形状和尺寸上均不相同，为使水流平顺衔接，渡槽进出口均需设置渐变段。渐变段的形状以扭曲面形式水流条件较好，应用较多。八字墙式施工简单，小型渡槽使用较多。渐变段的长度 L_j 通常采用经验公式计算：

$$L_j = C(B_1 - B_2) \tag{8-1}$$

式中　B_1——渠道水面宽度；

B_2——渡槽水面宽度；

C——系数，进口取 $C=1.5\sim2.0$，出口取 $C=2.5\sim3.0$。

对于中、小型渡槽，进口渐变段长度也可取 $L_1 \geqslant 4h_1$，h_1 为上游渠道水深；出口渐变段长度取为 $L_2 \geqslant 6h_2$，h_2 为出口渠道水深。

(3) 设置护底与护坡，防止冲刷。

(四) 基础布置

渡槽基础的类型较多，根据埋置深度可分为浅基础及深基础，埋置深度小于 5m 时为浅基础，大于 5m 时为深基础。应结合渡槽形式选定基础结构的形式，基础结构的布置尺寸需在槽墩或槽架布置的基础上确定。下面仅对基础高程的确定问题作简单介绍。

对于浅基础，基底面高程（或埋置深度）应根据地形、地质等条件选定。对于冰冻地区，基底面埋入冰冻层以下不少于 0.3m，以免因冰冻而降低地基承载力。耕作地内的基础，基顶面以上至少要留有 0.5～0.8m 的覆盖层，以利耕作。软弱地基上基础埋置深度一般在 1.5～2.0m 左右，如果地基的允许承载力较低时，可采取增加埋深或加大基底面尺寸的办法以满足地基承载力的要求。当上层地基土的承载能力大于下层时，宜利用上层土作持力层，但基底面以下的持力层厚度应不小于 1.0m。坡地上的基础，基底面应全部置于稳定坡线之下，并应削除不稳定的坡土和岩石以保证工程的安全。河槽中受到水流冲刷的基础，基顶面应埋入最大冲刷深度之下，以免基底受到淘刷危及工程的安全。对于深基础，计算的入土深度应从稳定坡线、耕作层深、最大冲刷深度等处算起，以确保深基础的承载能力。最大冲刷深度的计算可参考有关书籍和资料。

四、渡槽的水力计算

渡槽水力计算的目的就是确定渡槽底纵坡、横断面尺寸和进出口高程，校核水头损失是否满足渠系规划要求。

渡槽的水力计算是在槽址中心线及槽身起止点位置选择的基础上进行的，所以上、下游渠道的断面尺寸、通过各级流量时的水深、渠底高程和允许水头损失均为已知。计算时，一般按通过最大流量来拟定槽身的纵坡、净宽和净深，然后按通过设计流量计算水流通过渡槽的总水头损失值 ΔZ，如 ΔZ 等于或略小于规划定出的允许水头损失，则可最后确定纵坡、净宽和净深值，进而定出有关高程。

(一) 槽身断面尺寸的确定

槽身过水断面尺寸，一般依据渡槽的最大流量按照水力学公式进行计算。当槽身长度 L 大于 15～20 倍的水深 h 时，按明渠均匀流公式计算；当 L 小于 15～20 倍水深时，按淹没宽顶堰公式计算。

需要指出，槽身糙率对过水断面面积及水流状态影响较大，应根据施工条件和工艺水平参照工程实测资料分析选取，初步设计时可按《水力计算手册》查用；槽身过水断面的宽深比不同，槽身的工程量也不同，为使工程经济，应有适宜的宽深比。从过水能力方面考虑，应取水力最优宽深比 $b/h=2.0$，但从受力条件考虑，梁式渡槽的槽身侧墙在纵向起着梁的作用，加高侧墙，可提高槽身的纵向承载能力，故宜适当降低宽深比，工程中常采用 $b/h=1.25\sim1.67$。

为了防止因风浪或其他原因而引起侧墙顶溢水，侧墙应有一定的超高。按建筑物的等级和过水流量不同，超高 Δh（cm）可选用 $0.2\sim 0.6$m，也可用经验公式计算。

矩形槽身 $\qquad\qquad\qquad \Delta h = h/12 + 5 \qquad\qquad\qquad$ (8-2)

U形槽身 $\qquad\qquad\qquad \Delta h = D/12 \qquad\qquad\qquad\qquad$ (8-3)

式中　h——槽内水深，cm；

　　　D——U形槽身直径，cm。

对于有通航要求的渡槽，超高值应根据通航要求确定。

（二）渡槽纵坡 i 的确定

进行渡槽的水力计算，首先要确定渡槽纵坡。在相同的流量下，纵坡 i 大，过水断面就小，渡槽造价低；但 i 大，水头损失大，减少了下游自流灌溉面积，满足不了渠系规划要求，同时由于流速大可能引起出口渠道的冲刷。因此，确定一个适宜的底坡，使其既能满足渠系规划允许的水头损失，又能降低工程造价，常常需要试算。一般常采用 $i=1/500\sim 1/1500$，槽内流速 $1\sim 2$m/s，对于通航的渡槽，要求流速在 1.5m/s 以内，底坡小于 1/2000。

（三）水头损失的计算

水流经过渡槽进口段时，随着过水断面的减小，流速逐渐加大，水流位能一部分转化为动能，另一部分因水流收缩而产生水头损失，因此进口段将产生水面降落 z；水流进入槽身后，基本保持均匀流，沿程水头损失值 $z_1 = iL$；水流经过出口段时，随着过水断面增大，流速逐渐减小，水流动能因扩散而损失一部分，另一部分则转化为位能，而使出口水面回升 z_2，从而与下游渠道相衔接（图 8-16）。

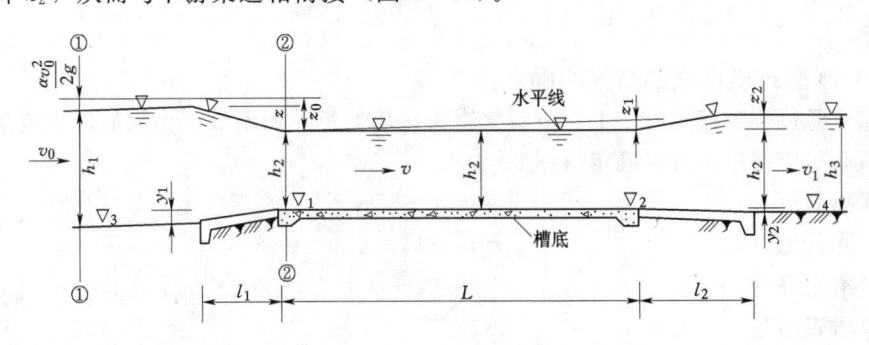

图 8-16　渡槽水力计算图

1. 进口水面降落 z

进口水面降落 z 可按式（8-4）或式（8-5）计算：

$$z = \frac{Q^2}{(\varepsilon\varphi\omega\sqrt{2g})^2} - \frac{v_0^2}{2g} \qquad (8-4)$$

或

$$z = \frac{1+K_1}{2g}(v^2 - v_0^2) \qquad (8-5)$$

式中　ε、φ——侧收缩系数和流速系数，可取 $0.90\sim 0.95$；

　　　v、v_0——槽身与上游渠道的流速；

　　　K_1——进口段局部水头损失系数，与渐变段形式有关。扭曲面为 0.1，八字斜墙为 0.2，圆弧直墙为 0.2，急变形式为 0.4。

2. 槽身沿程水头损失 z_1

$$z_1 = iL \tag{8-6}$$

式中　i、L——槽身纵坡和长度。

3. 出口水面回升 z_2

出口水面回升可按式 (8-7) 计算：

$$z_2 = \frac{1-K_2}{2g}(v - v_1^2) \tag{8-7}$$

式中　K_2——出口局部水头损失系数，常取 0.2；
　　　v_1——下游渠道流速。

上下游渠道断面相等时，可按式 (8-8) 计算：

$$z_2 = \frac{1-K_2}{1+K_1}z \tag{8-8}$$

根据北京勘测设计研究院的试验资料，$z_2 \approx 1/3z$

4. 渡槽总水头损失

$$\Delta z = z + z_1 - z_2 \tag{8-9}$$

如果按式 (8-9) 求得的 Δz 等于或略小于允许水头损失值，则槽底纵坡和槽身断面即为所求；如果 Δz 大于允许值，则应重新拟定槽底纵坡，重新计算，直到满足要求为止。如果 i 值已定得很小，若再减小将会过多增加渡槽工程量，也可不改变 i 值，而降低下游渠底高程使渠水位与水面回升后的水位相等；或者由下游推算到上游，而将上游底抬高。

（四）渡槽进出口底部高程的确定

为保证通过设计流量时，上、下游渠道保持均匀流，而不致产生大的壅水或降水，进出口底板高程应按以下方法确定（图 8-16）。

进口抬高值　　　　　　　　$y_1 = h_1 - z - h_2$
出口降低值　　　　　　　　$y_2 = h_3 - z_2 - h_2$
进口槽底高程　　　　　　　$\nabla_1 = \nabla_3 + y_1$
出口槽底高程　　　　　　　$\nabla_2 = \nabla_1 - z_1$
出口渠底高程　　　　　　　$\nabla_4 = \nabla_2 - y_2$

五、梁式渡槽

梁式渡槽由槽身、支承结构及基础三部分组成，如图 8-11 所示。

（一）渡槽的槽身

1. 槽身横断面形式和尺寸确定

槽身横断面形式有矩形和 U 形两种（图 8-17）。大流量渡槽多采用矩形，中、小流量可采用矩形也可采用 U 形。矩形槽身常是钢筋混凝土或预应力钢筋混凝土结构，U 形槽身还可采用钢丝网水泥或预应力钢丝网水泥结构。U 形薄壳槽身是一种轻型而经济的结构，它具有水力条件好、纵向刚度较大而横向内力小等优点。钢丝网水泥 U 形薄壳槽身槽壁厚度一般只有 2～3cm，省材料、弹性好、抗拉强度大、重量轻、吊装方便、施工可不立模板、造价较低。缺点是抗冻和耐久性能差，施工工艺要求较高，如果施工质量不高，容易引起表面剥落，钢丝网锈蚀，甚至产生裂缝漏水等现象。

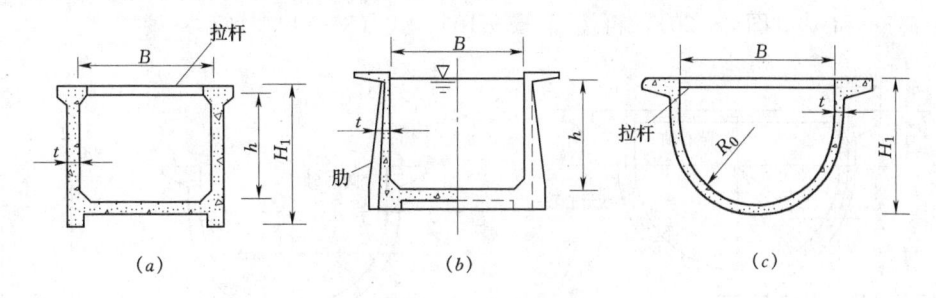

图 8-17 槽身断面形式
(a) 设拉杆的矩形槽；(b) 设肋的矩形槽；(c) 设拉杆的U形槽

一般中、小流量，无通航要求的渡槽，槽顶设拉杆[图 8-17 (a)]，其间距为 1～2m，以增加侧墙稳定并改善槽身横向受力条件；如有通航要求则不设拉杆，而适当加大侧墙厚度，也可做成变厚度的，或沿槽长方向每隔一定距离加一道肋，以增加侧墙的稳定[图 8-17 (b)]。对于通过流量 40～50m³/s 以上的大型渡槽，或由于通航要求需要较大的槽宽时，为了减小底板厚度，可在底板下面两侧边纵梁内再设一根或几根中纵梁，而成为多纵梁矩形槽（图 8-18）。

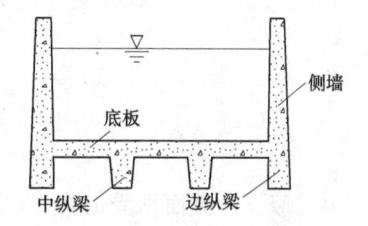

图 8-18 多纵梁矩形槽

钢筋混凝土矩形及U形槽身横断面的造型，主要取决于槽身的宽深比。由于水力条件与结构受力条件的矛盾，实际设计中一般根据结构受力条件及节省材料的原则来选择宽深比。对于大流量或有通航要求的、需要较大槽宽的矩形槽，其宽深比不受上述经验尺寸的限制。

槽身侧墙通常都作纵梁考虑，由于侧墙薄而高，故在设计中除考虑强度外，还应考虑侧向稳定，一般以侧墙厚度 t 与侧墙高 H 的比值 t/H 作为衡量指标，其经验数据如下：对于有拉杆的矩形槽，$t/H_1=1/12～1/16$，常用厚度 $t=10～20$cm；对于有拉杆的U形槽，$t/H_1=1/10～1/15$，常用厚度 $t=5～10$cm。

钢筋混凝土U形槽常采用半圆形加直段的断面形式。为了便于布置纵向受力钢筋，并增加槽壳的纵向刚度以利于满足底部抗裂要求，常将槽底弧形段加厚，如图 8-19 所示。在照顾纵横向受力条件的要求下，拟定断面尺寸时，可参考下列经验数据：

槽壁厚度：$t=(1/10～1/5)R$，常用 8～15cm。

直线段：$a=(1.5～2.5)t$，$b=(1～2)t$，$c=(1～2)t$，$f=(0.2～0.6)R_0$。

槽底尺寸：$t_0=(1～1.5)t$，$d_0=(0.5～0.6)R_0$，$s_0=(0.35～0.4)t$。

图 8-19 中的 s_0 是从 d_0 两端分别向槽壳外缘作切线的水平投影长度，可由作图求出。

2. 槽身结构计算

渡槽槽身是空间结构，受力较复杂，常近似按纵横两个方向进行内力分析。

(1) 槽身纵向结构计算一般按满槽水情况设计。对矩形槽身，可将侧墙视为纵向梁，梁截面为矩形或T形，按受弯构件计算纵向正应力和剪应力，并进行配筋计算和抗裂验算。

计算U形槽身纵向应力时，需先求出截面形心轴位置及形心轴至受压区和受拉区边缘的距离 y_1 和 y_2（图8-20），再按式（8-10）、式（8-11）计算。

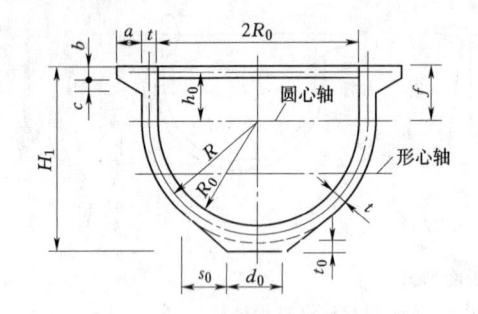

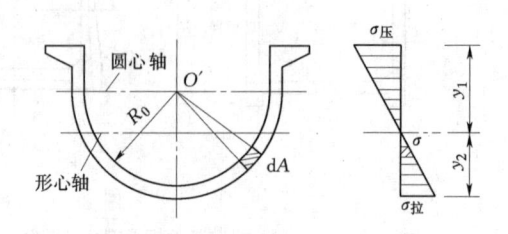

图8-19 U形槽身断面图　　　图8-20 U形槽身纵向计算图

$$\sigma_压 = \frac{M}{I_0} y_1 \leqslant f_c \tag{8-10}$$

$$\sigma_拉 = \frac{M}{I_0} y_2 \leqslant \gamma_m \alpha_{ct} f_{tk} \tag{8-11}$$

式中　M——截面承受的弯矩。验算拉应力的 M 应按短期弯矩 M_S 和长期弯矩 M_L 分别计算；

　　　I_0——U形槽身横截面对形心轴的惯性矩；

　　　y_1、y_2——形心轴至受压区及受拉区边缘的距离；

　　　f_c——混凝土的轴心抗压强度；

　　　γ_m——截面抵抗矩的塑性系数；

　　　α_{ct}——混凝土拉应力限制系数；

　　　f_{tk}——混凝土轴心抗拉强度标准值。

对于较重要工程，按下式作抗裂验算：

$$\sigma_拉 = \frac{M}{I_Z} y_2' \leqslant \gamma_m \alpha_{ct} f_{tk} \tag{8-12}$$

式中　I_Z——换算截面惯性矩；

　　　y_2'——换算截面形心轴至受拉边缘距离。

U形槽身的纵向配筋一般按总拉力法计算，即考虑受拉区混凝土已开裂不能承受拉力，形心轴以下全部拉力由钢筋承担。

$$F_总 = \int_A \sigma \, dA = \frac{M}{I_0} S_{max} \tag{8-13}$$

式中　σ——截面某一点的正应力；

　　　S_{max}——形心轴以下的面积矩。

钢筋总面积为

$$A_s \geqslant \frac{\gamma_0 F_总}{f_y} \tag{8-14}$$

式中　A_s——钢筋总面积；

γ_0——结构重要性系数；

f_y——钢筋的屈服强度。

(2) 槽身横向结构计算一般是沿槽长方向取单位长度，按平面问题进行分析（图 8-21）。

作用于单位长度槽身脱离体上的荷载除 q 外，两侧尚有 Q_1 及 Q_2，两剪力差值 ΔQ 与荷载 q 维持平衡，即 $\Delta Q = Q_1 - Q_2 = q$。对于矩形槽身 ΔQ 在截面上的分布沿高度呈抛物线形，方向向上，它绝大部分分布在两侧墙截面上，工程设计中，一般不考虑底板截面上的剪力。

矩形槽身两侧墙截面上的剪力不影响侧墙的横向弯矩，可将它集中于侧墙底面按支承铰考虑，其计算简图见图 8-22。

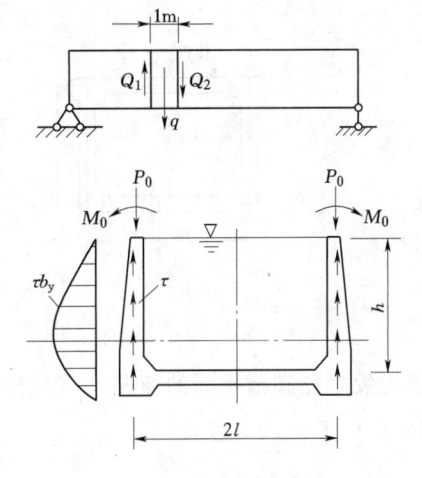

图 8-21 槽身横向结构计算图
b_y——侧墙在 y 方向的（高度方向）的宽度

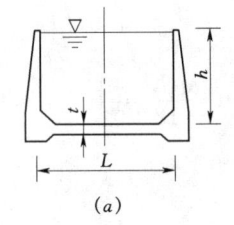

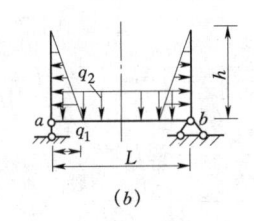

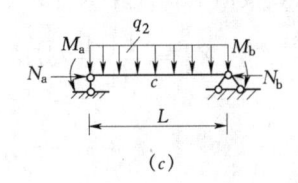

图 8-22 无拉杆矩形槽计算图

侧墙底部最大弯矩值为

$$M_a = M_b = \frac{1}{6}q_1 h^2 \tag{8-15}$$

底板跨中最大弯矩值为

$$M_c = \frac{1}{8}q_2 L^2 - M_a \tag{8-16}$$

底板跨中弯矩在满槽水深时不一定是最大值，由计算得知，当 $h = 1/2L$ 时，其跨中正弯矩达最大值，可用此值与满槽水深计算结果比较，按最大值配置底板跨中钢筋。

如侧墙设交通桥时，应计入其重力及人群荷载，此荷载对侧墙中心将产生弯矩 M_0，则上式为：

$$M_a = \frac{1}{6}q_1 h^2 + M_0 \tag{8-17}$$

$$M_c = \frac{1}{8}q_2 L^2 - M_a - M_0 \tag{8-18}$$

有拉杆的矩形槽身横向结构计算时，假定设拉杆处的横向内力与不设拉杆处的横向内力相同，将拉杆"均匀化"，拉杆截面尺寸一般较小，不计其抗弯作用及轴力对变位的影响，根据结构对称，其计算简图见图 8-23。

槽身设置拉杆后，可显著地减小侧墙和底板的弯矩。侧墙底部和底板跨中的最大弯矩

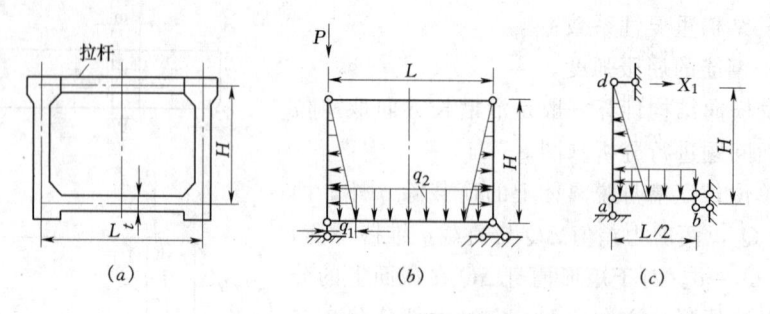

图 8-23 有拉杆矩形槽计算图

值均发生在满槽水深的情况。有拉杆的矩形槽身属一次超静定结构，可按结构力学力法计算 X_1：

$$X_1\delta_{11}+\Delta_{1p}=0 \tag{8-19}$$

式中　δ_{11}——$X_1=1$ 的柔度系数；

　　　Δ_{1p}——自由项；δ_{11} 和 Δ_{1p} 按弯矩图乘法计算。

也可以直接用下式计算 X_1：

$$X_1=\frac{1}{H}\left[\frac{1}{6}\gamma_w H^3-M_0-\left(\frac{M_0}{2}+\frac{\gamma_w H^3}{15}\right)\mu_1-\frac{q_2 L^2}{12}\mu_2\right] \tag{8-20}$$

其中

$$\mu_1=\frac{\dfrac{2I_2}{L}}{\dfrac{3I_1}{H}+\dfrac{2I_2}{L}}$$

$$\mu_2=\frac{\dfrac{3I_1}{H}}{\dfrac{3I_1}{H}+\dfrac{2I_2}{L}}$$

$$I_1=\frac{1}{12}\delta^3$$

$$I_2=\frac{1}{12}t^3$$

式中　t——底板厚度；

　　　δ——侧墙厚度；

　　　γ_w——水的重度。

一根拉杆的实际拉力为 $X_{1s}=X_1 s$，s 为拉杆的间距。$X_1>0$ 时为拉力，否则为压力。

3. 槽身构造要求

梁式渡槽的槽身多采用钢筋混凝土结构。为了适应槽身因温度变化引起的伸缩变形，渡槽与进出口建筑物之间及各节槽身之间必须用变形缝分开，缝宽 3~5cm。变形缝需要用既能适应变形又能防止漏水的材料封堵。特别是槽身与进出口建筑物之间的接缝止水必须严密可靠，否则不仅会造成大量漏水，还可能促使岸坡滑塌影响渡槽的安全。

渡槽槽身接缝止水所用材料和构造形式多种多样。橡皮压板式止水 [图 8-24（a）] 是将厚 6~12mm 的橡皮带，用扁钢（厚 4~8mm，宽 6mm 左右）和螺栓将其紧压在接缝处。螺栓直径9～12mm，间距等于16倍螺栓直径或20倍扁钢厚，常用20cm左右。凹槽内填沥青砂浆或1∶2水泥砂浆，可对止水起辅助作用，并防止橡皮老化与铁件锈蚀。这种止水如能保证施工质量可以做到不漏水，且适应接缝变形的性能好，但检修与更换较不便。塑料止水带式止水［图8-24（b）］用聚氯乙烯塑料止水带代替橡皮止水带，止水性能良好，具有良好的弹性和韧性，适应变形能力强，轻易粘结且不易老化，价格只相当于橡皮止水带的一半左右。沥青填料式止水［图8-24（c）］造价低、维修方便，但适应变形的性能和止水效果不理想。粘合式止水［图8-24（d）］是用环氧树脂橡皮粘贴在接缝处，施工简便，止水效果较好。木糠水泥填塞式止水［图8-24（e）］的填料是用木糠（粒径小于2mm）和水泥拌匀，加入适量的水再湿拌而成的。这种接缝止水构造简单，造价低，有一定适应变形的能力，我国南方小型渡槽采用较多。套环填料式止水［图8-24（f）］是在接缝两侧的槽端小悬壁外壁上，套一钢筋混凝土或钢丝网水泥套环，以之紧压槽外壁与套环之间的橡皮管或沥青麻丝、石棉纤维水泥等止水填料。

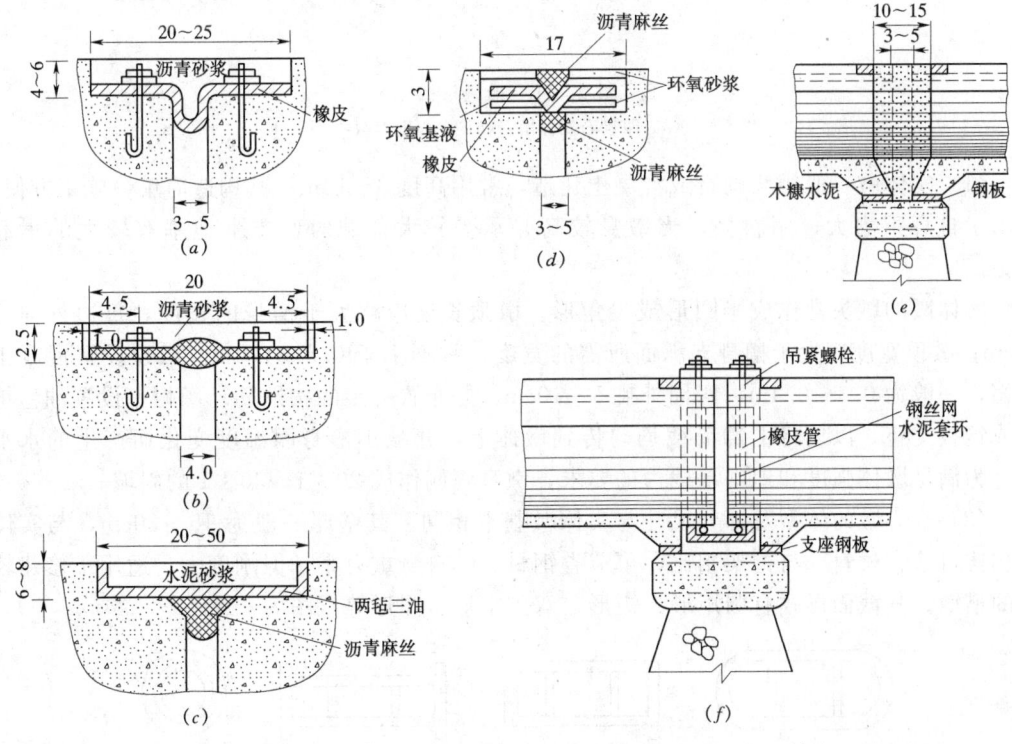

图8-24 槽身接缝止水构造图（单位：cm）
(a) 橡皮压板式止水；(b) 塑料止水带式止水；(c) 沥青填料式止水；(d) 粘合式止水；
(e) 木糠水泥填塞式止水；(f) 套环填料式止水

变形缝之间的每节槽身沿纵槽向各有两个支点。为使支点接触面的压力分布比较均匀并减小槽身摩擦时所产生的摩擦力，常在支点处设置支座钢板或油毡座垫。每个支点处的座钢板有两块，每块钢板上先焊上直径不小于10mm的锚筋，以便分别固定于槽身及墩（架）的支承面上，钢板厚不小于10mm，面积大小根据接触面处混凝土的局部压力决定。对于跨度及纵坡较大的简支梁式槽身的支座构造，最好能做成一端固定一端活动的形式。

(二) 渡槽的支承结构

梁式渡槽的支承形式有槽墩式和排架式两种。

1. 槽墩

槽墩一般为重力墩,有实体墩和空心墩两种形式(图8-25)。

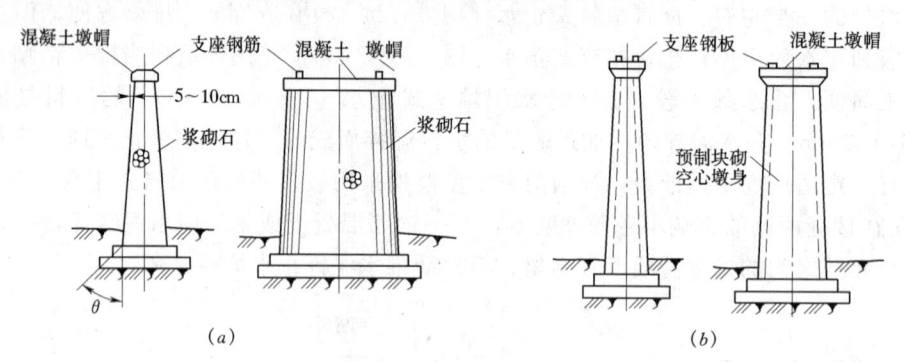

图 8-25 槽墩形式
(a) 浆砌石实体墩; (b) 空心重力墩

(1) 实体墩一般用浆砌石或混凝土建造,常用高度8～15m。其构造简单,施工方便,但由于自身重力大,用料多,当墩身较高并承受较大荷载时,要求地基有较大的承载能力。

实体墩的墩头常作成半圆形或尖角形。墩顶长度应略大于槽身的宽度,每边外伸约20cm;墩顶宽度应大于槽身支承面所需的宽度,常不小于0.8～1.0m。墩顶设置混凝土墩帽,一般为0.3～0.4m,四周外挑5～10cm,并布置一定的构造筋。墩帽上设置油毡垫座或钢板支座,以便将上部荷载均匀传到墩体上,并减小槽身因温度变化而产生的水平力。为满足墩体强度和地基承载力的要求,墩身两侧作成20∶1～30∶1的斜坡。

(2) 空心墩的体型及部分尺寸与实体墩基本相同。其壁厚一般为15～30cm,与实体墩相比可节省材料,与槽架相比,可节省钢材。其自身重力小,但刚度大,适用于修建较高的槽墩。其截面形式有圆矩形、矩形、双工字形、圆形等(图8-26)。

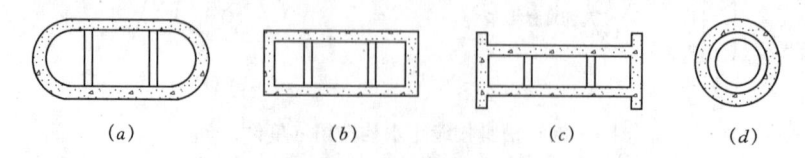

图 8-26 空心墩横截面形式
(a) 圆矩形; (b) 矩形; (c) 双工字形; (d) 圆形

空心墩墩身可采用混凝土预制块砌筑,也可将墩身分段预制现场安装。在数量多、墩身较高时,可采用滑升钢模现浇混凝土施工,如湖北省的引丹干渠的排子河渡槽,空心墩平均墩高24m,最大墩高49m,就是采用滑升钢模整体现浇施工。

(3) 渡槽与两岸连接时,常用重力式边槽墩,也称槽台(图8-27)。槽台的作用是支承槽身和挡土，其高度一般在 5～6m 以下。台背坡一般为 $m=0.25～0.5$，为减小台背水压力，常设孔径为 5～8cm 排水孔并做反滤层保护。墩顶设混凝土墩帽，其构造同槽墩。

重力墩的断面及惯性矩都较大，墩身应力一般较小，设计时只需验算墩身与墩帽、墩身与基础接合面上横槽向和顺槽向应力，按偏心受压构件计算。

重力墩应按一般稳定计算方法，验算空槽加风荷及有漂浮物撞击时的稳定性。

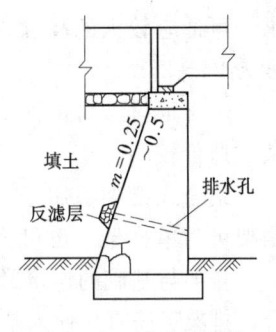

图 8-27 重力式槽台

2. 槽架

槽架常采用钢筋混凝土排架结构，有单排架、双排架、A 字形排架和组合式槽架等形式（图 8-28）。

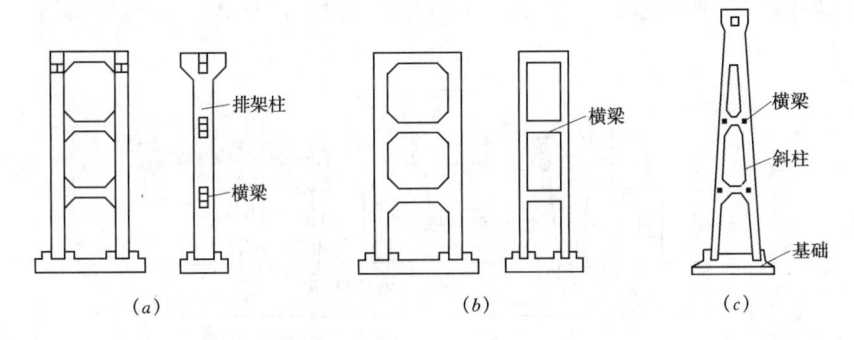

图 8-28 排架
(a) 单排架；(b) 双排架；(c) A 字形排架

单排架体积小、重量轻，可现浇或预制吊装，在渡槽工程中被广泛应用。单排架高度一般为 10～20m。湖南省的欧阳海灌区野鹿滩渡槽的单排架高度达 26.4m。

单排架是由两根立柱和横梁所组成的多层钢架结构，其构造见图 8-29。

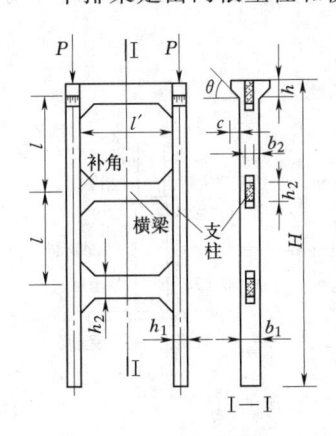

图 8-29 单排架构造图

立柱的中心距取决于渡槽的宽度，一般应使槽身传来的荷重 P 的作用线与立柱中心线相重合，以使立柱成为中心受压构件，立柱的各部分尺寸：长边（顺槽向）$b_1=(1/20～1/30)H$，常用 $b_1=0.4～0.7$m；短边（横槽向）$h_1=(1/1.5～1/2.0)b_1$，常用 $h_1=0.3～0.5$m。对于大型渡槽可取大值或超过上述尺寸；对于跨度不大的中、小型渡槽，立柱以纵向稳定条件控制时 b/h 值可增大。排架顶部常伸出牛腿，以改善槽身支承条件，悬臂长度 $c=1/2b_1$，高度 $h\geqslant b_1$，倾角 $\theta=30°～45°$。两立柱间设横梁，间距 $l=2.5～4.0$m，梁高 $h_2=(1/6～1/8)l$，梁宽 $b_2=(1/1.5～1/2.0)h_2$，横梁自上而下等间距布置，与立柱连接处应设置补角。

双排架由两个单排架及横梁组合而成。为空间框架结构。在较大的竖向及水平荷载作用下，其强度、稳定性及地基应力均较单排架容易满足要求。可适应较大的高度，通常为15～25m。陕西省的石门水库灌区沥水沟渡槽，双排架高度为26～28m。

A字形排架常由两片A字形单排架组成，其稳定性能好，适应高度大，但施工较复杂，造价较高。

组合式槽架适用于跨越河道主河槽部分，最高洪水位以下为重力式墩，其上为槽架，槽架可为单排架，也可为双排架。

排架与基础的连接形式，视具体情况不同可采用固接和铰接。现浇排架与基础常整体结合，排架竖筋直接伸入基础内，按固结考虑。预制装配排架，根据排架吊装就位后的杯口处理方式而定。对于固接端，立柱与杯形基础连接时，应在基础混凝土终凝前拆除杯口内模板并凿毛，在立柱安装前，将杯口清扫干净，于杯口底浇灌不小于C20的细石混凝土，然后将立柱插入杯口内，在其四周再浇灌细石混凝土，如图8-30（a）所示。对于铰接，只在立柱底部填5cm厚的C20细石混凝土，在其上填沥青麻丝而成，如图8-30（b）所示。

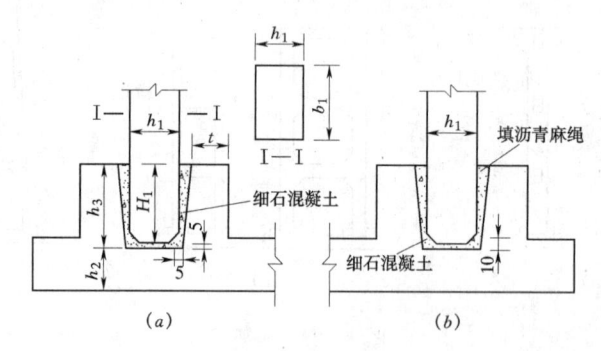

图8-30 排架与基础连接形式（单位：cm）
(a) 固接；(b) 铰接

（三）渡槽的基础

基础是渡槽的下部结构，它将渡槽的全部重量传给地基。常用的渡槽基础的形式有刚性基础、整体板基础、钻孔桩基础和沉井基础等（图8-31）。

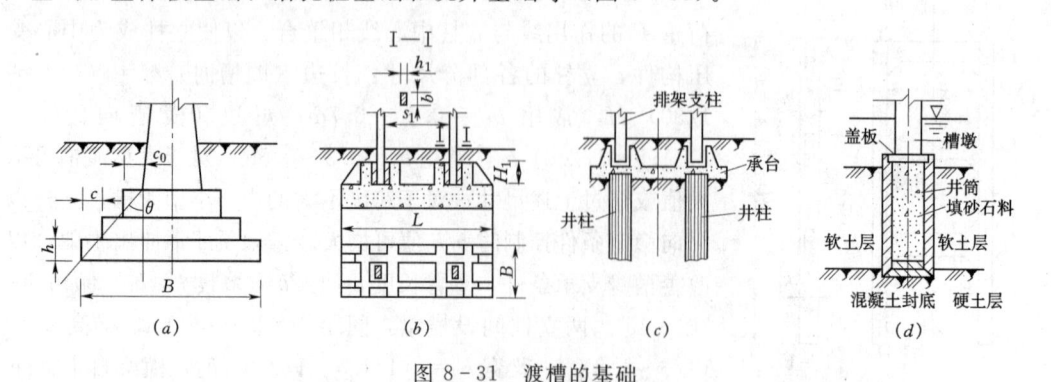

图8-31 渡槽的基础
(a) 刚性基础；(b) 整体板基础；(c) 钻孔桩基础；(d) 沉井基础

1. 刚性基础

常用于重力式实体墩和空心墩基础，一般用浆砌石或混凝土建造，基形状呈台阶形。

因其抗弯能力小而抗压能力大，基础在墩底面的悬臂挑出长度不能太大，设计时不考虑其抗弯作用。

基础顶面伸出槽墩边缘的距离（襟边）按砌筑材料和施工条件确定，加襟边后不能满足地基承载能力要求时，应以台阶形式向下扩大。台阶高度一般为 0.5~0.7m，每一台阶的悬臂长 c 与高度 h 保持一定比值，用刚性角控制，即，$\tan\theta=\dfrac{c}{h}, \theta=\arctan\dfrac{c}{h}<[\theta]$，$[\theta]$ 值与地基反力、基础形式及材料有关，一般为 30°~40°。

2. 整体板基础

整体板基础为钢筋混凝土梁板结构，因设计时考虑其弯曲变形而按梁计算，故又称柔性基础。其底面积大，可弹性变形，适应不均匀沉陷能力好，常用做排架基础。

底板宽度一般取排架立柱横截面长度的 3 倍，即 $B \geqslant 3b$；底板长度取两立柱的净距加立柱截面短边长的 5 倍，即 $L \geqslant s_1 + 5h_1$。当排架采用预制装配时，"杯口"的深度应略大于立柱插入深度，即 $h_3 = H_1 + 0.05$ (m)，杯壁厚度取 15~30cm。

整体板式基础设计应进行地基应力验算，内力及配筋按受弯构件计算。

3. 钻孔桩（又称井柱）基础

适用于荷载大、承载能力低的地基。施工机具简单，建造速度快、造价低。桩顶设承台以便与槽墩（架）连接，并将桩柱向上延伸而成桩柱式槽架。

4. 沉井基础

沉井基础的适用条件与钻孔桩基础相似，在井顶做承台（盖板）以便修筑槽墩（架）。井筒内可根据需要填砂石料或低强度混凝土。

（四）渡槽与两岸的连接

1. 槽身与填方渠道连接

槽身与填方渠道连接，常采用的方式有斜坡式和挡土墙式。

(1) 斜坡式（图 8-32）。这种连接方式是将连接段（或渐变段）伸入填方渠道末端的锥形土坡内，按连接段的支承方式不同，又分为刚性连接和柔性连接。

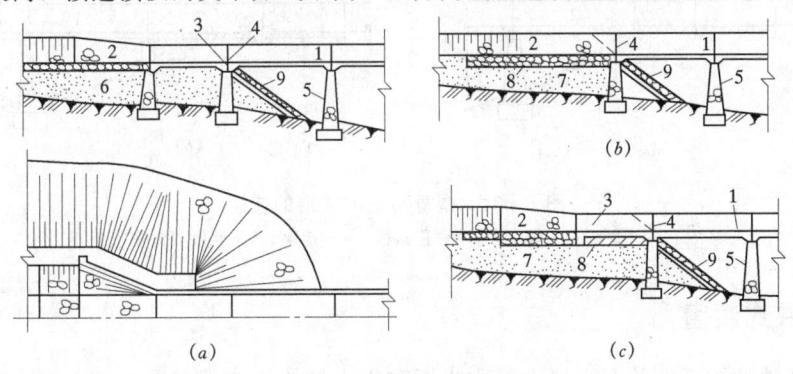

图 8-32 斜坡式连接
(a)、(b) 刚性连接；(c) 柔性连接
1—槽身；2—渐变段；3—连接段；4—伸缩缝；5—槽墩；6—回填黏性土；
7—回填砂性土；8—铺盖；9—砌石护坡

刚性连接是将连接段支承在埋于锥形护坡内的槽墩或槽架上,支承墩(架)建在岩基或老土上。槽身不受填方沉陷的影响,伸缩缝止水工作可靠,因此常被采用。但其槽底会与填方脱离,可能形成漏水通道,因此应做好防渗处理。

对于小型渡槽,也可不设连接段,而将渐变段直接与槽身连接,并按伸缩缝要求做好止水。

柔性连接段是将连接段直接搁置在填方渠道上。连接段将随填方渠道的沉陷而下沉,因此对填方质量要求严格。这种连接方式虽有节省支承墩工程量等优点,但工程中较少采用。

渐变段和连接段下面的回填土宜用砂土填筑,并分层夯实,上部铺0.5~1.0m的防渗黏土铺盖。填方渠道的坡脚和堤底应设砂石反滤层,以利导渗排水。渠道末端锥形土坡不宜过陡,并做好护坡,以保证岸坡稳定。

(2) 挡土墙式(图8-33)。这种连接方式是将槽身的一端支承在重力式挡土墙上。挡土墙应修建在岩基或老土上。对于拱式渡槽,应按槽台的要求进行布置。其两侧建造一字墙或八字墙以挡土。为降低墙后地下水位,墙身应设置排水孔。挡土墙式连接常用于填方高度不大的情况。

2. 槽身与挖方渠道连接

槽身与挖方渠道连接时,一般将边跨槽身支承在地梁或高度不大的实体墩上(图8-34)。

槽身与渐变段之间常设连接段。有时为了缩短槽身长度,可将连接段向槽身方向延伸,并支承在用浆砌石建造的底座上[图8-34(b)]。

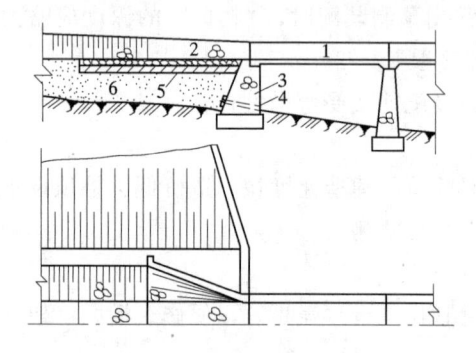

图8-33 挡土墙式连接
1—槽身;2—渐变段;3—挡土墙;4—排水孔;5—铺盖;6—回填砂性土

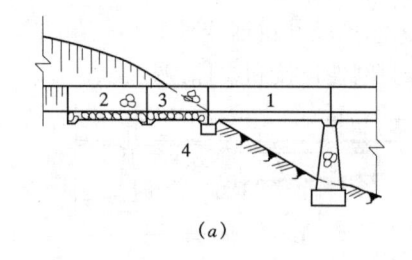

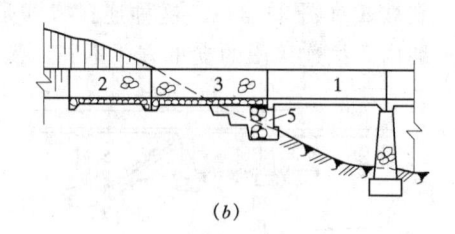

图8-34 槽身与挖方渠道的连接
1—槽身;2—渐变段;3—连接段;4—地梁;5—浆砌石底座

六、拱式渡槽

拱式渡槽的支承结构是由墩台、主拱圈和拱上结构组成的(图8-35、图8-36)。槽身荷载通过拱上结构传给主拱圈,再由主拱圈传给墩台。与梁式渡槽相比,拱式渡槽的支承结构增加了主拱圈和拱上结构两部分,这就决定了拱式渡槽不同于梁式渡槽的形式、构造和特点。

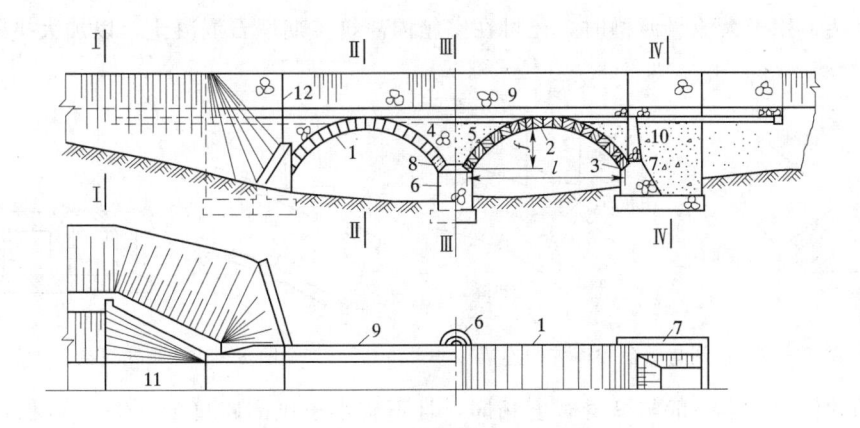

图 8-35 实腹式石拱渡槽

1—拱圈；2—拱顶；3—拱脚；4—边墙；5—拱上填料；6—槽墩；7—槽台；
8—排水管；9—槽身；10—垫层；11—渐变段；12—变形缝

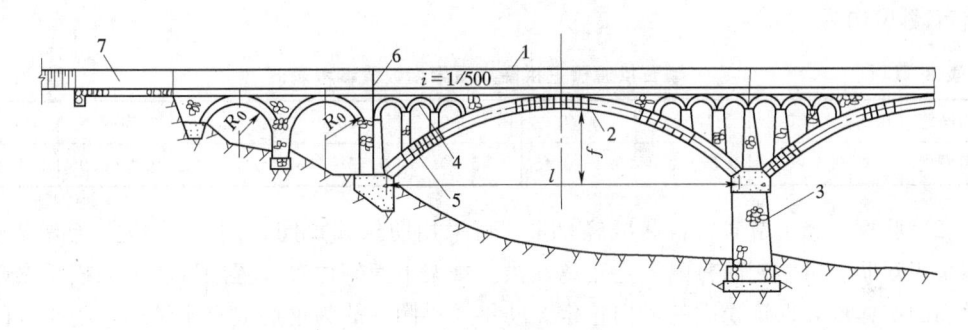

图 8-36 空腹式石拱渡槽

1—槽身；2—主拱圈；3—槽墩；4—腹拱；5—横向墙；6—伸缩缝；7—进口段

（一）主拱圈

1. 主拱圈的形式和构造

主拱圈是拱式渡槽的主要承重结构，工程中常用的形式有板拱、肋拱和双曲拱等。

（1）板拱。板拱多用于石拱渡槽。板拱在横截面的整个宽度内，砌筑成整体的矩形断面，除采用砌石外，也可用混凝土现浇或预制块砌筑，小型渡槽的拱圈可用砖砌筑。当用料石或混凝土预制块砌筑时，沿拱圈的径向截面应布置成通缝（图 8-37），使各层结合良好并能均匀传递轴向压力。较厚的拱圈常需分层砌筑，各层间切向缝应互相错开，错距应不小于 10cm，以保证拱圈的整体性。对于厚度较大的变截面拱圈（拱厚从拱顶到拱脚逐渐加大），为了减小料石加工和砌筑的困难，可用料石砌筑内圈，而用块石砌筑外圈以调整拱圈的厚度。拱圈与墩台、横墙等结合处，常采用五角石，以满足抗剪要求并便于与砌缝配合。大跨度砌石板拱的砂浆强度等级不低于 M10，小跨度可用 M5，石料不应低于 M30。

对于大跨度拱圈，可采用图 8-38 所示的钢筋混凝土箱式板拱，每隔一定距离在横墙下面等位置设置横隔板，以加强拱圈的横向刚度与整体性。施工时，可分成几个工字形构件预制吊装，用于大流量渡槽时，还可在空箱内浇筑二期埋石混凝土，以加大拱圈的轴向承载力。

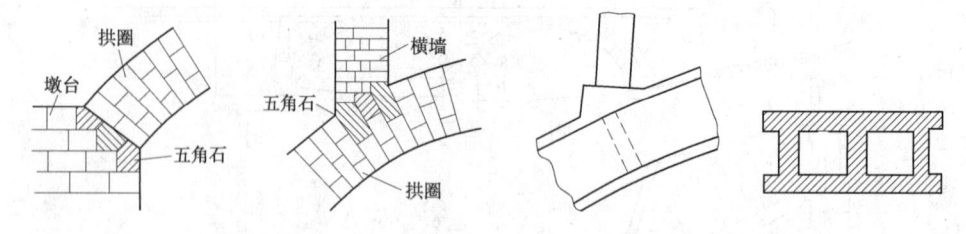

图 8-37 拱圈与墩台和横墙的连接

图 8-38 箱式板拱

拱圈的横向宽度一般与槽身宽度相同，且不宜小于拱圈跨度的 1/20，以保证拱圈有足够的横向刚度和稳定性。拱圈的拱顶厚度可以参考已建类似工程的尺寸或按表 8-1 中所列数值初步拟定，当拱圈较平坦时采用较大值；拱圈净跨大于 20m 时，宜采用变截面拱圈，此时拱脚厚度应加大，可采用 1.2~1.8 倍拱顶厚度；当采用混凝土拱圈时，表中数值可减小 10%~20%。

表 8-1　　　　　砌石拱渡槽主拱圈拱顶厚度数值参考表　　　　　单位：m

拱圈净跨	6.0	8.0	10.0	15.0	20.0	30.0	40.0	50.0	60.0
拱顶厚度	0.3	0.3~0.35	0.35~0.4	0.4~0.45	0.45~0.55	0.55~0.65	0.7~0.8	0.9~0.95	1.0~1.1

（2）肋拱。为了节省材料和减轻自重，可采用肋拱式拱圈（图 8-14）。当槽宽不大时多采用双肋。拱肋之间每隔一定距离在拱上排架下面等位置设置刚度较大的横系梁以加强拱圈的整体性，保证拱圈的横向稳定。肋拱式拱圈一般为钢筋混凝土结构，小跨度的也可采用少筋混凝土或无筋混凝土。钢筋混凝土拱肋的混凝土强度等级不宜低于 C20，无铰拱肋的纵向受力钢筋应伸入墩帽内，锚入深度应不小于拱脚厚度的 1.5 倍。

拱肋横断面通常采用矩形，厚宽比约为 1.5~2.5。承受弯矩较大的大跨度拱肋，可采用 T 形、工字形或箱形断面，以加大抗弯能力和节省材料用量。为了保证拱圈的横向稳定，拱圈的宽度（拱肋外边缘的距离）一般不小于拱跨的 1/20。拱肋的厚度一般不小于 20cm。小跨度的拱肋常采用等截面，大跨度的可采用变截面。初步拟定尺寸时，拱顶厚度可取为拱跨的 1/40~1/60。连接拱肋的横系梁，常采用矩形断面，宽度不小于长度的 1/15，且一般不小于 20cm。

（3）双曲拱。双曲拱主要是由拱肋、拱波和横向联系组成（图 8-39）。

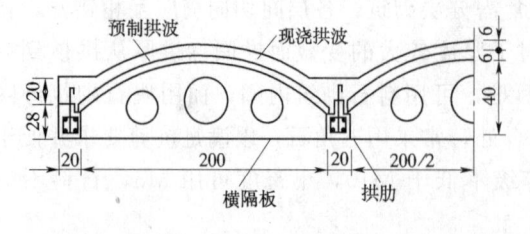

图 8-39 双曲拱拱圈（单位：cm）

图 8-40 连结齿墙与锚固钢筋

为了加强拱波、拱肋的连接，拱肋断面多采用凸形、L 形（用于边肋）和凹形等形状，在拱肋顶面常设置齿槽，并配置锚固钢筋（图 8-40）。

拱波一般分预制和现浇两层，预制块的横断面采用长方形，一般厚 6cm，宽 20～30cm，每块重量根据运输、安装条件决定，但不宜过大。拱波预制块的一侧常做成具有削角的斜面（图 8-41），以便于砌缝填实，并使现浇层与之结合得更好。拱波横断面轴线通常采用圆弧形，有单波和多波等形式。为了减少拱肋与拱波的接缝，加强整体性，以采用单波或少波（二波、三波）为宜。拱波常用跨径为 $L_0=1.2$～$1.6m$，有的工程已采用 1.8～$2.0m$。拱波的矢跨比多为 $1/3$～$1/5$。在渡槽和桥梁工程中，早期的双曲拱还采用填平式拱波，即将波谷填到与波顶齐平。但这种形式，横断面厚度大，波顶最薄，易产生纵向裂缝，目前已很少采用。

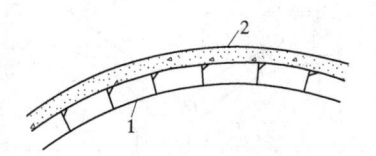

图 8-41 预制削角拱波
1—预制拱波；2—现浇拱波

双曲拱的横向联系，常采用横系梁和横隔板。拱肋和拱波通过横向联系连接成整体，以加强拱圈的横向整体性和稳定性。横系梁的间距在 3～5m 左右，横隔板的间距一般不超过 10m。通常在拱顶、1/4 拱跨、拱上结构的横墙或立柱下面以及分段吊装拱肋的接头处采用刚性较大的隔板，其他地方则采用横系梁。对双曲拱渡槽，空腹式拱上结构的横墙或立柱下面的横隔板，不仅加强了拱圈的横向整体性，而且将横墙和立柱传来的竖向荷载比较均匀地传给拱肋和拱波，使拱肋和拱波同时沿纵向方向共同受力。实践证明，取消横向联系将会导致主拱圈沿纵向（一般在波顶）产生严重的裂缝。横隔板的厚度一般在 20cm 左右。目前，横向联系均按构造决定尺寸和配筋，一般可设 4～6 根 $\phi10$～16 钢筋，并尽量与拱肋主筋相连。

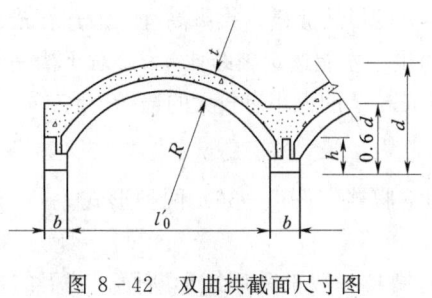

图 8-42 双曲拱截面尺寸图

双曲拱的横截面尺寸（图 8-42）可按经验公式式（8-21）、式（8-22）拟定。

主拱圈高度 d（cm）与拱波厚度 t（cm）的计算公式为

$$d=(L/100+35)k$$
$$t=L/800+8 \tag{8-21}$$

拱肋宽度 b（cm）和高度 h（cm）：

$$b=L/800+18$$
$$h=0.4d \tag{8-22}$$

式中 L——主拱圈计算跨度，cm；

k——系数，可采用 $k=1.2$～1.3。

主拱圈的混凝土强度等级，一般拱波采用 C20，拱肋采用 C25～C30，水泥强度等级应在 400 号以上，现浇拱波的波顶里可布置 2 根 $\phi12$～16 的纵向钢筋，以加强主拱圈上缘的抗拉强度。

以上所述双曲拱的预制拱波，沿拱圈纵向的每块宽度仅 20～30cm，砌缝多，因此整体性较差。为了加强拱圈的整体性，可将拱肋和两侧各半个拱波，预制成整体的飞鸟形单元（图 8-43），吊装就位后焊接好相邻单元的预留连接钢筋，然后再浇筑二期混凝土拱波。这种结构形式的双曲拱，整体性高，但吊装重量大，一般用于大型渡槽。

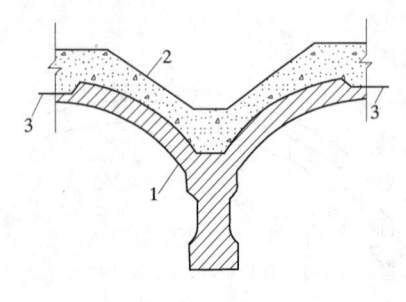

图 8-43 飞鸟形双曲拱单元
1—预制拱肋及拱波；2—现浇混凝土拱波；
3—预留连接钢筋

2. **主拱圈结构及拱式渡槽的基本尺寸**

主拱圈在跨径中央处称为拱顶，两端与墩台连接处称为拱脚，各径向截面重心的连线称为拱轴线。两拱脚截面重心距离 l 称为计算跨度，简称跨度。拱顶截面重心到拱脚截面中心的铅直距离 f 称为计算矢高，简称矢高。拱圈外边缘的距离 b 称为拱宽。b/l 称为宽跨比，f/l 称为矢跨比。跨度 l、矢高 f、拱宽 b 及拱脚高程，既是主拱圈的基本尺寸，也是拱式渡槽的基本尺寸。

(1) 跨度 l 的选定。跨度 l 小于 15m 时为小跨度，跨度为 15～50m 时为中等跨度，跨度大于 60m 时为大跨度。对于槽高不大的拱式渡槽宜选用小跨度；对于跨越深谷、槽高很大且基础施工很困难的拱式渡槽，可采用大跨度；在一般情况下，如无特殊要求，则以采用 40m 左右的中等跨度较为经济合理。

(2) 拱宽 b 和宽跨比 b/l 的选定。拱宽 b 常与槽身的结构总宽度相等，但宽跨比 b/l 对主拱圈的横向稳定影响很大，b/l 越小则横向稳定性越低。为了满足主拱圈的横向稳定，一般要求 b/l 大于 1/20；对于大跨度的小流量渡槽，b/l 一般较小，但也不应小于 1/25。由于拱式渡槽的槽身已不是主要承重结构，槽身的深宽比 h/b 应较梁式渡槽小些，以便加大拱圈的宽度 b，进而加大宽跨比 b/l，以满足主拱圈的横向稳定要求。

(3) 拱脚高程、矢高 f 和矢跨比 f/b 的选定。主拱圈的拱顶常与槽身底面相接触，所以拱脚高程一经选定，矢高 f 也基本上确定了。对于槽高不大的拱式渡槽，拱脚高程一般选在最高洪水位附近，所以矢高 f 的选择余地不大，只有调整跨度 l 才能选定矢跨比 f/l。对于槽高较大的拱式渡槽，拱脚高程可以在较大范围内选定，所以矢高 f 的大小有较大的选择余地。

(二) 拱上结构及槽身

拱式渡槽的拱上结构，有实腹式（图 8-35）和空腹式（图 8-36）两种形式。

1. **实腹式**

实腹式拱上结构一般只用于小跨度渡槽，其上的槽身一般都采用矩形断面，其下的主拱圈一般都采用板拱，也可采用双曲拱。实腹式拱上结构上面的槽身，只是由于主拱圈的变形才沿纵向产生受力作用，但因跨度小，一般不考虑这种作用。因此，实腹拱式渡槽的各个部分均可采用砌砖、砌石和混凝土等圬工材料建造。实腹式拱上结构，按构造的不同可分为砌背式和填背式两种形式。砌背式在槽宽不大时采用，拱背上砌筑成实体，其上再砌筑槽身的挡水侧墙和底板。当槽宽较大时，则宜采用填背式。填背式是在拱背两侧砌筑挡土边墙，墙内填以砂石料或土料，在边墙和填料的上面再筑槽身的侧墙和底板。

2. **空腹式**

实腹式拱上结构用材多、重量大，故一般只用于小跨度渡槽。当跨度较大时，须将拱上结构筑成空腹式的，以减小拱圈的荷载。空腹式拱上结构有横墙腹拱式和排架式等形式。

(1) 横墙腹拱式拱上结构及槽身。在实腹式拱上结构中，对称地留出若干个城门洞形的孔洞，便成为横墙腹拱式结构（图 8-44）。这些孔洞又叫腹孔。腹孔顶部设腹拱，腹拱背上的腹腔常筑成实腹式的，上面的槽身则采用矩形断面，沿纵向支承于主拱圈上，主拱圈可采用板拱，也可采用双曲拱。这种形式的拱式渡槽，各个部分均可采用圬工材料建造；跨度及流量较大时，各部分也可根据其结构形式和受力条件采用不同的材料修建。腹孔的数目在半个拱跨内常为 3~5 个，从拱脚布置到 1/3 主拱跨度附近，其余约 1/3 跨度的拱顶段仍筑成实腹段，对于软弱地基或跨度较大时，也可超过 1/3 跨度继续向拱顶布置腹孔。腹拱的跨径可取为主拱跨度 L 的 1/10~1/15 或 2~5m。腹拱一般做成等厚的圆弧拱或半圆拱。拱厚视材料不同而定，当用浆砌石建造时不宜小于 30cm，用混凝土建造时不宜小于 15cm。跨径较大的腹拱，也可采用双曲拱。横墙厚度不宜小于腹拱厚度的 2 倍。

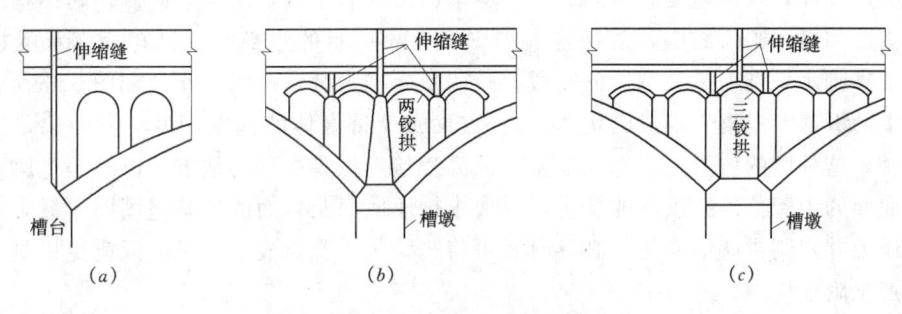

图 8-44 空腹式拱上结构的分缝

为了避免槽身和拱上结构因主拱圈的变形而断裂，对于跨度较大的空腹拱渡槽，必须设置变形缝。通常可在墩台与顶部用贯通的横缝将墩台与拱上结构分开〔图 8-44（a）〕，也可将靠近墩台的腹拱做成三铰拱或两铰拱，再在铰处设伸缩缝〔图 8-44（b）、（c）〕。为了形成简易的拱铰，在拱铰处的砌缝不用水泥砂浆，而垫以 2~3 层沥青油毛毡或干砌。在空腹与实腹交接处，主拱圈上的边墙也易产生裂缝，故在这里也可设置变形竖缝，以免产生不规则的开裂。

横墙腹拱式拱上结构适用于中等跨度的渡槽，其优点是可以不用或少用钢材，但重量仍较大，圬工材料用量较多，仍属于重型结构。当拱跨较大时，为了进一步减小主拱圈的荷载，除缩小实腹段的长度外，还可在横墙上留孔洞，或用立柱代替横墙，柱顶设横梁以支承腹孔的拱圈，而成为主柱腹拱式腹孔。

（2）排架式拱上结构及槽身。图 8-14 为拱式渡槽，拱上结构是排架式的。槽身搁置于排架顶上，排架固接于主拱圈上，主拱圈多采用肋拱形式，排架与拱肋的接头常采用杯口式连接，也可用预留插筋、型钢或钢板等连接。排架对称布置于主拱圈上，间距视主拱圈的跨度大小而定。一般当主拱圈的跨度较小时，排架间距可采用 1.5~3.0m，跨度较大时采用 3~6m 或约为拱肋宽度的 15 倍。搁置于排架顶上的槽身，也起纵向梁作用。为了适应主拱圈的变形和因温度变化而产生的胀缩，用变形缝将一个拱跨上的槽身分为若干节，每一节支撑于两个排架上，纵向支撑形式可以是简支式（图 8-14），也可采用等跨双悬臂式。所以，槽身虽起纵向梁作用，但跨距小，故可采用少筋或无筋混凝土建造，横断面形式可以采用 U 形，也可采用矩形。

(三) 墩台及其他建筑物

拱式渡槽的槽墩和槽台多采用实体的重力式结构，用 M10 水泥砂浆砌块石或 C10～C15 混凝土建造，底部扩大浇筑成刚性基础。对于软弱地基，为了减小不均匀沉陷和限制墩台的变位，采用桩基础或沉井基础。

拱式渡槽的槽墩，主要承受拱脚传来的荷载。根据受力情况不同，有中墩（对称受力）、不对称墩和单向推力墩（拱座）等几种形式。中墩因两侧受力平衡，故墩体受力情况与梁式渡槽的重力墩相似，其形式与构造也相近，但对墩帽的要求更高。墩帽常用 C20～C25 的高强度混凝土建造，并须布置构造钢筋，且在墩帽与拱脚结合处铺设1～2层直径9～12mm、间距约10cm 的钢筋网，以加强混凝土局部承压能力。对于重要的无铰拱墩，还应按设计要求预埋锚固钢筋。不对称墩的形式和布置，须配合两侧拱跨结构的布置选定，构造和尺寸则由结构计算决定。如图 8-14 所示的边拱墩，只在一侧承受拱脚荷载，由于拱脚水平推力是关键性的荷载，故叫单向推力墩，也叫拱座。如图 8-36 所示的不对称墩的下部（混凝土筑成的块体），一方面是上部墩体的基础，另一方面也是主跨拱圈的拱座。这种墩的位置，应选在地基面的高程接近拱脚高程的地方，以减小拱脚水平推力对基底面的力臂，维持拱座的稳定，并要求拱座底面及背面的地基坚固而可靠，以承受强大的压力并限制拱脚的变位。必要时，可将边跨主拱圈筑成三铰拱，以避免拱脚变位对主拱圈产生附加应力。

拱式渡槽有两种槽台：如图 8-14 所示槽台，其工作条件与梁式渡槽相同；如图 8-35、图 8-36 所示槽台，除具有梁式槽台作用外，还起拱座作用。槽台的尺寸和形状不仅应保证槽台有足够的稳定，还应使荷载压力线尽量接近槽台各水平截面的重心，使各水平截面和基础底面所承受的压力接近于均匀分布。因此，槽台的基本形状多采用梯形断面。槽台基础的底面一般做成水平的，但有时为了增加抗滑稳定，也可做成倾斜不大的斜面，或者在基础底面设置抗滑齿墙等。

当槽宽和拱跨较小时，台背可用低强度浆砌石或贫混凝土筑成实心砌体，当拱跨较大、槽台较宽时，为了节省台背砌体用料，可做成填背式 U 形槽台（图 8-45）。U 形槽台由前墙、侧墙和基础板三部分组成，在前墙和侧墙内填以透水性较好的砂石料。当槽台较高、地基承载力较小时，也可将槽台做成空腹式（图 8-46），以减小圬工体积和槽台的重量。

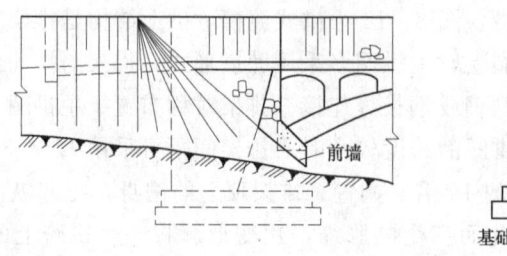

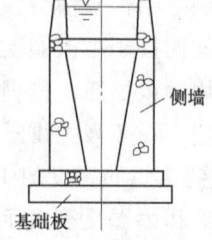

图 8-45 U 形槽台

以上各种形式的槽台（用于填方渠道的连接），其侧墙和台背砌体应插入岸坡或填方渠道的锥形土坡内，插入深度不小于 1.0m。为了缩短侧墙和台背砌体的长度，可在槽台两侧修建八字斜降墙挡土。

当槽身与挖方渠道连接时，边拱脚的高程常低于地面，如岸坡为基岩或基岩面埋深很小时，槽台稳定性是容易得到满足的。此时，可将基岩开挖，然后浇筑混凝土（或砌高强度浆砌石）块体做拱座，其上用浆砌石做成边槽墩以支承槽身（图 8-46）。

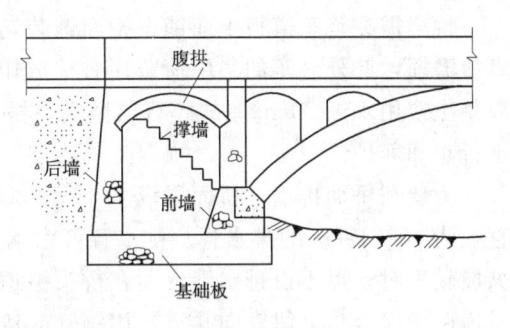

图 8-46 空腹式槽台

第三节 桥　　梁

当渠道穿越公路或生产道路时，为了便利交通和农业生产，需要修建桥梁。此外，在修建水闸等水工建筑物时，为沟通两岸交通，也常把桥梁与水闸等水工建筑物结合布置。

渠道上的桥梁，其荷载标准一般低于公路桥梁，但随着农村经济建设的发展，在设计时应适当考虑提高其荷载标准。

一、桥梁的类型

桥梁的分类方法较多，常按荷载类型、结构形式和受力特点分类。

渠道上的桥梁按照荷载类型的不同可分为以下几种：
(1) 生产桥。供人行、马车、手扶拖拉机行驶的桥梁，桥面宽一般为 2～2.5m。
(2) 拖拉机桥。供农用拖拉机行驶的桥梁，桥面净宽一般为 3.5～4.0m。
(3) 低标准公路桥。多用于农村乡间公路桥，桥面净宽为 4.5m。

按结构形式和受力特点分类，可分为梁式桥、拱桥和桁架拱桥等。

二、桥面构造

桥面是直接承受各种荷载的部分，它主要包括行车道板、桥面铺装、人行道、栏杆、变形缝、排水设施等（图 8-47）。

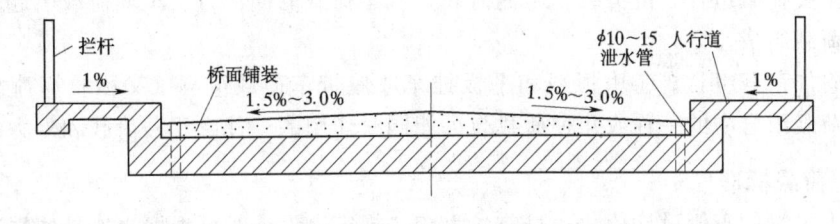

图 8-47 桥面构造

渠道上桥梁净宽一般根据车辆类型、荷载及运行要求加以确定。此外，还应考虑车辆行驶时，由于摆动而越出正常轨道以及行人或牲畜的避让，每侧还应留出 0.5m 的安全宽度。

桥梁需在行车道板上面铺设桥面铺装，其作用在于防止车辆轮胎或履带对行车道板的直接磨损，此外对车的集中荷载还有扩散作用。桥面铺装层常用 5～8cm 的混凝土、沥青混凝土或用 15～20cm 厚的碎石层做成。桥面铺装层与连接的道路路面应尽量一致，以便于行车和养护。

为便利桥面排水，桥面需设 1.5%～3.0% 的横坡，并在行车道两侧适当长度内设置直径为 10～15cm 的排水管。排水管可用钢筋混凝土管或铸铁管。当桥长小于 50m，桥面纵坡较大时，可不设排水管，而在桥头引道两侧设置引水槽。对于小跨径桥，可直接在行车道两侧安全带上留横向孔道，用钢管或铸铁管将水排出。

人行道的设置根据需要而定，人行道宽 0.75m 或 1.0m，为便于排水，人行道也设置向行车道倾斜 1% 的横坡。人行道外侧设栏杆，栏杆高 0.8～1.2m，栏杆柱间距 1.6～2.7m，柱截面常为 0.15m×0.15m，配 4Φ10 钢筋。不设人行道时，桥面两侧应设宽 0.25m、高 0.2～0.25m 的安全带。

为减小温度变化、混凝土收缩、地基不均匀沉降等影响，桥面需设置伸缩缝，缝内填塞有弹性、不透水的橡皮或沥青胶泥等，以防雨水和泥土渗入，保证车辆平稳行驶。

三、桥梁的荷载

(一) 荷载的分类与组合

1. 荷载的分类

作用在桥梁上的荷载主要有恒载、车辆荷载及其影响力、其他荷载及外力。

(1) 恒载（静荷载及永久荷载）。包括桥梁上部结构物自重及附属设备重、填土重及土压力等。

(2) 车辆荷载（活荷载）及其影响力。包括车辆荷载及其产生的冲击力、制动力以及所引起的土侧压力等。

(3) 其他荷载及外力。包括人群荷载、温度变化及混凝土收缩影响力、支座阻力、水的浮力、冰压力、漂浮物的撞击力以及施工荷载等。

2. 荷载组合

桥梁的荷载组合常有两种：主要荷载组合和附加荷载组合。

(1) 主要荷载组合。由恒载、车辆荷载、汽车荷载的冲击力、车辆荷载引起的土侧压力及人群荷载组成。

(2) 附加荷载组合。①由恒载和平板挂车或履带车荷载组成（又称验算荷载组合）；②由主要荷载组合中的一种或几种荷载与可能同时作用的一种或几种荷载和外力组成。

(二) 荷载标准

渠道上桥梁的车辆设计荷载，目前尚无统一规定，设计时可根据当地具体情况进行确定。下面根据各地在设计渠道桥梁时采用的一些规定提出以下荷载标准，供参考使用。

1. 车辆荷载

(1) 生产桥。人群荷载按 2.5～3.5kN/m² 计算，并用 35kN 马车验算（图 8-48）。

(2) 拖拉机桥。一般按汽车—6 级或汽车—8 级汽车荷载计算，因红旗—80 型、东方红—54型拖拉机的重量与上述汽车荷载接近，故可按此种拖拉机荷载计算。拖拉机荷载图形如图8-49所示。汽车—6级和汽车—8级以交通部颁发JTG D60—2004《公路桥涵设计通用规范》中的汽车—10乘以0.6及0.8即可。

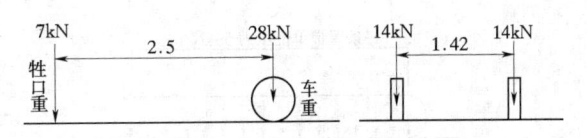

图8-48　35kN马车荷载图

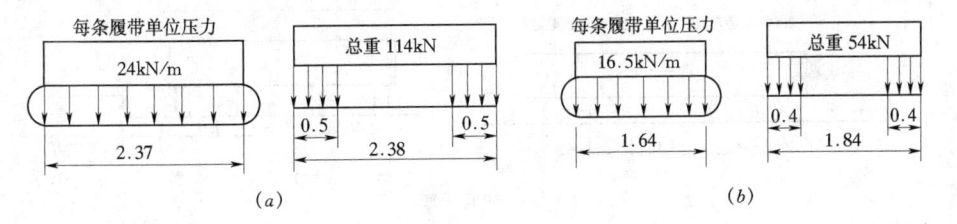

图8-49　农用拖拉机的荷载图形（单位：m）
(a) 红旗—80型拖拉机；(b) 东方红—54型拖拉机

(3) 标准公路桥。计算荷载用汽车—10级或汽车—15级，也可用汽车—10级的一辆车。如需通行履带—50车时，还要以履带—50作为验算荷载进行验算，汽车—15验算荷载为挂车—80。汽车—10级、汽车—15级的车队的纵向排列、平面尺寸和横向布置如图8-50所示，验算车辆荷载履带—50和挂车—80的荷载的纵向排列及横向布置如图8-51所示。其主要技术指标见表8-2、表8-3。

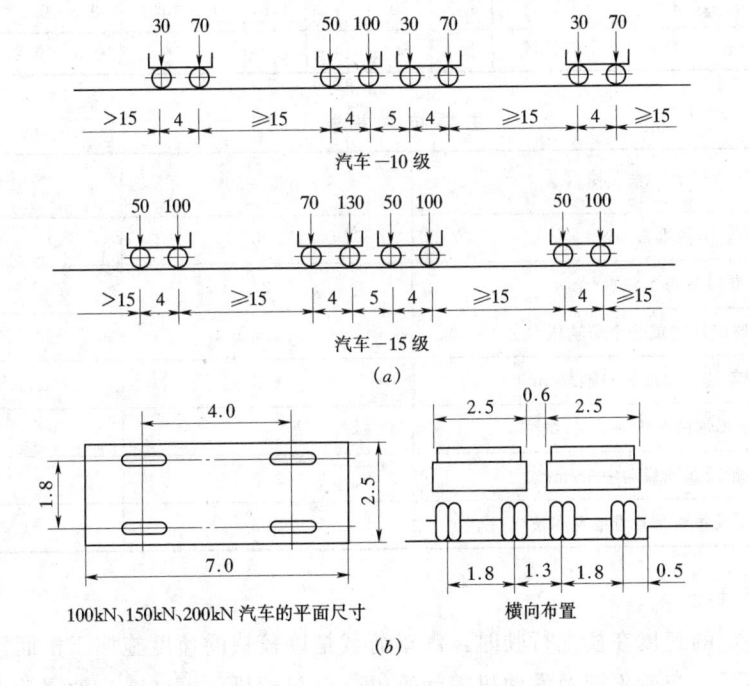

图8-50　汽车车队的纵向排列、平面尺寸和横向布置
（尺寸单位：m；力的单位：kN）

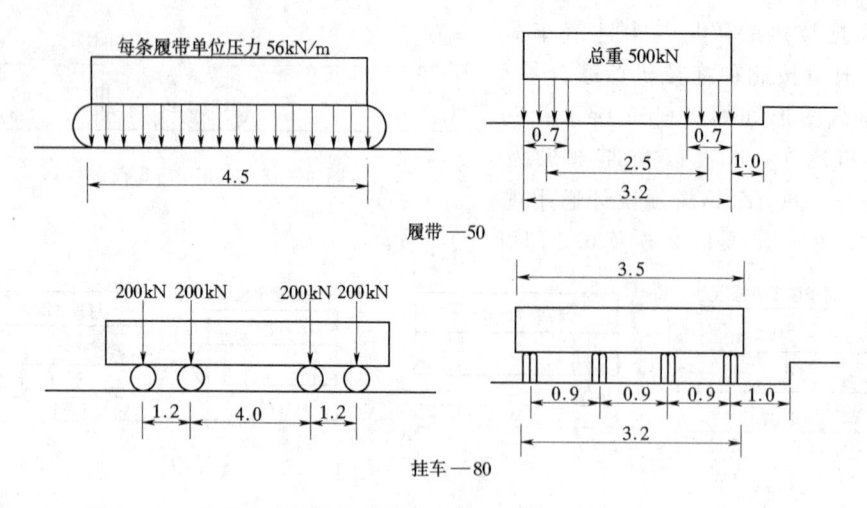

图 8-51 履带车和挂车荷载的纵向排列和横向布置（尺寸单位：m）

表 8-2 主要技术指标（一）

主要指标		一辆汽车总重力/kN	一行汽车中车辆数目/辆	后轴重力/kN	前轴重力/kN	轴距/m	轮距/m	后轮着地宽度及长度/m	前轮着地宽度及长度/m	车辆外形尺寸（长×宽）/(m×m)
汽车—10	重车	150	1	100	50	4	1.8	0.5×0.2	0.25×0.2	7×2.5
	主车	100	不限制	70	30	4	1.8	0.5×0.2	0.25×0.2	7×2.5
汽车—15	重车	200	1	130	70	4	1.8	0.6×0.2	0.3×0.2	7×2.5
	主车	150	不限制	100	50	4	1.8	0.5×0.2	0.25×0.2	7×2.5

表 8-3 主要技术指标（二）

主 要 指 标	履带—50	挂车—80
车辆重力/kN	500	800
履带数与车轴数/个	2	4
各条履带压力或每个车轴压力	56kN/m	200kN
履带着地长度或纵向轴距/m	4.5	1.2+4.0+1.2
每个车轴的车轮组数目/组		4
履带或车轮横向中距/m	2.5	3×0.9
履带宽度或每对车轮着地宽和长/m	0.7	0.5×0.2

2. 汽车冲击力

汽车以一定的速度在桥上行驶时，汽车荷载是以较快的速度施加于桥面使桥梁发生振动。由于路不平、车轮不圆及发动机振动等也会引起桥梁的振动。这种因动力作用使桥梁发生振动而造成内力加大的现象称为冲击作用。设计时应考虑冲击作用的影响。

汽车荷载的冲击力按汽车荷载乘以冲击系数 U 计算，见表 8-4。

表 8-4　　　　　　　　　　　　冲 击 系 数 表

结构种类	跨径或荷载长度/m	冲击系数	结构种类	跨径或荷载长度/m	冲击系数
梁、刚构、拱上构造、柱式墩台、涵洞盖板	$L\leqslant 5$	1.30	拱桥的主拱圈或拱肋	$L\leqslant 20$	1.20
	$L\geqslant 45$	1.00		$L\geqslant 70$	1.00

3. 车辆荷载引起的土侧压力

车辆荷载在桥台或挡土墙后填土的破坏棱体上引起的土侧压力，可按 JTG D60—2004《公路桥涵设计通用规范》规定计算。

4. 汽车制动力

桥上汽车制动力是车辆在刹车时为克服车辆的惯性力而在路面与车辆之间发生的滑动摩擦力。制动力按布置在荷载长度内的一行汽车车队总重的 10% 计算，但不得小于一辆重车的 30%。

5. 摩阻力

桥梁结构在温度变化影响下，将产生伸长或缩短，在支座上产生摩阻力，支座摩阻力 T 可按下式计算：

$$T = Gf \tag{8-23}$$

式中　G——活动支座上恒载竖向反力；

　　　f——摩擦系数，其值可查有关书籍。

渠道上桥梁的车辆荷载，由于无统一规定，设计时应在调查研究的基础上，根据交通运输事业发展的要求确定。

四、等代荷载

桥梁设计时，常用影响线来解决梁在活荷载作用下的内力问题。如欲求一行汽车荷载或履带车荷载在桥上行驶时，某指定截面所产生的最大弯矩和最大剪力，可先求出该截面的弯矩和剪力影响线，然后将车辆荷载按最不利的位置布置于影响线上，将各荷载乘以影响线竖标的总和，即得出该截面的最大弯矩和最大剪力。为了减少计算工作量，在同号影响线范围内假想布满一均布荷载 q，此均布荷载 q 在某指定截面产生的弯矩或剪力值，与车辆荷载按最不利位置在桥上时对该截面产生的最大弯矩或最大剪力值相等。这一假想的均布荷载 q 称为等代荷载。

工程上常利用已计算编制的等代荷载来计算各级汽车车队产生的弯矩和剪力。设计时可查有关书籍。

五、钢筋混凝土梁式桥

钢筋混凝土梁式桥是桥梁中最常用的形式之一。它由上部结构和下部结构组成：上部结构（又称桥跨结构）包括行车道板、梁、路面、人行道和栏杆等；下部结构包括桥墩、桥台等（图 8-52）。

上部结构两支点的距离 l 称为计算跨径；两个桥台侧墙或八字墙尾端间距 L，称为桥梁全长；两桥台台背前缘间距 L_1 为桥梁总长；当 $8m\leqslant L_1\leqslant 40m$ 且 $5m\leqslant l<20m$ 时，称为

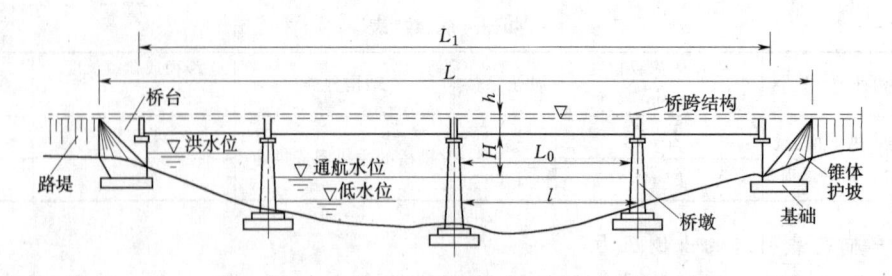

图 8-52 桥梁的基本组成

小桥；当 $30m \leqslant L_1 < 100m$ 且 $20m \leqslant l \leqslant 40m$ 时，称为中桥；当 $L_1 \geqslant 100m$ 且 $l \geqslant 40m$ 时，称为大桥。设计洪水位线上相邻两桥墩的水平净距称桥梁的净跨径；设计洪水位或通航水位对上部结构最下缘高差 H，称为桥下净空高度。桥面对上部结构最低边缘的高差 h，称为桥梁的建筑高度。

（一）钢筋混凝土梁式桥的构造

1. 板桥的构造

钢筋混凝土板桥一般都是简支的，渠道上的小跨径桥梁常采用简支结构。板桥的板厚 t 一般为计算跨度 l 的 $1/12 \sim 1/18$，计算跨度 l 一般采用净跨 l_0 加板厚。它的钢筋、模板及混凝土浇筑工作比 T 形截面梁简单。板桥有现浇整体式和装配式两种：现浇整体式板桥需在现场搭设脚手架和模板，一次浇筑完成，跨径一般不超过 6m；装配式板桥常先预制成宽 1m 的板（实际宽为 99cm，预留 1cm 作现场安装时的调整裕度）。当板的跨径为 6~12m 时，为减轻板的自重和节省混凝土量，常采用空心板（图 8-53）。

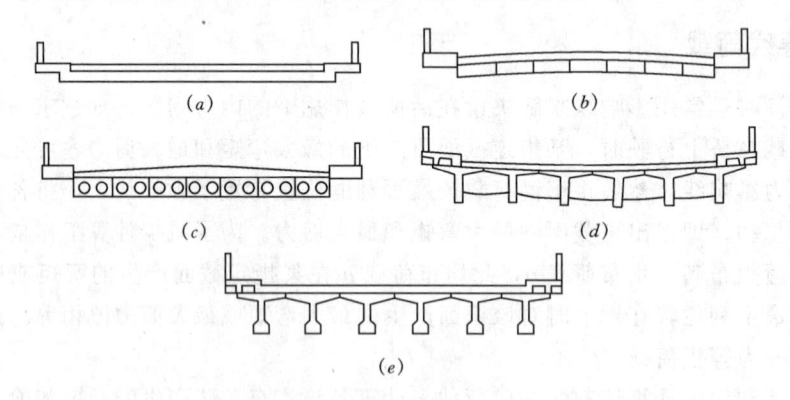

图 8-53 行车道板梁
(a) 现浇整体板；(b) 预制板；(c) 空心板；(d) 预制 T 形梁；(e) 预制工字形梁

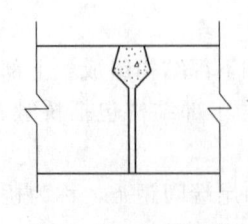

装配式板桥在板块中间设铰以传递剪力，使整个桥面承受荷载。铰的形式如图 8-54 所示。在预制板的侧面涂以废机油，预制板安装就位后，在接缝中填塞 C30 小石子混凝土，即构成混凝土铰。

图 8-54 接缝构造

行车道板内的主钢筋直径一般不小于 10mm，人行道板内的主钢筋直径不小于 6mm。主钢筋到板边的净保护层不得小于 2cm。每米板带宽内的主钢筋，跨中应不少于5根，伸入支座内不弯起的主钢筋不少于3根，且其面积不得小于主钢筋面积的1/4。板内的主钢筋应从支座算起在1/4及1/6跨径处按30°或45°弯起。板内垂直于主钢筋的方向应设置分布钢筋，其截面积在单位长度上应不少于单位宽度上主钢筋截面积的15%，间距不大于25cm，直径不小于6mm。

2. 装配式T形梁桥的构造

当跨径大于8~10m时，为了减轻梁的自重，充分发挥混凝土的抗压性能，往往采用T形梁桥（图8-55）。装配式T形梁桥的上部结构通常由T形截面主梁、横隔板（梁）和主梁翼板（桥面板）组成。图8-55为一净跨9.5m，由5根预制T形梁桥装配而成的简支T形梁桥。T形截面主梁的间距应根据荷载大小、桥面宽度及施工吊装能力等综合考虑决定。通常采用1.3~1.7m。主梁高度h视跨径大小、主梁间距及荷载大小等而定，通常取$h=(1/10\sim1/16)l$；主梁梁肋宽度应尽可能小，以减轻重量，肋宽根据主筋布置需要而定，一般为15~20cm，甚至还可以小些；主梁翼板边缘厚度一般不小于6~8cm，梁肋处翼板厚度一般不小于梁高的1/12。

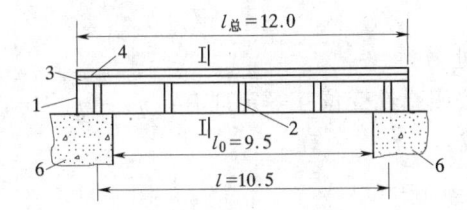

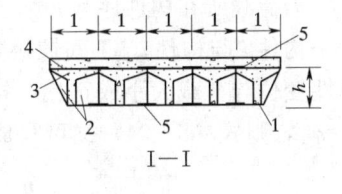

图8-55 装配式T形梁桥（单位：m）
1—主梁；2—横隔板；3—主梁翼板；4—路面；5—连接钢板；6—桥墩

为了保证上部构造的整体性和横向刚度，常在T形梁两端及跨径中间设置横隔板。横隔板的高度为梁高的3/4，或与主梁同高。横隔板的宽度可采用12~15cm，间距为2.5~5.0m。T形梁的横向主要是依靠横隔板及翼板的拼装接头连成整体，因此，接头必须保证有足够的强度和刚度，不致因受荷载的反复作用和冲击而松动。对于跨径小于12m的装配式T形梁桥，为了施工方便，常取消中横

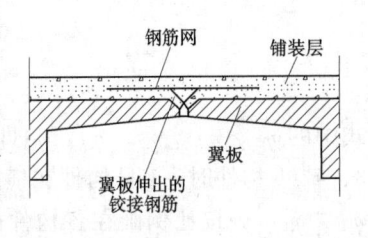

图8-56 翼板连接

隔板，而又在两端设置端横隔板。这时，主梁主要是依靠翼板间的连接来保证上部结构的整体作用。翼板间的连接常采用如图8-56所示的型式，即将T形梁翼板内伸出的钢筋向上弯折伸入铺装层，与桥面铺装层中附加的横向短钢筋与纵向钢筋形成钢筋网，再浇灌铺装层混凝土。T形梁如无间隔板，仅由端隔板及翼板连接，则属于铰接形式；当有中横隔板连接时，则属于刚性连接形式。

（二）钢筋混凝土梁式桥的内力计算

渠道上的桥梁常采用装配式T形梁桥和铰接板桥，T形梁桥主梁间的连接形式常为铰接。因此，在车辆荷载作用下，除直接受车轮作用的构件产生变形外，桥面其他结构也将产生变形并共同承受车辆荷载。

为求出各构件在横向所承受的最大荷载，需求出各构件的横向分布影响线。

1. 荷载横向分布影响线及横向分布系数

假设各构件处于弹性工作阶段，上部结构由若干个等截面构件组成，铰仅承受竖向剪力（图8-57）。

当单位荷载 $P=1$ 作用在构件 i 时，各构件（$i'=1,2,\cdots,i,i+1,\cdots,n$）均受力，各构件实际受到的作用力称为单位荷载横向分布值。如 $P=1$ 作用在构件 1 时，构件 1 受到的作用力为 $\eta_{11}=1-Q_1$，由静力平衡可知：

$$\left.\begin{aligned}\eta_{21} &= Q_1 - Q_2 \\ \eta_{31} &= Q_2 - Q_3 \\ \eta_{41} &= Q_3 - Q_4 \\ \eta_{51} &= Q_4 - Q_5\end{aligned}\right\} \tag{8-24}$$

式中 η_{ij}——单位荷载作用于构件 j 时，i 构件的单位荷载横向分布值，i 为构件序号，j 为荷载所在构件序号；

Q_i——构件 i 与构件 $i+1$ 间铰接处剪力。

由于弹性变位与荷载大小成正比，按照弹性变位互等定理有：$\eta_{12}=\eta_{21}$，$\eta_{13}=\eta_{31}$，$\eta_{14}=\eta_{41}$，$\eta_{15}=\eta_{51}$，则式（8-24）又可写成：

$$\left.\begin{aligned}\eta_{11} &= 1 - Q_1 \\ \eta_{12} &= Q_1 - Q_2 \\ \eta_{13} &= Q_2 - Q_3 \\ \eta_{14} &= Q_3 - Q_4 \\ \eta_{15} &= Q_4 - Q_5\end{aligned}\right\} \tag{8-25}$$

式中的 η_{11}、η_{12}、η_{13}、η_{14}、η_{15} 即单位荷载作用于 1、2、3、4、5 构件时，1 号构件在横向分配到的荷载。如将 η_{11}、η_{12}、…按比例画在各构件的基线中心，将各点连成直线，即为构件 1 的荷载横向分布影响线，如图 8-58 所示。

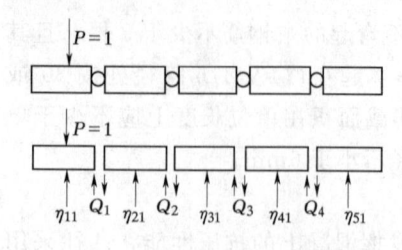

图 8-57 铰接板受力分析

图 8-58 铰接板桥的荷载分布影响线

欲求 η_{ij} 值需先求出铰接处的剪力 Q_i。Q_i 与构件的抗弯刚度和抗扭刚度的比值 γ 有关。比值 γ 可用下式表示：

$$\gamma = 5.8 \frac{I}{I_n} \left(\frac{b_1}{l}\right)^2 \tag{8-26}$$

式中 I——构件截面抗弯惯性矩；

I_n——构件截面抗扭惯性矩；

b_1——构件的宽度；

l——构件的计算跨度。

对于矩形截面实心板，γ 值按下式计算：

$$\gamma = \frac{b_1^2}{2.07\beta l^2} \tag{8-27}$$

式中 β——与截面形状有关的系数，可查表8-5。

表8-5　　　　　　　　　　β 系 数 表

b/h	1.0	1.2	1.5	1.75	2.0	2.5	3.0	4.0	6.0	8.0	10.0	$\geqslant 10$
β	0.141	0.166	0.196	0.214	0.229	0.249	0.263	0.281	0.299	0.307	0.312	0.333

对于矩形截面空心板，常用的有箱形截面和开洞矩形截面（图8-59）。

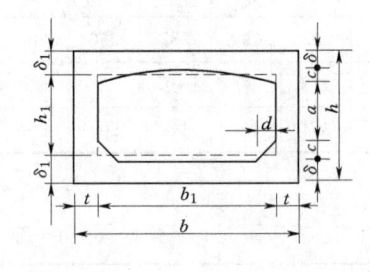

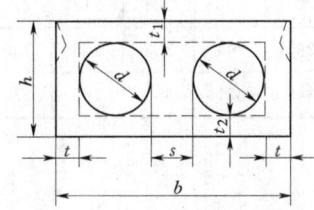

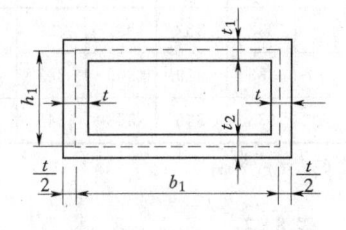

图8-59　空心板的计算截面

(1) 箱形截面空心板可按折算箱形计算（图8-59），其顶部和底部板平均厚度可近似取 δ_1。

$$\delta_1 = \delta + \frac{a}{6} + \frac{cd}{2b_1} \tag{8-28}$$

抗弯惯性矩 I 的计算公式为

$$I = \frac{1}{12}(bh^3 - b_1 h_1^3) \tag{8-29}$$

抗扭惯性矩 I_T 可近似按下式计算：

$$I_T = \frac{2b_0^2 h_0^2}{\dfrac{b_0}{\delta_1} + \dfrac{h_0}{t}} \tag{8-30}$$

其中
$$b_0 = b - t$$
$$h_0 = h - \delta$$

各符号意义详见图8-59。

(2) 开洞矩形截面（图8-59）的抗弯惯性矩和抗扭惯性矩分别为

$$I = \frac{bh^3}{12} - 0.049 nd^4 \tag{8-31}$$

$$I_T = \frac{4b_1^2 h_1^2}{\dfrac{2h_1}{t} + \dfrac{b_1}{t_1} + \dfrac{b_1}{t_2}} \tag{8-32}$$

其中
$$t_1 = t_2 = (h - d)/2$$
$$t = (b - 2d - s)/2$$

式中　　n——开洞数；

各符号意义详见图 8-59。

求出 γ 值之后，查表 8-6～表 8-8，可查出荷载作用在任一构件 j 时，i 构件荷载横向分布影响线的纵坐标 η_{ij}，将此值按比例绘于构件基线的中心线上，并连接各纵坐标端点，即得出荷载横向分布影响线。

表 8-6　　　　　　　　　　　　　　　　　　　　　　　　　　　　　　　　　　梁 3—1, 3—2

γ	0.00	0.01	0.02	0.04	0.06	0.08	0.10	0.15	0.20	0.30	0.40	0.60	1.00	2.00
η_{11}	333	348	363	389	413	434	454	496	531	585	626	683	750	829
η_{12}	333	332	331	329	327	325	323	317	313	303	294	287	250	200
η_{13}	333	319	306	282	260	241	223	186	156	112	80	40	0	−29
η_{22}	333	336	338	342	346	351	355	365	375	394	412	444	500	600

（$\eta_{12}=\eta_{21}=\eta_{23}$）

表 8-7　　　　　　　　　　　　　　　　　　　　　　　　　　　　　　　　　　梁 4—1, 4—2

γ	0.00	0.01	0.02	0.04	0.06	0.08	0.10	0.15	0.20	0.30	0.40	0.60	1.00	2.00
η_{11}	250	276	300	341	375	405	431	484	524	583	625	682	750	828
η_{12}	250	257	263	273	280	285	289	295	298	296	291	277	250	201
η_{13}	250	238	227	208	192	178	165	139	119	89	66	35	0	−34
η_{14}	250	229	210	178	153	132	114	82	60	33	18	5	0	5
η_{22}	250	257	264	276	287	298	307	327	345	375	400	441	500	593
η_{23}	250	248	246	243	241	239	239	238	238	240	243	247	250	240

（$\eta_{12}=\eta_{21}$，$\eta_{13}=\eta_{24}$）

表 8-8　　　　　　　　　　　　　　　　　　　　　　　　　　　　　　　　　　梁 5—1, 5—2, 5—3

γ	0.00	0.01	0.02	0.04	0.06	0.08	0.10	0.15	0.20	0.30	0.40	0.60	1.00	2.00
η_{11}	200	237	269	321	362	396	425	481	523	583	625	682	750	828
η_{12}	200	216	229	249	263	273	281	291	295	296	291	277	250	201
η_{13}	200	194	188	178	168	158	150	130	114	87	66	35	0	−34
η_{14}	200	180	163	136	115	99	85	61	45	26	15	4	0	6
η_{15}	200	173	151	116	92	73	59	36	23	10	4	1	0	−1
η_{22}	200	215	228	249	267	281	294	320	341	374	399	440	500	593
η_{23}	200	202	204	207	211	214	216	222	227	235	240	246	250	241
η_{24}	200	187	176	158	144	133	123	105	91	70	55	31	0	−41
η_{33}	200	208	215	230	243	256	268	295	318	357	389	437	500	586

（$\eta_{12}=\eta_{21}$，$\eta_{13}=\eta_{31}=\eta_{35}$，$\eta_{14}=\eta_{25}$，$\eta_{23}=\eta_{34}=\eta_{32}$）

渠道上的桥梁桥面宽度常为 4~5m，现仅列出 3~5 根铰接板（梁）的各板（梁）荷载横向影响线纵坐标计算表。

将车辆荷载在横向分布影响线上按最不利位置加载（图 8-60），设车辆轴压力为 P，轮压力为 $1/2P$，则构件 i 所受最大荷载 R_i 为

$$R_i = 1/2P\eta_1 + 1/2P\eta_2 + \cdots = 1/2P\sum\eta_i = m_c P \tag{8-33}$$

式中　η_1、η_2、$\cdots$——车辆按横向最不利位置布置时，各车轮所在位置下的横向分布影响线的纵坐标值；

　　　m_c——荷载横向分布系数，对于汽车荷载 $m_c = 0.5\sum\eta_i$，对于挂车荷载 $m_c = 1/4\sum\eta_i$。

荷载横向分布系数的大小与构件的连接方式、各构件挠度大小有关，而挠度与构件的跨度、宽度、抗弯刚度和抗扭刚度有关。也和荷载在沿跨度方向的位置有关。在工程设计中，常在计算弯矩时近似在全桥跨都采用跨中横向分布系数 m_c；计算剪力时应考虑 m_c 沿桥跨的变化。

在计算支座处剪力时，由于铰的刚度远小于支座的刚度，轮压力由它下面构件承受，而且直接传递给支座处的墩台。此时荷载横向分布系数为 $m_0 = 0.5$。沿跨长荷载横向分布系数的变化，可近似地采用一条沿桥跨的折线表示（图 8-61）。即从桥左、右端到 $1/4L$ 处由 m_0 变至 m_c，中间均为 m_c。

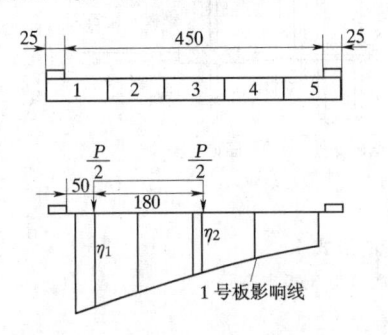

图 8-60　1 号板车辆荷载的横向最不利位置（单位：cm）

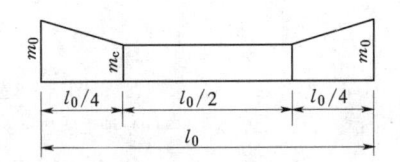

图 8-61　板端荷载分布系数图

2. 内力及配筋计算

各构件横向分布系数求出后，即可确定其横桥向所受的总荷载 P。然后在顺桥向按最不利活载排列，计算出控制截面的最大弯矩和最大剪力，与恒载作用下的弯矩和剪力叠加，进行配筋计算。

（三）梁式桥的墩台和支座

1. 梁式桥的墩台

桥梁的墩台是桥梁的承重结构。墩台的形式选择和结构设计关系着桥梁的安全性和经济性，由于设计和施工中的质量问题，运行后再进行加固和技术改造非常困难。

墩台的形式常用的有重力式、桩柱式等，其构造与渡槽的槽墩相类似。

墩台结构计算时，除计算恒载竖向力和水平力外，还要计算车辆荷载引起的制动力以

及引起的土侧压力、摩阻力,以及风压力、漂浮物撞击力等。墩身截面应力及地基应力验算的方法及要求与渡槽一节所述相同。

2. 梁式桥的支座

支座的作用是把上部结构的各种荷载传递到墩台上,并能适应活载、温度变化、混凝土收缩与徐变等因素引起的位移。

简支梁桥通常每跨一端设置固定支座,另一端设置活动支座。多跨简支梁桥,一般把固定支座设在桥台上,每一个桥墩上布置一个活动支座和一个固定支座,以使各墩台能均匀承受纵向水平力。常用的支座形式有两种。

(1) 跨径小于 10m 的简支梁桥常采用简单的垫层支座。垫层是用油毛毡或水泥砂浆制成,其厚度要求在压实后不小于 10mm。固定的一端,加设套在铁管中的锚钉,锚钉埋在墩帽内 [图 8-62 (a)]。

(2) 跨径为 12~15m 的简支梁桥常采用平面钢板支座。平面钢板活动支座由两块钢板做成,钢板分别固定在墩台和桥跨结构中,两块钢板接触面应平整光滑并涂石墨润滑剂,以减小摩擦力和防止生锈。固定支座用一块钢板做成,在其顶面和底面各焊接锚钉,以固定梁的位置 [图 8-62 (b)]。

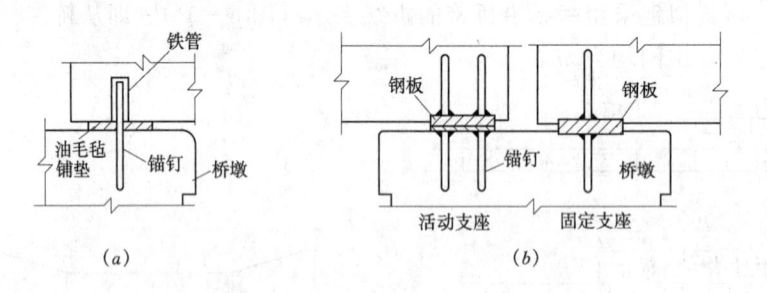

图 8-62 支座的形式
(a) 油毛毡垫层支座;(b) 平面钢板支座

六、拱式桥

渠道上的拱桥,在石料丰富的山丘地区,跨径小于 15m 时多采用实腹式石拱桥,跨径较大时常采用空腹式石拱桥。

双曲拱桥被广泛应用,此外还常用桁架拱桥、三铰拱桥、二铰拱桥、微弯板拱桥及扁壳拱桥等。它们大多具有结构轻、自重小、省材料、造价低、可预制装配等特点。本节仅简要介绍石拱桥和双曲拱桥。

(一) 石拱桥

石拱桥的各组成部分如图 8-63 所示。

跨度在 20m 以下的石拱桥,主拱圈一般采用等截面圆弧拱,矢跨比为 1/2~1/6。大跨度常采用等截面或变截面悬链线拱,矢跨比为 1/4~1/8。

对于中小跨径石拱桥拱圈的厚度 d (cm) 常采用经验公式初步拟定。

$$d = mk\sqrt[3]{l_0} \tag{8-34}$$

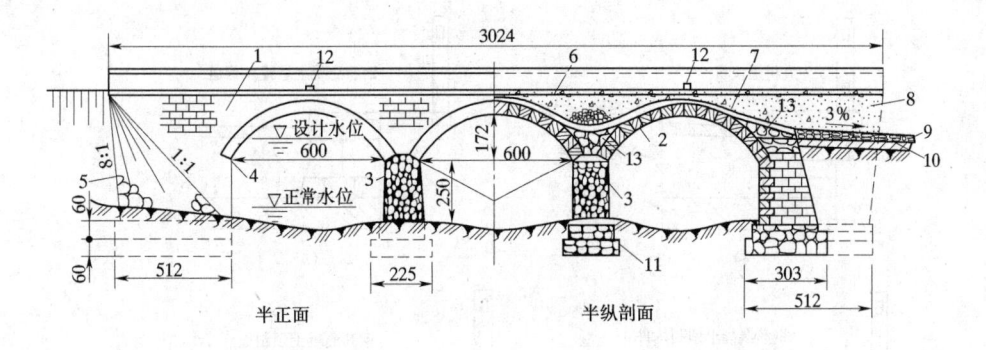

图 8-63 石拱桥（单位：cm）

1—拱上建筑；2—浆砌料石拱圈；3—浆砌石墩；4—拱脚；5—干砌石护坡；6—碎石或砂砾填料路面；7—石灰三合土层；8—渗水土壤；9—片石盲沟 30cm×50cm；10—黏土夯实层；11—浆砌块石基础；12—泄水孔；13—浆砌片石护拱

式中 l_0——拱圈净跨径，cm；

m——系数，一般取 4.5~6.0，矢跨比越小 m 值越大；

k——荷载系数，对于汽车—10 级为 1.0；汽车—15 级为 1.10。

拱圈厚度也可参照表 8-9 初选。

表 8-9　　　　　圆弧拱圈厚度

跨径/cm 矢跨比 f_0/l_0	600		800		1000		1300		1600		2000	
	f_0	d	f_0	d	f_0	d	f_0	d	f_0	d	f_0	d
1/2		40		45		50		55				
1/3	200	45	267	50	333	55	433	60	533	65	667	70
1/4	150	50	200	55	250	60	325	65	400	70	500	75
1/5	120	50	160	55	200	60	260	65	320	75	400	85

注　f_0 为净矢高，l_0 为净跨径。

石拱桥路面由车行道和安全带组成。对于 1.5%~3% 的排水横坡，桥面铺装一般为碎石路面或沥青混凝土路面，拱圈的宽度不小于跨径的 1/20。若设置人行道，常见的布置形式如图 8-64 所示，拱圈宽度不一定和桥面总宽相同。

石拱桥的拱上结构与渡槽相似。实腹拱由侧墙、填料和护拱等组成。侧墙顶宽为 50~70cm，内坡为 3:1~5:1，填料常用透水性好的粗砂、碎石等。包括路面在内，拱顶填料厚度不宜小于 40cm。在靠近拱脚处做浆砌片石护拱，以防水和提高拱圈承载能力。对于空腹式拱，腹拱净跨常为主拱净跨的 1/8~1/15，矢跨比为 1/2~1/6。腹拱的支承结构常为横墙或柱。

（二）双曲拱桥

双曲拱桥是常见的桥梁之一，它由路面、主拱圈、拱上结构和墩台所组成。在路面构造外方面和双曲拱渡槽基本相似；但在桥面构造和内力计算方面有区别，现简述如下。

(1) 桥面构造（图 8-65）。为了分布车轮荷载的集中压力和减小冲击力的影响，主

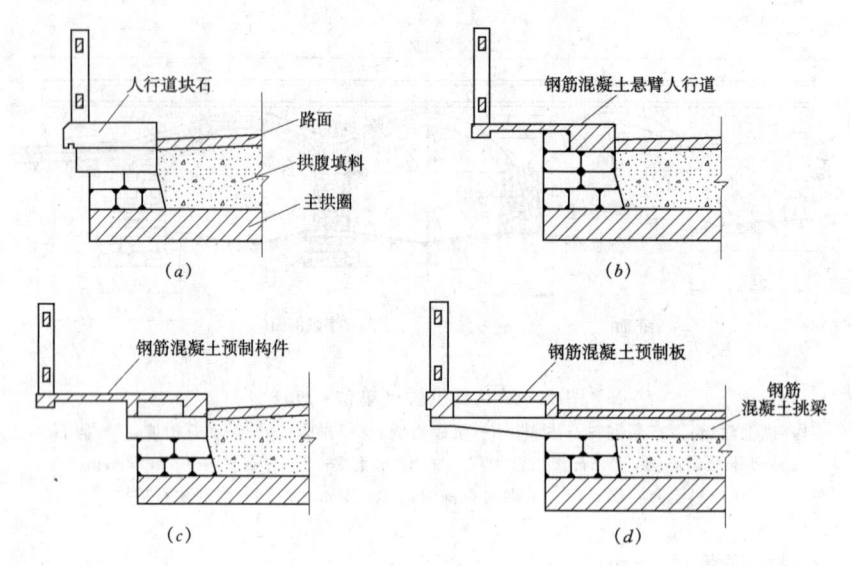

图 8-64 拱桥人行道布置图

拱圈及腹拱顶部的填料厚度（包括路面）一般为 30~50cm。填料常为透水性较好的砂石或混凝土，路面设排水坡，并做好排水设施。

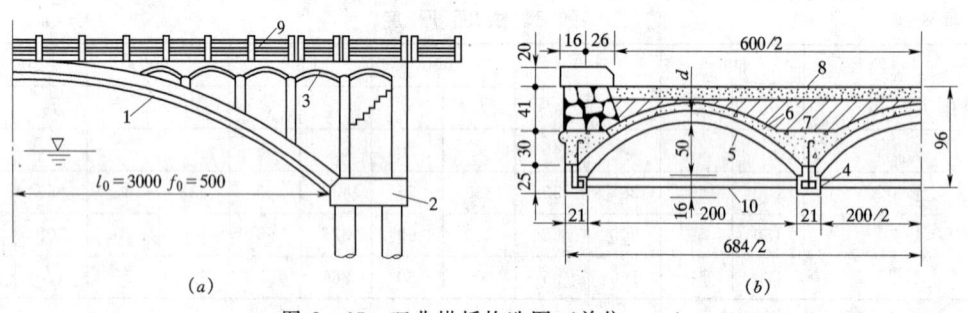

图 8-65 双曲拱桥构造图（单位：cm）
(a) 半正面图；(b) 拱顶横断面图
1—主拱圈；2—井柱桥墩；3—两铰腹拱；4—拱肋；5—预制拱波；
6—现浇拱波；7—填料；8—路面；9—栏杆；10—拉杆

（2）初拟主拱圈的高度可用下列经验公式计算：

$$d = \left(\frac{l}{100} + 35\right)k \tag{8-35}$$

式中 d——主拱圈厚度；
l——主拱圈计算跨径；
k——系数，可选用表 8-10 所列数值。

表 8-10　　　　　　　　不同荷载的 k 值

荷载	汽车—15，挂车—80	汽车—10，履带—50	小汽车—10
k	1.1~1.3	0.9~1.1	0.8~0.9

k 值随跨径增大而减小，随矢跨比减小而增大。

当拱肋中距大于 2m，单波主拱圈及矢跨比小于 1/10 时，主拱圈高度 d 值应适当加大。

拱肋的高度，对无支架施工的矩形或倒 T 形的拱肋，一般不小于跨径的 0.009～0.012；有支架施工，肋高 $h=(0.3～0.6)d$，肋底宽 $b=(0.6～1.0)h$，肋顶宽取 $(0.5～0.6)b$。

(3) 双曲拱桥主拱圈轴线常采用圆弧形和悬链线两种。跨径在 20m 以下时，多选用实腹式圆弧拱；大、中跨径多采用空腹式悬链线拱。矢跨比常用 1/4～1/8。悬链线拱轴系数 m 值的选择一般不宜过大，宜选在 1.756 左右。

(4) 由于有车辆荷载的作用，为使主拱圈有较好的整体性，应加强横向联系。对跨径较大的双曲拱桥，在拱顶、1/4 拱跨、腹拱立墙（柱）下面、分段预制拱肋接头等处必须设置横隔板，板厚为 15～20cm，间距为 3～5m。对于小跨径的双曲拱桥，当桥面较宽时，拱顶处的横隔板应特别加强。

当桥面较宽时，为节省材料，人行道可用悬臂挑出。

第四节　倒 虹 吸 管

倒虹吸管是设置在渠道与河流、山沟、谷地、道路等相交处的压力输水建筑物。它与渡槽相比，具有造价低、施工方便的优点，但水头损失较大，运行管理不如渡槽方便。一般在下列情况时采用：①渠道跨越宽深河谷，修建渡槽、填方渠道或绕线方案困难或造价高时；②渠道与原有渠、路相交，因高差较小不能修建渡槽、涵洞时；③修建填方渠道影响原有河道泄流等。

一、倒虹吸管的布置

（一）管路布置

倒虹吸管一般由进口、管身和出口三部分组成。管路布置应根据地形、地质、施工、水力条件等分析确定。总体布置的一般原则是：管身最短、岸坡稳定、管基密实，进出口连接平顺，结构合理。根据流量大小及运用要求，可采用单管、双管或多管。根据管路埋设情况及高差大小，倒虹吸管的布置形式可分为以下几种。

1. 竖井式

多用于压力水头较小（$H<3～5m$），穿越道路的倒虹吸（图 8-66）。这种形式构造简单、管路短。进出口一般用砖石或混凝土砌筑成竖井。竖井断面为矩形或圆形，其尺寸稍大于管身，底部设 0.5m 深的集沙坑，以沉积泥沙，并便于清淤及检修管路时排水。管身断面一般为矩形、圆形或其他形式。竖井式水力条件差，但施工比较容易，一般用于工程规模较小的倒虹吸管。

2. 斜管式

多用于压力水头较小，穿越渠道、河流的情况（图 8-67）。斜管式倒虹吸管构造简单，施工方便，水力条件好，实际工程中常被采用。

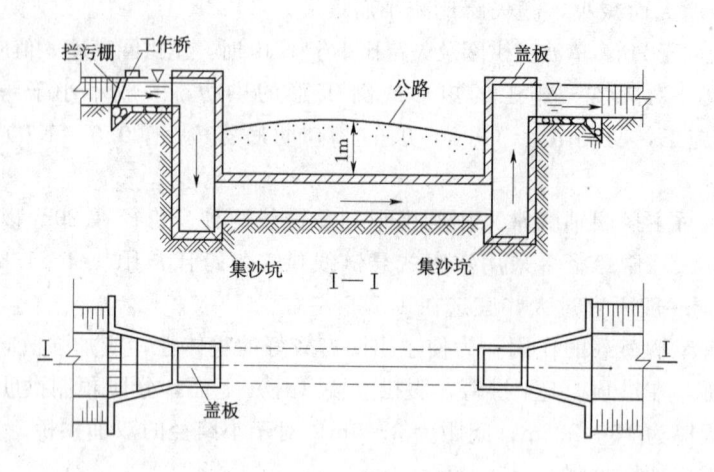

图 8-66 竖井式倒虹吸

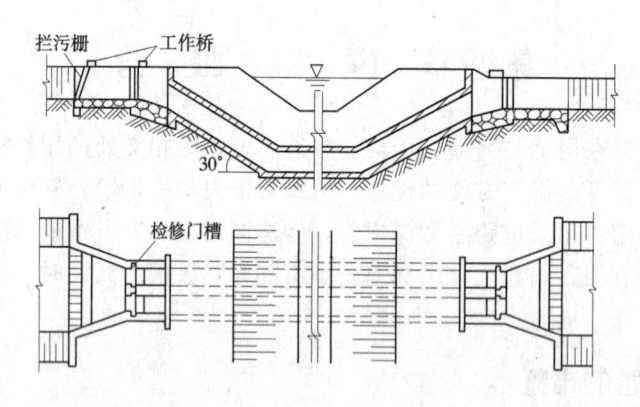

图 8-67 斜管式倒虹吸

3. 曲线式

当岸坡较缓（土坡 $m>1.5\sim2.0$，岩石坡 $m\geqslant1.0$）时，为减少施工开挖量，管道可随地面坡度铺设成曲线形（图 8-68）。管身常为圆形的混凝土管或钢筋混凝土管，可现浇也可预制安装。管身一般设置管座。当管径较小且土基很坚实时，也可直接设在土基上。在管道转弯处应设置镇墩，并将圆管接头包在镇墩内。为了防止温度引起的不利影响，减小温度应力，管身常埋于地下，为减小工程量，埋置不宜过深。从已建倒虹吸管工程运行情况看，不少工程因温度影响或土基不均匀沉陷，造成管身裂缝，有的渗漏严重，危及工程安全。

4. 桥式

当渠道通过较深的复式断面或窄深河谷时，为降低管道承受的压力水头，减小水头损失，缩短管身长度，便于施工，可在深槽部位建桥，管道铺设在桥面上或支撑在桥墩等支撑结构上（图 8-69）。

桥下应有足够的净空高度，以满足泄洪要求。在通航河道上应满足通航要求。

管道在桥头山坡转弯处设置镇墩，并在镇墩上设置放水孔（也可兼作进人孔），以便

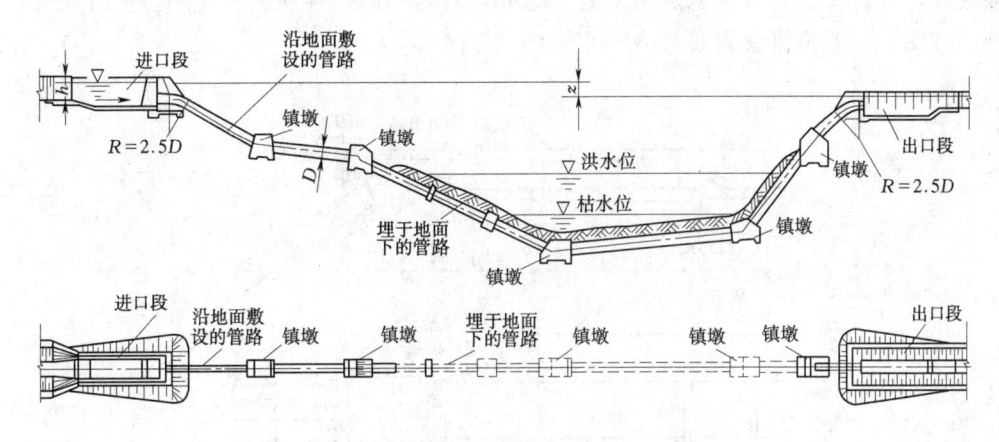

图 8-68 曲线式倒虹吸

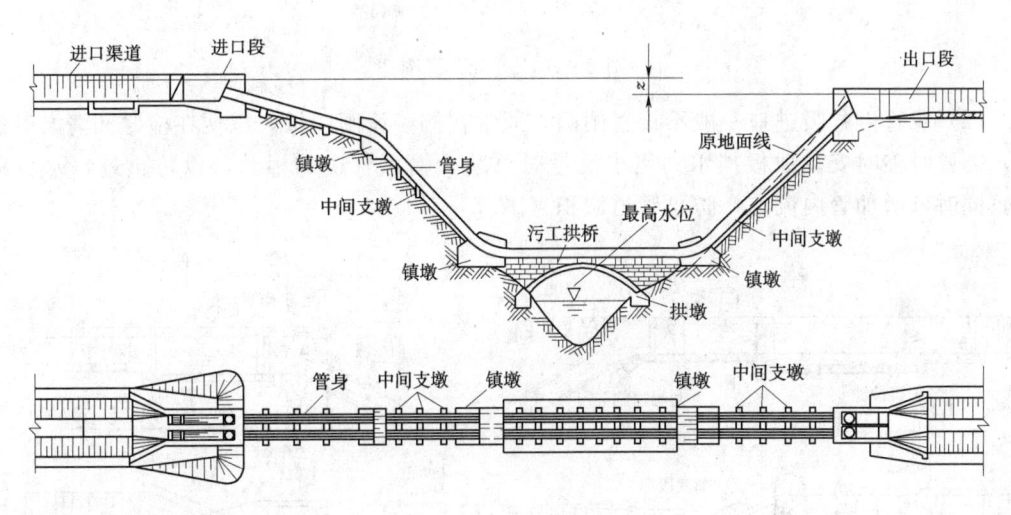

图 8-69 桥式倒虹吸

于检查修理。

(二) 进出口布置

1. 进口段的布置

进口段包括进水口、拦污栅、闸门、启闭台、进口渐变段及沉沙池等。进口段的结构形式，应保证通过不同流量时管道进口处于淹没状态，以防止水流在进口段发生跌落、产生水跃而使管身引起振动。进口具有平顺的轮廓，以减小水头损失，并应满足稳定、防冲和防渗等要求。

(1) 进口段应修建在地基较好、透水性小的地基上。当地基较差、透水性大时应做防渗处理。通常做 30~50cm 厚的浆砌石或做 15~20cm 的混凝土铺盖，其长度约为渠道设计水深的 3~5 倍。

挡水墙可用混凝土浇筑，也可用圬工材料砌筑。砌筑时应妥善与管身衔接好。

对于岸坡较陡、管径较大的钢筋混凝土管，进口常做成喇叭口形（图 8-70）。当岸坡较缓时，可将管身直接伸入胸墙 0.5～1.0m，并与喇叭口连接。对于小型倒虹吸管，为了施工方便，一般将管身直接伸入挡水墙内（图 8-70）。

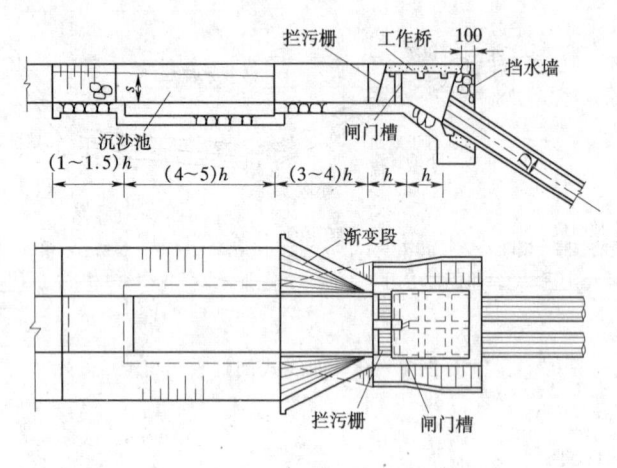

图 8-70 进口布置图

（2）双管倒虹吸进口一般不设置闸门，通常在侧墙设闸门槽，以便在检修和清淤时使用，需要时临时安装插板挡水。当小流量时可减少输水管道的根数，以防止进口水位跌落，同时可增加管内流速，防止管道淤积（图 8-71）。

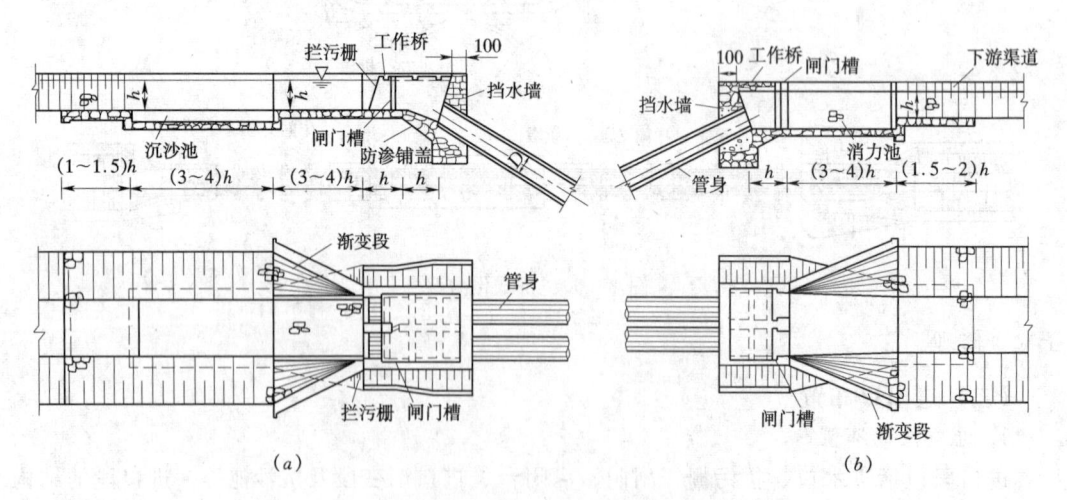

图 8-71 双管倒虹吸进出口布置图（单位：cm）

闸门常用平板闸门或叠梁闸门。

（3）为了防止漂浮物或人畜落入渠内被吸入倒虹吸管内，在闸门前需设置拦污栅。拦污栅的布置应有一定的坡度，以增加过水面积和减小水头损失，常用坡度为 1/3～1/5。栅条用扁钢做成，其间距为 20～25cm。

为了清污或启闭闸门可设工作桥或启闭台，如图 8-72 所示。启闭台台面高出闸墩顶的高度为闸门高加 1.0～1.5m。

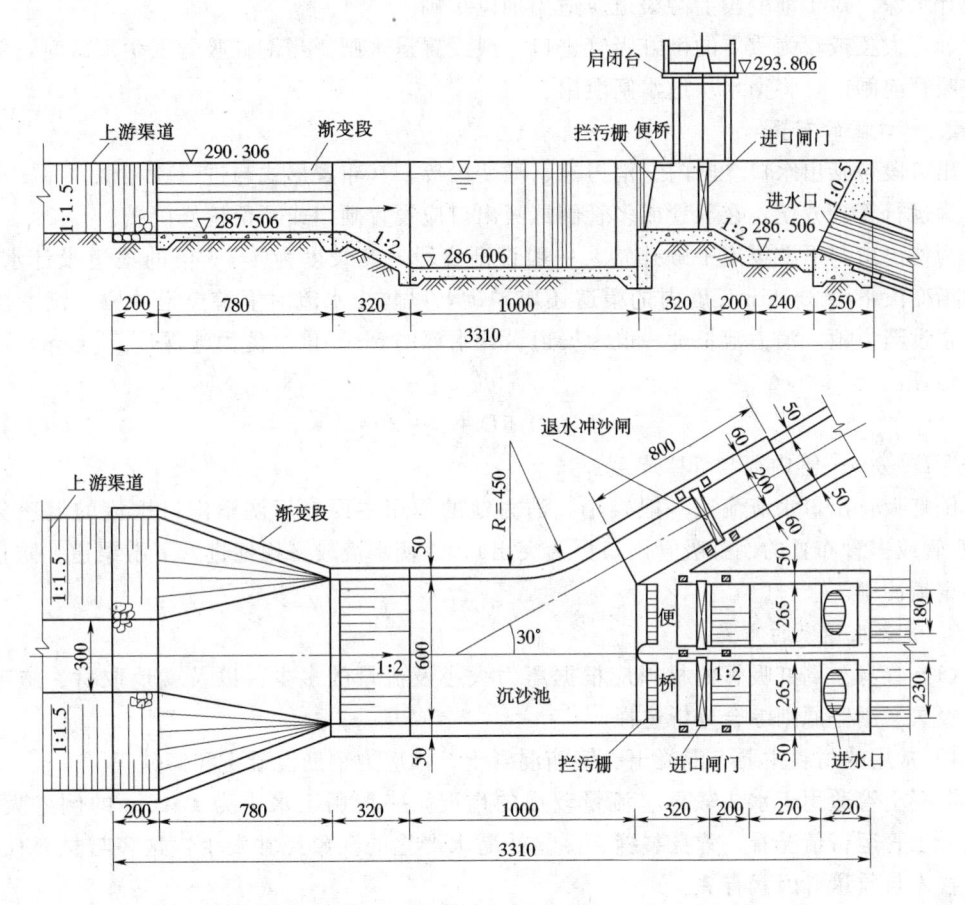

图 8-72 沉沙池及冲沙闸布置图（高程单位：m，尺寸单位：cm）

(4) 沉沙池的主要作用是拦截渠道水流携带的大粒径砂石和杂物，以防止进入倒虹吸管内引起管壁磨损和淤积堵塞。有的倒虹吸管由于管理不善，管内淤积的碎石杂物高度达到管高的一半，严重影响了输水能力。

在悬移质为主的平原区渠道，也可不设沉沙池。有输沙要求的倒虹吸管，设计时应使管内流速不小于挟沙流速，同时为保证输沙和防止管道淤积，可考虑采用双管或多管布置。在山丘地区的绕山渠道，泥沙入渠将造成倒虹吸管的磨损，沉沙池应适当加深。

沉沙池尺寸可按下面的经验公式加以确定：

池长 $L \geqslant (4 \sim 5)h$ (8-36)

池宽 $B \geqslant 1.5b$ (8-37)

沉沙池底部低于渠底的深度 T（cm）的计算公式为

$$T \geqslant 0.5D + \delta + 20 \quad (8-38)$$

式中 b、h——渠道底宽与水深；
D、δ——管内径与管壁厚度。

(5) 倒虹吸管进口前一般设渐变段与渠道平顺连接，以减少水头损失。渐变段形式有扭曲面、八字墙等形式。其底宽可以是变化的或不变的。渐变段长度一般采用 3~5 倍渠道设计水深。对于渐变段上游渠道应适当加以护砌。

（6）大型或较为重要的倒虹吸管进口一般设置退水闸。当倒虹吸管发生事故时，关闭倒虹吸管前闸门，将渠水从退水闸泄出。

2. 出口段的布置

出口段包括出水口、闸门、消力池、渐变段等。其布置形式与进口段相似。

为运行管理方便，在双管或多管倒虹吸出口应设置闸门或预留检修门槽。

为使出口与下游渠道平顺连接，一般设渐变段，其长度为4～6倍的渠道设计水深。同时渐变段下游3～5m长度内的渠道还应护砌，以防止水流对下游渠道冲刷。渐变段的底部常设消力池。消力池长度一般为渠道设计水深的5～6倍。消力池深度 T（cm）可按下式估算：

$$T \geqslant 0.5D + \delta + 30 \tag{8-39}$$

式中 D、δ——管内径与管壁厚度。

倒虹吸管出口水流流速一般较小，消力池的作用主要在于调整出口水流的流速分布（对双管或多管布置的倒虹吸管出口更为突出），以使水流较平稳地进入下游渠道，防止对下游渠道冲刷。

3. 管身及镇墩的布置

（1）管身。倒虹吸管的材料应根据压力大小及流量的多少，以及就地取材、施工方便、经久耐用等原则综合分析选择。

1）常用的材料主要有混凝土、钢筋混凝土、预应力钢筋混凝土和铸铁等。

混凝土管适用于水头较低、流量较小的情况，一般用于水头为4～6m的倒虹吸管。从混凝土管运行情况看，管身裂缝、接缝处漏水严重的现象经常发生，这多与材料强度、施工技术与质量等因素有关。

钢筋混凝土管适用于较高水头，一般为30m左右，可达50～60m，管径通常不大于3m。

预应力钢筋混凝土管适用于高水头。它具有较好的弹性、不透水性和抗裂性，能充分发挥材料的性能。已建工程大水头达212m，管径为1.25m。预应力钢筋混凝土管比金属管节省钢材用量80%～90%。

铸铁钢管多用于高水头地段，因耗用金属材料较多，应用较少。

2）在较好的土基上修建小型倒虹吸管可不设连续座垫，而设中间支墩，其间距视地基、管径大小等情况而定，一般采用2～8m。

3）为防止耕作、冰冻等不利因素影响，管道应埋设在耕作层以下；在冰冻区，管顶应布置在冰冻层以下；在穿越河道时，管顶应布置在冲刷线以下0.5m；当穿越公路时，为改善管身的受力条件，管顶应埋设在路面以下1.0m左右。

4）为了防止管道因地基不均匀沉陷及温度过低产生较大的纵向应力，使管身发生横向裂缝，管身应设置伸缩缝，缝内设止水。缝的间距应根据地基、管材、施工、气温等条件确定。现浇钢筋混凝土管缝的间距，在土基上一般为15～20m；在岩基上一般为10～15m。如果管身与岩基之间设置油毛毡垫层等措施，以减小岩基对管身收缩约束作用，且管身采用分段间隔浇筑时，缝的间距可增大至30m。

伸缩缝的形式主要有平接、套接、企口接（图 8-73）以及预制管的承插式接头等。缝的宽度一般为 1~2cm，缝中堵塞沥青麻绒、沥青麻绳、柏油杉板或胶泥等。

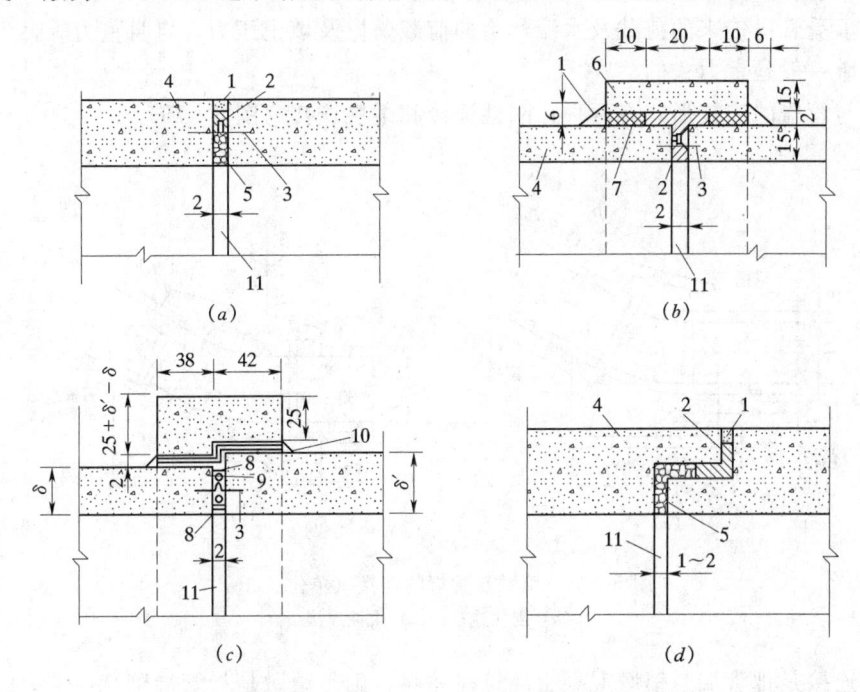

图 8-73 管身伸缩缝形式（单位：cm）
(a) 平接；(b) 管壁等厚套接；(c) 管壁变厚套接；(d) 企口接
1—水泥砂浆封口；2—沥青麻绒；3—金属止水片；4—管壁；5—沥青麻绳；6—套管；
7—石棉水泥；8—柏油杉板；9—沥青石棉；10—油毛毡；11—伸缩缝

现浇管一般采用平接或套接，缝间止水用金属止水片等。近几年用塑料止水带代替金属止水，以及使用环氧基液贴橡皮已很普遍。

预制钢筋混凝土管及预应力钢筋混凝土管的管节接头处即为伸缩缝。接头形式有平口式和承插式。承插式接头安装方便，密封性好，具有较大的柔性，目前大多采用这种形式（图 8-74）。

为了清除管内淤积泥沙，放空管内积水和便于检修，在管段上应设置冲沙放水孔。冲沙放水孔也常兼作进人孔，进人孔也可设在镇墩上。

(2) 镇墩。在倒虹吸管的变坡及转弯处都应设置镇墩，其主要作用是连接和固定管道。在斜坡段，若坡度陡、长度大，为防止管身下滑，保证管身稳定，也应在斜坡段设置镇墩，其设置个数视地形、地质条件而定。

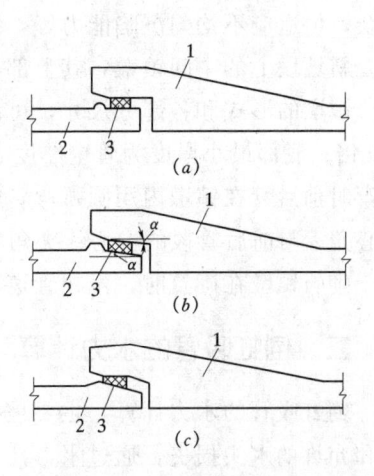

图 8-74 钢筋混凝土管承插式接头
(a) 平直形；(b) 双楔形；(c) "63" 形
1—承口；2—插口；3—橡皮圈

镇墩的材料主要为砌石、混凝土或钢筋混凝土。砌石镇墩多用于小型倒虹吸工程。在岩基上的镇墩，可加锚杆与岩基连结，以增加管身的稳定性。

镇墩承受管身传来的荷载及水流产生的荷载，以及填土压力、自身重力等，为了保持稳定，镇墩一般是重力式的。

镇墩与管盖的连接形式有两种：刚性连接和柔性连接（图8-75）。

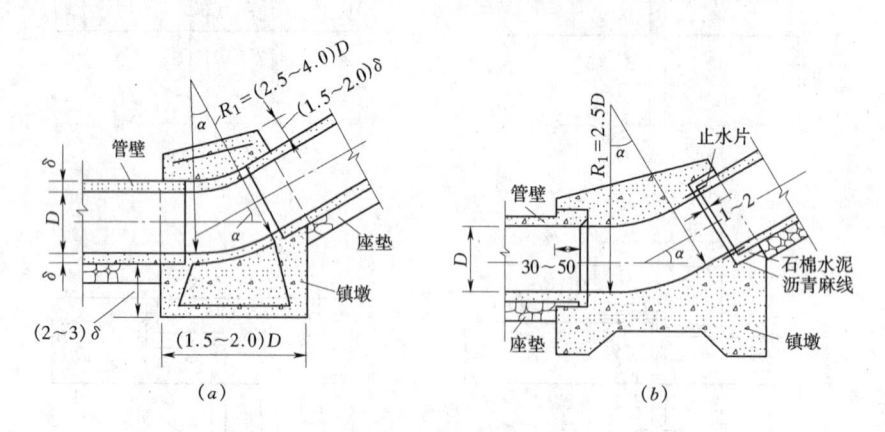

图8-75 镇墩与管端的连接（单位：cm）
(a) 刚性连接；(b) 柔性连接

刚性连接是把管端与镇墩混凝土浇筑在一起，砌石镇墩是将管端砌筑在镇墩内。这种形式施工简单，但适应不均匀沉降的能力差。由于镇墩的重量远大于管身，当地基可能发生不均匀沉陷时可能使管身产生裂缝，所以一般多用于斜管坡度大、地基承载能力大的情况。

柔性连接是用伸缩缝将管身与镇墩分开，缝中设止水，以防漏水。柔性连接施工比较复杂，但适应不均匀沉陷能力好，常用于斜坡较缓的土基上。

斜坡段上的中间镇墩，其上部与管道的连接多为刚性连接，下部多为柔性连接。

镇墩的形式和各部分尺寸，可参考下列经验数据：镇墩的长度约为管道内径的1.5～2.0倍；底部最小厚度为管壁厚度δ的2～3倍；镇墩顶部及侧墙最小厚度为30～50cm。转弯时前后管在镇墩内用圆弧弯管段连接，圆弧外半径R_1一般为管内径的2.5～4.0倍，圆心角α与前后管段的中心线夹角相等。

砌石镇墩在砌筑时，可在管道周围包一层混凝土，其尺寸应考虑施工及构造要求。

二、倒虹吸管的水力计算

倒虹吸管的水力计算，主要是根据渠道规划所确定的上游渠底高程、水位、通过的流量和允许的水头损失，通过水力计算确定倒虹吸管的断面尺寸、水头损失值及进出口的水面衔接。

实际工作中，渠道在规划时已确定渠道断面形式和上游渠底高程、倒虹吸管通过的流量和允许水头损失值。因此，倒虹吸管的水力计算内容有下列几种情况：

（1）根据需要通过的流量和允许的水头损失，确定管道的断面形式和尺寸。

(2) 根据允许的水头损失和初步拟定的断面尺寸，校核能否通过规定的流量。

(3) 根据需要通过的流量及拟定的管内流速，校核水头损失是否超过允许值。

管内流速应根据技术经济比较和不淤条件进行确定。

当通过设计流量时，管内流速通常为 1.5～3.0m/s，最大流速一般按允许水头损失值控制，在允许水头损失值范围内应尽可能选择较大的流速，以减小管径。

当倒虹吸管的断面尺寸和下游渠道底部高程确定后，应核算小流量时是否满足不淤要求。若计算出的管身断面尺寸较大或通过小流量时管内流速过小，可考虑双管或多管布置。

当通过加大流量时，进口水面可能壅高，应核算其壅水高度是否超过挡水墙顶和上游渠顶。

当通过小流量时，应验算上下游渠道水位差 Z_1 是否大于管道通过小流量时计算得出的水头损失值 Z_2，当 $Z_1 > Z_2$ 时，进口水面将会产生跌落而在管道内产生水跃衔接（图 8-76），这将引起脉动掺气，影响管道正常输水，严重时会导致管身破坏。为避免这种现象发生，可根据倒虹吸管总水头的大小，采取不同的进口结构布置形式。当 $Z_1 - Z_2$ 值较大时，可适当降低进口高程，在进口前设置消力池，池中的水跃应被进口处水面所淹没（图 8-77）。

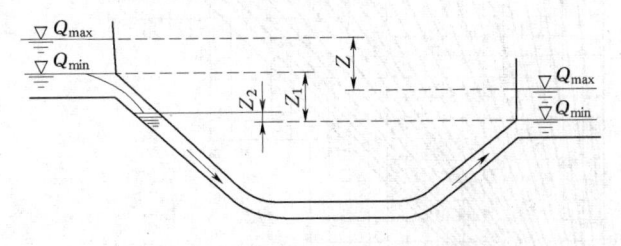

图 8-76 倒虹吸管水力计算图

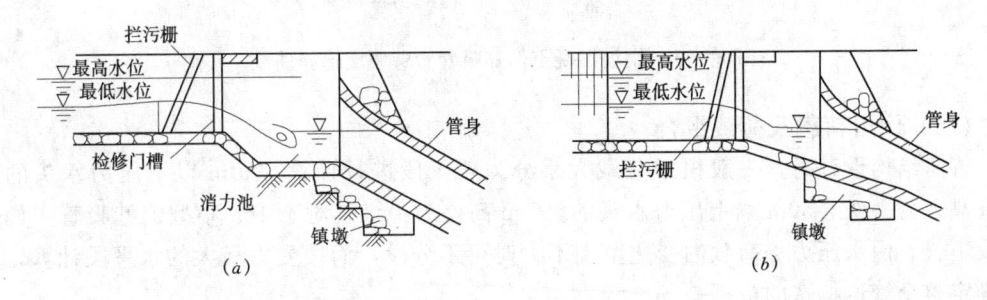

图 8-77 倒虹吸管进口水面衔接

当 $Z_1 - Z_2$ 值不大时，可降低进口高程，在管口前设斜坡段。

当 $Z_1 - Z_2$ 值很大时，在进口设置消力池不便布置或不经济时，可考虑在出口处设置闸门，以抬高出口水位，使倒虹吸管进口淹没，消除管内水跃现象。此时应加强运行管理，以保证倒虹吸管正常工作。

当通过加大流量时，上、下游渠道水位差值小于倒虹吸管通过加大流量时所需的水位差值时，应通过计算，适当加高挡水墙及上游渠道堤顶的高度，增加超高值。

三、倒虹吸管管身结构计算

倒虹吸管一般由进出口建筑物、管身及镇墩等部分组成。进出口建筑物常见的是挡土墙、梁、板、柱结构。其设计计算可参考有关规范和书籍。镇墩的设计计算可参考水电站、抽水站教材及有关书籍。本书仅介绍管身结构设计计算。

(一) 管壁厚度的拟定

管身结构设计步骤一般是根据管径和压力水头的大小，初步拟定管壁厚度，确定各作用荷载，然后进行横向和纵向内力计算，校核管壁厚度，进行配筋计算和抗裂验算。

管壁厚度可参照图 8-78 初步拟定。

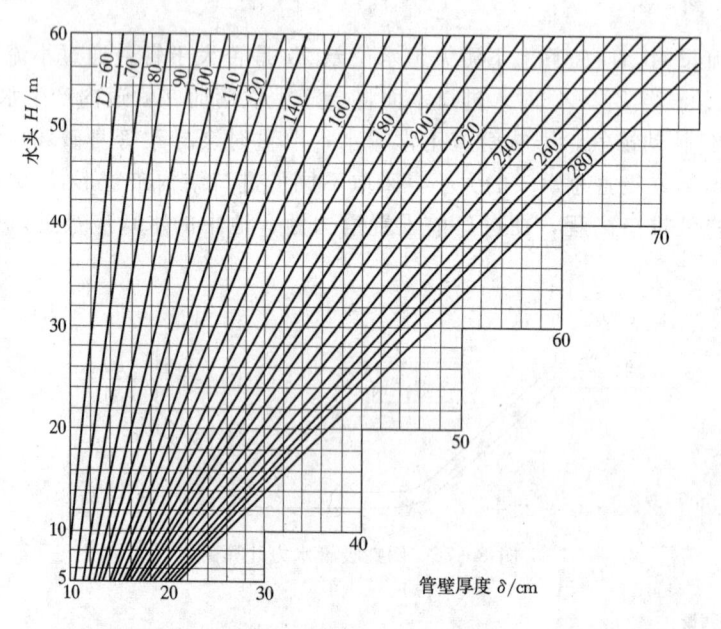

图 8-78 钢筋混凝土倒虹吸管管壁厚度选择曲线

(二) 作用荷载及荷载组合

管身结构设计时，一般根据荷载大小分为若干段进行计算，50m 以下压力水头的以 10m 高差为一级，50m 以上压力水头的以 5m 高差为一级。对于中、小型倒虹吸管，如斜管段不长，内水压力等荷载的变化范围不大时可不分段，而按受力最大的水平段计算，作为确定整个管道构造的依据。

埋在河槽部分的管道，可能出现如下荷载组合：①河道枯水时期管内正常输水，作用荷载有管的自重、土压力、内水压力及管内外温差荷载等；②河道洪水期管内无水，作用荷载有管的自重、土压力、外水压力及管内外温差荷载等；③管内正常输水，管外无水也无填土，作用荷载有管的自重、内水压力及管内外温差荷载等。交通道路下的管段，应根据具体情况决定采用某种荷载组合加地面荷载。

(三) 管身结构计算

管身结构计算包括横向和纵向计算。

管身横向在各种荷载单独作用下的内力（弯矩 M 和轴力 N）可参照有关书籍所列图表，根据倒虹吸管的安装方式等具体情况直接查出。然后根据荷载组合情况将查得数值组合叠加，即可求得截面的内力值。

管身纵向结构计算比较复杂。对于中、小型倒虹吸管往往不作纵向计算，一般在构造上采取适当措施来减小纵向应力，如在一定长度内设置伸缩缝和柔性接头，对地基进行处理以限制不均匀沉陷，适当选择施工季节或在刚性座垫与管身之间涂柏油或铺油毛毡（管段两端约 1/3 长度内）等。

管道在自身重力、土压力、管内水重及地基不均匀沉陷的作用下将产生纵向挠曲，其结构计算可将管道沿纵向视为一环形截面的弹性地基梁进行计算。中、小型倒虹吸管工程可按以下公式估算：

$$M = CWL^2 \tag{8-40}$$

其中
$$W = G_1 + G_2 + G_3 + G_4$$

式中　M——纵向弯矩；

　　C——挠曲系数，其值与地基土质有关，砂性土取 $C=1/100$，高压缩黏土取 $C=1/50$，中等土质可取其中间值；

　　W——管道单位长度荷重；

　　G_1——管自身重力；

　　G_2——管内水重；

　　G_3——单位长度管顶铅直土压力；

　　G_4——管顶水平线至管腹间回填土重；

　　L——柔性接头间距。

对于一些大、中型倒虹吸工程，应根据工作条件、施工方法、温度变化等影响进行纵向结构计算。

第五节　跌 水 与 陡 坡

当渠道通过地面过陡的地段时，为了保持渠道的设计比降，避免大填方或深挖方，往往将水流落差集中，修建建筑物连接上、下游渠道，这种建筑物称落差建筑物。落差建筑物有跌水、陡坡、斜管式跌水和竖井式跌水四种（图 8-79）。其中跌水和陡坡应用最广。

在落差建筑物中水流呈自由抛射状态跌落于下游消力池的叫跌水；水流受陡槽约束而沿槽身下泄的叫陡坡。

落差建筑物一般采用砖石、混凝土和钢筋混凝土建造，目前多用砌石和混凝土。

落差建筑物的设计，除满足强度和稳定要求外，水力设计是重要内容。布置时应使进口前渠道水流不出现较大的水面降落和壅高，以免上游渠道产生冲刷或淤积，出口处必须设置消能防冲设施，避免下游渠道的冲刷。

一、跌水

跌水有单级跌水和多级跌水两种形式，两者构造基本相同。一般单级跌水的跌差小于

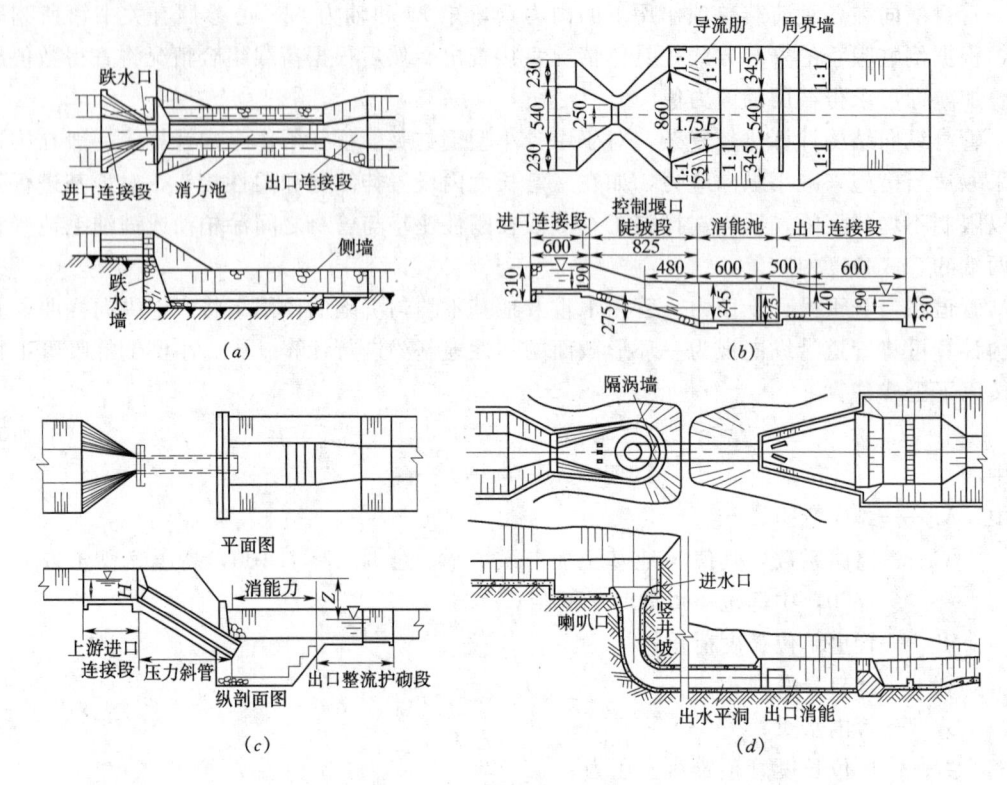

图 8-79 落差建筑物的形式
(a) 跌水（单级）；(b) 陡坡；(c) 斜管式跌水；(d) 竖井式跌水（单位：cm）

$3\sim 5m$，超过此值时宜采用多级跌水。

（一）单级跌水

单级跌水常由进口连接段、跌水口、跌水墙、消力池和出口连接段组成[图 8-79 (a)]。

1. 进口连接段

为使渠水平顺地进入跌水口，使泄水有良好的水力条件，常在渠道与跌水口之间设连接段。其形式有扭曲面、八字墙、圆锥形等。扭曲面翼墙较好，水流收缩平顺，水头损失小，是常用形式。

连接段长度 L 与上游渠底宽 B 和水深 H 的比值有关，B/H 越大，L 越长。根据工程经验，当 $B/H \leqslant 1.5 \sim 2.0$ 时，$L \leqslant (2.0 \sim 2.5)H$；当 $B/H = 2.1 \sim 3.5$ 时，$L = (2.6 \sim 3.5)H$；当 $B/H > 3.5$ 时，L 值应根据具体要求适当加长。连接段底边线与渠道中线夹角 α 不超过 $45°$（图 8-80）。

连接段常用片石和混凝土衬砌，以防止水流冲刷和延长渗径，防止绕渗及减少跌水墙后和消力池底板的渗透压力。连接段翼墙和护底均应设齿墙，

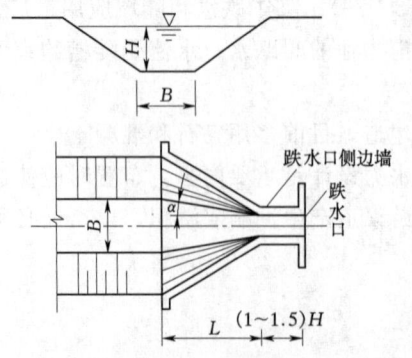

图 8-80 进口连接段

并伸入两岸和渠底 0.3~0.5m。

连接段翼墙在跌水口处应有一段直线段，其长度约为 (1~1.5)H，墙顶应高出渠道最高水位 0.3m。

为了防止渗漏和延长渗径，进口连接段前的渠道可设置铺盖。

2. 跌水口

跌水口又称控制缺口，是设计跌水和陡坡的关键。为使上游渠道水面在各种流量下不产生壅高和降落，常将跌水口缩窄，减少水流的过水断面，以保持上游渠道的正常水深。跌水缺口的形式有矩形、梯形和底部加抬堰等形式（图 8-81）。

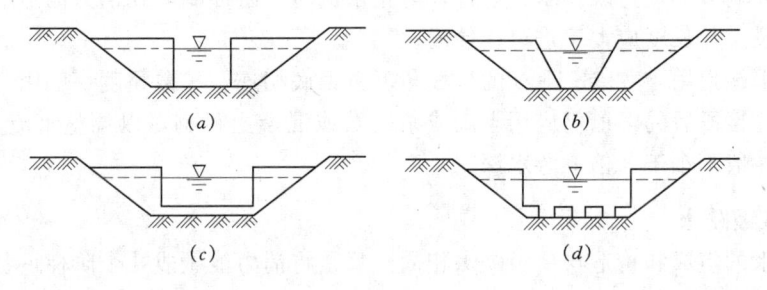

图 8-81 跌水口形式

(1) 矩形跌水口 [图 8-81 (a)]。跌水口底部高程与上游渠底相同。当通过设计流量时，跌水口前的水深与渠道相近。但流量大于或小于设计流量时，上游水位将产生壅高和降落。这种跌水口水流集中，单宽流量大，对下游消能不利。但其结构简单，施工方便，常用于渠道流量变化不大的情况。

(2) 梯形跌水口 [图 8-81 (b)]。跌水口底部高程与渠道相同，两侧做成斜坡。较矩形跌水口有所改善，在通过各种流量时，上游渠道不致产生过大壅水和降落现象。其单宽流量较矩形为小，减小了对下游渠道的冲刷。常用于流量变化较大或较频繁的情况。梯形跌水口的单宽流量仍较大，水流较集中，造成下游消能困难。当渠道流量较大时，为减少对下游的冲刷，常用隔墙将缺口分成几部分。

(3) 抬堰式跌水口 [图 8-81 (c)]。在跌水口底部做一抬堰，其宽度与渠底相等。这种跌水口在通过设计流量时，能使跌水口前水深等于渠道正常水深。但通过小流量时，渠道水位将产生壅高，同时抬堰前易造成淤积，对含沙量大的渠道不宜采用。有时为了解决淤积问题，在堰上作矩形小缺口 [图 8-81 (d)]。

3. 跌水墙

跌水墙有直墙和倾斜面两种，多采用重力式挡土墙。由于跌水墙插入两岸，其两侧有侧墙支撑，稳定性较好，设计时常按重力式挡土墙设计，但考虑到侧墙的支撑作用，也可按梁板结构计算。

在可压缩的地基上，跌水墙与侧墙间常设沉陷缝。在沉陷量小的地基上，可不做接缝，将二者固接起来。

为防止上游渠道渗漏而引起跌水下游的地下水位抬高，减小渗流对消力池底板等的渗透压力，应做好防渗排水设施。

4. 消力池

跌水墙下设消力池，使下泄水流形成水跃，以消减水流能量。

消力池在平面布置上有扩散和不扩散形式，它的横断面形式一般为矩形、梯形和折线形。折线形布置时，渠底高程以下为矩形，渠底高程以上为梯形。

消力池的各部分尺寸由水力计算确定。其底板的衬砌厚度与单宽流量和跌差大小有关，根据经验可取 0.4~0.8m。

5. 出口连接段

下泄水流经消力池后，在出口处仍有较大的能量，流速在断面上分布不均匀，对下游渠道常引起冲刷破坏。为改善水力条件，防止水流对下游冲刷，在消力池与下游渠道之间设出口连接段。其长度应大于进口连接段。

消力池末端常用 1：2 或 1：3 的反坡与下游渠底相连，扩散角度一般用 30°~48°。

在出口连接段后的渠道仍应用干砌或浆砌石或混凝土衬砌，以调整水流，防止冲刷，其护砌长度一般不小于 3 倍下游水深。

（二）多级跌水

多级跌水的组成和构造与单级跌水相同。只是将消力池做成几个阶梯，各级落差和消力池长度都相等，使每级具有相同的工作条件，并便于施工（图 8-82）。

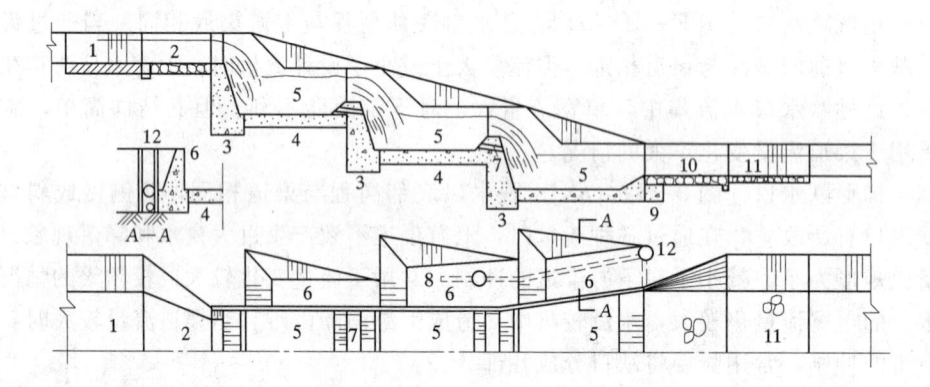

图 8-82 多级跌水
1—防渗铺盖；2—进口连接段；3—跌水墙；4—跌水护底；5—消力池；6—侧墙；7—泄水孔；
8—排水管；9—反滤体；10—出口连接段；11—出口整流段；12—集水井

多级跌水有设消力坎和不设消力坎两种形式。一般在上一级消力池末端设置一定高度的尾槛，用来造成淹没水跃，并作为下一级的控制堰口，各级同样布置。消力池的尾槛上常留 10cm×10cm 或 20cm×20cm 的泄水孔，以放空消力池内的积水。消力池的长度一般不超过 20m，所以沉陷缝常设在池的两端，缝内设止水。

多级跌水的分级数目和各级落差大小，应根据地形、地质、工程量大小等具体情况综合分析确定。当受地形地质条件影响较大时，也可修建不连续的多级跌水。工程实践说明，多级跌水的跌水墙工程量与其数目成反比，即增加跌水数目，减小各级落差，在一般情况下，跌水墙的工程量将减小。

有时为了充分利用水资源，可考虑在落差集中处修建小水电站。

二、陡坡

陡坡由进口连接段、控制堰口、陡坡段、消力池和出口连接段组成。

根据不同的地形条件和落差大小，陡坡也可以建成单级或多级。多级陡坡常建在落差较大且有变坡或台阶地形的渠段上。

陡坡的构造与跌水相似，不同之处是陡坡段代替了跌水墙。由于陡坡段水流速度较高，对进口和陡坡段布置要求较高，以使下泄水流平稳、对称且均匀地扩散，以利下游消能和防止对下游渠道的冲刷。

（一）陡坡段

在平面布置上，陡坡底可做成等宽的、底宽扩散形和菱形三种。底部等宽度布置形式较简单，但对下游消能不利，常用于小型渠道和跌差小的情况。

陡坡段的横断面常作成梯形或矩形，梯形断面的边墙做成护坡式较经济，常被采用。

1. 扩散形陡坡（图 8-83）

陡坡段采用扩散形布置，可以使水流在陡坡上发生扩散，以减小单宽流量，这对下游消能防冲有利。

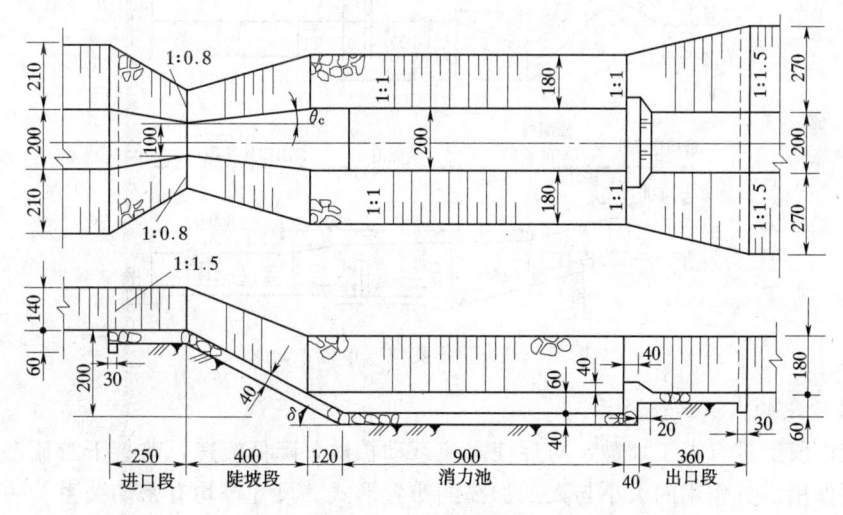

图 8-83 扩散形陡坡

陡坡的比降应根据修建陡坡处的地形、地质、跌差及流量大小等条件确定。当流量大、跌差大时，陡坡比降应缓一些；当流量较小、跌差小，且地质条件较好时，可陡一些。土基上陡坡比降通常取 1：2.5～1：5。

对于土基上的陡坡，单宽流量不能太大，当落差不大时，多从进口后开始采用扩散形陡坡。陡坡平面扩散角 θ_c 可按下式计算：

$$\tan\theta_c = 1.02 \left[\frac{k}{\sqrt{\dfrac{p^5}{Q^2\tan^2\delta}}} \right] \tag{8-41}$$

式中　p——落差；
　　　Q——陡坡段设计流量；
　　　k——陡坡扩散系数，$k=0.8\sim0.9$，K 与 $\tan\delta$ 成正比，$\tan\delta$ 大时取小值，反之取大值；
　　　δ——陡坡与水平面的夹角。

式（8-41）的适应范围为 $p=0.5\sim10\text{m}$，$\tan\delta=1/1.5\sim1/5$。

根据经验，扩散角值 θ_0 一般在 $5°\sim7°$ 范围内。

2. 菱形陡坡（图 8-84）

菱形陡坡在平面布置上，上游段扩散下游段收缩，在平面上呈菱形。在收缩段的边坡上设置导流肋。这种布置使消力池段的边墙边坡向陡槽段延伸，使其成为陡坡边坡的一部分，从而使水跃前后的水面宽度一致，两侧不产生平面回流漩涡，使消力池平面上的单宽流量和流速分布均匀，减轻了对下游的冲刷。工程实践表明，这种陡坡运用效果良好。一般用于跌差 $2.5\sim5.0\text{m}$ 的情况。

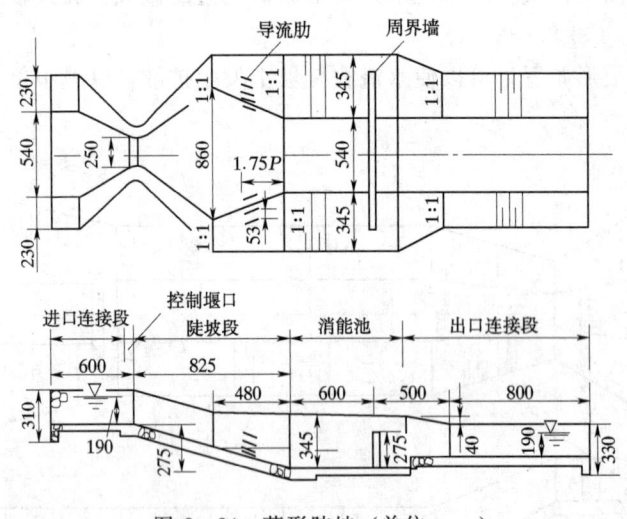

图 8-84　菱形陡坡（单位：cm）

3. 陡坡段的人工加糙

在陡坡段上进行人工加糙，对促使水流紊动扩散，降低流速，改善下游流态及消能均起着重要作用。其作用的大小与人工加糙的布置形式、尺寸等均有密切关系。一般通过模型试验确定。

常见的加糙形式有交错式矩形糙条、单人字形槛、双人字形槛、棋布形方墩等，如图 8-85 所示。设计时可参考有关书籍。

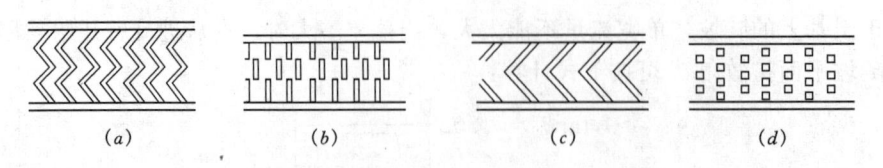

图 8-85　人工糙面的形式

（二）消力池及出口连接段

陡坡出口消能一般都采用消力池，使水流在池中发生淹没水跃以消减水流能量，其布置形式与跌水相似。为了提高消能效果，消力池中常设一些辅助消能工，如消力齿、消力墩、消力肋及尾槛等。

沿陡坡下泄的水流，受陡坡边界、坡度和糙度影响，对于梯形断面的消力池深度和长度按下式计算：

消力池深度
$$d = h''_c - h_s \tag{8-42}$$

式中 h''_c——与收缩断面水深相应的共轭水深；
h_s——下游渠道水深。

水跃的共轭水深 h''_c 的计算式为

$$\frac{h''_c}{h_c} = 1.74 \lg \frac{\varphi_c E_0}{q^{\frac{2}{3}}} + 0.28 \tag{8-43}$$

其中

$$h_c = \frac{0.385 p q^{4/3}}{\varphi_c^2 E_0^2} \tag{8-44}$$

$$\varphi_c = 0.9 \left(\frac{m_0 q^{2/3}}{p} \right)^{0.1} \tag{8-45}$$

$$E_0 = p + h_k + v_k^2 / 2g$$

$$q = Q/B$$

式中 h_c——收缩断面水深，m；
E_0——控制堰口对下游消力池底的总水头，m；
h_k、v_k——控制堰口的临界水深和相应流速；
q——陡坡末端收缩断面上的单宽流量，m³/（s·m）；
B——收缩断面处消力池的底宽；
φ_c——流速系数；
m_0——消力池边坡系数。

若 $\frac{m_0 q^{2/3}}{p} \geqslant 3.0$ 时，取 $\varphi_c = 1.0$。

以上公式的适应范围为陡坡段糙率 $n = 0.01 \sim 0.017$。

消力池长度可按下式计算：

$$L = (6 \sim 7) h''_c \tag{8-46}$$

消力池出口常用连接段与下游渠道连接，当消力池底宽大于下游渠道底宽时，出口连接段为平面收缩形式，其收缩率为 1：3～1：8。消力池末端底部一般用 1：2～1：3 的反坡与下游渠道相连。

出口连接段与下游渠道护砌段总长（8～15）h''_c，但在消力池内布置有辅助消能工时，可缩短为（3～6）h''_c。

第六节　渠系建筑物的运用管理

渠系建筑物的种类、形式很多，由于受各方面因素的影响，如设计、施工方面存在缺陷，管理操作不当，维护和修理不及时，都将使建筑物受到不同程度的破坏，影响正常运用。本部分主要介绍渡槽与倒虹吸管的运用管理。

一、渡槽的运用管理

渡槽的结构形式、建筑材料、地形地质等条件不同，其管理的内容和要求也不一样。常见的问题有过水能力不足、沉陷、裂缝、漏水、基础被淘刷、冰冻破坏等。结合渡槽的工作运用特点，下面针对主要问题、产生原因及处理措施进行说明。

（一）过水能力不足

为了提高渡槽的过水能力，除应经常清理进出口和槽身内的淤积和漂浮物，确保通畅外，一般还可采取以下措施。

(1) 减少过水断面的糙率。特别是槽身为砌石时，可以采用水泥砂浆材料抹面，以达到增加过水能力的要求。

(2) 加大过水断面面积。加高加宽过水断面，应在确保基础和支承结构稳定的条件下进行，否则要先对其加固。对砌石渡槽，可以采用拆除原砌石槽壁，改换混凝土或钢筋混凝土结构的方法，这样不但加大了过水断面，而且减轻了上部重量，从而减少了因加大断面面积带来的不利影响。

(3) 调整渡槽上、下游比降。可以通过改变渡槽上、下游渠道比降的方法，使渡槽进口水位抬高，出口水位降低，加大其水面比降，提高过水能力。

(4) 调整槽身比降或调换槽身形式。对于小型预制钢筋混凝土管式、U形或钢丝网水泥薄壳渡槽，因其重量较轻，可以采用这种方法来加大过水能力。

（二）槽身漏水处理

由于槽身裂缝、接缝损坏、砌筑砂浆不饱满等导致的渡槽漏水是较为普遍的一个问题。对于一般非受力裂缝及其漏水的处理，多采用表面涂抹、凿槽嵌补、环氧基液粘贴橡皮或玻璃丝布等方法。对于影响结构安全的受力裂缝，应采取专门的措施。

因渡槽接缝损坏而产生漏水，一般应进行接缝止水处理，方法较多，如橡皮压板式止水、套环填料式止水、粘贴橡皮或玻璃丝布止水等，目前，使用较多的是填料式和粘贴式止水。下面就处理接缝漏水的常用方法进行说明。

1. 胶泥止水

这种方法是在缝隙中先做好内模和外模，然后将事先调整好的胶泥慢慢加温塑化再向由内外模构成的套环中灌注而成，属于套环填料式。具体步骤如下。

(1) 配料。胶泥的配制，应按实际工程情况选择适宜的配合比，如工程胶泥的配合比（重量比）为：煤焦油100、聚氯乙烯12.5、邻苯二甲酸二丁酯10、硬脂酸钙0.5、滑石粉25。胶泥配制好后，应进行黏结强度试验，方法是在黏结面先涂一层冷底子油（煤焦油：甲苯＝1：4），黏结强度可达 140kPa，若不涂冷底子油可达 120kPa，然后，将试件做弯曲 90°和 180°试验，如弯曲时未产生破坏，则能满足使用要求。

（2）做内模和外模。对于接缝间隙在 3～8cm 的情况，可先用水泥纸袋卷成圆柱状塞入接缝内，在缝的外壁抹一层 2～3cm 厚的水泥砂浆，标号为 M10，作为灌注胶泥的外模。待 3～5d 以后，取出纸卷，将缝内清扫干净，并在缝的内壁嵌入 1cm 厚的木条，用黏泥抹好缝隙作为内模。

（3）灌注。将配制好的胶泥慢慢加温，要求最高温不超过 140℃，最低不低于 110℃，等胶泥充分塑化后，即可向环形模内灌注。对于 U 形槽身的接缝，可一次灌注完成；对于尺寸较大的矩形槽身，可采取两次灌注完成。注意灌注时，应排出缝槽内的空气。

2. 油膏止水

这是一种较为简便的方法，一般在缝内灌填油膏而成，为使其止水可靠，应在其表面粘贴玻璃丝布或橡皮，由于该法费用少，效果较好，故应用较广泛。其施工程序如下。

（1）接缝处理。接缝内要求清理干净，保持干燥状态。

（2）油膏预热熔化。预热熔化的温度应保持在 120℃左右，一般是采取间接加温的方式进行。

（3）灌注。油膏灌注之前，应先在缝内填塞一定的物料，如水泥袋纸，并预留约 3cm 的灌注深度，然后灌入预热熔化的油膏。为使其粘贴紧密，应边灌边用竹片将油膏同混凝土面反复揉擦，当灌至缝口时，要用皮刷刷齐。

（4）粘贴玻璃丝布。先在粘贴的混凝土表面刷一层热油膏，将预先剪好的玻璃丝布贴上，再刷一层油膏并粘贴一层玻璃丝布，最后再涂刷一层油膏，这就构成了两布三油封面，施工时应注意粘贴质量，使其粘贴牢靠。

3. 木屑水泥止水

在接缝中堵塞木屑水泥作为止水材料，该法施工简单，造价低廉，特别适用于小型工程。为了提高止漏效果，一般工程中多配合其他方法使用。

（三）渡槽加固处理

渡槽由于基础沉陷、支墩变形等原因，将影响渡槽的正常运用，甚至造成失稳垮塌现象，为此，应对其进行加固处理，下面主要介绍支墩的加固处理和基础沉陷的加固处理。

1. 支墩的加固处理

支墩的加固处理方法较多，对于连拱式渡槽，任一跨连拱失稳，都会使其他拱跨连锁破坏，对支墩进行加固，或隔若干跨加固一支墩，可以防止一跨拱的失稳而引起其他拱跨的全部破坏。其处理方法，可采用槽墩双侧加设斜支撑或加大支墩断面尺寸的方法予以加固。

当连拱式渡槽的个别拱圈发现有异常现象时，如产生较大的开裂等，应立即在该跨内的底部采取支承保护措施，如采用浆砌块石支顶，也可以采用木排架或钢质排架，以防止发生失稳破坏。

2. 基础沉陷的加固处理

地基的下沉将引起支墩基础的沉陷，加固地基或基础方法较多，如扩大基础法、基础恢复原位法、增补桩基法、砂桩法、灌浆法等。

(1) 扩大基础法。将墩底基础的底面积扩大,以减少对地基的单位压力。这种立法可用于基础承载力不足,或埋设较浅而墩台是砖石或混凝土刚性实体式基础,特别是沉陷量不太大,对渡槽的运用影响较小的情况。

(2) 基础复原法。对沉陷量大,严重影响正常运用时,可设法将基础恢复原位,如采用扩大基础,并顶回原位的处理措施。先是将基础周围的填土挖除,再用混凝土浇筑底板及支承体,等混凝土达到设计强度以后,在底板和支承体之间安设若干个千斤顶,将槽墩顶起至原来位置,再用混凝土填实千斤顶两侧空间,混凝土达到设计强度后,可取出千斤顶,并用混凝土回填密实,最后用回填灌浆法填实原基底的空隙。

(3) 增补桩基法。对于原为桩基式基础,可以在基础周围增补钻孔桩或新打入钢筋混凝土预制桩,并对原承台进行扩大,从而提高基础的承载能力,增加基础稳定性。为了提高加固效果,施工时应处理好新老承台的结合面,起到共同承担荷载的作用。

(4) 砂桩法。当地基软弱层较厚时,采用砂桩法可以改善地基的承载能力,达到加固的目的。施工特点是将钢管或木桩先打入基础周围的软弱土层中,到达预定深度后,将打入桩拔出,然后向孔内灌入经过干燥的粗砂,并进行捣实处理而成为砂桩。砂桩可以提高土的密实度,对软弱地基处理效果较好。

(5) 灌浆法。该法通过向基础底部的地基钻孔、灌浆来加固地基,以提高地基承载能力。加固施工时,在墩台基础之下的中心处直向或斜向钻孔或打入管桩,通过孔眼或管孔采用适当的压力向土层内灌注浆液,待浆液凝固以后,原来松散的土体固结,其强度和抗渗能力将提高,对岩石的裂隙进行灌浆堵塞可显著提高地基承载力。灌浆的材料应视地基决定,如黏土浆、水泥浆等。

二、倒虹吸管的运用管理

倒虹吸管在运用管理中,经常遇到的问题主要有:管身发生纵向或横向裂缝;管壁渗漏或接头漏水;管内产生负压、水跃等不利流态而造成气蚀、振动或接头破坏;杂物堵塞进口,泥沙淤积使渠道水位壅高,造成漫堤决口;放水过急,管内掺气,水流回涌,顶坏进口盖板;严寒地区,冬季未排净管内积水、冰冻造成裂缝;管身裸露、地面缺少排水系统,雨水淘刷管底,威胁结构安全等现象。因此,应加强管理养护,发现问题及时予以处理。

(一) 倒虹吸管的管理养护

由于管理运用不当,将使倒虹吸管产生上述的破坏现象,因此要经常进行检查和养护,主要内容包括下述几个方面。

(1) 初次放水或冬修后,不应放水太急,以防回水的顶涌破坏。

(2) 与河谷交叉的倒虹吸管,要做好护岸工程,并经常保持完整,防止冲刷顶部的覆土。

(3) 顶部上弯的管顶应设放气阀,第一次放水时,要把其打开,排除空气,以免造成负压,引起管道破坏。

(4) 寒冷地区,冰冻前应将管内积水抽干。若抽水困难较大时,也可将进出口封闭,使管内温度保持在 0℃以上,以防冻裂管道。

（5）闸门、拦污栅、排气阀要经常维护，确保操作运用灵活。

（二）倒虹吸管的维修

1. 裂缝漏水的处理

倒虹吸管裂缝现象较为普遍，按其发生的部位和形状一般分为纵向裂缝、横向（环向）裂缝和龟纹裂缝。处理裂缝之前，应查明其部位和开裂程度（缝的长、宽、深及范围），分析裂缝的性质和原因，以采取有效的措施。有关资料和试验表明，凡管壁裂缝宽度小于 0.1mm 的，对渗漏和钢筋锈蚀均无显著影响，可不做处理；当裂缝宽度超过 0.1mm 时应进行处理，以防裂缝漏水，造成破坏。

裂缝的处理，应达到管身补强和防渗漏的目的，如内衬钢板、钢丝网水泥砂浆、钢丝网环氧砂浆、环氧砂浆贴橡皮、环氧基液贴玻璃丝布、聚氯乙烯胶泥填缝及涂抹环氧浆液等。

2. 接头漏水的处理

对于受温度影响较大，仍需保持柔性接头的管道，可先在接缝处充填沥青麻丝，然后在内壁表层用环氧砂浆贴橡皮。对于已填土并且受温度影响较小的埋管，可改用刚性接头，并在一定距离内设柔性接头。刚性接头施工时，可在接头内外口填入石棉或水泥砂浆，内设止水环，并在内壁面上涂抹环氧树脂。

钢制倒虹吸管的接头漏水，主要原因通常有主管壁薄，刚度不足，受力变形后不能与伸缩节的外套环钢板相吻合，或者是伸缩节内所填充的止水材料不够密实，或者压缩后回弹不足。为了防止钢制倒虹吸管接头漏水，首先要求设计时，采用加强管壁刚度的有效措施，在运用管理中，每年的冬修都必须拆开伸缩节，进行止水材料的更换。

本 章 小 结

本章主要介绍了渡槽、桥梁等渠系建筑物设计的基本理论和方法及渠系建筑物管理的一般知识。渡槽与桥梁的设计是本章的重点。渡槽与桥梁的设计有较多的共同点，在学习时应多加比较。对于限于篇幅而介绍较少的建筑物，可参阅有关书籍。

复 习 思 考 题

1. 渠道布置时应考虑哪些因素？
2. 绘图试说明无坝取水枢纽、有坝取水枢纽的布置形式及建筑物组成。
3. 试说明渡槽作用、组成部分和类型，以及设计渡槽有哪些基本要求。
4. 渡槽槽身断面有哪几种形式？试绘出计算简图。
5. 梁式渡槽的支承形式有哪几种？各有何优缺点？各自的适用条件是什么？
6. 渡槽的总体布置和槽址选择要考虑哪些因素？
7. 试说明渡槽常用基础的种类及适用范围。
8. 拱式渡槽与梁式渡槽相比有哪些特点？
9. 主拱圈的形式有哪几种？它们的适用条件是什么？

10. 拱上结构的形式有哪几种？各有什么特点？
11. 桥梁与渡槽相比，在构造上、荷载上的主要区别是什么？
12. 什么是桥面？它包括哪些部分？
13. 渠系上的桥梁按结构形式和荷载等级划分，各有哪几种？
14. 如何考虑作用在桥梁上的荷载及其组合？
15. 若桥梁的计算荷载为汽—10级，其具体含义是什么？其验算荷载是什么？
16. 什么是等代荷载？它有什么作用？
17. 试说明荷载横向分布值、荷载横向分布影响线及荷载横向分布系数的含义及关系。
18. 拱式桥有哪些形式？与梁式桥相比其主要特点是什么？
19. 倒虹吸管的作用及适用条件是什么？
20. 试说明倒虹吸管的组成、各部分的作用和构造。
21. 倒虹吸管的布置形式有哪几种？
22. 倒虹吸管水力计算的任务是什么？
23. 如何考虑作用在倒虹吸管上的荷载及其组合？
24. 什么是跌水、陡坡？这二者有何区别？
25. 跌水一般由哪几部分组成？各部分的作用是什么？
26. 试说明陡坡的组成部分及各部分的作用。
27. 如何进行陡坡消力池的设计？
28. 渡槽槽身漏水的处理措施有哪些？
29. 渡槽基础沉陷的处理措施有哪些？
30. 简述倒虹吸管养护的内容。

第九章 水利枢纽布置

第一节 水利枢纽的布置

一、水利枢纽设计的任务

为了对江河进行综合开发治理，首先应根据国家（或区域、行业）经济发展的需要确定优先开发治理的河流。而后，按照综合利用、综合治理的原则，对选定河流进行全流域规划，确定河流的梯级开发方案，提出应分期兴建的若干个水利枢纽工程，尤其是提出第一期工程。经批准后，就可对拟建的水利枢纽进行设计。

一般水利枢纽设计可分为初步设计和施工图设计两个阶段。对于规模较大、技术较复杂的工程，则应先提出可行性研究报告，确定枢纽任务、经济效益和主要设计指标，经审查批准后再进行初步设计。对于技术特别复杂而又缺乏设计经验的项目，还应在初步设计与施工图之间增加技术设计阶段。

可行性研究报告阶段的主要任务是：根据国民经济、区域和行业规划的要求，在河流规划的基础上，通过对拟建工程的建设条件作进一步调查、勘测、分析和方案比较等，而论证该工程技术上的可行性，经济上的合理性及兴建的必要性。设计工作可以进行得粗略一些，但对工程规模、经济效益、投资总额、开发的经济价值、资金来源以及技术力量的落实问题必须论证清楚。可行性研究审查批准后，方可列入国家计划，着手进行初步设计工作。

水利枢纽初步设计阶段的主要任务是：选择合理的坝址、坝轴线和坝型；通过方案比较选出最优的枢纽布置方案；确定工程和建筑物的等级标准、主要建筑物的型式、主要尺寸和布置；选择水库的各种特征水位；选择电站装机容量、电气主接线方式及主要机电设备；提出水库移民安置规划；选择施工导流方案和进行施工组织设计；提出工程总概算，阐明工程效益。

技术设计及施工图设计阶段的主要任务是：根据批准的初步设计进行建筑物的结构设计和细部构造设计；进一步研究地基处理方案；制定详细的施工方案和施工技术措施，编制详细的施工组织设计、施工进度计划和施工预算等。

水利枢纽工程的兴建必须遵循先勘测、再设计、最后施工的建设程序。必须重视设计施工前的勘测工作，以便为设计提供准确、可靠的依据，确保设计和施工的顺利进行。勘测的内容和工作量不但要与建筑物的类型、大小、自然条件的复杂程度以及设计阶段相对应，而且还要与施工紧密配合，逐步深入，使所得勘测资料的范围、精度等均能满足不同阶段的要求。

二、坝址和坝型的选择

坝址（闸址）、坝型选择和水利枢纽布置是水利枢纽设计的重要内容，两者相互联系，不同的坝址可选用不同的坝型和枢纽布置。例如，当河谷狭窄、地形条件良好时，适宜修建拱坝；河谷宽阔，地质条件较好，可以选用重力坝；河谷宽阔，河床覆盖层深厚，地质条件较差又有适宜的土石料时，可以选用土石坝。不同的坝址选择不同的建筑物形式以及相应的枢纽布置方案，同一个坝址也应考虑几种不同的枢纽布置方案进行比较。在选择坝址、坝型和枢纽布置时，不仅要研究枢纽附近的自然条件，还需考虑枢纽的施工条件、运行条件、综合效益、投资指标以及远景规划等。

（一）地质条件

地质条件是坝址、坝型选择的重要条件。拱坝和重力坝（低的溢流重力坝除外），需要建在岩基上；土石坝对地质条件要求较低，岩基、土基均可；而水闸多是建在土基上。但天然地基总是存在这样或那样的缺陷。如：断层破碎带、软弱夹层、淤泥、细沙层等。在工程设计中应通过勘测研究，了解地质情况，采取不同的地基处理方法，使其满足筑坝的要求。

（二）地形条件

不同的坝型对地形的要求不一样。在高山峡谷地区布置水利枢纽，尽量减少高边坡开挖。坝址选在峡谷地段，坝轴线短，坝体工程量小，但对布置泄水、发电等建筑物以及施工导流均有困难。选用土石坝坝型时，应注意库区内有无天然的垭口或天然冲沟可布置岸边溢洪道，上、下游是否便于布置施工场地。因此，经济与否由枢纽的总造价、总工期来衡量。对于多泥沙及有漂木要求的河道，还应注意河流的流态，在坝址选择时，要注意坝址的位置是否对取水防沙及漂木有利。对有通航要求的枢纽还应注意上下游河道与船闸、筏道等过坝建筑物的连接。此外还希望坝轴线上游山谷开阔，在淹没损失尽可能小的情况下，能获得较大的库容。

（三）建筑材料

坝址附近应有足够数量符合要求的建筑材料。采用混凝土坝时，要求有可作骨料用的砂卵石或碎石料场。采用土石坝时，应在距坝址不远处有足够数量的土石料场。对于料场分布、储量、埋深、开采运输及施工期淹没等问题均应认真考虑。

（四）施工条件

要便于施工导流，坝址附近应有开阔的地形，便于布置施工场地；距交通干线较近，便于交通运输。在同一坝区范围内，施工条件往往是决定坝址的重要因素，但施工的困难是暂时的，工程运行管理方便则是长久的。应从长远利益出发，正确对待施工条件的问题。

（五）综合效益

对不同的坝址要综合考虑防洪、灌溉、发电、航运、旅游等各部门的经济效益，以及对环境的影响等。

三、水利枢纽布置

枢纽布置就是合理安排枢纽中各建筑物的相互位置。在布置时应从设计、施工、运用管理、技术经济等方面进行综合比较，选定最优方案。

(一) 枢纽布置的一般原则

(1) 枢纽布置应保证各建筑物在任何条件下都能正常工作。

(2) 在满足建筑物的强度和稳定的条件下，使枢纽总造价和年运行费较低。尽量采用当地材料，节约钢材、木材、水泥等基建用料。采用新技术、新设备等是降低工程造价的主要措施。

(3) 枢纽布置应考虑施工导流、施工方法和施工进度等，应使施工方便、工期短、造价低。

(4) 枢纽中各建筑物布置紧凑，尽量将同一工种的建筑物布置在一起；尽量使一个建筑物发挥多种用途，充分发挥枢纽的综合效益。

(5) 尽可能使枢纽中的部分建筑物早日投产，提前受益（如提前蓄水，早发电或灌溉）。

(6) 考虑枢纽的远景规划，应对远期扩大装机容量、大坝加高、扩建等留有余地。

(7) 枢纽的外观与周围环境要协调，在可能的条件下尽量注意美观。

(二) 枢纽布置方案的选择

在遵循枢纽布置一般原则的前提条件下，从若干具有代表性的枢纽布置方案中选择一个技术上可行、经济上合理、运用安全、施工期短、管理维修方便的最优方案是一个反复优化的过程。需要对各个方案进行具体分析、全面论证、综合比较而定。

进行方案选择时，通常对以下项目进行比较：

(1) 主要工程量。如钢筋混凝土和混凝土、土石方、金属结构、机电安装、帷幕灌浆、砌石等各项工程量。

(2) 主要建筑材料用量。如钢筋、钢材、水泥、木材、砂石、沥青、炸药等材料的用量。

(3) 施工条件。主要包括施工期、发电日期、机械化程度、劳动力状况、物资供应、料场位置、交通运输等条件。

(4) 运用管理条件。发电、通航、泄洪、灌溉等是否相互干扰，建筑物和设备的检查、维修和操作运用、对外交通是否方便，人防条件是否具备等。

(5) 建筑物位置与自然界的适应情况。如地基是否可靠，河床抗冲能力与下游的消能方式是否适应，地形是否便于泄水建筑物的进、出口的布置和取水建筑物进口的布置等。

(6) 经济指标。主要比较分析总投资、总造价、年运行费、淹没损失、电站单位千瓦投资、电能成本、灌溉单位面积投资以及航运能力等综合利用效益。

(7) 其他。根据枢纽特定条件有待专门进行比较的项目。

上述比较的项目中，有些项目是可以定量计算的，但有不少项目是难以定量计算的，这样就增加了方案选择的复杂性。因此，应充分掌握资料，实事求是地进行方案选择。

第二节　水利枢纽布置的实例

一、重力坝枢纽布置

重力坝枢纽布置的关键因素是地质条件。由于重力坝的应力、稳定和顶部溢流等特点决定了绝大多数重力坝建在岩基上。坝轴线在地形、地质条件允许的条件下尽可能做成直线。

溢流坝的位置应与河床主流方向一致，以使过流通畅，避免下泄水流发生漩涡和产生折冲水流现象。

引水建筑物的布置应与用水地区同侧，其进口高程在自流情况下应满足用水要求。多泥沙河流上应布置在弯道顶点偏下凹岸一侧，以利引水防沙。

电站的布置应以水头损失小、开挖量不大为原则。当河床狭窄时可布置成河床式、坝内式、地下式或移至岸边。因泄洪或淤积使电站尾水抬高而降低电站出力时，不宜与泄洪建筑物相邻，当不可避免时，则应设导流墙分隔。

船闸宜布置在岸边且远离泄洪建筑物，避免下泄水流产生的横向水流影响船只通航，且便于停靠船舶和船只进出引航道。

过木道应靠岸布置且与船闸、电站分开，以防止漂木堵塞它们的进出口。

丹江口水利枢纽位于长江最大支流汉江与其支流丹江交汇口以下800m，是汉江干流上最大的具有防洪、灌溉、发电、航运、渔业等综合效益的水利枢纽，见图1-1。

丹江口水利枢纽工程于1958年9月开工，分两期开发，第一期工程已于1974年竣工，最大坝高110m，总库容209.7亿 m^3，设计洪水流量 $64900m^3/s$，校核洪水流量 $82300m^3/s$。

坝址附近河谷地形开阔，两岸丘陵平缓。河床部分基岩为强度较高的火成岩，右岸火成岩风化深度一般为15～20m，左岸为变质沉积岩及第三纪红色岩系，岩性比较软弱。

根据地形条件、地质条件及泄洪流量大、施工期过流量大、工期短和当地材料丰富等特点，曾提出在河床部位以土石坝为主和以混凝土坝为主两种类型的枢纽布置方案，通过比较论证，选定了河床部位为混凝土坝、两岸为土石坝的布置方案。对河床坝段，从初拟的10种方案中选择了溢流重力坝和带有深式泄水孔的重力坝。水电站厂房选择坝后式，由于铁路线在左岸，汛期洪峰流量大，位于右岸的第一期工程需要过水，因此将厂房布置在河床部位左侧。

最后选用的枢纽布置方案如图1-1所示：在河床部位修建混凝土宽缝重力坝，其中，溢流坝段总长240m，中间由一段24m长的非溢流坝段隔开，其后是一长150m的导流墙，深孔坝段长144m；水电站厂房坝段长174m，枢纽装机90万kW，年发电量40亿kW·h；升船机布置在右岸，过船能力为150t；两岸土坝为黏土斜墙堆石坝，全长1320m；厂房、深孔坝段与土坝连接的部分采用重力坝，长559m；两座干渠渠首均在坝址上游30km的丹江上，可灌溉河南唐、白河流域及湖北北部1110万亩农田，并为通过唐、白河流域向华北地区调水创造了条件。工程建成后将下游河道防洪标准由6年一遇提高到

20年一遇，百年一遇的洪峰流量经调蓄后，可由 51200m³/s 减少到 13200m³/s，不需临时分洪即能防御百年一遇洪水。改善了汉江中下游航道 650km 及库区航道 220km 通航条件。

二、拱坝枢纽布置

图 9-1 为李家峡水电站枢纽布置图。李家峡水电站是黄河上游继龙羊峡水电站建成之后投产的又一大型骨干电站。工程开发的目的是以发电为主，兼有灌溉、养殖等综合效益。

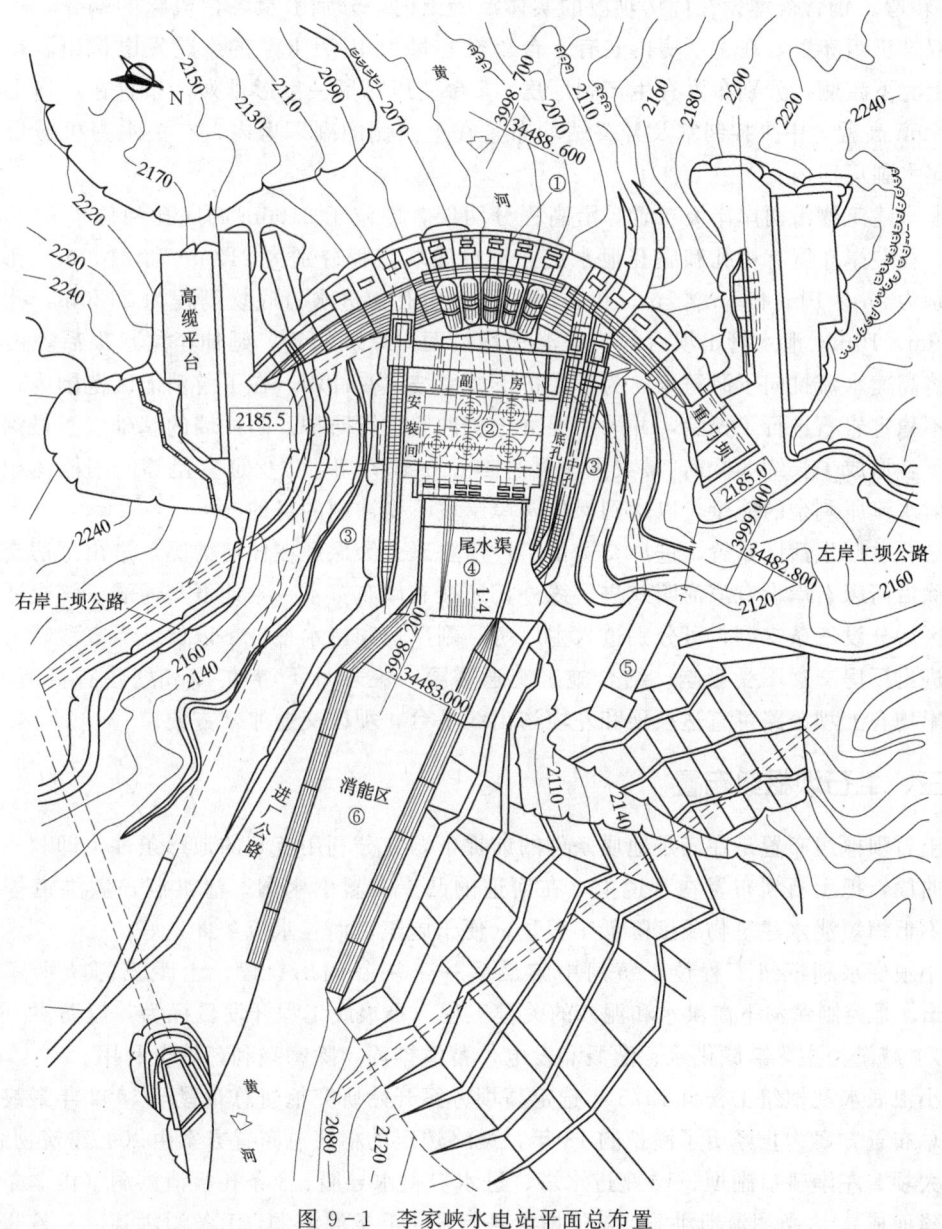

图 9-1　李家峡水电站平面总布置
①—双曲拱坝；②—双排机厂房；③—泄水道；④—尾水渠；⑤—出线站；⑥—消力塘

李家峡水电站属大Ⅰ型工程，设计及校核洪水流量分别为 4100m³/s 和 6300m³/s。水库正常蓄水库容 16.5 亿 m³，电站总装机容量 200 万 kW，多年平均发电量 59 亿 kW·h。水电站枢纽工程由混凝土双曲拱坝、坝后双排机组厂房和泄水建筑物等组成，最大坝高 155m，最大坝底宽度 45m，坝顶高程 2185m，拱坝前缘长度 414.39m。由于左岸山体单薄且断层裂隙发育，为了将拱坝推力可靠地传向基础，在左岸设有长 57m 的重力墩，重力墩最低基面高程 2160m，最大墩高 25m，墩顶高程与坝顶同高，为 2185m。坝后双排机组厂房的压力钢管从坝体穿过，以背管形式贴附于下游坝面，至坝址 2041.5m 高程处呈近 90°转弯。钢管被埋设在厂房坝段的实体混凝土内，分别引至各台机组的蜗壳，坝后厂房呈双排机组布置，在主厂房内装有 5 台单机容量为 40 万 kW 的水轮发电机组。在主厂房的上、下游侧，分别布置有生产副厂房，5 台变压器呈一字形排列，布置在厂房上游侧的 2059m 高程，中央控制室及开关站均布置在上游侧的副厂房内，有关水力机械设备布置在尾水副厂房内。

泄水建筑物沿两岸岸坡布置，沿高程分两层，即位于 2100m 的底孔和位于 2120m 的中孔。在左岸布置有中孔和底孔泄水道，进口底坎高程分别为 2120m 和 2100m，孔口尺寸分别为 9m×10m 和 5m×7m。在右岸布置有中孔，进水口底坎高程为 2120m，孔口尺寸为 9m×10m。泄水管出坝后的明渠泄槽均沿两岸岸坡布置，延伸至尾水渠后，由挑流鼻坎将高速水流挑向下游河床。为了保护下游岸坡不受冲刷，在下游消能区范围内，对岸坡的不稳定岩石进行了挖除，并采用混凝土防冲墙进行防护。防冲墙的基础置于最深冲刷线以下，形成了长约 300m，最大水深可达 40m 的消力塘，以保证有足够的消能体积，消杀挑射水流所剩余的能量，以达到保护两岸岸坡不受冲刷的目的。

结合电厂生活区布置，进厂交通位于厂房右岸。为保证在任何情况下进出厂房交通畅通，除沿河床右岸设有滨河明式进厂线外，还在右岸布置了一条地下交通洞。该交通洞进入厂区后分设三条支洞，可分别进入主厂房、副厂房和尾水平台，以保证当宣泄特大洪水时，进出厂房交通不受影响。结合施工交通需要，在坝址下游约 1km 处建有黄河大桥，左右岸均有上坝公路可直达坝顶和左坝沟出线平台，坝区交通非常方便。

三、土石坝枢纽布置

土石坝枢纽布置是在满足地质条件的前提下，充分利用有利的地形条件，即利用河道的弯曲段，把土石坝布置在弯道上，在河道的凸岸布置引水洞、泄洪洞、溢洪道等建筑物，不但缩短泄水建筑物长度降低工程量，便于施工，而且水流条件良好。

小浪底水利枢纽工程位于黄河中游最后一个峡谷的出口段，上距三门峡水库大坝 130km，是控制黄河下游洪水和泥沙的关键工程。小浪底工程开发目标为：以防洪（包括防凌）、减淤为主，兼顾供水、灌溉和发电，蓄清排浑，除害兴利，综合利用。

小浪底水利枢纽工程自 1975 年选定高坝方案开始研究枢纽总布置至 1992 年最终选定枢纽总布置方案为止经历了漫长的 18 年，最终选定的枢纽总布置方案由以下建筑物组成：拦河大坝、左岸哑口副坝、10 座进水塔、进水口引水导墙、3 条孔板泄洪洞（由 3 条导流洞改建而成）、3 条明流泄洪洞、3 条排沙排污洞、1 条灌溉洞、1 条溢洪道、1 条非常溢洪道（缓建）、消力塘、泄水渠及控导工程、6 条发电洞、地下主厂房、地下主变室、地下尾水闸门室、尾水洞、尾水明渠、尾水防淤闸、尾水导墙、开关站及地下副厂房。枢纽总布置见图9-2。

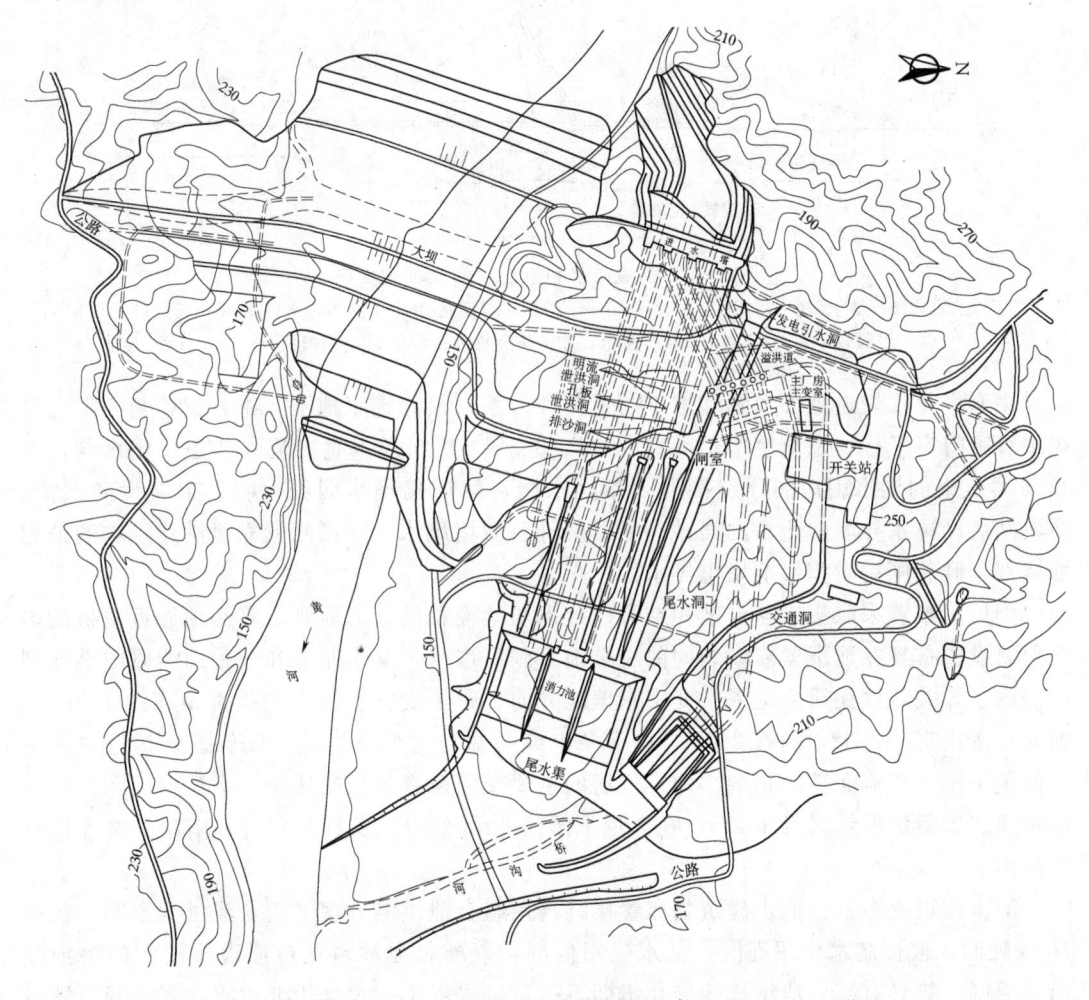

图9-2 小浪底水利枢纽总布置

拦河大坝的布置：坝轴线与两岸连接段稍带弯曲，右岸略向上游弯曲，左岸略向下游弯曲。上游坝坡基本上不影响泄洪、发电等建筑物的进水口布置。坝型选用带有水平内铺盖的斜心墙堆石坝，心墙底部做一道厚1.2m、最深达80m的混凝土防渗墙。上游围堰是大坝的一部分，围堰基础防渗也采用厚0.8m的混凝土防渗墙。大坝上游设内铺盖，两岸做灌浆帷幕，帷幕后设排水幕。其典型剖面见图9-3。

发电系统布置：根据小浪底坝址地质情况，对4种厂房位置的布置方案进行比较和充分论证，最终选定地下厂房方案。

主厂房位于左岸"T"形山梁交会处的腹部，山体较厚，地质条件属坝址区最好的。厂房顶部岩层厚度在70m以上，地层比较稳定。主厂房轴线方向在适应进水口的前提下，综合考虑尽量避免与围岩主要构造面走向平行、流道不要过分弯曲以及避免设置调压塔等因素，选定接近南北走向，与主厂区主要节理走向成25°夹角。

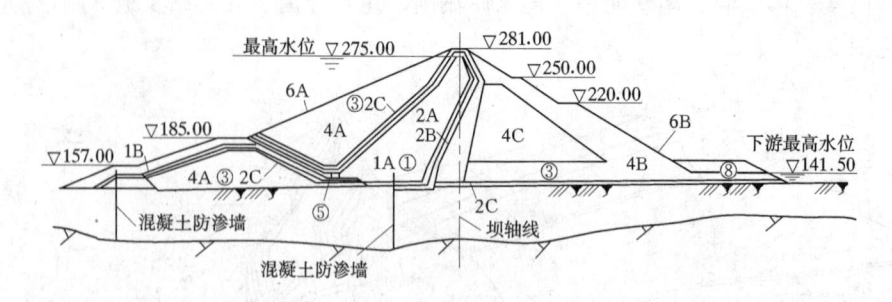

图 9-3 小浪底水利枢纽拦河大坝剖面图
①—1B—壤土 1A—高塑性土；②—2A—下游第一层反滤 2B—下游第二层反滤 2C—反滤；③—过渡料；④—4A、4B、4C—堆石；⑤—掺合料；⑥6A、6B—护坡块石；⑦—石渣

主变室曾比较过地面布置和地下布置两种方案，最终选定地下布置方案，与主厂房及尾水管闸门室平行。发电尾水出闸室后，1、3、5号机组尾水直接流入3条长尾水洞，2、4、6号机组的尾水用短洞分别接上3条尾水洞，然后接尾水明渠，明渠末端设防淤闸，防淤闸后设尾水导墙防止桥沟河沙、卵石及砾石淤堵尾水。防淤闸紧靠泄洪建筑物的消力塘尾部，避免闸后淤积影响发电尾水位。

副厂房布置采取集中与分散相结合、地下与地面相结合的原则，将必须靠近主机的电气附属设备布置在地下紧靠安装间的左端地下副厂房内，其余布置在开关站西侧的地面副厂房内。开关站设在对应地下主变室东偏北方向、距主变室左端水平投影距离约100m的地面石渣压实平台上，高程230m。由2条电缆斜井与主变室连接。此位置既接近主变室又避免了泄洪挑流泥雾的影响。地下厂房的主要交通道有进厂交通洞，直达安装间；对外沿黄河北岸距焦枝铁路约13km，在大坝下游约3km处可经黄河公路桥和南岸公路连接直抵洛阳。

泄水建筑物布置：泄水建筑物布置最终选用组合泄洪洞方案。组合泄洪洞方案共包括16条隧洞，根据高水位用高洞，低水位用低洞，以减轻泥沙对低位泄洪排沙洞的磨损的运用原则，势必有部分泄洪排沙洞在汛期不一定过水或不一定全汛期过水，发电洞、灌溉洞在洪水期也不一定都过水。又因黄河泥沙的特点，这些隧洞的进水口若无有效的冲沙措施，则很快被淤堵。因此，必须将所有进水口集中布置，互相保护，防止泥沙淤堵。右岸地形地质条件不适宜布置隧洞，16条隧洞只能集中布置在左岸，进水塔布置在风雨沟内。

16个进水口组成10座进水塔呈一字形排列，如图9-4所示。其中3条明流洞设3座独立的进水塔，分别编号为1、2、3号明流塔，进口高程分别为195m、209m、225m，塔宽分别为20m、16m、16m。3条由导流洞改建而成的龙抬头式的孔板泄洪洞设3座单独的进水塔，编号分别为1、2、3号孔板塔，进口高程均为175m，每座塔宽为20m。3条排沙排污洞和6条发电洞组成3座进水塔，1、2号发电洞和1号排沙排污洞的进水口组成1号发电塔，3、4号发电洞和2号排沙排污洞的进口组成2号发电塔。5、6号发电洞和3号排沙排污洞的进口组成3号发电塔。排沙排污洞的进口高程为175m，1～4号发电洞的进口高程为195m，5、6号进口高程，考虑初期发电的需要，定为190m，每座塔宽为48.3m。灌溉洞设单独的进水塔，进水高程为223m，塔宽为11m。塔群总宽度为 276.4m。

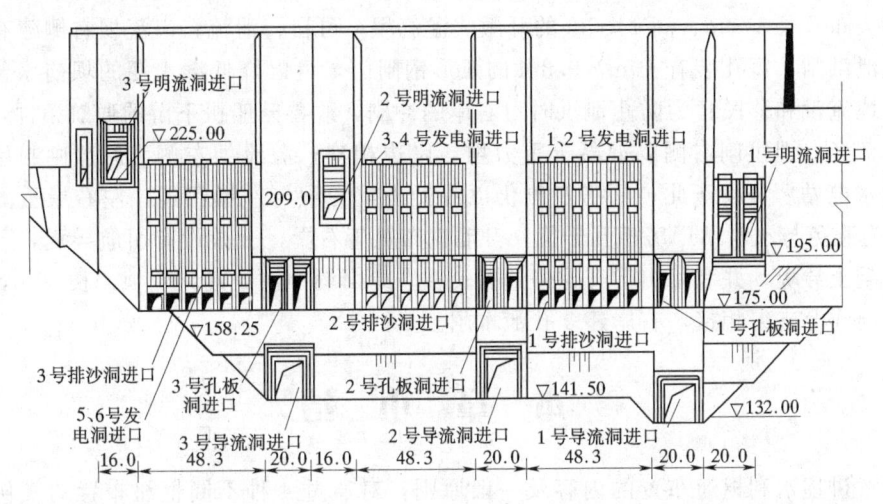

图 9-4 进水塔上游立视图（单位：m）

四、取水枢纽布置

图 9-5 为韶山灌区洋潭引水枢纽布置图。该引水枢纽位于湘江支流涟水的中游，是一座以灌溉为主、兼有防洪、发电、航运和供水等效益的综合利用引水枢纽工程。

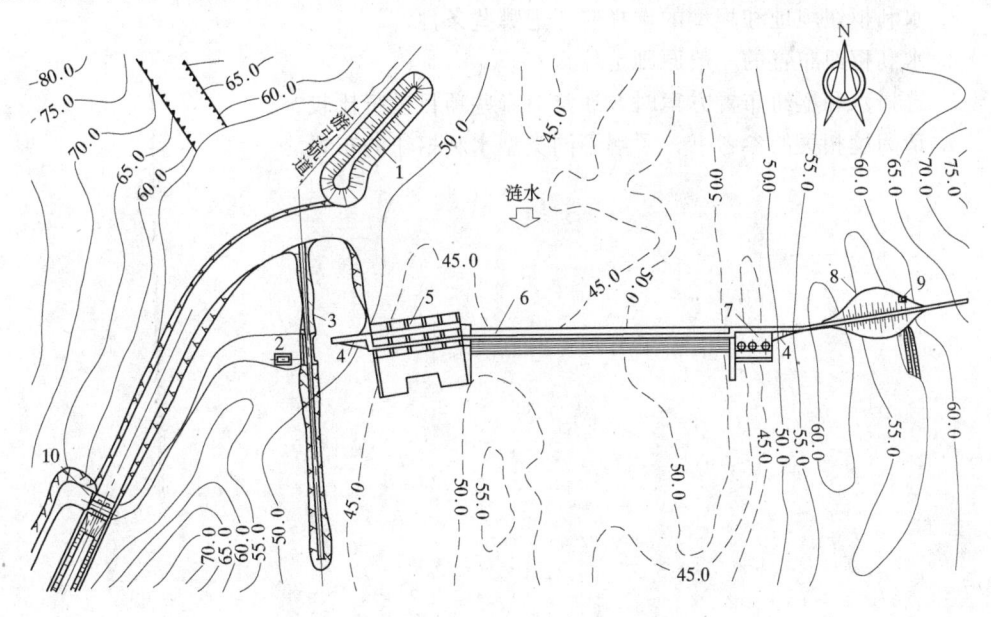

图 9-5 韶山灌区洋潭引水枢纽平面布置图
1—导航堤；2—机房；3—斜面升船机；4—重力坝；5—泄洪闸；6—溢流坝；
7—水电站；8—土坝；9—洋潭支渠进水口；10—进水闸

枢纽附近地质主要为板岩，壅高水位 10m。在正常高水位 66.5m 时，库容 2100 万 m^3；200 年一遇洪水位 71.45m 时，库容为 5300 万 m^3。

由于地形开阔，壅水位不高，而洪水流量大，枢纽采用混凝土溢流坝及河床式电站。河床中央布置长 170m、高 14.6m 的开敞式溢流坝，可自行泄流；溢流坝右侧建有长 59m 的 5 孔泄洪闸，每孔装有 10m×9.3m 的弧形钢闸门，可以降低洪水期的坝前水位，减少上游土地淹没和移民；为防止泄洪时对右岸的冲刷，改善升船机下游的通航条件，将闸轴线偏转 7°角；泄洪闸右侧以混凝土重力坝与岸边相连；溢流坝左侧为原船闸封堵段，长 26m 的水电站厂房设于此；厂房左侧仍以混凝土重力坝与左岸相连，左右岸重力坝共长 52m；为避免与水电站厂房相互干扰，升船机布置于右岸，上游设有引航导堤，下游设有钢筋混凝土导堤，并利用山沟开挖停泊区；在左岸山坳冲沟处建均质坝，长 80m，坝内设涵管，与洋潭支渠相接，右岸建 3 孔泄水闸。

本 章 小 结

本章讲述水利枢纽布置的内容及一般原则，对通过 4 种不同枢纽布置的实例比较说明：枢纽布置不仅具有同一性，又具有个别性，在遵守枢纽布置一般原则的前提下，具体问题具体分析，才能得到比较合理的枢纽布置方案。

复 习 思 考 题

1. 水利枢纽坝址和坝型的选择应考虑哪些条件？
2. 水利枢纽布置的一般原则是什么？
3. 选择水利枢纽布置方案时，通常对哪些项目进行比较？
4. 请阅读相关的参考书，了解不同类型水利枢纽的布置。

第十章 生态水利工程

第一节 生态水利工程概述

一、水利工程对生态环境的影响

1. 水利工程建设对河流生态环境的影响

水利工程基本上都是在天然河道上修建的，而这样使得河流长期演化形成的生态环境受到了直接的破坏，导致河流局部形态的均一化和非连续化，最终改变河流生态环境的多样性。水利工程建设对河流生态环境的具体影响表现在以下三个方面：

（1）水利工程的建设使得天然河道的水质、水温有所改变，特别是水库的建设。水库由于其本身的一些特性加上外界太阳的辐射使得其具有特殊的水温结构，并且由于在太阳辐射下增大了水面热量辐射值，从而使得蓄水后的坝前水温要高于天然河道水温，严重影响了鱼类的繁殖。

（2）影响河流的水质。河流水流速由于水利工程的建设而减小，使得水、气界面交换的速率和污染物的迁移扩散能力降低，致使水质自净能力下降，同时也会导致水质重金属污染严重。

（3）影响气候和地质。水库的建设会导致蒸发量比水库建成前明显增大，导致该区域的降水增多，最终使得原来的气候被改变。

2. 水利工程建设对陆生生态环境的影响

水利工程建设对陆生生态环境的影响主要表现在以下两个方面：

一方面，在水利工程建设过程中往往会破坏大量的林地、草丛、农田等植被。随着水利工程建设的进行，施工方要进行工程占地等行为，结果就会造成大量的植被被破坏，可以说大量的植被破坏影响了陆生动物的栖息地。同时，建设过程中所产生的工业废水、生活污水等不经处理直接向河道排放，从而改变了河道的理化性质，恶化了河道岸边的爬行动物的生存环境。水利建设过程中所产生的种种污染使大量的动物被迫迁移，结果导致该区域生态系统失去平衡。

另一方面，在水利工程运行期内，也会导致大量的植被被水利工程（尤其是水库建设）所破坏。在河流区域周围，植被种类多样，而破坏这些植被使得这些植被的生存环境丧失，造成物种群居减少，使得该区域的植物与动物之间的结构发生变化。同时，水利工程的建设运行也使该区域的湿度增大，导致栖息于低于该区域湿度的鸟、兽的生活范围遭到破坏，被迫向其他地区迁移。而且水利工程的建成也会阻碍动物的迁移，大大影响了动物的生活习性。

二、生态水利工程概念

传统意义上的水利工程学作为一门重要的工程学科，以建设水工建筑物为手段，目的是改造和控制河流，满足人们防洪和水资源利用等多种需求。当人们认识到河流不仅是可供开发的资源，更是河流系统生命的载体，不仅要关注河流的资源功能，还要关注河流的生态功能，这时才发现水利工程学存在着明显的缺陷——在满足人类社会需求时，忽视了河流生态系统的健康与可持续性的需求。

面对河流治理中出现的水利工程对生态系统的某些负面影响，西方工程界对水利工程的规划设计理念进行了深刻的反思，认识到河流治理不但要符合工程设计原理，也应符合自然原理。在工程实践方面，20世纪80年代阿尔卑斯山区德国、瑞士、奥地利等国家，在山区溪流生态治理方面积累了丰富的经验。莱茵河"鲑鱼—2000"计划实施成功，提供了以单一物种为目标的大型河流生态的经验。90年代美国的凯斯密河及密苏里河的生态修复规划实施，标志着大型河流的全流域综合生态修复工程进入实践阶段。20多年来，随着生态学的发展，人们对于河流治理有了新的认识——水利工程除了要满足人类社会的需求外，还要满足维护生物多样性的需求，并相应发展了生态工程技术和理论。

生态水利工程学（Eco - Hydraulic Engineering）简称生态水工学，是一门正在探索和发展的新兴交叉学科。它作为水利工程学的一个新的分支，是研究水利工程在满足人类社会需求的同时，兼顾水域生态系统健康与可持续性需求的原理及技术方法的工程学。生态水利工程与传统工程最大的区别是它自身是参与生态系统的循环，是多样性的，是变化的，并且将会在环境中达到一种动态的稳定。

传统意义上的水利工程学研究的对象是河流、湖泊等组成的水文系统。生态水利工程学关注的对象不仅是具有水文特性和水力学特性的河流，而是还具备生命特性的河流生态系统。研究的河流范围从河道及其两岸的物理边界扩大到河流走廊（river corridor）生态系统的生态尺度边界。

生态水利工程学的技术方法包括以下内容：对于新建工程，提供减轻对于河流生态系统胁迫的技术方法。对于人工改造过的河流，提供河流生态修复规划和设计的原则和方法，提供河流健康评估技术，提供水库等工程设施生态调度的技术方法，提供污染水体生态修复技术等。

三、生态水利工程建设的原则

首先是保护和恢复多样化河流的原则。每条河流的形状、流水状态、土壤状态都不相同，每条河流都具有多样性，因此，在生态水利工程建设时不要只是盲目地效仿成功案例，要根据每条河流的特征进行生态水利工程建设，这样能够使河流的独特性和多样性被保留下来。

其次是保持和维护河流自我恢复能力的原则。水利工程对河流环境的破坏在一定程度上由河流的自我恢复能力进行恢复，河流的自我恢复能力不仅可以减少水利工程对河流环境的破坏，而且能够减少人们对这种破坏后的人为修复。总而言之，河流自我恢复能力对河流生态环境的可持续发展起到了很好的作用。

再次是以修复整个水域生态系统为目标的原则。河流创造的不仅仅是河流生态系统，它与周边的森林、田地、乡村、城市等还构成了一个完整的生态系统，所以在生态环境建设中，要考虑到河流与森林、田地、乡村等要素之间的关系。

四、生态水利工程的分类

生态水利工程可以分为直接保护改善生态型、替代型、综合型三类，以下分别对其进行分析：

（1）直接保护改善生态型。我国最早的保护生态的水利工程应该属"大禹治水疏通九河"。疏河使得黄河流域生态受到了保护。还有一部分水利工程的修建主要是为了改善城市水环境。其中以"上有天堂，下有苏杭"而著称的杭州西湖最为著名，它主要是引钱塘江的水入城，经历代建设而逐步完善的；再者是有"半城山色半城湖"美誉的济南是以大明湖等泉湖而著称的；北京改善城市水环境的生态水利工程杰作有颐和园的昆明湖、中南海、什刹海、北海。

（2）替代型。例如广西的灵渠（图10-1、图10-2）。2200多年前，秦始皇为统一中国，开发南越（今广东、广西），运送粮饷，命令监御史禄带领十万人，筑坝凿渠，将属于长江水系的湘江和属于珠江水系的漓江连接起来，从而成为我国古代从中原到岭南的唯一航道。灵渠与都江堰、郑国渠齐名，是世界上最古老的运河之一。它有南北两渠、分水铧嘴、大小天平、泻水天平、三十六座闸水陡门。全长34km，其中南渠长30km，北渠长4km。

图10-1 灵渠实景

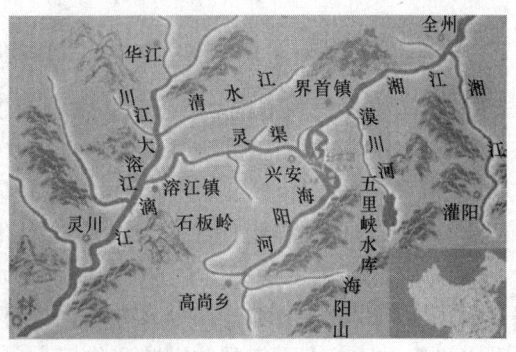

图10-2 灵渠布置图

（3）综合型。都江堰（图10-3、图10-4）是最好的代表，它是把保护改善生态和满足经济社会发展需要完美结合的典范。都江堰修建运行了2260年，是迄今为止582项列入世界文化遗产中的唯一水利工程。主要原因有二：一是人水和谐、道法自然的治水理念；二是2260年来发挥的巨大经济、社会和生态效益。都江堰以神奇的三大件——鱼嘴、宝瓶口和飞沙

图10-3 都江堰水利工程实景

堰非常巧妙而顺应自然地实现了分流、泄洪、排沙和引水的任务。都江堰明显的生态效益体现在：

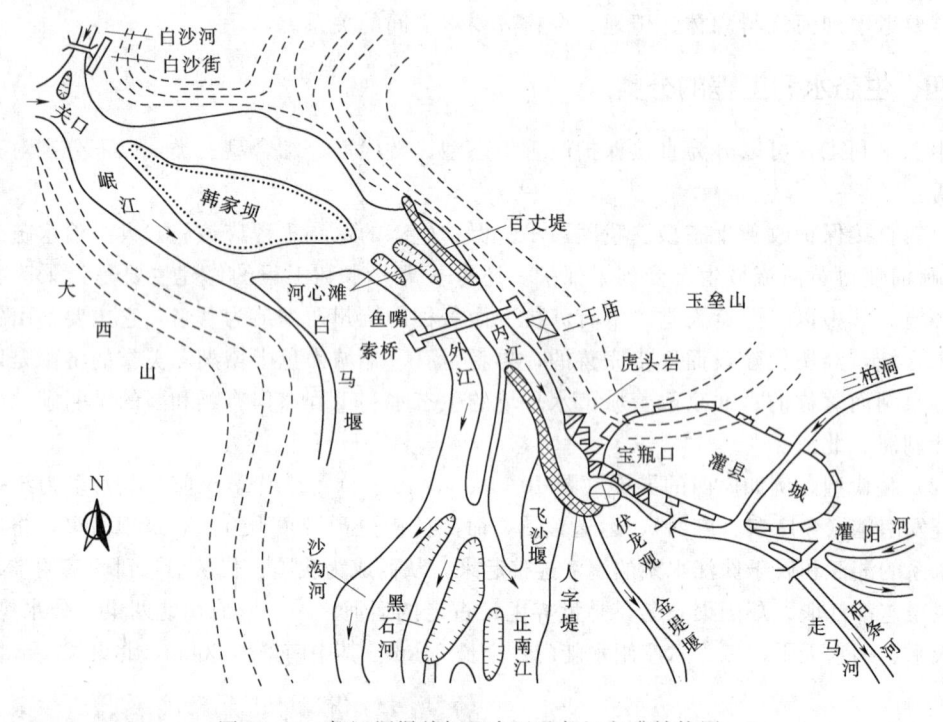

图 10-4 都江堰渠首枢纽布置及都江鱼嘴结构图

1) 溉灌改善千万亩耕地的生态。灌溉产生的是经济效益，如果说淹没耕地是破坏生态，灌溉减少旱灾的干扰和破坏，当然也是改善生态的。

2) 引水入城改善城市水环境，可以说是最早的城市环境水利工程。杜甫诗中的"舍南舍北皆春水，但见群鸥日日来"，就是这种生态效益的生动写照。

3) 都江堰利用鱼嘴实现了正、倒四六分水，洪水期四分入内江，六分入外江，枯水期又倒过来，六分入内江，四分入外江，从而既满足了岷江的基本生态需水，又实现了引水供水目标，还兼有一定的防洪减灾作用。

五、生态水利工程的设计原则

生态水利工程是一种综合性工程，在河流综合治理中既要满足人类对水的各种需求，包括防洪、灌溉、供水、发电、航运以及旅游等需求，也要兼顾生态系统健康和可持续性的需求。生态水利工程的设计既要符合水利工程学原理，也要符合生态学原理，体现生态水利工程学人水和谐的设计理念。生态水利工程规划设计的基本原则如下：

（1）保护和恢复多样化的河流环境。
（2）充分利用河流生态系统的自我恢复能力。
（3）以修复整个水域生态系统为目标。

生态水利工程学是一门交叉学科，需要水利工程界与环保界、生物界的密切合作，通过科学研究、典型设计、工程示范、总结经验和制定技术规范从而得到发展完善。

六、生态水利工程应用技术

生态水利工程学的技术方法包括以下内容：对于新建工程，提供减轻对于河流生态系统胁迫的技术方法；对于河流工程，目前工程结构上主要使用生态护坡技术，使河流生态得到修复；对水库工程，提供生态调度的技术方法，如鱼道等。对污染水体生态修复技术，主要采用生物处理技术，包括：①好氧处理、厌氧处理、厌氧—好氧组合处理；②利用细菌、藻类、微型动物的生物处理；③利用湿地、土壤、河湖等自然净化能力处理等。

第二节 生态护坡技术

一、生态护坡设计原则

1. 水力稳定性原则

护坡的设计首先应满足岸坡稳定的要求。岸坡的不稳定性因素主要有：①由于岸坡面逐步冲刷引起的不稳定；②由于表层土滑动破坏引起的不稳定；③由于深层滑动引起的不稳定。因此，应对影响岸坡稳定的水力参数和土工技术参数进行研究，从而实现对护坡的水力稳定性设计。

2. 生态原则

生态护坡设计应与生态过程相协调，尽量使其对环境的破坏影响达到最小。这种协调意味着设计应以尊重物种多样性，减少对资源的剥夺，保持营养和水循环，维持植物生境和动物栖息地的质量，有助于改善人居环境及生态系统的健康为总体原则。主要包含以下三个方面：

(1) 当地原则。设计应因地制宜，在对当地自然环境充分了解的基础上，进行与当地自然环境相和谐的设计。包括：①尊重传统文化和乡土知识；②适应场所自然过程，设计时要将这些带有场所特征的自然因素考虑进去，从而维护场所的健康；③根据当地实际情况，尽量使用当地材料、植物和建材，使生态护坡与当地自然条件相和谐。

(2) 保护与节约自然资源原则。对于自然生态系统的物流和能流，生态设计强调的解决之道有 4 条：①保护不可再生资源，不是万不得已，不得使用；②尽可能减少能源、土地、水、生物资源的使用，提高使用效率；③利用原有材料，包括植被、土壤、砖石等服务于新的功能，可以大大节约资源和能源的耗费；④尽量让护坡处于良性循环中，从而使资源可以再生。

(3) 回归自然原则。自然生态系统为维持人类生存和满足其需要提供各种条件和过程，这就是所谓的生态系统的服务。着重体现在：①自然界没有废物，每一个健康生态系统，都有完善的食物链和营养级，所以生态设计应使系统处于健康状态；②边缘效应，在两个或多个不同的生态系统边缘带，有更活跃的能流和物流，具有丰富的物种和更高的生产力，也是生物群落最丰富、生态效益最高的地段，河道岸坡作为水体生态与陆地生态之间的边缘带，在设计时应充分考虑其边缘效应；③生物多样性，保持有效数量的动植物种群，保护各种类型及多种演替阶段的生态系统，尊重各种生态过程及自然的干扰，包括自然火灾过程、旱雨季的交替规律以及洪水的季节性泛滥。

二、生态护坡设计

1. 传统护坡

为保证边坡及其环境的安全，对边坡需采取一定的支挡、加固与防护措施。常用的支护结构型式有：①重力式挡墙；②扶壁式挡墙；③悬臂式挡墙；④板肋式或格构式锚杆挡墙支护；⑤排桩式锚杆挡墙支护；⑥锚喷支护。

这些传统的边坡工程，对边坡的处理主要是强调其强度功效，却往往忽视了其对环境的破坏；生态护坡作为岩土工程与环境工程相结合的产物，它兼顾了防护与环境两方面的功效，是一种很有效的护坡、固坡手段。

2. 生态护坡

(1) 生态护坡概念。

生态护坡，是综合工程力学、土壤学、生态学和植物学等学科的基本知识对斜坡或边坡进行支护，形成由植物或工程和植物组成的综合护坡系统的护坡技术。近年来，随着大规模的工程建设和矿山开采，形成了大量无法恢复植被的岩土边坡。传统的边坡工程加固措施，大多采用砌石挡墙及喷混凝土等护坡结构，仅仅起到了保护水土流失的作用。不管怎么做，就灰白色那么一片，对景观没有什么帮助，更谈不上对生态环境有保护作用，相反的只会破坏生态环境的和谐。随着人们环境意识及经济实力的增强，生态护坡技术逐渐应用到工程建设中。

(2) 生态护坡的功能。

1) 护坡功能：植被的深根有锚固作用，浅根有加筋作用。

2) 防止水土流失：能降低坡体孔隙水压力，截留降雨，削弱溅蚀，控制土粒流失。

3) 改善环境功能：植被能恢复被破坏的生态环境，降低噪音，减少光污染，保障行车安全，促进有机污染物的降解，净化空气，调节小气候。

图 10-5 人工种草护坡实景图

(3) 生态护坡类型。

1) 人工种草护坡（图 10-5）是通过人工在边坡坡面简单播撒草种的一种传统边坡植物防护措施。多用于边坡高度不高、坡度较缓（坡比小于 1:1.5）且适宜草类生长的土质路堑和路堤边坡防护工程。

特点：施工简单、造价低兼等。

缺点：由于草籽播撒不均匀、草籽易被雨水冲走、种草成活率低等原因，往往达不到满意的边坡防护效果，而造成坡面冲沟、表土流失等边坡病害，从而需要大量的边坡病害整治、修复工程，使得该技术近年应用较少。

2) 液压喷播植草护坡。液压喷播植草护坡，是国外近十多年新开发的一项边坡植物防护措施，是将草籽、肥料、粘着剂、纸浆、土壤改良剂、色素等按一定比例在混合箱内配水搅匀，通过机械加压喷射到边坡坡面而完成植草施工的。

特点：①施工简单、速度快；②施工质量高，草籽喷播均匀发芽快、整齐一致；③防护效果好，正常情况下，喷播一个月后坡面植物覆盖率可达70%以上，两个月后形成防护、绿化功能；④适用性广。目前，国内液压喷播植草护坡在公路、铁路、城市建设等部门边坡防护与绿化工程中使用较多。

缺点：①固土保水能力低，容易形成径流沟和侵蚀；②施工者容易偷工减料做假，形成表面现象；③因品种选择不当和混合材料不够，后期容易造成水土流失或冲沟。

3）客土植生植物护坡。客土植生植物护坡，是将保水剂、粘合剂、抗蒸腾剂、团粒剂、植物纤维、泥炭土、腐殖土、缓释复合肥等一类材料制成客土，经过专用机械搅拌后吹附到坡面上，形成一定厚度的客土层，然后将选好的种子同木纤维、粘合剂、保水剂、复合肥、缓释营养液经过喷播机搅拌后喷附到坡面客土层中。

优点：①可以根据地质和气候条件进行基质和种子配方，从而具有广泛的适应性；②客土与坡面的结合牢固；③土层的透气性和肥力好；④抗旱性较好；⑤机械化程度高，速度快，施工简淡，工期短；⑥植被防护效果好，基本不需要养护就可维持植物的正常生长。

该法适用于坡度较小的岩基坡面、风化岩及硬质土砂地，道路边坡，矿山，库区以及贫瘠土地。

缺点：要求边坡稳定、坡面冲刷轻微，边坡坡度大的地方，已经长期浸水地区均不适合。

4）平铺草皮。平铺草皮护坡，是通过人工在边坡面铺设天然草皮的一种传统边坡植物防护措施。

特点：施工简单，工程造价低，成坪时间短，护坡功效快，施工季节限制少。适用于附近草皮来源较易、边坡高度不高且坡度较缓的各种土质及严重风化的岩层和成岩作用差的软岩层边坡防护工程。是设计应用最多的传统坡面植物防护措施之一。

缺点：由于前期养护管理困难，新铺草皮易受各种自然灾害影响，往往达不到满意的边坡防护效果，而造成坡面冲沟、表土流失、坍滑等边坡灾害，从而需要大量的边坡病害整治、修复工程。近年来，由于草皮来源紧张，使得平铺草皮护坡的作用逐渐受到了限制。

5）生态袋护坡。生态袋护坡，是利用人造土工布料制成生态袋，植物在装有土的生态袋中生长，以此来进行护坡和修复环境的一种护坡技术。植生袋产品是以种子植生带为材料，缝合成三端封闭，一端开口的袋状产品。在施工时，在袋内填充基质和客土，能够在不发育的较平缓土质边坡、土夹石边坡和岩石面上形成植被。

植生袋的技术特点和优势：①重量轻、运输方便，尺寸一般为40cm×60cm，可根据客户要求或施工现场要求尺寸订做；②铺设简单，适用于平面和缓坡的生态恢复，并且不会因降雨或浇水而引起种子或水土流失；③植生袋袋体材料柔软，施工中可以从任何角度垒叠，可以填充任何角落的生态盲角；④由于植生袋内部构造和施工过程中的特殊性，雨季时，袋内基质层不会被冲刷和流失，并且可有效保持水土。

缺点：由于空间环境所限，后期植被生存条件受到限制，整体稳定性较差。

植生袋施工如图10-6所示，植生袋施工后14天效果如图10-7所示。

图 10-6 植生袋施工图　　　　图 10-7 植生袋施工后 14 天效果图

6) 网格生态护坡。网格生态护坡，是由砖、石、混凝土砌块、现浇混凝土等材料形成网格，在网格中栽植植物，形成网格与植物综合护坡系统，这样既能起到护坡作用，同时能恢复生态、保护环境。

网格生态护坡将工程护坡结构与植物护坡相结合，护坡效果非常好。其中现浇网格生态护坡是一种新型护坡专利技术，具有护坡能力极强、施工工艺简单、技术合理、经济实用等优点，是新一代生态护坡技术，具有很大的实用价值。图 10-8 为采用网格生态护坡效果图。

图 10-8　采用网格生态护坡效果图

7) 大骨料 BSC 生物基质植生混凝土技术。大骨料 BSC（Bio-substrate , Concrete）生物基质植生混凝土（图 10-9），是在植生混凝土技术上的发展和改进。植生混凝土技术系统就是利用高强度黏结剂把粒径较大的骨料稳固成型，利用粗骨料间孔隙存储能使植物生长的基质，通过播种或其他手段使得多种植物在较坚固大骨料混凝土中的基质层生长，进而对生态环境进行恢复。

技术特点：

a) 具有稳定、连续孔隙的大骨料层。骨料层能保持抗压强度为 C5～C12，保持抗冲

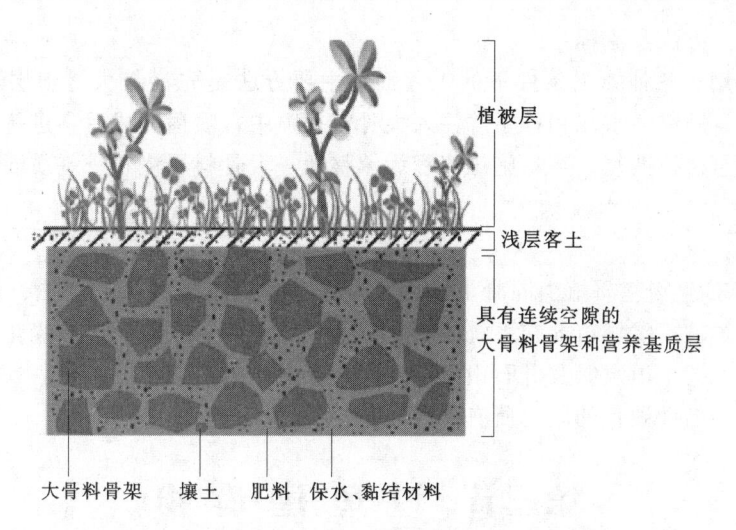

图 10-9 大骨料 BSC 生物基质植生混凝土结构示意图

刷流速在 5m/s 以上，保持低碱性，对水利工程无害。采用粒径较大的粗骨料，浇筑成型 15~20cm 厚的骨料层最大程度地保证骨料间孔隙度保持在 18%~30%，具有这样孔隙连续体的骨料层在本质上更像一个多孔的"花盆"，使得骨料层更适合植物生长要求，维持坡体、水体和自然环境间的物质、能量交流互换；同时，即使因洪水产生了部分土壤流失，作为"花盆"的骨架层也能轻松留存外来客土或洪水带来的泥沙，绿化工程面能迅速恢复植物生长能力，更符合生态治理、可持续发展的理念。

b) 使用 BSC 生物活性添加剂提高土壤生物活性改善土壤理化性质。以 EM（Effective ，Microorganisms）有效微生物为主要成分的 BSC-J 活性添加剂，最大程度上保持骨料间土壤微环境的活性，并且调整由于使用水泥带来的 pH 值变化，促进植物根系生长和营养吸收。EM 有效微生物菌落在客土层能自行分解落叶、枯枝等各种有机体，又能加速土壤中各种污染物的分解，降低化肥、农药等造成水体污染的可能性，既有利于水体安全保护，又利于环保生态和景观美化。

c) 采用喷播技术加入客土层的方法更适合护坡和长效生态维护。大骨料 BSC 生物基质植生混凝土技术采用喷播技术的方法加入客土，并且在基质中加入 BSC 绿化调节剂，可以在喷播基质里加入相当数量的水泥，极大提高工程面表层基质密实程度和坚固程度，并且能够有效防止水土流失，出色地防止雨水等地表径流对坡面的侵蚀。骨料层为 10~15cm 时，客土层植物的根系能顺利穿透，扎根土质坡面，直接吸收土地营养水分等，达到取得长期护坡和生态维持的效果。薄层 BSC 生物基质大骨料生态混凝土技术更适合使用在非硬化工程面上。

d) 多种保水保肥材料综合而成的植物生长基质。BSC 在客土内加入以木纤维、草炭土、保水剂等填充料，既环保又起到保水保肥、改善土壤结构等作用。

木纤维和草炭土等具有良好的蓬松作用，对改善土壤结构，对保墒、保肥有重要作用。保水剂是吸水倍率在 200~300 倍的聚丙烯酰胺混合物，是无毒无害无残留的农用资材，在自然界最后能分解成水、氨气，对工程体的保水性和降低养护成本有重要作用。

施工条件、方法及流程：

BSC 可适用于各种施工条件下的工程面，主要方法是先浇筑大骨料层，然后通过喷播技术把基质、肥料、水泥和种子等注入大骨料孔隙中，喷播完成后，进行覆膜、浇水等管理养护，直至植被恢复。基本施工流程为"整地→大骨料层浇筑→基质混拌→喷播→养护→植被恢复"。

适用范围：

大骨料 BSC 生物基质植生混凝土适用于以下工程面：①河流、湖泊、水利枢纽等水利工程的生态护坡；②城市立交系统的绿化美化；③公路、铁路的边坡绿化；④建筑体的立面绿化美化；⑤矿山复绿及矸石山复绿；⑥城市道路隔离栅栏的绿化。

同时适用于已做硬化的以上所有工程面。

第三节 过鱼建筑物

在河道中兴建水利枢纽后，为库区养殖提供了有利条件，同时也使鱼类生活的水域生态环境发生了变化，给渔业生产带来了不利影响。主要表现在：①阻隔了洄游路线，使鱼类无法上溯产卵，在上游繁殖的幼鱼和亲鱼也无法洄游到下游或回归大海；②使鱼类区系的组成发生了变化，使坝上洄游、半洄游性鱼类显著减少，土著性鱼类相对增加；③由于水库淹没了原有鱼类的天然产卵场，而且水温下降，使鱼类的繁殖受到影响。为此，需要在水利枢纽中修建过鱼建筑物，以作为沟通鱼类洄游路线的一项重要补救措施。

枢纽中的过鱼建筑物包括鱼道（鱼梯）、鱼闸、举鱼机等。目前，世界上已建成数百座过鱼建筑物，其中以鱼道最为常用。

一、鱼道

鱼道是用水槽或渠道做成的水道，水流顺着水道自上游向下游流动，使鱼类在水道中逆水而上或顺水而下洄游。鱼道，按其结构型式可分为池式、槽式和隔板式等几种类型。

1. 池式鱼道

池式鱼道，由一连串连接上、下游的水池组成，如图 10-10 所示。水池间用短渠或低堰进行连接，水池间水位差为 0.5～1.5m，这类鱼道一般都是绕岸开挖而成的。池式鱼道很接近天然河道，有利于鱼类生活或通过。但是，其适用水头很小，必须有合适的地形和地质条件，否则土方工程量很大，不经济，因而现在采用较少。

2. 槽式鱼道

槽式鱼道是一条人工建成的斜坡式或阶梯式水槽。按其消能方式又可分为简单槽式鱼道和丹尼尔式鱼道两种型式。简单槽式鱼道是一条没有消

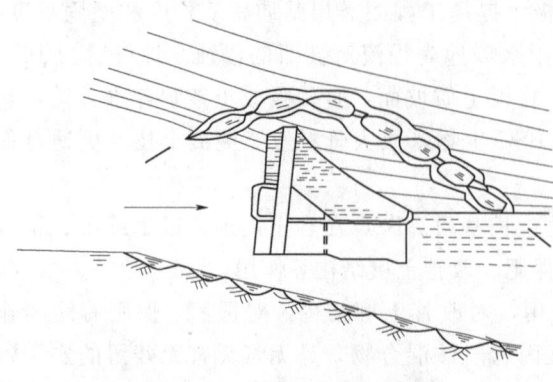

图 10-10 池式鱼道示意图

能设施的水槽,在工程上很少采用;而丹尼尔式鱼道,则是一条加糙的水槽。

(1) 简单槽式鱼道。它仅为一条连接上、下游的水槽,槽中没有任何消能设施,仅靠延长水流途径、增大槽身周边糙率进行简单的消能。这种型式的鱼道长度往往很大,坡度很缓,能适用的水头很小,因此,实际的工程中应用较少。

(2) 丹尼尔式鱼道。由比利时工程师丹尼尔(Denil)提出,是一条加糙的水槽。在侧壁和槽底设有间距很密的阻板或砥坝,水流通过时,形成反向水柱冲击主流,消杀能量,减小流速,如图 10-11 所示。其主要优点在于尺寸小(宽度一般在 2m 以内)、坡度陡(国外已达 1/4～1/6)、长度短,因此较为经济;鱼类可以在任意水深中通过,途径不弯曲,所以过鱼速率快。但是,水流掺气、紊动剧烈,适应上下游水位变动的性能差,加糙部件结构复杂,不便维修。这种鱼道主要适用于水位差不大、鱼类较强劲的情况。

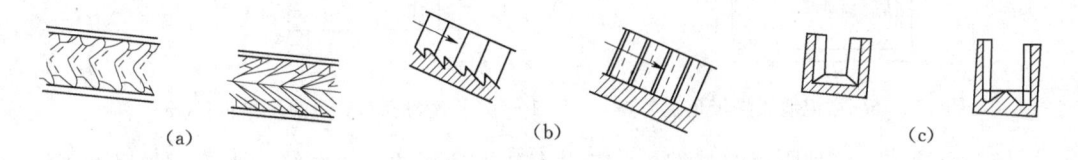

图 10-11 丹尼尔式鱼道示意图
(a) 平面图;(b) 纵断面图;(c) 横断面图

3. 隔板式鱼道

隔板式鱼道(或梯级鱼道),是利用横隔板将鱼道上、下游的总水位差分成若干个小的梯级,隔板上设有"过鱼孔",并利用水垫、沿程摩阻及水流对冲、扩散来消能,达到改善流态、降低过鱼孔流速的要求。这类鱼道的一系列横隔板间的水池中,水面逐级跌落,形成许多梯级,故又称梯级鱼道。

隔板式鱼道的主要优点是:①水流条件(流态和流速)易于控制,能用在水位差较大的地方;②各级水池是鱼类休息的良好场所,且可通过调整过鱼孔的型式、位置、大小来适应不同习性鱼类的上溯要求;③结构简单,维修方便。主要缺点是:①鱼类需要逐级克服鱼孔中的流速方能上溯,过鱼速度较慢;②断面尺寸较大,造价较高。

根据鱼孔的形状及在隔板上的位置,可将这类鱼道分为溢流堰式、淹没孔口式、竖缝式和组合式等型式。

(1) 溢流堰式。如图 10-12 所示,隔板过鱼孔在表部,水流呈溢流堰流态下泄,其全部或大部分过水量在堰顶通过。堰顶可以是圆的、斜的,也可以为平顶或曲面,下泄水流主要靠下游水垫来消能。这种隔板适合于喜欢在表层洄游和有跳跃习性的鱼类,但是不能适应较大的水位变化,所以,单独采用这种型式的较少。

(2) 淹没孔口式。如图 10-13 所示,隔板过鱼孔是淹没在水下的孔洞,孔口流态是淹没出流,鱼道全部或绝大部分水量在孔中通过。这种型式的鱼道,可适应较大的水位变化,孔位交错布置,过鱼的水流条件较好。按孔口形状,又可将其分为一般孔口式、管嘴式和栅笼式等。水流主要是靠孔口扩散来消能,最适合于喜欢在底层洄游的中、大型鱼类。我国江苏省团结河鱼道、洋口北闸鱼道和利民河小鱼道等,均采用此类鱼道,这些鱼道都是在隔板上设有长方形孔口。

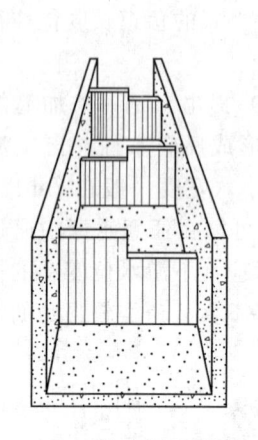

图 10-12 溢流堰式隔板鱼道 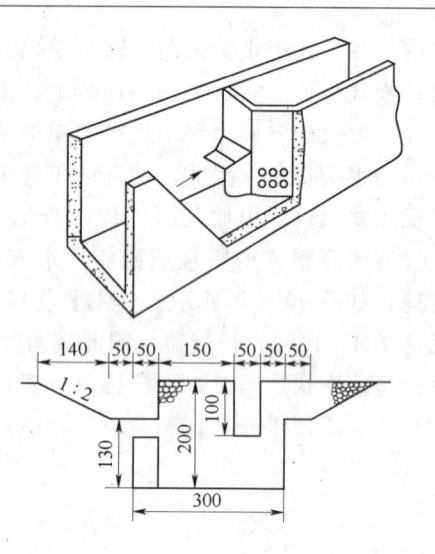   图 10-13 淹没孔口式鱼道（单位：cm）

（3）竖缝式。这种隔板的过鱼孔，是设有从上到下的一条竖缝，水流通过竖缝下泄。此种隔板又可分为不带导板的一般竖缝式和带导板的竖缝式（常简称为导竖式）。一般竖缝式是在鱼道水槽中用一块平板把水槽大部分拦截，仅留下一条过鱼竖缝，故又称为"不完全型横隔板"。而导竖式又可分为单侧导竖式及双侧导竖式，此类隔板主要通过扩散和对冲来消能，消能效果比较充分，并且，当上、下游水位同步变化时，较能适应水位的变幅，对于能适应较复杂流态的中大型鱼类较为适用，特别适用于施工期过鱼和天然障碍物处过鱼情况，如图 10-14 所示。

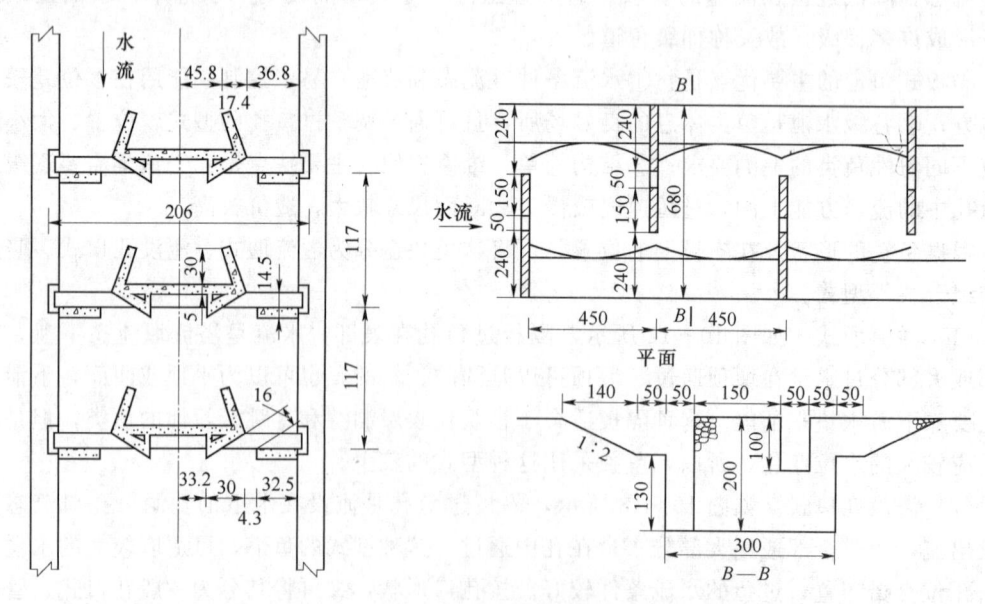

图 10-14 竖缝式鱼道（单位：cm）   图 10-15 组合式鱼道（单位：cm）

我国采用此类隔板鱼道的有江苏省的斗龙港鱼道、利民河大鱼道及安徽省的裕溪闸鱼道，浙江省的七里垅鱼道等。在其他国家，采用导竖式隔板的有著名的加拿大弗雷塞河上的鬼门峡鱼道。

（4）组合式。组合式隔板的过鱼孔，一般为溢流堰及潜孔、竖缝的组合。这种隔板能较好地发挥各种型式孔口的水力特性，并能灵活地控制所需要的池室流态和流速分布，在现代鱼道设计中较为常用。国外常用的堰和竖缝的组合方式，多为潜孔和堰的组合。国内组合式鱼道（图10-15），有堰和竖缝组合的江苏省太平闸鱼道，孔口和竖缝组合的江苏省浏河鱼道，孔口和堰组合的湖南省洋塘鱼道等。

二、鱼闸

鱼闸的工作原理与船闸相似。图10-16是一个竖井式鱼闸，其上、下游各有一段宽4m的导渠与闸室相连，水流经过放水管进入闸室与导渠中，引诱鱼类进入导渠，用驱鱼栅将鱼推入4m×4m的闸室竖井；关闭下游闸门，随着闸室内水位上升，提升闸室底板上的升降栅，迫使鱼随水位一起上升，待闸室水位与上游水位齐平后，打开上游闸门，启动上游驱鱼栅，将鱼推入水库内。另外，还有斜井式鱼闸，主要包括上、下闸室和斜井等组成部分，如图10-17所示。

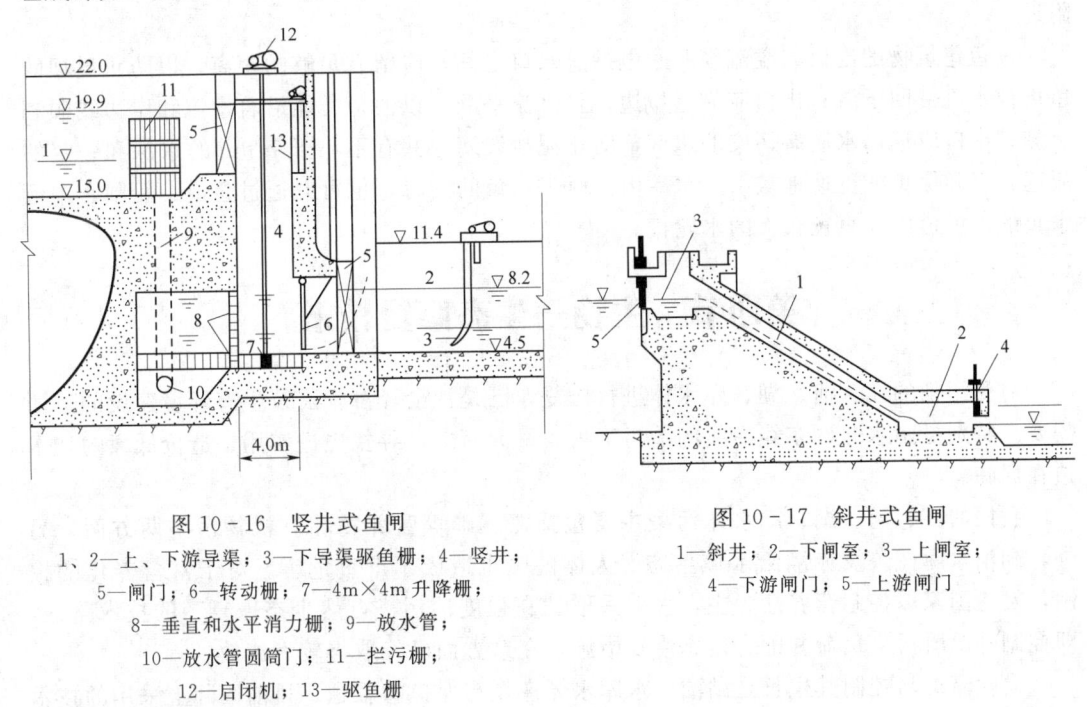

图10-16　竖井式鱼闸
1、2—上、下游导渠；3—下导渠驱鱼栅；4—竖井；
5—闸门；6—转动栅；7—4m×4m升降栅；
8—垂直和水平消力栅；9—放水管；
10—放水管圆筒门；11—拦污栅；
12—启闭机；13—驱鱼栅

图10-17　斜井式鱼闸
1—斜井；2—下闸室；3—上闸室；
4—下游闸门；5—上游闸门

三、举鱼机

举鱼机是用机械送鱼过坝，其工作原理与升船机相似，在高水头的枢纽中，这种方法采用得较为普遍。举鱼机一般有"湿式"和"干式"之分。"湿式"举鱼机，是一个上下移动的水箱，当箱中水面与下游水位齐平时，开启与下游连通的箱门，使鱼进入鱼箱，然后关闭箱门，把水箱上举到水面与上游水位齐平后，开启与上游连通的箱门，鱼即可进入上游水库。"干式"举鱼机，则是一个上下移动的鱼网，工作原理与"湿式"相似。

对于鱼道设计，主要包括进口、水池和出口等部分，其设计的基本参数包括：过鱼对象、过鱼季节、设计运行水位和鱼道的设计流速等。鱼道的进口设计，主要包括鱼道进口平面位置的选择、进口高程及形态、色和光的处理以及进行集鱼系统布置等；水池设计，主要包括隔板的布置、过鱼孔的型式和尺寸、池室主要尺度的选定及鱼道的水力计算等；出口设计，包括出口平面位置及高程的选择，出口部位水位流量的控制设施及拦污冲污设施的布置等。其中，鱼道的进口是否能较快地被鱼类发觉并且顺利地进入，是整个鱼道设计的关键。

四、过鱼建筑物的布置

过鱼建筑物的进口，应布置在不断有活水流出，而且容易为鱼类发现且易于进入的地方；进口的流速应比附近的水流流速略大，造成一种诱鱼流速，但不超过鱼所能克服的数值；一般要求水流平稳顺直，没有旋涡、水跃等现象，水质新鲜肥沃；为适应下游水位涨落，进口高程应当适宜，要保证过鱼季节在进口处有一定的水深（1.0~1.5m以上），当水位变化较大时，可设置不同高程的几个入口；进口常布置在岸边或电站、溢洪道出口附近。

过鱼建筑物的出口与溢流坝和水电站进水口之间，应留有足够的距离，以防止过坝的鱼再被水流带回下游；出口应靠近岸边，且水流平顺，以便鱼类能沿着水流和岸边线顺利上溯；出口应远离水质有污染的水区，防止泥沙淤塞，并有不小于1.0m的水深和一定的流速，以确保鱼能迅速地被引入水库内。对于幼鱼的洄游，也可以通过鱼道、船闸、中低水头的溢洪道以及直径较大的水轮机。

第四节 生物—生态修复技术

对受污染的江、河、湖、库水体进行修复，已是社会经济发展及生态环境建设的迫切需要。特别是南水北调东线沿线的治污工程，量大面广，寻找先进实用、造价低廉的技术迫在眉睫。

我国的江、河、湖、库水体污染主要包括氮、磷等营养物和有机物污染两方面。另外，湖泊水库蓝藻及赤潮给水域生态、人体健康也造成了严重危害。对于富营养化的控制，发达国家以控制营养盐为主，大多采取"高强度治污—自然生态恢复"的技术路线，即控制外源磷污染负荷并配合生态恢复措施，在这方面已经取得较大成效。

去除藻类与控制其生长是湖泊、水库水体恢复与保护的难题。目前国际上采用的技术主要有三类：

（1）化学方法：如加入化学药剂杀藻、加入铁盐促进磷的沉淀、加入石灰脱氮等，但是易造成二次污染。

（2）物理方法：疏挖底泥、机械除藻、引水冲淤等，但往往治标不治本。

（3）生物—生态方法：如放养控藻型生物、构建人工湿地和水生植被。

开发生物—生态水体修复技术，是当前水环境技术的研究开发热点。实际上，大自然在发展变化的长期过程中，本身已经具备了自我净化、自我完善的强大能力，使得自然界得以持续而有序地运行。其中水体的自然生物净化能力，在人类出现之前的远古时期，就保证了自然界江、河、湖、泊的水体洁净。目前开发的水体生物—生态修复技术，实质上是按照仿生学的理论对于自然界恢复能力与自净能力的强化。可以说，按照自然界自身规律去恢复自然界的本来面貌，强化自然界自身的自净能力去治理被污染水体，这是人与自然和谐相处的合乎逻辑的治污思路，也是一条创新的技术路线。

生物—生态污水处理技术，是利用培育的植物或培养、接种的微生物的生命活动，对水中污染物进行转移、转化及降解作用，从而使水体得到净化的技术。近年来这种技术发展很快，在国外已经达到工程实用化的程度，并且积累了系列观测数据。水体的生物-生态修复技术具有以下优点：首先是处理效果好。其次，生物—生态水体修复的工程造价相对较低，不需耗能或低耗能，运行成本低廉。所需的微生物具有来源广、繁殖快的特点，如能在一定条件下对其进行筛选、定向驯化、富集培养，可以对大多数有机物质实现生物降解处理。另外，这种处理技术不向水体投放药剂，不会形成二次污染。所以，这种廉价实用技术十分适用于我国江、河、湖、库大范围的污水治理工作。用生物—生态方法治污，还可以与绿化环境及景观改善相结合，在治理区建设休闲和体育设施，创造人与自然相融合的优美环境。

一、生物—生态修复技术类型

生物处理技术主要包括好氧处理、厌氧处理、厌氧—好氧组合处理，利用细菌、藻类、微型动物的生物处理，利用湿地、土壤、河湖等自然净化能力处理等。以下重点介绍几种针对江、河、湖、库大水体污染的修复技术。

1. 生物膜法处理技术

生物膜法是指用天然材料（如卵石）、合成材料（如纤维）为载体，在其表面形成一种特殊的生物膜，生物膜表面积大，可为微生物提供较大的附着表面，有利于加强对污染物的降解作用。其反应过程是：①基质向生物膜表面扩散；②在生物膜内部扩散；③微生物分泌的酵素与催化剂发生化学反应；④代谢生成物排出生物膜。生物膜法具有较高的处理效率。它的有机负荷较高，接触停留时间短，减少占地面积，节省投资。此外，运行管理时没有污泥膨胀和污泥回流问题，且耐冲击负荷。主要工艺方法有生物廊道、生物滤池、生物接触氧化池等。生物膜法对于受有机物及氨氮轻度污染水体有明显的效果。日本、韩国等都有对江河大水体修复的工程实例。

2. 人工湿地处理技术

人工湿地是近年来迅速发展的生物—生态治污技术，可处理多种工业废水，包括化工、石油化工、纸浆、纺织印染、重金属冶炼等各类废水，后又推广应用为雨水处理。这种技术已经成为提高大型水体水质的有效方法。

人工湿地的原理是利用自然生态系统中物理、化学和生物的共同作用来实现对污水的净化。这种湿地系统是在一定长宽比及底面有坡度的洼地中，由土壤和填料（如卵石等）混合组成填料床，污染水可以在床体的填料缝隙中曲折地流动，或在床体表面流动。在床体的表面种植具有处理性能好、成活率高的水生植物（如芦苇等），形成一个独特的动植物生态环境，对污染水进行处理。人工湿地的显著特点之一是其对有机污染物有较强的降解能力。废水中的不溶性有机物通过湿地的沉淀、过滤作用，可以很快地被截留进而被微生物利用；废水中可溶性有机物则可通过植物根系生物膜的吸附、吸收及生物代谢降解过程而被分解去除。随着处理过程的不断进行，湿地床中的微生物也繁殖生长，通过对湿地床填料的定期更换及对湿地植物的收割而将新生的有机体从系统中去除。

湿地对氮的去除是将废水中的无机氮作为植物生长过程中不可缺少的营养元素，可以直接被湿地中的植物吸收，用于植物蛋白质等有机氮的合成，同样通过对植物的收割而将它们从废水和湿地中去除。人工湿地对磷的去除是通过植物的吸收、微生物的积累和填料床的物理化学等几方面的共同协调作用完成的。由于这种处理系统的出水质量好，适合于处理饮用水源，或结合景观设计，种植观赏植物改善风景区的水质状况。其造价及运行费远低于常规处理技术。英、美、日、韩等国都已建成一批规模不等的人工湿地。

3. 土地处理技术

土地处理技术是一种古老但行之有效的水处理技术。它是以土地为处理设施，利用土壤-植物系统的吸附、过滤及净化作用和自我调控功能，达到某种程度对水的净化的目的。土地处理系统可分为快速渗滤、慢速渗滤、地表漫流、湿地处理等几种形式。国外的实践经验表明，土地处理系统对于有机化合物尤其是有机氯和氨氮等有较好的去除效果。德、法、荷兰等国均有成功的经验。

二、国外工程实例

1. 日本坂川古崎净化场

位于日本江户川支流坂川古崎净化场，是采用生物—生态方法对河道大水体进行修复的典型工程，从1993年投入运行至今已有8年的运行历史，观测结果表明，河道的微污染水体的水质有了明显改善。江户川是日本东京都和千叶县附近的主要河流，是这个地区的主要水源，从河道中引出$70m^3/s$的流量为城市、农业、工业供水。其中城市供水占60%。靠江户川下游的金町、古崎和栗山三个水厂要为630万人供水。坂川是江户川的一条支流，在金町等三个水厂上游附近汇入江户川。由于坂川河道治理不力，大量生活污水排入坂川，致使水质恶化，BOD等指标严重超标，同时浮游植物繁殖迅速。坂川水质恶化，直接对金町等三个水厂构成威胁，使居民对饮用水味道不佳多有怨言。为治理坂川，采取工程设施将坂川改道，先流入古崎净化场。经过古崎净化场后，坂川的污染减少了60%～70%，处理过的河水流入称为松户川的新开人工渠道，然后注入江户川。

古崎净化场是一座利用生物—生态水体修复技术的水净化场。其原理是利用卵石接触氧化法对水体进行净化。古崎净化场建在江户川的河滩地下，充分节省了土地，是地下廊道式的治污设施（图10-18）。净化场结构十分简单，主体结构是高4.5m、长28m的地下矩形廊道，内部放置直径15～40cm不等的卵石。用水泵将河水泵入栅形进水口，经导水结构后水流均匀平顺流入甬道。另外有若干进气管将空气通入廊道内。净化场平面图如图10-19所示。净化作用主要由以下三方面组成：①接触沉淀作用，污水经过卵石与卵石间的间隙，水中的漂浮物触到卵石即沉淀；②吸附作用，由于污染物自身的电子性质，或由于卵石表面生物膜的微生物群产生的黏性产生吸附作用；③氧化分解作用，卵石表面形成一种生物膜。生物膜的微生物把污染物作为食物吞噬，然后分解成水和二氧化碳。

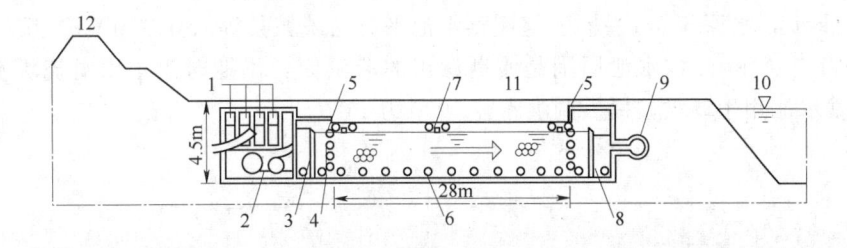

图 10-18 古崎净化场地下廊道
1—输水道；2—通气管；3—进水输水渠；4—整流水渠；5—整流墙；6—扩散曝气管；7—卵石；8—排水渠；9—管道；10—江户川河；11—河漫滩；12—堤防

图 10-19 日本坂川古崎净化场平面图

表 10-1 列出了几项污染主要指标，其中 BOD 反映有机物的含量。SS 反映浮游于水中的固体物，造成水体浑浊。由于该地区的市镇下水设施落后，造成粪便及生活污水排入河道是产生氨的主要原因。MIB 反映水中蓝藻类物质，蓝藻类异常繁殖是造成水体腐臭的主要原因。由表 10-1 可以看出，通过净化场后，水质明显提高，效果十分显著。

表 10-1　　　　　　　　　　　水 质 变 化 情 况

项目	BOD/(mg/L)	SS/(mg/L)	氨/(mg/L)	2-MIB/(μg/L)
处理前	23	24	7.6	0.55
处理后	5.7	9.1	2.2	0.22

坂川的河水经改道注入古崎净化场后，清洁的水流入新开的人工渠道——松户川。其设计理念颇有新意，它一改传统设计形式，不采用混凝土或砌石衬砌的直线渠道，而以微弯曲的河道形态，岸坡间有大小卵石，植有繁茂的芦苇和其他植物，适于鲫鱼、鳙鱼等鱼类生长，两岸种植树木，适于鸟类栖息。设计者认为这种环境不但可以为居民提供一个与自然相融合的休闲环境，而且对水体也能起进一步的净化作用。

松户川注入江户川后，大大缓解了江户川的环境压力。在江户川和坂川的控制部位，设置了水量及水质自动监测站，数据通过光缆传输到古崎净化场的操作室，特别是一旦发生水质事故可及时发现处理。

2. 日本渡良濑蓄水池的人工湿地（图 10-20）

渡良濑蓄水池位于日本枥木县，是一座人工挖掘的平原水库，总库容 2640 万 m³，水

面面积 $4.5km^2$，水深 6.5m 左右。这座蓄水池平时为茨城县等六县（市）64 万人口供水，日供水量 21.6 万 m^3。蓄水池周围是渡良濑川的滞洪区，汛期时洪水由溢流堤流入蓄水池，此时蓄水池用于调洪，提供调洪库容 1000 万 m^3。

图 10-20 日本渡良濑蓄水池的人工湿地

由于近年来上游用水造成生活污水以及含氮、磷的水流入，致使渡良濑蓄水池出现霉等水质问题。为保护蓄水池的水质，自 1993 年起在蓄水池一侧滞洪洼地上建人工湿地，这是一座设有人工设施的芦苇荡。将蓄水池的水引到芦苇荡，通过吸附、沉淀及吸收作用，去除水中的氮、磷及浮游植物，达到对水体进行自然净化的目的。这种净化过程循环进行，确保蓄水池水质洁净。这种净化方式类似于医学对病人血液体外透析处理。芦苇具有十分好的净化功能，污染物与其茎部接触产生沉淀作用，芦苇的根部与茎部可吸收某些污染物。另外，附着在茎部上的微生物可对污染物产生吸附分解作用。

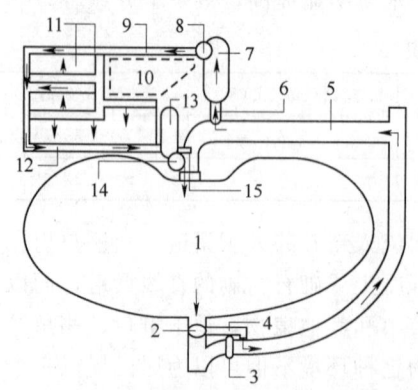

图 10-21 渡良濑蓄水池人工湿地平面图
1—渡良濑蓄水池；2—蓄水池泵站；3—橡胶坝；
4—旁通水渠；5—地下水渠；6—连接渠；
7—调节渠；8—取水泵站；9—进水渠；
10—荻草渠；11—芦苇荡净化设施；
12—出水渠；13—集水池；
14—芦苇荡泵站；15—北闸

人工湿地的平面布置如图 10-21 所示。在蓄水池出水口建高 3.5m、宽 40m 的充气式橡胶坝，用以控制出水口。水流经引水渠到达设于地下的泵站。其所以设于地下，是为满足景观的要求。泵站安装单机流量为 $1.25m^3/s$ 的两台水泵，水体加压后流入箱形涵洞，再流入芦苇荡。芦苇荡占地 $20hm^2$，最大净化水体能力为 $2.5m^3/s$。芦苇荡分为 3 个间隔，水流通过 33 个挡水堰流入。水流在芦苇荡中蜿蜒流动，以增加净化效果，遂从 33 处出口汇入集水池，再由渡良濑蓄水池的北闸门回到蓄水池，完成一次净化循环。人工湿地内主要种植芦苇，高 2~3m，可收获用于编苇帘。此外，还种植同属稻科的荻，高度为 1.0~2.5m。自 1993 年开始建设人工湿地，不只水质得到改善，动植物的生态系统也得到极大改善，生物多样性有所恢复，见表10-2。

表10-2　　　　　　　　　　　治理前后动植物种类变化

年份	植物	昆虫	鸟类
1993	31科，104种	19科，45种	18科，22种
1998	45科，166种	45科，116种	25科，50种

渡良濑人工湿地的人工植被从陆地到水面依次为：杞柳（水边林）—芦苇、荻、蘘衣草（湿地植物）—茭白、宽叶香蒲（吸水植物）—荇菜、菱（浮叶植物），形成了一体的生态空间。渡良濑人工湿地已经成为日本最大的芦苇荡，也成为对居民、儿童进行环保及爱水教育的场所，组织学生进行自然观察。在这里可以看到绿头鸭、针尾鸭等禽类及芦燕、白头鹞和鸢等鸟类。为净化渡良濑蓄水池的水体，还在蓄水池中部建一批人工生态浮岛，种植芦苇等植物，其根系附着微生物，可提供充足氧气，并通过迁移、转化水中的氮、磷等物质，降解水中有机质。浮岛还设置为鱼类产卵用的产卵床，也为小鱼设有栖身地，水中的浮游植物成了鱼饵。人工生态浮岛保证了蓄水池水质的洁净。

3. 韩国良才川水质生物—生态修复设施（图10-22）

良才川是汉江的一条支流，位于汉城的江南区。由于河流地处住宅区加之治理不善，良才川的水质受到较大污染，也影响了汉江的水质。1995年起决定主要采用生物—生态方法治理良才川。

图10-22　韩国良才川水质生物—生态修复设施

水质净化设施主体是设于河流一侧的地下生物—生态净化装置（图10-23）。采用卵石接触氧化法。即强化自然状态下河流中的沉淀、吸附及氧化分解现象，利用微生物的活动将污染物转化为二氧化碳和水。净化设施日处理能力为32000t/d。净化的工作流程如下：拦河橡胶坝（长18m、高1m）将河水拦截后引入带拦污栅的进水口，水流经过进水自动阀，经污物滤网进入污水管，污水管连接有4座污水孔墙，污水孔墙两侧各有一座接触氧化槽，共有8座。接触氧化槽长20m、宽13.6m、高14.8m，污水从孔墙的孔中流入接触氧化槽，氧化槽中放置卵石，污水通过氧化槽得到净化后分别流入4座清水孔墙，再汇集到清水出水管中，由清水出口排入橡胶坝下游侧（图10-24）。污水在接触氧化槽内被净化产生的主要作用是接触沉淀作用、吸附作用和氧化分解作用。与上述日本古崎净化场相比，这种净化装置的重要优点是几乎不耗能，所以运行成本很低。韩国良才川水质生物—生态修复设施建成至今已 6 年,治污效果显著。表 10-3 为治理前后的对照,说明对 BOD 和 SS 的处理率达 70%~75%。

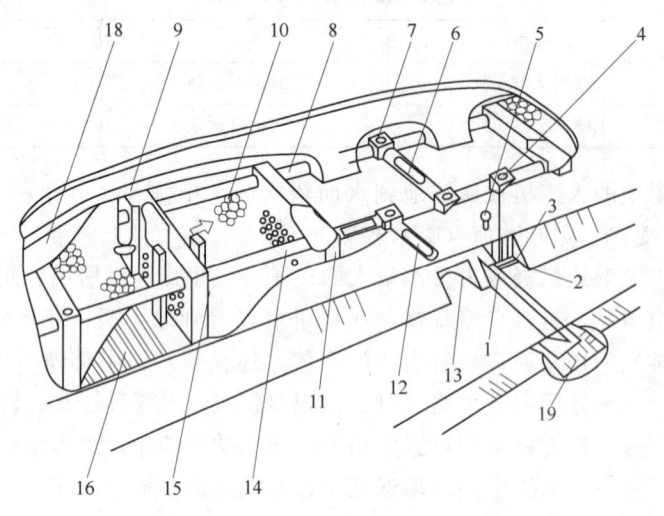

图 10-23 良才川净化设施立体图
1—橡胶坝；2—污水进水口；3—污水闸板；4—拦污栅；5—自动水位探测计；6—进水自动阀；
7—污物滤网；8—污水进水管；9—污水孔墙；10—接触氧化槽中的卵石；10—清水孔墙；
12—出水自动阀；13—清水出口；14—清水出水管；15—残渣去除设施；16—通气管；
17—检查水管入口；18—盖子；19—鱼道

表 10-3 良才川治污效果对照

项目	处理前/(mg/L)	处理后/(mg/L)	处理率/%
BOD	10~15	4~5	75
SS	20	6	70

除接触氧化槽以外,良才川的环境治理工程还包括恢复河流自然生态的方法,即用石块、木桩、芦苇、柳树等天然材料进行护岸,形成类似野生的自然环境,同时种植菖蒲等植物,恢复鱼类栖息环境,适于鳜鱼等鱼类生长,也为白鹭、野鸭等禽类群落生存创造条件,又开辟散步、自行车小路和木桥等,为居民提供与水亲近的自然环境。

图 10-24 韩国良才川水质生物—生态修复设施橡胶坝

参 考 文 献

[1] 天津大学　祁庆和.水工建筑物.3 版.北京：水利电力出版社，1986.
[2] 天津大学　祁庆和.水工建筑物.北京：水利出版社，1981.
[3] 张光斗，王光纶，等.水工建筑物.上、下册.北京：水利电力出版社，1992、1994.
[4] 吴媚玲.水工建筑物.北京：清华大学出版社，1991.
[5] 武汉水利电力学院　王宏硕，翁情达.水工建筑物.基本部分.北京：水利电力出版社，1991.
[6] 武汉水利电力学院　王宏硕，翁情达.水工建筑物.专题部分.北京：水利电力出版社，1991.
[7] 武汉水利电力学院.水工建筑物（供农田水利工程专业用）.下册.北京：水利出版社，1981.
[8] 潘家铮.水工建筑物设计丛书.重力坝.北京：水利出版社，1983.
[9] 毛昶熙.渗流计算分析与控制.北京：水利电力出版社，1990.
[10] 陈椿庭.高坝大流量泄洪建筑物.北京：水利电力出版社，1988.
[11] 潘家铮.水工建筑物设计丛书.拱坝.北京：水利电力出版社，1982.
[12] 华东水利学院.水工设计手册.第 5 卷　混凝土坝.北京：水利电力出版社，1987.
[13] 能源部、水利部水利水电规划设计总院.碾压式土石坝设计手册.北京：水利电力出版社，1989.
[14] 潘家铮.水工建筑物设计丛书.土石坝.北京：水利电力出版社，1992.
[15] 谈松曦.水闸设计.北京：水利电力出版社，1986.
[16] 华东水利学院主编.水工设计手册：第 6 卷　泄水与过坝建筑物.北京：水利电力出版社，1987.
[17] 中华人民共和国水利部.SL 203—97 水工建筑物抗震设计规范.北京：中国水利水电出版社，1997.
[18] 中华人民共和国电力部.DL 5077—1997 水工建筑物荷载设计规范.北京：中国电力出版社，1998.
[19] 中华人民共和国电力部.DL/T 5057—1996 水工混凝土结构设计规范.北京：中国电力出版社，1997.
[20] 中华人民共和国电力部.DL 5108—1999 混凝土重力坝设计规范.北京：中国电力出版社，2000.
[21] 中华人民共和国水利部.SL 274—2001 碾压式土石坝设计规范.北京：中国水利水电出版社，2002.
[22] 中华人民共和国水利部.SL 253—2000 溢洪道设计规范.北京：中国水利水电出版社，2000.
[23] 中华人民共和国水利部.SL 282—2003 混凝土拱坝设计规范.北京：中国水利水电出版社，2003.
[24] 中华人民共和国水利部.SL 279—2002 水工隧洞设计规范.北京：中国水利水电出版社，2003.
[25] 中华人民共和国水利部.SL 265—2001 水闸设计规范.北京：中国水利水电出版社，2001.
[26] 潘家铮，何璟.中国大坝 50 年.北京：中国水利水电出版社，2000.
[27] 陈胜宏.水工建筑物.北京：中国水利水电出版社，2004.
[28] 麦家煊.水工建筑物.北京：清华大学出版社，2005.
[29] 《中国水利百科全书》第二版编辑委员会.中国水利百科全书.2 版.北京：中国水利水电出版社，2006.

参考文献

[30]　具杏祥,苏学灵. 水利工程建设对水生态环境系统影响分析 [J]. 中国农村水利水电,2008 (07).

[31]　张甲耀等. 生物修复技术研究进展 [J]. 应用与环境生物学报. 1996,2 (2):193-196.

[32]　郭振宇. 水工建筑物基础 [M]. 北京:中国水利水电出版社,2011.